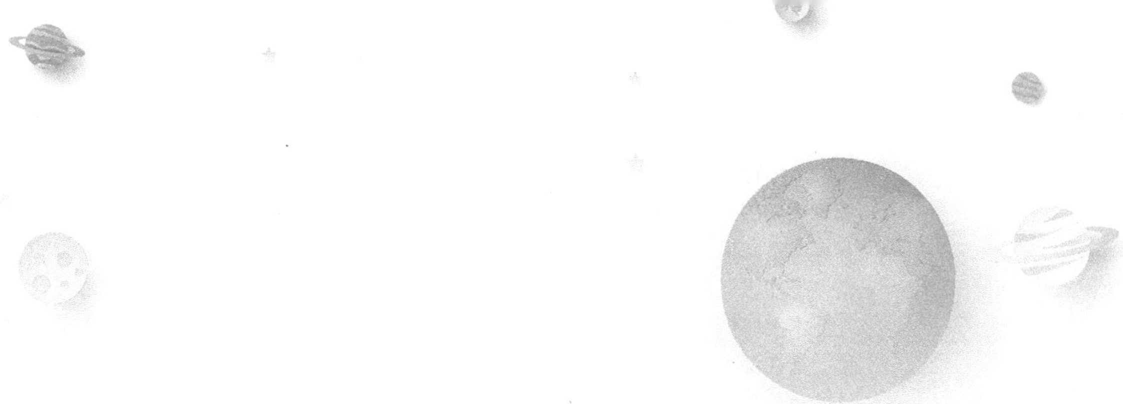

运载火箭
弹道与控制理论基础

主　编　赵文策　高家智

副主编　李利群　李　彬　董富治　叶正茂

　　　　崔　杰　安学刚　田　鹏　舒传华

U0179102

机 械 工 业 出 版 社

本书详细讲解了运载火箭弹道的基本原理及弹道设计方法，逐步引导读者熟悉制导和姿态控制技术，着重论述了摄动制导、显式制导、组合制导等理论知识，在介绍了运载火箭动态特性研究方法的基础上，对运载火箭飞行器纵（侧）向动态特性进行了深入分析。

本书坚持“需求牵引，紧盯主题，循序渐进，层次分明”的编写原则，旨在深入分析运载火箭这一复杂运动系统的特殊矛盾，建立描述其运动的微分方程，揭示运载火箭运动的客观规律，并应用这些规律解决工程实际问题。

本书可以作为高校航天、导航与制导、兵器测试与发射专业方向高年级本科及硕士教材，也可作为航天、导航与制导、总体等方向工程技术人员的参考用书。

图书在版编目（CIP）数据

运载火箭弹道与控制理论基础/赵文策，高家智主编. —北京：机械工业出版社，2020.1（2024.11 重印）

ISBN 978-7-111-64158-2

Ⅰ.①运… Ⅱ.①赵…②高… Ⅲ.①运载火箭-弹道控制 Ⅳ.①V475.1

中国版本图书馆 CIP 数据核字（2019）第 251643 号

机械工业出版社（北京市百万庄大街 22 号　邮政编码 100037）
策划编辑：王　欢　责任编辑：王　欢
责任校对：刘志文　责任印制：张　博
北京雁林吉兆印刷有限公司印刷
2024 年 11 月第 1 版第 4 次印刷
184mm×260mm · 25.25 印张 · 626 千字
标准书号：ISBN 978-7-111-64158-2
定价：99.00 元

电话服务	网络服务
客服电话：010-88361066	机　工　官　网：www.cmpbook.com
010-88379833	机　工　官　博：weibo.com/cmp1952
010-68326294	金　　书　　网：www.golden-book.com
封底无防伪标均为盗版	机工教育服务网：www.cmpedu.com

前 言

运载火箭是一个很大很复杂的系统，它以发动机为动力，在控制系统作用下，按预定的轨迹飞行，将载荷送至目标点或预定轨道。

为了保证运载火箭能完成预定的任务，在研制、试验和实际应用过程中，均须掌握运载火箭的机械运动规律。研究运载火箭运动规律的专门学科为飞行力学，它是应用力学的一个新分支。飞行力学与研究一般力学对象运动规律的理论力学既有区别又有联系。理论力学给出了一般力学对象作机械运动时所遵循的普遍规律和描述其运动的运动微分方程。飞行力学则根据理论力学的普遍规律，深入分析运载火箭这一特定对象作机械运动时的特殊矛盾，建立描述其运动的微分方程，揭示运载火箭运动的客观规律，并应用这些规律解决工程实际问题。由于运载火箭是一个复杂的系统，描述其运动的微分方程组，在战术、技术所要求的精度指标越高时就越复杂。为细致描述其规律，在工程中常将运载火箭运动分为质心运动和绕质心的姿态运动。其中，研究其质心运动的就是弹道学，研究其姿态运动的则称为动态特性分析。

按照“需求牵引，紧盯主题，循序渐进，层次分明”的编写原则，本书详细讲解了运载火箭弹道的基本原理及弹道设计方法，逐步引导读者熟悉制导和姿态控制技术，着重论述了摄动制导、显式制导、组合制导等理论知识，在介绍了运载火箭动态特性研究方法的基础上，对运载火箭飞行器纵（侧）向动态特性进行了深入分析。

全书共9章。第1章为绪论，简要介绍了飞行力学、制导技术和动态特性分析的基本内容和研究途径。第2章详细论述了弹道和控制理论研究的基础知识和坐标系定义，讨论了坐标系间的转换方法。第3章从变质量力学的基本原理出发，分析了作用在火箭上的外力、外力矩等，建立了发射坐标系和速度坐标系的运动方程组，并讨论了自由段的运动方程。第4章则讨论了运载火箭弹道的工程设计方法、主动段的最优程序设计方法和弹道在真空段的最优设计。第5、6章主要讲制导。其中，第5章介绍了摄动制导的基本思想，以及摄动方程的建立和各种关机方案的比较；第6章主要介绍显式制导，重点论述了闭路制导和迭代制导方法等。第7~9章是运载火箭动态特性分析的内容。其中，第7章从稳定性和操纵性的概念出发，讨论了火箭扰动运动的研究方法，并给出了火箭运动方程的线性化；第8章对运载火箭箭体纵向的动态特性进行了研究，给出了纵向稳定的条件、扰动运动的模态等，重点讨论了箭体纵向的传递函数及结构图的组成，分析了箭体纵向的对数频率特性；第9章则对运载火箭侧向的动态特性进行了分析，研究了侧向扰动运动方程、侧向稳定性问题和箭体侧向的传递函数等。

本书的编写得到了许多技术人员的无私帮助，在此表示由衷的感谢。参与本书编写工作的还有卢建新、白永强、荆晓荣、张其阳、彭杰、孙琦、樊文平、侯玉国、苗岩松、李飞晟、张正娟、田学敏、孙晨、夏红根、李正旭。特别感谢张林、淳静、李红林、史巍、张强、关卓、蒲凌云、王亮、张正娟等，他们对本书编写工作提供了极大帮助。

由于编者的水平所限，书中错误与欠妥之处在所难免，敬请读者批评指正。

编 者

目　录

第 1 章　绪论

1.1　概述

运载火箭是以火箭发动机为动力，在控制系统作用下按预定的轨迹飞行至目标点或预定轨道的飞行器；它的最基本组成包括发动机、控制系统和载荷等。

为了保证运载火箭能完成预定的任务，在研制、试验和实际应用过程中，均须掌握运载火箭的机械运动规律。这样，在设计过程中，才能正确地选择运载火箭的参数（如起飞重量、发动机推力和控制系统参数等），合理地选择飞行弹道，保证运载火箭按预定规律运动；在飞行试验过程中，才能正确评定飞行试验结果，对运载火箭及其各系统的特性做出鉴定；在具体应用中，才能根据具体任务确定发射诸元，使运载火箭载荷准确达到目标需求。

研究这类运载火箭运动规律的专门学科是飞行力学，它是应用力学的一个新分支。飞行力学与研究一般力学对象运动规律的理论力学既有区别又有联系。理论力学给出了一般力学对象作机械运动时所遵循的普遍规律和描述其运动的运动微分方程。飞行力学则根据理论力学的普遍规律，深入分析运载火箭这一特定对象作机械运动时的特殊矛盾，建立描述其运动的微分方程，揭示运载火箭运动的客观规律，并应用这些规律解决工程实际问题。由于运载火箭是一个复杂的系统，描述其运动的微分方程组，在技术所要求的精度指标越高时就越复杂。为细致描述其规律，在工程中常将运载火箭运动分为质心运动和绕质心的姿态运动。其中，研究其质心运动的就是弹道学，研究其姿态运动的则称为动态分析。

飞行力学所研究的运载火箭质心运动、绕质心运动规律，需要具体设备、具体系统来实现。就研制任务而言，需要选择使火箭从某一状态到要求状态的机动规律，即制导，并通过姿态控制执行实现制导要求的机动和保证姿态稳定。也就是说，在具体应用中，通过制导系统确定火箭的质心运动，使火箭在主动段结束后，经过被动段以一定的性能指标命中目标或到达预定轨道；通过姿态控制系统控制火箭的绕质心运动，使火箭在各种干扰下能稳定飞行，同时接收制导系统的导引命令，改变动力方向，从而实现对质心运动的控制。

1.2　制导技术

制导系统要解决的中心课题是射击或入轨精度问题。

在发射点坐标、目标需求及火箭参数给定的条件下，可以在射前设计出一条标准弹道。火箭点火起飞后，如在预定关机时刻，火箭的运动参数（位置、速度矢量）与标准弹道关机点的相应参数相等，那么载荷在发动机关机后沿标准的被动段弹道飞行，即可击中目标或到达预定轨道。事实上，每发火箭的实际结构参数、发动机参数与事先给定的标称值都会有偏差（即存在结构干扰和发动机燃烧特性偏差的干扰）；火箭在飞行过程中又受到大气条件等的随机干扰。因此，火箭实际运动的参数值与标准弹道的相应运动参数值总是存在一定的偏差。正是这种偏差，如仍按标准关机时间关机，载荷经被动段飞行，最终可能会产生较大误差。引入制导系统的目的就是要消除或减小因各种干扰而产生的目标偏差。

制导系统根据实测的火箭运动参数进行导航计算，实时获得火箭的实际位置和速度值，同时根据火箭的当前状态（位置和速度）和其控制的终端状态，实时给出使火箭能达到终端状态的某种姿态控制指令，即对火箭按一定规律进行导引并不断计算关机方程，当满足关机条件时立即发出关机指令，对发动机实施关机。图 1. 2-1 给出了制导系统功能框图，这就是说，火箭在动力飞行段应具有以下功能：

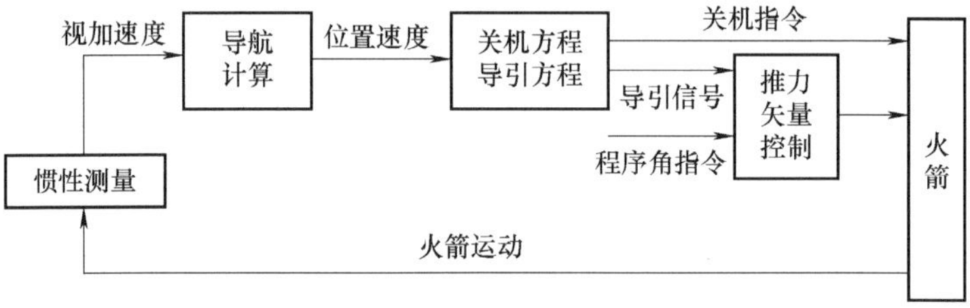

图 1. 2-1　制导系统功能框图

（1）对火箭质心运动参数进行测量和导航计算

考虑到精度很高的雷达设备庞大，易被袭击且信号易受干扰，现代运载火箭一般用惯性器件测量火箭运动参数，这是因为惯性技术日益成熟，其测量精度也达到相当水平。更重要的是，惯性测量可以在火箭内部完成而不必依赖外界任何设备，因此可避免外界的干扰。采用惯性测量手段的制导系统称为惯性制导系统。仅依靠箭上仪器完成对火箭运动参数的测量和计算的制导系统，称为自主式制导系统。除箭上仪器外，还需依赖箭上以外的仪器设备完成对运动参数的测量和计算的制导系统称为非自主式制导系统。在火箭整个飞行过程中，两种或两种以上的测量手段复用，则称这种系统为复合制导系统。

对惯性测量器件测得的参数（视加速度，即火箭的实际加速度减去引力加速度）进行相应的计算，获得火箭质心的速度和位置信号，这就是导航计算。由于加速度计测不到地球引力加速度，要得到实际加速度，需要用计算的方法算出地球引力加速度，再把它加到加速度计的信号中去。不过，在实际飞行的火箭不严重偏离标准弹道条件下，引力加速度常作近似处理，从而避免复杂的导航计算。

（2）按一定的规律对火箭进行导引

导引就是对火箭的质心运动进行控制，使其运动在一定意义上最佳地实现主动段的末端条件，即在一定意义上最佳地满足目标需求。这里必须强调的是，导引规律是通过火箭制导系统具体实现的，它受到具体仪器实现、能量等因素的限制。因此，通常需要寻找近似最佳却又便于实现的导引规律。具体导引规律与制导系统采用的制导方法密切相关。制导方法通常分为摄动制导和显式制导两大类。

当采用摄动制导时，在已知发射点和目标需求的情况下，要求射前设计一条满足一定性能指标的标准弹道，导引的目的是使火箭在标准弹道附近飞行。这种方法的关机方程表达式是标准弹道关机点附近级数展开，而为了计算简化又常略去其高阶项。在采用摄动制导时，不可能也不必要严格地把火箭导引到标准弹道上，使火箭实际飞行运动参数与标准弹道参数完全相等。只要满足关机方程，火箭就能满足目标需求。尽管如此，仍然要求火箭不要严重偏离标准弹道飞行。这是因为，为了计算简化，往往略去泰勒级数的高阶项，这在弹道偏差小的情况下是允许的，如弹道偏差大就会带来显著误差，致使最终偏差增大。摄动制导的具体导引方法可以有多种。纵向平面（射面）内常采用预定的时间程序角信号，使火箭根据目标需求转弯，飞行在标准弹道附近；垂直于射面的方向采用横向导引，使火箭保持在射面或在其附近飞行。视需要还可以加入法向导引信号。

摄动法的突出优点是箭上计算简单。它的缺点是对不同的目标需求，要求射前在地面精确计算标准弹道及标准弹道关机时刻的各项偏导数，并把有关参数送入箭上计算机，临时更换目标需求或一个发射点，又要重新计算和向箭上计算机重新输入上述有关参数，这对灵活性是不利的。

另一类方法为显式制导。这一类方法的特点是，关机方程和导引指令形成的表达式都是以火箭运动参数的显函数形式给出的。导引信号则由箭上计算机根据火箭实时运动参数和目标需求按一定的性能指标实时计算而产生。闭路制导就是一种显式制导方法。这种方法的原理：在前述导航计算基础上，箭上计算机计算出需要速度，它与火箭此时实际速度的差值即为火箭应该增加的速度，称为待增速度。导引的目的是让推力方向与待增速度方向平行，当待增速度小于允许值时即行关机。

显式制导的优点在于，射前无需对不同的目标需求进行烦琐的标准弹道设计、偏导数的计算和向箭上计算机输入相应参数。射前临时改变目标需求，只要向箭上计算机输入新的目标需求条件即可。一般情况下，显式制导的精度要高一些。当然，摄动制导精度也可以提高，但要付出复杂化的代价。显式制导的主要缺点为，箭上运算比较复杂，对箭上计算机的运算速度、精度及容量要求很高。

（3）送出导引指令和实施关机

制导系统产生的导引指令，被送到姿态控制系统，以控制火箭推力方向，使火箭按所需状态飞行；从这个意义上讲，姿态控制系统是导引指令的一个执行系统。

在对火箭进行导引过程中，箭上计算不断地计算关机方程，一旦方程得到满足，即发出关机指令。对于固体火箭来讲，在关机指令作用下，迅速打开固体发动机前面的反向喷管，使高压燃气向前排出产生反推力，同时，燃烧室压力骤然降低，正向推力下降，当反向推力等于或大于正向推力，即实现发动机“关机”。考虑到从发出关机指令到实际关机有一定的时间延迟，所以关机指令适当提前发出，以补偿由于关机执行过程时延所带来的目标偏差。

由上可知，制导系统可以有效控制目标偏差，使射击或入轨精度满足载荷系统提出的要求。尽管如此，由于以下原因，火箭仍不可避免地存在一定的设计误差：

1）制导系统采用的各项数学表达式和数值计算公式总是在一定程度上进行了简化，这会带来一定的射击或入轨误差。这种误差称为方法误差。随着计算机技术的发展和完善，该误差可以减小到在总误差中不起显著作用的程度。

2）制导系统为测量火箭运动参数所用的测量仪器有一定的测量误差，承担导航、导引和关机方程计算的箭上计算机及信号转换设备存在量化、计算延迟、信号转换误差等。这种由于测量、计算、信号转换等仪器性能不完善而产生的设计误差，称为工具误差。在工具误差中，惯性器件的误差是最主要的。

3）存在一些不直接与制导系统工作有关的误差，如发射点和目标点的坐标确定误差、火箭起飞前惯性测量基准与发射坐标系的初始对准误差、火箭飞行区实际引力与引力模型给出的值不等而引起的误差（即所谓扰动引力引起的误差）、对载荷再入大气层时受大气层升阻力作用及载荷烧蚀等难于精确考虑而产生的再入误差。

为了进一步提高运载火箭的射击或入轨精度，现代运载火箭，除了改善主动段控制外，往往采用中段制导和（或）末段制导，形成两种或多种控制形式并存的制导体制。

1.3 姿态控制技术

姿态控制首先要稳定火箭绕质心的运动（即火箭的姿态角运动），使火箭在动力飞行段，在各种干扰作用下，能较快地恢复到给定的姿态角位置，并有一定的稳定裕度。同时，姿态控制系统要及时响应制导系统产生的导引指令，按指令精确控制姿态，从而改变推力方向，使火箭按所要求的弹道飞行。需要指出的是，火箭稳定飞行是实现火箭全程飞行和对质心运动控制的前提；姿态控制系统的静动态精度和系统过渡过程品质，特别是在关机点附近，对制导精度有重要影响。

图 1.3-1 给出了姿态控制系统的功能框图。系统具有对角运动敏感测量、信号变换与处理、放大及控制信号执行的功能。它是一个典型的闭环自动控制系统。

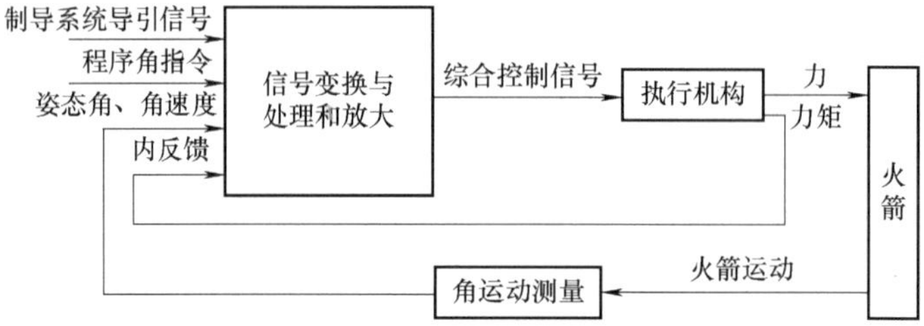

图 1.3-1　姿态控制系统功能框图

现代火箭的气动特性会具有静不稳定性。也就是说，如果没有姿态控制系统，火箭不能稳定飞行，很小的干扰，就会使火箭翻转。要使这种火箭稳定飞行，必须有相应的姿态控制系统。同时，该系统要能经得起各种干扰的影响，如箭体、发动机制造方面的结构干扰，发动机比冲秒耗量等参数偏差产生的干扰，风干扰及飞行过程中某些状态的突变扰动（级间分离、导引信号突然接入等）；随着火箭在飞行中推进剂的燃烧和喷气及飞行中的结构变化（如抛掉前级发动机等），它的质量和转动惯量随时间不断变化；火箭动力学各通道间存在着交连影响，并具有明显的非线性特性；箭上控制仪器和设备也存在某些非线性特性。所有这一切说明，火箭姿态控制系统是一个非常复杂的系统，它是一个不断受到各种随机干扰的参数时变的非线性系统。

由于火箭箭体实际上不是理想的刚体，而是弹性体，这使得姿态控制问题更为复杂。弹性问题是姿态控制设计中重要的，也是困难的问题之一。这种弹性振动信号是通过敏感测量元件传入到系统的。敏感测量元件装在沿箭体纵轴的不同位置，所得的弹性振动信号也不同，因而调整敏感测量元件的安装位置是处理弹性问题的有效途径之一。当弹性基本振型频率与刚体固有频率之比大于3～4时，则采用适当滤波技术能有效抑制弹性振动的影响。

火箭姿态控制系统是一个非常复杂的闭环的自动控制系统。分析和综合这个系统，需要用到一系列数学工具和控制理论，但要设计一个成功的姿态控制系统，远不是一个单纯的数学问题或理论问题。这是因为无论姿态控制系统所用的箭上仪器设备或是作为被控对象的火箭本身都受到设备精度及功率、箭体结构制造等方面的一定限制。例如，在控制过程中，不能允许因风干扰引起的攻角过大，因为攻角大，那么气动力矩就要大，而控制力矩是有限制的；又如，固体火箭推力矢量控制通常采用摆动喷管实现，但最大喷管摆角是受严格限制的，如最大控制力矩小于干扰力矩，火箭就会失控；另一方面，过大的攻角会产生过大的法向过载，如超过火箭的许用过载，火箭就会损坏解体。

不过，姿态控制系统虽然非常复杂，但在工程设计时，往往在设计初期，可先对火箭动力学方程进行简化，采用小扰动、线性化方法，并在标准弹道的若干特征点将参数固化，建立单通道线性常系数方程组，以便在此基础上对系统进行分析和综合，初步确定系统参数，评估系统性能。在此之后，再在计算机上进行多通道、时变的非线性系统的仿真，以修正系统参数，全面评定系统性能；而在火箭飞行试验前，还要进行控制系统仪器和设备接入仿真系统的所谓半实物仿真试验，全面验证控制性能。

这里需要指出的是，火箭质心运动和绕质心运动是火箭运动的两个方面，其箭上实现的两个系统（制导系统和姿态控制系统）是紧密联系的。在一定条件下，尽管可以分开研究和设计，但要注意研究两个系统的相互影响，协调两个系统的参数，最后还要参与在计算机上用仿真方法对整个控制系统的性能进行的全面检验和评定。

1.4 研究途径

运载火箭飞行力学是研究火箭运动规律的学科，是研究火箭在空间飞行的理论基础。不过，这个问题是很复杂的，即使在舵面固定偏转的条件下，火箭作为刚体在空间运动也有六个自由度，需要由12个微分方程来描述，再加上制导系统中各部件的工作过程，需要的微分方程数目就更多，如把火箭作为弹性体，研究其运动特性就更加复杂。为了简化对问题的研究，通常分为几个阶段进行，从简单到复杂，逐步完善。

第一阶段是研究弹道学问题。将火箭运动看作是可控制的质点的运动，在许多情况下这是完全允许的。假定制导系统工作是理想的，火箭的质量集中在质心上，在飞行的任一瞬间，作用在火箭上所有外力的合力矩为零。这样，在质点上作用了重力、发动机推力和空气动力等，通过研究作用在火箭上的力和运动之间的关系，加上制导系统理想工作的约束关系式，就可以求出质心运动轨迹——弹道、飞行速度和过载等飞行参数，而这一阶段的目的不在于制导过程如何。因此，火箭弹道学实质上是研究质点动力学问题。

第二阶段是研究火箭本身的动态特性问题。将火箭当作质点系来研究其运动情况，不仅要考虑作用在质心上的力，也要考虑绕质心的力矩。通常这里研讨的是线性化方程，并把火箭看成为制导系统的一个环节——控制对象，研究它的动态特性。即，在干扰作用下，它能否保持原来的飞行状态？在操纵机构作用下，火箭改变飞行状态能力如何？也就是研究稳定性与操纵性问题。因此，火箭动态特性分析也可称为火箭质点系动力学。

最后阶段是研究制导系统的动力学特性。这一阶段的任务是进一步研究火箭的飞行特性，特别是飞行准确度，它是以火箭相对所需弹道的偏离量且以其概率来表征的。这些偏差的产生是由于：实际上所有制导系统器件都不能理想准确地工作；火箭并不是理想地跟随操纵机构的偏转而改变其运动状态；在飞行中，火箭及其制导系统还被作用了随机干扰等。为了研究飞行准确度，必须用足够多的微分方程才能完整地描述火箭的运动和制导系统的工作过程，同时还必须考虑各种随机干扰，因此需要用很多高阶常微分方程来描述。这些方程一般是非线性的，方程右端明显与时间有关，有滞后变量和随机函数等。研究这种方程组，可以用近代科学技术提供的有关方法，特别是数学分析方法、概率论与数理统计、随机过程理论、控制理论、数值分析、数学仿真，此外还必须应用计算机进行火箭系统的仿真。

本书内容与高等数学、理论力学、空气动力学、自动控制理论、大地测量学、制导系统原理、姿态动力学、算法语言和计算机仿真等学科密切联系，涉及公式较多，应用中应注意物理概念、推导公式的前提条件，以及公式的适用范围和对得出的结论等基本知识的理解与掌握。

第2章 常用坐标系及其转换

众所周知，自然界中的一切物体都在不停运动着。运动是绝对的，静止则是相对的。对于物体永远运动这一客观事实，尽管相对于不同的坐标系（即参考系），其运动形式和运动规律的描述不同，但绝对不会因选择的参考系不同而改变其固有的运动特性。这正如一定长度的物体，它绝不会因选用度量尺度的不同而改变其客观长度一样，上述特性也完全适用于运载火箭这一特定运动物体。然而，合理且恰当地选择参考系统会使描述物体运动规律的数学模型大为简化，否则将使问题复杂化，甚至陷入无法处理的困境。因此，正确定义和恰当地选择参考系统是研究火箭运动规律的一项重要工作。

在研究物体和火箭运动特性和规律时，还必须将不同坐标系所描述的同一物理量统一到同一个坐标系中，而两坐标系间的关系可用它们间的方向余弦矩阵表示，也可用其他方法。

在飞行力学中，用到的坐标系比较多，但限于篇幅，本章在介绍空间点位坐标的基础上，只介绍发射坐标系、箭体坐标系、惯性坐标系、速度坐标系和轨迹坐标系等几种常用的坐标系以及它们间的关系。

2.1 空间点位的天文坐标和大地坐标

2.1.1 大地水准面与天文坐标

1. 铅垂线和水准面

地球表面是一个极其复杂的曲面，一切实际测量都不能以此复杂的表面作为基准面。实际测量是以铅垂线为基准线，以水准面为基准面。

1）铅垂线。地球上任一点都受两个力的作用：一是地球对该点的引力 $\boldsymbol{F}$；另一个是地球旋转产生的离心力 $\boldsymbol{P}$。此两力的合力 $\boldsymbol{G}$ 称为重力，重力的方向线称为铅垂线，如图 2.1-1 所示。

2）水准面。在地球重力场中，处处与重力方向（铅垂线）成正交的曲面，称为水准面。显然，当液体表面静止时，其表面就是水准面的一部分。水准面是一个连续的闭合曲面。由于地球的内部和外部空间处处有重力存在，所以通过不同高度的点，都有一个水准面，故水准面有无穷面。在同一个水准面上，各点的重力位相等，所以水准面又称重力等位面。

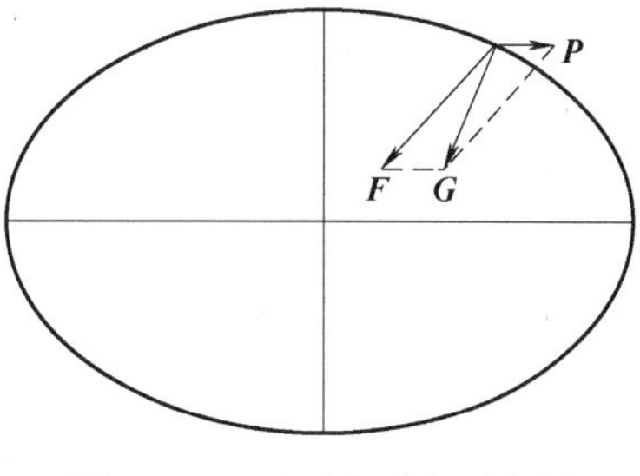

图 2.1-1 地面点受力示意图

铅垂线和水准面是客观存在、可实际标定的线和面。因此，许多测量仪器和测量工作都以它们作为基准。例如，火箭发射，以铅垂线为基准标定火箭的中轴线，以水准面为基准标定发射方向。

2. 大地水准面

一个与处于流体静平衡状态的海洋面（无波浪、潮汐、水流和大气压变化引起的扰动）重合并延伸到大陆内部的水准面，称为大地水准面。它是一个没有皱纹和棱角的连续的封闭曲面。由大地水准面所包围的形体称“大地体”或“地球体”。习惯上，各国均以海洋的平均海水面来表述大地水准面，如我国采用黄海平均海水面作为大地水准面。

大地水准面在理论和实用上都具有重要意义。首先，由于海洋面积占地球总面积的71%，所以大地水准面的形状和大小是最接近地球真实形状和大小的，故通常用它来表述整个地球形状。大地测量学研究的地球形状，就是研究大地水准面的形状。大地水准面上的重力位处处相等，并与其上的重力方向处处正交，因此，它是一个与地球内部结构密切相关的物理面，是研究地球重力场和地球内部结构的重要依据。其次，大地水准面是地面点高程的起算面。如我国采用自青岛验潮站求得的 1985 年黄海平均海水面，作为全国高程的统一起算面。同时，它又是各种角度测量的统一基准面。虽然地面各点的测角工作是以各个不同的水准面为基准面的，但实践和理论均可证明，其角值与以大地水准面为基准面的角值相差很小，完全可以忽略。因此，可选择大地水准面作为所有角度测量的共同基准面。

由于地球表面起伏不平和地球内部物质分布不均匀，地面各点的铅垂线方向会产生不规则的变化，所以大地水准面的形状（几何性质）和重力场（物理性质）都是不规则的，如图 2. 1-2 所示。故不能用一个简单的几何形状和数学公式来表述大地水准面。

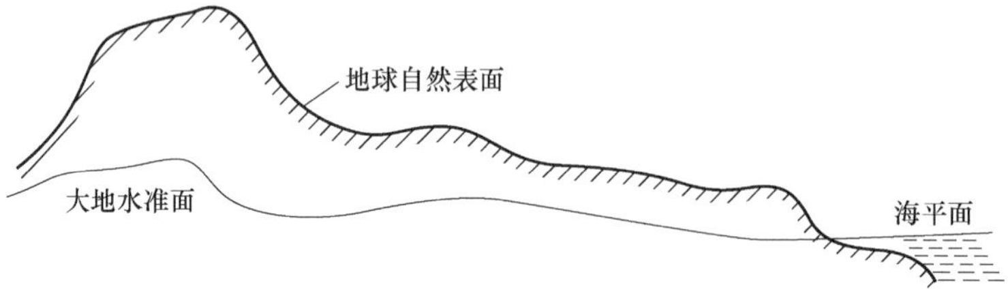

图 2. 1-2　大地水准面示意图

3. 点位的天文坐标

点位的天文坐标是用天文经度 λ、天文纬度 φ 和正高 H_g 来表示的。另外，表示两点间方位的天文方位角 α 也是一个重要参数。天文坐标是以铅垂线和水准面为基准的坐标。天文经度、纬度和天文方位角是用天文测量方法观测恒星直接测定的。正高是用水准测量直接测定的。某一点的天文坐标确定了该点在地球上的地理位置，故又称为天文地理坐标。

如图 2. 1-3 所示，其整个形状是由大地水准面所包围的大地体，O_e 为地心，PP'是地球自转轴，通过地心 O_e 并与地球自转轴 PP'相垂直的平面称为地球赤道面。地面某一点 q 的铅垂线为 qt。由于地面各点铅垂线方向是不规则的，所以任意一点的铅垂线一般不与地球自转轴 PP'相交。

定义：包含一点的铅垂线并平行于地球自转轴的平面称为该点的天文子午面，过格林尼治天文台的天文子午面为起始天文子午面，包含一点的铅垂线并和天文子午面垂直的平面称

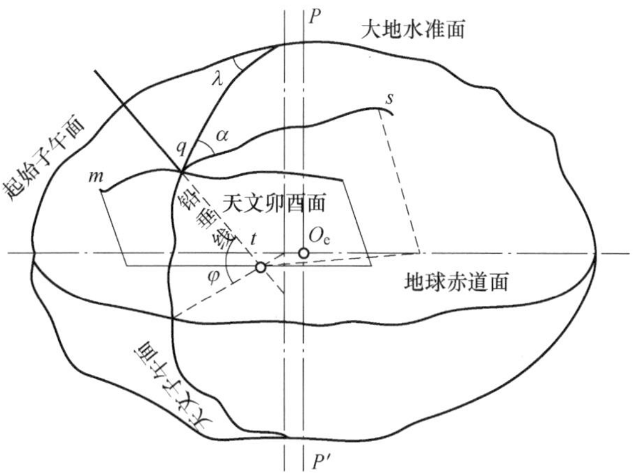

图 2.1-3　点位的天文坐标

为天文卯酉面，而包含一点的铅垂线的所有平面统称为铅垂面。

天文坐标是以天文起始子午面、地球赤道面和大地水准面为坐标面的坐标。

1）天文经度。某一点的天文子午面与起始子午面间的夹角称为天文经度，以符号 λ 表示。

2）天文纬度。某一点的铅垂线与地球赤道面的夹角称为天文纬度，以符号 φ 表示。

3）正高。某一点到大地水准面的垂直距离称为正高，以符号 H_g 表示。

4）天文方位角。某一点的天文子午面与包含目标点 s 的铅垂面间的夹角称为该点对目标 s 的天文方位角，以符号 α 表示。

由于大地水准面是一个不规则的复杂曲面，在该曲面上不能进行简单而准确的数学运算，所以，各点的天文坐标不能相互推算，只能直接测定。同时，由于大地水准面和铅垂线方向变化的不规则性，两点间的距离与坐标差之间也没有严密的数学关系。基于以上原因，天文坐标仅能孤立地表示各个点的地理位置，而不能构成一个完整的统一坐标系。另外，由于天文经、纬度是直接测定的，地球半径又很大，所以很小的测量误差都将引起较大的点位误差。例如，0.3″的测量误差将使点位产生 10m 左右的误差。所以，天文坐标不能作为建立统一、精密坐标系的坐标。

天文坐标虽存在上述问题，但它仍具有非常重要的作用。一方面，它是建立统一、精密坐标系不可缺少的起始数据，也是计算垂线偏差、坐标系转换的基本数据。另一方面，天文方位角是卫星发射等标定方向的基准。

2.1.2　地球椭球与大地坐标

为建立统一、精密的坐标系，人们自然要寻求一个在形状和大小上与大地体非常接近的并与大地体有着固定关系的数学体来代替大地体，作为建立地球坐标系的基准。根据长期的研究和实测证明，能模拟地球的最简单的数学体是旋转椭球体，称为地球椭球。

1. 地球椭球参数

地球椭球的几何形状是一个旋转椭球，它是由一个椭圆绕短轴旋转一周而成。其基本几何元素有两个，即长半轴 a 和扁率 f。f 与长半轴 a 和短半轴 b 的关系为

$$f=\frac{a-b}{a} \tag{2.1-1}$$

在一些计算和表述中，还经常用到以下的元素和符号：

子午椭球的第一偏心率 $$e=\sqrt{\frac{a^2-b^2}{a^2}} \tag{2.1-2}$$

子午椭球的第二偏心率 $$e'=\sqrt{\frac{a^2-b^2}{b^2}} \tag{2.1-3}$$

传统大地测量利用天文大地测量和重力测量资料推求地球椭球的几何参数。19 世纪以来，已经求出许多参考地球椭球，比较著名的有贝塞尔椭球（1841 年）、克拉克椭球（1866 年）、海福特椭球（1910 年）和克拉索夫斯基椭球（1940 年）等。20 世纪 60 年代以后，空间大地测量学的兴起和发展，为研究地球形状和引力场开辟了新途径。国际大地测量和地球物理联合会（IUGG）已推荐了更精密的椭球参数，如第 16 届 IUGG 大会（1975 年）推荐的 1975 年国际椭球参数等。新中国成立以来，我国采用的 1954 年北京坐标系应用的是克拉索夫斯基椭球，之后采用的 1980 年国家大地坐标系应用的是 1975 国际椭球；而全球定位系统（GPS）应用的是 WGS-84 椭球。

几何参数 a 和 f 仅反映地球椭球的几何特性，为研究地球的物理特性，还需要有表示基本物理特性的物理参数。为此，自 1967 年开始，国际上明确规定采用以下四个参数来综合表示地球椭球的几何和物理特性，即椭球长半轴 a；引力常数与地球质量的乘积 GM；地球重力场二阶带谐系数 J_2；地球自转角速度 ω_e。

三种地球椭球的参数见表 2.1-1。

表 2.1-1　三种地球椭球的几何和物理参数

	克拉索夫斯基椭球	1975 国际椭球	WGS-84 椭球
a	6378245.0（m）	6378140.0（m）	6378137.0（m）
f	1/298.3	1/298.257	1/298.257223563
e^2	0.006693421622966	0.006694384999588	0.0066943799013
e'^2	0.006738525414683	0.006739501819473	0.00673949674227
GM	398600.5×10^9	398600.5×10^9	398600.5×10^9
J_2	10826.3×10^{-7}	10826.3×10^{-7}	10826.3×10^{-7}
ω_e	7.292115×10^{-5}	7.292115×10^{-5}	$7.2921151467\times10^{-5}$

2. 点位的大地坐标

点位的大地坐标，以地球椭球面为基准面，以地面点至椭球面的法线为基准线，其定义与天文坐标类似。如图 2.1-4 所示，PP'为地球的旋转轴，又称为短轴；Q 为地面点；QT 是地面点对椭球面的法线；包含法线 QT 的所有平面称为法截面。其中，包含短轴 QT 的法截面称为 Q 点的大地子午面，通过格林尼治天文台的称为起始大地子午面；与子午面相垂直的法截面称为大地卯酉面。

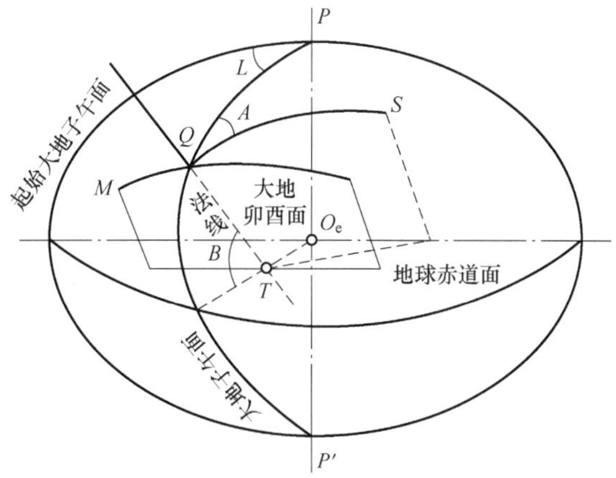

图 2.1-4　点位的大地坐标

大地坐标是以起始大地子午面、赤道面和椭球面为坐标面的坐标。

1）大地经度。Q 点的大地子午面与起始大地子午面的夹角称为该点的大地经度，以符号 L 表示。

2）大地纬度。Q 点对椭球面的法线与赤道面的夹角称为大地纬度，以符号 B 表示。

3）大地高。Q 点沿法线到椭球面的距离称为大地高，以符号 H 表示。大地高从椭球面起算，向外为正，向内为负。

习惯上，又称某点的大地经、纬度为水平坐标，它表示地面点沿法线在椭球面上投影点的位置。

2.2　大地坐标与地心坐标系的关系

当地球椭球定位和定向后，除建立大地坐标系外，还可相应建立空间直角坐标系。本节介绍的地心坐标系就是一种空间直角坐标系。

2.2.1　大地坐标至地心坐标系转换

地心坐标系定义如下：坐标系原点在地心 O_e。O_eX_e 在赤道平面内指向某时刻 t_0 的起始子午面（这里取格林尼治天文台所在的子午面），O_eZ_e 垂直于赤道平面指向北极。O_e-$X_eY_eZ_e$ 组成右手直角坐标系。由于坐标 O_eX_e 与所指向的子午线随地球一起转动，因此这个坐标系为一动参考系。

地心坐标系对确定火箭相对于地球表面的位置很适用。

显然，在同一个系统中，大地坐标系与空间直角坐标系本质上是一致、等价的，只是表示点位坐标的方式不同。在弹道、轨道测量和坐标系转换中，通常都采用空间直角坐标。这既简单、又方便。而表示点的地理位置，通常都采用大地坐标。因此，经常要应用此两种坐标系的转换公式。

取地球外任一点 P，其大地坐标为 B、L、H，地心系坐标为 X、Y、Z。为便于推导两种坐标转换，先将地心 O_e 与点 P 所在大地子午面提取出来，如图 2.2-1 所示。

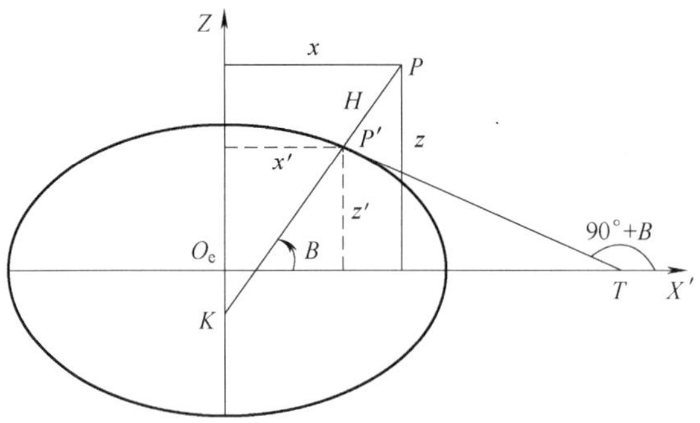

图 2.2-1　子午圈平面坐标

图2.2-1中，P'为过点P法线与椭球面的交点；X'轴沿P'点所处子午面与赤道面交线方向，Z轴与地心坐标系指向相同，则在此子午面内建立平面坐标系O_e-$X'Z$，点P、P'的直角坐标可记为x、z、x'、z'。

过点P'做子午圈切线TP'，易知，TP'与X'轴夹角为$90°+B$。由解析几何可知，该夹角正切值为切线TP'的斜率，即

$$\frac{dz'}{dx'}=\tan(90°+B)=-\cot B \tag{2.2-1}$$

又由P'在以O_e为中心的子午椭圆上，则其直角坐标x'、z'满足下面方程

$$\frac{x'^2}{a^2}+\frac{z'^2}{b^2}=1 \tag{2.2-2}$$

式中，a、b分别为地球椭球体长、短半轴。

将式（2.2-2）两端对x'取导数，得

$$\frac{dz'}{dx'}=-\frac{b^2}{a^2}\cdot\frac{x'}{z'} \tag{2.2-3}$$

将上式与式（2.2-1）比较可得

$$\cot B=\frac{b^2}{a^2}\cdot\frac{x'}{z'}=\left(1-\frac{a^2-b^2}{a^2}\right)\frac{x'}{z'}=(1-e^2)\frac{x'}{z'} \tag{2.2-4}$$

式中，$e^2=\dfrac{a^2-b^2}{a^2}$，e为椭球第一偏心率。

由式（2.2-4）可得

$$z'=x'(1-e^2)\tan B \tag{2.2-5}$$

将上式代入式（2.2-2）得

$$\frac{x'^2}{a^2}+\frac{x'^2(1-e^2)^2\tan^2B}{b^2}=1 \tag{2.2-6}$$

用$a^2\cos^2B$乘上式两边，得

$$x'^2[\cos^2B+(1-e^2)\sin^2B]=a^2\cos^2B$$

考虑到$B\in[-90°,90°]$，即$\cos B\geqslant0$，则由上式可知

$$x' = \frac{a\cos B}{\sqrt{\cos^2 B + (1-e^2)\sin^2 B}} = \frac{a}{\sqrt{1-e^2\sin^2 B}}\cos B \tag{2.2-7}$$

将上式代入式（2.2-5）可得

$$z' = \frac{a\cos B}{\sqrt{1-e^2\sin^2 B}}(1-e^2)\tan B = \frac{a}{\sqrt{1-e^2\sin^2 B}}(1-e^2)\sin B \tag{2.2-8}$$

由图 2.2-1 易知

$$x = x' + H\cos B,\ z = z' + H\sin B \tag{2.2-9}$$

不妨记

$$N = \frac{a}{\sqrt{1-e^2\sin^2 B}} \tag{2.2-10}$$

则由式（2.2-8）~式（2.2-10）可知 P 点的直角坐标为

$$x = (N+H)\cos B,\ z = [N(1-e^2)+H]\sin B \tag{2.2-11}$$

由图 2.2-1 所示并结合式（2.2-11）易知，P 点的地心坐标系坐标为

$$\begin{cases} X = x\cos L = (N+H)\cos B\cos L \\ Y = x\sin L = (N+H)\cos B\sin L \\ Z = z = [N(1-e^2)+H]\sin B \end{cases} \tag{2.2-12}$$

2.2.2　地心球坐标及其与大地坐标、地心直角坐标的关系

在弹道中，还经常用到球坐标系，如箭下点和星下点的坐标。球坐标系也是在地球椭球定位和定向后，相应于大地坐标系和空间直角坐标系而建立的。其坐标原点是地球中心，坐标面是起始大地子午面和赤道面。

表示空间一点 P 的地心球坐标：

1）地心矢径。地心到 P 点的矢量称为地心矢径，其距离用符号 r 表示。

2）地心纬度。P 点的地心矢径与赤道面的夹角称为地心纬度，用符号 ϕ 表示。

3）地心经度。P 点的大地子午面与起始大地子午面的夹角称为地心经度。此定义与地心大地经度相同，故仍用符号 L 表示，即 $L=L$。

易得地心球坐标与地心直角坐标的关系

$$X = r\cos\phi\cos L,\ Y = r\cos\phi\sin L,\ Z = r\sin\phi \tag{2.2-13}$$

由上式可得反算公式：

$$r = (X^2+Y^2+Z^2)^{1/2},\ \phi = \arctan\frac{Z}{\sqrt{X^2+Y^2}},\ L = \arctan\frac{Y}{X} \tag{2.2-14}$$

由式（2.2-12）和式（2.2-14），可得地心球坐标与大地坐标的关系式：

$$\begin{cases} L = L \\ B = \arctan\left[\dfrac{N+H}{N(1-e^2)+H}\tan\phi\right] \\ H = r\dfrac{\cos\phi}{\cos B} - N = r\dfrac{\sin\phi}{\sin B} - N(1-e^2) \end{cases} \tag{2.2-15}$$

由上式可得反算公式：

$$\begin{cases} L = L \\ \phi = \arctan\left[\dfrac{N(1-e^2)+H}{N+H}\tan B\right] \\ r = (N+H)\dfrac{\cos B}{\cos\phi} = [N(1-e^2)+H]\dfrac{\sin B}{\sin\phi} \end{cases} \tag{2.2-16}$$

2.3 坐标系间的转换矩阵

2.3.1 初等转换矩阵的几何推导

设直角坐标系 $O\text{-}X_1Y_1Z_1$ 绕 Z_1 轴正向旋转角 θ 后得到坐标系 $O\text{-}X_2Y_2Z_2$，空间矢量 $\boldsymbol{R}$ 在 $O\text{-}X_1Y_1Z_1$、$O\text{-}X_2Y_2Z_2$ 系投影分别为 $(x_1 \quad y_1 \quad z_1)^{\mathrm{T}}$、$(x_2 \quad y_2 \quad z_2)^{\mathrm{T}}$，下面推导两组投影间关系。

由于旋转绕 Z_1 轴，所以 Z 坐标不变，即 $z_2 = z_1$，由图 2.3-1 所示可知

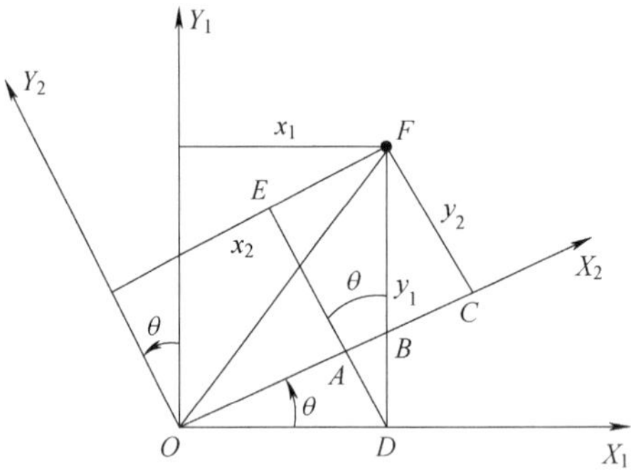

图 2.3-1　坐标系间变换关系

$$\begin{aligned} x_2 &= OA + AB + BC \\ &= OD\cos\theta + BD\sin\theta + BF\sin\theta \\ &= x_1\cos\theta + y_1\sin\theta \end{aligned} \tag{2.3-1}$$

$$\begin{aligned} y_2 &= DE - AD = DF\cos\theta - OD\sin\theta \\ &= y_1\cos\theta - x_1\sin\theta \end{aligned} \tag{2.3-2}$$

考虑到 $z_2 = z_1$，并结合式（2.3-1）、式（2.3-2）有以下矩阵形式成立：

$$\begin{pmatrix} x_2 \\ y_2 \\ z_2 \end{pmatrix} = \begin{pmatrix} \cos\theta & \sin\theta & 0 \\ -\sin\theta & \cos\theta & 0 \\ 0 & 0 & 1 \end{pmatrix}\begin{pmatrix} x_1 \\ y_1 \\ z_1 \end{pmatrix} = M_3(\theta)\begin{pmatrix} x_1 \\ y_1 \\ z_1 \end{pmatrix} \tag{2.3-3}$$

上式描述了同一矢量在不同坐标系投影的变换关系，$R_z(\theta)$ 即为绕 Z_1 轴正向旋转 θ 角形成的变换矩阵：

$$M_3(\theta) = \begin{pmatrix} \cos\theta & \sin\theta & 0 \\ -\sin\theta & \cos\theta & 0 \\ 0 & 0 & 1 \end{pmatrix} \tag{2.3-4}$$

同理，可得绕 X_1、Y_1 轴正向旋转 θ 角形成的变换矩阵为

$$M_1(\theta)=\begin{pmatrix}1 & 0 & 0\\ 0 & \cos\theta & \sin\theta\\ 0 & -\sin\theta & \cos\theta\end{pmatrix},\ M_2(\theta)=\begin{pmatrix}\cos\theta & 0 & -\sin\theta\\ 0 & 1 & 0\\ \sin\theta & 0 & \cos\theta\end{pmatrix} \tag{2.3-5}$$

两坐标系间任何复杂的角度关系，都可看作有限次基本旋转的复合。转换矩阵，等于基本旋转确定的如式（2.3-4）和式（2.3-5）变换矩阵的连乘。其顺序按基本旋转的顺序自右向左排列。

2.3.2　方向余弦矩阵

如 $O\text{-}X_1Y_1Z_1$ 和 $O\text{-}X_2Y_2Z_2$ 为两个坐标原点重合但坐标轴方向不重合的右手直角坐标系，C_1^2 为 X_1、Y_1、Z_1 坐标轴变换成 X_2、Y_2、Z_2 坐标轴单位矢量的转换矩阵，则有

$$\boldsymbol{E}_2=C_1^2\boldsymbol{E}_1 \tag{2.3-6}$$

式中

$$\boldsymbol{E}_1=(\boldsymbol{e}_{x_1}\quad \boldsymbol{e}_{y_1}\quad \boldsymbol{e}_{z_1})^{\mathrm{T}},\ \boldsymbol{E}_2=(\boldsymbol{e}_{x_2}\quad \boldsymbol{e}_{y_2}\quad \boldsymbol{e}_{z_2})^{\mathrm{T}} \tag{2.3-7}$$

上面两个为列矩阵。

将式（2.3-6）等号两边同时点乘 $\boldsymbol{E}_1$ 的转置矩阵 $\boldsymbol{E}_1^{\mathrm{T}}$，因 $\boldsymbol{E}_1\cdot\boldsymbol{E}_1^{\mathrm{T}}=\boldsymbol{I}$（单位矩阵），故有

$$C_1^2=\boldsymbol{E}_2\cdot\boldsymbol{E}_1^{\mathrm{T}}=\begin{pmatrix}\boldsymbol{e}_{x_2}\cdot\boldsymbol{e}_{x_1} & \boldsymbol{e}_{x_2}\cdot\boldsymbol{e}_{y_1} & \boldsymbol{e}_{x_2}\cdot\boldsymbol{e}_{z_1}\\ \boldsymbol{e}_{y_2}\cdot\boldsymbol{e}_{x_1} & \boldsymbol{e}_{y_2}\cdot\boldsymbol{e}_{y_1} & \boldsymbol{e}_{y_2}\cdot\boldsymbol{e}_{z_1}\\ \boldsymbol{e}_{z_2}\cdot\boldsymbol{e}_{x_1} & \boldsymbol{e}_{z_2}\cdot\boldsymbol{e}_{y_1} & \boldsymbol{e}_{z_2}\cdot\boldsymbol{e}_{z_1}\end{pmatrix} \tag{2.3-8}$$

上式可简记为

$$C_1^2=[a_{ij}]\quad i,j=1,2,3 \tag{2.3-9}$$

式中，a_{ij}表示第 i 行第 j 列的矩阵元素，如 $a_{11}=\boldsymbol{e}_{x_2}\cdot\boldsymbol{e}_{x_1}=\cos(X_2,X_1)$。

因为 C_1^2 矩阵中的 9 个元素是由两坐标系坐标轴间夹角的余弦值组成的，故称该矩阵为方向余弦矩阵。由于 $O\text{-}X_1Y_1Z_1$ 和 $O\text{-}X_2Y_2Z_2$ 两坐标系均为右手直角正交坐标系，因而它们的方向余弦矩阵为正交矩阵。根据正交矩阵的“逆矩阵等于其转置矩阵”的特性，所以有

$$(C_1^2)^{\mathrm{T}}=(C_1^2)^{-1}$$

对于具有正交特性的方向余弦矩阵中的 9 个元素，只有 3 个元素是独立的。这是因为 9 个元素满足每行（或列）自身乘积等于 1，行与行（或列与列）之间互相点乘等于零，共有 6 个关系式。

两坐标系间方向余弦矩阵的一个最简单形式，就是这两个坐标系的 3 个坐标轴中，有一相对应的坐标轴平行，如 Z_1 与 Z_2 平行，而 Y_1 与 Y_2 夹角为 ξ，则此时的方向余弦矩阵为

$$M_3(\xi)=\begin{bmatrix}\cos\xi & \sin\xi & 0\\ -\sin\xi & \cos\xi & 0\\ 0 & 0 & 1\end{bmatrix} \tag{2.3-10}$$

与式（2.3-4）比较，可知其形式相同，这是初等转换矩阵的另一种推导方式。

采用相同的方法，可获得这两坐标系的第二个坐标轴和第一个坐标轴平行，而其他相应坐标轴夹角分别为 η 和 ζ 的方向余弦矩阵为 $M_2(\eta)$ 和 $M_1(\zeta)$。不难理解，与上一节所述类

似，可将此类方向余弦矩阵记为一般形式 $M_i(\theta)(i=1,2,3)$。其中，i 表示第 i 轴平行；θ 为其他相应两坐标轴间的夹角。

2.3.3 坐标系转换矩阵的欧拉角表示

利用上述方法，可以获得任意两坐标系间的方向余弦矩阵关系式。

设 $O_1\text{-}X_1Y_1Z_1$ 和 $O\text{-}X_2Y_2Z_2$ 为任意两个坐标原点和坐标轴均不重合的右手空间直角坐标系，并且认为 $O\text{-}X_2Y_2Z_2$ 坐标系是由 $O_1\text{-}X_1Y_1Z_1$ 坐标系经过三次旋转后获得的。为了求得坐标系间的方向余弦矩阵关系式，先将 $O_1\text{-}X_1Y_1Z_1$ 坐标系平移到 $O\text{-}X_2Y_2Z_2$ 坐标系并使两坐标系之原点重合。

1. 第一次旋转

将平移后的 $O\text{-}X_1Y_1Z_1$ 坐标系绕 OZ_1 轴逆时针（从 OZ_1 轴正方向看）以角速度 $\dot{\xi}$ 旋转 ξ 得 $O\text{-}X_1'Y_1'Z_1$。为叙述方便，用符号 $O\text{-}X_1Y_1Z_1 \xrightarrow{(Z_1+\xi)} O\text{-}X_1'Y_1'Z_1$ 表示，如图 2.3-2 所示。这样，如果空间任一点在 $O\text{-}X_1Y_1Z_1$ 坐标系和 $O\text{-}X_1'Y_1'Z_1$ 坐标系各轴上的投影为 $\boldsymbol{X}_1=(X_1\quad Y_1\quad Z_1)^{\mathrm{T}}$、$\boldsymbol{X}_1'=(X_1'\quad Y_1'\quad Z_1)^{\mathrm{T}}$，那么由图 2.3-2 所示不难得出该点在两坐标系的方向余弦为

$$\boldsymbol{X}_1'=M_3(\xi)\boldsymbol{X}_1 \tag{2.3-11}$$

式中，$M_3(\xi)$ 如式（2.3-10）所示。

2. 第二次旋转

将 $O\text{-}X_1'Y_1'Z_1$ 坐标系绕 OY_1' 轴逆时针以角速度 $\dot{\eta}$ 旋转 η 得 $O\text{-}X_2Y_1'Z_1'$（即 $O\text{-}X_1'Y_1'Z_1 \xrightarrow{(Y_1'+\eta)} O\text{-}X_2Y_1'Z_1'$）。此时如果空间任一点在 $O\text{-}X_1'Y_1'Z_1$ 坐标系和 $O\text{-}X_2Y_1'Z_1'$ 坐标系各轴上的投影为 $\boldsymbol{X}_1'=(X_1'\quad Y_1'\quad Z_1)^{\mathrm{T}}$、$\boldsymbol{X}_2'=(X_2\quad Y_1'\quad Z_1')^{\mathrm{T}}$，那么由图 2.3-2 所示不难得出该点在两坐标系的方向余弦为

$$\boldsymbol{X}_2'=M_2(\eta)\boldsymbol{X}_1' \tag{2.3-12}$$

式中，$M_2(\eta)$ 如式（2.3-5）所示。

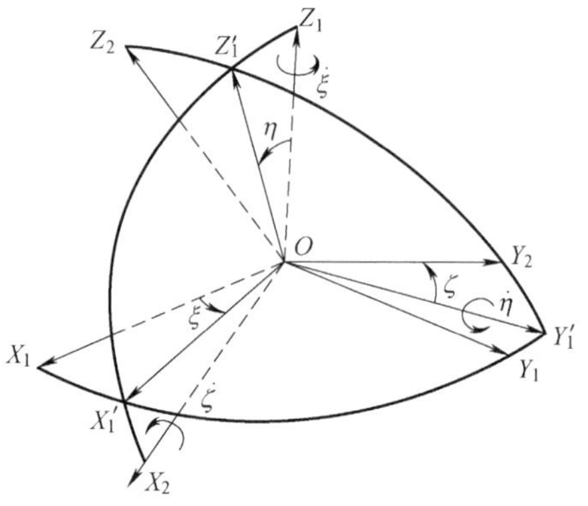

图 2.3-2　坐标系按 3-2-1 顺序旋转示意图

3. 第三次旋转

将 $O\text{-}X_2Y_1'Z_1'$ 坐标系绕 OX_1 轴逆时针以角速度 $\dot{\zeta}$ 旋转 ζ 得 $O\text{-}X_2Y_2Z_2$（即 $O\text{-}X_2Y_1'Z_1' \xrightarrow{(X_2+\zeta)} O\text{-}X_2Y_2Z_2$）。此时如果空间任一点在 $O\text{-}X_2Y_1'Z_1'$ 坐标系和 $O\text{-}X_2Y_2Z_2$ 坐标系各轴上的投影为 $\boldsymbol{X}_2'=(X_2\quad Y_1'\quad Z_1')^{\mathrm{T}}$、$\boldsymbol{X}_2=(X_2\quad Y_2\quad Z_2)^{\mathrm{T}}$，那么由图 2.3-2 所示不难得出该点在两坐标系的方向余弦为

$$\boldsymbol{X}_2=M_1(\zeta)\boldsymbol{X}_2' \tag{2.3-13}$$

式中，$M_1(\zeta)$ 如式（2.3-5）所示。

根据初等变换矩阵关系，很容易得出 $O\text{-}X_1Y_1Z_1$ 坐标系和 $O\text{-}X_2Y_2Z_2$ 坐标系间的方向余弦矩阵关系：

$$\boldsymbol{X}_2=C_1^2\boldsymbol{X}_1 \tag{2.3-14}$$

式中

$$C_1^2 = M_1(\zeta) \cdot M_2(\eta) \cdot M_3(\xi)$$

即

$$C_1^2 = \begin{pmatrix} \cos\xi\cos\eta & \sin\xi\cos\eta & -\sin\eta \\ -\sin\xi\cos\eta + \cos\xi\sin\eta\sin\zeta & \cos\xi\cos\eta + \sin\xi\sin\eta\sin\zeta & \cos\xi\sin\zeta \\ \cos\xi\sin\eta\cos\zeta + \sin\xi\sin\zeta & \sin\xi\sin\eta\cos\zeta - \cos\xi\sin\zeta & \cos\eta\cos\zeta \end{pmatrix} \quad (2.3\text{-}15)$$

上式即为用欧拉角 ξ、η、ζ 表示的两坐标系间的方向余弦矩阵。由于任意两坐标系经过旋转至重合的 3 个角度与旋转次序有关，即根据转动次序的排列数可知共有 6 种次序，即有 6 种不同的欧拉角。这样式（2.3-15）中的每一个元素的表达式也就有所不同，但每个元素的值都是一样的。不过，3-2-1 的转换顺序，即先后绕 OZ、OY、OX 的顺序，较为常用；有时，为了描述火箭大倾侧机动飞行情况下的姿态，也采用 2-3-1 的转换顺序，这里直接写出其方向余弦矩阵如下：

$$C_1^2 = \begin{pmatrix} \cos\xi\cos\eta & \sin\xi & -\cos\xi\sin\eta \\ -\cos\zeta\sin\xi\cos\eta + \sin\zeta\sin\eta & \cos\zeta\cos\xi & \cos\zeta\sin\xi\sin\eta + \sin\zeta\cos\eta \\ \sin\zeta\sin\xi\cos\eta + \cos\zeta\sin\eta & -\sin\zeta\cos\xi & -\sin\zeta\sin\xi\sin\eta + \cos\zeta\cos\eta \end{pmatrix} \quad (2.3\text{-}16)$$

2.4　发射坐标系和箭体坐标系

2.4.1　发射坐标系

运载火箭的发射点一般在地球上，观察和讨论其运动时也是相对地球而言的。为此，首先定义固连于地球且随之转动的发射坐标系，并将它作为讨论火箭运动规律的基本参考系。

定义的发射坐标系，其原点取于火箭发射点 O_f；O_fY_f 轴为过发射点的法线，向上为正，其延长线过地球赤道平面交地轴于 O'_e 点，它与赤道平面的夹角为大地纬度 B_0，而 O_fY_f 所在大地子午面与起始大地子午面之间的二面角为大地经度 L_0；O_fX_f 轴与 O_fY_f 轴垂直，且指向瞄准方向，它与发射点大地子午面正北方向构成的夹角 A_0 即为大地瞄准方位角；O_fZ_f 轴与 O_fX_f、O_fY_f 构成右手直角坐标系。在弹道学理论中，常将 $X_fO_fY_f$ 平面称为射击平面，简称射面。

显然，发射坐标系是动坐标系。有了发射坐标系后，就可较方便地用来描述运动中的火箭质心任一时刻相对地球的位置和速度，同时也可用来描述地球对火箭的引力问题。

不妨设 $O_fO'_e$ 与地球椭球交点为 O'_f，且设点 O'_f 的地心球坐标为 r_0、ϕ_0、L_0。

需要指出的是，地球椭球是对真实地球的近似，所以发射点 O_f 相对地球椭球具有大地高 H_0，即发射点大地坐标可记为 B_0、L_0、H_0。

将发射坐标系 O_f-$X_fY_fZ_f$ 的原点 O_f 平移至 O'_f，可得一新坐标系 O'_f-$X'_fY'_fZ'_f$，如图 2.4-1 所示。

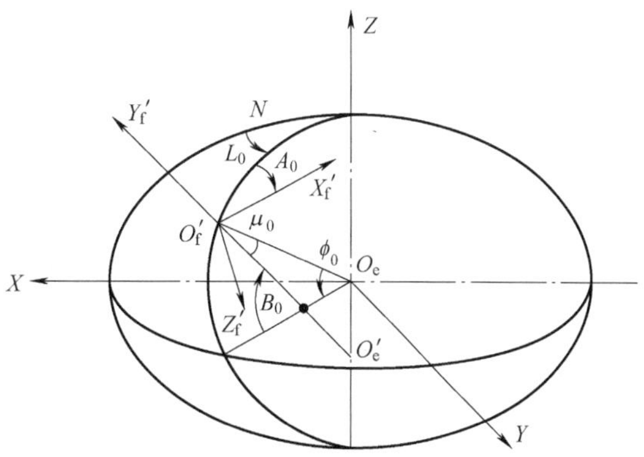

图 2.4-1　发射坐标系（平移后）示意图

依据大地高定义，地球椭球表面大地高为 0，O_f' 对应地心纬度 ϕ_0 可由式（2.2-16）给出

$$\phi_0 = \arctan[(1-e^2)\tan B_0] \tag{2.4-1}$$

则图 2.4-1 所示的 μ_0 可表示为

$$\mu_0 = B_0 - \phi_0 = B_0 - \arctan[(1-e^2)\tan B_0] \tag{2.4-2}$$

由式（2.2-13）可得 O_f' 在地心坐标系的坐标为

$$X_0 = r_0\cos\phi_0\cos L_0,\ Y_0 = r_0\cos\phi_0\sin L_0,\ Z_0 = r_0\sin\phi_0$$

注意到式（2.2-12）、式（2.2-9）和式（2.2-2）可得

$$r_0 = \frac{ab}{\sqrt{a^2\sin^2\phi_0 + b^2\cos^2\phi_0}} \tag{2.4-3}$$

式中，a、b 分别为地球椭球的长、短半轴。

参照图 2.4-1 所示几何关系，可知地心 O_e 在 $O_f' - X_f'Y_f'Z_f'$ 中坐标为

$$x_0' = r_0\sin\mu_0\cos A_0,\ y_0' = -r_0\cos\mu_0,\ z_0' = -r_0\sin\mu_0\sin A_0 \tag{2.4-4}$$

注意到发射坐标系定义及其与 O_f'-$X_f'Y_f'Z_f'$ 的平移关系，可知发射点 O_f 地心矢径在发射坐标系 O_f-$X_fY_fZ_f$ 投影为

$$\boldsymbol{R}_0 = \begin{pmatrix} R_{0x} \\ R_{0y} \\ R_{0z} \end{pmatrix} = \begin{pmatrix} -r_0\sin\mu_0\cos A_0 \\ r_0\cos\mu_0 + H_0 \\ r_0\sin\mu_0\sin A_0 \end{pmatrix} \tag{2.4-5}$$

假设火箭某时刻位于空间 m 点，那么该点位置既可以用 m 点在发射坐标系的位置 $\boldsymbol{\rho} = (x_f \quad y_f \quad z_f)^T$表示，也可用 m 点对地心的矢径 $\boldsymbol{r}$ 来确定，即

$$\boldsymbol{r} = \boldsymbol{R}_0 + \boldsymbol{\rho} \tag{2.4-6}$$

或

$$\boldsymbol{r} = (R_{0x}+x_f)\boldsymbol{x}^0 + (R_{0y}+y_f)\boldsymbol{y}^0 + (R_{0z}+z_f)\boldsymbol{z}^0 \tag{2.4-7}$$

式中，$\boldsymbol{x}^0$、$\boldsymbol{y}^0$、$\boldsymbol{z}^0$ 为发射坐标系各轴的单位矢量。

矢量 $\boldsymbol{r}$ 大小及方向余弦可表示为

$$\begin{cases} r = \sqrt{(R_{0x}+x_f)^2 + (R_{0y}+y_f)^2 + (R_{0z}+z_f)^2} \\ \cos(r,x) = \dfrac{R_{0x}+x_f}{r} \\ \cos(r,y) = \dfrac{R_{0y}+y_f}{r} \\ \cos(r,z) = \dfrac{R_{0z}+z_f}{r} \end{cases} \tag{2.4-8}$$

在确定了飞行火箭质心相对发射坐标系的矢径后，那么描述其质心相对该坐标系的速度也就容易确定了。因此，发射坐标系在研究火箭相对地面运动的规律时，是一个较为方便的参考系。

需要注意的是，本节讨论的发射坐标系，是基于法线系的，即 O_fY_f 轴取过发射点的法线方向，但有时为了应用需要，O_fY_f 轴也可取过发射点的铅垂线方向，这时就要考虑垂线偏差的影响了。

2.4.2　箭体坐标系

为描述飞行火箭相对地球的运动姿态，引入一个固连于箭体且随火箭一起运动的直角坐标 O_1-$X_1Y_1Z_1$，该坐标系称为箭体坐标系。

坐标原点取在火箭质心 O_1 上；O_1X_1 轴与箭体纵对称轴一致，指向载荷方向；O_1Y_1 轴垂直于 O_1X_1 轴，且位于火箭纵对称面内，指向上方；O_1Z_1 轴与 O_1X_1、O_1Y_1 构成右手直角坐标系（见图 2.4-2）。

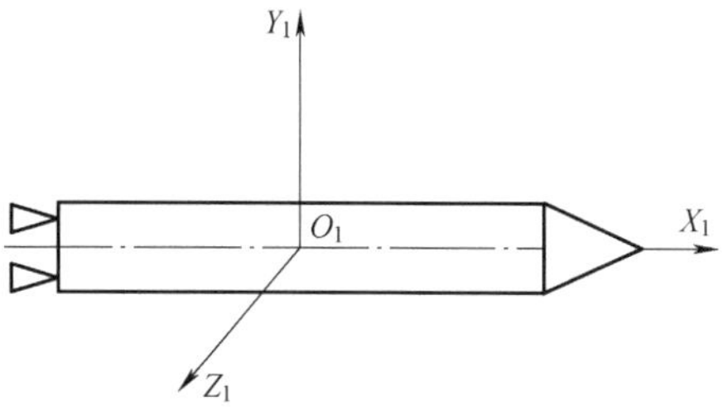

图 2.4-2　箭体坐标系示意图

箭体坐标系的引入，不仅方便描述飞行火箭相对地球的运动姿态，而且由于发动机的推力方向和控制力的方向分别与箭体坐标系的 X_1、Y_1 及 Z_1 轴方向一致，因而用这个坐标来描述推力和控制力也是十分简便的。

由于运载火箭通常是垂直发射的，因而在发射时必须对其进行发射定向工作。一般情况下，发射瞬时火箭纵对称面在射击平面内，因此，火箭纵轴 O_1X_1 必然与发射坐标系的 O_fY_f 轴重合，而箭体坐标系 O_1Y_1 轴则应指向射击瞄准方向的反方向，至于 O_1Z_1 自然与 O_fZ_f 轴同向。

2.4.3　箭体坐标系与发射坐标系的关系

1. 坐标系间的关系

火箭飞行过程中，如果已知其质心相对发射坐标系之坐标 $(x_f \quad y_f \quad z_f)^T$，那么火箭相对发射点的位置也就认为是确定的了。然而，此时火箭的运动是抬头还是低头，是偏左还是偏右，并不知道。换言之，发射坐标系所能够确定的仅是火箭质心任一时刻相对地球的位置，而无法确定飞行火箭相对地球的运动姿态。只有将固连于地球的发射坐标系和固连于火箭的箭体坐标系联合使用，才能既可描述飞行火箭任一飞行瞬时相对地球的位置，也能确定其相对地球的飞行姿态。为此，需要建立箭体坐标系与发射坐标系间的关系。

在建立两坐标系间关系时，可以认为：箭体坐标系，是由在发射瞬间与发射坐标系相重合的辅助发射坐标系平移（这种平移并不影响发射坐标系相对箭体坐标系的方位姿态，而仅是发射坐标系的原点改变而已）到火箭质心 O_1 后（记为 O_1-$X_fY_fZ_f$），经过 3 次连续旋转得到的，即 $O_1\text{-}X_fY_fZ_f \xrightarrow{(Z_f+\varphi)} O_1\text{-}X'_fY'_fZ_f \xrightarrow{(Y'_f+\psi)} O_1\text{-}X_1Y'_fZ'_f \xrightarrow{(X_1+\gamma)} O_1\text{-}X_1Y_1Z_1$；相应两坐标系间的方向余弦矩阵分别为 $M_3(\varphi)$、$M_2(\psi)$、$M_1(\gamma)$。很显然，平移后的辅助发射坐标与箭体坐标系各轴间的 3 个欧拉角分别为 φ、ψ、γ（见图 2.4-3）。

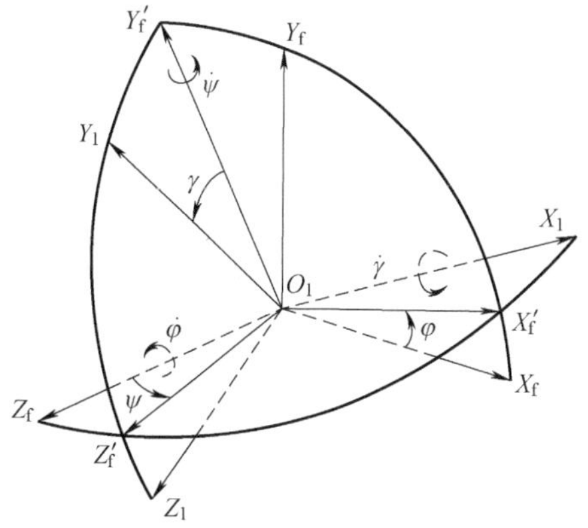

图 2.4-3　箭体坐标系与发射坐标系的关系

由式（2.3-15）即可得发射坐标系与箭体坐标系间的方向余弦矩阵式为

$$C_{\mathrm{f}}^{1}=\begin{pmatrix}\cos\psi\cos\varphi & \cos\psi\sin\varphi & -\sin\psi\\ \sin\gamma\sin\psi\cos\varphi-\cos\gamma\sin\varphi & \sin\gamma\sin\psi\sin\varphi+\cos\gamma\cos\varphi & \sin\gamma\cos\psi\\ \cos\gamma\sin\psi\cos\varphi+\sin\gamma\sin\varphi & \cos\gamma\sin\psi\sin\varphi-\sin\gamma\cos\varphi & \cos\gamma\cos\psi\end{pmatrix} \tag{2.4-9}$$

2. 姿态角的定义及其几何意义

从上面不难看出，箭体坐标系与发射坐标系间的坐标关系完全由 φ、ψ 及 γ 的 3 个欧拉角所联系。也就是说，火箭相对发射坐标系的飞行姿态完全由 φ、ψ 及 γ 来确定。在弹道学中，通常将欧拉角 φ、ψ 及 γ 分别称为火箭俯仰角、偏航角及滚动角，统称为火箭相对地球的飞行姿态角。

由于火箭姿态角在研究火箭相对地面的飞行中关系重大，因此有必要对它们的含义及几何意义进行讨论。

（1）俯仰角 φ

它是指火箭纵对称轴 O_1X_1 在 $X_fO_1Y_f$ 平面内的投影与 O_1X_f 轴之间的夹角，且规定：当纵轴 O_1X_1 在射面 $X_fO_1Y_f$ 内的投影在 O_1X_1 轴的上方时，定义为正，反之为负。由此可知，俯仰角 φ 实质上描述飞行火箭相对地面下俯（即箭体低头）或上仰（即箭体抬头）程度的一个物理量。

（2）偏航角 ψ

它是指火箭纵对称轴 O_1X_1 与 $X_fO_1Y_f$ 平面之间的夹角，且规定：当 O_1X_1 轴在射面的左边（顺 O_1X_f 轴正向看去）时，它定义为正，反之为负。毫无疑问，偏航角 ψ 是描述火箭偏离射面程度的一个物理量。

（3）滚动角 γ

它是指火箭横轴 O_1Z_1 与 $X_1O_1Y_f'$ 平面间的夹角，且规定：当横轴 O_1Z_1 在 $X_1O_1Y_f$ 平面之下时，它定义为正，反之为负。由此可见，滚动角实质上是描述箭体绕其纵轴 O_1X_1 滚转程度的一个物理量。

对于运载火箭来说，俯仰角 φ 要比偏航角 ψ 和滚动角 γ 大很多，前者约在 15°～90°的范围内变化，而后者的变化范围仅几度而已。这意味着，为能确保飞行火箭始终不偏离射面及控制仪器的正常工作，那么既不希望其飞行偏离射面，也不要求它有任何滚动，否则不仅会造成大的横向偏差，甚至还会影响控制仪器的正常工作。附带说明一点，火箭相对地面的飞行姿态的变化无非俯仰、偏航和滚动这三种运动。所以固连于箭体上的箭体坐标系定能以不同方式相对发射坐标系进行俯仰、偏航和滚动后而与其重合。上面所介绍的旋转方法，只是采用了先转动俯仰角 φ，再转动偏航角 ψ，最后转动滚动角 γ 的旋转顺序，而使两坐标系重合的。但事实上，旋转顺序完全可以任意选择，毫无疑问，不同的旋转顺序所得到的 3 个欧拉角的定义不同，因而两坐标系间的方向余弦关系式也各异。但对火箭飞行姿态的最终描述效果都是完全一样的。

尽管发射坐标系经过 3 次旋转后与箭体坐标系重合，但需要注意的是，这纯属为研究问题方便而人为分开的。事实上，这 3 次转动是同时进行的，因而火箭相对地面旋转角速度的合矢量 $\boldsymbol{\omega}_1$ 应为

$$\boldsymbol{\omega}_1=\dot{\boldsymbol{\varphi}}+\dot{\boldsymbol{\psi}}+\dot{\boldsymbol{\gamma}} \tag{2.4-10}$$

根据图 2.4-5 所示，式（2.4-10）中矢量在相应坐标系下作如下标记：

$$O_1\text{-}X_1Y_1Z_1 \text{ 下 } \boldsymbol{\omega}_1=(\omega_{x1}\quad \omega_{y1}\quad \omega_{z1})^{\mathrm{T}},\ O_1\text{-}X_f'Y_f'Z_f \text{ 下 } \dot{\boldsymbol{\varphi}}=(0\quad 0\quad \dot{\varphi})^{\mathrm{T}}$$

$$O_1\text{-}X_1Y_f'Z_f' \text{ 下 } \dot{\boldsymbol{\psi}}=(0\quad \dot{\psi}\quad 0)^{\mathrm{T}},\ O_1\text{-}X_1Y_1Z_1 \text{ 下 } \dot{\boldsymbol{\gamma}}=(\dot{\gamma}\quad 0\quad 0)^{\mathrm{T}}$$

则由坐标转换关系可知旋转角速度在箭体坐标系下有如下投影形式：

$$\begin{pmatrix}\omega_{x1}\\ \omega_{y1}\\ \omega_{z1}\end{pmatrix}=M_1(\gamma)\cdot M_2(\psi)\begin{pmatrix}0\\ 0\\ \dot{\varphi}\end{pmatrix}+M_1(\gamma)\begin{pmatrix}0\\ \dot{\psi}\\ 0\end{pmatrix}+\begin{pmatrix}\dot{\gamma}\\ 0\\ 0\end{pmatrix}=\begin{pmatrix}-\dot{\varphi}\sin\psi+\dot{\gamma}\\ \dot{\varphi}\cos\psi\sin\gamma+\dot{\psi}\cos\gamma\\ \dot{\varphi}\cos\psi\cos\gamma-\dot{\psi}\sin\gamma\end{pmatrix}$$

即，$\boldsymbol{\omega}_1$ 在箭体坐标系下的投影为

$$\begin{aligned}\omega_{x1}&=-\dot{\varphi}\sin\psi+\dot{\gamma}\\ \omega_{y1}&=\dot{\varphi}\cos\psi\sin\gamma+\dot{\psi}\cos\gamma\\ \omega_{z1}&=\dot{\varphi}\cos\psi\cos\gamma-\dot{\psi}\sin\gamma\end{aligned}\tag{2.4-11}$$

由上式又可以导出

$$\begin{aligned}\dot{\varphi}&=\frac{1}{\cos\psi}(\omega_{y1}\sin\gamma+\omega_{z1}\cos\gamma)\\ \dot{\psi}&=\omega_{y1}\cos\gamma-\omega_{z1}\sin\gamma\\ \dot{\gamma}&=\omega_{x1}+\tan\psi(\omega_{y1}\sin\gamma+\omega_{z1}\cos\gamma)\end{aligned}\tag{2.4-12}$$

2.4.4　发射坐标系与地心坐标系的关系

在弹道学中，地面上的发射点、目标点及飞行时火箭质心的空间位置常是用地心坐标系来确定的，而描述火箭质心运动的微分方程式一般是相对于发射坐标系建立的。因此，需要讨论发射坐标系与地心坐标系间的关系问题（见图 2.4-4）。

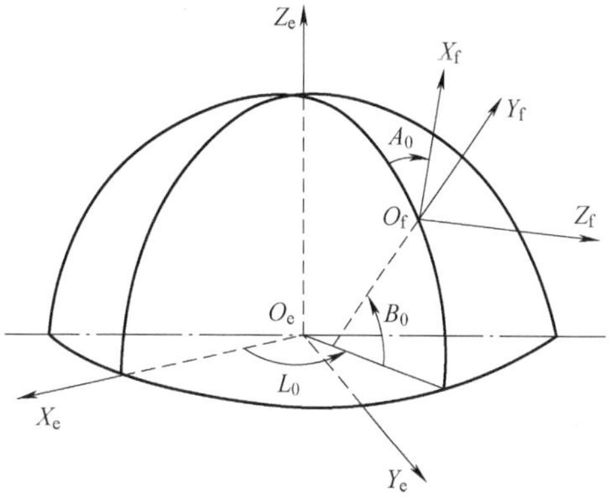

图 2.4-4　发射坐标系与地心坐标系的关系

根据发射坐标系和地心坐标系的定义可知，两坐标系间的坐标方向余弦关系可由大地纬度 B_0、大地经度 L_0 和大地瞄准方位角 A_0 来确定。为导出两坐标系间的方向余弦关系，设 $\boldsymbol{\rho}$ 为飞行火箭质心 m 相对发射点 O_f 的矢径，$\boldsymbol{R}_0$ 为发射点 O_f 相对地心 O_e 的矢径，则火箭质心 m 相对地心 O_e 的矢径为

$$\boldsymbol{r}=\boldsymbol{R}_0+\boldsymbol{\rho}\tag{2.4-13}$$

此矢量式在发射坐标系的投影式为

$$(x\quad y\quad z)^{\mathrm{T}}=(R_{0x}\quad R_{0y}\quad R_{0z})^{\mathrm{T}}+(x_f\quad y_f\quad z_f)^{\mathrm{T}}\tag{2.4-14}$$

式中，$(x\quad y\quad z)^{\mathrm{T}}$ 为 $\boldsymbol{r}$ 在发射坐标系各轴上投影列向量；$(R_{0x}\quad R_{0y}\quad R_{0z})^{\mathrm{T}}$ 为 $\boldsymbol{R}_0$ 在发射坐标系各轴上投影列向量，具体值由式（2.4-5）确定；$(x_f\quad y_f\quad z_f)^{\mathrm{T}}$ 为 $\boldsymbol{\rho}$ 在发射坐标系各轴上

投影列向量。

与分析箭体坐标系和发射坐标系间方向余弦关系类似，首先将与地心坐标系重合的辅助坐标系平移至发射点，记为 $O_f\text{-}X_eY_eZ_e$；然后连续旋转 3 次，并与发射坐标系 $X_fO_fY_f$ 重合，从而导出两坐标系间的方向余弦关系式。结合图 2.4-4 所示，旋转顺序如下：

（1）第一次 $O_f\text{-}X_eY_eZ_e \xrightarrow{(Z_e\quad L_0-90^\circ)} O_f\text{-}X_e'Y_e'Z_e$

两坐标系间的方向余弦矩阵为

$$M_3(L_0-90^\circ)=\begin{bmatrix}\cos(L_0-90^\circ) & \sin(L_0-90^\circ) & 0\\ -\sin(L_0-90^\circ) & \cos(L_0-90^\circ) & 0\\ 0 & 0 & 1\end{bmatrix}=\begin{pmatrix}\sin L_0 & -\cos L_0 & 0\\ \cos L_0 & \sin L_0 & 0\\ 0 & 0 & 1\end{pmatrix} \tag{2.4-15}$$

（2）第二次 $O_f\text{-}X_e'Y_e'Z_e \xrightarrow{(X_e'\quad B_0)} O_f\text{-}X_fY_e'Z_e'$

两坐标系间的方向余弦矩阵为

$$M_1(B_0)=\begin{pmatrix}1 & 0 & 0\\ 0 & \cos B_0 & \sin B_0\\ 0 & -\sin B_0 & \cos B_0\end{pmatrix} \tag{2.4-16}$$

（3）第三次 $O_f\text{-}X_fY_e'Z_e' \xrightarrow{(Y_e'\quad -90^\circ-A_0)} O_f-X_eY_eZ_e$

两坐标系间的方向余弦矩阵为

$$M_2(-90^\circ-A_0)=\begin{pmatrix}\cos(-90^\circ-A_0) & 0 & -\sin(-90^\circ-A_0)\\ 0 & 1 & 0\\ \sin(-90^\circ-A_0) & 0 & \cos(-90^\circ-A_0)\end{pmatrix}=\begin{pmatrix}-\sin A_0 & 0 & \cos A_0\\ 0 & 1 & 0\\ -\cos A_0 & 0 & -\sin A_0\end{pmatrix} \tag{2.4-17}$$

则由式（2.4-15）~式（2.4-17）可得地心坐标系到发射坐标系的转换矩阵为

$$\begin{aligned}C_e^f&=M_2(-90^\circ-A_0)\cdot M_1(B_0)\cdot M_3(L_0-90^\circ)\\&=\begin{pmatrix}-\sin A_0\sin L_0-\cos A_0\sin B_0\cos L_0 & \sin A_0\cos L_0-\cos A_0\sin B_0\sin L_0 & \cos A_0\cos B_0\\ \cos B_0\cos L_0 & \cos B_0\sin L_0 & \sin B_0\\ -\cos A_0\sin L_0+\sin A_0\sin B_0\cos L_0 & \cos A_0\cos L_0+\sin A_0\sin B_0\sin L_0 & -\sin A_0\cos B_0\end{pmatrix}\end{aligned} \tag{2.4-18}$$

不妨设火箭质心 m 相对地心 O_e 矢径在地心坐标系下投影为 $(x_e\quad y_e\quad z_e)^T$，则由式（2.4-14）和式（2.4-18）可得以下关系：

$$\begin{pmatrix}x_f\\ y_f\\ z_f\end{pmatrix}=C_e^f\begin{pmatrix}x_e\\ y_e\\ z_e\end{pmatrix}-\begin{pmatrix}R_{0x}\\ R_{0y}\\ R_{0z}\end{pmatrix} \tag{2.4-19}$$

2.5 惯性坐标系

前已述及，研究火箭运动的规律一般是以发射坐标系作为基本参考系进行的，而火箭飞行加速度和姿态角，则是以固连于惯性平台上的惯性坐标系为基准进行测量的，因此建立惯性坐标系与发射坐标系和箭体坐标系之间的关系，就显得非常必要了。

2.5.1　惯性坐标系定义

惯性坐标系 $O_I\text{-}X_IY_IZ_I$ 是以惯性空间为参考而定义的坐标系。该坐标系在火箭起飞瞬间是与发射坐标系 $O_f\text{-}X_fY_fZ_f$ 重合的。火箭起飞以后，固连于地球上的发射坐标系随地球旋转而转动，而惯性坐标系之坐标轴却始终指向惯性空间的固定方向，即与固连于惯性空间的陀螺平台上的各坐标轴保持一致。因此，惯性坐标系也称初始发射坐标系或平台惯性坐标系，它的定义与发射坐标系定义完全相同。

有时，为简化需要，惯性坐标系也记为 $O\text{-}XYZ$。

2.5.2　惯性坐标系与发射坐标系的关系

图 2.5-1 中，$O_I\text{-}X_IY_IZ_I$ 为惯性坐标系；B_0、A_0 分别为发射点大地纬度和大地瞄准方位角；$O_f\text{-}X_fY_fZ_f$ 为发射坐标系，发射瞬时它与惯性坐标系重合，其后随地球旋转而转动，在火箭起飞后的 t 时刻，发射坐标系相对惯性坐标系的旋转角度为 $\omega_e t$，其中 ω_e 为地球自转角速度。

为讨论方便，引入随地球旋转的空间直角坐标系和不随地球旋转的空间惯性直角坐标系 $O_e\text{-}X'_eY'_eZ_e$。空间直角坐标系定义与地心坐标系类似，只是将 O_eX_e 由在赤道平面内指向格林尼治天文台所在的子午面改变为在赤道平面内指向发射点 O_f 所在的子午面（见图 2.5-1），所以仍记为 $O_e\text{-}X_eY_eZ_e$。火箭起飞瞬间，空间惯性直角坐标系和空间直角坐标系重合，其后 $O_e\text{-}X_eY_eZ_e$ 随地球一起转动。火箭起飞后的 t 时刻，坐标轴 O_eX_e 与 $O_eX'_e$ 之间相差 $\omega_e t$ 角度。

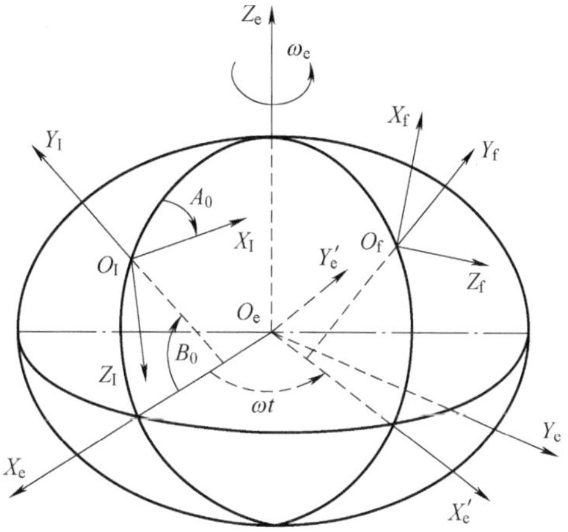

图 2.5-1　惯性坐标系与发射坐标系的关系

显然，如图 2.5-1 所示，惯性坐标系与发射坐标系的关系可由以下矩阵组成。

（1）$C_I^{e'}$，惯性坐标系 $O_I\text{-}X_IY_IZ_I$ 至空间惯性直角坐标系 $O_e\text{-}X'_eY'_eZ_e$

空间惯性直角坐标系 $O_e\text{-}X'_eY'_eZ_e$ 至惯性坐标系 $O_I\text{-}X_IY_IZ_I$ 的转换矩阵 $C_{e'}^I$ 相当于式（2.4-18）中 $L_0=0$ 的情况，即

$$C_{e'}^{I}=\begin{pmatrix} -\cos A_0\sin B_0 & \sin A_0 & \cos A_0\cos B_0 \\ \cos B_0 & 0 & \sin B_0 \\ \sin A_0\sin B_0 & \cos A_0 & -\sin A_0\cos B_0 \end{pmatrix} \tag{2.5-1}$$

由正交矩阵的逆等于其转置，可以知道

$$C_{I}^{e'}=\begin{pmatrix} -\cos A_0\sin B_0 & \cos B_0 & \sin A_0\sin B_0 \\ \sin A_0 & 0 & \cos A_0 \\ \cos A_0\cos B_0 & \sin B_0 & -\sin A_0\cos B_0 \end{pmatrix} \tag{2.5-2}$$

（2）$C_{e'}^{e}$，空间惯性直角坐标系 $O_e\text{-}X_e'Y_e'Z_e$ 至空间直角坐标系 $O_e\text{-}X_eY_eZ_e$

$$C_{e'}^{e}=\begin{pmatrix}\cos\omega_e t & \sin\omega_e t & 0\\ -\sin\omega_e t & \cos\omega_e t & 0\\ 0 & 0 & 1\end{pmatrix} \tag{2.5-3}$$

（3）C_e^f，空间直角坐标系 $O_e\text{-}X_eY_eZ_e$ 至发射坐标系 $O_f\text{-}X_fY_fZ_f$

这个转换矩阵就是式（2.4-18）中 $L_0=0$ 的情况，即

$$C_e^f=\begin{pmatrix}-\cos A_0\sin B_0 & \sin A_0 & \cos A_0\cos B_0\\ \cos B_0 & 0 & \sin B_0\\ \sin A_0\sin B_0 & \cos A_0 & -\sin A_0\cos B_0\end{pmatrix} \tag{2.5-4}$$

显然，由式（2.5-2）~式（2.5-4）可知惯性坐标系至发射坐标系方向余弦矩阵：

$$C_I^f=C_e^f C_{e'}^{e} C_I^{e'} \tag{2.5-5}$$

不妨设火箭质心 m 在惯性坐标系下坐标为 $(x_I \quad y_I \quad z_I)^T$，则由式（2.4-14）和式（2.5-5）可得到火箭质心 m 在发射系下坐标：

$$\begin{pmatrix}x_f\\ y_f\\ z_f\end{pmatrix}=C_I^f\begin{pmatrix}x_I+R_{0x}\\ y_I+R_{0y}\\ z_I+R_{0z}\end{pmatrix}-\begin{pmatrix}R_{0x}\\ R_{0y}\\ R_{0z}\end{pmatrix} \tag{2.5-6}$$

式中，C_I^f 中元素如下：

$$\begin{aligned}
a_{11}&=\cos^2A_0\sin^2B_0\cos\omega_e t-\cos^2A_0\sin^2B_0+\sin^2A_0\cos\omega_e t-\sin^2A_0+1\\
a_{12}&=\cos A_0\cos B_0\sin B_0-\cos A_0\sin B_0\cos B_0\cos\omega_e t-\sin A_0\cos B_0\sin\omega_e t\\
a_{13}&=\cos A_0\sin A_0\sin^2B_0-\cos A_0\sin A_0\sin^2B_0\cos\omega_e t-\sin B_0\sin\omega_e t\\
&\quad+\sin A_0\cos A_0\cos\omega_e t-\sin A_0\cos A_0\\
a_{21}&=\sin B_0\cos A_0\cos B_0-\sin B_0\cos A_0\cos B_0\cos\omega_e t+\cos B_0\sin A_0\sin\omega_e t\\
a_{22}&=\cos B_0^2\cos\omega_e t-\cos B_0^2+1\\
a_{23}&=\cos B_0\sin A_0\sin B_0\cos\omega_e t-\cos B_0\sin A_0\sin B_0+\cos B_0\cos A_0\sin\omega_e t\\
a_{31}&=\sin A_0\cos A_0\sin^2B_0-\sin A_0\cos A_0\sin^2B_0\cos\omega_e t\\
&\quad+\sin B_0\sin\omega_e t+\sin A_0\cos A_0\cos\omega_e t-1\\
a_{32}&=\sin A_0\sin B_0\cos B_0\cos\omega_e t-\sin A_0\cos B_0\sin B_0-\cos A_0\cos B_0\sin\omega_e t\\
a_{33}&=\sin^2A_0\sin^2B_0\cos\Omega t-\sin^2A_0\sin^2B_0+\cos^2A_0\cos\Omega t-\cos^2A_0+1
\end{aligned}$$

由于地球自转角速度大小 ω_e 为小量，火箭主动段飞行时间也不很长，因而常将 C_I^f 中元素表达式作如下简化：

将 $\cos\omega_e t$ 及 $\sin\omega_e t$ 展开成泰勒级数为

$$\begin{cases}\cos\omega_e t=1-\dfrac{1}{2!}(\omega_e t)^2+\dfrac{1}{4!}(\omega_e t)^2-\cdots\\ \sin\omega_e t=\omega_e t-\dfrac{1}{3!}(\omega_e t)^3+\cdots\end{cases}$$

略去三阶及其以上高阶项，得

$$\begin{cases}\cos\omega_e t=1-\dfrac{1}{2}\omega_e^2t^2\\ \sin\omega_e t=\omega_e t\end{cases} \tag{2.5-7}$$

注意地球自转角速度矢量在发射坐标系投影（见图 2.5-2）为

$$\begin{cases}\omega_{ex} = \omega_e \cos B_0 \cos A_0 \\ \omega_{ey} = \omega_e \sin B_0 \\ \omega_{ez} = -\omega_e \cos B_0 \sin A_0\end{cases} \tag{2.5-8}$$

综合利用式（2.5-7）和式（2.5-8），C_I^f 中元素可简化为

$$\begin{cases}a_{11} = 1 - \frac{1}{2}(\omega_e^2 - \omega_{ex}^2)t^2 \\ a_{12} = \frac{1}{2}\omega_{ex}\omega_{ey}t^2 + \omega_{ez}t \\ a_{13} = \frac{1}{2}\omega_{ex}\omega_{ez}t^2 - \omega_{ey}t \\ a_{21} = \frac{1}{2}\omega_{ex}\omega_{ey}t^2 - \omega_{ez}t \\ a_{22} = 1 - \frac{1}{2}(\omega_e^2 - \omega_{ey}^2)t^2 \\ a_{23} = \frac{1}{2}\omega_{ey}\omega_{ez}t^2 + \omega_{ex}t \\ a_{31} = \frac{1}{2}\omega_{ex}\omega_{ez}t^2 + \omega_{ey}t \\ a_{32} = \frac{1}{2}\omega_{ey}\omega_{ez}t^2 - \omega_{ex}t \\ a_{22} = 1 - \frac{1}{2}(\omega_e^2 - \omega_{ez}^2)t^2\end{cases} \tag{2.5-9}$$

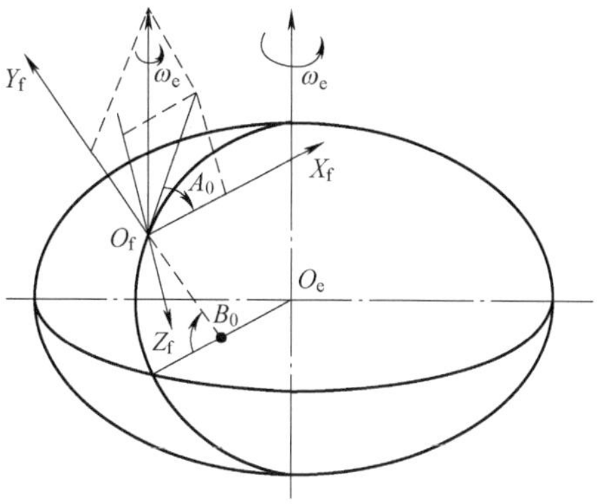

图 2.5-2　地球自转角速度矢量在发射坐标系的投影

如果只考虑 $\cos\omega_e t$ 及 $\sin\omega_e t$ 泰勒级数的一阶项，则 C_I^f 可进一步简化为

$$C_I^f = \begin{pmatrix} 1 & \omega_{ez}t & -\omega_{cy}t \\ -\omega_{ez}t & 1 & \omega_{ex}t \\ \omega_{ey}t & -\omega_{ex}t & 1 \end{pmatrix} \tag{2.5-10}$$

2.5.3　惯性坐标系与箭体坐标系的关系

前面定义并讨论了火箭相对于发射坐标系的 3 个姿态角 φ、ψ 及 γ，以及发射坐标系与箭体坐标系间的关系。但是箭上控制系统的测量元件在测量火箭飞行姿态时并不是以发射坐标系为基准，而是以惯性坐标系为基准。因此，由箭上测量元件测出的姿态角是相对于惯性坐标系的姿态角。类似 φ、ψ 及 γ 的定义，把箭上测量元件测出的姿态角用 φ_T、ψ_T 及 γ_T 表示，且分别称为相对惯性坐标系的绝对俯仰角、偏航角和滚动角。

由于惯性坐标系与箭体坐标系间的关系和发射坐标系与箭体坐标系间的关系相似，因而只要将发射坐标系与箭体坐标系间的方向余弦矩阵［即式（2.4-9）］中的 φ、ψ 及 γ 换为 φ_T、ψ_T 及 γ_T，即可得惯性坐标系至箭体坐标系的方向余弦矩阵：

$$C_I^1 = \begin{pmatrix} \cos\psi_T\cos\varphi_T & \cos\psi_T\sin\varphi_T & -\sin\psi_T \\ \sin\gamma_T\sin\psi_T\cos\varphi_T - \cos\gamma_T\sin\varphi_T & \sin\gamma_T\sin\psi_T\sin\varphi_T + \cos\gamma_T\cos\varphi_T & \sin\gamma_T\cos\psi_T \\ \cos\gamma_T\sin\psi_T\cos\varphi_T + \sin\gamma_T\sin\varphi_T & \cos\gamma_T\sin\psi_T\sin\varphi_T - \sin\gamma_T\cos\varphi_T & \cos\gamma_T\cos\psi_T \end{pmatrix} \tag{2.5-11}$$

2.5.4 惯性系姿态角与发射系姿态角的关系

惯性坐标系与箭体坐标系的坐标转换矩阵，是直接比拟发射坐标系与箭体坐标系转换矩阵［即式（2.4-9）］得到的。实际上也可由惯性坐标系与发射坐标系转换矩阵和发射坐标系与箭体坐标系转换矩阵，间接导出惯性坐标系与箭体坐标系间的转换矩阵，即

$$C_{\mathrm{I}}^{1}=C_{\mathrm{f}}^{1}C_{\mathrm{I}}^{\mathrm{f}} \tag{2.5-12}$$

式中，C_{f}^{1} 为示发射坐标系与箭体坐标系间的方向余弦矩阵；$C_{\mathrm{I}}^{\mathrm{f}}$ 为惯性坐标系与发射坐标系的方向余弦矩阵。

不妨设 $C_{\mathrm{f}}^{1}C_{\mathrm{I}}^{\mathrm{f}}$ 中元素为 d_{ij}，$i,j=1,2,3$。由式（2.5-11）和式（2.5-12）可得

$$\begin{aligned}
&\cos\psi_{\mathrm{T}}=\cos\left(\arcsin\left(-d_{31}\right)\right)\\
&\cos\varphi_{\mathrm{T}}=d_{11}/\cos\psi_{\mathrm{T}}\\
&\sin\varphi_{\mathrm{T}}=d_{21}/\cos\psi_{\mathrm{T}}\\
&\cos\gamma_{\mathrm{T}}=d_{33}/\cos\psi_{\mathrm{T}}\\
&\sin\gamma_{\mathrm{T}}=d_{32}/\cos\varphi_{\mathrm{T}}
\end{aligned}$$

通常情况下，根据火箭的姿态角范围，φ_{T}、ψ_{T} 及 γ_{T} 可表示为如下形式：

$$\begin{cases}
\varphi_{\mathrm{T}}=\begin{cases}\arcsin(\sin\varphi_{\mathrm{T}}) & \cos\varphi_{\mathrm{T}}\geqslant 0\\ \pi\cdot\operatorname{sgn}(\sin\varphi_{\mathrm{T}})-\arcsin(\sin\varphi_{\mathrm{T}}) & \cos\varphi_{\mathrm{T}}<0\end{cases}\\
\psi_{\mathrm{T}}=\arccos(\cos\psi_{\mathrm{T}})\\
\gamma_{\mathrm{T}}=\begin{cases}\arcsin(\sin\gamma_{\mathrm{T}}) & \cos\gamma_{\mathrm{T}}\geqslant 0\\ \pi\cdot\operatorname{sgn}(\sin\gamma_{\mathrm{T}})-\arcsin(\sin\gamma_{\mathrm{T}}) & \cos\gamma_{\mathrm{T}}<0\end{cases}
\end{cases} \tag{2.5-13}$$

式（2.5-13）所给的姿态角公式，在一般意义上是正确的，不过需要结合实际情况，具体问题具体分析。

下面推导其简化形式。

通常情况下，火箭相对惯性坐标系之偏航角 ψ_{T} 及滚动角 γ_{T} 均比较小，可近似认为 $\sin\psi_{\mathrm{T}}\approx\psi_{\mathrm{T}}$、$\sin\gamma_{\mathrm{T}}\approx\gamma_{\mathrm{T}}$、$\cos\psi_{\mathrm{T}}=\cos\gamma_{\mathrm{T}}\approx 1$，因此，当略去 ψ_{T} 与 γ_{T} 乘积项后，式（2.5-11）可表示为

$$C_{\mathrm{I}}^{1}=\begin{pmatrix}\cos\varphi_{\mathrm{T}} & \sin\varphi_{\mathrm{T}} & -\psi_{\mathrm{T}}\\ -\sin\varphi_{\mathrm{T}} & \cos\varphi_{\mathrm{T}} & \gamma_{\mathrm{T}}\\ \psi_{\mathrm{T}}\cos\varphi_{\mathrm{T}}+\gamma_{\mathrm{T}}\sin\varphi_{\mathrm{T}} & \psi_{\mathrm{T}}\sin\varphi_{\mathrm{T}}-\gamma_{\mathrm{T}}\cos\varphi_{\mathrm{T}} & 1\end{pmatrix} \tag{2.5-14}$$

同理，一般情况下，角度 ψ、γ 相对角度 φ 来说是小量，因此也可近似认为 $\sin\psi\approx\psi$、$\sin\gamma\approx\gamma$、$\cos\psi=\cos\gamma\approx 1$。这样，在略去 ψ 与 γ 乘积项后，式（2.4-9）可简化为

$$C_{\mathrm{f}}^{1}=\begin{pmatrix}\cos\varphi & \sin\varphi & -\psi\\ -\sin\varphi & \cos\varphi & \gamma\\ \psi\cos\varphi+\gamma\sin\varphi & \psi\sin\varphi-\gamma\cos\varphi & 1\end{pmatrix} \tag{2.5-15}$$

注意到式（2.5-10）和式（2.5-15），则

$$C_{\mathrm{f}}^{1}C_{\mathrm{I}}^{\mathrm{f}}=\begin{pmatrix}\cos\varphi & \sin\varphi & -\psi\\ -\sin\varphi & \cos\varphi & \gamma\\ \psi\cos\varphi+\gamma\sin\varphi & \psi\sin\varphi-\gamma\cos\varphi & 1\end{pmatrix}\begin{pmatrix}1 & \omega_{ez}t & -\omega_{ey}t\\ -\omega_{ez}t & 1 & \omega_{ex}t\\ \omega_{ey}t & -\omega_{ex}t & 1\end{pmatrix}$$

考虑到 ω_e 为小量，在略去地球自转角速度分量与 ψ、γ 的乘积情况下可得到 $C_f^I C_I^f$ 中元素 d_{ij}，$i,j=1,2,3$。d_{ij} 为

$$\begin{cases} d_{11}=\cos\varphi-\omega_{ez}t\sin\varphi \\ d_{12}=\omega_{ez}t\cos\varphi+\sin\varphi \\ d_{13}=-\omega_{ey}t\cos\varphi+\omega_{ex}t\sin\varphi-\psi \\ d_{21}=-\sin\varphi-\omega_{ez}t\cos\varphi \\ d_{22}=-\omega_{ez}t\sin\varphi+\cos\varphi \\ d_{23}=\omega_{ey}t\sin\varphi+\omega_{ex}t\cos\varphi+\gamma \\ d_{31}=\psi\cos\varphi+\gamma\sin\varphi+\omega_{ey}t \\ d_{32}=\psi\sin\varphi-\gamma\cos\varphi-\omega_{ex}t \\ d_{32}=1 \end{cases} \tag{2.5-16}$$

综合式（2.5-12）、式（2.5-14）、式（2.5-16）有以下等式：

$$\begin{cases} \psi_T=\psi+(\omega_{ey}t\cos\varphi-\omega_{ex}t\sin\varphi) \\ \cos\varphi_T=\cos\varphi-\omega_{ez}t\sin\varphi \\ \gamma_T=\omega_{ey}t\sin\varphi+\omega_{ex}t\cos\varphi+\gamma \end{cases} \tag{2.5-17}$$

由于地球自转角速度分量 ω_{ez} 甚小，运载火箭在主动段的飞行时间也不太长，因而角度 $\omega_{ez}t$ 很小（约 0.42°~1.25°），可近似认为 $\omega_{ez}t\approx\sin\omega_{ez}t$、$1\approx\cos\omega_{ez}t$。于是有

$$\cos\varphi_T=\cos\omega_{ez}t\cos\varphi-\sin\omega_{ez}t\sin\varphi=\cos(\omega_{ez}t+\varphi)$$

即

$$\varphi_T=\omega_{ez}t+\varphi$$

这样，箭体坐标系相对惯性坐标系的姿态角 φ_T、ψ_T 及 γ_T 与箭体坐标系相对发射坐标系的姿态角 φ、ψ 及 γ 的关系即可表示为

$$\begin{cases} \varphi_T=\varphi+\omega_{ez}t \\ \psi_T=\psi+\omega_{ey}t\cos\varphi-\omega_{ex}t\sin\varphi \\ \gamma_T=\gamma+\omega_{ey}t\sin\varphi+\omega_{ex}t\cos\varphi \end{cases} \tag{2.5-18}$$

2.6　速度坐标系

火箭在飞行中，速度矢量 $\boldsymbol{V}$ 一般是一空间矢量。为确定该矢量在空间的方位及研究作用于火箭上的空气动力，需要引入以速度矢量 $\boldsymbol{V}$ 为参考的速度坐标系。

2.6.1　速度坐标系定义

坐标系原点取在火箭质心 O_1；O_1X_V 轴与火箭速度矢量 $\boldsymbol{V}$ 一致；O_1Y_V 在火箭纵对称面内，垂直于 O_1X_V 轴并指向上方；O_1Z_V 与 O_1X_V、O_1Y_V 轴构成右手直角坐标系（见图 2.6-1）。

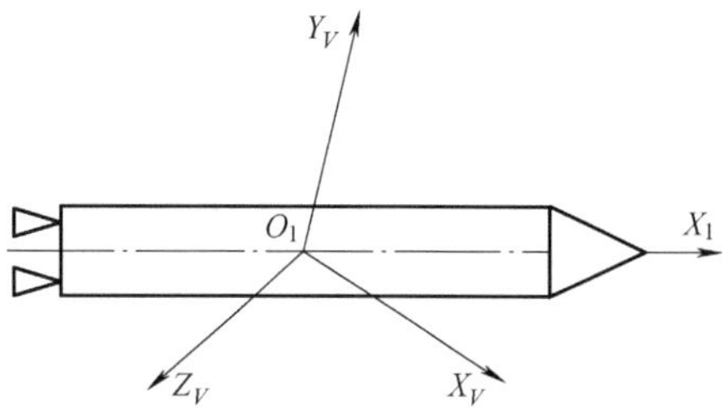

图 2.6-1　速度坐标系示意图

2.6.2 速度坐标系与发射坐标系的关系

由发射坐标系与速度坐标系的定义可知，这两个坐标系间的关系由 θ、σ 及 ν 这 3 个欧拉角确定，因此建立这两坐标系间的关系和建立发射坐标系与箭体坐标系间关系的方法类似。即，认为速度坐标系是由平移于火箭质心的发射坐标系经过 3 次旋转而得到的（见图 2.6-2）。

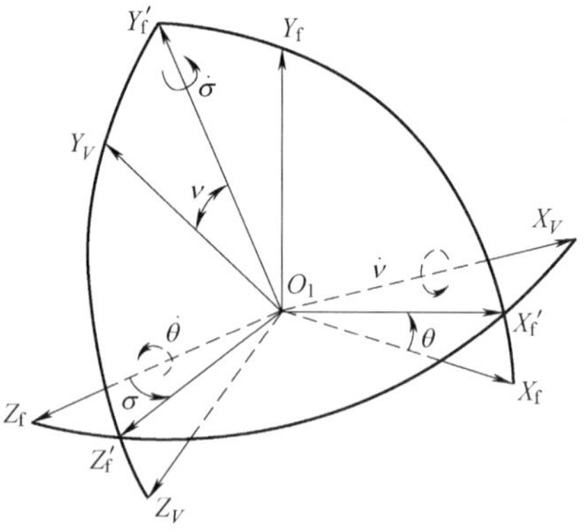

图 2.6-2　速度坐标系与发射坐标系的关系

由于速度坐标系与发射坐标系的关系同箭体坐标系与发射坐标系间的关系完全一致，因此只要将式（2.4-9）中之 φ、ψ 和 γ 分别换成角 θ、σ 和 ν，即可得到类似式（2.4-9）的发射坐标系至速度坐标系的转换矩阵：

$$C_f^V=\begin{pmatrix}\cos\sigma\cos\theta & \cos\sigma\sin\theta & -\sin\sigma\\ \sin\nu\sin\sigma\cos\theta-\cos\nu\sin\theta & \sin\nu\sin\sigma\sin\theta+\cos\nu\cos\theta & \sin\nu\cos\sigma\\ \cos\nu\sin\sigma\cos\theta+\sin\nu\sin\theta & \cos\nu\sin\sigma\sin\theta-\sin\nu\cos\theta & \cos\nu\cos\sigma\end{pmatrix}\tag{2.6-1}$$

描述发射坐标系与速度坐标系间关系的角度 θ、σ 和 ν 分别称为速度倾角、航迹偏航角和倾侧角，其定义如下：

速度倾角 θ，速度矢量 $\boldsymbol{V}$ 在 $X_fO_1Y_f$ 平面内的投影与 O_1X_f 轴间的夹角。当投影在 O_1X_f 轴上方时，θ 角为正，反之为负。

航迹偏航角 σ，速度矢量 $\boldsymbol{V}$ 与 $X_fO_1Y_f$ 平面间的夹角。当速度矢量 $\boldsymbol{V}$ 在 $X_fO_1Y_f$ 左边（顺 O_1X_f 轴正方向看去）时，σ 为正，反之为负。

倾侧角 ν，O_1Z_V 轴与 $X_VO_1Z_f$ 平面间的夹角。当 O_1Z_V 轴在 $X_VO_1Z_f$ 平面下方时，ν 为正，反之为负。

根据定义，弹道倾角 θ，是衡量火箭速度矢量 $\boldsymbol{V}$ 相对发射点水平面倾斜程度的一个标志；弹道偏角 σ，则是衡量火箭速度矢量 $\boldsymbol{V}$ 偏离射面程度的尺度；倾侧角 ν，则是衡量处于火箭纵对称面内的 O_1Y_V 轴相对射面倾斜程度的一个量。

在主动段，火箭在控制系统作用下飞行，σ 及 ν 一般均比较小，因而有时可略去不计；$\nu=0$ 的速度坐标系通常又称为半速度坐标系。

2.6.3 速度坐标系与箭体坐标系的关系

从速度坐标系定义可知，由于 O_1Y_V 轴与 O_1Y_f 轴在同一平面内，这样，两坐标系间关系只需要用 2 个欧拉角来描述。换言之，速度坐标系只要按照一定顺序旋转两次便可得箭体坐标系（见图 2.6-3）。

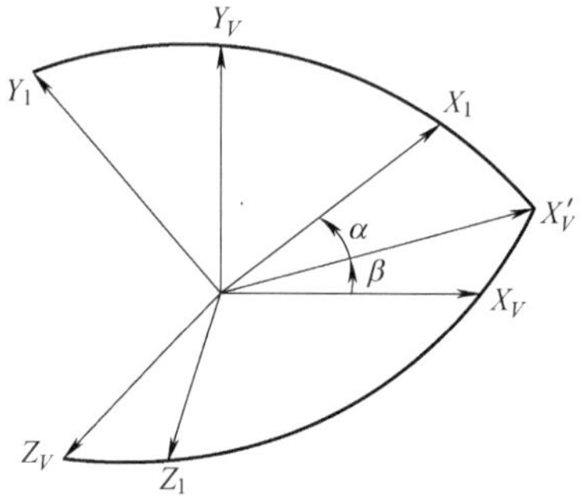

图 2.6-3　速度坐标系与箭体坐标系的关系

根据图 2.6-3 所示，速度坐标系至箭体坐标系的转换矩阵为

$$C_V^1 = M_3(\alpha)M_2(\beta) = \begin{pmatrix} \cos\alpha\cos\beta & \sin\alpha & -\cos\alpha\sin\beta \\ -\sin\alpha\cos\beta & \cos\alpha & \sin\alpha\sin\beta \\ \sin\beta & 0 & \cos\beta \end{pmatrix} \tag{2.6-2}$$

欧拉角 α 和 β 则分别称为攻角和倾侧角，其定义及几何意义如下：

攻角 α，火箭速度矢量 $\boldsymbol{V}$ 在火箭纵对称平面 $X_1O_1Y_1$ 内的投影与箭体轴 O_1X_1 间的夹角。当其投影在 O_1X_1 轴下方时，α 为正，反之为负。

倾侧角 β，火箭速度矢量 $\boldsymbol{V}$ 与火箭纵对称平面 $X_1O_1Y_1$ 间的夹角。当速度矢量 $\boldsymbol{V}$ 在纵对称面右边（顺 O_1X_1 轴正向看去）时，β 为正，反之为负。

由上述定义可知，飞行攻角 α，是衡量火箭速度矢量 $\boldsymbol{V}$ 相对箭体轴上下倾斜程度的一个标志；侧滑角 β，则是度量速度矢量 $\boldsymbol{V}$ 相对纵对称平面左右偏离程度的一个尺度。不言而喻，随着速度坐标系旋转顺序的不同，所得攻角和侧滑角的定义也必然不同，这是使用通常的旋转方法而定义的。

2.7　轨迹坐标系

在研究火箭质心运动时，有时在轨迹坐标系中建立运动方程更为方便些，因此这里也有必要介绍下轨迹坐标系，也称为弹道坐标系或半速度坐标系。

2.7.1　轨迹坐标系定义

该坐标的原点仍取在火箭质心 O_1 上，O_1X_2 轴与火箭速度矢量 $\boldsymbol{V}$ 一致，O_1Y_2 位于射击平面 $X_fO_fY_f$ 内，且垂直于 O_1X_2 轴指向上方；O_1Z_2 与 O_1X_2、O_1Y_2 轴构成右手直角坐标系（见图 2.7-1）。

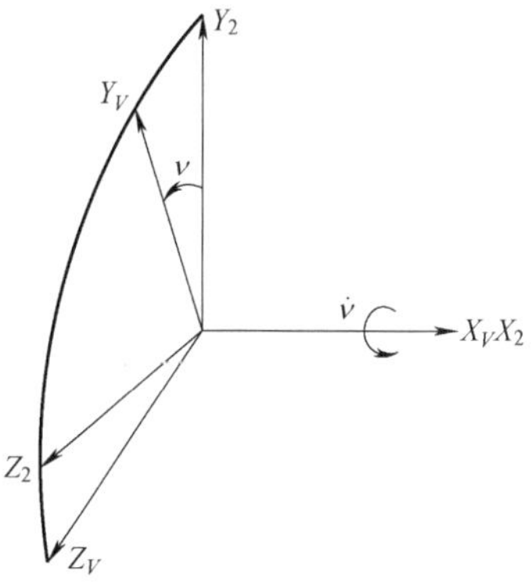

图 2.7-1　轨迹坐标系示意图

2.7.2　轨迹坐标系与速度坐标系的关系

根据上述定义，轨迹坐标系与速度坐标系间只有一个欧拉角，即倾侧角。因此，只需将轨迹坐标系绕 O_1X_2 轴旋转一次就可使两个坐标系重合。这样，轨迹坐标系至速度坐标系转换矩阵为

$$C_2^V = \begin{pmatrix} 1 & 0 & 0 \\ 0 & \cos\nu & \sin\nu \\ 0 & -\sin\nu & \cos\nu \end{pmatrix} \tag{2.7-1}$$

从火箭尾部向前看，如纵对称面向右倾侧，则 ν 为正，反之为负。

2.7.3　轨迹坐标系与发射坐标系的关系

由前面可知，速度坐标系与发射坐标系间存在着 θ、σ 及 ν 这 3 个欧拉角，而轨迹坐标系与速度坐标系间却只有 1 个欧拉角 ν。因此，ν 为零时的发射坐标系至速度坐标系的转换矩阵，即为发射坐标系至轨迹坐标系的转换矩阵，即

$$C_{\mathrm{f}}^{2}=\begin{pmatrix}\cos\sigma\cos\theta & \cos\sigma\sin\theta & -\sin\sigma\\ -\sin\theta & \cos\theta & 0\\ \sin\sigma\cos\theta & \sin\sigma\sin\theta & \cos\sigma\end{pmatrix} \tag{2.7-2}$$

则轨迹坐标系至发射坐标系的转换矩阵为 C_{f}^{2} 的转置，即

$$C_{2}^{\mathrm{f}}=\begin{pmatrix}\cos\sigma\cos\theta & -\sin\theta & \sin\sigma\cos\theta\\ \cos\sigma\sin\theta & \cos\theta & \sin\sigma\sin\theta\\ -\sin\sigma & 0 & \cos\sigma\end{pmatrix} \tag{2.7-3}$$

2.7.4 轨迹坐标系与箭体坐标系的关系

在轨迹坐标系中建立火箭质心运动方程时，需要将作用于火箭上的推力和控制力投影在轨迹坐标系各轴上，而推力和控制力是相对于箭体坐标系给出的，因而需要寻找轨迹坐标系与箭体坐标系的关系。

根据箭体坐标系与速度坐标系及速度坐标系与轨迹坐标系之间的转换矩阵式（2.6-2）和式（2.7-1），可得轨迹坐标系至箭体坐标系的转换矩阵为

$$C_{2}^{1}=C_{V}^{1}C_{2}^{V}=\begin{pmatrix}\cos\alpha\cos\beta & \sin\alpha & -\cos\alpha\sin\beta\\ -\sin\alpha\cos\beta & \cos\alpha & \sin\alpha\sin\beta\\ \sin\beta & 0 & \cos\beta\end{pmatrix}\begin{pmatrix}1 & 0 & 0\\ 0 & \cos\nu & \sin\nu\\ 0 & -\sin\nu & \cos\nu\end{pmatrix} \tag{2.7-4}$$

即

$$C_{2}^{1}=\begin{pmatrix}\cos\alpha\cos\beta & \sin\alpha\cos\nu+\cos\alpha\sin\beta\sin\nu & \sin\alpha\sin\nu-\cos\alpha\sin\beta\cos\nu\\ -\sin\alpha\cos\beta & \cos\alpha\cos\nu-\sin\alpha\sin\beta\sin\nu & \cos\alpha\sin\nu+\sin\alpha\sin\beta\cos\nu\\ \sin\beta & -\cos\beta\sin\nu & \cos\beta\cos\nu\end{pmatrix} \tag{2.7-5}$$

2.8 北天东坐标系

2.8.1 北天东坐标系定义

其坐标系的坐标原点 O_{n} 可根据需要选在任意点，$O_{\mathrm{n}}Y_{\mathrm{n}}$ 与过原点的地心矢径 $\boldsymbol{r}$ 的方向一致，$O_{\mathrm{n}}X_{\mathrm{n}}$ 轴指向北极且与 $O_{\mathrm{n}}Y_{\mathrm{n}}$ 轴垂直，$O_{\mathrm{n}}Z_{\mathrm{n}}$ 轴指向东方且与 $O_{\mathrm{n}}X_{\mathrm{n}}$、$O_{\mathrm{n}}Y_{\mathrm{n}}$ 成右手系（见图 2.8-1）。

2.8.2 北天东坐标系与惯性坐标系的关系

假定某时刻火箭位于空间点 K，且以点 K 为原点作北天东坐标系 $K\text{-}X_{\mathrm{n}}Y_{\mathrm{n}}Z_{\mathrm{n}}$。下面基于定义推导惯性坐标系 $O\text{-}XYZ$ 至北天东坐标系 $K\text{-}X_{\mathrm{n}}Y_{\mathrm{n}}Z_{\mathrm{n}}$ 的方向余弦矩阵 $C_{\mathrm{I}}^{\mathrm{n}}$。

如图 2.8-1 所示，不妨记惯性坐标系原点 O 地心矢径为 $\boldsymbol{R}_0$、北天东坐标系原点 K 地心矢径为 $\boldsymbol{r}_K$、O 至点 K 矢径为 $\boldsymbol{\rho}$，则由式（2.4-5）可知点 O 地心矢径在惯性坐标系投影形式

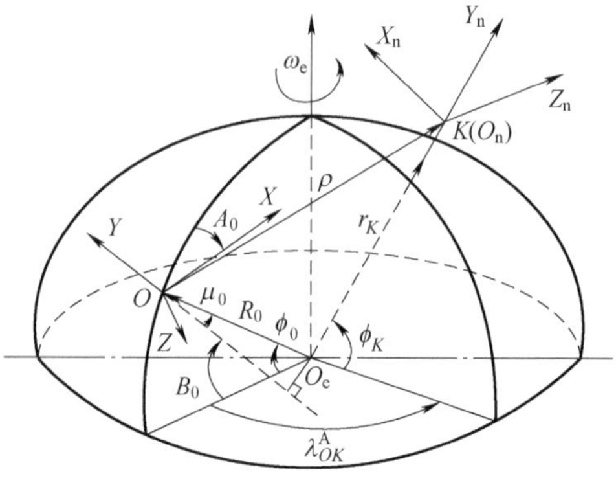

图 2.8-1　北天东坐标系与惯性坐标系的关系

$(R_{0x}\quad R_{0y}\quad R_{0z})^{\mathrm{T}}$。

地心 O_e 至点 K 矢量 $\boldsymbol{r}_K=\boldsymbol{r}_0+\boldsymbol{\rho}$，其分量形式为

$$\boldsymbol{r}_K=(R_{0x}\quad R_{0y}\quad R_{0z})^{\mathrm{T}}+(x_K\quad y_K\quad z_K)^{\mathrm{T}} \tag{2.8-1}$$

式中，x_K、y_K、z_K 为 K 点在 $O\text{-}XYZ$ 中坐标。

设 $\boldsymbol{e}_X$、$\boldsymbol{e}_Y$、$\boldsymbol{e}_Z$ 为坐标系 $O\text{-}XYZ$ 三轴单位矢量，$\boldsymbol{e}_{x_n}$、$\boldsymbol{e}_{y_n}$、$\boldsymbol{e}_{z_n}$为坐标系 $K-x_ny_nz_n$ 三轴单位矢量，$\boldsymbol{e}_r$ 为 $\boldsymbol{r}_K$ 单位矢量，$\boldsymbol{e}_\omega$ 为地球自转角速度 $\boldsymbol{\omega}_e$ 单位矢量，且 $\boldsymbol{e}_r$、$\boldsymbol{e}_\omega$ 可写为

$$\boldsymbol{e}_r=r_x^0\boldsymbol{e}_X+r_y^0\boldsymbol{e}_Y+r_z^0\boldsymbol{e}_Z,\ \boldsymbol{e}_\omega=\omega_{ex}^0\boldsymbol{e}_X+\omega_{ey}^0\boldsymbol{e}_Y+\omega_{ez}^0\boldsymbol{e}_Z \tag{2.8-2}$$

由图 2.5-2 所示及式（2.5-8），式中 ω_{ex}^0、ω_{ey}^0、ω_{ez}^0易知为

$$(\omega_{ex}^0\quad \omega_{ey}^0\quad \omega_{ez}^0)^{\mathrm{T}}=(\cos B_0\cos A_0\quad \sin B_0\quad -\cos B_0\sin A_0)^{\mathrm{T}} \tag{2.8-3}$$

又由图 2.8-1 所示可知

$$\boldsymbol{e}_{y_n}=\boldsymbol{e}_r \tag{2.8-4}$$

且由矢量点积、叉积运算可知，$\boldsymbol{e}_\omega\cdot\boldsymbol{e}_r=\cos\left(\dfrac{\pi}{2}-\phi_K\right)=\sin\phi_K$，考虑到 $\phi_K\in[-90°,90°]$ 及式（2.8-2），则有

$$\phi_K=\arcsin(r_x^0\omega_{ex}^0+r_y^0\omega_{ey}^0+r_z^0\omega_{ez}^0) \tag{2.8-5}$$

$$\boldsymbol{e}_{z_n}=\frac{\boldsymbol{e}_\omega\times\boldsymbol{e}_r}{|\boldsymbol{e}_\omega\times\boldsymbol{e}_r|}=\frac{\boldsymbol{e}_\omega\times\boldsymbol{e}_r}{\cos\phi_K} \tag{2.8-6}$$

$$\boldsymbol{e}_{x_n}=\frac{\boldsymbol{e}_{y_n}\times\boldsymbol{e}_{z_n}}{|\boldsymbol{e}_{y_n}\times\boldsymbol{e}_{z_n}|}=\frac{\boldsymbol{e}_r\times(\boldsymbol{e}_\omega\times\boldsymbol{e}_r)}{|\boldsymbol{e}_r\times(\boldsymbol{e}_\omega\times\boldsymbol{e}_r)|} \tag{2.8-7}$$

将式（2.8-2）代入式（2.8-6）得

$$\begin{aligned}\boldsymbol{e}_{z_n}&=\frac{\boldsymbol{e}_\Omega\times\boldsymbol{e}_r}{\cos\phi_K}=\frac{1}{\cos\phi_K}\begin{vmatrix}\boldsymbol{e}_X & \boldsymbol{e}_Y & \boldsymbol{e}_Z\\ \omega_{ex}^0 & \omega_{ey}^0 & \omega_{ez}^0\\ r_x^0 & r_y^0 & r_z^0\end{vmatrix}\\ &=\frac{1}{\cos\phi_K}[(\omega_{ey}^0r_z^0-\omega_{ez}^0r_x^0)\boldsymbol{e}_X+(\omega_{ez}^0r_x^0-\omega_{ex}^0r_z^0)\boldsymbol{e}_Y+(\omega_{ex}^0r_y^0-\omega_{ey}^0r_x^0)\boldsymbol{e}_Z]\\ &=\frac{1}{\cos\phi_K}(F_{31}\boldsymbol{e}_X+F_{32}\boldsymbol{e}_Y+F_{33}\boldsymbol{e}_Z)\end{aligned} \tag{2.8-8}$$

式中

$$\begin{pmatrix}F_{31}\\F_{32}\\F_{33}\end{pmatrix}=\begin{pmatrix}0 & -\omega_{ez}^0 & \omega_{ey}^0\\ \omega_{ez}^0 & 0 & -\omega_{ex}^0\\ -\omega_{ey}^0 & \omega_{ex}^0 & 0\end{pmatrix}\begin{pmatrix}r_x^0\\r_y^0\\r_z^0\end{pmatrix} \tag{2.8-9}$$

又由矢量积公式 $(\boldsymbol{a}\times\boldsymbol{b})\times\boldsymbol{c}=\boldsymbol{b}(\boldsymbol{a}\cdot\boldsymbol{c})-\boldsymbol{a}(\boldsymbol{b}\cdot\boldsymbol{c})$、$\boldsymbol{e}_r\cdot\boldsymbol{e}_r=1$、$\boldsymbol{e}_\Omega\cdot\boldsymbol{e}_r=\sin\phi_K$ 知

$$\boldsymbol{e}_r\times(\boldsymbol{e}_\omega\times\boldsymbol{e}_r)=(\boldsymbol{e}_r\times\boldsymbol{e}_\omega)\times\boldsymbol{e}_r=\boldsymbol{e}_\omega-\boldsymbol{e}_r\sin\phi_K \tag{2.8-10}$$

考虑到 $\phi_K\in[-90°,90°]$ 及式（2.8-9），有

$$|\boldsymbol{e}_r\times(\boldsymbol{e}_\omega\times\boldsymbol{e}_r)|=\sqrt{(\boldsymbol{e}_\omega-\boldsymbol{e}_r\sin\phi_K)\cdot(\boldsymbol{e}_\omega-\boldsymbol{e}_r\sin\phi_K)}=\cos\phi_K \tag{2.8-11}$$

则将式（2.8-3）、式（2.8-10）、式（2.8-11）代入式（2.8-7）得

$$
\begin{aligned}
&\boldsymbol{e}_r \times (\boldsymbol{e}_\omega \times \boldsymbol{e}_r) \\
&= \frac{1}{\cos\phi_K}[(\omega_{ex}^0 - \sin\phi_K r_x^0)\boldsymbol{e}_X + (\omega_{ey}^0 - \sin\phi_K r_y^0)\boldsymbol{e}_Y + (\omega_{ez}^0 - \sin\phi_K r_z^0)\boldsymbol{e}_Z] \qquad (2.8\text{-}12) \\
&= \frac{1}{\cos\phi_K}(F_{11}\boldsymbol{e}_X + F_{12}\boldsymbol{e}_Y + F_{13}\boldsymbol{e}_Z)
\end{aligned}
$$

式中

$$
\begin{pmatrix} F_{11} \\ F_{12} \\ F_{13} \end{pmatrix} = \begin{pmatrix} \omega_{ex}^0 \\ \omega_{ey}^0 \\ \omega_{ez}^0 \end{pmatrix} - \sin\phi_K \begin{pmatrix} r_x^0 \\ r_y^0 \\ r_z^0 \end{pmatrix} \qquad (2.8\text{-}13)
$$

由式（2.3-8）可知

$$
C_{\mathrm{I}}^{\mathrm{n}} = \begin{pmatrix} \boldsymbol{e}_{x_n} \cdot \boldsymbol{e}_X & \boldsymbol{e}_{x_n} \cdot \boldsymbol{e}_Y & \boldsymbol{e}_{x_n} \cdot \boldsymbol{e}_Z \\ \boldsymbol{e}_{y_n} \cdot \boldsymbol{e}_X & \boldsymbol{e}_{y_n} \cdot \boldsymbol{e}_Y & \boldsymbol{e}_{y_n} \cdot \boldsymbol{e}_Z \\ \boldsymbol{e}_{z_n} \cdot \boldsymbol{e}_X & \boldsymbol{e}_{z_n} \cdot \boldsymbol{e}_Y & \boldsymbol{e}_{z_n} \cdot \boldsymbol{e}_Z \end{pmatrix} \qquad (2.8\text{-}14)
$$

则将式（2.8-2）、式（2.8-8）、式（2.8-12）代入式（2.8-14）得发射惯性系至北天东坐标系的方向余弦矩阵：

$$
C_{\mathrm{I}}^{\mathrm{n}} = \begin{pmatrix} \dfrac{F_{11}}{\cos\phi_K} & \dfrac{F_{12}}{\cos\phi_K} & \dfrac{F_{13}}{\cos\phi_K} \\ r_x^0 & r_y^0 & r_z^0 \\ \dfrac{F_{31}}{\cos\phi_K} & \dfrac{F_{32}}{\cos\phi_K} & \dfrac{F_{33}}{\cos\phi_K} \end{pmatrix} \qquad (2.8\text{-}15)
$$

2.8.3 北天东坐标系与发射坐标系的关系

发射坐标系 $O_f\text{-}X_fY_fZ_f$ 至北天东坐标系 $K\text{-}X_nY_nZ_n$ 的方向余弦矩阵 C_f^n 形式上与 $C_{\mathrm{I}}^{\mathrm{n}}$ 完全一致，只是式（2.8-1）中的 x_K、y_K、z_K 需要使用 K 点地心矢量 $\boldsymbol{r}_K$ 在发射坐标系下投影。

第 3 章 运载火箭运动方程

火箭运动方程是表征火箭运动规律的数学模型，也是分析、计算或模拟火箭运动的基础。火箭在飞行期间，发动机不断喷出燃气流，火箭的质量不断发生变化，是一个可变质量系，且火箭是可控飞行，它作为一个被控制对象。因此，完整描述火箭在空间运动和制导系统中各元件工作过程的数学模型是相当复杂的。不同研究阶段、不同设计要求，所需建立的火箭运动数学模型也不相同。在火箭方案设计即初步设计阶段，通常可把火箭视为一个质点，选用质点弹道计算的数学模型；而在设计定型阶段，则需建立更完整的数学模型。建立火箭运动方程以经典力学为基础，涉及变质量力学、空气动力学、推进和控制理论等方面。

本章主要讨论运动方程的建立、简化等方面的内容。

3.1 变质量力学基本原理

当研究火箭的运动时，在每一瞬间，只将该瞬间位于“规定”表面以内的质点作为它的组成。这一“规定”表面，通常取火箭的外表面和喷管的出口断面。发动机工作时，燃料燃烧后的气体质点不断地由火箭内部喷出，火箭质量不断减少，因此，整个火箭运动过程是一变质量系。实际上，火箭质量变化原因除燃料消耗外，还有控制发动机系统及冷却工作时的工质消耗影响等，这些都使火箭整体不是一个定质点系。这样，动力学的经典理论就不能直接用来研究火箭的运动，因而有必要介绍变质量系运动的基本力学原理。

3.1.1 变质量质点的基本方程

设有一质量随时间变化的质点，其质点在 t 时刻为 $m(t)$，并具有绝对速度 $\boldsymbol{V}$，此时该质点的动量为

$$\boldsymbol{Q}(t)=m(t)\boldsymbol{V} \tag{3.1-1}$$

在时间 $\mathrm{d}t$ 内，由外界作用在系统质点上的力 $\boldsymbol{F}$，且质点 M 向外以相对速度 $\boldsymbol{V}_\mathrm{r}$ 喷射出元质量 $-\mathrm{d}m$，如图 3.1-1 所示。显然有

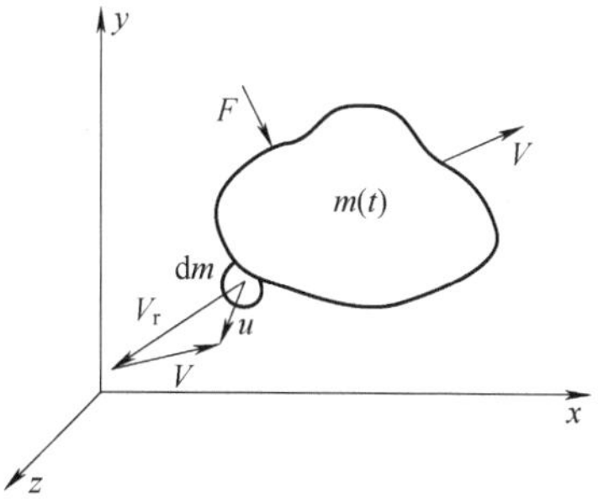

图 3.1-1 变质量质点示意图

$$-\mathrm{d}m=m(t)-m(t+\mathrm{d}t) \tag{3.1-2}$$

假设在 $\mathrm{d}t$ 时间内质点 $m(t+\mathrm{d}t)$ 具有的速度增量为 $\mathrm{d}\boldsymbol{V}$，那么在 $t+\mathrm{d}t$ 时刻，整个质点的动量应为

$$\boldsymbol{Q}(t+\mathrm{d}t)=[m(t)-(-\mathrm{d}m)](\boldsymbol{V}+\mathrm{d}\boldsymbol{V})+(-\mathrm{d}m)(\boldsymbol{V}+\boldsymbol{V}_\mathrm{r}) \tag{3.1-3}$$

略去 $\mathrm{d}m\mathrm{d}\boldsymbol{V}$ 项，则

$$\boldsymbol{Q}(t+\mathrm{d}t)=m(t)(\boldsymbol{V}+\mathrm{d}\boldsymbol{V})-\mathrm{d}m\boldsymbol{V}_\mathrm{r} \tag{3.1-4}$$

比较式（3.1-1）和式（3.1-4），可得整个质点在 $\mathrm{d}t$ 时间内的动量变化量：

$$\mathrm{d}\boldsymbol{Q} = m\mathrm{d}\boldsymbol{V} - \mathrm{d}m\boldsymbol{V}_{\mathrm{r}} \tag{3.1-5}$$

根据常质量质点动量定理有

$$\frac{\mathrm{d}\boldsymbol{Q}}{\mathrm{d}t} = \boldsymbol{F} \tag{3.1-6}$$

式中，$\boldsymbol{F}$ 为外界作用在整个质点上的力。

即有

$$m\frac{\mathrm{d}\boldsymbol{V}}{\mathrm{d}t} = \boldsymbol{F} + \frac{\mathrm{d}m}{\mathrm{d}t}\boldsymbol{V}_{\mathrm{r}} \tag{3.1-7}$$

该方程称为密歇尔斯基方程，即变质量质点基本方程。对于不变质量质点，$\frac{\mathrm{d}m}{\mathrm{d}t}=0$，则式（3.1-7）可变为如下形式：

$$m\frac{\mathrm{d}\boldsymbol{V}}{\mathrm{d}t} = \boldsymbol{F} \tag{3.1-8}$$

如果将式（3.1-7）中具有力的因次项$\frac{\mathrm{d}m}{\mathrm{d}t}\boldsymbol{V}_{\mathrm{r}}$ 视为作用在质点 M 上的力，记为 $\boldsymbol{P}_{\mathrm{r}}$。则可将式（3.1-7）写成如下形式：

$$m\frac{\mathrm{d}\boldsymbol{V}}{\mathrm{d}t} = \boldsymbol{F} + \boldsymbol{P}_{\mathrm{r}} \tag{3.1-9}$$

式中，$\boldsymbol{P}_{\mathrm{r}}$ 为喷射反作用力。

对于物体而言，$\frac{\mathrm{d}m}{\mathrm{d}t}<0$，故喷射反作用力的方向与 $\boldsymbol{V}_{\mathrm{r}}$ 方向相反，是一个加速度力。

由上可知，物体产生运动状态的变化，除外界作用力外，还可通过物体本身向所需运动反方向喷射而获得加速度，这称为直接反作用原理。

根据密歇尔斯基方程，如果质点不受外力作用，则有

$$m\frac{\mathrm{d}\boldsymbol{V}}{\mathrm{d}t} = \frac{\mathrm{d}m}{\mathrm{d}t}\boldsymbol{V}_{\mathrm{r}}$$

如设 $\boldsymbol{V}$ 与 $\boldsymbol{V}_{\mathrm{r}}$ 正好反向，则有以下标量形式

$$m\frac{\mathrm{d}V}{\mathrm{d}t} = -\frac{\mathrm{d}m}{\mathrm{d}t}V_{\mathrm{r}}$$

即

$$\mathrm{d}V = -V_{\mathrm{r}}\frac{\mathrm{d}m}{m}$$

当喷射元质量的速度 V_{r} 为定值，对上式积分可得

$$V - V_0 = -V_{\mathrm{r}}\ln\frac{m}{m_0} \tag{3.1-10}$$

式中，V_0、m_0 为起始时刻质点所具有的速度和质量；m_0 为物体结构质量 m_{k} 与全部可喷射质量 m_{T} 之和。

如初始速度 $V_0=0$，在 m_{T} 全部喷射完时，物体具有的速度为

$$V_{\mathrm{k}} = -V_{\mathrm{r}}\ln\frac{m_{\mathrm{k}}}{m_0} \tag{3.1-11}$$

上式为著名的齐奥尔柯夫斯基公式。用该公式计算出的速度为理想速度。

该式说明，物体不受外力作用时，变质量质点在给定的 m_0 中，喷射物质占有的质量 m_T 越多或喷射物质质量一定，但喷射元质量的速度 V_r 越大，则质点的理想速度就越大。

3.1.2　变质量质点系的质心运动方程和绕质心转动方程

当组成物体为变质量质点系，其中除有一些质点随物体作牵连运动外，在物体内部还有相对运动，这对物体的运动也是有影响的。此外，如对该物体运用密歇尔斯基方程来建立运动方程，则存在近似性，因此必须对变质量质点系进行专门讨论。

前面关于理论力学的内容，已介绍了离散质点系的动力学方程。即，在惯性系 $O\text{-}XYZ$ 中，有一质点系 S，该质点系由 N 个质点组成，离散质点 m_i 在惯性坐标系中的矢径为 $\boldsymbol{r}_i$，外界作用于系统 S 上的总外力为 $\boldsymbol{F}_S$，则系统 S 的平动方程及转动方程分别为

$$\boldsymbol{F}_S = \sum_{i=1}^{N} m_i \frac{\mathrm{d}^2\boldsymbol{r}_i}{\mathrm{d}t^2} \tag{3.1-12}$$

$$\boldsymbol{M}_S = \sum_{i=1}^{N} m_i\boldsymbol{r}_i \times \frac{\mathrm{d}^2\boldsymbol{r}_i}{\mathrm{d}t^2} \tag{3.1-13}$$

现在要研究连续质系（即物体）的运动方程，则将物体考虑成无穷个具有无穷小质量的质点组成的系统。在这种情况下，式（3.1-12）和式（3.1-13）中的求和符号可用积分符号来代替，于是有

$$\boldsymbol{F} = \int_m \frac{\mathrm{d}^2\boldsymbol{r}}{\mathrm{d}t^2}\mathrm{d}m \tag{3.1-14}$$

$$\boldsymbol{M} = \int_m \boldsymbol{r} \times \frac{\mathrm{d}^2\boldsymbol{r}}{\mathrm{d}t^2}\mathrm{d}t \tag{3.1-15}$$

上两式中虽只有一个积分符号，实质上，对于一个三维系统，该积分为三重积分。这是因为 $\mathrm{d}m$ 可以写成 $\rho\mathrm{d}V$，其中的 ρ 为质量密度，$\mathrm{d}V$ 为体积元。故将该体积元以 $\int_m$ 表示。

1. 连续质系 S 的质量运动方程

设系统 S 对惯性坐标系有转动速度 $\boldsymbol{\omega}_T$，而系统 S 中的任一质点元 p 在惯性坐标系中的矢径 $\boldsymbol{r}$ 可以为系统 S 质心的矢径 $\boldsymbol{r}_{c,m}$ 与质心到质点元 p 的矢量 $\boldsymbol{\rho}$ 之和，如图 3.1-2 所示，有

$$\boldsymbol{r} = \boldsymbol{\rho} + \boldsymbol{r}_{c,m} \tag{3.1-16}$$

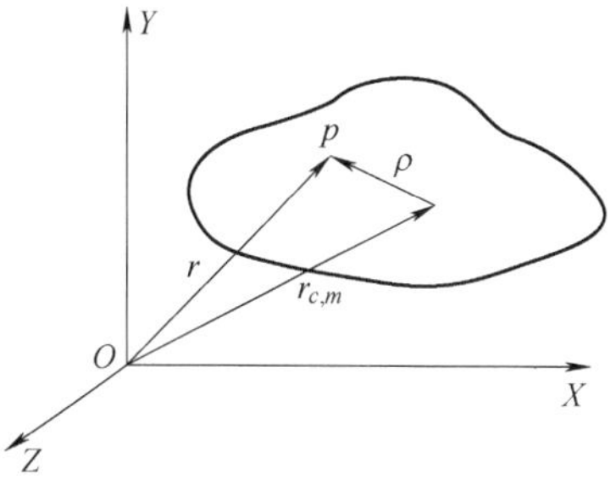

图 3.1-2　质点系矢量关系

利用理论力学中加速度合成定理可得 p 点的绝对加速度为

$$\frac{\mathrm{d}^2\boldsymbol{r}}{\mathrm{d}t^2} = \frac{\mathrm{d}^2\boldsymbol{r}_{c,m}}{\mathrm{d}t^2} + 2\boldsymbol{\omega}_T \times \frac{\delta\boldsymbol{\rho}}{\delta t} + \frac{\delta^2\boldsymbol{\rho}}{\delta t^2} + \frac{\mathrm{d}\boldsymbol{\omega}_T}{\mathrm{d}t} \times \boldsymbol{\rho} + \boldsymbol{\omega}_T \times (\boldsymbol{\omega}_T \times \boldsymbol{\rho}) \tag{3.1-17}$$

由于 $\boldsymbol{\rho}$ 表示系统 S 的质点到质心的矢径，根据质心的定义有 $\int_m \boldsymbol{\rho}\mathrm{d}m = 0$。因此，将式（3.1-17）代入式（3.1-14）后，有

$$\boldsymbol{F} = m\frac{\mathrm{d}^2\boldsymbol{r}_{c,m}}{\mathrm{d}t^2} + 2\boldsymbol{\omega}_\mathrm{T} \times \int_m \frac{\delta\boldsymbol{\rho}}{\delta t}\mathrm{d}m + \int_m \frac{\delta^2\boldsymbol{\rho}}{\delta t^2}\mathrm{d}m \tag{3.1-18}$$

式（3.1-18）为适用于任意变质量物体的一般运动方程，从而可得任意变质量物体的质心运动方程为

$$m\frac{\mathrm{d}^2\boldsymbol{r}_{c,m}}{\mathrm{d}t^2} = \boldsymbol{F} + \boldsymbol{F}'_\mathrm{k} + \boldsymbol{F}'_\mathrm{rel} \tag{3.1-19}$$

式中

$$\boldsymbol{F}'_\mathrm{k} = -2\boldsymbol{\omega}_\mathrm{T} \times \int_m \frac{\delta\boldsymbol{\rho}}{\delta t}\mathrm{d}m$$

$$\boldsymbol{F}'_\mathrm{rel} = -\int_m \frac{\delta^2\boldsymbol{\rho}}{\delta t^2}\mathrm{d}m$$

$\boldsymbol{F}'_\mathrm{k}$、$\boldsymbol{F}'_\mathrm{rel}$分别称为系统 S 的附加哥氏力和附加相对力。

2. 连续质系 S 的转动方程

由式（3.1-15）不难写出变质量质点系 S 在力 $\boldsymbol{F}$ 下所产生的绕惯性坐标系原点 O 和绕系统 S 质心的力矩方程

$$\boldsymbol{M}_0 = \int_m \boldsymbol{r} \times \frac{\mathrm{d}^2\boldsymbol{r}}{\mathrm{d}t^2}\mathrm{d}m \tag{3.1-20}$$

$$\boldsymbol{M}_{c,m} = \int_m \boldsymbol{\rho} \times \frac{\mathrm{d}^2\boldsymbol{r}}{\mathrm{d}t^2}\mathrm{d}m \tag{3.1-21}$$

考虑到以后研究火箭在空中的姿态变化是以绕质心的转动来进行的，因此下面对式（3.1-21）进行讨论。

将式（3.1-17）代入式（3.1-21），则力矩方程可写为

$$\begin{aligned}\boldsymbol{M}_{c,m} = &\int_m \boldsymbol{\rho} \times \frac{\mathrm{d}^2\boldsymbol{r}_{c,m}}{\mathrm{d}t^2}\mathrm{d}m + 2\int_m \boldsymbol{\rho} \times \left(\boldsymbol{\omega}_\mathrm{T} \times \frac{\delta\boldsymbol{\rho}}{\delta t}\right)\mathrm{d}m \\ &+ \int_m \boldsymbol{\rho} \times \frac{\delta^2\boldsymbol{\rho}}{\delta t^2}\mathrm{d}m + \int_m \boldsymbol{\rho} \times \left(\frac{\mathrm{d}\boldsymbol{\omega}_\mathrm{T}}{\mathrm{d}t} \times \boldsymbol{\rho}\right)\mathrm{d}m \\ &+ \int_m \boldsymbol{\rho} \times [\boldsymbol{\omega}_\mathrm{T} \times (\boldsymbol{\omega}_\mathrm{T} \times \boldsymbol{\rho})]\mathrm{d}m\end{aligned}$$

注意到 $\boldsymbol{r}_{c,m}$ 与质量 $\mathrm{d}m$ 无关，且按质心的定义有 $\int_m \boldsymbol{\rho}\mathrm{d}m = 0$，故上式简化为

$$\begin{aligned}\boldsymbol{M}_{c,m} = &2\int_m \boldsymbol{\rho} \times \left(\boldsymbol{\omega}_\mathrm{T} \times \frac{\delta\boldsymbol{\rho}}{\delta t}\right)\mathrm{d}m + \int_m \boldsymbol{\rho} \times \frac{\delta^2\boldsymbol{\rho}}{\delta t^2}\mathrm{d}m \\ &+ \int_m \boldsymbol{\rho} \times \left(\frac{\mathrm{d}\boldsymbol{\omega}_\mathrm{T}}{\mathrm{d}t} \times \boldsymbol{\rho}\right)\mathrm{d}m + \int_m \boldsymbol{\rho} \times [\boldsymbol{\omega}_\mathrm{T} \times (\boldsymbol{\omega}_\mathrm{T} \times \boldsymbol{\rho})]\mathrm{d}m\end{aligned} \tag{3.1-22}$$

上式为适用于任意变质量物体的绕质心的一般转动方程。据此可写成另一种形式，首先将上式移项写为

$$\int_m \boldsymbol{\rho} \times [\boldsymbol{\omega}_\mathrm{T} \times (\boldsymbol{\omega}_\mathrm{T} \times \boldsymbol{\rho})]\mathrm{d}m + \int_m \boldsymbol{\rho} \times \left(\frac{\mathrm{d}\boldsymbol{\omega}_\mathrm{T}}{\mathrm{d}t} \times \boldsymbol{\rho}\right)\mathrm{d}m = \boldsymbol{M}_{c,m} + \boldsymbol{M}'_\mathrm{k} + \boldsymbol{M}'_\mathrm{rel} \tag{3.1-23}$$

式中

$$\boldsymbol{M}'_\mathrm{k} = -2\int_m \boldsymbol{\rho} \times \left(\boldsymbol{\omega}_\mathrm{T} \times \frac{\delta\boldsymbol{\rho}}{\delta t}\right)\mathrm{d}m$$

$$M'_{\mathrm{rel}} = -\int_m \boldsymbol{\rho} \times \frac{\delta^2 \boldsymbol{\rho}}{\delta t^2} \mathrm{d}m$$

M'_{k}、M'_{rel} 分别为系统 S 的附加哥氏力矩和附加相对力矩。

式（3.1-23）左端的第一项，根据矢量叉积运算法则可得

$$\int_m \boldsymbol{\rho} \times [\boldsymbol{\omega}_{\mathrm{T}} \times (\boldsymbol{\omega}_{\mathrm{T}} \times \boldsymbol{\rho})] \mathrm{d}m = \boldsymbol{\omega}_{\mathrm{T}} \times \int_m \boldsymbol{\rho} \times (\boldsymbol{\omega}_{\mathrm{T}} \times \boldsymbol{\rho}) \mathrm{d}m \tag{3.1-24}$$

记

$$\boldsymbol{H}_{c,m} = \int_m \boldsymbol{\rho} \times (\boldsymbol{\omega}_{\mathrm{T}} \times \boldsymbol{\rho}) \mathrm{d}m \tag{3.1-25}$$

该式是将系统视为刚体后，该刚体对质心的总角动量。

现将变质量物体的质心作为原点 o_1，建立一个与该物体固连的任意直角坐标系 $o_1\text{-}xyz$，并设有

$$\boldsymbol{\omega}_{\mathrm{T}} = (\omega_{\mathrm{T}x} \quad \omega_{\mathrm{T}y} \quad \omega_{\mathrm{T}z})^{\mathrm{T}}、\boldsymbol{\rho} = (x \quad y \quad z)^{\mathrm{T}}$$

则由矢量运算公式得

$$\begin{aligned} \boldsymbol{H}_{c,m} &= \int_m \boldsymbol{\rho} \times (\boldsymbol{\omega}_{\mathrm{T}} \times \boldsymbol{\rho}) \mathrm{d}m = \int_m [\boldsymbol{\omega}_{\mathrm{T}} \cdot (\boldsymbol{\rho} \cdot \boldsymbol{\rho}) - \boldsymbol{\rho} \cdot (\boldsymbol{\omega}_{\mathrm{T}} \cdot \boldsymbol{\rho})] \mathrm{d}m \\ &= \int_m \begin{pmatrix} y^2+z^2 & -xy & -xz \\ -yx & z^2+x^2 & -yz \\ -zx & -zy & x^2+y^2 \end{pmatrix} \begin{pmatrix} \omega_{\mathrm{T}x} \\ \omega_{\mathrm{T}y} \\ \omega_{\mathrm{T}z} \end{pmatrix} \mathrm{d}m \end{aligned} \tag{3.1-26}$$

定义

$$\begin{cases} I_{xx} = \int_m (y^2+z^2) \mathrm{d}m \\ I_{yy} = \int_m (z^2+x^2) \mathrm{d}m \\ I_{zz} = \int_m (x^2+y^2) \mathrm{d}m \\ I_{xy} = I_{yx} = \int_m xy \mathrm{d}m \\ I_{xz} = I_{zx} = \int_m xz \mathrm{d}m \\ I_{yz} = I_{zy} = \int_m yz \mathrm{d}m \end{cases} \tag{3.1-27}$$

式中，I_{xx}、I_{yy}、I_{zz} 为转动惯量；其余为惯量积。

为书写方便，可将式（3.1-26）写为

$$\boldsymbol{H}_{c,m} = \bar{\boldsymbol{I}} \cdot \boldsymbol{\omega}_{\mathrm{T}} \tag{3.1-28}$$

式中

$$\bar{\boldsymbol{I}} = \begin{pmatrix} I_{xx} & -I_{xy} & -I_{xz} \\ -I_{yx} & I_{yy} & -I_{yz} \\ -I_{zx} & -I_{zy} & I_{zz} \end{pmatrix} \tag{3.1-29}$$

$\bar{\boldsymbol{I}}$ 为惯量张量。

将式（3.1-28）代入式（3.1-24）可得

$$\int_m \boldsymbol{\rho} \times [\boldsymbol{\omega}_{\mathrm{T}} \times (\boldsymbol{\omega}_{\mathrm{T}} \times \boldsymbol{\rho})]\mathrm{d}m = \boldsymbol{\omega}_{\mathrm{T}} \times (\bar{\boldsymbol{I}} \cdot \boldsymbol{\omega}_{\mathrm{T}}) \tag{3.1-30}$$

同理，可将式（3.1-23）之左侧第二项写为

$$\int_m \boldsymbol{\rho} \times \left(\frac{\mathrm{d}\boldsymbol{\omega}_{\mathrm{T}}}{\mathrm{d}t} \times \boldsymbol{\rho}\right)\mathrm{d}m = \bar{\boldsymbol{I}} \cdot \frac{\mathrm{d}\boldsymbol{\omega}_{\mathrm{T}}}{\mathrm{d}t} \tag{3.1-31}$$

最终可将式（3.1-23）写为

$$\bar{\boldsymbol{I}} \cdot \frac{\mathrm{d}\boldsymbol{\omega}_{\mathrm{T}}}{\mathrm{d}t} + \boldsymbol{\omega}_{\mathrm{T}} \times (\bar{\boldsymbol{I}} \cdot \boldsymbol{\omega}_{\mathrm{T}}) = \boldsymbol{M}_{c,m} + \boldsymbol{M}'_{\mathrm{k}} + \boldsymbol{M}'_{\mathrm{rel}} \tag{3.1-32}$$

显然，式（3.1-32）左端是惯性力矩。

式（3.1-19）和式（3.1-32）是变质量物体的一般的质心运动方程和绕质心运动方程，形式上与适用于刚体的方程式相同。因此，可引进一条重要的原理，即刚化原理，现叙述如下：

在一般情况下，任意一个变质量系统在瞬时 t 的质心运动方程和绕质心运动方程，能用如下这样一个刚体的相应方程来表示：这个刚体的质量等于系统在瞬时 t 的质量，而它受的力除了真实的外力和力矩外，还要加两个附加力和力矩，即附加哥氏力、附加相对力和附加哥氏力矩、附加相对力矩。

3.2 作用在火箭上的力和力矩

根据刚化原理，对于运载火箭这一变质量质点系，必须将作用在火箭上的外力、外力矩及两个附加力和两个附加力矩表达式找到，才可具体建立它的质心运动方程和绕质心运动方程并进行求解。下面结合火箭飞行中所受到的力和力矩的物理意义及其表达式予以讨论。

3.2.1 附加力、附加力矩及发动机特性

1. 附加力和附加力矩

设火箭为一轴对称物体，发动机喷管出口截面积为 S_{e}，火箭质心记为 O_1。燃料燃烧过程中 t 时刻质心相对于箭体的运动速度矢量为 $\boldsymbol{V}_{\mathrm{rc}}$，而箭体内质点相对于箭体的速度矢量为 $\boldsymbol{V}_{\mathrm{rb}}$，则该质点相对可变质心的速度矢量为 $\delta\boldsymbol{\rho}/\delta t$：它与 $\boldsymbol{V}_{\mathrm{rc}}$、$\boldsymbol{V}_{\mathrm{rb}}$有如下关系：

$$\frac{\delta\boldsymbol{\rho}}{\delta t} = \boldsymbol{V}_{\mathrm{rb}} - \boldsymbol{V}_{\mathrm{rc}} \tag{3.2-1}$$

由雷诺迁移定理知

$$\int_m \frac{\delta\boldsymbol{H}}{\delta t}\mathrm{d}m = \frac{\delta}{\delta t}\int_m \boldsymbol{H}\mathrm{d}m + \int_{S_{\mathrm{e}}} \boldsymbol{H}(\rho_m \boldsymbol{V}_{\mathrm{rb}} \cdot \boldsymbol{n})\mathrm{d}S_{\mathrm{e}} \tag{3.2-2}$$

式中，$\boldsymbol{H}$ 为某一矢量点函数；ρ_m 为流体质量密度；$\boldsymbol{V}_{\mathrm{rb}}$为燃烧产物相对于火箭的速度；$\boldsymbol{n}$ 为喷管截面 S_{e} 的外法向单位矢量。

式（3.2-2）表示被积函数的导数与积分的导数之间的关系。

运用式（3.2-2），可将作用于火箭上的附加力和力矩具体表达式导出。

（1）附加相对力

由式（3.1-19）知附加相对力为

$$\boldsymbol{F}'_{\text{rel}} = -\int_m \frac{\delta^2 \boldsymbol{\rho}}{\delta t^2}\mathrm{d}m$$

将 $\delta\boldsymbol{\rho}/\delta t$ 代替式（3.2-2）之 $\boldsymbol{H}$ 可得

$$\boldsymbol{F}'_{\text{rel}} = -\frac{\delta}{\delta t}\int_m \frac{\delta\boldsymbol{\rho}}{\delta t}\mathrm{d}m - \int_{S_{\text{e}}} \frac{\delta\boldsymbol{\rho}}{\delta t}(\rho_m \boldsymbol{V}_{\text{rb}} \cdot \boldsymbol{n})\mathrm{d}S_{\text{e}} \tag{3.2-3}$$

将式（3.2-1）代入式（3.2-3）右端第二积分式，则有

$$\int_{S_{\text{e}}} \frac{\delta\boldsymbol{\rho}}{\delta t}(\rho_m \boldsymbol{V}_{\text{rb}} \cdot \boldsymbol{n})\mathrm{d}S_{\text{e}} = \int_{S_{\text{e}}} \boldsymbol{V}_{\text{rb}}(\rho_m \boldsymbol{V}_{\text{rb}} \cdot \boldsymbol{n})\mathrm{d}S_{\text{e}} - \int_{S_{\text{e}}} \boldsymbol{V}_{\text{rc}}(\rho_m \boldsymbol{V}_{\text{rb}} \cdot \boldsymbol{n})\mathrm{d}S_{\text{e}} \tag{3.2-4}$$

对火箭而言，质心 O_1 相对箭体的速度 $\boldsymbol{V}_{\text{rc}}$ 与 $\mathrm{d}S_{\text{e}}$ 无关，而流动质点只有从火箭发动机喷口截面 S_{e} 处流出箭体外，$\boldsymbol{V}_{\text{rb}}$ 只是指 S_{e} 面上的点相对于箭体的速度。如果把 S_{e} 面上的质点的排出速度看成是等同的，记 $\boldsymbol{V}_{\text{rb}}(\mathrm{d}S_{\text{e}}) = \boldsymbol{u}_{\text{e}}$，则 $\boldsymbol{V}_{\text{rc}}$、$\boldsymbol{u}_{\text{e}}$ 均可提到各积分号外。

事实上有

$$\int_{S_{\text{e}}} (\rho_m \boldsymbol{V}_{\text{rb}} \cdot \boldsymbol{n})\mathrm{d}S_{\text{e}} = \dot{m} \tag{3.2-5}$$

式中，$\dot{m}$ 为质量秒耗量，且 $\dot{m} = \left|\frac{\mathrm{d}m}{\mathrm{d}t}\right|$。

则式（3.2-4）可写为

$$\int_{S_{\text{e}}} \frac{\delta\boldsymbol{\rho}}{\delta t}(\rho_m \boldsymbol{V}_{\text{rb}} \cdot \boldsymbol{n})\mathrm{d}S_{\text{e}} = \dot{m}\boldsymbol{u}_{\text{e}} - \dot{m}\boldsymbol{V}_{\text{rc}} \tag{3.2-6}$$

如果过 S_{e} 的各质点之速度 $\boldsymbol{V}_{\text{rb}}$ 不相同，则记

$$\boldsymbol{u}_{\text{e}} = \frac{1}{\dot{m}}\int_{S_{\text{e}}} \boldsymbol{V}_{\text{rb}}(\rho_m \boldsymbol{V}_{\text{rb}} \cdot \boldsymbol{n})\mathrm{d}S_{\text{e}} \tag{3.2-7}$$

仍可得式（3.2-6）之形式。

式（3.2-3）右端第一积分式运用雷诺迁移定理则可写成

$$\int_m \frac{\delta\boldsymbol{\rho}}{\delta t}\mathrm{d}m = \frac{\delta}{\delta t}\int_m \boldsymbol{\rho}\mathrm{d}m + \int_{S_{\text{e}}} \boldsymbol{\rho}(\rho_m \boldsymbol{V}_{\text{rb}} \cdot \boldsymbol{n})\mathrm{d}S_{\text{e}} \tag{3.2-8}$$

根据质心定义，该式右端第一项积分式为零。令喷口截面上任一点矢量 $\boldsymbol{\rho}$ 为火箭质心 O_1 到截面中心矢量 $\boldsymbol{\rho}_{\text{e}}$ 与截面中心到该点矢量 $\boldsymbol{v}$ 之和，如图 3.2-1 所示，有

$$\boldsymbol{\rho} = \boldsymbol{\rho}_{\text{e}} + \boldsymbol{v} \tag{3.2-9}$$

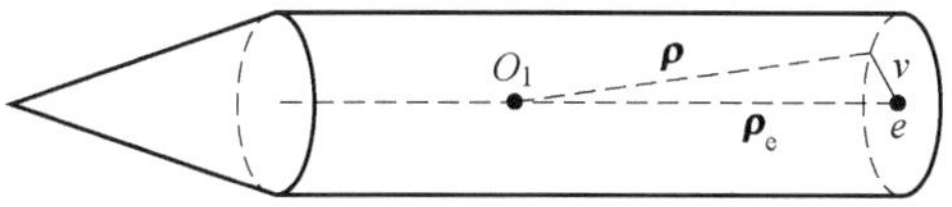

图 3.2-1　火箭喷口截面上质点位置矢径

如果过 S_{e} 的 $\boldsymbol{V}_{\text{rb}}$ 相同，且 S_{e} 对喷口截面中心点 e 为对称面，则

$$\int_{S_{\text{e}}} \boldsymbol{v}(\rho_m \boldsymbol{V}_{\text{rb}} \cdot \boldsymbol{n})\mathrm{d}S_{\text{e}} = 0 \tag{3.2-10}$$

此时，注意到式（3.2-5）、式（3.2-9）、式（3.2-10），式（3.2-8）可写为

$$\int_m \frac{\delta\boldsymbol{\rho}}{\delta t}\mathrm{d}m = \dot{m}\boldsymbol{\rho}_{\text{e}} \tag{3.2-11}$$

当然，如果 S_{e} 为对称面时，$\boldsymbol{\rho}_{\text{e}}$ 可用下式计算得到：

$$\boldsymbol{\rho}_{\mathrm{e}} = \frac{1}{\dot{m}}\int_{S_{\mathrm{e}}}\boldsymbol{\rho}(\rho_m \boldsymbol{V}_{\mathrm{rb}} \cdot \boldsymbol{n})\mathrm{d}S_{\mathrm{e}} \tag{3.2-12}$$

这样，式（3.2-3）右端第一项可写成

$$\frac{\delta}{\delta t}\int_m \frac{\delta \boldsymbol{\rho}}{\delta t}\mathrm{d}m = \ddot{m}\boldsymbol{\rho}_{\mathrm{e}} + \dot{m}\dot{\boldsymbol{\rho}}_{\mathrm{e}} \tag{3.2-13}$$

将式（3.2-6）和式（3.2-13）代入式（3.2-3）得

$$\boldsymbol{F}'_{\mathrm{rel}} = -\ddot{m}\boldsymbol{\rho}_{\mathrm{e}} - \dot{m}\dot{\boldsymbol{\rho}}_{\mathrm{e}} - \dot{m}\boldsymbol{u}_{\mathrm{e}} + \dot{m}\boldsymbol{V}_{\mathrm{rc}} \tag{3.2-14}$$

当考虑到火箭质点相对流动的非定常性很小，特别在火箭发动机稳定工作后，可认为是定常流动，即认为 $\ddot{m}=0$；而质心的相对速度 $\boldsymbol{V}_{\mathrm{rc}}$ 及喷口截面中心矢径 $\boldsymbol{\rho}_{\mathrm{e}}$ 的变化率 $\dot{\boldsymbol{\rho}}_{\mathrm{e}}$ 远小于 $\boldsymbol{u}_{\mathrm{e}}$，因此，$\dot{m}\dot{\boldsymbol{\rho}}_{\mathrm{e}}$ 及 $\dot{m}\boldsymbol{V}_{\mathrm{rc}}$ 均可忽略不计。这样，附加相对力就可写成

$$\boldsymbol{F}'_{\mathrm{rel}} = -\dot{m}\boldsymbol{u}_{\mathrm{e}} \tag{3.2-15}$$

并由此得出结论：附加相对力的大小与通过出口面的线动量通量相等，而方向相反。

（2）附加哥氏力

由式（3.1-19）知附加哥氏力为

$$\boldsymbol{F}'_{\mathrm{k}} = -2\boldsymbol{\omega}_{\mathrm{T}} \times \int_m \frac{\delta \boldsymbol{\rho}}{\delta t}\mathrm{d}m$$

将式（3.2-11）代入，则得

$$\boldsymbol{F}'_{\mathrm{k}} = -2\dot{m}\boldsymbol{\omega}_{\mathrm{T}} \times \boldsymbol{\rho}_{\mathrm{e}} \tag{3.2-16}$$

（3）附加哥氏力矩

由式（3.1-23）知附加哥氏力矩为

$$\boldsymbol{M}'_{\mathrm{k}} = -2\int_m \boldsymbol{\rho} \times \left(\boldsymbol{\omega}_{\mathrm{T}} \times \frac{\delta \boldsymbol{\rho}}{\delta t}\right)\mathrm{d}m \tag{3.2-17}$$

注意到

$$\frac{\delta}{\delta t}[\boldsymbol{\rho} \times (\boldsymbol{\omega}_{\mathrm{T}} \times \boldsymbol{\rho})] = \frac{\delta \boldsymbol{\rho}}{\delta t} \times (\boldsymbol{\omega}_{\mathrm{T}} \times \boldsymbol{\rho}) + \boldsymbol{\rho} \times \left(\frac{\mathrm{d}\boldsymbol{\omega}_{\mathrm{T}}}{\mathrm{d}t} \times \boldsymbol{\rho}\right) + \boldsymbol{\rho} \times \left(\boldsymbol{\omega}_{\mathrm{T}} \times \frac{\delta \boldsymbol{\rho}}{\delta t}\right)$$

$$\frac{\delta \boldsymbol{\rho}}{\delta t} \times (\boldsymbol{\omega}_{\mathrm{T}} \times \boldsymbol{\rho}) = \boldsymbol{\omega}_{\mathrm{T}} \times \left(\frac{\delta \boldsymbol{\rho}}{\delta t} \times \boldsymbol{\rho}\right) + \boldsymbol{\rho} \times \left(\boldsymbol{\omega}_{\mathrm{T}} \times \frac{\delta \boldsymbol{\rho}}{\delta t}\right)$$

则有

$$2\boldsymbol{\rho} \times \left(\frac{\mathrm{d}\boldsymbol{\omega}_{\mathrm{T}}}{\mathrm{d}t} \times \boldsymbol{\rho}\right) = \frac{\delta}{\delta t}[\boldsymbol{\rho} \times (\boldsymbol{\omega}_{\mathrm{T}} \times \boldsymbol{\rho})] - \boldsymbol{\rho} \times \left(\frac{\mathrm{d}\boldsymbol{\omega}_{\mathrm{T}}}{\mathrm{d}t} \times \boldsymbol{\rho}\right) - \boldsymbol{\omega}_{\mathrm{T}} \times \left(\frac{\delta \boldsymbol{\rho}}{\delta t} \times \boldsymbol{\rho}\right) \tag{3.2-18}$$

将该结果代入式（3.2-17）有

$$\boldsymbol{M}'_{\mathrm{k}} = -\int_m \left\{\frac{\delta}{\delta t}[\boldsymbol{\rho} \times (\boldsymbol{\omega}_{\mathrm{T}} \times \boldsymbol{\rho})] - \boldsymbol{\rho} \times \left(\frac{\mathrm{d}\boldsymbol{\omega}_{\mathrm{T}}}{\mathrm{d}t} \times \boldsymbol{\rho}\right) - \boldsymbol{\omega}_{\mathrm{T}} \times \left(\frac{\delta \boldsymbol{\rho}}{\delta t} \times \boldsymbol{\rho}\right)\right\}\mathrm{d}m$$

将上述第一项应用雷诺迁移定理后，有

$$\begin{aligned}\boldsymbol{M}'_{\mathrm{k}} = &-\frac{\delta}{\delta t}\int_m \boldsymbol{\rho} \times (\boldsymbol{\omega}_{\mathrm{T}} \times \boldsymbol{\rho})\mathrm{d}m - \int_{S_{\mathrm{e}}}\boldsymbol{\rho} \times (\boldsymbol{\omega}_{\mathrm{T}} \times \boldsymbol{\rho})(\rho_m \boldsymbol{V}_{\mathrm{rb}} \cdot \boldsymbol{n})\mathrm{d}S_{\mathrm{e}} \\ &+ \int_m \boldsymbol{\rho} \times \left(\frac{\mathrm{d}\boldsymbol{\omega}_{\mathrm{T}}}{\mathrm{d}t} \times \boldsymbol{\rho}\right)\mathrm{d}m + \int_m \boldsymbol{\omega}_{\mathrm{T}} \times \left(\frac{\delta \boldsymbol{\rho}}{\delta t} \times \boldsymbol{\rho}\right)\mathrm{d}m\end{aligned} \tag{3.2-19}$$

根据式（3.1-28）有

$$\int_m \boldsymbol{\rho} \times (\boldsymbol{\omega}_{\mathrm{T}} \times \boldsymbol{\rho})\mathrm{d}m = \bar{\boldsymbol{I}} \cdot \boldsymbol{\omega}_{\mathrm{T}}$$

微分上式得

$$\frac{\delta}{\delta t}\int_m \boldsymbol{\rho} \times (\boldsymbol{\omega}_{\mathrm{T}} \times \boldsymbol{\rho})\mathrm{d}m = \frac{\delta \bar{\boldsymbol{I}}}{\delta t} \cdot \boldsymbol{\omega}_{\mathrm{T}} + \bar{\boldsymbol{I}} \cdot \frac{\mathrm{d}\boldsymbol{\omega}_{\mathrm{T}}}{\mathrm{d}t} \tag{3.2-20}$$

将式（3.1-31）和式（3.2-20）代入式（3.2-19）得

$$\boldsymbol{M}'_{\mathrm{k}} = -\frac{\delta \bar{\boldsymbol{I}}}{\delta t} \cdot \boldsymbol{\omega}_{\mathrm{T}} + \boldsymbol{\omega}_{\mathrm{T}} \times \int_m \frac{\delta \boldsymbol{\rho}}{\delta t} \times \boldsymbol{\rho}\mathrm{d}m - \int_{S_{\mathrm{e}}} \boldsymbol{\rho} \times (\boldsymbol{\omega}_{\mathrm{T}} \times \boldsymbol{\rho})(\rho_m \boldsymbol{V}_{\mathrm{rb}} \cdot \boldsymbol{n})\mathrm{d}S_{\mathrm{e}} \tag{3.2-21}$$

将式（3.2-9）代入上式，并注意到当 S_{e} 为对称面，且过 S_{e} 的各质点之速度 $\boldsymbol{V}_{\mathrm{rb}}$ 相同，则式（3.2-21）可写为

$$\begin{aligned}\boldsymbol{M}'_{\mathrm{k}} = &-\frac{\delta \bar{\boldsymbol{I}}}{\delta t} \cdot \boldsymbol{\omega}_{\mathrm{T}} - \dot{m}\boldsymbol{\rho}_{\mathrm{e}} \times (\boldsymbol{\omega}_{\mathrm{T}} \times \boldsymbol{\rho}_{\mathrm{e}}) \\ &- \int_{S_{\mathrm{e}}} \boldsymbol{\nu} \times (\boldsymbol{\omega}_{\mathrm{T}} \times \boldsymbol{\nu})(\rho_m \boldsymbol{V}_{\mathrm{rb}} \cdot \boldsymbol{n})\mathrm{d}S_{\mathrm{e}} + \boldsymbol{\omega}_{\mathrm{T}} \times \int_m \frac{\delta \boldsymbol{\rho}}{\delta t} \times \boldsymbol{\rho}\mathrm{d}m\end{aligned} \tag{3.2-22}$$

上式为附加哥氏力矩的完整表达式。注意到，火箭喷口截面尺寸较火箭的纵向尺寸要小得多，因此上式中在 S_{e} 上的积分项可略去不计。而上式中最后一项表示火箭内部有质量对质心相对运动所造成的角动量。由于火箭中 $\delta\boldsymbol{\rho}/\delta t$ 很小，燃烧产物的气体质量也很小，且可将燃烧室的平均气流近似看成与纵轴平行，因此该项积分也可略去不计。最后认为附加哥氏力矩为

$$\boldsymbol{M}'_{\mathrm{k}} = -\frac{\delta \bar{\boldsymbol{I}}}{\delta t} \cdot \boldsymbol{\omega}_{\mathrm{T}} - \dot{m}\boldsymbol{\rho}_{\mathrm{e}} \times (\boldsymbol{\omega}_{\mathrm{T}} \times \boldsymbol{\rho}_{\mathrm{e}}) \tag{3.2-23}$$

该力矩的第二项，是由单位时间内喷出的气流所造成的力矩，起到阻尼作用，通常称为喷气阻尼力矩；第一项为转动惯量变化引起的力矩，对火箭来说，因为 $\delta\bar{\boldsymbol{I}}/\delta t$ 各分量为负值，所以该项起到减小阻尼的作用，该力矩的量约为喷气阻尼力矩的 30%。

（4）附加相对力矩

由式（3.1-23）可知

$$\boldsymbol{M}'_{\mathrm{rel}} = -\int_m \boldsymbol{\rho} \times \frac{\delta^2 \boldsymbol{\rho}}{\delta t^2}\mathrm{d}m$$

改写为

$$\boldsymbol{M}'_{\mathrm{rel}} = -\int_m \frac{\delta}{\delta t}\left(\boldsymbol{\rho} \times \frac{\delta \boldsymbol{\rho}}{\delta t}\right)\mathrm{d}m$$

运用雷诺迁移定理得

$$\boldsymbol{M}'_{\mathrm{rel}} = -\frac{\delta}{\delta t}\int_m \boldsymbol{\rho} \times \frac{\delta \boldsymbol{\rho}}{\delta t}\mathrm{d}m - \int_{S_{\mathrm{e}}} \boldsymbol{\rho} \times \frac{\delta \boldsymbol{\rho}}{\delta t}(\rho_m \boldsymbol{V}_{\mathrm{rb}} \cdot \boldsymbol{n})\mathrm{d}S_{\mathrm{e}}$$

将式（3.2-1）代入上式，并注意到式（3.2-11），可得

$$\boldsymbol{M}'_{\mathrm{rel}} = -\frac{\delta}{\delta t}\int_m \boldsymbol{\rho} \times \frac{\delta \boldsymbol{\rho}}{\delta t}\mathrm{d}m - \int_{S_{\mathrm{e}}} (\boldsymbol{\rho} \times \boldsymbol{V}_{\mathrm{rb}})(\rho_m \boldsymbol{V}_{\mathrm{rb}} \cdot \boldsymbol{n})\mathrm{d}S_{\mathrm{e}} + \dot{m}\boldsymbol{\rho}_{\mathrm{e}} \times \boldsymbol{V}_{\mathrm{rc}} \tag{3.2-24}$$

截面 S_{e} 上 $\boldsymbol{V}_{\mathrm{rb}}$ 可分解为平均排气速度矢量 $\boldsymbol{u}_{\mathrm{e}}$ 与截面上速度矢量 $\boldsymbol{V}_{\eta}$，即

$$\boldsymbol{V}_{\mathrm{rb}} = \boldsymbol{u}_{\mathrm{e}} + \boldsymbol{V}_{\eta} \tag{3.2-25}$$

由于 $\boldsymbol{V}_{\eta}$ 在截面 S_{e} 上具有对称性，则

$$\int_{S_e}\boldsymbol{V}_{\eta}(\rho_m\boldsymbol{V}_{rb}\cdot\boldsymbol{n})\mathrm{d}S_e=0 \tag{3.2-26}$$

将式（3.2-9）、式（3.2-11）、式（3.2-25）代入式（3.2-24），并利用式（3.2-5）、式（3.2-10）及式（3.2-26）可得

$$\boldsymbol{M}'_{rel}=-\frac{\delta}{\delta t}\int_m\boldsymbol{\rho}\times\frac{\delta\boldsymbol{\rho}}{\delta t}\mathrm{d}m-\int_{S_e}(\boldsymbol{v}\times\boldsymbol{V}_{\eta})(\rho_m\boldsymbol{V}_{rb}\cdot\boldsymbol{n})\mathrm{d}S_e-\dot{m}\boldsymbol{\rho}_e\times(\boldsymbol{u}_e-\boldsymbol{V}_{rc}) \tag{3.2-27}$$

按照前述相同的理由，略去上式中含有体积分的项。同时，考虑到 $\boldsymbol{v}$ 与 $\boldsymbol{\rho}_e$、$\boldsymbol{V}_{rc}$ 及 $\boldsymbol{V}_{\eta}$ 与 $\boldsymbol{u}_e$ 的绝对值相比均很小而略去，因此附加相对力矩可用下式近似表示：

$$\boldsymbol{M}'_{rel}=-\dot{m}\boldsymbol{\rho}_e\times\boldsymbol{u}_e \tag{3.2-28}$$

至此，已推导出附加力和附加力矩的表达式，归纳如下：

$$\begin{cases}\boldsymbol{F}'_{rel}=-\dot{m}\boldsymbol{u}_e\\ \boldsymbol{F}'_k=-2\dot{m}\boldsymbol{\omega}_T\times\boldsymbol{\rho}_e\\ \boldsymbol{M}'_{rel}=-\dot{m}\boldsymbol{\rho}_e\times\boldsymbol{u}_e\\ \boldsymbol{M}'_k=-\dfrac{\delta\bar{\boldsymbol{I}}}{\delta t}\cdot\boldsymbol{\omega}_T-\dot{m}\boldsymbol{\rho}_e\times(\boldsymbol{\omega}_T\times\boldsymbol{\rho}_e)\end{cases} \tag{3.2-29}$$

式中，$\dot{m}$ 为质量秒耗量；$\boldsymbol{u}_e$ 为平均排气速度。当发动机确定后即为已知，惯量张量 $\bar{\boldsymbol{I}}$ 及瞬时 t 质心 O_1 至喷口截面中心的矢量距离 $\boldsymbol{\rho}_e$ 则由火箭总体设计及火箭燃烧情况决定，而火箭转动角速度 $\boldsymbol{\omega}_T$ 为火箭运动方程的一个变量。

2. 火箭发动机特性

相对力 $\boldsymbol{F}'_{rel}$，实质上是利用排出燃气所需的力产生的推动火箭前进的反作用力。火箭将携带的推进剂送入发动机燃烧室进行化学反应。主要燃烧产物就是释放的化学能所加热了的燃气。由于这些热燃烧被限制在容积很小的燃烧室内，所以燃气的热膨胀就导致高压。这些被压缩的燃气通过喷管膨胀而加速，产生作用于火箭的反作用力。

火箭所携带的推进剂的物理状态，可以分成液体推进剂、固体推进剂和固液推进剂三种，对应的火箭称为液体火箭、固体火箭和固液火箭。

液体火箭的推进剂有单组元推进剂、双组元推进剂之分。单组元推进剂，如过氧化氢（H_2O_2）或肼（N_2H_4），在催化剂作用下分解，从而产生高温、高压燃气。双组元推进剂为自燃推进剂，如液氢和液氧、偏二甲肼和四氧化二氮等。

固体火箭是将全部推进剂装在燃烧室壳体内，在固体药柱表面进行燃烧。药柱的形状设计十分重要，因为药柱形状决定了固体火箭的相对力对时间的变化关系。固体推进剂可以是把燃料和氧化剂组合在一个分子内的推进剂（双基药），也可以是燃烧剂和氧化剂的混合药（复合药）。

固液火箭发动机的氧化剂装在压力容器内并用挤压方式送入燃烧室，固体燃料在表面与氧化剂发生化学反应，从而产生高温、高压的燃烧产物。

不论是哪种，为了获取其相对力，均需将发动机装在试车台上进行热试车。发动机的静态试车是一门专业性很强的技术，下面仅以水平安装试车原理给出发动机特征量。

如图 3.2-2 所示，发动机地面静态试车时除了重力和试车台反作用力存在并相互抵消外，就只有轴向力。应当注意的是，该轴向力并不是单纯的相对力 $-\dot{m}\boldsymbol{u}_e$，还包括箭体表面

上大气静压力和发动机喷口截面上燃气静压力所产生的轴向力。这两部分静压称为静推力，记为

$$\boldsymbol{P}_{st}=S_e(p_e-p)\boldsymbol{X}_1^0$$

式中，S_e 为喷口截面积；p 为试车台所在高度的大气静压力；p_e 为喷口截面上燃气静压力平均值，其方向与 $\boldsymbol{X}_1^0$ 轴重合；$\boldsymbol{X}_1^0$ 为火箭纵轴方向的单位矢量。

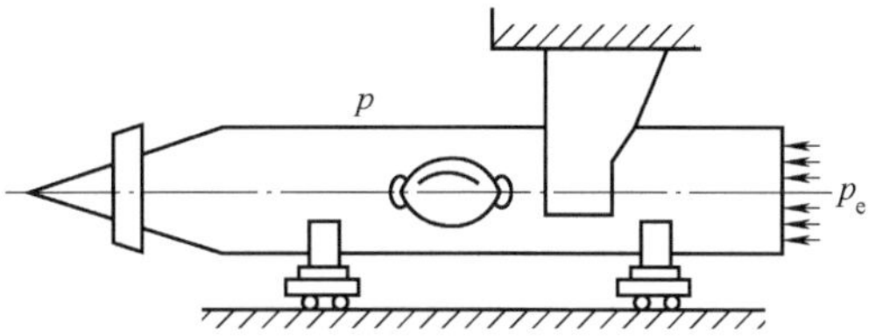

图 3.2-2　水平试车原理示意图

因此，一台发动机的推力就定义为相对力 $-\dot{m}\boldsymbol{u}_e$ 和静推力 $\boldsymbol{P}_{st}$之和 $\boldsymbol{X}_1^0$，即

$$\boldsymbol{P}=-\dot{m}\boldsymbol{u}_e+S_e(p_e-p)\boldsymbol{X}_1^0 \tag{3.2-30}$$

与静推力对应，相对力 $-\dot{m}\boldsymbol{u}_e$ 也称为动推力或推力动分量。注意到燃气速度 $\boldsymbol{u}_e$ 指向 $\boldsymbol{X}_1^0$ 的反向，故推力值为

$$P=\dot{m}u_e+S_e(p_e-p) \tag{3.2-31}$$

从上式看出，发动机推力不仅与推进剂秒消耗量 $\dot{m}$、喷管截面处燃气排气平均速度 u_e 及其燃气静压力 p_e 有关，而且与外界大气压力 p 也有关系。根据大气静压力 p 随高度 H 的增加而连续地减小的特性，显然发动机推力则随飞行高度 H 的增加而增加，即发动机推力 P 是火箭飞行高度 H 的函数。在发动机理论中，推力随高度而变化的规律称为发动机推力高度特性。

在地面试车时，由于大气压力 p 等于地面标准大气压力 p_0 且其值最大，所以发动机推力值最小，即

$$P_0=\dot{m}u_e+S_e(p_e-p_0)$$

那么，在真空条件下试车时，由于大气压力 $p=0$，则发动机推力最大，即

$$P_Z=\dot{m}u_e+S_ep_e$$

计算表明，火箭离开地面飞行到真空时，发动机推力增加约 15% ~20% 。

下面给出衡量发动机性能的主要指标。

(1) 额定推力

在弹道计算中，为方便起见，常将式（3.2-31）变换为

$$P=\dot{m}u_e+S_e(p_e-p)=P_Z-S_ep_0\left(\frac{p}{p_0}\right)=P_0+S_ep_0\left(1-\frac{p}{p_0}\right) \tag{3.2-32}$$

式中，$S_ep_0\left(1-\dfrac{p}{p_0}\right)$为发动机推力高度特性修正项，随高度 H 而变化。$\dfrac{p}{p_0}$采用标准大气模型计算。

$$P_0=\dot{m}u_e+S_e(p_e-p_0) \tag{3.2-33}$$

式中，P_0 为地面额定工作条件下发动机实测推力，称为地面额定推力。

$$P_Z = \dot{m}u_e + S_e p_e \tag{3.2-34}$$

式中，P_Z 为真空额定工作条件下的发动机实测推力，称为真空额定推力。

（2）比推力

单位时间内发动机消耗 1kg 重量推进剂所产生的推力称为比推力，也称比冲，用 P_{SP} 表示。它是衡量发动机性能的主要参数之一。

根据定义，发动机地面比推力和真空比推力可分别表示为

$$P_{SP,0} = \frac{P_0}{\dot{G}_0}、P_{SP,Z} = \frac{P_Z}{\dot{G}_0}$$

式中，$\dot{G}_0$ 为推进剂重量秒消耗量地面额定值。

将式（3.2-34）代入式（3.2-32），则推力计算式又可表示为

$$P = P_{SP,Z}\dot{G}_0 - S_e p_0\left(\frac{p}{p_0}\right) = P_{SP,0}\dot{G}_0 + S_e p_0\left(1 - \frac{p}{p_0}\right) \tag{3.2-35}$$

（3）混合比

在弹道计算中，还经常用到推进剂混合比的概念。

推进剂混合比是指氧化剂重量秒消耗量 $\dot{G}_Y$ 与燃烧剂重量秒消耗量 $\dot{G}_R$ 之比值，常用 K 表示，即

$$K = \frac{\dot{G}_Y}{\dot{G}_R} \tag{3.2-36}$$

混合比是衡量发动机性能的一个主要参数。为使发动机取得较佳性能，不同种类的推进剂有着不同混合比。

3.2.2 控制力和控制力矩

火箭之所以能够飞行，并准确地使载荷命中目标或进入轨道，完全是由发动机推力、控制力和控制力矩作用的结果。所谓控制飞行（即程序飞行），就是指为完成某一给定的飞行任务而依据其相应的控制方案不断地改变火箭质心速度大小和方向的飞行。

众所周知，火箭在飞行过程中，受地球引力、空气动力和发动机推力的作用。由于地球引力作用线通过火箭质心，且其大小也不能随意改变，因而无法对火箭质心产生控制力矩。显然，对火箭飞行进行控制的力和力矩就只能是通过改变空气动力或发动机推力方向来产生。控制火箭飞行的力和力矩分别称为控制力和控制力矩。

对于运载火箭，目前用于产生控制力和控制力矩的机构有以下几种形式：空气舵、燃气舵、摆动发动机、摆动喷管和二次喷射及与之相应的伺服机构，并根据要求单独采用其中的一种形式，也可以两种不同形式同时采用。

以空气舵作为产生控制力和控制力矩的操纵机构，因依赖大气而受到飞行高度的限制，因此这种控制机构常用于在稠密大气层中飞行的火箭，且只能起着辅助控制的作用。

由于空气舵与燃气舵、摆动发动机与摆动喷管产生控制力和控制力矩的原理及其数学表达式基本相似，所以这里只讨论燃气舵、摆动发动机控制形式的控制原理。

1. 燃气舵产生的控制力和控制力矩

燃气舵是安装在火箭发动机喷管出口处燃气流中的一种控制舵面（见图 3.2-3），由石

墨或其他耐高温材料制成。当其相对燃气流偏转时，便产生改变火箭飞行方向和姿态的控制力和控制力矩。它通常为“+”形布局，在喷口处的排列顺序是从火箭尾部向前看去，按顺时针方向编号，当火箭垂直竖起在发射台上时，位于火箭纵对称平面内的Ⅰ、Ⅲ舵恰好处于射击平面内，Ⅰ舵朝向目标瞄准方向。当Ⅰ、Ⅲ舵同步偏转时，由于舵面相对燃气流冲角的改变，便产生作用于舵面的燃气侧向力，并对火箭质心产生偏航力矩，以控制火箭的偏航运动；当Ⅰ、Ⅲ舵差动偏转时，则将产生绕箭轴滚动的控制力矩，以控制火箭的被动运动。Ⅱ、Ⅳ舵位于火箭横对称平面内，当其同步偏转时，便产生俯仰力矩，以控制火箭在射击平面内按预定程序稳定飞行，当其差动时也可控制火箭的滚动运动，但一般只用于同步转动而不实施差动运动。

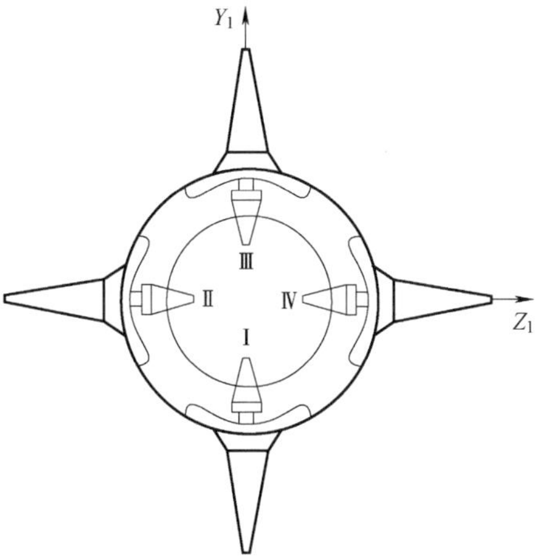

图 3.2-3　“+”形布置的燃气舵

为便于确定控制力和控制力矩的方向，对上述“+”形布局的燃气舵偏角通常规定：当火箭作负俯仰运动时，Ⅱ、Ⅳ舵的偏角 $\delta_{\text{Ⅱ}}$、$\delta_{\text{Ⅳ}}$ 定义为正，反之为负。

此外，为便于计算控制力和控制力矩，通常又引进等效舵偏角的概念，其含义是与实际舵偏角具有相同控制力矩时的平均舵偏角，且规定产生负向控制力矩时的等效舵偏角为正，反之为负。这样，对应于 3 种控制力矩的等效舵偏角分别称为等效俯仰角 δ_φ、等效偏航角 δ_ψ 和等效滚动角 δ_γ。

根据实际舵偏角和等效舵偏角的定义，则舵偏角间的关系可表为

$$\begin{cases} \delta_\varphi = \dfrac{1}{2}(\delta_{\text{Ⅱ}} + \delta_{\text{Ⅳ}}) \\ \delta_\psi = \dfrac{1}{2}(\delta_{\text{Ⅰ}} + \delta_{\text{Ⅲ}}) \\ \delta_\gamma = \dfrac{1}{2}(\delta_{\text{Ⅲ}} - \delta_{\text{Ⅰ}}) \end{cases} \tag{3.2-37}$$

燃气流作用在燃气舵的合作用力矢量在箭体坐标系各轴上分量为

$$\begin{cases} X_{1c} = 4C_{x1j}q_jS_j \\ Y_{1c} = 2C_{y1j}q_jS_j \\ Z_{1c} = -2C_{z1j}q_jS_j \end{cases} \tag{3.2-38}$$

式中，C_{x1j}、C_{y1j}、C_{z1j} 分别为燃气舵轴向力系数、法向力系数和侧向力系数；$q_j = \dfrac{1}{2}\rho_j u_j^2$ 为燃气流动压力，其中 u_j 为流经燃气舵的燃气平均喷射速度，ρ_j 为燃气流密度；S_j 为单个燃气舵的特征面积。

燃气流气动力系数可由发动机试车时测出，也可以利用经验公式计算。经计算表明，气动力系数不仅与舵偏角有关，而且还与舵的形状及燃气速度有关。对于液体火箭发动机来说，当发动机处于稳定工作状态时，燃气速度变化不大，可近似认为常数，这样对于给定形状的燃气舵，作用于舵面的阻力、升力（法向力）和力矩仅是舵偏角的函数。因此，用燃

气舵来控制火箭使之按预定程序飞行要比空气舵稳定得多。

经验表明，在相当大的舵偏角范围内，法向力系数 C_{y1j} 与燃气舵偏角 δ 成线性关系。于是，燃气流所产生的控制力和控制力矩可分别表示为

$$\begin{cases} X_{1c}=4C_{x1j}q_jS_j \\ Y_{1c}=2C_{y1j}^{\delta}\delta_{\varphi}q_jS_j=R'\delta_{\varphi} \\ Z_{1c}=-2C_{y1j}^{\delta}\delta_{\psi}q_jS_j=-R'\delta_{\psi} \end{cases} \tag{3.2-39}$$

及

$$\begin{cases} M_{z1c}=-R'(x_{ry}-x_z)\delta_{\varphi}=M_{z1c}^{\delta}\delta_{\varphi} \\ M_{y1c}=-R'(x_{ry}-x_z)\delta_{\psi}=M_{y1c}^{\delta}\delta_{\psi} \\ M_{x1c}=-2R'z_{ry}\delta_{\gamma}=M_{x1c}^{\delta}\delta_{\gamma} \end{cases} \tag{3.2-40}$$

式中，C_{y1j}^{δ}为燃气舵法向力系数对当量舵偏角的导数，且当燃气舵为“+”形布局时，$C_{y1j}^{\delta}=C_{z1j}^{\delta}$；$R'=2C_{y1j}^{\delta}q_jS_j$ 为一对燃气舵的控制力梯度；x_{ry}、x_z 分别为燃气舵铰链轴和火箭质心至火箭头部理论尖端的距离；z_{ry}为燃气舵铰链轴至箭体纵轴的距离；$M_{z1c}^{\delta}=M_{y1c}^{\delta}=-R'(x_{ry}-x_z)$ 和 $M_{x1c}^{\delta}=-2R'z_{ry}$分别为俯仰、偏航和滚动控制力矩对等效舵偏角的导数。因规定等效舵偏角为正时控制力矩为负值，故控制力矩对等效舵偏角的导数均为负值。

火箭飞行中，位于高速高温燃气流中的燃气舵，因烧蚀作用，必然发生变形，这将导致燃气舵阻力和控制力梯度变化。当考虑到这一影响因素时，燃气舵阻力和控制力梯度可表为

$$X_{1c}=X_{1c0}(1+\eta t)\frac{P}{P_0},\ R'=R_0'(1-\zeta t)\frac{P}{P_0} \tag{3.2-41}$$

式中，X_{1c0}、R_0'分别为发动机试车时的燃气舵阻力和控制力梯度；η、ζ 分别为因舵烧蚀而对舵阻力和控制力梯度的影响修正系数，由试验确定；t 为发动机工作时间。

习惯上，常把燃气舵阻力 X_{1c}视为发动机推力在燃气舵上的损失，并将损失后的推力称为有效推力，用 P_e 表示，即

$$P_e=P-X_{1c}$$

用燃气舵作为产生控制力和控制力矩的控制机构，具有结构简单和可在没有大气的高空进行控制的优点。但同时，这也存在因燃气舵阻力较大而造成推力损失较大，以及因其烧蚀变形而使控制力和控制力矩发生变化的缺点。因此，这种舵一般只用于发动机工作时间不长的中近程火箭。

2. 摇摆发动机产生的控制力和控制力矩

借助于发动机摆动来改变推力方向，从而产生控制力和控制力矩以实现对火箭飞行姿态的控制，是运载火箭控制的发展趋势。这种控制方式具备，不受大气密度和发动机工作时间长短的限制，以及能够产生较大控制力和控制力矩的优点。

摇摆发动机组有“×”形和“+”形两种安装形式。由于前者比后者的控制效率高，因而常被用于需要较大控制力和控制力矩的多级运载火箭的第一级。

(1)“×”形布局的控制力和控制力矩

由 4 台摇摆发动机并联而成的“×”形布局的发动机组，其摇摆发动机相当于安装在一个正四棱锥体四侧面的底边上，安装轴线相当于锥体侧面底边的中线，且与箭体纵轴构成 μ 安装角。发动机可在锥体侧面内摆动，其摆动角 δ 正负定义如下：从火箭尾部向前看去，

当发动机喷管沿箭体圆周线顺时针摆动时，δ 定义为正，反之为负。

显然，当发动机不摆动时，各台发动机推力线方向沿各自的安装轴线方向，而其合推力方向则必将沿箭体轴 O_1X_1 方向，此力只能使火箭质心运动而不能产生绕质心转动，要使火箭转动就必须摆动发动机。

如果 4 台发动机同时摆动正的 δ 角，则各台发动机推力线与其安装轴线之间也必然构成正的 δ 角。将每台发动机推力 P_i（$i=$ Ⅰ、Ⅱ、Ⅲ、Ⅳ）分解为沿其安装轴线方向上的分量 P_i' 和垂直于安装轴线方向上的分量 P_i''（见图 3.2-4），其分量 P_i'之合成量可使火箭质心运动，而垂直于安装轴线方向上的分量 P_i'' 则可使火箭产生绕其纵轴的负滚转运动；反之，如发动机同时摆动负的 δ 角时，则火箭必然产生绕其纵轴的正滚转运动。

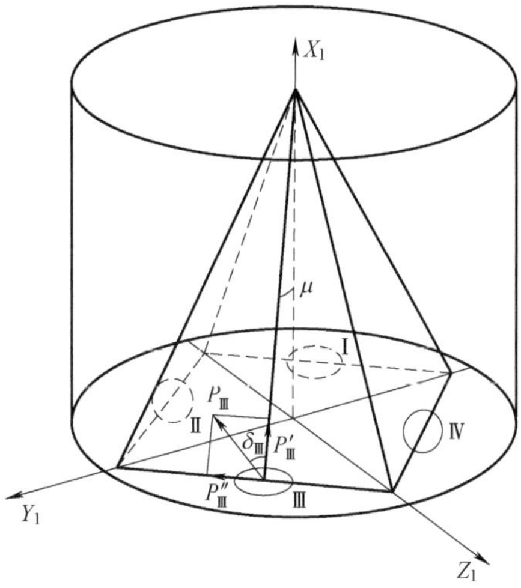

图 3.2-4　“×”形布局摇摆发动机

同样道理，当组成“×”形布局的发动机按一定规律同时摆动时，则火箭也必然同时产生与之相应的俯仰、偏航运动。为计算方便，像燃气舵等效舵偏角那样，引进发动机等效摆动角的概念，其含义和表示方法与燃气舵等效舵偏角相同。

根据发动机摆动角 $\delta_{Ⅰ}$、$\delta_{Ⅱ}$、$\delta_{Ⅲ}$、$\delta_{Ⅳ}$ 及发动机等效摆动角 δ_φ、δ_ψ、δ_γ 的定义且参考图 3.2-5 所示，有

$$\begin{cases}\delta_\gamma-\delta_\varphi-\delta_\psi=\delta_{Ⅰ}\\ \delta_\gamma-\delta_\varphi+\delta_\psi=\delta_{Ⅱ}\\ \delta_\gamma+\delta_\varphi+\delta_\psi=\delta_{Ⅲ}\\ \delta_\gamma+\delta_\varphi-\delta_\psi=\delta_{Ⅳ}\end{cases}\tag{3.2-42}$$

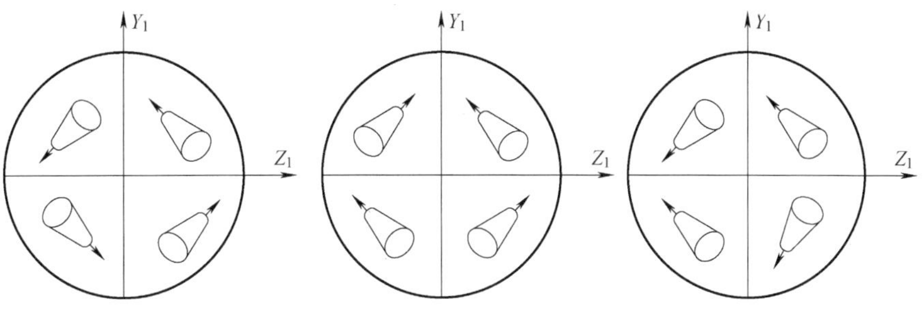

图 3.2-5　“×”形布局摆动方式

或者

$$\begin{cases}\delta_\varphi=\dfrac{1}{4}(-\delta_{Ⅰ}-\delta_{Ⅱ}+\delta_{Ⅲ}+\delta_{Ⅳ})\\ \delta_\psi=\dfrac{1}{4}(-\delta_{Ⅰ}+\delta_{Ⅱ}+\delta_{Ⅲ}-\delta_{Ⅳ})\\ \delta_\gamma=\dfrac{1}{4}(\delta_{Ⅰ}+\delta_{Ⅱ}+\delta_{Ⅲ}+\delta_{Ⅳ})\end{cases}\tag{3.2-43}$$

由于火箭在控制系统作用下飞行时的滚动运动很小，所以发动机等效摆动角 δ_γ 也很小。

当近似认为 $\delta_\gamma=0$ 时，式（3.2-42）可简化为

$$\begin{cases}-\delta_\varphi-\delta_\psi=\delta_{\mathrm{I}}\\ -\delta_\varphi+\delta_\psi=\delta_{\mathrm{II}}\\ \delta_\varphi+\delta_\psi=\delta_{\mathrm{III}}\\ \delta_\varphi-\delta_\psi=\delta_{\mathrm{IV}}\end{cases} \tag{3.2-44}$$

将摆动后的发动机推力投影于箭体坐标系各轴上，显然，沿 O_1X_1 轴方向的合推力分量因只能推动火箭质心运动，而不能使其绕质心转动，故将其称为发动机有效推力；而沿 O_1Y_1 及 O_1Z_1 轴方向上的合推力分量，因可改变火箭速度方向和控制火箭绕质心的俯仰和偏航运动，因而分别称为法向控制力和横向控制力。

现以第Ⅲ台发动机为例来推导有效推力和控制力。

如第Ⅲ台发动机摆动正 δ_{III} 时，则推力 P_{III} 在其安装轴线上的分量 P'_{III} 和垂直于安装轴线方向上的分量 P''_{III} 可分别表示为（见图 3.2-4）

$$P'_{\mathrm{III}}=P_{\mathrm{III}}\cos\delta_{\mathrm{III}},\quad P''_{\mathrm{III}}=P_{\mathrm{III}}\sin\delta_{\mathrm{III}}$$

因此，P'_{III} 和 P''_{III} 在箭体坐标系各轴上的分量为

$$\begin{cases}P'_{\mathrm{III}x1}=P_{\mathrm{III}}\cos\delta_{\mathrm{III}}\cos\mu\\ P'_{\mathrm{III}y1}=-P_{\mathrm{III}}\cos\delta_{\mathrm{III}}\sin\mu\cos45^\circ\\ P'_{\mathrm{III}z1}=-P_{\mathrm{III}}\cos\delta_{\mathrm{III}}\sin\mu\cos45^\circ\\ P''_{\mathrm{III}x1}=0\\ P''_{\mathrm{III}y1}=P_{\mathrm{III}}\sin\delta_{\mathrm{III}}\cos45^\circ\\ P''_{\mathrm{III}z1}=-P_{\mathrm{III}}\sin\delta_{\mathrm{III}}\cos45^\circ\end{cases} \tag{3.2-45}$$

用同样方法，也可将第Ⅰ、Ⅱ、Ⅳ台发动机摆动后的推力投影于箭体坐标系各轴上（见表 3.2-1）。这样，将投影于 O_1X_1 轴上的推力分量 $P_i\cos\delta_i\cos\mu$ 进行叠加，即得

$$P_{x1}=(P_{\mathrm{I}}\cos\delta_{\mathrm{I}}+P_{\mathrm{II}}\cos\delta_{\mathrm{II}}+P_{\mathrm{III}}\cos\delta_{\mathrm{III}}+P_{\mathrm{IV}}\cos\delta_{\mathrm{IV}}) \tag{3.2-46}$$

表 3.2-1 “×”形布局发动机摆动后的推力在箭体坐标系上的投影

		P_{x1}	P_{y1}	P_{z1}
P_{I}	P'_{I}	$P_{\mathrm{I}}\cos\delta_{\mathrm{I}}\cos\mu$	$P_{\mathrm{I}}\cos\delta_{\mathrm{I}}\sin\mu\cos45^\circ$	$P_{\mathrm{I}}\cos\delta_{\mathrm{I}}\sin\mu\cos45^\circ$
	P''_{I}	0	$-P_{\mathrm{I}}\sin\delta_{\mathrm{I}}\cos45^\circ$	$P_{\mathrm{I}}\sin\delta_{\mathrm{I}}\cos45^\circ$
P_{II}	P'_{II}	$P_{\mathrm{II}}\cos\delta_{\mathrm{II}}\cos\mu$	$-P_{\mathrm{II}}\cos\delta_{\mathrm{II}}\sin\mu\cos45^\circ$	$P_{\mathrm{II}}\cos\delta_{\mathrm{II}}\sin\mu\cos45^\circ$
	P''_{II}	0	$-P_{\mathrm{II}}\sin\delta_{\mathrm{II}}\cos45^\circ$	$P_{\mathrm{II}}\sin\delta_{\mathrm{II}}\cos45^\circ$
P_{III}	P'_{III}	$P_{\mathrm{III}}\cos\delta_{\mathrm{III}}\cos\mu$	$-P_{\mathrm{III}}\cos\delta_{\mathrm{III}}\sin\mu\cos45^\circ$	$-P_{\mathrm{III}}\cos\delta_{\mathrm{III}}\sin\mu\cos45^\circ$
	P''_{III}	0	$P_{\mathrm{III}}\sin\delta_{\mathrm{III}}\cos45^\circ$	$-P_{\mathrm{III}}\sin\delta_{\mathrm{III}}\cos45^\circ$
P_{IV}	P'_{IV}	$P_{\mathrm{IV}}\cos\delta_{\mathrm{IV}}\cos\mu$	$P_{\mathrm{IV}}\cos\delta_{\mathrm{IV}}\sin\mu\cos45^\circ$	$-P_{\mathrm{IV}}\cos\delta_{\mathrm{IV}}\sin\mu\cos45^\circ$
	P''_{IV}	0	$-P_{\mathrm{IV}}\sin\delta_{\mathrm{IV}}\cos45^\circ$	$P_{\mathrm{IV}}\sin\delta_{\mathrm{IV}}\cos45^\circ$

假设 4 台发动机属于同一型号，因而有

$$P_{\mathrm{I}}=P_{\mathrm{II}}=P_{\mathrm{III}}=P_{\mathrm{IV}}=\frac{1}{4}P \tag{3.2-47}$$

式中，P 为 4 台发动机推力之和。

将式（3.2-44）和式（3.2-47）代入式（3.2-46）得

$$P_{x1}=\frac{P}{4}\cos\mu[2\cos(\delta_\varphi+\delta_\psi)+2\cos(\delta_\varphi-\delta_\psi)]=P\cos\mu\cos\delta_\varphi\cos\delta_\psi$$

故发动机有效推力为

$$P_e=P_{x1}=P\cos\mu\cos\delta_\varphi\cos\delta_\psi \tag{3.2-48}$$

根据表 3.2-1 所示，可得发动机推力在 O_1Y_1、O_1Z_1 轴上投影之和

$$\begin{cases}P_{y1}=P\cos45°\sin\delta_\varphi\cos\delta_\psi=R'\sin\delta_\varphi\cos\delta_\psi\\P_{z1}=-P\cos45°\cos\delta_\varphi\sin\delta_\psi=-R'\cos\delta_\varphi\sin\delta_\psi\end{cases} \tag{3.2-49}$$

并且有

$$R'=\frac{\sqrt{2}}{2}P \tag{3.2-50}$$

式中，R'为摇摆发动机控制力梯度；P_{y1}和P_{z1}分别为法向控制力和横向控制力。

由于发动机摆动角 δ_φ、δ_ψ 值不大，在近似计算中，可认为 $\sin\delta_\varphi\approx\delta_\varphi$，$\sin\delta_\psi\approx\delta_\psi$，$\cos\delta_\varphi\approx\cos\delta_\psi\approx1$，于是有

$$\begin{cases}P_e=P\cos\mu\\P_{y1}=R'\delta_\varphi\\P_{z1}=-R'\delta_\psi\end{cases} \tag{3.2-51}$$

火箭飞行姿态的变化，完全是控制力对其质心（或箭体坐标轴）构成的力矩作用的结果。该力矩称为控制力矩。

设 x_z、x_{ry}分别为火箭质心 O_1 和控制力作用点 O'（即发动机铰链轴）至其头部理论尖端的距离，根据力矩定义，则控制力 P_{y1}和 P_{z1}所产生的控制力矩可表示为

$$\begin{cases}M_{x1c}\approx0\\M_{y1c}=P_{z1}(x_{ry}-x_z)\\M_{z1c}=-P_{y1}(x_{ry}-x_z)\end{cases} \tag{3.2-52}$$

式中，M_{x1c}、M_{y1c}、M_{z1c}分别为滚动、偏航和俯仰力矩。

将式（3.2-51）代入上式，则有

$$\begin{cases}M_{y1c}=-R'(x_{ry}-x_z)\delta_\psi=M_{y1c}^{\delta}\delta_\psi\\M_{z1c}=-R'(x_{ry}-x_z)\delta_\varphi=M_{y1c}^{\delta}\delta_\varphi\end{cases} \tag{3.2-53}$$

式中

$$M_{y1c}^{\delta}=M_{z1c}^{\delta}=-R'(x_{ry}-x_z) \tag{3.2-54}$$

M_{y1c}^{δ}和 M_{z1c}^{δ}分别为偏航和俯仰控制力矩对发动机等效摆动角的导数。

（2）“+”形布局的控制力和控制力矩

由 4 台推力不大的游动发动机和 1 台推力较大的主发动机并联组成的“+”形布局的发动机组如图 3.2-6 所示。主发动机沿箭体纵轴固定安装，用它来产生推力而不产生控制力和控制力矩。游动发动机“+”形布局于主发动机周围，其安装形式和摆动规律与“×”形布局的摆动发动机组相似。正因为这样，“+”形布局的游动发动机组同样能够对火箭飞行进行控制。

采用与式（3.2-42）相同的推导方法，可得“+”形布局的游动发动机等效摆动角 δ_φ、

δ_ψ、δ_γ 与其实际摆动角 δ_{I}、δ_{II}、δ_{III}、δ_{IV} 间的关系式

$$\begin{cases}\delta_\gamma-\delta_\psi=\delta_{\text{I}}\\ \delta_\gamma-\delta_\varphi=\delta_{\text{II}}\\ \delta_\gamma+\delta_\psi=\delta_{\text{III}}\\ \delta_\gamma+\delta_\varphi=\delta_{\text{IV}}\end{cases}\tag{3.2-55}$$

或者

$$\begin{cases}\delta_\varphi=\dfrac{1}{2}(\delta_{\text{IV}}-\delta_{\text{III}})\\ \delta_\psi=\dfrac{1}{2}(\delta_{\text{III}}-\delta_{\text{I}})\\ \delta_\gamma=\dfrac{1}{4}(\delta_{\text{I}}+\delta_{\text{II}}+\delta_{\text{III}}+\delta_{\text{IV}})\end{cases}\tag{3.2-56}$$

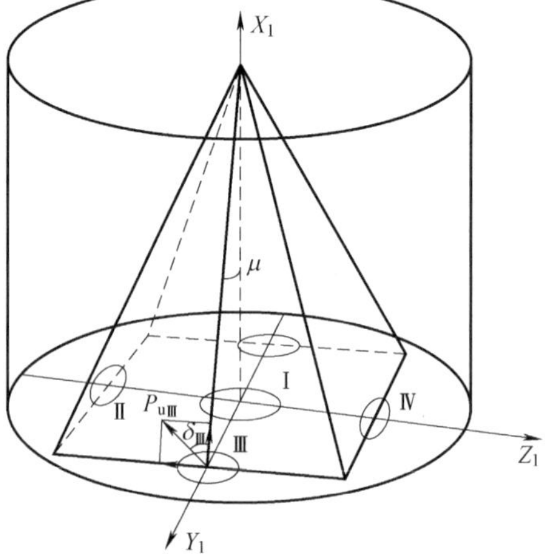

图 3.2-6 “+”形布局摇摆发动机

将摆动后的游动发动机推力 $P_{\text{u}i}$（i = Ⅰ、Ⅱ、Ⅲ、Ⅳ）投影于箭体坐标系各轴上（见图 3.2-6 和表 3.2-2），并将同一坐标轴上之投影进行叠加，注意有关系式：

$$P_{\text{uI}}=P_{\text{uII}}=P_{\text{uIII}}=P_{\text{uIV}}=\frac{1}{4}P_{\text{u}}\tag{3.2-57}$$

式中，P_{u} 为四台游动发动机推力之和。根据上式则有

$$\begin{cases}P_{x1}=\dfrac{P_{\text{u}}}{2}\cos\mu\cos\delta_\gamma(\cos\delta_\varphi+\cos\delta_\psi)\\ P_{y1}=\dfrac{P_{\text{u}}}{2}(\sin\mu\sin\delta_\gamma\sin\delta_\psi+\cos\delta_\gamma\sin\delta_\varphi)\\ P_{z1}=\dfrac{P_{\text{u}}}{2}(\sin\mu\sin\delta_\gamma\sin\delta_\psi-\cos\delta_\gamma\sin\delta_\psi)\end{cases}\tag{3.2-58}$$

在实际弹道解算时，一般 δ_γ 是一个小量。当近似认为 $\cos\delta_\gamma\approx1$、$\sin\delta_\gamma\approx0$，且令

$$R'=\frac{1}{2}P_{\text{u}}\tag{3.2-59}$$

则有

$$\begin{cases}P_{x1}=R'\cos\mu(\cos\delta_\varphi+\cos\delta_\psi)\\ P_{y1}=R'\sin\delta_\varphi\\ P_{z1}=-R'\sin\delta_\psi\end{cases}\tag{3.2-60}$$

式中，R'为游动发动机控制力梯度；P_{y1}、P_{z1} 分别为游动发动机产生的法向和横向控制力；P_{x1} 为游动发动机有效推力。

在等效摆动角 δ_φ、δ_ψ 很小，可近似认为 $\sin\delta_\varphi\approx\delta_\varphi$、$\sin\delta_\psi\approx\delta_\psi$ 时，上式又可进一步简化为

$$\begin{cases}P_{x1}=R'\cos\mu(\cos\delta_\varphi+\cos\delta_\psi)\\ P_{y1}=R'\delta_\varphi\\ P_{z1}=-R'\delta_\psi\end{cases}\tag{3.2-61}$$

表3.2-2 “+”形布局发动机摆动后的推力在箭体坐标系上的投影

		P_{x1}	P_{y1}	P_{z1}
$P_{u\mathrm{I}}$	$P'_{u\mathrm{I}}$	$P_{u\mathrm{I}}\cos\delta_{\mathrm{I}}\cos\mu$	$P_{u\mathrm{I}}\cos\delta_{\mathrm{I}}\sin\mu$	
	$P''_{u\mathrm{I}}$			$P_{u\mathrm{I}}\sin\delta_{\mathrm{I}}$
$P_{u\mathrm{II}}$	$P'_{u\mathrm{II}}$	$P_{u\mathrm{II}}\cos\delta_{\mathrm{II}}\cos\mu$		$P_{u\mathrm{II}}\cos\delta_{\mathrm{II}}\sin\mu$
	$P''_{u\mathrm{II}}$		$-P_{u\mathrm{II}}\sin\delta_{\mathrm{II}}$	
$P_{u\mathrm{III}}$	$P'_{u\mathrm{III}}$	$P_{u\mathrm{III}}\cos\delta_{\mathrm{III}}\cos\mu$	$-P_{u\mathrm{III}}\cos\delta_{\mathrm{III}}\sin\mu$	
	$P''_{u\mathrm{III}}$			$-P_{u\mathrm{III}}\sin\delta_{\mathrm{III}}$
$P_{u\mathrm{IV}}$	$P'_{u\mathrm{IV}}$	$P_{u\mathrm{IV}}\cos\delta_{\mathrm{IV}}\cos\mu$		$-P_{u\mathrm{IV}}\cos\delta_{\mathrm{IV}}\sin\mu$
	$P''_{u\mathrm{IV}}$		$P_{u\mathrm{IV}}\sin\delta_{\mathrm{IV}}$	

当计入主发动机推力 P_z 时，则“+”形布局的发动机组有效推力 P_e 为

$$P_e = P_z + R'\cos\mu(\cos\delta_\varphi + \cos\delta_\psi) \tag{3.2-62}$$

由式（3.2-50）和式（3.2-59）不难看出，“×”形布局时的发动机控制力梯度 R' 是“+”形布局时控制力梯度 R' 的$\sqrt{2}$倍。也就是说，前者的控制效率是后者$\sqrt{2}$倍。因此，“×”形布局的摇摆发动机常用于要求控制力较大的多级运载火箭的第一级。控制系统复杂和控制精度不高，却又成为这种布局的主要缺点。所以，在要求控制力较大而控制精度不高的情况下，宜采用“×”形的摆动发动机组。

如推导式（3.2-53）或式（3.2-54），可得游动发动机摆动时产生的控制力矩：

$$\begin{cases} M_{y1c} = -R'(x_{ry} - x_z)\delta_\psi = M_{y1c}^{\delta}\delta_\psi \\ M_{z1c} = -R'(x_{ry} - x_z)\delta_\varphi = M_{y1c}^{\delta}\delta_\varphi \end{cases} \tag{3.2-63}$$

式中，x_{ry}、x_z 分别为游动发动机铰链轴和火箭质心至头部理论尖端的距离；$M_{y1c}^{\delta} = M_{z1c}^{\delta} = -R'(x_{ry} - x_z)$ 为游动发动机控制力矩对其等效摆动角的导数。

3.2.3 地球引力和重力

1. 地球引力

对于一个保守力场，场外一单位质点所受到该力场的作用力称为场强，记作 $\boldsymbol{F}$，它是矢量场。场强 $\boldsymbol{F}$ 与该质点在此力场中所具有的势函数 U，有如下关系：

$$\boldsymbol{F} = \mathrm{grad}U \tag{3.2-64}$$

式中，势函数 U 为标量函数，又称引力位。

地球对球外质点的引力场为一保守力场，如设地球为一均质圆球，可把地球质量 M 看作集中于地球中心，则地球对球外距地心为 r 的一单位质点的势函数为

$$U = \frac{GM}{r} \tag{3.2-65}$$

式中，G 为万有引力常数，记 $\mu = GM$ 称为地球引力系数。

由式（3.2-64）可得地球对距球心 r 处一单位质点的场强为

$$\boldsymbol{g} = \frac{GM}{r^2}\boldsymbol{r}^0 \tag{3.2-66}$$

场强 $\boldsymbol{g}$ 又称为单位质点在地球引力场中所具有的引力加速度矢量。

显然，如地球外一质点具有的质量为 m，则地球对该质点的引力为

$$\boldsymbol{F} = m\boldsymbol{g} \tag{3.2-67}$$

（1）地球引力位的球谐函数表示

实际地球为一形状复杂的非均质的物体，要求得其对地球外一点的势函数，则需要对整个地球进行积分来获得，即

$$U = G\int_M \frac{\mathrm{d}m}{\rho} \tag{3.2-68}$$

式中，$\mathrm{d}m$ 为地球单位体积的质量；ρ 为 $\mathrm{d}m$ 至空间所研究一点的距离。

由上式可以看出，要精确地求出势函数，则必须已知地球表面的形状和地球内部的密度分布，才能计算该积分值。这在目前还是很难做到的。应用球谐函数展开式可导出地球引力位的标准表达式

$$U = \frac{GM}{r}\left[1 + \sum_{n=2}^{\infty}\sum_{m=0}^{n}\left(\frac{a_e}{r}\right)^n (C_n^m \cos m\lambda + S_n^m \sin m\lambda) P_n^m(\sin\phi)\right] \tag{3.2-69}$$

也可写为

$$U = \frac{GM}{r} - \frac{GM}{r}\sum_{n=2}^{\infty}\left(\frac{a_e}{r}\right)^n J_n P_n(\sin\phi) + \frac{GM}{r}\sum_{n=2}^{\infty}\sum_{m=1}^{n}\left(\frac{a_e}{r}\right)^n (C_n^m \cos m\lambda + S_n^m \sin m\lambda) P_n^m(\sin\phi) \tag{3.2-70}$$

式中，a_e 为地球赤道平均半径；J_n 为带谐系数，$J_n = -C_n^0$；C_n^m、S_n^m，$n \neq m$ 时为田谐系数，$n = m$ 时为扇谐系数；$P_n(\sin\phi)$ 为勒让德函数；$P_n^m(\sin\phi)$ 称为缔合勒让德函数；ϕ、λ 为地球之地心纬度和经度。

式（3.2-70）的物理意义可以这样理解：

$\frac{GM}{\rho}$为地球为圆球时所具有的引力位；$m = 0$ 的带谐项，将地球描述成许多凸形和凹形的带，如图 3.2-7a 所示，用以对认为地球是球形所得引力位的修正；$n \neq m$ 的部分，将地球描述成凹凸相间如同棋盘的图形，如图 3.2-7b 所示，用以对圆球修正，称为田谐项；$n = m$ 的部分，则将地球描述成凹凸的扇形，如图 3.2-7c 所示，称为扇谐项。总之，求和符号中各项为地球形状和质量分布不同于均质球体而对球体引力位的增减。

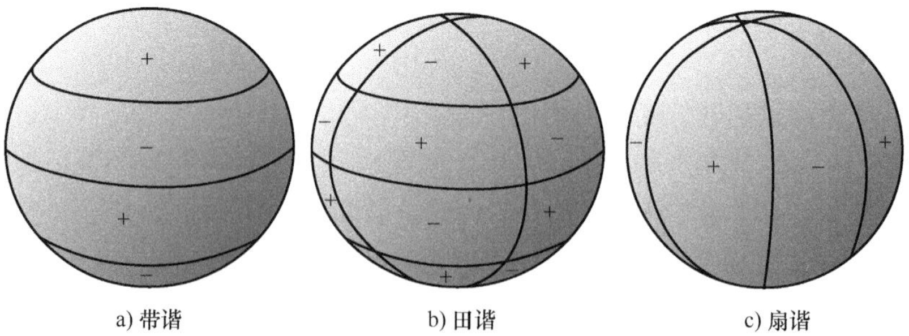

图 3.2-7　各种球谐函数示意图

（2）北天东坐标系下的地球引力分量形式

由上述保守力场势函数及其梯度的定义，可以知道，求地球引力在任意方向分量，即是计算地球引力势函数在该向的偏导。

如图 3.2-8 所示，记 $\boldsymbol{e}_r$ 为矢径 O_eP 的单位矢量，单位矢量 $\boldsymbol{e}_\phi$ 位于 P 点与 OZ 轴确定平面 Σ 内且垂直矢径 $\boldsymbol{\rho}$，$\boldsymbol{e}_\lambda$ 垂直于平面 $\boldsymbol{\Sigma}$ 与 $\boldsymbol{e}_r$、$\boldsymbol{e}_\phi$ 成右手系，即北天东坐标系。

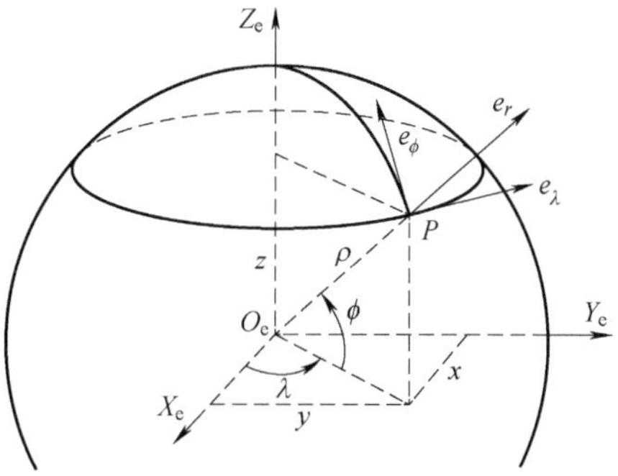

图 3.2-8　北天东坐标系与地心坐标系

由梯度在球坐标下表示形式

$$\nabla U(\rho,\phi,\lambda)=\frac{\partial U}{\partial \rho}\boldsymbol{e}_r+\frac{1}{\rho}\frac{\partial U}{\partial \phi}\boldsymbol{e}_\phi+\frac{1}{\rho\cos\phi}\frac{\partial U}{\partial \lambda}\boldsymbol{e}_\lambda \tag{3.2-71}$$

可得地球引力在北天东坐标系下分量为

$$\begin{cases}F_N=\dfrac{GM}{\rho^2}\displaystyle\sum_{n=2}^{\infty}\left(\frac{a_e}{\rho}\right)^n\sum_{m=0}^{n}(C_n^m\cos m\lambda+S_n^m\sin m\lambda)\frac{\mathrm{d}P_n^m(\sin\varphi)}{\mathrm{d}\varphi}\\ F_R=-\dfrac{GM}{\rho^2}\displaystyle\sum_{n=2}^{\infty}(n+1)\left(\frac{a_e}{\rho}\right)^n\sum_{m=0}^{n}(C_n^m\cos m\lambda+S_n^m\sin m\lambda)P_n^m(\sin\varphi)\\ F_E=-\dfrac{1}{\cos\varphi}\dfrac{GM}{\rho^2}\displaystyle\sum_{n=2}^{\infty}\left(\frac{a_e}{\rho}\right)^n\sum_{m=0}^{n}m(C_n^m\sin m\lambda-S_n^m\cos m\lambda)P_n^m(\sin\varphi)\end{cases} \tag{3.2-72}$$

式中

$$\frac{\mathrm{d}P_n^m(\sin\varphi)}{\mathrm{d}\varphi}=\begin{cases}0 & n<m\\ \sqrt{\dfrac{2n+1}{2n-1}(n^2-m^2)}\dfrac{P_{n-1}^m(\sin\varphi)}{\cos\varphi}-n\tan\varphi P_n^m(\sin\varphi) & n\geqslant m\end{cases} \tag{3.2-73}$$

$$P_n^m(\sin\varphi)=\begin{cases}0 & n<m\\ \sqrt{\dfrac{2n+1}{2n}\cdot\dfrac{K(m)}{K(m-1)}}\cos\varphi P_{n-1}^{m-1}(\sin\varphi) & n=m\\ \sqrt{\dfrac{4n^2-1}{n^2-m^2}}\sin\varphi P_{n-1}^m(\sin\varphi)-\sqrt{\dfrac{2n+1}{2n-3}\dfrac{(n-1)^2-m^2}{n^2-m^2}}P_{n-2}^m(\sin\varphi) & n>m\end{cases} \tag{3.2-74}$$

$$K(m)=\begin{cases}1 & m=0\\ 2 & m\neq 0\end{cases} \tag{3.2-75}$$

以上递推公式的初值为 $\overline{P}_0^0(\sin\phi)=1$、$\overline{P}_1^0(\sin\phi)=\sqrt{3}\sin\phi$、$\overline{P}_1^1(\sin\phi)=\sqrt{3}\cos\phi$。

（3）正常引力位及引力加速度

不同的地球模型，所得的系数有差异，对于质量分布于地轴及赤道面有对称性的两轴旋转椭球体，球外单位质点的引力位为

$$U = \frac{GM}{r}\left[1 - \sum_{n=1}^{\infty}\left(\frac{a_e}{r}\right)^{2n} J_{2n}P_{2n}(\sin\phi)\right] \tag{3.2-76}$$

式中，其他各符号定义同式（3.2-70）；J_{2n}为偶阶带谐系数。

式（3.2-76）所表示的引力位 U 称为正常引力位，考虑到工程实际使用中的精度取至 J_4 即可，即视如下为正常引力位：

$$U = \frac{GM}{r}\left[1 - \sum_{n=1}^{2}\left(\frac{a_e}{r}\right)^{2n} J_{2n}P_{2n}(\sin\phi)\right] \tag{3.2-77}$$

由于谐系数与地球模型有关，不同的地球模型下谐系数有差异，但 J_2、J_4 中，前者是统一的，后者差异较小。我国采用 1975 年国际大地测量协会推荐的数值，即

$$J_2 = 1.08263 \times 10^{-3},\quad J_4 = -2.37091 \times 10^{-6}$$

式（3.2-77）中勒让德函数为

$$P_2(\sin\phi) = \frac{3}{2}\sin^2\phi - \frac{1}{2}$$

$$P_4(\sin\phi) = \frac{35}{8}\sin^4\phi - \frac{15}{4}\sin^2\phi + \frac{3}{8}$$

在弹道设计和计算中，有时为了方便，可近似取式（3.2-77）中之 J_2 为止的引力位为正常引力位，即

$$U = \frac{GM}{r}\left[1 + \frac{J_2}{2}\left(\frac{a_e}{r}\right)^2(1 - 3\sin^2\phi)\right] \tag{3.2-78}$$

要指出的是，正常引力位是人为假设的，不论是式（3.2-77）还是式（3.2-78），其所表示的正常引力位与实际地球的引力位均有差别，这一差别称为引力位的异常。如要求弹道计算的精度较高，则需顾及引力位异常的影响。

在以后的讨论中，均取式（3.2-78）作为正常引力位。

由式（3.2-78）可知，正常引力位仅与观测点的距离 r 及地心纬度 ϕ 有关。因此，引力加速度 $\boldsymbol{g}$ 总是在地球地轴与所考察的空间点构成的平面内，该平面与包含 r 在内的子午面重合，如图 3.2-9 所示。

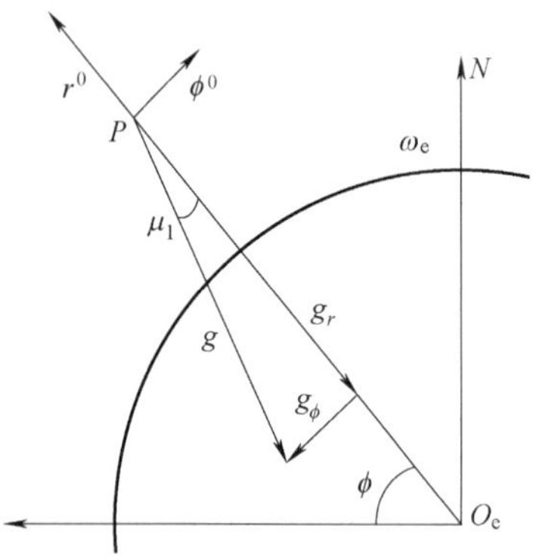

图 3.2-9　引力加速度的投影

对于位于点 P 的单位质量质点而言，为计算该点的引力加速度矢量，作过 P 点的子午面。令 $\boldsymbol{r}^0$ 表示$\overrightarrow{O_eP}$的单位矢量，并令在此子午面内垂直$\overrightarrow{O_eP}$且指向 ϕ 增大方向的单位矢量为 ϕ^0，则根据式（3.2-45），引力加速度 $\boldsymbol{g}$ 在 $\boldsymbol{r}^0$ 及 ϕ^0 方向的投影分量为

$$\begin{cases} g_r = \dfrac{\partial U}{\partial r} = -\dfrac{GM}{r^2}\left[1 + \dfrac{3}{2}J_2\left(\dfrac{a_e}{r}\right)^2(1 - 3\sin^2\phi)\right] \\ g_\phi = \dfrac{1}{r}\dfrac{\partial U}{\partial \phi} = -\dfrac{GM}{r^2}\dfrac{3}{2}J_2\left(\dfrac{a_e}{r}\right)^2\sin 2\phi \end{cases} \tag{3.2-79}$$

令 $J = \frac{3}{2}J_2$，则

$$\begin{cases} g_r = -\dfrac{GM}{r^2}\left[1 + J\left(\dfrac{a_e}{r}\right)^2(1 - 3\sin^2\phi)\right] \\ g_\phi = -\dfrac{GM}{r^2}J\left(\dfrac{a_e}{r}\right)^2\sin2\phi \end{cases} \tag{3.2-80}$$

显然，当上式不考虑含 J 的项时，即得

$$\begin{cases} g_r = -\dfrac{GM}{r^2} \\ g_\phi = 0 \end{cases} \tag{3.2-81}$$

因此，含 J 的项，是考虑了地球扁率后，对作为均质圆球的地球的引力加速度的修正；而且当考虑地球扁率时，还有一个方向总是指向赤道一边的分量 g_ϕ。这是由于地球的赤道略为隆起而使此处质量加大引起的。

为了计算方便，常把引力加速度投影在矢径 $\boldsymbol{r}$ 和地球自转 $\boldsymbol{\omega}_e$ 方向。显然，这只需要将矢量 $\boldsymbol{g}_\phi$ 分解到 $\boldsymbol{r}$ 及 $\boldsymbol{\omega}_e$ 方向即可。如图 3.2-9 所示

$$\boldsymbol{g}_\phi = g_{\phi r}\boldsymbol{r}^0 + g_{\phi\Omega}\boldsymbol{\omega}_e^0 = -g_\phi\tan\phi\boldsymbol{r}^0 + \frac{g_\phi}{\cos\phi}\boldsymbol{\omega}_e^0 \tag{3.2-82}$$

将式（3.2-80）之 g_ϕ 代入上式可得

$$\boldsymbol{g}_\phi = 2\frac{GM}{r^2}J\left(\frac{a_e}{r}\right)^2\sin^2\phi\boldsymbol{r}^0 - 2\frac{GM}{r^2}J\left(\frac{a_e}{r}\right)^2\sin\phi\boldsymbol{\omega}_e^0 \tag{3.2-83}$$

这样，引力加速度矢量可表示成下面两种形式

$$\boldsymbol{g} = g_r\boldsymbol{r}^0 + g_\phi\boldsymbol{\phi}^0 \tag{3.2-84}$$

或

$$\boldsymbol{g} = g_r'\boldsymbol{r}^0 + g_\omega\boldsymbol{\omega}_e^0 \tag{3.2-85}$$

式中

$$\begin{cases} g_r' = g_r + g_{\phi r} = -\dfrac{GM}{r^2}\left[1 + J\left(\dfrac{a_e}{r}\right)^2(1 - 5\sin^2\phi)\right] \\ g_\omega = -2\dfrac{GM}{r^2}J\left(\dfrac{a_e}{r}\right)^2\sin\phi \end{cases} \tag{3.2-86}$$

2. 重力

如地球外一质量为 m 的质点相对地球是静止的，该质点受到的引力为 $m\boldsymbol{g}$。另外，由于地球自身在以加速度 $\boldsymbol{\Omega}$ 旋转，故该质点还受到随地球旋转而引起的离心惯性力，将该质点所受的引力和离心惯性力之和称为该质点所受到的重力，记为 mg。则有

$$mg = m\boldsymbol{g} + m\boldsymbol{a}_e' \tag{3.2-87}$$

式中，$\boldsymbol{a}_e' = -\boldsymbol{\omega}_e \times (\boldsymbol{\omega}_e \times \boldsymbol{r})$，为离心加速度。

空间一点的离心加速度 $\boldsymbol{a}_e'$ 在该点与地轴组成的子午面内并与地轴垂直指向球外。将其分解到 $\boldsymbol{r}^0$ 及 ϕ^0 方向，可得

$$\begin{cases} a_{er}' = r\omega_e^2\cos^2\phi \\ a_{e\phi}' = -r\omega_e^2\sin\phi\cos\phi \end{cases} \tag{3.2-88}$$

显然，g 同属于 $\boldsymbol{a}_e'$、$\boldsymbol{g}$ 所在的子午面内，将式（3.2-80）和式（3.2-88）代入式（3.2-87），即可得重力加速度 g 在 $\boldsymbol{r}^0$ 及 ϕ^0 方向的分量

$$\begin{cases} g_r = -\dfrac{GM}{r^2}\left[1 + J\left(\dfrac{a_e}{r}\right)^2(1 - 3\sin^2\phi)\right] + r\omega_e^2\cos^2\phi \\ g_\phi = -\dfrac{GM}{r^2}J\left(\dfrac{a_e}{r}\right)^2\sin2\phi - r\omega_e^2\sin\phi\cos\phi \end{cases} \tag{3.2-89}$$

3.2.4 空气动力及空气动力矩

1. 地球大气

围绕地球表面的空气层，称为地球大气。尽管人类今天已由大气层飞行的时代迈入宇宙航行的时代，但空气依然是各类飞行器飞行时的重要介质，因此，有必要对大气的成分、结构、物理性质及标准大气等问题有所了解。

（1）大气成分

空气，实际上是氮、氧、二氧化碳、氢、臭氧、水蒸气及工业气体等多种气体的混合物。空气中所含某种气体的成分的多少，可用单位体积空气内所含该气体体积的百分数来表示。这种表示方法的好处在于，即使当空气的压强（压力）和温度在很大范围内变化时，这种体积的百分数也不会有多大的变化。

根据实际测定，大气的成分沿距地面（海平面）的高度可分为均质层和非均质层。在距地面 95km 以下的均质层中，特别是在地面附近，空气中所含各种气体成分的体积百分数基本上是不变的。按体积计算，空气中的氮气约占 78.03%，氧气约占 20.99%，稀有气体约占 0.94%，而其余微量气体（二氧化碳、氢、臭氧、水蒸气与工业气体等）的总和则不到 1%。

对于 95km 以上的非均质层，由于太阳紫外线的强烈辐射，大气中氮、氧和其他气体将被分解而处于原子状态。

（2）大气结构

整个大气层内的结构是很复杂的。由于地球形状与太阳辐射的影响，大气温度沿海平面高度以上的分布特性极为复杂，而由于温度沿高度分布的复杂性，导致了其他大气参数（压强、密度与音速等）与物理特性（黏性、压缩性与导热性等）沿高度的复杂性。

在地球引力的作用下，大气主要集中在地面附近。据统计，在距离地面 5km 的范围内含有将近全部大气质量的 50%，而 20km 的范围内则含有全部大气质量的 90%。因此，可以说，靠近地面的大气较稠密，而远离地面的大气则较稀薄，最后逐步过渡到无大气的宇宙空间。整个大气层的厚度约为 2000 ~ 3000km。根据多年来人们对大气探测的结果，特别是近年来人造地球卫星的探测结果，大气沿高度的结构模型已基本清楚。国际气象组织共同研究规定，将大气层沿高度分为五层，即对流层、同温层、中间层、电离层和外大气层。

1）对流层

大气的低层是对流层，距海平面的高度约为 11km。在这层大气中，约集中了整个大气质量的 75%。在地面上，每立方厘米（cm^3）中约含有 2.7×10^{19} 个空气分子，这个数字与地球上 2019 年人口约 7.6×10^9 相比还大约 54 亿倍。因此说，对流层是一层稠密的大气层。

在对流层中，大气因受地面吸收的太阳能加热和起伏不平的地形影响，呈现出下层热空气不断上升而上层冷空气不断下沉的强烈对流现象。大气的温度、压强和密度随高度的增加而急剧下降，并经常发生着云、雾、雪、雷、电、风、暴风雨及旋风等各种天气现象。

对流层的高度可由其温度终止下降的高度而确定，但这在各个纬度上并不一致。在赤道附近，对流层高度最高，可达 17～18km；在两极处，高度则最低，约为 8km。而且该高度还与季节和其他因素有关。在平均纬度（45°）上，可认为对流层的平均高度约为 11km。

根据测定，在对流层中，大气平均地面温度 $t_0 = 15℃$，即 288.15K，地面密度 $\rho_0 = 1.225\text{kg/m}^3$，而地面压强 $p_0 = 101325\text{Pa}$。在高度 5km 处，大气温度约为 255.65K，而相对密度比 $\rho/\rho_0 \approx 6\times10^{-1}$，其相对压强比 $p/p_0 \approx 5.3\times10^{-1}$；在对流层的上限 11km 处，大气温度约为 216.65K，而密度比约为 2.2×10^{-1}，压强比约为 3×10^{-1}。

此外，在对流层中，温度随高度的变化率（即温度梯度）约为 -6.5K/km，且在相当大的范围内有水平风和垂直风。水平风是由地面上复杂地形造成的气压差所引起的，而垂直风则是因温度随高度分布的差异而形成的。

2）同温层

对流层的上层是同温层，其高度约为 11～25km。

同温层的特点是，大气温度几乎保持不变，约为 216.65K。在这层大气中，由于地形对大气的影响已不显著，因而既无对流现象和复杂的天气现象，也没有垂直方向的大气流动，但存在着一定的水平风。所以，同温层又名平流层。

对流层和同温层，大约集中了大气全部质量的 90% 以上。与对流层相比，同温层的大气稀薄度降低了 1 个数量级。

在同温层中，由于很少出现复杂的天气现象，因而也最适合一切靠大气飞行的飞行器（飞机、气球等）。

3）中间层

同温层之上是中间层，其高度约为 25～90km。

这层大气的特点是，大气在太阳红外线的强烈辐射下进行着剧烈的化学反应，以致生成大量的臭氧成分，同时也引起部分空气分子的电离。

由于臭氧的吸热率高，因而开始时使气温急剧回升。在 47km 处，大气温度约为 270.65K，温度梯度约为 2.45K/km；随后在 51km 处，气温又降低；大约到 85km 处，大气温度又随着高度的增加而增加。

在中间层的上层，大气已非常稀薄。据测定，在 60km 处的密度比约为 2.4×10^{-4}，而压强比约为 2.0×10^{-4}；80km 处的密度比约为 1.3×10^{-5}，而压强比约为 8.9×10^{-6}；90km 处的密度比已降到 2.1×10^{-6}，而压强比约为 1.4×10^{-6}。显然，在 80km 以上存在的大气已对各类飞行器失去意义，因而在此高度以上可以忽略大气的存在而当作真空来处理。

4）电离层

中间层之上是电离层，其高度约为 90～500km。

这层大气层的特点是，空气极度稀薄和气压异常低（300km 处的密度比和压强比约为 1.1×10^{-11} 和 6.4×10^{-11}）。在太阳光的强烈辐射下，气温随高度的增加而迅速升高，可高达 999.64K，因而导致众多的空气分子分解和电离，形成大量带电的正负离子，导电性强，可较好地反射无线电波。

5）外大气层

电离层之上是外大气层，其高度从 500km 延伸到 3000km。

这是一层向星际空间过渡的区域，它无明显的边界。在这层大气中，空气的稀薄程度小

到每立方厘米仅有 10^5 个分子，约为地面同体积分子数的 270 万亿分之一。在高度 864km 处，大气相对密度比和压强比也仅有 2.9×10^{-15} 和 7.4×10^{-14}，但气温却高达 1000K 左右，这显然是由于太阳光强烈辐射的缘故。

由于这层大气离地面太远，空气分子受地球引力很小，因而常有空气分子向星际空间逃逸出去，故外大气层也称逃逸层。

综上所述，大气沿高度的分布特性是极为复杂的，各层之间也并非有一明显的界限，而是彼此间存在一个较薄的过渡区域。

对运载火箭来讲，大气的影响通常只考虑到 80 ~ 90km 处。

(3) 国际标准大气

当火箭在大气层中飞行或当气体（燃气）在发动机中流动时，气体的流动规律、空气对火箭的作用力及气体对发动机性能参数的影响，均与大气的压力 p、密度 ρ 和温度 T 等状态参数密切相关。而大气的状态参数 p、ρ 和 T 不仅与距地面的高度有关，并且也受地区、季节和昼夜等因素的影响。为了便于分析、计算和比较火箭或发动机的性能，国际上需要制定一种大气参数的统一规范，以便大家遵循。这种经国际气象部门共同协商制定的大气参数规范，称为国际标准大气。

标准大气表，是以实际大气统计平均值为基础并结合一定的近似数值计算所形成的。它反映了大气状态参数的年平均状况。

1976 年美国国家海洋和大气管理局、美国国家航空航天局、美国空军部联合制定了新的美国国家标准大气，它根据大量的探空火箭探测资料和人造地球卫星对一个以上完整的太阳活动周期的探测结果，把高度扩展到 1000km。1980 年我国原国家标准总局根据航空、航天部门的工作需要，发布了以 1976 年美国国家标准大气为基础的中华人民共和国国家标准大气（GB/T 1920—1980）。

显然，利用标准大气表算得的火箭运动轨迹，所反映的只是火箭的“平均”运动规律。对火箭设计而言，只关心该型号在平均大气状态下的运动规律，因此运用标准大气表就可以了。而对飞行试验而言，则可以以标准大气下的运动规律作为依据，考虑实际大气条件与标准大气条件的偏差对试验结果的影响，来对火箭的运动进行分析。

为了使用方便，在进行弹道分析计算时，通常采用以下标准大气参数计算公式。该公式采用拟合法给出，其计算参数值较标准大气表之值的相对误差小于万分之三，可以认为是足够精确的。

标准大气参数计算公式如下：

① $0\leqslant Z\leqslant 11.0191\text{km}$

$$W = 1 - H/44.3308$$
$$T = 288.15W$$
$$p/p_0 = W^{5.2559}$$
$$\rho/\rho_0 = W^{4.2559}$$

② $11.0191\text{km} < Z\leqslant 20.0631\text{km}$

$$W = \exp\left(\frac{14.9647 - H}{6.3416}\right)$$
$$T = 216.65\text{K}$$

$$p/p_0 = 1.1953 \times 10^{-1} W$$

$$\rho/\rho_0 = 1.5898 \times 10^{-1} W$$

③ $20.0631\text{km} < Z \leqslant 32.1619\text{km}$

$$W = 1 + \frac{H - 24.9021}{221.552}$$

$$T = 221.552W$$

$$p/p_0 = 2.5158 \times 10^{-2} W^{-34.1629}$$

$$\rho/\rho_0 = 3.2722 \times 10^{-2} W^{-35.1629}$$

④ $32.1619\text{km} < Z \leqslant 47.3501\text{km}$

$$W = 1 + \frac{H - 39.7499}{89.4107}$$

$$T = 250.350W$$

$$p/p_0 = 2.8338 \times 10^{-3} W^{-12.2011}$$

$$\rho/\rho_0 = 3.2618 \times 10^{-2} W^{-13.2011}$$

⑤ $47.3501\text{km} < Z \leqslant 51.4125\text{km}$

$$W = \exp\left(\frac{48.6252 - H}{7.9223}\right)$$

$$T = 270.65\text{K}$$

$$p/p_0 = 8.9155 \times 10^{-4} W$$

$$\rho/\rho_0 = 9.4920 \times 10^{-4} W$$

⑥ $51.4125\text{km} < Z \leqslant 71.8020\text{km}$

$$W = 1 - \frac{H - 59.4390}{89.4107}$$

$$T = 247.021W$$

$$p/p_0 = 2.1671 \times 10^{-4} W^{12.2011}$$

$$\rho/\rho_0 = 2.5280 \times 10^{-4} W^{11.2011}$$

⑦ $71.8020\text{km} < Z \leqslant 86.0000\text{km}$

$$W = 1 - \frac{H - 78.0303}{100.2950}$$

$$T = 200.590W$$

$$p/p_0 = 1.2274 \times 10^{-5} W^{17.0816}$$

$$\rho/\rho_0 = 1.7632 \times 10^{-5} W^{16.0816}$$

⑧ $86.0000\text{km} < Z \leqslant 91.0000\text{km}$

$$W = \exp\left(\frac{87.2848 - H}{7.9223}\right)$$

$$T = 186.870\text{K}$$

$$p/p_0 = (2.2730 + 1.042 \times 10^{-3} H) \times 10^{-6} W$$

$$\rho/\rho_0 = 3.6411 \times 10^{-6} W$$

在 0 ~ 91km 范围内音速（单位为 m/s）计算公式为

$$a = 20.0468\sqrt{T}$$

上述公式是以几何高度 Z 进行分段的，它与地势高度 H 具有以下关系

$$H = \frac{Z}{(Z + Z/R_0)}$$

式中，$R_0 = 6356.766\text{km}$。

标准大气参数计算公式中 p_0、ρ_0 均为海平面值，即 $p_0 = 1.01325\text{N/m}^2$、$\rho_0 = 1.2250\text{kg/m}^3$。

2. 空气动力

(1) 空气动力产生的机理

当物体静止地放置于理想的大气中时，作用于其外表面上的大气压强可认为是处处相等的，因而大气压强的合作用力为零。但如果物体与理想空气有相对运动时，作用在物体上的大气压强就不再处处相等，从而出现了不平衡的大气压强之合作用力，即空气动力。下面就具体通过气流流经翼剖面的流线图，说明空气动力产生的物理实质（见图 3.2-10）。

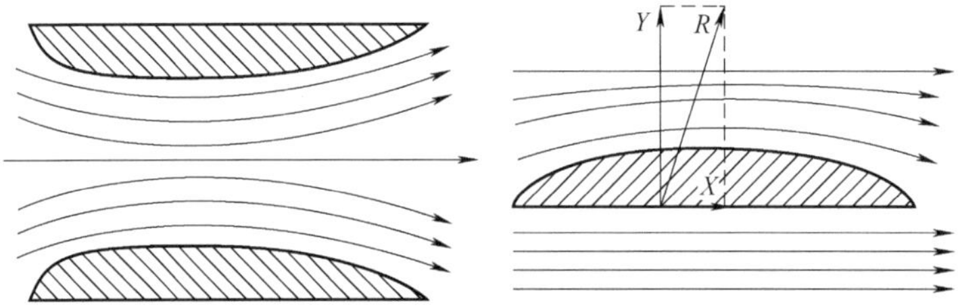

a)　　　　b)

图 3.2-10　气流流经翼剖面的流线图

首先，当空气定常地流过图 3.2-10a 所示的一个外表面平直而内表面呈圆拱形的管道时，气体质点微团将形成疏密程度不同的流线束。这种流线束，称为流线谱。流线谱的疏密程度与通流面积的大小有关。事实上，由连续方程可知，在管道的狭窄处，由于通流截面小，流速增大，流线就密集，反之则反。其次，根据动量方程（伯努利方程），在流速增大的地方，其压强必然减小，反之则反。由此可知，流线谱的疏密程度不仅反映了流速的大小，而且也指明了压强的高低。这一客观规律，从质量守恒观点看是始终存在着的。即使将管道加粗，也由于管道内表面弯曲处是收缩的，因而这儿的流速仍然较大，而压强仍然较小。甚至把管道无限加粗，即把两个剖面间的距离增加到无限大，此时气流流经它的流动规律也仍然是上表面流速大、压强小，而下表面流速小、压强大。这一客观规律，对实际气体（黏性气体）也同样存在。由此看来，作用于物体上的空气动力是由物体外表面上压强分布的不同而造成的。换言之，空气动力是物体外表面压强差的合力，通常以符号 $\boldsymbol{R}$ 表示。

空气动力的大小与物体外表面上的压强分布有关，由空气动力学可知，其值通常用下列表达式计算

$$R = C_\text{R}\frac{1}{2}\rho V^2 S_\text{m} = C_\text{R} q S_\text{m} \tag{3.2-90}$$

式中，C_R 为无因次的总空气动力系数；ρ 为空气密度；V 为火箭的飞行速度；S_m 为气动参考面积；$q = \frac{1}{2}\rho V^2$ 称为动压头。

空气动力的作用点，称为压力中心，简称压心，通常以符号 O_p 表示。一般情况下，火箭外形是轴对称的，因而压心应在箭体纵对称轴上，且压心 O_p 并不与火箭的质心 O_1 相重合。之后将会介绍，为获得一定的气动静稳定度，常人为地使压心落在质心之后，为此就需对火箭的气动外形有所选择。

在火箭相对大气运动时，如何确定作用在火箭上的空气动力是一个颇为复杂的问题，很难通过理论计算来准确确定。目前，使用的是用空气动力学理论进行计算与空气动力实验校正相结合的方法。空气动力实验是在可产生一定马赫数的均匀气流的风洞中进行的。在实验时，按比例缩小了的实物模型静止放在风洞内，然后使气流按一定的马赫数吹过此模型，通过测量此模型所受的空气动力计算出其空气动力系数，然后应用相似转换原理，求得实物在这些马赫数下所受到的空气动力。

在火箭研制过程中，由研究空气动力学的专门人员根据火箭外形，利用上面谈及的方法，给出该型号火箭的空气动力计算时所必需的数表、曲线和数学模型等。正确地使用这些资料，即可确定作用在火箭上的气动力和气动力矩。

（2）空气动力的数学表达式

1）空气动力在速度坐标系各轴上的分量

实际应用中，由于空气动力的实际测量是以物体基准线（如火箭轴对称线）与来流成一定攻角或侧滑角的情况下进行的，因而人们将总的空气动力 $\boldsymbol{R}$ 在速度坐标系的各轴上进行分解：将 $\boldsymbol{R}$ 在 X_V 轴的负向（来流速度方向）分量称为空气阻力，用 X 表示，将 $\boldsymbol{R}$ 在 Y_V 轴和 Z_V 轴正方向上分量分别称为空气升力和侧力，各以 Y 和 Z 表示（见图 3.2-11）。于是有

$$\begin{cases} X = C_x q S_m \\ Y = C_y q S_m \\ Z = C_z q S_m \end{cases} \tag{3.2-91}$$

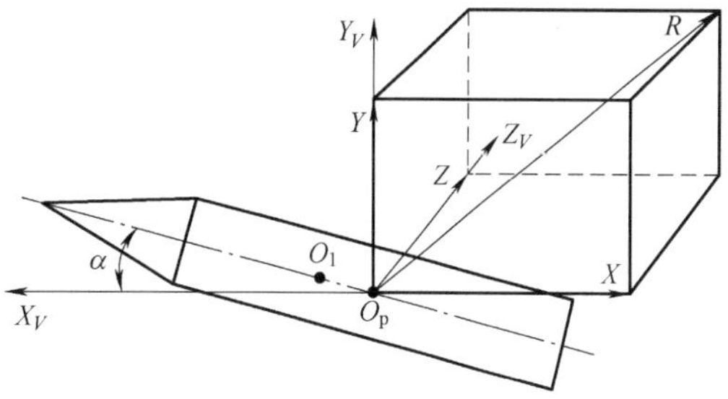

图 3.2-11　空气动力在速度坐标系投影

式中，C_x、C_y、C_z 分别为无因次的空气阻力、升力和侧力系数。试验结果表明，在攻角 α 及侧滑角 β 较小的情况下，C_y、C_z 可表示为

$$\begin{cases} C_y = C_y^{\alpha} \alpha \\ C_z = C_z^{\beta} \beta \\ C_z^{\beta} = -C_y^{\alpha} \end{cases} \tag{3.2-92}$$

式中，C_y^{α} 为升力系数对攻角的偏导数；C_z^{β} 为侧力系数对侧滑角的偏导数。

2）空气动力在箭体坐标系各轴上的分量

前面已将空气动力 $\boldsymbol{R}$ 投影在速度坐标系的三轴上，并分别称为气动阻力 X、气动升力 Y 和气动侧力 Z，这样的投影不仅符合空气动力产生的原理，而且也便于直接测量。但为了计算空气的力矩，还需要用类似的方法将空气动力 $\boldsymbol{R}$ 投影于箭体坐标系的三轴上，并将其在 X_1 轴的负方向取值，则有（见图 3.2-12）

$$\begin{cases} X_1 = C_{x1} q S_m \\ Y_1 = C_{y1} q S_m \\ Z_1 = C_{z1} q S_m \end{cases} \tag{3.2-93}$$

式中，X_1、Y_1、Z_1 分别为轴向力、法向力和横向力；C_{x1}、C_{y1}、C_{z1} 分别为轴向力、法向力和横向力系数。

在小攻角 α 及小侧滑角 β 下，C_{y1}、C_{z1} 可表示为

$$\begin{cases} C_{y1} = C_{y1}^{\alpha}\alpha \\ C_{z1} = C_{z1}^{\beta}\beta \\ C_{z1}^{\beta} = -C_{y1}^{\alpha} \end{cases} \qquad (3.2\text{-}94)$$

式中，C_{y1}^{α} 为法向力系数导数或法向力系数梯度，与 C_y^{α} 一样，其值恒为正；C_{z1}^{β} 称为侧向力系数或侧向力系数梯度，与 C_z^{β} 一样，其值恒为负。

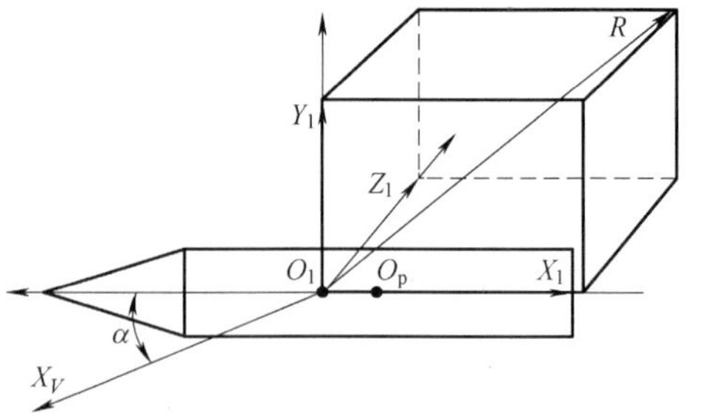

图 3.2-12　空气动力在箭体坐标系投影

(3) 空气动力各分量及相应系数的关系

由于按式 (3.2-91) 和式 (3.2-94) 计算所得 X、X_1 均为正值，而实际合力 $\boldsymbol{R}$ 在箭体坐标系及速度坐标系 X 轴投影应为负值，故该投影分类应在 X、X_1 前冠以负号。

根据速度坐标系与箭体坐标系之间的方向余弦关系，即式 (2.6-2)，合力 $\boldsymbol{R}$ 在此两个坐标系的分量有如下关系：

$$\begin{pmatrix} -X \\ Y \\ Z \end{pmatrix} = C_1^V \begin{pmatrix} -X_1 \\ Y_1 \\ Z_1 \end{pmatrix} \qquad (3.2\text{-}95)$$

式中

$$C_1^V = \begin{pmatrix} \cos\alpha\cos\beta & -\sin\alpha\cos\beta & \sin\beta \\ \sin\alpha & \cos\alpha & 0 \\ -\cos\alpha\sin\beta & \sin\alpha\sin\beta & \cos\beta \end{pmatrix}$$

依据式 (3.2-95) 分别对空气动力各分量及相应系数进行讨论。

1) 阻力和阻力系数

由式 (3.2-95) 可得

$$X = X_1\cos\alpha\cos\beta + Y\sin\alpha\cos\beta_1 - Z_1\sin\beta \qquad (3.2\text{-}96)$$

将 X_1 分为两部分：一部分是 $\alpha=0$、$\beta=0$ 时产生的轴向力 X_{10}；另一部分是 $\alpha\neq0$、$\beta\neq0$ 时引起的阻力增量 ΔX_1。那么有

$$X_1 = X_{10} + \Delta X_1$$

将其代入式 (3.2-96) 得

$$X = X_{10}\cos\alpha\cos\beta + Y\sin\alpha\cos\beta_1 - Z_1\sin\beta + \Delta X_1\cos\alpha\cos\beta \qquad (3.2\text{-}97)$$

考虑到火箭为对称体，且飞行过程中，α、β 较小，即有式 (3.2-65) 和式 (3.2-67) 存在，则式 (3.2-97) 可近似为

$$X = X_{10} + Y_1^{\alpha}(\alpha^2 + \beta^2) + \Delta X_1 \qquad (3.2\text{-}98)$$

记

$$X_{\mathrm{i}} = Y_1^{\alpha}(\alpha^2 + \beta^2) + \Delta X_1 \qquad (3.2\text{-}99)$$

式中，X_{i} 为攻角和侧滑角引起的诱导阻力。

将阻力写成系数形式，则有关系式

$$C_x = C_{x10} + C_{xi} \tag{3.2-100}$$

式中，C_{x10}为 $\alpha=\beta=0$ 时的阻力系数，它与 α、β 无关，仅是马赫数 M 和高度的函数。研究发现，C_{x10}在 $M=1$ 附近跨音速区剧增，这主要是波阻的作用，超音速后，激波顶角减小，阻力系数减小；在一定的 M 下，C_{x10}随高度增加而增加，这主要是由于摩擦阻力在总空气动力中所占比重增加。

C_{xi}为诱导阻力系数，通常只需对法向力和横向力在阻力方向的分量作修正即可，故计算时用下式：

$$C_{xi} = KC_{y1}^{\alpha}(\alpha^2 + \beta^2) \tag{3.2-101}$$

式中，K 为与火箭形状有关的系数。

2）升力和升力系数

由式（3.2-95）可得升力表达式为

$$Y = Y_1\cos\alpha - X_1\sin\alpha \tag{3.2-102}$$

则升力系数为

$$C_y = C_{y1}\cos\alpha - (C_{x10} + C_{xi})\sin\alpha$$

考虑到 α 较小，$C_{xi}\alpha$ 可略去不计，则上式可近似为

$$C_y = C_{y1} - C_{x10}\alpha \tag{3.2-103}$$

在 α 较小时，法向力系数 C_{y1}为 α 的线性函数，则可得

$$C_y^{\alpha} = C_{y1}^{\alpha} - C_{x10} \tag{3.2-104}$$

C_y^{α} 随高度变化很小，一般不予考虑。通常情况下，空气动力资料只给出 $C_y^{\alpha}(M)$ 的曲线或数据。

3）侧力和侧力系数

由式（3.2-95）可得侧力表达式为

$$Z = X_1\cos\alpha\sin\beta + Y_1\sin\alpha\sin\beta + Z_1\cos\beta \tag{3.2-105}$$

因 α、β 为小量，在略去二阶微量时，上式可简化为

$$Z = X_1\beta + Z_1 \tag{3.2-106}$$

同理可得侧向力系数为

$$C_z = C_{x10}\beta + C_{z1} \tag{3.2-107}$$

侧力系数对 β 的导数为

$$C_z^{\beta} = C_{x10} + C_{z1}^{\beta} \tag{3.2-108}$$

注意到式（3.2-94），上式可写为

$$C_z^{\beta} = C_{x10} - C_{y1}^{\alpha} \tag{3.2-109}$$

3. 空气动力矩

一般情况下，火箭在飞行过程中，空气动力的作用点（压心）并不与其质心相重合，那么空气动力 $\boldsymbol{R}$ 必将对质心形成转动力矩，这种力矩称为气动稳定力矩，记为 $\boldsymbol{M}_{\mathrm{st}}$。另外，当火箭产生相对于大气的转动时，大气将对其产生阻尼作用，该作用力矩称为阻尼力矩，记为 $\boldsymbol{M}_{\mathrm{d}}$。

（1）气动稳定力矩

由于通常以箭体坐标系描述火箭的转动，因此，用空气动力对箭体坐标系三轴之矩来表示气动力矩。

已知

$$\boldsymbol{R}=\boldsymbol{X}_1+\boldsymbol{Y}_1+\boldsymbol{Z}_1$$

而质心与压心之距离矢量可表示为 $(x_p-x_z)\boldsymbol{X}_1^0$，$x_p$、$x_z$ 分别为压心、质心至火箭头部理论尖端的距离（见图 3.2-13），均以正值表示。则稳定力矩为

$$\boldsymbol{M}_{st}=\boldsymbol{R}\times(x_p-x_z)\boldsymbol{X}_1^0=Z_1(x_p-x_z)\boldsymbol{Y}_1^0-Y_1(x_p-x_z)\boldsymbol{Z}_1^0 \tag{3.2-110}$$

将式（3.2-93）和式（3.2-94）代入上式，且记

$$\begin{cases}M_{y1st}=Z_1(x_p-x_z)=m_{y1st}qS_m l_k\\ M_{z1st}=-Y_1(x_p-x_z)=m_{z1st}qS_m l_k\end{cases} \tag{3.2-111}$$

式中，M_{y1st}、M_{z1st}分别为绕 y_1、z_1 轴稳定力矩；m_{y1st}、m_{z1st}为相应的力矩系数；l_k 为火箭的气动参考长度（见图 3.2-13）。

则有

$$\begin{cases}m_{y1st}=\dfrac{Z_1(x_p-x_z)}{qS_m l_k}=C_{y1}^{\alpha}(\bar{x}_z-\bar{x}_p)\beta\\ m_{z1st}=\dfrac{-Y_1(x_p-x_z)}{qS_m l_k}=C_{y1}^{\alpha}(\bar{x}_z-\bar{x}_p)\alpha\end{cases} \tag{3.2-112}$$

式中，$\bar{x}_z=\dfrac{x_z}{l_k}$；$\bar{x}_p=\dfrac{x_p}{l_k}$。

又记

$$m_{y1}^{\beta}=\frac{\partial m_{y1st}}{\partial\beta}=C_{y1}^{\beta}(\bar{x}_z-\bar{x}_p) \tag{3.2-113}$$

显然俯仰力矩系数 m_{z1}^{α} 和偏航力矩系数 m_{y1}^{β} 有如下关系：

$$m_{z1}^{\alpha}=m_{y1}^{\beta} \tag{3.2-114}$$

由以上讨论可得稳定力矩的最终计算公式为

$$\begin{cases}M_{y1st}=m_{y1}^{\beta}\cdot qS_m l_k\cdot\beta\\ M_{z1st}=m_{z1}^{\alpha}\cdot qS_m l_k\cdot\alpha\\ m_{z1}^{\alpha}=m_{y1}^{\beta}=C_{y1}^{\beta}(\bar{x}_z-\bar{x}_p)\end{cases} \tag{3.2-115}$$

由上式可知，稳定力矩的计算与质心和压心的位置有关。压心的位置是通过气动力计算和风洞实验确定的；质心的位置可以通过具体火箭的质量分布和剩余燃料的质量和位置分布得到。

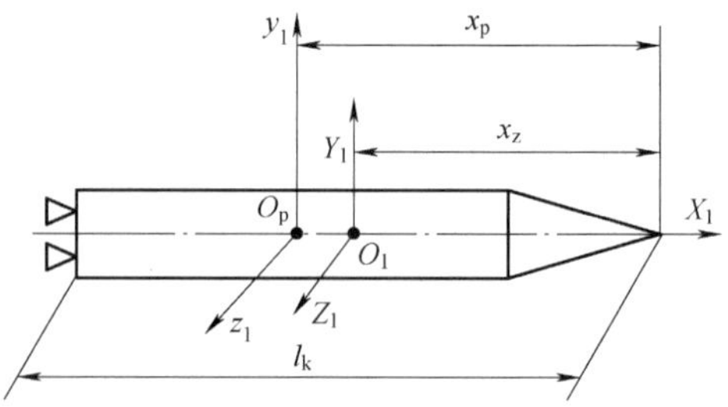

图 3.2-13　质心和压心至理论尖端距离示意图

（2）气动静稳定性和静不稳定性

因为法向力系数导数 C_{y1}^{β} 总是大于零的，所以由式（3.2-113）知，m_{z1}^{α}的符号完全取决于压心与质心的相对位置 $\bar{x}_p$ 和 $\bar{x}_z$ 的数值。如压心在质心之后，即 $\bar{x}_p>\bar{x}_z$，则 $m_{z1}^{\alpha}(m_{y1}^{\beta})<0$，将产生与欧拉角 $\alpha(\beta)$ 反号的俯仰（偏航）力矩。当火箭在飞行中出现干扰 $\Delta\alpha$、$\Delta\beta$ 时，力矩 M_{z1st} 和 M_{y1st} 使火箭分别绕 z_1 轴、y_1 轴旋转来消除 $\Delta\alpha$、$\Delta\beta$ 角，此时称火箭是静稳定的，称 M_{z1st}、M_{y1st} 为静稳定力矩。相反，如压心在质心之前，则 $\bar{x}_p<\bar{x}_z$，则 $m_{z1}^{\alpha}(m_{y1}^{\beta})>0$，必将产

生与欧拉角 $\alpha(\beta)$ 同号的俯仰（偏航）力矩，那么当出现 $\Delta\alpha$、$\Delta\beta$ 角时，力矩 M_{z1st} 和 M_{y1st} 将使火箭绕 z_1 轴、y_1 轴旋转造成 $\Delta\alpha$、$\Delta\beta$ 增大，此时称火箭是静不稳定的，这两个力矩称为静不稳定力矩。无量纲量（$\bar{x}_z - \bar{x}_p$）称为稳定裕度。当该值为负且绝对值较大时，对火箭稳定性有好处，但也会导致其结构上有较大的弯矩，这对于运载火箭是不允许的。需要指出的是，静稳定性是指火箭在不加控制情况下的一种空气动力特性。实际上，对于静不稳定火箭而言，只要控制系统设计得当，火箭在控制力作用下，仍可稳定飞行。因此，不要将火箭的固有空气动力静稳定性与控制系统作用下的操纵稳定性混淆。

（3）阻尼力矩

火箭在运动中有转动时，存在大气的阻尼，表现为阻止转动的空气动力矩，这一力矩称为阻尼力矩。该力矩的方向总是与火箭转动方向相反，始终对转动运动的火箭起阻尼作用。

下面以俯仰阻尼力矩为例讨论气动阻尼力矩产生的机理及数学表达式的问题。如火箭以零攻角和速度 $\boldsymbol{V}$ 飞行，同时以角速度 ω_{z1} 转动（见图 3.2-14），则在距质心（$x_z - x$）处的单元长度有线速度 $\omega_{z1}(x_z - x)$。该线速度与火箭运动速度 $\boldsymbol{V}$ 组合成新的速度，这就产生了局部攻角 $\Delta\alpha$。图 3.2-14 给出了 $\Delta\alpha<0(x<x_z)$ 及 $\Delta\alpha>0(x>x_z)$ 两种情况。根据图 3.2-14 所示有下式：

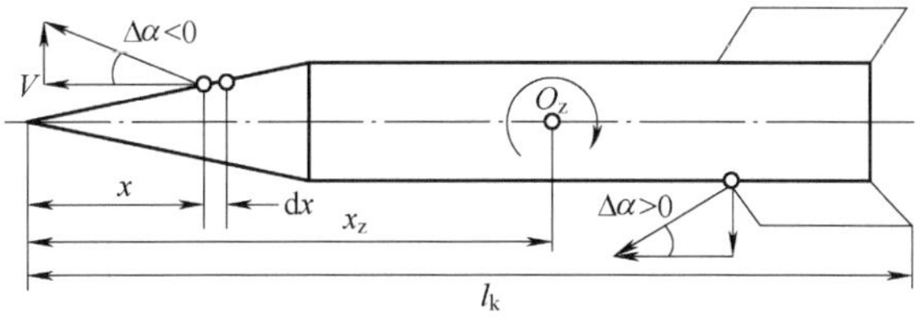

图 3.2-14　附加攻角示意图

$$\tan\Delta\alpha = \frac{\omega_{z1}(x - x_z)}{V} \tag{3.2-116}$$

因 $\Delta\alpha$ 很小，可近似认为

$$\Delta\alpha = \frac{\omega_{z1}(x - x_z)}{V} \tag{3.2-117}$$

对质心产生的附加力矩为

$$\mathrm{d}M_{z1\mathrm{d}} = -C_{y1\sec}^{\alpha}\Delta\alpha q S_{\mathrm{m}}(x - x_z)\mathrm{d}x \tag{3.2-118}$$

式中，$C_{y1\sec}^{\alpha}$ 为长度方向上某一单位长度的法向力系数对 α 的导数。

将全箭的空气动力矩综合起来，即可求得火箭的俯仰阻尼力矩为

$$M_{z1\mathrm{d}} = m_{z1}^{\bar{\omega}_{z1}} q S_{\mathrm{m}} l_{\mathrm{k}} \bar{\omega}_{z1} \tag{3.2-119}$$

式中，$\bar{\omega}_{z1} = \dfrac{l_{\mathrm{k}}\omega_{z1}}{V}$ 为无因次俯仰角速度；$m_{z1}^{\bar{\omega}_{z1}} = -\displaystyle\int_0^{l_{\mathrm{k}}} C_{y1\sec}^{\alpha}\left(\frac{x - x_z}{l_{\mathrm{k}}}\right)^2 \mathrm{d}x$ 为俯仰阻尼力矩系数导数，符号始终为负，而其值则由实验确定。

同理，可得偏航阻尼力矩表达式：

$$M_{y1\mathrm{d}} = m_{y1}^{\bar{\omega}_{y1}} q S_{\mathrm{m}} l_{\mathrm{k}} \bar{\omega}_{y1} \tag{3.2-120}$$

式中，$\bar{\omega}_{y1} = \dfrac{l_{\mathrm{k}}\omega_{y1}}{V}$ 为无因次偏航角速度；$m_{y1}^{\bar{\omega}_{y1}}$ 为偏航阻尼力矩系数导数，符号恒为负，其值

由实验确定。

对于轴对称火箭，$m_{y1}^{\overline{\omega}_{y1}} = m_{z1}^{\overline{\omega}_{z1}}$，故偏航阻尼力矩也可写为

$$M_{y1\mathrm{d}} = m_{z1}^{\overline{\omega}_{z1}} q S_{\mathrm{m}} l_{\mathrm{k}} \overline{\omega}_{y1} \tag{3.2-121}$$

当火箭以角速度 ω_{x1} 绕纵轴 x_1 旋转时，也将产生附加的滚动阻尼力矩。由于火箭为一细长轴对称体，因而其滚动阻尼力矩主要由尺寸大的尾翼产生的，同时空气黏性对箭体也将产生不太大的摩擦阻尼力矩。

滚动阻尼力矩可写为

$$M_{x1\mathrm{d}} = m_{x1}^{\overline{\omega}_{x1}} q S_{\mathrm{m}} l_{\mathrm{k}} \overline{\omega}_{x1} \tag{3.2-122}$$

式中，$\overline{\omega}_{x1} = \dfrac{l_{\mathrm{k}}\omega_{x1}}{V}$为无因次滚转角速度；$m_{x1}^{\overline{\omega}_{x1}}$为滚转阻尼力矩系数导数，符号恒为负，其值由实验确定。

滚动阻尼力矩较俯仰和偏航阻尼力矩要小很多，它们相应的力矩系数的绝对值之比，对某些火箭而言约为1∶100。

火箭绕箭体坐标系各轴转动除引起对应轴的阻尼力矩外，还会引起交叉力矩。它也是以力矩系数导数形式给出的，在一般情况下，只考虑四个交叉力矩。

由滚动角速度 ω_{x1} 引起的俯仰力矩 $m_{z1}^{\overline{\omega}_{x1}} q S_{\mathrm{m}} l_{\mathrm{k}} \overline{\omega}_{x1}$；

由滚动角速度 ω_{x1} 引起的偏航力矩 $m_{y1}^{\overline{\omega}_{x1}} q S_{\mathrm{m}} l_{\mathrm{k}} \overline{\omega}_{x1}$；

由偏航角速度 ω_{y1} 引起的滚动力矩 $m_{x1}^{\overline{\omega}_{y1}} q S_{\mathrm{m}} l_{\mathrm{k}} \overline{\omega}_{y1}$；

由俯仰角速度 ω_{z1} 引起的滚动力矩 $m_{x1}^{\overline{\omega}_{z1}} q S_{\mathrm{m}} l_{\mathrm{k}} \overline{\omega}_{z1}$；

至于由偏航角速度 ω_{y1} 引起的俯仰力矩、由俯仰角速度 ω_{z1} 引起的偏航力矩均不考虑。

则由转动角速度引起的总力矩为

$$\boldsymbol{M}_{\mathrm{d}} = \begin{pmatrix} m_{x1}^{\overline{\omega}_{x1}} & m_{x1}^{\overline{\omega}_{y1}} & m_{x1}^{\overline{\omega}_{z1}} \\ m_{y1}^{\overline{\omega}_{x1}} & m_{y1}^{\overline{\omega}_{y1}} & 0 \\ m_{z1}^{\overline{\omega}_{x1}} & 0 & m_{z1}^{\overline{\omega}_{z1}} \end{pmatrix} \begin{pmatrix} \overline{\omega}_{x1} \\ \overline{\omega}_{y1} \\ \overline{\omega}_{z1} \end{pmatrix} q S_{\mathrm{m}} l_{\mathrm{k}} \tag{3.2-123}$$

综上所述，火箭在大气中飞行并伴随转动运动时，在承受气动稳定力矩的同时，必然要受到气动阻尼力矩的作用，而阻尼力矩的大小，直接影响着火箭飞行的动态特性。

3.3 火箭的飞行及弹道分段

3.3.1 飞行概述

按火箭发动机类型分类，运载火箭分为液体运载火箭和固体运载火箭；按火箭级数多少来分类，运载火箭又分为单级运载火箭、两级运载火箭和多级运载火箭。

这里以由两级液体发动机推动的运载火箭为例，来说明该类火箭的飞行过程及其飞行弹道。运载火箭的飞行过程一般由垂直起飞、程序转弯、发动机关机、级间分离、头体分离、自由段飞行、入轨几部分组成。当垂直竖立在发射台上的火箭各子系统完成测试、飞行控制参数装订、瞄准，接到点火命令后，按下点火按钮，一级发动机点火工作，推力逐渐增加。

当推力达到火箭起飞重量时，火箭离开发射台缓慢垂直起飞，此时记作火箭飞行的零秒，箭上各种控制仪器同时进入正常工作状态。当火箭飞行 1 秒左右时，发动机推力达到额定值。而当垂直上升累计时间约几秒时，火箭在控制系统作用下逐渐向目标方向转动，弹道也开始向目标方向弯曲，开始程序段飞行。随着时间的增长，火箭的飞行速度、飞行高度及飞行距离逐渐增大，而速度方向与发射点处地平面的夹角 θ 却逐渐减小。当火箭的飞行速度及其质心空间位置等参数达到一级预令关机的要求时，控制系统就实时地发出一级发动机关机指令，此时燃料输送系统中的启动活门逐渐关闭，推进剂秒流量急速减少，推力迅速下降。预令后的不长时间内，控制系统提出关机主令，此时启动活门完全关闭，推进剂秒流量递减为零。一级关机预令后零点几秒时，二级主发动机启动；而关机预令后不久，一、二级解锁，并依靠二级主发动机喷出的高速燃气流所具有的动能实现一、二级的热分离。分离后的一级箭体惯性飞行一段时间后陨落，二级则在其发动机推力和控制系统的作用下沿着预定的弹道继续飞行。随着时间的增长，火箭飞行速度、飞行高度及飞行距离逐渐增加。当火箭的飞行速度及其质心位置等参数满足二级预令关机要求时，控制系统发出二级主发动机关机指令，推进剂秒流量迅速减少，推力下降。二级预令后约十几秒，当火箭满足给定的入轨精度要求时，控制系统发出二级发动机关机主令，游动发动机关机，而主发动机已在其预令关机后的几秒内自动关闭。在主发功机关机后的一段时间内，因游动发动机仍处于正常工作状态，所以推进剂秒流量和发动机推力基本保持不变。二级关机主令后，再经过几秒，头体解锁，并借助安装在二级箭体上的固体反推火箭实现头体的冷分离。分离后的二级箭体在飞行一段时间后陨落，而分离后的载荷，如无任何控制，则将依靠分离时所获得的能量按预定的自由段弹道惯性飞向目标；若有姿态控制，则在其飞行过程中的初始时间内，将以一定的角速度绕其质心作翻转运动，并按姿态控制程序规定的动作和飞行姿态稳定地飞向预定轨道。

在弹道学中，常将火箭星箭分离点称为主动段关机点，而其所对应的弹道参数（速度、速度倾角、位置）则称为关机点弹道参数。实践证明，关机点弹道参数对火箭的被动段飞行至关重要。从后面的讨论中将会看到，在理想的情况下，火箭载荷能否达到预定轨道，完全取决于关机点的弹道参数。

3.3.2　弹道飞段

火箭质心在空间的运动轨迹称为弹道。根据火箭飞行概况中所描述的飞行特点，整个弹道不尽相同，需要进行分段研究。因此，弹道分段的目的就在于应用不同的数学模型描述各段弹道的特点，以便求得火箭运动规律的全貌。根据运载火箭从发射点到目标点的运动过程的受力情况，可将其弹道分为几段。

根据火箭在飞行中发动机和控制系统工作与否，可将其弹道分为动力飞行段（简称主动段）和无动力飞行段（简称被动段）两部分。

下面分别叙述火箭在各段弹道上的飞行特点。

1. 主动段

这是从火箭离开发射台到星箭分离为止的一段弹道。在这段弹道上，由于发动机和控制系统的工作，因而称之为主动段。在该段的飞行特点是，作用在箭上的力和力矩有地球引力、空气动力、发动机推力、控制力及它们相对火箭质心所产生的相应力矩。推力主要用来克服地球引力和空气阻力并使火箭作加速运动；而控制力则主要产生控制力矩，以便在控制系统作用下使火箭按给定的飞行程序飞行，确保火箭按预定的弹道稳定地飞向预定轨道。通常，火箭在主动段的飞行时间并不长，一般约在几十至几百秒的范围内。

2. 被动段

从头体分离到载荷入轨的一段弹道称为被动段弹道。在无控制的情况下，载荷依靠在主动段终点所获得的能量作惯性飞行。虽然在此段不对载荷进行控制，但作用在它上面的力是可以相当精确地计量的，因而基本上可较准确地掌握载荷的运动，以保证其在一定的入轨精度要求下进入轨道。

3.4 运载火箭主动段运动方程

为了严格、全面地描述火箭的运动和提供准确的运动状态参数，因而需要建立准确的空间运动方程及相应的空间弹道计算方程。这一部分，仅讨论主动段运动微分方程组的建立方法及运动规律。

3.4.1 运载火箭矢量形式的运动学方程

1. 质心动力学方程

式（3.1-19）给出了任一变质量质点系在惯性坐标系中的质心动力学矢量方程

$$m\frac{\mathrm{d}^2\boldsymbol{r}_{\mathrm{c,m}}}{\mathrm{d}t^2}=\boldsymbol{F}+\boldsymbol{F}'_{\mathrm{k}}+\boldsymbol{F}'_{\mathrm{rel}}$$

结合本章3.2节讨论的火箭实际受力，可知

$$\boldsymbol{F}=m\boldsymbol{g}+\boldsymbol{R}+\boldsymbol{P}_{\mathrm{st}}+\boldsymbol{F}_{\mathrm{c}} \tag{3.4-1}$$

式中，$m\boldsymbol{g}$ 为作用在火箭上的引力矢量；$\boldsymbol{R}$ 为作用在火箭上的气动力矢量；$\boldsymbol{P}_{\mathrm{st}}$为发动机静推力矢量；$\boldsymbol{F}_{\mathrm{c}}$ 为作用在火箭上的控制力矢量。

且由式（3.2-29）知

$$\boldsymbol{F}'_{\mathrm{rel}}=-\dot{m}\boldsymbol{u}_{\mathrm{e}},\quad \boldsymbol{F}'_{\mathrm{k}}=-2\dot{m}\boldsymbol{\omega}_{\mathrm{T}}\times\boldsymbol{\rho}_{\mathrm{e}}$$

考虑附加相对力 $\boldsymbol{F}'_{\mathrm{rel}}$与发动机静推力分量合成为推力 $\boldsymbol{P}$，见式（3.2-31），则可得火箭在惯性坐标系中以矢量形式描述的质心动力学方程（为书写方便，以后 $\boldsymbol{r}_{\mathrm{c,m}}$均写成 $\boldsymbol{r}$）

$$m\frac{\mathrm{d}^2\boldsymbol{r}}{\mathrm{d}t^2}=\boldsymbol{P}+\boldsymbol{R}+\boldsymbol{F}_{\mathrm{c}}+m\boldsymbol{g}+\boldsymbol{F}'_{\mathrm{k}} \tag{3.4-2}$$

2. 绕质心动力学方程

由变质量质点系的绕质心运动方程，即式（3.1-32）：

$$\bar{\boldsymbol{I}}\cdot\frac{\mathrm{d}\boldsymbol{\omega}_{\mathrm{T}}}{\mathrm{d}t}+\boldsymbol{\omega}_{\mathrm{T}}\times(\bar{\boldsymbol{I}}\cdot\boldsymbol{\omega}_{\mathrm{T}})=\boldsymbol{M}_{\mathrm{c,m}}+\boldsymbol{M}'_{\mathrm{k}}+\boldsymbol{M}'_{\mathrm{rel}}$$

并结合3.2节火箭分析其所受的外界力矩

$$\boldsymbol{M}_{\mathrm{c,m}}=\boldsymbol{M}_{\mathrm{st}}+\boldsymbol{M}_{\mathrm{c}}+\boldsymbol{M}_{\mathrm{d}} \tag{3.4-3}$$

式中，$\boldsymbol{M}_{\mathrm{st}}$为作用在火箭上的气动稳定力矩；$\boldsymbol{M}_{\mathrm{c}}$ 为控制力矩；$\boldsymbol{M}_{\mathrm{d}}$ 为火箭相对大气转动时引起的阻尼力矩。

根据式（3.2-29）知附加相对力矩、附加哥氏力矩为

$$\boldsymbol{M}'_{\mathrm{rel}} = -\dot{m}\boldsymbol{\rho}_{\mathrm{e}} \times \boldsymbol{u}_{\mathrm{e}},\ \boldsymbol{M}'_{\mathrm{k}} = -\frac{\delta \bar{\boldsymbol{I}}}{\delta t} \cdot \boldsymbol{\omega}_{\mathrm{T}} - \dot{m}\boldsymbol{\rho}_{\mathrm{e}} \times (\boldsymbol{\omega}_{\mathrm{T}} \times \boldsymbol{\rho}_{\mathrm{e}})$$

则可得到用矢量形式描述的火箭绕质心转动的动力学方程为

$$\bar{\boldsymbol{I}} \cdot \frac{\mathrm{d}\boldsymbol{\omega}_{\mathrm{T}}}{\mathrm{d}t} + \boldsymbol{\omega}_{\mathrm{T}} \times (\bar{\boldsymbol{I}} \cdot \boldsymbol{\omega}_{\mathrm{T}}) = \boldsymbol{M}_{\mathrm{st}} + \boldsymbol{M}_{\mathrm{c}} + \boldsymbol{M}_{\mathrm{d}} + \boldsymbol{M}'_{\mathrm{rel}} + \boldsymbol{M}'_{\mathrm{k}} \tag{3.4-4}$$

3.4.2　发射坐标系中的空间弹道方程的一般形式

用矢量描述的火箭质心动力学方程和绕质心转动的动力学方程固然给人以简洁、清晰的概念，但对这些微分方程求解还必须将其投影到选定的坐标系中来进行。通常，选择发射坐标系为描述火箭运动的参考系。该坐标系是定义在将地球看作以角速度 $\boldsymbol{\Omega}$ 进行自转的两轴旋转椭球体上的。

1. 发射坐标系中的质心动力学方程

由于发射坐标系为一动参考系，其相对于惯性坐标系以角速度 $\boldsymbol{\omega}_{\mathrm{e}}$ 转动，故由理论力学中加速度合成定理可知

$$m\frac{\mathrm{d}^2\boldsymbol{r}}{\mathrm{d}t^2} = m\frac{\delta^2\boldsymbol{r}}{\delta t^2} + 2m\boldsymbol{\omega}_{\mathrm{e}} \times \frac{\delta\boldsymbol{r}}{\delta t} + m\boldsymbol{\omega}_{\mathrm{e}} \times (\boldsymbol{\omega}_{\mathrm{e}} \times \boldsymbol{r})$$

将其代入式（3.4-2）并整理得

$$m\frac{\delta^2\boldsymbol{r}}{\delta t^2} = \boldsymbol{P} + \boldsymbol{R} + \boldsymbol{F}_{\mathrm{c}} + m\boldsymbol{g} + \boldsymbol{F}'_{\mathrm{k}} - m\boldsymbol{\omega}_{\mathrm{e}} \times (\boldsymbol{\omega}_{\mathrm{e}} \times \boldsymbol{r}) - 2m\boldsymbol{\omega}_{\mathrm{e}} \times \frac{\delta\boldsymbol{r}}{\delta t} \tag{3.4-5}$$

下面将上面等式各项在发射坐标系中分解。

（1）相对加速度项

$$\frac{\delta^2\boldsymbol{r}}{\delta t^2} = \begin{pmatrix} \dfrac{\mathrm{d}V_x}{\mathrm{d}t} \\ \dfrac{\mathrm{d}V_y}{\mathrm{d}t} \\ \dfrac{\mathrm{d}V_z}{\mathrm{d}t} \end{pmatrix} \tag{3.4-6}$$

（2）推力项 $\boldsymbol{P}$

由式（3.2-30）知，推力 $\boldsymbol{P}$ 在箭体坐标系内描述形式最简单，即

$$\boldsymbol{P} = \begin{pmatrix} -\dot{m}u_{\mathrm{e}} + S_{\mathrm{e}}(p_{\mathrm{e}} - p) \\ 0 \\ 0 \end{pmatrix} = \begin{pmatrix} P \\ 0 \\ 0 \end{pmatrix} \tag{3.4-7}$$

已知箭体坐标系到发射坐标系的方向余弦阵为 C_1^{f}，可由式（2.4-9）转置求得，则可知推力 $\boldsymbol{P}$ 在发射坐标系的分量为

$$\boldsymbol{P} = \begin{pmatrix} P_x \\ P_y \\ P_z \end{pmatrix} = C_1^{\mathrm{f}} \begin{pmatrix} P \\ 0 \\ 0 \end{pmatrix} \tag{3.4-8}$$

(3) 气动力项 $\boldsymbol{R}$

已知火箭飞行中所受的气动力在速度坐标系中的分量为

$$\boldsymbol{R}=\begin{pmatrix}-X\\Y\\Z\end{pmatrix}$$

且速度坐标系到发射坐标系的方向余弦阵为 C_V^{f}，可由式（2.6-1）转置求得，则气动力 $\boldsymbol{R}$ 在发射坐标系的分量为

$$\boldsymbol{R}=\begin{pmatrix}R_x\\R_y\\R_z\end{pmatrix}=C_V^{\mathrm{f}}\begin{pmatrix}-X\\Y\\Z\end{pmatrix}=C_V^{\mathrm{f}}\begin{pmatrix}-C_xqS_{\mathrm{m}}\\C_y^{\alpha}qS_{\mathrm{m}}\alpha\\-C_y^{\alpha}qS_{\mathrm{m}}\beta\end{pmatrix}\tag{3.4-9}$$

(4) 控制力项 $\boldsymbol{F}_{\mathrm{c}}$

由 3.2.2 节内容可知，无论执行机构是燃气舵或不同配置形式的摇摆发动机，均可将控制力以箭体坐标系的分量表示为同一形式：

$$\boldsymbol{F}_{\mathrm{c}}=\begin{pmatrix}-X_{1\mathrm{c}}\\Y_{1\mathrm{c}}\\Z_{1\mathrm{c}}\end{pmatrix}\tag{3.4-10}$$

而各力的具体计算公式则根据采用何种执行结构而定，因此控制力在发射坐标系的三分量不难用下式求得：

$$\boldsymbol{F}_{\mathrm{c}}=\begin{pmatrix}F_{\mathrm{c}x}\\F_{\mathrm{c}y}\\F_{\mathrm{c}z}\end{pmatrix}=C_1^{\mathrm{f}}\begin{pmatrix}-X_{1\mathrm{c}}\\Y_{1\mathrm{c}}\\Z_{1\mathrm{c}}\end{pmatrix}\tag{3.4-11}$$

(5) 引力项 $m\boldsymbol{g}$

由式（3.2-85）知

$$\boldsymbol{g}=g_{\mathrm{r}}'\boldsymbol{r}^0+g_{\omega}\boldsymbol{\omega}_{\mathrm{e}}^0$$

$$\begin{cases}g_{\mathrm{r}}'=g_{\mathrm{r}}+g_{\phi\mathrm{r}}=-\dfrac{GM}{r^2}\left[1+J\left(\dfrac{a_{\mathrm{e}}}{r}\right)^2(1-5\sin^2\phi)\right]\\ g_{\omega}=-2\dfrac{GM}{r^2}J\left(\dfrac{a_{\mathrm{e}}}{r}\right)^2\sin\phi\end{cases}$$

由式（2.4-6）知，空间任一点地心矢径

$$\boldsymbol{r}=\boldsymbol{R}_0+\boldsymbol{\rho}\tag{3.4-12}$$

式中，$\boldsymbol{R}_0$ 为发射点地心矢径，其在发射坐标系三分量可由式（2.4-5）给出；$\boldsymbol{\rho}$ 为发射点到弹道上任一点矢径。

由式（3.4-12）可知 $\boldsymbol{r}^0$ 在发射坐标系的分量为

$$\boldsymbol{r}^0=\frac{x+R_{0x}}{r}\boldsymbol{X}_{\mathrm{f}}^0+\frac{y+R_{0y}}{r}\boldsymbol{Y}_{\mathrm{f}}^0+\frac{z+R_{0z}}{r}\boldsymbol{Z}_{\mathrm{f}}^0\tag{3.4-13}$$

$\boldsymbol{\omega}_{\mathrm{e}}^0$ 在发射坐标系的分量可由式（2.8-3）给出，即

$$\boldsymbol{\omega}_{\mathrm{e}}^{0}=\frac{\omega_{\mathrm{ex}}}{\omega_{\mathrm{e}}}\boldsymbol{X}_{\mathrm{f}}^{0}+\frac{\omega_{\mathrm{ey}}}{\omega_{\mathrm{e}}}\boldsymbol{Y}_{\mathrm{f}}^{0}+\frac{\omega_{\mathrm{ez}}}{\omega_{\mathrm{e}}}\boldsymbol{Z}_{\mathrm{f}}^{0} \tag{3.4-14}$$

式中，ω_{ex}、ω_{ey}、ω_{ez}可由式（2.5-8）给出，即

$$\begin{cases}\omega_{\mathrm{ex}}=\omega_{\mathrm{e}}\cos B_0\cos A_0\\ \omega_{\mathrm{ey}}=\omega_{\mathrm{e}}\sin B_0\\ \omega_{\mathrm{ez}}=-\omega_{\mathrm{e}}\cos B_0\sin A_0\end{cases}$$

于是可得引力在发射坐标系分量形式：

$$m\begin{pmatrix}g_x\\ g_y\\ g_z\end{pmatrix}=m\frac{g_{\mathrm{r}}'}{r}\begin{pmatrix}x+R_{0x}\\ y+R_{0y}\\ z+R_{0z}\end{pmatrix}+m\frac{g_{\omega}}{\omega_{\mathrm{e}}}\begin{pmatrix}\omega_{\mathrm{ex}}\\ \omega_{\mathrm{ey}}\\ \omega_{\mathrm{ez}}\end{pmatrix} \tag{3.4-15}$$

（6）附加哥氏力项 $\boldsymbol{F}_{\mathrm{k}}'$

由式（3.2-29）知

$$\boldsymbol{F}_{\mathrm{k}}'=-2\dot{m}\boldsymbol{\omega}_{\mathrm{T}}\times\boldsymbol{\rho}_{\mathrm{e}}$$

式中，$\boldsymbol{\omega}_{\mathrm{T}}$ 为箭体相对于惯性坐标系的转动角速度矢量，它在箭体坐标系的分量可表示为

$$\boldsymbol{\omega}_{\mathrm{T}}=(\omega_{\mathrm{T}x1}\quad\omega_{\mathrm{T}y1}\quad\omega_{\mathrm{T}z1})^{\mathrm{T}}$$

$\boldsymbol{\rho}_{\mathrm{e}}$ 为质心到喷口出口中心点距离，即

$$\boldsymbol{\rho}_{\mathrm{e}}=-x_{1\mathrm{e}}\boldsymbol{X}_{1}^{0}$$

因此可得 $\boldsymbol{F}_{\mathrm{k}}'$在箭体坐标系的三分量为

$$\boldsymbol{F}_{\mathrm{k}}'=\begin{pmatrix}F_{\mathrm{k}x1}'\\ F_{\mathrm{k}y1}'\\ F_{\mathrm{k}z1}'\end{pmatrix}=2\dot{m}x_{1\mathrm{e}}\begin{pmatrix}0\\ \omega_{\mathrm{T}z1}\\ -\omega_{\mathrm{T}y1}\end{pmatrix} \tag{3.4-16}$$

从而 $\boldsymbol{F}_{\mathrm{k}}'$在发射坐标系中的分量可由下式来描述：

$$\boldsymbol{F}_{\mathrm{k}}'=\begin{pmatrix}F_{\mathrm{k}x}'\\ F_{\mathrm{k}y}'\\ F_{\mathrm{k}z}'\end{pmatrix}=\boldsymbol{C}_{1}^{\mathrm{f}}\begin{pmatrix}F_{\mathrm{k}x1}'\\ F_{\mathrm{k}y1}'\\ F_{\mathrm{k}z1}'\end{pmatrix} \tag{3.4-17}$$

（7）离心惯性力项 $-m\boldsymbol{\omega}_{\mathrm{e}}\times(\boldsymbol{\omega}_{\mathrm{e}}\times\boldsymbol{r})$

记牵连加速度为

$$\boldsymbol{a}_{\mathrm{e}}=\boldsymbol{\omega}_{\mathrm{e}}\times(\boldsymbol{\omega}_{\mathrm{e}}\times\boldsymbol{r}) \tag{3.4-18}$$

根据式（2.5-8），并注意到

$$\boldsymbol{r}=(x+R_{0x})\boldsymbol{X}_{\mathrm{f}}^{0}+(y+R_{0y})\boldsymbol{Y}_{\mathrm{f}}^{0}+(z+R_{0z})\boldsymbol{Z}_{\mathrm{f}}^{0} \tag{3.4-19}$$

则牵连加速度在发射坐标系中的分量形式为

$$\begin{pmatrix}a_{\mathrm{ex}}\\ a_{\mathrm{ey}}\\ a_{\mathrm{ez}}\end{pmatrix}=\begin{pmatrix}a_{11}&a_{12}&a_{13}\\ a_{21}&a_{22}&a_{23}\\ a_{31}&a_{32}&a_{33}\end{pmatrix}\begin{pmatrix}x+R_{0x}\\ y+R_{0y}\\ z+R_{0z}\end{pmatrix} \tag{3.4-20}$$

式中

$$\begin{cases} a_{11} = \omega_{ex}^2 - \omega_e^2 \\ a_{12} = a_{21} = \omega_{ex}\omega_{ey} \\ a_{22} = \omega_{ey}^2 - \omega_e^2 \\ a_{23} = a_{32} = \omega_{ey}\omega_{ez} \\ a_{33} = \omega_{ez}^2 - \omega_e^2 \\ a_{13} = a_{31} = \omega_{ex}\omega_{ez} \end{cases}$$

则离心惯性力 $\boldsymbol{F}_e$ 在发射坐标系上的分量为

$$\boldsymbol{F}_e = \begin{pmatrix} F_{ex} \\ F_{ey} \\ F_{ez} \end{pmatrix} = -m \begin{pmatrix} a_{ex} \\ a_{ey} \\ a_{ez} \end{pmatrix} \tag{3.4-21}$$

（8）哥氏惯性力项 $-2m\boldsymbol{\omega}_e \times \dfrac{\delta \boldsymbol{r}}{\delta t}$

记哥氏加速度为

$$\boldsymbol{a}_k = 2\boldsymbol{\omega}_e \times \frac{\delta \boldsymbol{r}}{\delta t} \tag{3.4-22}$$

$\dfrac{\delta \boldsymbol{r}}{\delta t}$为火箭相对于发射坐标系的速度，有

$$\frac{\delta \boldsymbol{r}}{\delta t} = (\dot{x} \quad \dot{y} \quad \dot{z})^{\mathrm{T}} \tag{3.4-23}$$

并注意到式（2.5-8），则（3.4-22）可写为

$$\begin{pmatrix} a_{kx} \\ a_{ky} \\ a_{kz} \end{pmatrix} = \begin{pmatrix} b_{11} & b_{12} & b_{13} \\ b_{21} & b_{22} & b_{23} \\ b_{31} & b_{32} & b_{33} \end{pmatrix} \begin{pmatrix} \dot{x} \\ \dot{y} \\ \dot{z} \end{pmatrix} \tag{3.4-24}$$

式中

$$\begin{cases} b_{11} = b_{22} = b_{33} = 0 \\ b_{12} = -b_{21} = -2\omega_{ez} \\ b_{31} = -b_{13} = -2\omega_{ey} \\ b_{23} = -b_{32} = -2\omega_{ex} \end{cases}$$

从而可得哥氏惯性力 $\boldsymbol{F}_k$ 在发射坐标系的分量形式为

$$\boldsymbol{F}_k = \begin{pmatrix} F_{kx} \\ F_{ky} \\ F_{kz} \end{pmatrix} = -m \begin{pmatrix} a_{kx} \\ a_{ky} \\ a_{kz} \end{pmatrix} \tag{3.4-25}$$

将式（3.4-6）、式（3.4-8）、式（3.4-9）、式（3.4-11）、式（3.4-15）、式（3.4-17）、式（3.4-21）和式（3.4-25）代入式（3.4-5），并令

$$P_e = P - X_{1c}$$

则在发射坐标系中建立的质心动力学方程为

$$
m\begin{pmatrix} \dfrac{\mathrm{d}V_x}{\mathrm{d}t} \\ \dfrac{\mathrm{d}V_y}{\mathrm{d}t} \\ \dfrac{\mathrm{d}V_z}{\mathrm{d}t} \end{pmatrix} = C_1^{\mathrm{f}}\begin{pmatrix} P_{\mathrm{e}} \\ Y_{1\mathrm{c}} + 2\dot{m}\omega_{\mathrm{T}z1}x_{1\mathrm{e}} \\ Z_{1\mathrm{c}} - 2\dot{m}\omega_{\mathrm{T}y1}x_{1\mathrm{e}} \end{pmatrix} + C_V^{\mathrm{f}}\begin{pmatrix} -C_x q S_{\mathrm{m}} \\ C_y^{\alpha} q S_{\mathrm{m}}\alpha \\ -C_y^{\alpha} q S_{\mathrm{m}}\beta \end{pmatrix}
$$

$$
+ m\frac{g_{\mathrm{r}}'}{r}\begin{pmatrix} x + R_{0x} \\ y + R_{0y} \\ z + R_{0z} \end{pmatrix} + m\frac{g_{\omega}}{\omega_{\mathrm{e}}}\begin{pmatrix} \omega_{\mathrm{e}x} \\ \omega_{\mathrm{e}y} \\ \omega_{\mathrm{e}z} \end{pmatrix} - m\begin{pmatrix} a_{11} & a_{12} & a_{13} \\ a_{21} & a_{22} & a_{23} \\ a_{31} & a_{32} & a_{33} \end{pmatrix}\begin{pmatrix} x + R_{0x} \\ y + R_{0y} \\ z + R_{0z} \end{pmatrix} \tag{3.4-26}
$$

$$
- m\begin{pmatrix} b_{11} & b_{12} & b_{13} \\ b_{21} & b_{22} & b_{23} \\ b_{31} & b_{32} & b_{33} \end{pmatrix}\begin{pmatrix} \dot{x} \\ \dot{y} \\ \dot{z} \end{pmatrix}
$$

2. 绕质心动力学方程在箭体坐标系的分解

式（3.4-4）如下：

$$
\bar{\boldsymbol{I}} \cdot \frac{\mathrm{d}\boldsymbol{\omega}_{\mathrm{T}}}{\mathrm{d}t} + \boldsymbol{\omega}_{\mathrm{T}} \times (\bar{\boldsymbol{I}} \cdot \boldsymbol{\omega}_{\mathrm{T}}) = \boldsymbol{M}_{\mathrm{st}} + \boldsymbol{M}_{\mathrm{c}} + \boldsymbol{M}_{\mathrm{d}} + \boldsymbol{M}_{\mathrm{rel}}' + \boldsymbol{M}_{\mathrm{k}}'
$$

将式中各项在箭体坐标系内进行分解。

由于箭体坐标系为中心惯量主轴坐标系，因此惯量张量式（3.1-29）可简化为

$$
\bar{\boldsymbol{I}} = \begin{pmatrix} I_{x1} & 0 & 0 \\ 0 & I_{y1} & 0 \\ 0 & 0 & I_{z1} \end{pmatrix} \tag{3.4-27}
$$

在 3.2.4 节已给出气动稳定力矩、阻尼力矩在箭体坐标系中各分量表达式：

$$
\boldsymbol{M}_{\mathrm{st}} = \begin{pmatrix} 0 \\ M_{y1\mathrm{st}} \\ M_{z1\mathrm{st}} \end{pmatrix} = \begin{pmatrix} 0 \\ m_{y1}^{\beta} \cdot qS_{\mathrm{m}}l_{\mathrm{k}} \cdot \beta \\ m_{z1}^{\alpha} \cdot qS_{\mathrm{m}}l_{\mathrm{k}} \cdot \alpha \end{pmatrix}
$$

$$
\boldsymbol{M}_{\mathrm{d}} = \begin{pmatrix} M_{x1\mathrm{d}} \\ M_{y1\mathrm{d}} \\ M_{z1\mathrm{d}} \end{pmatrix} = \begin{pmatrix} m_{x1}^{\bar{\omega}_{x1}} qS_{\mathrm{m}}l_{\mathrm{k}}\bar{\omega}_{x1} \\ m_{y1}^{\bar{\omega}_{z1}} qS_{\mathrm{m}}l_{\mathrm{k}}\bar{\omega}_{y1} \\ m_{z1}^{\bar{\omega}_{z1}} qS_{\mathrm{m}}l_{\mathrm{k}}\bar{\omega}_{z1} \end{pmatrix}
$$

由于控制力矩与所采用的执行机构有关，这里以燃气舵作为执行机构，则其控制力矩如式（3.2-40）所示，则有

$$
\boldsymbol{M}_{\mathrm{c}} = \begin{pmatrix} M_{x1\mathrm{c}} \\ M_{y1\mathrm{c}} \\ M_{z1\mathrm{c}} \end{pmatrix} = \begin{pmatrix} -2R' z_{\mathrm{ry}}\delta_{\gamma} \\ -R'(x_{\mathrm{ry}} - x_z)\delta_{\psi} \\ -R'(x_{\mathrm{ry}} - x_z)\delta_{\varphi} \end{pmatrix}
$$

附加相对力矩和附加哥氏力矩矢量表达式如式（3.2-29）所示，则有

$$
\boldsymbol{M}_{\mathrm{rel}}' = -\dot{m}\boldsymbol{\rho}_{\mathrm{e}} \times \boldsymbol{u}_{\mathrm{e}}
$$

$$\boldsymbol{M}_{\mathrm{k}}' = -\frac{\delta \bar{\boldsymbol{I}}}{\delta t} \cdot \boldsymbol{\omega}_{\mathrm{T}} - \dot{m}\boldsymbol{\rho}_{\mathrm{e}} \times (\boldsymbol{\omega}_{\mathrm{T}} \times \boldsymbol{\rho}_{\mathrm{e}})$$

注意到在标准条件下，即发动机安装无误差，其推力轴线与箭体轴 X_1 平行，则附加相对力矩为0，而如果控制系统中采用摇摆发动机为执行机构，该附加相对力矩即为控制力矩。

附加力矩向箭体坐标系分解时，只要注意到下式：

$$\boldsymbol{\rho}_{\mathrm{e}} = -x_{1\mathrm{e}}\boldsymbol{X}_1^0$$

则不难得到下式：

$$\boldsymbol{M}_{\mathrm{k}}' = -\begin{pmatrix} \dot{I}_{x1}\omega_{\mathrm{T}x1} \\ \dot{I}_{y1}\omega_{\mathrm{T}y1} \\ \dot{I}_{z1}\omega_{\mathrm{T}z1} \end{pmatrix} + \dot{m}\begin{pmatrix} 0 \\ -x_{1\mathrm{e}}^2\omega_{\mathrm{T}y1} \\ -x_{1\mathrm{e}}^2\omega_{\mathrm{T}z1} \end{pmatrix}$$

则式（3.4-4）即可写成箭体坐标系内的分量形式：

$$\begin{pmatrix} I_{x1} & 0 & 0 \\ 0 & I_{y1} & 0 \\ 0 & 0 & I_{z1} \end{pmatrix}\begin{pmatrix} \dfrac{\mathrm{d}\omega_{\mathrm{T}x1}}{\mathrm{d}t} \\ \dfrac{\mathrm{d}\omega_{\mathrm{T}y1}}{\mathrm{d}t} \\ \dfrac{\mathrm{d}\omega_{\mathrm{T}z1}}{\mathrm{d}t} \end{pmatrix} + \begin{bmatrix} (I_{z1}-I_{y1})\omega_{\mathrm{T}z1}\omega_{\mathrm{T}y1} \\ (I_{x1}-I_{z1})\omega_{\mathrm{T}x1}\omega_{\mathrm{T}z1} \\ (I_{y1}-I_{x1})\omega_{\mathrm{T}y1}\omega_{\mathrm{T}x1} \end{bmatrix} = \begin{pmatrix} 0 \\ m_{y1}^{\beta} \cdot qS_{\mathrm{m}}l_{\mathrm{k}} \cdot \beta \\ m_{z1}^{\alpha} \cdot qS_{\mathrm{m}}l_{\mathrm{k}} \cdot \alpha \end{pmatrix} + \tag{3.4-28}$$

$$\begin{pmatrix} m_{x1}^{\bar{\omega}_{x1}} qS_{\mathrm{m}}l_{\mathrm{k}}\bar{\omega}_{x1} \\ m_{y1}^{\bar{\omega}_{z1}} qS_{\mathrm{m}}l_{\mathrm{k}}\bar{\omega}_{y1} \\ m_{z1}^{\bar{\omega}_{z1}} qS_{\mathrm{m}}l_{\mathrm{k}}\bar{\omega}_{z1} \end{pmatrix} + \begin{pmatrix} -2R'z_{\mathrm{ry}}\delta_{\gamma} \\ -R'(x_{\mathrm{ry}}-x_z)\delta_{\psi} \\ -R'(x_{\mathrm{ry}}-x_z)\delta_{\varphi} \end{pmatrix} - \begin{pmatrix} \dot{I}_{x1}\omega_{\mathrm{T}x1} \\ \dot{I}_{y1}\omega_{\mathrm{T}y1} \\ \dot{I}_{z1}\omega_{\mathrm{T}z1} \end{pmatrix} + \dot{m}\begin{pmatrix} 0 \\ -x_{1\mathrm{e}}^2\omega_{\mathrm{T}y1} \\ -x_{1\mathrm{e}}^2\omega_{\mathrm{T}z1} \end{pmatrix}$$

3. 补充方程

上面建立的质心动力学方程和绕质心转动的动力学方程，其未知参数个数远大于方程数目，因此要求解火箭运动参数还必须补充有关方程。

（1）运动学方程

质心速度和位置参数关系方程为

$$\begin{cases} \dfrac{\mathrm{d}x}{\mathrm{d}t} = V_x \\ \dfrac{\mathrm{d}y}{\mathrm{d}t} = V_y \\ \dfrac{\mathrm{d}z}{\mathrm{d}t} = V_z \end{cases} \tag{3.4-29}$$

火箭绕惯性（平移）坐标系转动角速度 $\boldsymbol{\omega}_{\mathrm{T}}$ 在箭体坐标系的分量，由式（2.4-11）不难得到下式：

$$\begin{cases} \omega_{\mathrm{T}x1} = -\dot{\varphi}_{\mathrm{T}}\sin\psi + \dot{\gamma}_{\mathrm{T}} \\ \omega_{\mathrm{T}y1} = \dot{\varphi}_{\mathrm{T}}\cos\psi_{\mathrm{T}}\sin\gamma_{\mathrm{T}} + \dot{\psi}_{\mathrm{T}}\cos\gamma_{\mathrm{T}} \\ \omega_{\mathrm{T}z1} = \dot{\varphi}_{\mathrm{T}}\cos\psi_{\mathrm{T}}\cos\gamma_{\mathrm{T}} - \dot{\psi}_{\mathrm{T}}\sin\gamma_{\mathrm{T}} \end{cases} \tag{3.4-30}$$

原则上可由此解得 φ_T、ψ_T、γ_T。

箭体相对于发射坐标系的转动角速度 $\boldsymbol{\omega}$ 与箭体相对于惯性（平移）坐标系转动角速度 $\boldsymbol{\omega}_T$、地球自转角速度 $\boldsymbol{\Omega}$ 之间有如下关系：

$$\boldsymbol{\omega}=\boldsymbol{\omega}_T-\boldsymbol{\Omega} \tag{3.4-31}$$

注意到式（2.4-9），则上式在箭体坐标系的投影分量表示式为

$$\begin{pmatrix}\omega_{x1}\\ \omega_{y1}\\ \omega_{z1}\end{pmatrix}=\begin{pmatrix}\omega_{Tx1}\\ \omega_{Ty1}\\ \omega_{Tz1}\end{pmatrix}-C_f^1\begin{pmatrix}\omega_{ex}\\ \omega_{ey}\\ \omega_{ez}\end{pmatrix} \tag{3.4-32}$$

（2）控制方程

姿态控制系统的功能是控制火箭姿态运动，实现程序飞行，执行制导导引要求和克服各种干扰影响以保证姿态角稳定在容许范围内。

由陀螺仪或惯性平台提供的测角基准是惯性（平移）坐标系的，火箭绕质心运动可以分解为绕箭体 3 个轴的角运动。火箭在惯性（平移）坐标系的姿态角则分别为俯仰角 φ_T、偏航角 ψ_T、滚动角 γ_T。因此，姿态控制系统是三维控制系统，对应 3 个基本控制通道，分别对火箭的 3 个轴进行控制和稳定。各控制通道的组成基本相同，每个通道有敏感姿态运动的测量装置、形成控制信号的变换放大器和产生操纵作动的执行机构，如图 3.4-1 所示。

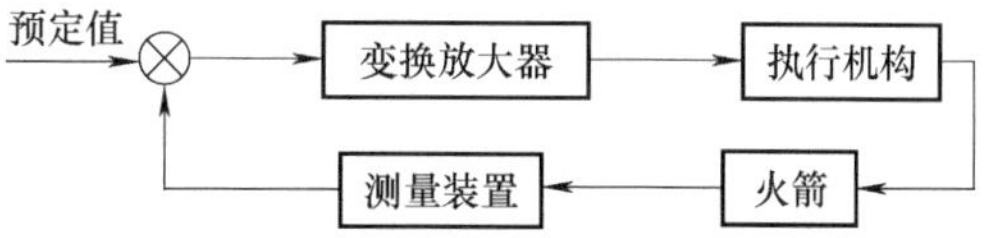

图 3.4-1　控制通道示意图

如图 3.4-1 所示，如从控制姿态角而言，将箭上实际测量的姿态角与预定的程序姿态角组成误差信号，有

$$\begin{cases}\Delta\varphi_T=\varphi_T-\tilde{\varphi}_T\\ \Delta\psi_T=\psi_T-\tilde{\psi}_T\\ \Delta\gamma_T=\gamma_T-\tilde{\gamma}_T\end{cases} \tag{3.4-33}$$

式中，$\tilde{\varphi}_T$、$\tilde{\psi}_T$、$\tilde{\gamma}_T$分别为给定的姿态角，通常取为

$$\begin{cases}\tilde{\varphi}_T=\varphi_{pr}(t)\\ \tilde{\psi}_T=\tilde{\gamma}_T=0\end{cases} \tag{3.4-34}$$

式中，$\varphi_{pr}(t)$ 称为俯仰程序角，它是随时间按一定规律变化的值。

运载火箭的姿态控制，多采用姿态角及其变化率和位置、速度参数等多回路控制。箭上俯仰、偏航、滚动 3 个通道的输入信号与执行机构偏转角之间的函数关系称为该通道的控制方程。其一般形式为

$$\begin{cases}F_\varphi(\delta_\varphi,x,y,z,\dot{x},\dot{y},\dot{z},\varphi_T,\dot{\varphi}_T\cdots)=0\\ F_\psi(\delta_\psi,x,y,z,\dot{x},\dot{y},\dot{z},\psi_T,\dot{\psi}_T\cdots)=0\\ F_\gamma(\delta_\gamma,x,y,z,\dot{x},\dot{y},\dot{z},\gamma_T,\dot{\gamma}_T\cdots)=0\end{cases} \tag{3.4-35}$$

此控制方程是由设计提供的。由于火箭角运动的动态过程进行得非常快，对火箭质心运动的影响很小，因而在研究火箭质心运动时，常采用略去动压过程的控制方程，即

$$\begin{cases}\delta_\varphi = a_0^\varphi \Delta\varphi_T \\ \delta_\psi = a_0^\psi \Delta\psi_T \\ \delta_\gamma = a_0^\gamma \Delta\gamma_T\end{cases} \tag{3.4-36}$$

式中，a_0^φ、a_0^ψ、a_0^γ 分别为俯仰、偏航和滚转通道的静态放大系数。

这里要强调指出的是，式（3.4-36）的控制方程对解算标准飞行条件下的火箭质心运动参数是适用的。在实际飞行条件下，控制方程还取决于火箭采用何种制导方法。例如，对于显式制导方法，控制方程 $\tilde{\varphi}_T$、$\tilde{\psi}_T$、$\tilde{\gamma}_T$则要根据火箭飞行实际状态参数及控制泛函（如射程、需要速度等）来实时计算得到；对于开路制导有时为保证火箭在射击平面内飞行及关机点速度倾角为要求值，需要在偏航及俯仰通道加入控制导引信号，如可采用如下控制方程：

$$\begin{cases}\delta_\varphi = a_0^\varphi \Delta\varphi_T + k_\varphi u_\varphi \\ \delta_\psi = a_0^\psi \Delta\psi_T + k_\psi u_\psi\end{cases} \tag{3.4-37}$$

式中，$k_\varphi u_\varphi$、$k_\psi u_\psi$ 两项分别为横向和法向导引相应的附加偏转角。

（3）欧拉角之间的联系方程

由式（2.5-18）知道 φ_T、ψ_T、γ_T 与 φ、ψ、γ 的联系方程为

$$\begin{cases}\varphi_T = \varphi + \omega_{ez} t \\ \psi_T = \psi + \omega_{ey} t\cos\varphi - \omega_{ex} t\sin\varphi \\ \gamma_T = \gamma + \omega_{ey} t\sin\varphi + \omega_{ex} t\cos\varphi\end{cases}$$

那么所需的 φ、ψ、γ 可由上式解得。注意到，速度倾角 θ 及航迹偏航角 σ 可由下式解得：

$$\begin{cases}\theta = \arctan \dfrac{V_y}{V_x} \\ \sigma = -\arcsin \dfrac{V_y}{V}\end{cases} \tag{3.4-38}$$

则箭体坐标系、速度坐标系及发射坐标系的 8 个欧拉角已知 5 个，其余 3 个可由式（2.4-9）、式（2.6-1）和式（2.6-2）间的如下关系得出：

$$C_f^1 = C_V^1 C_f^V \tag{3.4-39}$$

即

$$\begin{cases}\sin\beta = \cos(\theta-\varphi)\cos\gamma\sin\psi\cos\sigma + \sin(\varphi-\theta)\sin\gamma\cos\sigma - \cos\gamma\cos\psi\sin\sigma \\ -\sin\alpha\cos\beta = \cos(\theta-\varphi)\sin\gamma\sin\psi\cos\sigma + \sin(\theta-\varphi)\cos\gamma\cos\sigma - \sin\gamma\cos\psi\sin\sigma \\ \sin\nu = \dfrac{1}{\cos\sigma}(-\sin\alpha\sin\psi + \cos\alpha\sin\gamma\cos\psi)\end{cases} \tag{3.4-40}$$

又由式（3.4-39）可以得出

$$\begin{cases}\sin\sigma = \cos\alpha\cos\beta\sin\psi + \sin\alpha\cos\beta\sin\gamma\cos\psi - \sin\beta\cos\gamma\cos\psi \\ \sin\nu\cos\sigma = -\sin\alpha\sin\psi + \cos\alpha\sin\gamma\cos\psi \\ \cos\sigma\cos\theta = \cos\alpha\cos\beta\cos\psi\cos\varphi - \sin\alpha\cos\beta(\sin\gamma\sin\psi\cos\varphi - \cos\gamma\sin\varphi) \\ \qquad + \sin\beta(\cos\gamma\sin\psi\cos\varphi + \sin\gamma\sin\varphi)\end{cases} \tag{3.4-41}$$

因 β、σ、ν 和 γ 均较小，将它们的正弦、余弦量展开成泰勒级数取至一阶量，并将上述各量之一阶微量的乘积作为高阶量略去，则上式可简化、整理为

$$\begin{cases}\sigma = \psi\cos\alpha + \gamma\sin\alpha - \beta \\ \nu = \gamma\cos\alpha - \psi\sin\alpha \\ \theta = \varphi - \alpha\end{cases} \tag{3.4-42}$$

将 α 也视为小量，按上述原则作进一步简化可得

$$\begin{cases}\sigma = \psi - \beta \\ \nu = \gamma \\ \theta = \varphi - \alpha\end{cases} \tag{3.4-43}$$

（4）附加方程

1）速度计算方程

$$V = \sqrt{V_x^2 + V_y^2 + V_z^2} \tag{3.4-44}$$

2）质量计算方程

$$m = m_0 - \dot{m}t \tag{3.4-45}$$

式中，m_0 为火箭点火瞬间的质量；$\dot{m}$为发动机工作单位时间内的质量消耗量；t 由火箭点火瞬间（$t=0$）开始的计时。

3）高度计算方程

因计算气动力影响，必须知道弹道上任一点距地面的高度 h，故要补充有关方程。

已知弹道上任一点距地心的距离为

$$r = \sqrt{(R_{0x}+x)^2 + (R_{0y}+y)^2 + (R_{0z}+z)^2} \tag{3.4-46}$$

设地球为一两轴旋转椭球体，则地球表面任一点距地心的距离与该点的地心纬度 ϕ 有关。由图 2.8-1 所示可知，空间任一点矢径 $\boldsymbol{r}$ 与赤道平面的夹角为该点在地球上星下点所在的地心纬度角 ϕ。该角可由 $\boldsymbol{r}$ 与地球自转角速度矢量 $\boldsymbol{\Omega}$ 之间的关系式求得：

$$\sin\phi = \frac{\boldsymbol{r}\cdot\boldsymbol{\Omega}}{r\Omega} = \frac{(R_{0x}+x)\Omega_x + (R_{0y}+y)\Omega_y + (R_{0z}+z)\Omega_z}{r\Omega} \tag{3.4-47}$$

则对应地心纬度 ϕ 之椭球表面距地心的距离可根据式（2.4-3）得到：

$$R = \frac{ab}{\sqrt{a^2\sin^2\phi + b^2\cos^2\phi}} \tag{3.4-48}$$

在理论弹道计算中计算高度时，可忽略图 2.8-1 所示 μ 的影响，因此，空间任一点距地球表面的距离为

$$h = r - R \tag{3.4-49}$$

综合上述讨论，可整理得火箭在发射坐标系中的一般运动方程：

$$m\begin{pmatrix}\dfrac{\mathrm{d}V_x}{\mathrm{d}t} \\ \dfrac{\mathrm{d}V_y}{\mathrm{d}t} \\ \dfrac{\mathrm{d}V_z}{\mathrm{d}t}\end{pmatrix} = C_1^{\mathrm{f}}\begin{pmatrix}P_{\mathrm{e}} \\ Y_{1\mathrm{c}} + 2\dot{m}\omega_{\mathrm{Tz1}}x_{1\mathrm{e}} \\ Z_{1\mathrm{c}} - 2\dot{m}\omega_{\mathrm{Ty1}}x_{1\mathrm{e}}\end{pmatrix} + C_V^{\mathrm{f}}\begin{pmatrix}-C_x qS_{\mathrm{m}} \\ C_y^{\alpha}qS_{\mathrm{m}}\alpha \\ -C_y^{\alpha}qS_{\mathrm{m}}\beta\end{pmatrix}$$

$$+ m\frac{g_{\mathrm{r}}'}{r}\begin{pmatrix}x+R_{0x} \\ y+R_{0y} \\ z+R_{0z}\end{pmatrix} + m\frac{g_{\omega}}{\omega_{\mathrm{e}}}\begin{pmatrix}\omega_{\mathrm{e}x} \\ \omega_{\mathrm{e}y} \\ \omega_{\mathrm{e}z}\end{pmatrix} m\begin{pmatrix}a_{11} & a_{12} & a_{13} \\ a_{21} & a_{22} & a_{23} \\ a_{31} & a_{32} & a_{33}\end{pmatrix}\begin{pmatrix}x+R_{0x} \\ y+R_{0y} \\ z+R_{0z}\end{pmatrix}$$

$$
-m\begin{pmatrix} b_{11} & b_{12} & b_{13} \\ b_{21} & b_{22} & b_{23} \\ b_{31} & b_{32} & b_{33} \end{pmatrix}\begin{pmatrix} \dot{x} \\ \dot{y} \\ \dot{z} \end{pmatrix}\begin{pmatrix} I_{x1} & 0 & 0 \\ 0 & I_{y1} & 0 \\ 0 & 0 & I_{z1} \end{pmatrix}\begin{pmatrix} \dfrac{\mathrm{d}\omega_{\mathrm{T}x1}}{\mathrm{d}t} \\ \dfrac{\mathrm{d}\omega_{\mathrm{T}y1}}{\mathrm{d}t} \\ \dfrac{\mathrm{d}\omega_{\mathrm{T}z1}}{\mathrm{d}t} \end{pmatrix} + \begin{bmatrix} (I_{z1}-I_{y1})\omega_{\mathrm{T}z1}\omega_{\mathrm{T}y1} \\ (I_{x1}-I_{z1})\omega_{\mathrm{T}x1}\omega_{\mathrm{T}z1} \\ (I_{y1}-I_{x1})\omega_{\mathrm{T}y1}\omega_{\mathrm{T}x1} \end{bmatrix}
$$

$$
= \begin{pmatrix} 0 \\ m_{y1}^{\beta}\cdot qS_{\mathrm{m}}l_{\mathrm{k}}\cdot\beta \\ m_{z1}^{\alpha}\cdot qS_{\mathrm{m}}l_{\mathrm{k}}\cdot\alpha \end{pmatrix} + \begin{pmatrix} m_{x1}^{\bar{\omega}_{x1}}qS_{\mathrm{m}}l_{\mathrm{k}}\bar{\omega}_{x1} \\ m_{y1}^{\bar{\omega}_{z1}}qS_{\mathrm{m}}l_{\mathrm{k}}\bar{\omega}_{y1} \\ m_{z1}^{\bar{\omega}_{z1}}qS_{\mathrm{m}}l_{\mathrm{k}}\bar{\omega}_{z1} \end{pmatrix} + \begin{pmatrix} -2R'z_{\mathrm{ry}}\delta_{\gamma} \\ -R'(x_{\mathrm{ry}}-x_z)\delta_{\psi} \\ -R'(x_{\mathrm{ry}}-x_z)\delta_{\varphi} \end{pmatrix} - \begin{pmatrix} \dot{I}_{x1}\omega_{\mathrm{T}x1} \\ \dot{I}_{y1}\omega_{\mathrm{T}y1} \\ \dot{I}_{z1}\omega_{\mathrm{T}z1} \end{pmatrix} + \dot{m}\begin{pmatrix} 0 \\ -x_{1\mathrm{e}}^2\omega_{\mathrm{T}y1} \\ -x_{1\mathrm{e}}^2\omega_{\mathrm{T}z1} \end{pmatrix}
$$

$$
\begin{cases} \dfrac{\mathrm{d}x}{\mathrm{d}t} = V_x \\ \dfrac{\mathrm{d}y}{\mathrm{d}t} = V_y \\ \dfrac{\mathrm{d}z}{\mathrm{d}t} = V_z \end{cases}
$$

$$
\begin{cases} \omega_{\mathrm{T}x1} = -\dot{\varphi}_{\mathrm{T}}\sin\psi_{\mathrm{T}} + \dot{\gamma}_{\mathrm{T}} \\ \omega_{\mathrm{T}y1} = \dot{\varphi}_{\mathrm{T}}\cos\psi_{\mathrm{T}}\sin\gamma_{\mathrm{T}} + \dot{\psi}_{\mathrm{T}}\cos\gamma_{\mathrm{T}} \\ \omega_{\mathrm{T}z1} = \dot{\varphi}_{\mathrm{T}}\cos\psi_{\mathrm{T}}\cos\gamma_{\mathrm{T}} - \dot{\psi}_{\mathrm{T}}\sin\gamma_{\mathrm{T}} \end{cases}
$$

$$
\begin{pmatrix} \omega_{x1} \\ \omega_{y1} \\ \omega_{z1} \end{pmatrix} = \begin{pmatrix} \omega_{\mathrm{T}x1} \\ \omega_{\mathrm{T}y1} \\ \omega_{\mathrm{T}z1} \end{pmatrix} - C_{\mathrm{f}}^{1}\begin{pmatrix} \Omega_x \\ \Omega_y \\ \Omega_z \end{pmatrix}
$$

$$
\begin{cases} F_{\varphi}(\delta_{\varphi}, x, y, z, \dot{x}, \dot{y}, \dot{z}, \varphi_{\mathrm{T}}, \dot{\varphi}_{\mathrm{T}}\cdots) = 0 \\ F_{\psi}(\delta_{\psi}, x, y, z, \dot{x}, \dot{y}, \dot{z}, \psi_{\mathrm{T}}, \dot{\psi}_{\mathrm{T}}\cdots) = 0 \\ F_{\gamma}(\delta_{\gamma}, x, y, z, \dot{x}, \dot{y}, \dot{z}, \gamma_{\mathrm{T}}, \dot{\gamma}_{\mathrm{T}}\cdots) = 0 \end{cases}
$$

$$
\begin{cases} \theta = \arctan\dfrac{V_y}{V_x} \\ \sigma = -\arcsin\dfrac{V_y}{V} \end{cases}
$$

$$
\begin{cases} \sin\beta = \cos(\theta-\varphi)\cos\gamma\sin\psi\cos\sigma + \sin(\varphi-\theta)\sin\gamma\cos\sigma - \cos\gamma\cos\psi\sin\sigma \\ -\sin\alpha\cos\beta = \cos(\theta-\varphi)\sin\gamma\sin\psi\cos\sigma + \sin(\theta-\varphi)\cos\gamma\cos\sigma - \sin\gamma\cos\psi\sin\sigma \\ \sin\nu = \dfrac{1}{\cos\sigma}(-\sin\alpha\sin\psi + \cos\alpha\sin\gamma\cos\psi) \end{cases}
$$

$$
r = \sqrt{(R_{0x}+x)^2 + (R_{0y}+y)^2 + (R_{0z}+z)^2}
$$

$$
\sin\phi = \frac{(R_{0x}+x)\omega_{\mathrm{e}x} + (R_{0y}+y)\omega_{\mathrm{e}y} + (R_{0z}+z)\omega_{\mathrm{e}z}}{r\omega_{\mathrm{e}}}
$$

$$R=\frac{ab}{\sqrt{a^2\sin^2\phi+b^2\cos^2\phi}}$$

$$h=r-R$$

$$V=\sqrt{V_x^2+V_y^2+V_z^2}$$

$$m=m_0-\dot{m}t$$

以上共32个方程，有32个未知量：

V_x、V_y、V_z、ω_{Tx1}、ω_{Ty1}、ω_{Tz1}、x、y、z、φ_{T}、ψ_{T}、γ_{T}、ω_{x1}、ω_{y1}、ω_{z1}、δ_φ、δ_ψ、δ_γ、φ、ψ、γ、θ、σ、α、β、ν、r、φ、R、h、V、m。原则上当已知控制方程的具体形式后，给出32个起始条件，即可进行求解。

事实上，由于其中有些方程是确定量之间具有明确关系的方程，因此这些量不是任意给出的，而当有关的参数起始条件给出时，它们也相应地确定，如ω_{x1}、ω_{y1}、ω_{z1}、α、β、ν、φ、ψ、γ、ϕ、R、h、V、m 14个参数即属于此种情况。在动力学方程中，有关一些力和力矩（或力矩导数）的参数均可用上述方程组中解得的参数进行计算，其计算式在本章已经给出，这里不再赘述。

3.4.3　发射坐标系中的空间弹道计算方程

火箭空间一般方程较精确地描述了火箭在主动段的运动规律。实际在研究火箭质心运动时，根据火箭飞行情况，为计算方便，可作如下假设：

（Ⅰ）在一般方程中的一些欧拉角，如ψ_{T}、γ_{T}、ψ、γ、σ、α、β、ν等在火箭有控制的条件下，主动段中所表现的数值均很小。因此可将一般方程中，上述这些角度的正弦值取为该角弧度值，而其余弦值取为1；当上述角度值出现两个以上的乘积时，则可作为高阶项略去。据此，一般方程中的方向余弦阵及附加方程的一些有关欧拉角关系的方程式可做出简化。当然，附加哥氏力项亦可略去。

（Ⅱ）火箭绕质心运动方程是反映火箭飞行过程中的力矩平衡方程。对姿态稳定的火箭，这一动态过程很快，以至于对火箭质心运动不发生影响。因此，在研究火箭质心运动时，可不考虑动态过程，即将绕质心运动方程中与姿态角速度和角加速度的有关项忽略，称为“瞬时平衡”假设。则由式（3.4-4）得

$$\boldsymbol{M}_{\mathrm{st}}+\boldsymbol{M}_{\mathrm{c}}=0$$

将式（3.2-20）和式（3.2-115）代入上式，则有

$$\begin{cases}M_{z1}^{\alpha}\alpha+M_{z1}^{\delta}\delta_\varphi=0\\ M_{y1}^{\beta}\beta+M_{y1}^{\delta}\delta_\psi=0\\ \delta_\gamma=0\end{cases}\tag{3.4-50}$$

对于控制方程如取

$$\begin{cases}\delta_\varphi=a_0^\varphi\Delta\varphi_{\mathrm{T}}+k_\varphi u_\varphi\\ \delta_\psi=a_0^\psi\Delta\psi_{\mathrm{T}}+k_\psi u_\psi\\ \delta_\gamma=a_0^\gamma\Delta\gamma\end{cases}$$

将式（2.5-18）代入上式即得到略去动态过程的控制方程：

$$\begin{cases}\delta_\varphi = a_0^\varphi(\varphi + \omega_{ez}t - \varphi_{pr}) + k_\varphi u_\varphi \\ \delta_\psi = a_0^\psi(\psi + \omega_{ey}t\cos\varphi - \omega_{ex}t\sin\varphi) + k_\psi u_\psi \\ \delta_\gamma = a_0^\gamma(\gamma + \omega_{ey}t\sin\varphi + \omega_{ex}t\cos\varphi)\end{cases} \tag{3.4-51}$$

根据假设（Ⅰ），可知式（3.4-43）所示欧拉角关系成立，整理如下：

$$\begin{cases}\psi = \beta + \sigma \\ \varphi = \alpha + \theta \\ \nu = \gamma\end{cases}$$

则可得

$$\begin{cases}\alpha = A_\varphi\left[(\varphi_{pr} - \omega_{ez}t - \theta)t - \dfrac{k_\varphi}{a_0^\varphi}u_\varphi\right] \\ \beta = A_\psi\left[(\omega_{ex}\sin\varphi - \omega_{ey}\cos\varphi)t - \sigma - \dfrac{k_\psi}{a_0^\psi}u_\psi\right] \\ \gamma = -(\omega_{ey}t\sin\varphi + \omega_{ex}t\cos\varphi)\end{cases} \tag{3.4-52}$$

其中

$$\begin{cases}A_\varphi = \dfrac{M_{z1}^\delta a_0^\varphi}{M_{z1}^\alpha + M_{z1}^\delta a_0^\varphi} \\ A_\psi = \dfrac{M_{y1}^\delta a_0^\psi}{M_{y1}^\beta + M_{y1}^\delta a_0^\psi}\end{cases} \tag{3.4-53}$$

根据以上假设，且忽略 ν、γ 的影响，即得到在发射坐标系中的空间弹道计算方程：

$$m\begin{pmatrix}\dfrac{dV_x}{dt} \\ \dfrac{dV_y}{dt} \\ \dfrac{dV_z}{dt}\end{pmatrix} = \begin{pmatrix}\cos\varphi\cos\psi & -\sin\varphi & \cos\varphi\sin\psi \\ \sin\varphi\cos\psi & \cos\varphi & \sin\varphi\sin\psi \\ -\sin\psi & 0 & \cos\psi\end{pmatrix}\begin{pmatrix}P_e \\ Y_{1c} \\ Z_{1c}\end{pmatrix}$$

$$+\begin{pmatrix}\cos\theta\cos\sigma & -\sin\theta & \cos\theta\sin\sigma \\ \sin\theta\cos\sigma & \cos\theta & \sin\theta\sin\sigma \\ -\sin\sigma & 0 & \cos\sigma\end{pmatrix}\begin{pmatrix}-C_x qS_m \\ C_y^\alpha qS_m\alpha \\ -C_y^\alpha qS_m\beta\end{pmatrix}$$

$$+m\frac{g_r'}{r}\begin{pmatrix}x + R_{0x} \\ y + R_{0y} \\ z + R_{0z}\end{pmatrix} + m\frac{g_\omega}{\omega_e}\begin{pmatrix}\omega_{ex} \\ \omega_{ey} \\ \omega_{ez}\end{pmatrix} - m\begin{pmatrix}a_{11} & a_{12} & a_{13} \\ a_{21} & a_{22} & a_{23} \\ a_{31} & a_{32} & a_{33}\end{pmatrix}\begin{pmatrix}x + R_{0x} \\ y + R_{0y} \\ z + R_{0z}\end{pmatrix}$$

$$-m\begin{pmatrix}b_{11} & b_{12} & b_{13} \\ b_{21} & b_{22} & b_{23} \\ b_{31} & b_{32} & b_{33}\end{pmatrix}\begin{pmatrix}\dot{x} \\ \dot{y} \\ \dot{z}\end{pmatrix}$$

$$
\begin{cases}
\dfrac{\mathrm{d}x}{\mathrm{d}t}=V_x\\
\dfrac{\mathrm{d}y}{\mathrm{d}t}=V_y\\
\dfrac{\mathrm{d}z}{\mathrm{d}t}=V_z
\end{cases}
$$

$$\alpha=A_\varphi\left[(\varphi_{\mathrm{pr}}-\omega_{\mathrm{ez}}t-\theta)t-\frac{k_\varphi}{a_0^\varphi}u_\varphi\right]$$

$$\beta=A_\psi\left[(\omega_{\mathrm{ex}}\sin\varphi-\omega_{\mathrm{ey}}\cos\varphi)t-\sigma-\frac{k_\psi}{a_0^\psi}u_\psi\right]$$

$$\theta=\arctan\frac{V_y}{V_x}$$

$$\sigma=-\arcsin\frac{V_y}{V}$$

$$\varphi=\alpha+\theta$$

$$\psi=\beta+\sigma$$

$$\delta_\varphi=a_0^\varphi(\varphi+\omega_{\mathrm{ez}}t-\varphi_{pr})+k_\varphi u_\varphi$$

$$\delta_\psi=a_0^\psi(\psi+\omega_{\mathrm{ey}}t\cos\varphi-\omega_{\mathrm{ex}}t\sin\varphi)+k_\psi u_\psi$$

$$V=\sqrt{V_x^2+V_y^2+V_z^2}$$

$$r=\sqrt{(R_{0x}+x)^2+(R_{0y}+y)^2+(R_{0z}+z)^2}$$

$$\sin\phi=\frac{(R_{0x}+x)\omega_{\mathrm{ex}}+(R_{0y}+y)\omega_{\mathrm{ey}}+(R_{0z}+z)\omega_{\mathrm{ez}}}{r\omega_{\mathrm{e}}}$$

$$R=\frac{ab}{\sqrt{a^2\sin^2\phi+b^2\cos^2\phi}}$$

$$h=r-R$$

$$m=m_0-\dot{m}t$$

上式为空间弹道计算方程，给定相应起始条件就可求得火箭质心运动参数。

在实际弹道计算中，有时根据应用需要，用惯性加速度表测量参数视加速度$\dot{\boldsymbol{W}}$作为参变量，不难写出除引力以外作用在火箭上的力在箭体坐标系内的各投影值：

$$
\begin{pmatrix}\dot{W}_{x1}\\ \dot{W}_{y1}\\ \dot{W}_{z1}\end{pmatrix}=\begin{pmatrix}P_{\mathrm{e}}\\ Y_{1\mathrm{c}}\\ Z_{1\mathrm{c}}\end{pmatrix}+C_V^1\begin{pmatrix}-C_xqS_{\mathrm{m}}\\ C_y^\alpha qS_{\mathrm{m}}\alpha\\ -C_y^\alpha qS_{\mathrm{m}}\beta\end{pmatrix}\tag{3.4-54}
$$

$$\dot{\boldsymbol{W}}=\boldsymbol{a}_{\mathrm{A}}-\boldsymbol{g}$$

式中，$\boldsymbol{a}_{\mathrm{A}}$ 为火箭的绝对加速度；$\boldsymbol{g}$ 为引力加速度。则空间弹道计算方程中之质心动力学方程可改写为如下形式：

$$m\begin{pmatrix}\dfrac{\mathrm{d}V_x}{\mathrm{d}t}\\ \dfrac{\mathrm{d}V_y}{\mathrm{d}t}\\ \dfrac{\mathrm{d}V_z}{\mathrm{d}t}\end{pmatrix}=\begin{pmatrix}\cos\varphi\cos\psi & -\sin\varphi & \cos\varphi\sin\psi\\ \sin\varphi\cos\psi & \cos\varphi & \sin\varphi\sin\psi\\ -\sin\psi & 0 & \cos\psi\end{pmatrix}\begin{pmatrix}\dot W_{x1}\\ \dot W_{y1}\\ \dot W_{z1}\end{pmatrix}$$

$$+m\frac{g_r'}{r}\begin{pmatrix}x+R_{0x}\\ y+R_{0y}\\ z+R_{0z}\end{pmatrix}+m\frac{g_\omega}{\omega_e}\begin{pmatrix}\omega_{ex}\\ \omega_{ey}\\ \omega_{ez}\end{pmatrix}-m\begin{pmatrix}a_{11} & a_{12} & a_{13}\\ a_{21} & a_{22} & a_{23}\\ a_{31} & a_{32} & a_{33}\end{pmatrix}\begin{pmatrix}x+R_{0x}\\ y+R_{0y}\\ z+R_{0z}\end{pmatrix}$$

$$-m\begin{pmatrix}b_{11} & b_{12} & b_{13}\\ b_{21} & b_{22} & b_{23}\\ b_{31} & b_{32} & b_{33}\end{pmatrix}\begin{pmatrix}\dot x\\ \dot y\\ \dot z\end{pmatrix}$$

$$\begin{pmatrix}\dot W_{x1}\\ \dot W_{y1}\\ \dot W_{z1}\end{pmatrix}=\begin{pmatrix}P_e\\ Y_{1c}\\ Z_{1c}\end{pmatrix}+\begin{pmatrix}\cos\alpha\cos\beta & \sin\alpha & -\cos\alpha\sin\beta\\ -\sin\alpha\cos\beta & \cos\alpha & \sin\alpha\sin\beta\\ \sin\beta & 0 & \cos\beta\end{pmatrix}\begin{pmatrix}-C_x qS_m\\ C_y^\alpha qS_m\alpha\\ -C_y^\alpha qS_m\beta\end{pmatrix}$$

运用空间弹道计算方程解得的各个参数还用来计算一些有实际应用价值的参量，如箭下点的位置（经、纬度）、射程角、火箭飞行过程中的加速度（切向、法向、侧向）及过载。

1）箭下点的经、纬度

箭下点地心纬度 ϕ 在空间弹道方程的解算中已求得，而相应的大地纬度，则可根据两者的关系式（2.2-15）得出，即

$$B=\arctan\left(\frac{\tan\phi}{1-e^2}\right)$$

为求箭下点经度 L，因已知发射点经度 L_0，只需求出箭下点经度与发射点经度之差 ΔL，则 $L=L_0+\Delta L$。为此，在地心处建立空间直角坐标系 $O_e\text{-}X_eY_eZ_e$，如图 2.5-1 所示，则类似式（2.4-19），可得发射坐标系至该空间直角坐标系的转换关系式为

$$\begin{pmatrix}x_e\\ y_e\\ z_e\end{pmatrix}=\begin{pmatrix}-\cos A_0\sin B_0 & \cos B_0 & \sin A_0\sin B_0\\ \sin A_0 & 0 & \cos A_0\\ \cos A_0\cos B_0 & \sin B_0 & -\sin A_0\cos B_0\end{pmatrix}\begin{pmatrix}x+R_{0x}\\ y+R_{0y}\\ z+R_{0z}\end{pmatrix}$$

从而可得任一时刻箭下点的经度与发射点经度差 ΔL 的求解式：

$$\tan\Delta L=\frac{y_e}{x_e} \tag{3.4-55}$$

ΔL 的值可由下式判定：

$$\Delta L=\begin{cases}\arctan\dfrac{y_e}{x_e} & x_e>0\\ \pi+\arctan\dfrac{y_e}{x_e} & x_e<0\end{cases} \tag{3.4-56}$$

2）箭下点对应的射程角 β

$$\cos\beta = \frac{\boldsymbol{r}\cdot\boldsymbol{R}_0}{rR_0} = \frac{R_{0x}(x+R_{0x})+R_{0y}(y+R_{0y})+R_{0z}(z+R_{0z})}{rR_0}$$

则得

$$\beta = \arccos\left(\frac{R_0}{r}+\frac{xR_{0x}+yR_{0y}+zR_{0z}}{rR_0}\right) \tag{3.4-57}$$

3）切向、“法向”、侧向加速度

将火箭质心相对于发射坐标系的加速度沿速度坐标系三轴分解，则得沿速度坐标系三轴的加速度分量（$\dot{V}_{xV}\quad \dot{V}_{yV}\quad \dot{V}_{zV}$）^{T}，依次称为切向加速度、“法向”加速度及侧向加速度；由空间弹道方程已解得发射坐标系的加速度分量（$\dot{V}_x\quad \dot{V}_y\quad \dot{V}_z$）^{T}，且已知 ν 为小量时，发射坐标系至速度坐标系方向余弦矩阵为

$$C_{\mathrm{f}}^{V} = \begin{pmatrix} \cos\theta\cos\sigma & \sin\theta\cos\sigma & -\sin\sigma \\ -\sin\theta & \cos\theta & 0 \\ \cos\theta\sin\sigma & \sin\theta\sin\sigma & \cos\sigma \end{pmatrix}$$

则有以下关系式成立

$$\begin{pmatrix} \dot{V}_{xV} \\ \dot{V}_{yV} \\ \dot{V}_{zV} \end{pmatrix} = \begin{pmatrix} \cos\theta\cos\sigma & \sin\theta\cos\sigma & -\sin\sigma \\ -\sin\theta & \cos\theta & 0 \\ \cos\theta\sin\sigma & \sin\theta\sin\sigma & \cos\sigma \end{pmatrix} \begin{pmatrix} \dot{V}_x \\ \dot{V}_y \\ \dot{V}_z \end{pmatrix}$$

即

$$\begin{pmatrix} \dot{V}_{xV} \\ \dot{V}_{yV} \\ \dot{V}_{zV} \end{pmatrix} = \begin{pmatrix} \cos\theta\cos\sigma\ \dot{V}_x + \sin\theta\cos\sigma\ \dot{V}_y - \sin\sigma\ \dot{V}_z \\ -\sin\theta\ \dot{V}_x + \cos\theta\ \dot{V}_y \\ \cos\theta\sin\sigma\ \dot{V}_x + \sin\theta\sin\sigma\ \dot{V}_y + \cos\sigma\ \dot{V}_z \end{pmatrix} \tag{3.4-58}$$

注意到 ν 为小量时有下列关系式：

$$\begin{cases} V_x = V\cos\theta\cos\sigma \\ V_y = V\sin\theta\cos\sigma \\ V_z = -V\sin\sigma \end{cases}$$

则式（3.4-58）可写为如下形式：

$$\begin{pmatrix} \dot{V}_{xV} \\ \dot{V}_{yV} \\ \dot{V}_{zV} \end{pmatrix} = \begin{bmatrix} \dfrac{1}{V}(V_x\dot{V}_x + V_y\dot{V}_y + V_z\dot{V}_z) \\ \dfrac{1}{\sqrt{V_x^2+V_y^2}}(-V_y\dot{V}_x + V_x\dot{V}_y) \\ \dfrac{-1}{\sqrt{V_x^2+V_y^2}}(V_x\dot{V}_x + V_y\dot{V}_y)\dfrac{V_z}{V} + \dot{V}_z\dfrac{\sqrt{V_x^2+V_y^2}}{V} \end{bmatrix} \tag{3.4-59}$$

考虑到 σ 为小量，则 V_z 较之 V_x、V_y 甚小，则可近似取为

$$V=\sqrt{V_x^2+V_y^2}$$

式（3.4-59）可近似为

$$\begin{pmatrix}\dot{V}_{xV}\\ \dot{V}_{yV}\\ \dot{V}_{zV}\end{pmatrix}=\frac{1}{V}\begin{bmatrix}(V_x\dot{V}_x+V_y\dot{V}_y+V_z\dot{V}_z)\\ -V_y\dot{V}_x+V_x\dot{V}_y\\ \dfrac{-1}{V}(V_x\dot{V}_x+V_y\dot{V}_y)V_z+\dot{V}_zV\end{bmatrix}\tag{3.4-60}$$

式（3.4-58）~式（3.4-60）均可用来计算火箭质心在速度坐标系中的切向、“法向”、侧向加速度。

4）轴向、法向、横向过载系数

在火箭总体设计中，从仪表和箭体结构强度设计角度考虑，需要知道它们要承受的加速度有多大。为此，设计者把火箭飞行中除引力以外作用在火箭上的力 $\boldsymbol{N}$ 称为过载。显然，视加速度即为过载所产生的加速度，将 $\boldsymbol{N}$ 在箭体坐标系中分解为

$$\begin{pmatrix}N_{x1}\\ N_{y1}\\ N_{z1}\end{pmatrix}=m\begin{pmatrix}\dot{W}_{x1}\\ \dot{W}_{y1}\\ \dot{W}_{z1}\end{pmatrix}$$

过载系数定义为，$\boldsymbol{N}$ 被火箭质量 m 与地面重力加速度 g_0 之乘积除后的值，即

$$\begin{pmatrix}n_{x1}\\ n_{y1}\\ n_{z1}\end{pmatrix}=\frac{1}{g_0}\begin{pmatrix}\dot{W}_{x1}\\ \dot{W}_{y1}\\ \dot{W}_{z1}\end{pmatrix}\tag{3.4-61}$$

式中，n_{x1}、n_{y1}、n_{z1} 分别为火箭飞行中的轴向、法向、横向过载系数。

3.4.4 在速度坐标系中建立的空间弹道方程

1. 在速度坐标系中建立火箭质心动力学方程

由发射坐标系中的质心动力学方程，即式（3.4-5）：

$$m\frac{\delta^2\boldsymbol{r}}{\delta t^2}=\boldsymbol{P}+\boldsymbol{R}+\boldsymbol{F}_{\mathrm{c}}+m\boldsymbol{g}+\boldsymbol{F}_{\mathrm{k}}'-m\boldsymbol{\omega}_{\mathrm{e}}\times(\boldsymbol{\omega}_{\mathrm{e}}\times\boldsymbol{r})-2m\boldsymbol{\omega}_{\mathrm{e}}\times\frac{\delta\boldsymbol{r}}{\delta t}$$

将其在速度坐标系投影，根据矢量微分法则有

$$\frac{\mathrm{d}\boldsymbol{V}}{\mathrm{d}t}=\frac{\mathrm{d}}{\mathrm{d}t}(V\boldsymbol{X}_V^0)=\frac{\mathrm{d}V}{\mathrm{d}t}\boldsymbol{X}_V^0+V\frac{\mathrm{d}\boldsymbol{X}_V^0}{\mathrm{d}t}\tag{3.4-62}$$

由于

$$\frac{\mathrm{d}\boldsymbol{X}_V^0}{\mathrm{d}t}=\boldsymbol{\omega}_V\times\boldsymbol{X}_V^0\tag{3.4-63}$$

式中，$\boldsymbol{\omega}_V$ 为速度坐标系相对于发射坐标系的转动角速度。

如图 2.6-2 所示，类似式（2.4-12）的推导可得

$$\begin{cases}\omega_{xV}=\dot{\nu}-\dot{\theta}\sin\sigma\\ \omega_{yV}=\dot{\sigma}\cos\nu+\dot{\theta}\cos\sigma\sin\nu\\ \omega_{zV}=\dot{\theta}\cos\sigma\cos\nu-\dot{\sigma}\sin\nu\end{cases}\tag{3.4-64}$$

故可得

$$\frac{\mathrm{d}\boldsymbol{X}_V^0}{\mathrm{d}t}=(\dot{\theta}\cos\sigma\cos\nu-\dot{\sigma}\sin\nu)\boldsymbol{Y}_V^0-(\dot{\sigma}\cos\nu+\dot{\theta}\cos\sigma\sin\nu)\boldsymbol{Z}_V^0$$

代入式（3.4-62），有

$$\frac{\mathrm{d}\boldsymbol{V}}{\mathrm{d}t}=\frac{\mathrm{d}V}{\mathrm{d}t}\boldsymbol{X}_V^0+V(\dot{\theta}\cos\sigma\cos\nu-\dot{\sigma}\sin\nu)\boldsymbol{Y}_V^0-V(\dot{\sigma}\cos\nu+\dot{\theta}\cos\sigma\sin\nu)\boldsymbol{Z}_V^0\tag{3.4-65}$$

上式为火箭质心相对于发射坐标系的加速度沿速度坐标系的分解。

将式（3.4-65）代入式（3.4-5）左端，而式（3.4-5）右端各项可参考式（3.4-26）右端内容直接写出它们在速度坐标系的分量形式，最终可得在速度坐标系内的质心动力学方程为

$$\begin{aligned}m\begin{bmatrix}\dot{V}\\ V(\dot{\theta}\cos\sigma\cos\nu-\dot{\sigma}\sin\nu)\\ -V(\dot{\sigma}\cos\nu+\dot{\theta}\cos\sigma\sin\nu)\end{bmatrix}&=C_1^V\begin{pmatrix}P_{\mathrm{e}}\\ Y_{1\mathrm{c}}+2\dot{m}\omega_{\mathrm{Tz1}}x_{1\mathrm{e}}\\ Z_{1\mathrm{c}}-2\dot{m}\omega_{\mathrm{Ty1}}x_{1\mathrm{e}}\end{pmatrix}+\begin{pmatrix}-C_xqS_{\mathrm{m}}\\ C_y^{\alpha}qS_{\mathrm{m}}\alpha\\ -C_y^{\alpha}qS_{\mathrm{m}}\beta\end{pmatrix}\\ &+m\frac{g_{\mathrm{r}}'}{r}C_{\mathrm{f}}^V\begin{pmatrix}x+R_{0x}\\ y+R_{0y}\\ z+R_{0z}\end{pmatrix}+m\frac{g_{\omega}}{\omega_{\mathrm{e}}}C_{\mathrm{f}}^V\begin{pmatrix}\omega_{\mathrm{ex}}\\ \omega_{\mathrm{ey}}\\ \omega_{\mathrm{ez}}\end{pmatrix}-mC_{\mathrm{f}}^V\begin{pmatrix}a_{11}&a_{12}&a_{13}\\ a_{21}&a_{22}&a_{23}\\ a_{31}&a_{32}&a_{33}\end{pmatrix}\begin{pmatrix}x+R_{0x}\\ y+R_{0y}\\ z+R_{0z}\end{pmatrix}\\ &-mC_{\mathrm{f}}^V\begin{pmatrix}b_{11}&b_{12}&b_{13}\\ b_{21}&b_{22}&b_{23}\\ b_{31}&b_{32}&b_{33}\end{pmatrix}\begin{pmatrix}\dot{x}\\ \dot{y}\\ \dot{z}\end{pmatrix}\end{aligned}\tag{3.4-66}$$

观察上式，后两式中等式左端均有两个微分变量，为进行求解，先引进矩阵 C_V'：

$$C_V'=\begin{pmatrix}1&0&0\\ 0&\cos\nu&-\sin\nu\\ 0&\sin\nu&\cos\nu\end{pmatrix}\tag{3.4-67}$$

用矩阵 C_V'左乘式（3.4-66）则得

$$\begin{aligned}m\begin{bmatrix}\dot{V}\\ V\dot{\theta}\cos\sigma\\ -V\dot{\sigma}\end{bmatrix}&=C_V'C_1^V\begin{pmatrix}P_{\mathrm{e}}\\ Y_{1\mathrm{c}}+2\dot{m}\omega_{\mathrm{Tz1}}x_{1\mathrm{e}}\\ Z_{1\mathrm{c}}-2\dot{m}\omega_{\mathrm{Ty1}}x_{1\mathrm{e}}\end{pmatrix}+C_V'\begin{pmatrix}-C_xqS_{\mathrm{m}}\\ C_y^{\alpha}qS_{\mathrm{m}}\alpha\\ -C_y^{\alpha}qS_{\mathrm{m}}\beta\end{pmatrix}\\ &+m\frac{g_{\mathrm{r}}'}{r}C_V'C_{\mathrm{f}}^V\begin{pmatrix}x+R_{0x}\\ y+R_{0y}\\ z+R_{0z}\end{pmatrix}+m\frac{g_{\omega}}{\omega_{\mathrm{e}}}C_V'C_{\mathrm{f}}^V\begin{pmatrix}\omega_{\mathrm{ex}}\\ \omega_{\mathrm{ey}}\\ \omega_{\mathrm{ez}}\end{pmatrix}-mC_V'C_{\mathrm{f}}^V\begin{pmatrix}a_{11}&a_{12}&a_{13}\\ a_{21}&a_{22}&a_{23}\\ a_{31}&a_{32}&a_{33}\end{pmatrix}\begin{pmatrix}x+R_{0x}\\ y+R_{0y}\\ z+R_{0z}\end{pmatrix}\\ &-mC_V'C_{\mathrm{f}}^V\begin{pmatrix}b_{11}&b_{12}&b_{13}\\ b_{21}&b_{22}&b_{23}\\ b_{31}&b_{32}&b_{33}\end{pmatrix}\begin{pmatrix}\dot{x}\\ \dot{y}\\ \dot{z}\end{pmatrix}\end{aligned}\tag{3.4-68}$$

2. 在速度坐标系中的空间弹道方程

为简化书写，火箭质心动力学方程式（3.4-68）和火箭绕质心动力学方程式（3.4-28），这里就不再重述了，下面仅给出解算空间动力学方程需补充的一些方程式。由于这些方程与发射坐标系下的补充方程基本相同，个别不同的方程式，其符号意义也是明确的，直接列写如下：

$$\begin{cases}\dfrac{\mathrm{d}x}{\mathrm{d}t}=V\cos\theta\cos\sigma\\[2mm]\dfrac{\mathrm{d}y}{\mathrm{d}t}=V\sin\theta\cos\sigma\\[2mm]\dfrac{\mathrm{d}z}{\mathrm{d}t}=-V\sin\sigma\end{cases}$$

$$\begin{cases}\omega_{\mathrm{T}x1}=-\dot{\varphi}_{\mathrm{T}}\sin\psi+\dot{\gamma}_{\mathrm{T}}\\ \omega_{\mathrm{T}y1}=\dot{\varphi}_{\mathrm{T}}\cos\psi_{\mathrm{T}}\sin\gamma_{\mathrm{T}}+\dot{\psi}_{\mathrm{T}}\cos\gamma_{\mathrm{T}}\\ \omega_{\mathrm{T}z1}=\dot{\varphi}_{\mathrm{T}}\cos\psi_{\mathrm{T}}\cos\gamma_{\mathrm{T}}-\dot{\psi}_{\mathrm{T}}\sin\gamma_{\mathrm{T}}\end{cases}$$

$$\begin{pmatrix}\omega_{x1}\\ \omega_{y1}\\ \omega_{z1}\end{pmatrix}=\begin{pmatrix}\omega_{\mathrm{T}x1}\\ \omega_{\mathrm{T}y1}\\ \omega_{\mathrm{T}z1}\end{pmatrix}-C_{\mathrm{f}}^{1}\begin{pmatrix}\omega_{\mathrm{e}x}\\ \omega_{\mathrm{e}y}\\ \omega_{\mathrm{e}z}\end{pmatrix}$$

$$\begin{cases}F_{\varphi}(\delta_{\varphi},x,y,z,\dot{x},\dot{y},\dot{z},\varphi_{\mathrm{T}},\dot{\varphi}_{\mathrm{T}}\cdots)=0\\ F_{\psi}(\delta_{\psi},x,y,z,\dot{x},\dot{y},\dot{z},\psi_{\mathrm{T}},\dot{\psi}_{\mathrm{T}}\cdots)=0\\ F_{\gamma}(\delta_{\gamma},x,y,z,\dot{x},\dot{y},\dot{z},\gamma_{\mathrm{T}},\dot{\gamma}_{\mathrm{T}}\cdots)=0\end{cases}$$

$$\begin{cases}\varphi_{\mathrm{T}}=\varphi+\omega_{\mathrm{e}z}t\\ \psi_{\mathrm{T}}=\psi+\omega_{\mathrm{e}y}t\cos\varphi-\omega_{\mathrm{e}x}t\sin\varphi\\ \gamma_{\mathrm{T}}=\gamma+\omega_{\mathrm{e}y}t\sin\varphi+\omega_{\mathrm{e}x}t\cos\varphi\end{cases}$$

$$\begin{cases}\sin\beta=\cos(\theta-\varphi)\cos\gamma\sin\psi\cos\sigma+\sin(\varphi-\theta)\sin\gamma\cos\sigma-\cos\gamma\cos\psi\sin\sigma\\ -\sin\alpha\cos\beta=\cos(\theta-\varphi)\sin\gamma\sin\psi\cos\sigma+\sin(\theta-\varphi)\cos\gamma\cos\sigma-\sin\gamma\cos\psi\sin\sigma\\ \sin\nu=\dfrac{1}{\cos\sigma}(-\sin\alpha\sin\psi+\cos\alpha\sin\gamma\cos\psi)\end{cases}$$

$$r=\sqrt{(R_{0x}+x)^2+(R_{0y}+y)^2+(R_{0z}+z)^2}$$

$$\sin\phi=\frac{(R_{0x}+x)\omega_{\mathrm{e}x}+(R_{0y}+y)\omega_{\mathrm{e}y}+(R_{0z}+z)\omega_{\mathrm{e}z}}{r\omega_{\mathrm{e}}}$$

$$R=\frac{ab}{\sqrt{a^2\sin^2\phi+b^2\cos^2\phi}}$$

$$h=r-R$$

$$m=m_0-\dot{m}t$$

这样，即可得到由上式及式（3.4-68）和式（3.4-28）共同组成在速度坐标系内描述的空间弹道方程。其中共有 29 个方程式，给定起始条件即可求解。

3. 速度坐标系中简化的弹道方程

在新型号火箭的初步设计阶段，由于各分系统参数未定，因而只需进行弹道的粗略计算。为此，对上述空间弹道方程作一些简化假设：

（Ⅰ）地球为一均质圆球，忽略地球扁率及 g_{ϕ} 的影响。此时引力 $\boldsymbol{g}$ 沿矢径 $\boldsymbol{r}$ 的反向，且服从平方反比定律。即，$g_r' = g_r = g = -\dfrac{GM}{r^2}$，$g_{\phi r} = 0$。

（Ⅱ）由于工程设计人员在初步设计阶段只关心平均状态下的参数，故通常忽略地球旋转的影响，认为 $\omega_e = 0$。显然，惯性坐标系与发射坐标系始终重合。

（Ⅲ）忽略由于火箭内部介质相对于箭体流动所引起的附加哥氏力和全部哥氏力矩。

（1）姿态控制常用简化方程

基于以上假设，式（3.4-68）可简化如下：

$$m\begin{bmatrix} \dot{V} \\ V\dot{\theta}\cos\sigma \\ -V\dot{\sigma} \end{bmatrix} = C_V' C_1^V \begin{pmatrix} P_e \\ 0 \\ 0 \end{pmatrix} + C_V' C_1^V \begin{pmatrix} 0 \\ Y_{1c} \\ Z_{1c} \end{pmatrix} + C_V' \begin{pmatrix} -C_x q S_m \\ C_y^{\alpha} q S_m \alpha \\ -C_y^{\alpha} q S_m \beta \end{pmatrix} + mC_V' C_f^V \begin{pmatrix} 0 \\ g \\ 0 \end{pmatrix} \tag{3.4-69}$$

由式（2.6-2）可得

$$C_1^V = \begin{pmatrix} \cos\alpha\cos\beta & -\sin\alpha\cos\beta & \sin\beta \\ \sin\alpha & \cos\alpha & 0 \\ -\cos\alpha\sin\beta & \sin\alpha\sin\beta & \cos\beta \end{pmatrix}$$

且注意到式（3.4-67），则有

$$C_V' C_1^V \begin{pmatrix} P_e \\ 0 \\ 0 \end{pmatrix} = \begin{pmatrix} P_e\cos\alpha\cos\beta \\ P_e\sin\alpha\cos\nu + P_e\cos\alpha\sin\beta\sin\nu \\ P_e\sin\alpha\sin\nu - P_e\cos\alpha\sin\beta\cos\nu \end{pmatrix} \tag{3.4-70}$$

式（3.4-69）右边第二项的展开是很复杂的，考虑到控制力本身较小，一般认为 Y_{1c} 在 Y_V 方向，Z_{1c} 在 Z_V 方向，并参考式（3.2-39），有

$$\begin{cases} F_{cxV} = 0 \\ F_{cyV} = R'\delta_{\varphi} \\ F_{czV} = -R'\delta_{\psi} \end{cases} \tag{3.4-71}$$

则

$$C_V' C_1^V \begin{pmatrix} 0 \\ Y_{1c} \\ Z_{1c} \end{pmatrix} = \begin{pmatrix} 1 & 0 & 0 \\ 0 & \cos\nu & -\sin\nu \\ 0 & \sin\nu & \cos\nu \end{pmatrix} \begin{pmatrix} 0 \\ R'\delta_{\varphi} \\ -R'\delta_{\psi} \end{pmatrix} = \begin{pmatrix} 0 \\ R'\delta_{\varphi}\cos\nu + R'\delta_{\psi}\sin\nu \\ R'\delta_{\varphi}\sin\nu - R'\delta_{\psi}\cos\nu \end{pmatrix} \tag{3.4-72}$$

且注意到

$$C_V' C_f^V \begin{pmatrix} 0 \\ g \\ 0 \end{pmatrix} = g\begin{pmatrix} \sin\theta\cos\sigma \\ \cos\theta \\ \sin\theta\sin\sigma \end{pmatrix} \tag{3.4-73}$$

将式（3.4-70）~式（3.4-73）代入式（3.4-69）并注意到式（3.2-91），得

$$\begin{cases} m\dot{V} = P_{\mathrm{e}}\cos\alpha\cos\beta - C_x qS_{\mathrm{m}} - mg\sin\theta\cos\sigma \\ mV\dot{\theta}\cos\sigma = P_{\mathrm{e}}(\sin\alpha\cos\nu + \cos\alpha\sin\beta\sin\nu) + C_y qS_{\mathrm{m}}\cos\nu - C_z qS_{\mathrm{m}}\sin\nu \\ \qquad - mg\cos\theta + R'\delta_{\varphi}\cos\nu + R'\delta_{\psi}\sin\nu \\ -mV\dot{\sigma} = P_{\mathrm{e}}(\sin\alpha\sin\nu - \cos\alpha\sin\beta\cos\nu) + C_y qS_{\mathrm{m}}\sin\nu + C_z qS_{\mathrm{m}}\cos\nu \\ \qquad - mg\sin\theta\sin\sigma + R'\delta_{\varphi}\sin\nu - R'\delta_{\psi}\cos\nu \end{cases} \tag{3.4-74}$$

（2）主动段摄动常用简化方程

如视β、ν、σ为小量，且角度的正弦取其角度的弧度值，余弦取为1，等式中出现这些角度之间的乘积时，则作为二阶以上项略去。可得

$$C_V' C_1^V \begin{pmatrix} P_{\mathrm{e}} \\ 0 \\ 0 \end{pmatrix} = \begin{pmatrix} P_{\mathrm{e}}\cos\alpha \\ P_{\mathrm{e}}\sin\alpha \\ -P_{\mathrm{e}}\sin\beta \end{pmatrix} \tag{3.4-75}$$

$$C_V' C_1^V \begin{pmatrix} 0 \\ Y_{1\mathrm{c}} \\ Z_{1\mathrm{c}} \end{pmatrix} = \begin{pmatrix} -R'\delta_{\varphi}\sin\alpha \\ R'\delta_{\varphi}\cos\alpha \\ -R'\delta_{\psi} \end{pmatrix} \tag{3.4-76}$$

由

$$C_{\mathrm{f}}^V = \begin{pmatrix} \cos\theta & \sin\theta & -\sigma \\ -\sin\theta & \cos\theta & \nu \\ \sigma\cos\theta + \nu\sin\theta & \sigma\sin\theta - \nu\cos\theta & 1 \end{pmatrix} \tag{3.4-77}$$

得

$$C_V' C_{\mathrm{f}}^V = \begin{pmatrix} \cos\theta & \sin\theta & -\sigma \\ -\sin\theta & \cos\theta & 0 \\ \sigma\cos\theta & \sigma\sin\theta & 1 \end{pmatrix} \tag{3.4-78}$$

考虑到引力加速度$\boldsymbol{g}$在发射坐标系下又可记为$g\begin{pmatrix} \frac{x}{r} & \frac{y+R}{r} & \frac{z}{r} \end{pmatrix}^{\mathrm{T}}$，并注意到$x$、$z$向加速度远小于$y$向，且$\frac{y+R}{r}\approx 1$，则有

$$gC_V' C_{\mathrm{f}}^V \begin{pmatrix} \frac{x}{r} \\ \frac{y+R}{r} \\ \frac{z}{r} \end{pmatrix} = g \begin{pmatrix} \frac{x}{r}\cos\theta + \frac{y+R}{r}\sin\theta \\ \frac{y+R}{r}\cos\theta - \frac{x}{r}\sin\theta \\ \frac{y+R}{r}\sigma\sin\theta \end{pmatrix} \tag{3.4-79}$$

$$\begin{cases} m\dot{V} = P_{\mathrm{e}}\cos\alpha - C_x qS_{\mathrm{m}} - R'\delta_{\varphi}\sin\alpha + mg\,\frac{x}{r}\cos\theta + mg\,\frac{y+R}{r}\sin\theta \\ mV\dot{\theta} = P_{\mathrm{e}}\sin\alpha + C_y^{\alpha} qS_{\mathrm{m}}\alpha + R'\delta_{\varphi}\cos\alpha + mg\,\frac{y+R}{r}\cos\theta - mg\,\frac{x}{r}\sin\theta \\ -mV\dot{\sigma} = -P_{\mathrm{e}}\sin\beta - C_y^{\alpha} qS_{\mathrm{m}}\beta - R'\delta_{\psi} + mg\,\frac{y+R}{r}\sigma\sin\theta \end{cases} \tag{3.4-80}$$

(3) 弹道方程的进一步简化

在前面 3 个假设的基础上，再提出 4 个假设：

(Ⅳ) 认为在控制系统作用下，火箭始终处于力矩瞬时平衡状态。

(Ⅴ) 将欧拉角 α、β、ψ、γ、σ、ν 及 $\theta-\varphi$ 视为小量。这些角度的正弦取其角度的弧度值，其余弦取为 1，且在等式中出现这些角度之间的乘积时，则作为二阶以上项略去。则有

$$C'_V=\begin{pmatrix}1&0&0\\0&1&-\nu\\0&\nu&1\end{pmatrix} \tag{3.4-81}$$

$$C_1^V=\begin{pmatrix}1&-\alpha&\beta\\\alpha&1&0\\-\beta&0&1\end{pmatrix} \tag{3.4-82}$$

$$C_f^V=\begin{pmatrix}\cos\theta&\sin\theta&-\sigma\\-\sin\theta&\cos\theta&\nu\\\sigma\cos\theta+\nu\sin\theta&\sigma\sin\theta-\nu\cos\theta&1\end{pmatrix} \tag{3.4-83}$$

那么

$$C'_VC_1^V=\begin{pmatrix}1&-\alpha&\beta\\\alpha&1&-\nu\\-\beta&\nu&1\end{pmatrix} \tag{3.4-84}$$

$$C'_VC_f^V=\begin{pmatrix}\cos\theta&\sin\theta&-\sigma\\-\sin\theta&\cos\theta&0\\\sigma\cos\theta&\sigma\sin\theta&1\end{pmatrix} \tag{3.4-85}$$

(Ⅵ) 考虑到控制力较小，故将控制力与 α、β、ν 的乘积略去。

(Ⅶ) 由于引力在 x、z 方向的分量远小于引力在 y 方向的分量，故将它们与 σ 的乘积项略去。

根据以上假设，即可将前述速度坐标系下的质心运动方程式（3.4-68）及其附加方程进一步简化为两组方程。

第一组方程为

$$\begin{cases}m\dot V=P_e-C_xqS_m+mg\dfrac{y+R}{r}\sin\theta+mg\dfrac{x}{r}\cos\theta\\ mV\dot\theta=(P_e+C_y^\alpha qS_m)\alpha+mg\dfrac{y+R}{r}\cos\theta-mg\dfrac{x}{r}\sin\theta+R'\delta_\varphi\\ \dot x=V\cos\theta\\ \dot y=V\sin\theta\\ \alpha=A_\varphi(\varphi_{pr}-\theta)\\ A_\varphi=\dfrac{M_{z1}^\delta a_0^\varphi}{M_{z1}^\alpha+M_{z1}^\delta a_0^\varphi}\\ \varphi=\alpha+\theta\\ \delta_\varphi=a_0^\varphi(\varphi-\varphi_{pr})\\ r=\sqrt{x^2+(y+R)^2+z^2}=\sqrt{x^2+(y+R)^2}\\ h=r-R\\ m=m_0-\dot mt\end{cases} \tag{3.4-86}$$

该方程取 $r=\sqrt{x^2+(y+R)^2}$ 后，则与侧向参数无关，称为纵向运动方程式。给定起始条件即可求解。

第二组方程为

$$\begin{cases} mV\dot{\sigma}=(P_{\mathrm{e}}+C_y^{\alpha}qS_{\mathrm{m}})\beta-mg\dfrac{y+R}{r}\sin\theta\cdot\sigma-mg\dfrac{z}{r}+R'\delta_{\psi} \\ \dot{z}=-V\sigma \\ \beta=A_{\psi}\cdot\sigma \\ A_{\psi}=\dfrac{M_{y1}^{\delta}a_0^{\psi}}{M_{y1}^{\beta}+M_{y1}^{\delta}a_0^{\psi}} \\ \psi=\sigma+\beta \\ \delta_{\psi}=a_0^{\psi}\psi \end{cases} \tag{3.4-87}$$

在第一组方程解得后，即可由此组方程解得侧向参数。该组方程称为侧向运动方程。

3.5 自由段运动方程

运载火箭的载荷经过动力飞行段在关机点具有一定的位置和速度后，转入无动力、无控制的自由飞行状态。为了分析、运用载荷在自由飞行段的基本运动规律，通常作如下基本假设：载荷在自由飞行段中是处于真空飞行状态（即不受空气动力作用），因此可不必考虑载荷在空间的姿态，将载荷看成为集中于质心上的质点；认为载荷只受到均质圆球的地球引力作用，而不必考虑其他引力影响。

3.5.1 自由飞行段轨道方程

不妨设发射惯性系 $O\text{-}XYZ$ 中某矢量 $\boldsymbol{\rho}=\rho_X\boldsymbol{e}_X+\rho_Y\boldsymbol{e}_Y+\rho_Z\boldsymbol{e}_Z$，且由于 $\boldsymbol{e}_X$、$\boldsymbol{e}_Y$、$\boldsymbol{e}_Z$ 为惯性系三轴单位矢量，知 $\dfrac{\mathrm{d}\boldsymbol{e}_i}{\mathrm{d}t}=0$，$i=X$、$Y$、$Z$，则 $\dfrac{\mathrm{d}\boldsymbol{\rho}}{\mathrm{d}t}=\dot{\rho}_X\boldsymbol{e}_X+\dot{\rho}_Y\boldsymbol{e}_Y+\dot{\rho}_Z\boldsymbol{e}_Z$。

记 $\rho^2=\rho_X^2+\rho_Y^2+\rho_Z^2$，则由矢量点乘 $\boldsymbol{\rho}\cdot\boldsymbol{\rho}=\rho_X^2+\rho_Y^2+\rho_Z^2$，得

$$\boldsymbol{\rho}\cdot\frac{\mathrm{d}\boldsymbol{\rho}}{\mathrm{d}t}=\rho_X\dot{\rho}_X+\rho_Y\dot{\rho}_Y+\rho_Z\dot{\rho}_Z=\frac{1}{2}\frac{\mathrm{d}(\boldsymbol{\rho}\cdot\boldsymbol{\rho})}{\mathrm{d}t}$$

又由 $\rho=\sqrt{\rho_X^2+\rho_Y^2+\rho_Z^2}$ 得

$$\rho\frac{\mathrm{d}\rho}{\mathrm{d}t}=\sqrt{\rho_X^2+\rho_Y^2+\rho_Z^2}\frac{1}{2}\frac{2\ (\rho_X\dot{\rho}_X+\rho_Y\dot{\rho}_Y+\rho_Z\dot{\rho}_Z)}{\sqrt{\rho_X^2+\rho_Y^2+\rho_Z^2}}=\rho_X\dot{\rho}_X+\rho_Y\dot{\rho}_Y+\rho_Z\dot{\rho}_Z=\frac{1}{2}\frac{\mathrm{d}\rho^2}{\mathrm{d}t}$$

则可得

$$\boldsymbol{\rho}\cdot\frac{\mathrm{d}\boldsymbol{\rho}}{\mathrm{d}t}=\frac{1}{2}\frac{\mathrm{d}(\boldsymbol{\rho}\cdot\boldsymbol{\rho})}{\mathrm{d}t}=\rho\frac{\mathrm{d}\rho}{\mathrm{d}t}=\frac{1}{2}\frac{\mathrm{d}\rho^2}{\mathrm{d}t} \tag{3.5-1}$$

设自由段起点 K 载荷具有矢径 $\boldsymbol{r}_K$ 和绝对速度 $\boldsymbol{V}_K$。通常认为，在自由段，质量为 m 的载荷仅受地球引力作用，且可表示为

$$\boldsymbol{F}=-\frac{GM\cdot m}{r^3}\boldsymbol{r}=-\frac{\mu m}{r^3}\boldsymbol{r} \tag{3.5-2}$$

由牛顿第二定律知 $\boldsymbol{F}=m\dfrac{\mathrm{d}^2\boldsymbol{r}}{\mathrm{d}t^2}$，代入式（3.5-2）得

$$\frac{\mathrm{d}^2\boldsymbol{r}}{\mathrm{d}t^2}=-\frac{\mu}{r^3}\boldsymbol{r} \tag{3.5-3}$$

用 $\boldsymbol{V}$ 点乘式（3.5-3）得 $\boldsymbol{V}\cdot\dfrac{\mathrm{d}\boldsymbol{V}}{\mathrm{d}t}=-\dfrac{\mu}{r^3}(\boldsymbol{V}\cdot\boldsymbol{r})$，又由式（3.5-1）得其标量形式为

$$\frac{1}{2}\frac{\mathrm{d}V^2}{\mathrm{d}t}=-\frac{\mu}{r^3}\frac{1}{2}\frac{\mathrm{d}r^2}{\mathrm{d}t}=-\frac{\mu}{r^2}\frac{\mathrm{d}r}{\mathrm{d}t}=\frac{\mathrm{d}\left(\dfrac{\mu}{r}\right)}{\mathrm{d}t}$$

上式两边积分得 $\dfrac{1}{2}V^2=\dfrac{\mu}{r}+E$。其中，$E$ 为积分常数，即

$$E=\frac{V^2}{2}-\frac{\mu}{r} \tag{3.5-4}$$

式中，E 为单位质量具有的机械能，它可用自由段轨道任一点参数代入，说明自由段满足机械能守恒。

用 $\boldsymbol{r}$ 叉乘式（3.5-3）得

$$\boldsymbol{r}\times\frac{\mathrm{d}^2\boldsymbol{r}}{\mathrm{d}t^2}=0 \tag{3.5-5}$$

即 $\dfrac{\mathrm{d}}{\mathrm{d}t}\left(\boldsymbol{r}\times\dfrac{\mathrm{d}\boldsymbol{r}}{\mathrm{d}t}\right)=\dfrac{\mathrm{d}\boldsymbol{r}}{\mathrm{d}t}\times\dfrac{\mathrm{d}\boldsymbol{r}}{\mathrm{d}t}+\boldsymbol{r}\times\dfrac{\mathrm{d}^2\boldsymbol{r}}{\mathrm{d}t^2}=0$，括号内部分为常矢量，记

$$\boldsymbol{h}=\boldsymbol{r}\times\frac{\mathrm{d}\boldsymbol{r}}{\mathrm{d}t}=\boldsymbol{r}\times\boldsymbol{V} \tag{3.5-6}$$

式中，$\boldsymbol{h}$ 为动量矩。

$\boldsymbol{h}$ 为常值矢量，说明载荷在自由段动量矩守恒。即，在自由段，$\boldsymbol{h}$ 大小方向都不变。这样，载荷在自由段的运动为平面运动，那么平面由自由段起点参数 $\boldsymbol{r}_K$、$\boldsymbol{V}_K$ 确定。

将式（3.5-3）两端叉乘 $\boldsymbol{h}$，即

$$\frac{\mathrm{d}^2\boldsymbol{r}}{\mathrm{d}t^2}\times\boldsymbol{h}=-\frac{\mu}{r^3}\boldsymbol{r}\times\boldsymbol{h} \tag{3.5-7}$$

又

$$\frac{\mathrm{d}}{\mathrm{d}t}\left(\frac{\mathrm{d}\boldsymbol{r}}{\mathrm{d}t}\times\boldsymbol{h}\right)=\frac{\mathrm{d}^2\boldsymbol{r}}{\mathrm{d}t^2}\times\boldsymbol{h}+\frac{\mathrm{d}\boldsymbol{r}}{\mathrm{d}t}\times\frac{\mathrm{d}}{\mathrm{d}t}\left(\boldsymbol{r}\times\frac{\mathrm{d}\boldsymbol{r}}{\mathrm{d}t}\right)=\frac{\mathrm{d}^2\boldsymbol{r}}{\mathrm{d}t^2}\times\boldsymbol{h}+\frac{\mathrm{d}\boldsymbol{r}}{\mathrm{d}t}\times\left(\frac{\mathrm{d}\boldsymbol{r}}{\mathrm{d}t}\times\frac{\mathrm{d}\boldsymbol{r}}{\mathrm{d}t}+\boldsymbol{r}\times\frac{\mathrm{d}^2\boldsymbol{r}}{\mathrm{d}t^2}\right) \tag{3.5-8}$$

考虑到 $\dfrac{\mathrm{d}\boldsymbol{r}}{\mathrm{d}t}\times\dfrac{\mathrm{d}\boldsymbol{r}}{\mathrm{d}t}=0$ 及式（3.5-5）所示 $\boldsymbol{r}\times\dfrac{\mathrm{d}^2\boldsymbol{r}}{\mathrm{d}t^2}=0$，则由式（3.5-8）可知，式（3.5-7）左端可变为

$$\frac{\mathrm{d}^2\boldsymbol{r}}{\mathrm{d}t^2}\times\boldsymbol{h}=\frac{\mathrm{d}}{\mathrm{d}t}\left(\frac{\mathrm{d}\boldsymbol{r}}{\mathrm{d}t}\times\boldsymbol{h}\right) \tag{3.5-9}$$

式（3.5-7）右端可变为

$$-\frac{\mu}{r^3}\boldsymbol{r}\times\boldsymbol{h}=-\frac{\mu}{r^3}\boldsymbol{r}\times(\boldsymbol{r}\times\boldsymbol{V})=\frac{\mu}{r^3}\boldsymbol{r}\times(\boldsymbol{V}\times\boldsymbol{r})$$

由矢量积公式 $(\boldsymbol{a}\times\boldsymbol{b})\times\boldsymbol{c}=(\boldsymbol{a}\cdot\boldsymbol{c})\boldsymbol{b}-(\boldsymbol{b}\cdot\boldsymbol{c})\boldsymbol{a}$，上式可变为

$$-\frac{\mu}{r^3}\boldsymbol{r}\times\boldsymbol{h}=\frac{\mu}{r^3}\boldsymbol{r}\times(\boldsymbol{V}\times\boldsymbol{r})=\frac{\mu}{r^3}[\boldsymbol{V}(\boldsymbol{r}\cdot\boldsymbol{r})-\boldsymbol{r}(\boldsymbol{V}\cdot\boldsymbol{r})]$$

又由式（3.5-1），上式可得

$$-\frac{\mu}{r^3}\boldsymbol{r}\times\boldsymbol{h}=\frac{\mu}{r^3}[\boldsymbol{V}(\boldsymbol{r}\cdot\boldsymbol{r})-\boldsymbol{r}(\boldsymbol{V}\cdot\boldsymbol{r})]=\frac{\mu}{r^3}\left(r^2\boldsymbol{V}-r\frac{\mathrm{d}r}{\mathrm{d}t}\boldsymbol{r}\right)=\mu\left(\frac{1}{r}\frac{\mathrm{d}\boldsymbol{r}}{\mathrm{d}t}-\frac{\boldsymbol{r}}{r^2}\frac{\mathrm{d}r}{\mathrm{d}t}\right)=\mu\frac{\mathrm{d}}{\mathrm{d}t}\left(\frac{\boldsymbol{r}}{r}\right)$$

因此由式（3.5-7）可得

$$\frac{\mathrm{d}}{\mathrm{d}t}\left(\frac{\mathrm{d}\boldsymbol{r}}{\mathrm{d}t}\times\boldsymbol{h}\right)=\mu\frac{\mathrm{d}}{\mathrm{d}t}\left(\frac{\boldsymbol{r}}{r}\right)\tag{3.5-10}$$

将上式两端积分得

$$\frac{\mathrm{d}\boldsymbol{r}}{\mathrm{d}t}\times\boldsymbol{h}=\mu\left(\frac{\boldsymbol{r}}{r}+\boldsymbol{e}\right)\tag{3.5-11}$$

式中，$\boldsymbol{e}$ 为待定积分常矢量。

用 $\boldsymbol{r}$ 点乘式（3.5-11），得

$$\boldsymbol{r}\cdot\left(\frac{\mathrm{d}\boldsymbol{r}}{\mathrm{d}t}\times\boldsymbol{h}\right)=\mu\left(\frac{\boldsymbol{r}\cdot\boldsymbol{r}}{r}+\boldsymbol{r}\cdot\boldsymbol{e}\right)$$

设 $\boldsymbol{r}$ 与 $\boldsymbol{e}$ 间夹角大小为 ξ，且考虑到矢量混合积公式 $\boldsymbol{c}\cdot(\boldsymbol{a}\times\boldsymbol{b})=(\boldsymbol{b}\times\boldsymbol{c})\cdot\boldsymbol{a}$ 及式（3.5-6），知上式可变为

$$\boldsymbol{r}\cdot\left(\frac{\mathrm{d}\boldsymbol{r}}{\mathrm{d}t}\times\boldsymbol{h}\right)=\boldsymbol{h}\cdot\left(\boldsymbol{r}\times\frac{\mathrm{d}\boldsymbol{r}}{\mathrm{d}t}\right)=\boldsymbol{h}\cdot\boldsymbol{h}=h^2=\mu(r+re\cos\xi)\tag{3.5-12}$$

式（3.5-12）整理可得 $r=\dfrac{\frac{h^2}{\mu}}{1+e\cos\xi}$；记

$$P=\frac{h^2}{\mu}\tag{3.5-13}$$

则知载荷在自由段的轨道方程式为

$$r=\frac{P}{1+e\cos\xi}\tag{3.5-14}$$

3.5.2 轨道方程式的讨论

1. e、P 的意义及其确定

式（3.5-14）为椭圆弹道方程，即解析几何中的圆锥截线方程式。式中的 e 为偏心率，决定形状；P 为半通径，和 e 共同决定椭圆尺寸。

设载荷在自由飞行段起点，即关机点具有参数 $\boldsymbol{r}_K$、$\boldsymbol{V}_K$，且知道 $\boldsymbol{r}_K$、$\boldsymbol{V}_K$ 与点 K 当地水平面夹角 Θ，如图 3.5-1 所示。Θ 通常称为当地速度倾角。现在计算 $\boldsymbol{e}$ 的大小方向及 P 的大小。

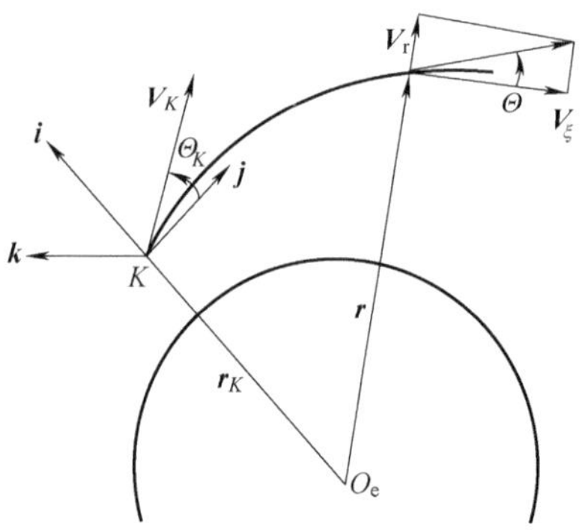

图 3.5-1　自由飞行段参数示意图

在点 K 建立当地坐标系 K-$\boldsymbol{ijk}$：K 为自由飞行段起点；$\boldsymbol{i}$、$\boldsymbol{j}$ 在轨道平面内，$\boldsymbol{i}$ 与 $\boldsymbol{r}_K$ 同向；$\boldsymbol{j}$ 与 $\boldsymbol{i}$ 垂直，指向飞行方向；$\boldsymbol{k}$ 与 $\boldsymbol{i}$、$\boldsymbol{j}$ 成右手系。显然，$\boldsymbol{k}$ 与 $\boldsymbol{h}$ 同向。

式（3.5-11）改写为

$$\boldsymbol{V}\times\frac{\boldsymbol{h}}{\mu}=\frac{\boldsymbol{r}}{r}+\boldsymbol{e} \tag{3.5-15}$$

注意到

$$h=|\boldsymbol{r}\times\boldsymbol{V}|=rV\sin\left(\frac{\pi}{2}-\Theta\right)=rV\cos\Theta \tag{3.5-16}$$

则由图3.5-1 所示可知 $\boldsymbol{V}=V\sin\Theta\boldsymbol{i}+V\cos\Theta\boldsymbol{j}$，$\boldsymbol{h}=rV\cos\Theta\boldsymbol{k}$，且由点 K 参数表示式（3.5-15）左端为

$$\begin{aligned}\boldsymbol{V}\times\frac{\boldsymbol{h}}{\mu}&=\begin{pmatrix}\boldsymbol{i} & \boldsymbol{j} & \boldsymbol{k}\\ V_K\sin\Theta_K & V_K\cos\Theta_K & 0\\ 0 & 0 & \dfrac{r_KV_K\cos\Theta_K}{\mu}\end{pmatrix}\\&=\frac{r_KV_K^2\cos^2\Theta_K}{\mu}\boldsymbol{i}-\frac{r_KV_K^2\sin\Theta_K\cos\Theta_K}{\mu}\boldsymbol{j}+0\boldsymbol{k}\end{aligned} \tag{3.5-17}$$

令

$$v_K=\frac{V_K^2}{\dfrac{\mu}{r_K}} \tag{3.5-18}$$

式中，v_K 为能量参数，表示弹道上一点的两倍动能与势能比。

将式（3.5-18）代入式（3.5-17）后，再代入式（3.5-15），并由 $\boldsymbol{i}$ 与 $\boldsymbol{r}_K$ 同向知，$\dfrac{\boldsymbol{r}_K}{r_K}=\boldsymbol{i}$，则整理可得矢量 $\boldsymbol{e}$ 的表达式为

$$\boldsymbol{e}=(v_K\cos^2\Theta_K-1)\boldsymbol{i}-v_K\sin\Theta_K\cos\Theta_K\boldsymbol{j}$$

由上式得 $\boldsymbol{e}$ 大小为

$$e=\sqrt{1+v_K(v_K-2)\cos^2\Theta_K} \tag{3.5-19}$$

又由式（3.5-13）、式（3.5-16）和式（3.5-18）知上式可化为

$$\begin{aligned}e&=\sqrt{1+v_K(v_K-2)\cos^2\Theta_K}=\sqrt{1+\left(\frac{V_K^4}{\mu^2/r_K^2}-2\frac{V_K^2}{\mu/r_K}\right)\cos^2\Theta_K}\\&=\sqrt{1+\frac{r_K^2V_K^2\cos^2\Theta_K}{\mu^2}2\left(\frac{V_K^2}{2}-\frac{\mu}{r_K}\right)}=\sqrt{1+2\frac{h^2}{\mu^2}E}=\sqrt{1+\frac{2P}{\mu}E}\end{aligned}$$

即

$$e=\sqrt{1+2\frac{h^2}{\mu^2}E}=\sqrt{1+\frac{2P}{\mu}E} \tag{3.5-20}$$

将式（3.5-16）和式（3.5-18）代入式（3.5-13），得

$$P=r_K^2V_K^2\cos^2\frac{\Theta_K}{\mu}=r_Kv_K\cos^2\Theta_K \tag{3.5-21}$$

在 P、e 已知的情况下，由轨道方程式（3.5-14）知，轨道上任一点矢径大小 r，仅与两矢量 $\boldsymbol{r}$、$\boldsymbol{e}$ 间夹角 ξ 有关。实际上，由轨道方程式不难看出，轨道上有一点 M 距地心 O_e 矢径长度 r_M 最小，M 称为近地点。此时 $\xi=\arccos(\boldsymbol{r}_M\cdot\boldsymbol{e})=0$，即矢量 $\boldsymbol{e}$ 与矢径 $\boldsymbol{r}_M$ 方向一致，

所以 $\boldsymbol{e}$ 的方向是由地心 O_e 指向近地点 M。ξ 称为真近点角，通常定义由 $\boldsymbol{e}$ 矢量作为起始极轴顺载荷飞行方向到 $\boldsymbol{r}$ 矢量间角为正。

由以上可知，椭圆弹道参数 P、e 可由关机点参数 $\boldsymbol{r}_K$、$\boldsymbol{V}_K$ 确定。

下面讨论用椭圆弹道参数表示相应运动参数 $\boldsymbol{r}$、$\boldsymbol{V}$、$\boldsymbol{\Theta}$。

由图 3.5-1 所示可知，椭圆上任一点径向、周向分速分别为

$$V_r = \dot{r} = V\sin\Theta,\ V_\xi = r\dot{\xi} = V\cos\Theta \tag{3.5-22}$$

根据式（3.5-22），则式（3.5-16）可化为

$$h = rV\cos\Theta = r^2\dot{\xi} \tag{3.5-23}$$

即由式（3.5-13）和式（3.5-23）可得

$$\dot{\xi} = \frac{h}{r^2} = \frac{1}{r}\sqrt{P\mu}\frac{1+e\cos\xi}{P} = \frac{1}{r}\sqrt{\frac{\mu}{P}}(1+e\cos\xi) \tag{3.5-24}$$

式进行微分（3.5-14）并考虑式（3.5-22），得

$$V_r = \dot{r} = \frac{P}{(1+e\cos\xi)^2}e\sin\xi\cdot\dot{\xi} \tag{3.5-25}$$

将式（3.5-24）代入式（3.5-22）和式（3.5-25），得

$$V_\xi = r\dot{\xi} = \sqrt{\frac{\mu}{P}}(1+e\cos\xi) \tag{3.5-26}$$

$$V_r = \frac{P}{(1+e\cos\xi)^2}e\sin\xi\,\frac{1}{r}\sqrt{\frac{\mu}{P}}(1+e\cos\xi) = \sqrt{\frac{\mu}{P}}e\sin\xi \tag{3.5-27}$$

则由式（3.5-22）、式（3.5-26）和式（3.5-27）得

$$\begin{cases} V = \sqrt{\dfrac{\mu}{P}(1+2e\cos\xi+e^2)} \\ \Theta = \arctan\dfrac{e\sin\xi}{1+e\cos\xi} \end{cases} \tag{3.5-28}$$

由轨道方程式（3.5-14）知，$e = \frac{1}{\cos\xi}\left(\frac{P}{r}-1\right)$，则在关机点 K，由式（3.5-28）知

$$\tan\Theta_K = \frac{e\sin\xi_K}{1+e\cos\xi_K} = \frac{\dfrac{1}{\cos\xi_K}\left(\dfrac{P}{r_K}-1\right)\sin\xi_K}{1+\dfrac{1}{\cos\xi_K}\left(\dfrac{P}{r_K}-1\right)\cos\xi_K} = \frac{\dfrac{P}{r_K}-1}{\dfrac{P}{r_K}}\tan\xi_K$$

又考虑式（3.5-16），则上式整理可得

$$\tan\xi_K = \frac{P}{\left(\dfrac{P}{r_K}-1\right)r_K}\tan\Theta_K = \frac{1}{\left(1-\dfrac{r_K}{P}\right)}\tan\Theta_K = \frac{PV_K\sin\Theta_K}{\left(\dfrac{P}{r_K}-1\right)r_KV_K\cos\Theta_K} = \frac{PV_K\sin\Theta_K}{\left(\dfrac{P}{r_K}-1\right)h}$$

即

$$\xi_K = \tan\frac{\tan\Theta_K}{1-\dfrac{r_K}{P}} = \tan^{-1}\frac{PV_K\sin\Theta_K}{\left(\dfrac{P}{r_K}-1\right)h} \tag{3.5-29}$$

2. 圆锥截线形状与主动段终点参数的关系

注意到载荷在自由飞行段机械能守恒，则可由起始点参数 $\boldsymbol{r}_K$、$\boldsymbol{V}_K$ 求取 E，有

$$E=\frac{V_K^2}{2}-\frac{\mu}{r_K}$$

利用式（3.5-18）和式（3.5-23），则式（3.5-19）描述的偏心率 e 经过简单推导也可以表示为

$$e=\sqrt{1+2\frac{h^2}{\mu^2}E}=\sqrt{1+\frac{2P}{\mu}E} \tag{3.5-30}$$

现根据式（3.5-19）、式（3.5-14）及式（3.5-30）来讨论圆锥截线形状与数 $\boldsymbol{r}_K$、$\boldsymbol{V}_K$、$\boldsymbol{\Theta}_K$ 的关系。

（1）$e=0$

此时圆锥截线形状为圆，其半径 $r=r_K=P$，即圆半径为 r_K。

由式（3.5-19）知

$$e=\sqrt{1+\boldsymbol{v}_K(\boldsymbol{v}_K-2)\cos^2\boldsymbol{\Theta}_K}=0$$

可解得

$$\boldsymbol{v}_K=1\pm\sqrt{1-\frac{1}{\cos^2\boldsymbol{\Theta}_K}}$$

因为 $\boldsymbol{v}_K$ 不可能为虚数，所以必须使 $\boldsymbol{\Theta}_K=0$，上式才有意义。这表明只有速度矢量 $\boldsymbol{V}_K$ 与当地水平面相平行的情况下，才能使质点的运动轨迹为圆。在此条件下，则有 $\boldsymbol{v}_K=1$，由式（3.5-18）得

$$V_K=\sqrt{\frac{\mu}{r_K}}$$

通常记 $V_{\mathrm{I}}=\sqrt{\frac{\mu}{r_K}}$，称为第一宇宙速度。

由于机械能守恒，因此，在作圆周运动时，任一时刻的速度大小均为 V_K。

（2）$e=1$

此时，式（3.5-14）代表的是抛物线方程。

根据下式：

$$e=\sqrt{1+\boldsymbol{v}_K(\boldsymbol{v}_K-2)\cos^2\boldsymbol{\Theta}_K}=1$$

可知，不论 Θ_K 为何值（不讨论 $\Theta_K=90°$的情况），均有 $\boldsymbol{v}_K=2$，即

$$V_K=\sqrt{2\frac{\mu}{r_K}}$$

记 $V_{\mathrm{II}}=\sqrt{2\frac{\mu}{r_K}}$，称为第二宇宙速度。

由式（3.5-30）还可以看出，当 $e=1$ 时，$E=0$。这表示质点所具有的动能恰好等于将该质点从 r_K 移至无穷远处克服引力所做的功。因此，该质点将沿着抛物线轨迹离开地球而飞向宇宙空间，故 V_{II} 又称为脱离速度。

（3）$e>1$

不难理解，不论 Θ_K 取何值，此时有

$$\boldsymbol{v}_K>2$$

即 $V_K > V_{\mathrm{II}}$。在此条件下，质点将沿着双曲线轨迹飞向宇宙空间。

此时由于 $E>0$，故当质点移至无穷远处，有

$$E=\frac{V_K^2}{2}-\frac{\mu}{r_K}=\frac{V_\infty^2}{2}$$

即，在距地心无穷远处，质点具有速度 V_∞，此速度 V_∞ 称为双曲线剩余速度。

（4） $e<1$

此时，式（3.5-14）为一椭圆方程。

显然

$$\upsilon_K<2$$

即

$$\frac{V_K^2}{2}<\frac{\mu}{r_K}$$

故

$$V_K<V_{\mathrm{I}}$$

由于此时质点所具有的动能不足以将该质点从 r_K 送至离地心无穷远处，故 r 为有限值。

随着空间技术的发展，在飞行力学术语中，弹道仅指运载火箭及其载荷的飞行轨迹，在自由飞行段对于地球而言，该飞行轨迹是不闭合的，而人造天体是按照绕地球的闭合飞行轨迹运动，通常称轨道。

由前面对圆锥截线方程的讨论可知，在运载火箭使有效载荷在主动段终点 K 具有一定的动能后，如 $\upsilon_K\geqslant 2$，则载荷作星际航行；如 $\upsilon_K<2$，则除 $\Theta_K=0$、$V_K=V_{\mathrm{I}}$ 时载荷沿圆形轨道运行外，其余情况皆成椭圆。但要注意对于地球而言，椭球与地球有闭合、不闭合两种情况。

3. 椭圆的几何参数与主动段终点参数的关系

椭圆方程的直角坐标表示为

$$\frac{x^2}{a^2}+\frac{y^2}{b^2}=1 \tag{3.5-31}$$

式中，a、b 分别为长短半轴；c 为半焦距，$c=\sqrt{a^2-b^2}$。

椭圆面积计算如下：

$$S=4\int_0^a y\mathrm{d}x=4\int_0^a b\sqrt{1-\frac{x^2}{a^2}}\mathrm{d}x=4ab\int_0^a\sqrt{1-\frac{x^2}{a^2}}\mathrm{d}\left(\frac{x}{a}\right)=4ab\int_0^{\frac{\pi}{2}}\sqrt{1-\sin^2\theta}\mathrm{d}\sin\theta$$

$$=4ab\int_0^{\frac{\pi}{2}}\cos^2\theta\mathrm{d}\theta=ab\int_0^{\frac{\pi}{2}}(\cos2\theta+1)\mathrm{d}2\theta=ab\int_0^{\pi}(\cos\vartheta+1)\mathrm{d}\vartheta=\pi ab$$

即

$$S=\pi ab \tag{3.5-32}$$

由式（3.5-14）知，$\xi=0$、π 分别对应距地心最近、最远点，即

$$r_{\min}=\frac{P}{1+e},\ r_{\max}=\frac{P}{1-e}$$

显然，结合上式由图 3.5-2 所示可知

$$a=\frac{r_{max}+r_{min}}{2}=\frac{P}{1-e^2} \tag{3.5-33}$$

考虑到 $c=\frac{r_{max}-r_{min}}{2}=\frac{eP}{1-e^2}=ea$，则

$$b=\sqrt{1-e^2}a=\sqrt{1-e^2}\frac{P}{1-e^2}=\frac{P}{\sqrt{1-e^2}} \tag{3.5-34}$$

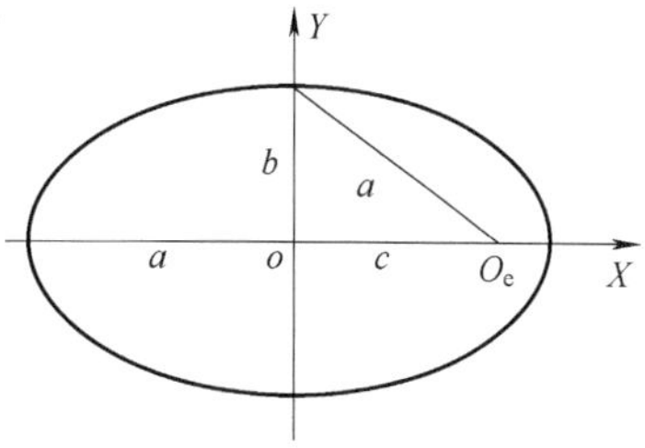

图 3.5-2　椭圆几何参数

则由式（3.5-33）和式（3.5-34）易知

$$e=\sqrt{1-\left(\frac{b}{a}\right)^2},\ P=\frac{b^2}{a} \tag{3.5-35}$$

将式（3.5-30）代入式（3.5-33）并考虑式（3.5-4）得

$$a=-\frac{\mu}{2E}=-\frac{\mu r_K}{r_K V_K^2-2\mu} \tag{3.5-36}$$

由此可见，椭圆的长半轴的长度只与主动段终点处的机械能 E 有关，而对应椭圆方程有 $E<0$，故此时 E 越大，椭圆的 a 也越大。由上式还可得出椭圆上任一点的速度为

$$V_K^2=\mu\left(\frac{2}{r}-\frac{1}{a}\right) \tag{3.5-37}$$

上式称为活力公式。

将式（3.5-19）和式（3.5-21）代入式（3.5-34）得

$$b=\sqrt{\frac{v_K}{2-v_K}}r_K\cos\Theta_K \tag{3.5-38}$$

由式（3.5-36）和式（3.5-38）可以看出，当 r_K、V_K 一定时，则 a 为一定值，而 b 将随 Θ_K 变化。

4. 与地球相交的条件

根据圆锥截线形状与主动段终点参数关系可知，在基本假设条件下，当参数 $0<v_K<2$，载荷不会飞至无穷远处，但不能确保该圆锥截线与地球相交，还需要一些其他条件，即在一定的 v_K 下，弹道倾角 Θ_K 满足

$$r_p=\frac{P}{1+e}<R \tag{3.5-39}$$

将式（3.5-19）和式（3.5-21）代入上式可得

$$\frac{r_K v_K\cos^2\Theta_K}{1+\sqrt{1+v_K(v_K-2)\cos^2\Theta_K}}<R$$

注意到式（3.5-18），则有

$$\cos\Theta_K<\frac{R}{r_K}\sqrt{1+2\frac{\mu}{V_K^2}\left(\frac{1}{R}-\frac{1}{r_K}\right)} \tag{3.5-40}$$

参数关系如下：

由式（3.5-14）知 $P=r(1+e\cos\xi)$、$\cos\xi=\frac{P-r}{er}$

由式（3.5-33）知 $\frac{1}{a}=\frac{1-e^2}{P}=\frac{1-e^2}{r(1+e\cos\xi)}$

由式（3.5-37）得

$$V=\sqrt{\mu\left(\frac{2}{r}-\frac{1}{a}\right)}=\sqrt{\mu\left[\frac{2}{r}-\frac{1-e^2}{r(1+e\cos\xi)}\right]}=\sqrt{\mu\frac{1+2e\cos\xi+e^2}{r(1+e\cos\xi)}}$$
$$=\sqrt{\mu\frac{1+2e\cos\xi+e^2}{a(1-e^2)}}=\sqrt{\frac{\mu}{P}(1+2e\cos\xi+e^2)} \qquad (3.5\text{-}41)$$

由式（3.5-21）知

$$V=\frac{\sqrt{\mu P}}{r\cos\Theta}=\frac{\sqrt{\mu a(1-e^2)}}{r\cos\Theta} \qquad (3.5\text{-}42)$$

显然

$$\Theta=\arccos\frac{\sqrt{\mu P}}{rV}=\arccos\frac{\sqrt{\mu a(1-e^2)}}{rV} \qquad (3.5\text{-}43)$$

又由式（3.5-41）和式（3.5-42）可得

$$\frac{\sqrt{\mu a(1-e^2)}}{r\cos\Theta}=\sqrt{\mu\left(\frac{2}{r}-\frac{1}{a}\right)}=\sqrt{\frac{\mu}{ar}(2a-r)}$$

即

$$\Theta=\arccos\sqrt{\frac{a^2(1-e^2)}{r(2a-r)}}=\arccos\sqrt{\frac{aP}{r(2a-r)}} \qquad (3.5\text{-}44)$$

由 $\cos\xi=\frac{P-r}{er}$，且注意到式（3.5-29）得

$$\xi=\arccos\frac{a(1-e^2)-r}{er}=\arctan\frac{\tan\Theta}{1-\frac{r}{P}} \qquad (3.5\text{-}45)$$

3.5.3 射程与主动段终点参数的关系

在假设地球为均质圆球条件下，自由飞行段弹道应在主动段终点的绝对参数 $\boldsymbol{r}_K$、$\boldsymbol{V}_K$ 决定的弹道平面内。该平面通过地球的球心，故与地球表面相截的截痕为一大圆弧。所谓被动段的绝对射程，是指在弹道平面内，从主动段终点 K 到 $r=R$ 点 C 所对应的一段大圆弧长度，记为 L_{kc}。由图 3.5-3 所示可知

$$L_{kc}=L_{ke}+L_{ec} \qquad (3.5\text{-}46)$$

式中，L_{ke}为自由段射程，指弹道上点 K 到再入点 e 所对应的大圆弧长；L_{ec}为再入段射程，指点 e 到点 C 所对应的大圆弧长。

不难理解，L_{kc}、L_{ke} 与 L_{ec} 可用相应的地心角 β_c、β_e 及 β_{ec} 乘上地球半径 R 而得到。因此，β_c、β_e 及 β_{ec} 也可用来表示射程，称为角射程。

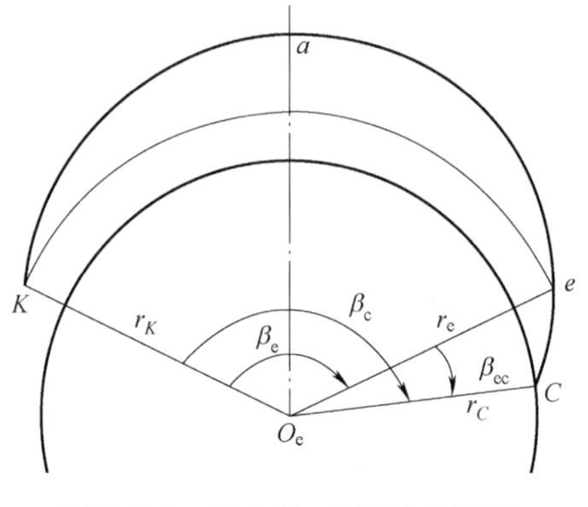

图 3.5-3　自由段、被动段射程角

1. 被动段射程的计算

已知 K、C 是椭圆弹道上的两点，它们的矢径与近地点极轴之间的夹角，即真近点角，分别记为 ξ_K、ξ_C，显然有

$$\beta_c = \xi_C - \xi_K \tag{3.5-47}$$

由椭圆弹道方程（3.5-14）得

$$\cos\xi = \frac{P - r}{er} \tag{3.5-48}$$

当主动段终点参数给定，则 ξ 只是 r 的函数，故有

$$\begin{cases} \cos\xi_K = \dfrac{P - r_K}{er_K} \\ \cos\xi_C = \dfrac{P - R}{eR} \end{cases} \tag{3.5-49}$$

注意到椭圆弹道的顶点 a 即为椭圆的远地点，且椭圆弹道具有轴对称性的特点，则有

$$\angle KO_e a = \angle aO_e e = \frac{\beta_e}{2}$$

因此有

$$\cos\xi_K = \cos\left(\pi - \frac{\beta_e}{2}\right) = -\cos\frac{\beta_e}{2}$$

$$\cos\xi_C = \cos(\xi_K + \beta_c) = \cos\left(\pi + \beta_c - \frac{\beta_e}{2}\right) = -\cos\left(\beta_c - \frac{\beta_e}{2}\right)$$

结合式（3.5-49）知

$$\begin{cases} \cos\left(\beta_c - \dfrac{\beta_e}{2}\right) = \dfrac{R - P}{eR} \\ \cos\dfrac{\beta_e}{2} = \dfrac{r_K - P}{er_K} \end{cases} \tag{3.5-50}$$

展开式（3.5-50）中第一式有

$$\cos\beta_c\cos\frac{\beta_e}{2} + \sin\beta_c\sin\frac{\beta_e}{2} = \frac{R - P}{eR} \tag{3.5-51}$$

根据式（3.5-50）中第二式有

$$\sin\frac{\beta_e}{2} = \frac{1}{e}\sqrt{e^2 - \left(1 - \frac{P}{r_K}\right)^2}$$

将式（3.5-19）和式（3.5-21）代入上式，经过整理可得

$$\sin\frac{\beta_e}{2} = \frac{P}{er_K}\tan\Theta_K \tag{3.5-52}$$

将式（3.5-50）和式（3.5-52）代入式（3.5-51）有

$$\cos\beta_c\left(1 - \frac{P}{r_K}\right) + \sin\beta_c\frac{P}{r_K}\tan\Theta_K = 1 - \frac{P}{R} \tag{3.5-53}$$

将式（3.5-21）中 $P = r_K v_K \cos^2\Theta_K$ 代入上式，并整理得

$$\frac{r_K}{R} = \frac{1 - \cos\beta_c}{v_K\cos^2\Theta_K} + \frac{\cos(\beta_c + \Theta_K)}{\cos\Theta_K} \tag{3.5-54}$$

上式称为命中方程。

利用如下三角公式：

$$\cos\beta_c = \frac{1-\tan^2\dfrac{\beta_c}{2}}{1+\tan^2\dfrac{\beta_c}{2}}$$

$$\sin\beta_c = \frac{2\tan\dfrac{\beta_c}{2}}{1+\tan^2\dfrac{\beta_c}{2}}$$

式（3.5-54）可改写成含 $\tan\dfrac{\beta_c}{2}$ 项的形式

$$\left(2-\upsilon_K\cos^2\Theta_K-\frac{r_K}{R}\upsilon_K\cos^2\Theta_K\right)\tan^2\frac{\beta_c}{2}-2\upsilon_K\sin\Theta_K\cos\Theta_K\tan\frac{\beta_c}{2}+\upsilon_K\cos^2\Theta_K\left(1-\frac{r_K}{R}\right)=0$$

将上式乘以 $R/\cos^2\Theta_K$，整理可得

$$[2R(1+\tan^2\Theta_K)-\upsilon_K(R+r_K)]\tan^2\frac{\beta_c}{2}-2\upsilon_K R\tan\Theta_K\tan\frac{\beta_c}{2}+\upsilon_K(R-r_K)=0 \quad (3.5\text{-}55)$$

记

$$\begin{cases}A=2R(1+\tan^2\Theta_K)-\upsilon_K(R+r_K)\\ B=2\upsilon_K R\tan\Theta_K\\ C=\upsilon_K(R-r_K)\end{cases} \quad (3.5\text{-}56)$$

则式（3.5-55）可写为

$$A\tan^2\frac{\beta_c}{2}-B\tan\frac{\beta_c}{2}+C=0 \quad (3.5\text{-}57)$$

注意到上式中系数有

$$A\geqslant 2R(1+\tan^2\Theta_K)-2\upsilon_K r_K=2R(1+\tan^2\Theta_K)\left(1-\frac{P}{R}\right)=-2R(1+\tan^2\Theta_{\mathrm{K}})e\cos\xi_c\geqslant 0$$

$$C\leqslant 0$$

因此，式（3.5-57）的解为

$$\tan\frac{\beta_c}{2}=\frac{B+\sqrt{B^2-4AC}}{2A} \quad (3.5\text{-}58)$$

可见，在给定主动段终点参数后，即可求得被动段角射程 β_c，而被动段射程则为

$$L_{kc}=R\cdot\beta_c$$

2. 自由段射程的计算

根据被动段的射程公式，很易导出自由段射程的公式，即在式（3.5-56）中用 $r_e=r_K$ 来代替 R，有

$$\begin{cases}A=2r_K(1+\tan^2\Theta_K)-2\upsilon_K r_K\\ B=2\upsilon_K r_K\tan\Theta_K\\ C=0\end{cases} \quad (3.5\text{-}59)$$

而式（3.5-58）变为

$$\tan\frac{\beta_c}{2}=\frac{B}{A}=\frac{\upsilon_K\sin\Theta_K\cos\Theta_K}{1-\upsilon_K\cos^2\Theta_K} \quad (3.5\text{-}60)$$

实际上将 $P=r_K v_K \cos^2\Theta_K$ 代入式（3.5-52）可得计算自由段射程的另一种形式：

$$\sin\frac{\beta_e}{2}=\frac{v_K}{2e}\sin 2\Theta_K \tag{3.5-61}$$

此式形式比较简单，在实践中常被使用。

自由段射程则为

$$L_{ke}=R\cdot\beta_e$$

由式（3.5-61）可看出，当 v_K 一定时，总可以找到一个当地速度倾角 Θ_K 使射程取最大值，此速度倾角称为最佳速度倾角，记为 $\Theta_{K\cdot OPT}$。其物理意义是，当主动段终点 K 的参数 r_K、V_K 一定时，则 v_K 一定，即点 K 的机械能 E 为确定值，$\Theta_{K\cdot OPT}$ 可以保证在同样的机械能条件下，载荷的能量得到充分利用，射程达到最大。这在实际应用中有很重要的意义。

式（3.5-61）还可看出 $\Theta_{K\cdot OPT}$ 的另一层物理意义：当角射程 β_e 一定时，在当地速度倾角取为 $\Theta_{K\cdot OPT}$ 时，使所需的 v_K 为最小，即当 r_K 给定时，则 V_K 取最小值，也就是说要求载荷在点 K 的机械能最小，这种具有最小 v_K 值的弹道称为最小能量弹道。

上述讨论只是一个问题的两个方面，实际满足射程取最大值的弹道也就是能量最小弹道。

可见，在进行弹道设计时，通常将主动段终点的当地速度倾角 Θ_K 取在 $\Theta_{K\cdot OPT}$ 附近是比较合理的。

3. 已知 r_K、v_K，求被动段的 $\Theta_{K\cdot OPT}$ 及 $\beta_{c\cdot max}$

由式（3.5-58）可知

$$\beta_c=\beta_c(V_K,\Theta_K,r_K)$$

当 r_K、V_K 给定后，则 β_c 是 Θ_K 的函数。因此，为了求 β_c 的最大值，可通过如下极值条件来求 $\Theta_{K\cdot OPT}$：

$$\frac{\partial\beta_c}{\partial\Theta_K}=0$$

将式（3.5-57）对 Θ_K 求导，有

$$\frac{\partial A}{\partial\Theta_K}\tan^2\frac{\beta_c}{2}-\frac{\partial B}{\partial\Theta_K}\tan\frac{\beta_c}{2}+\left(2A\tan\frac{\beta_c}{2}-B\right)\frac{\partial\tan\frac{\beta_c}{2}}{\partial\Theta_K}=0 \tag{3.5-62}$$

由式（3.5-56）不难得到

$$\begin{cases}\dfrac{\partial A}{\partial\Theta_K}=4R\tan\Theta_K\sec^2\Theta_K\\[2mm]\dfrac{\partial B}{\partial\Theta_K}=2Rv_K\sec^2\Theta_K\end{cases} \tag{3.5-63}$$

而

$$\frac{\partial\tan\frac{\beta_c}{2}}{\partial\Theta_K}=\frac{1}{2}\sec^2\frac{\beta_c}{2}\frac{\partial\beta_c}{\partial\Theta_K}$$

因为 $\sec^2\frac{\beta_c}{2}$ 不为 0，而且 $\frac{\partial\beta_c}{\partial\Theta_K}=0$ 意味着在 Θ_K 取 $\Theta_{K\cdot OPT}$ 时 β_c 达到最大值 $\beta_{c\cdot max}$。因此将

$\beta_{c \cdot max}$、$\Theta_{K \cdot OPT}$代替式（3.5-62）中β_c、Θ_K，则此时必然满足$\dfrac{\partial \tan\dfrac{\beta_c}{2}}{\partial \Theta_K}=0$。故有

$$4R\tan\Theta_{K \cdot OPT}\sec^2\Theta_{K \cdot OPT}\tan^2\frac{\beta_{c \cdot max}}{2}-2Rv_K\sec^2\Theta_{K \cdot OPT}\tan\frac{\beta_{c \cdot max}}{2}=0$$

即

$$2R\sec^2\Theta_{K \cdot OPT}\tan\frac{\beta_{c \cdot max}}{2}\left(2\tan\Theta_{K \cdot OPT}\tan\frac{\beta_{c \cdot max}}{2}-v_K\right)=0$$

因为$2R\sec^2\Theta_{K \cdot OPT}\tan\dfrac{\beta_{c \cdot max}}{2}\neq 0$，则有

$$2\tan\Theta_{K \cdot OPT}\tan\frac{\beta_{c \cdot max}}{2}-v_K=0$$

即

$$\tan\frac{\beta_{c \cdot max}}{2}=\frac{v_K}{2\tan\Theta_{K \cdot OPT}} \tag{3.5-64}$$

将上式代入式（3.5-55），有

$$[2R(1+\tan^2\Theta_{K \cdot OPT})-v_K(R+r_K)]\frac{v_K^2}{4\tan^2\Theta_{K \cdot OPT}}-2v_KR\tan\Theta_{K \cdot OPT}\frac{v_K}{2\tan\Theta_{K \cdot OPT}}+v_K(R-r_K)=0$$

经过整理可得

$$[4(R-r_K)-2Rv_K]\tan^2\Theta_{K \cdot OPT}=v_K^2(R+r_K)-2Rv_K$$

由此求出最佳当地速度倾角为

$$\tan\Theta_{K \cdot OPT}=\sqrt{\frac{v_K[2R-v_K(R+r_K)]}{2Rv_K-4(R-r_K)}} \tag{3.5-65}$$

将上式代入式（3.5-64）即可得对应$\Theta_{K \cdot OPT}$之被动段最大射程与主动段终点参数r_K、v_K的关系式：

$$\tan\frac{\beta_{c \cdot max}}{2}=\sqrt{\frac{v_K[Rv_K-2(R-r_K)]}{2[2R-v_K(R+r_K)]}} \tag{3.5-66}$$

显然，将式（3.5-65）和式（3.5-66）中用$r_e=r_K$代替R，则可得出自由段之最佳当地速度倾角$\Theta_{K \cdot OPT}$及最大角射程$\beta_{e \cdot max}$：

$$\tan\Theta_{K \cdot OPT}=\sqrt{1-v_K} \tag{3.5-67}$$

$$\tan\frac{\beta_{e \cdot max}}{2}=\frac{1}{2}\frac{v_K}{\sqrt{1-v_K}} \tag{3.5-68}$$

将式（3.5-67）代入式（3.5-68）则可得$\beta_{e \cdot max}$与$\Theta_{K \cdot OPT}$的关系式：

$$\tan\frac{\beta_{e \cdot max}}{2}=\frac{1-\tan^2\Theta_{K \cdot OPT}}{2\tan\Theta_{K \cdot OPT}}=\cot 2\Theta_{K \cdot OPT}=\tan\left(\frac{\pi}{2}-2\Theta_{K \cdot OPT}\right)$$

故有

$$\Theta_{K \cdot OPT}=\frac{1}{4}(\pi-\beta_{e \cdot max}) \tag{3.5-69}$$

4. 已知 r_K、β_c 求 $\Theta_{K \cdot OPT}$、$v_{K \cdot min}$

如将再入段看成是自由段的延续，那么由于被动段是平面弹道，则已知r_K、β_c时落点

的 r_C 与 r_K 的相对位置则是确定的，如图3.5-4所示。

现用图解法来找出在给定 r_K、β_c 条件下的 $\Theta_{K\cdot OPT}$、$v_{K\cdot\min}$。

过 K、C 两点的椭圆弹道的另一焦点 O'_e，称为虚焦点。显然，由椭圆特性知其与 K、C 的连线 OK、OC 必定满足下式：

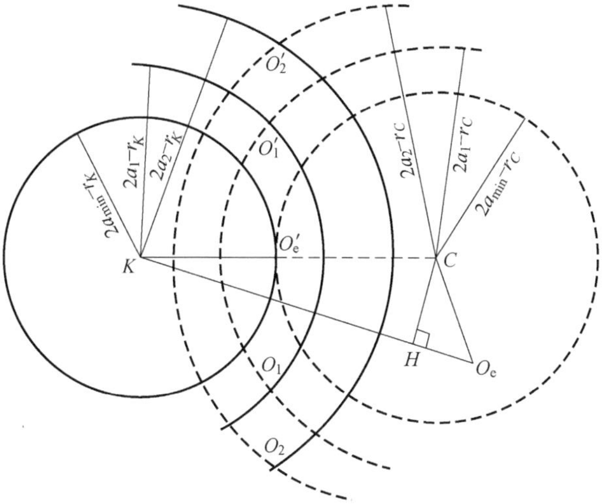

图3.5-4　图解法示意图

$$\begin{cases} r_K + OK = 2a \\ r_C + OC = 2a \end{cases} \tag{3.5-70}$$

式中，a 为椭圆长半轴。

由式（3.5-70）可得

$$\begin{cases} OK = 2a - r_K \\ OC = 2a - r_C \end{cases} \tag{3.5-71}$$

不难理解，给定 a 的值，则用上式可求出 OK、OC，然后以 K、C 为圆心，分别以 OK 及 OC 为半径画圆，则得两个交点 O、O'。这两个点 O、O'为对应给定 a 之下过 K、C 两点的椭圆的虚焦点，对应两个虚焦点，其半焦距 $c = O_eO/2$、$c' = O_eO'/2$ 不同，则这两虚焦点所对应的椭圆偏心率 e 也不相同。

由图3.5-4所示不难得出如下结论：

（Ⅰ）给定 a 画出的以 $2a - r_K$、$2a - r_C$ 为半径及 K、C 为圆心的两圆的交点必在弦 KC 的两侧且对弦 KC 对称。随着 a 的增大，该对称点的连线为一曲线，该曲线的曲率半径指向 r_K、r_C 中长度大的一边。

（Ⅱ）随着 a 的减小，O、O'逐渐向弦 KC 靠拢，当 a 减小至某一值，则使 O、O'重合，记为 O'_e，此时的半长轴记为 $a_{\min}$，则有

$$a_{\min} = \frac{1}{4}(KC + r_K + r_C) \tag{3.5-72}$$

当 $a < a_{\min}$时，则不可能做出过 K、C 两点的椭圆，由式（3.5-18）和式（3.5-37）可得

$$a = \frac{r_K}{2 - v_K}$$

所以对应给定的 r_K，当 $a=a_{\min}$，则 $\boldsymbol{v}_K$ 取最小值 $\boldsymbol{v}_{K\cdot\min}$。此时所做出的椭圆弹道即为最小能量弹道。

（Ⅲ）对于给定的 a 所画椭圆上任一点的法线必平分该点至该椭圆实、虚两焦点连线的夹角，这是椭圆的重要特性之一。因此，对应虚焦点 O（或 O'）之椭圆在点 K 的法线平分 $\angle O_eKO$（或平分 $\angle O_eKO'$），而对最小能量弹道，如图 3.5-5 所示，只有一个虚焦点 O'_e 且在弦 KC 上，故点 K 的法线平分 $\angle O_eKC$。由于矢量 $\boldsymbol{V}_K$ 为过点 K 的切线，而对于最小能量弹道，$\boldsymbol{V}_K$ 与当地水平面夹角 $\Theta_{K\cdot\mathrm{OPT}}$ 即图 3.5-5 所示的 $\angle KEK'$，由几何关系易知。

$$\Theta_{K\cdot\mathrm{OPT}}=\frac{1}{2}\angle O_eKC$$

（Ⅳ）对于任一大于 $a_{\min}$ 的长半轴 a，可画出过 K、C 两点的两个椭圆虚焦点 O、O' 分别在 KC 连线的两侧。由椭圆弹道性质可知，当虚焦点在 O_eK 连线的含 O'_e 的一侧时，点 K 位于弹道由近地点到远地点的升弧段，此时 $\Theta_K>0$；当虚焦点在 O_eK 连线的不含 O'_e 的一侧时，点 K 位于弹道由远地点到近地点的降弧段，此时 $\Theta_K<0$。因此，对应 O' 椭圆弹道之 $\Theta_{K1}>0$，则 $\angle O_eKO'=2\Theta_{K1}$。而 O 可在 $\angle O_eKC$ 的内侧或外侧：当 O 在内侧时，$\Theta_{K2}>0$，则 $\angle O_eKO=2\Theta_{K2}$；当 O 在外侧时，$\Theta_{K2}<0$，则 $\angle O_eKO=2|\Theta_{K2}|$。事实上，$\Theta_{K1}>\Theta_{K2}$，前者对应的椭圆弹道为高弹道，后者对应低弹道。

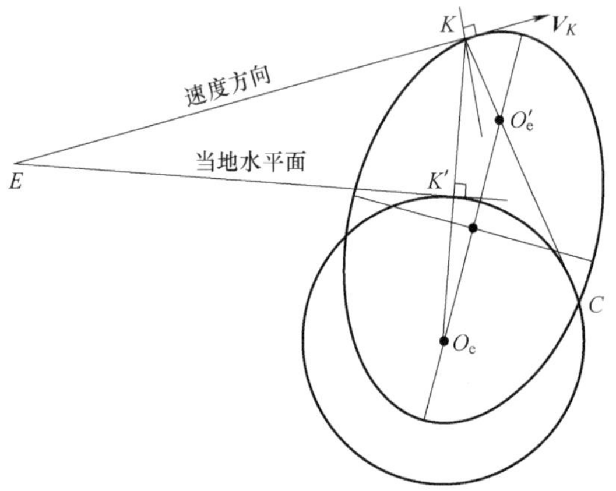

图 3.5-5　图解法补充示意图

由于有

$$\angle O_eKO'_e=2\Theta_{K\cdot\mathrm{OPT}}$$

$$\angle O'_eKO'=\angle O_eKO'-\angle O_eKO'_e=2\Theta_{K1}-2\Theta_{K\cdot\mathrm{OPT}}$$

$$\angle O'_eKO=\angle O_eKO'_e\mp\angle O_eKO$$

式中，O 在 $\angle O_eKC$ 的内取负号，反之为正。

故

$$\angle O'_eKO=2\Theta_{K\cdot\mathrm{OPT}}-2\Theta_{K2}$$

且注意到 O、O' 关于弦 KC 对称，故 $\angle O'_eKO'=\angle O'_eKO$，从而可得

$$2\Theta_{K\cdot\mathrm{OPT}}=\Theta_{K1}+\Theta_{K2}\tag{3.5-73}$$

根据上面的结论，对给定 r_K、β_c 要求最小能量弹道的 $\Theta_{K\cdot\mathrm{OPT}}$ 及 $v_{K\cdot\min}$，则可由图 3.5-4 所示求得

$$\tan2\Theta_{K\cdot\mathrm{OPT}}=\tan\angle O_eKC=\frac{CH}{KH}=\frac{r_C\sin\beta_c}{r_K-r_C\cos\beta_c}$$

即

$$\Theta_{K\cdot\mathrm{OPT}}=\frac{1}{2}\arctan\frac{r_C\sin\beta_c}{r_K-r_C\cos\beta_c}\tag{3.5-74}$$

然后，根据式（3.5-64）可求得

$$v_{K\cdot\min}=2\tan\Theta_{K\cdot\mathrm{OPT}}\cdot\tan\frac{\beta_c}{2} \tag{3.5-75}$$

3.5.4　火箭被动段飞行时间的计算

前面推导的轨道方程式（3.5-14）是以 ξ 为自变量的，因此解得的运动参数 r、V、Θ 均是以 ξ 为自变量的，具体见式（3.5-28）。然而，在实际应用中，如飞行试验中用光测、雷测等手段跟踪、测量火箭的飞行等，均需要求出以 t 为自变量的参数。

1. 面积速度和周期

设飞行器在 Δt 的时间内由 P_1 飞行至 P_2，对应点至地心距离为 r、$r+\Delta r$，如图3.5-6 所示。记 O_eP_1、O_eP_2 所夹椭圆面积为 $\Delta\sigma$，则有

$$\frac{1}{2}(r+\Delta r)^2\Delta\xi>\Delta\sigma>\frac{1}{2}r^2\Delta\xi$$

将上式各除以 Δt，令 $\Delta t\to 0$ 取极限，则得

$$\dot{\sigma}=\frac{1}{2}r^2\dot{\xi} \tag{3.5-76}$$

由动量矩守恒及式（3.5-23）知 $h=r^2\dot{\xi}$ 为常数，结合式（3.5-76），得

$$\dot{\sigma}=\frac{h}{2} \tag{3.5-77}$$

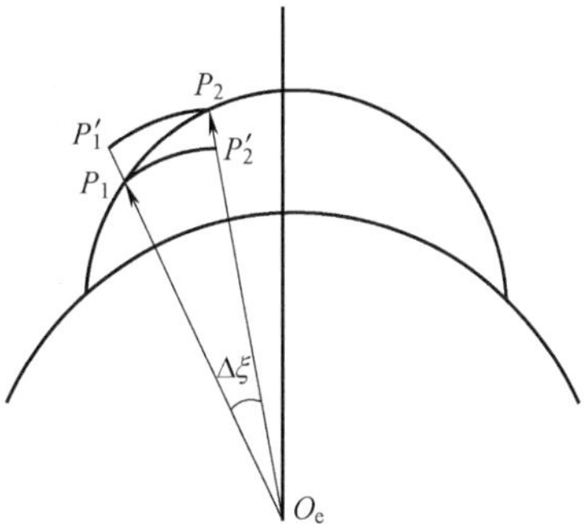

图 3.5-6　求面积速度辅助图

式中，$\dot{\sigma}$ 为面积速度。其意义为作椭圆运动的质点到地心的连线在单位时间内所扫过的椭圆面积为一常数，数值上等于该质点动量矩的 1/2。

由式（3.5-32）知，椭圆面积为 πab，因此绕椭圆飞行一周的时间为 $T=\dfrac{\pi ab}{\dot{\sigma}}$；又由式（3.5-13）知 $h=\sqrt{P\mu}$；注意到式（3.5-34）和式（3.5-35），则得

$$T=\frac{\pi ab}{\dot{\sigma}}=\frac{2\pi ab}{h}=\frac{2\pi ab}{\sqrt{P\mu}}=\frac{2\pi ab}{\sqrt{\dfrac{b^2}{a}\mu}}=\frac{2\pi a^{\frac{3}{2}}}{\sqrt{\mu}}$$

即

$$T=\frac{\pi ab}{\dot{\sigma}}=\frac{2\pi a^{\frac{3}{2}}}{\sqrt{\mu}} \tag{3.5-78}$$

式中，T 为周期。该式说明，绕椭圆飞行一周的时间只与椭圆长半轴有关，即只与机械能有关。

2. 开普勒方程

设飞行器于时刻 t_M 飞经椭圆上近地点 M，于时刻 t 飞经椭圆上点 Q，则由点 M 飞至点 Q 所需时间为 $t-t_M$。

由式（3.5-77）知，飞行器沿椭圆运动时，面积速度 $\dot{\sigma}$ 为常数，显然有

$$t - t_M = \frac{\sigma_{O_eMQ}}{\dot{\sigma}} \tag{3.5-79}$$

式中，σ_{O_eMQ}为矢径 O_eM、O_eQ 所夹椭圆面积，如图 3.5-7 所示。

直接求部分椭圆面积比较困难，故作线性变换，将椭圆变为圆。在直角坐标系中，椭圆方程为$\frac{x^2}{a^2}+\frac{y^2}{b^2}=1$，现作线性变换，令

$$x = x',\ y = \frac{b}{a}y' \tag{3.5-80}$$

则椭圆方程变为圆方程

$$x'^2 + y'^2 = a^2 \tag{3.5-81}$$

如图 3.5-7 所示虚线圆，在解析几何中，该圆称为辅助圆。该圆且具有如下性质：①辅助圆与椭圆上点具有式（3.5-80）所示的一一对应关系；②飞行器于椭圆上飞行一周时间与辅助圆上飞行一周时间相等，均为 T。

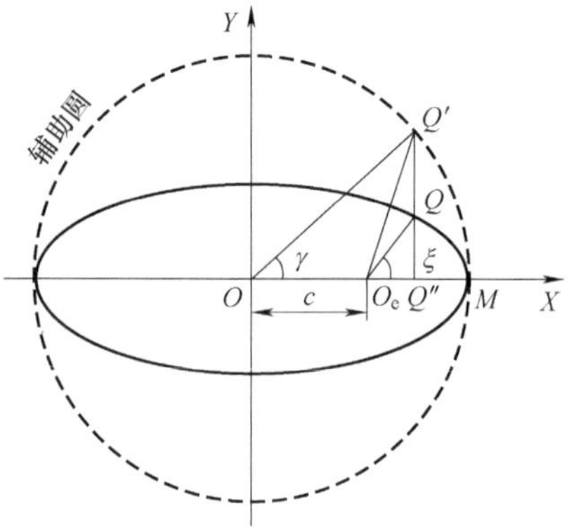

图 3.5-7　辅助圆

通过上述线性变换，可把研究飞行器在椭圆上由点 M 至 Q 的飞行时间，改为研究辅助圆上 M 至 Q'的飞行时间。

（1）求 O_e 至辅助圆上一点矢径所扫过的面积速度$\dot{\sigma}'$

图 3.5-7 中，令 $O_eQ''=d$、$Q''Q=y$、$Q''Q'=y'$、$O_eQ=r$、$O_eQ'=r'$、$\angle O'O_eM=\xi'$。则在 $\Delta OQ''Q$ 中，$\tan\xi=\frac{y}{d}$；在 $\Delta OQ''Q'$中，$\tan\xi'=\frac{y'}{d}$，且注意到式（3.5-80），故有

$$\tan\xi' = \frac{y'}{y}\tan\xi = \frac{a}{b}\tan\xi$$

将上式两端对 t 求导，得

$$\sec^2\xi' \cdot \dot{\xi}' = \frac{a}{b}\sec^2\xi \cdot \dot{\xi} \tag{3.5-82}$$

由图 3.5-7 所示知上式可写为$\frac{r'^2}{d^2}\cdot\dot{\xi}'=\frac{a}{b}\frac{r^2}{d^2}\cdot\dot{\xi}$，即 $r'^2\dot{\xi}'=\frac{a}{b}r^2\dot{\xi}$。注意到式（3.5-76），则得$\dot{\sigma}'=\frac{a}{b}\dot{\sigma}$。又由$\dot{\sigma}=\frac{\pi ab}{T}$，得

$$\dot{\sigma}' = \frac{\pi a^2}{T} \tag{3.5-83}$$

（2）求辅助圆内面积 $\sigma'_{O_eMQ'}$

如图 3.5-7 所示，记$\angle O'OM=\gamma$，γ 称为偏近点角。

由 $OO_e=c=ae$，则 $\sigma_{\Delta OO_eQ'}=\frac{1}{2}OQ'\cdot OO_e\cdot\sin\gamma=\frac{1}{2}a^2e\sin\gamma$，又由 $\sigma'_{OMQ'}=\frac{1}{2}a^2\gamma$，则易得 $\sigma'_{O_eMQ'}=\sigma'_{OMQ'}-\sigma_{\Delta OO_eQ'}=\frac{1}{2}a^2\gamma-\frac{1}{2}a^2e\sin\gamma=\frac{1}{2}a^2（\gamma-e\sin\gamma）$，即

$$\sigma'_{O_eMQ'} = \frac{1}{2}a^2(\gamma - e\sin\gamma) \tag{3.5-84}$$

（3）开普勒方程

飞行器由点 M 飞行至点 Q 的时间间隔为对应辅助圆上由点 M 移至点 Q'的时间间隔。所以，由式（3.5-83）和式（3.5-84）可得

$$t-t_M=\frac{\sigma'_{O_eMQ'}}{\dot{\sigma}'}=\frac{\gamma-e\sin\gamma}{\dfrac{2\pi}{T}} \tag{3.5-85}$$

记 $n=\frac{2\pi}{T}$，由式（3.5-33）知 $a=\frac{P}{1-e^2}$，注意到式（3.5-78）可得

$$n=\sqrt{\frac{\mu}{a^3}}=\sqrt{\mu}\left(\frac{1-e^2}{P}\right)^{\frac{3}{2}} \tag{3.5-86}$$

式中，n 为飞行器在椭圆上飞行的平均角速度。

将 n 代入式（3.5-85）得

$$\zeta=n(t-t_M)=\gamma-e\sin\gamma \tag{3.5-87}$$

上式表示飞行器从近地点开始，在 $t-t_M$ 的时间内以平均角速度 n 飞过的角度，此角度称为平近点角，记为 ζ。

式（3.5-87）为开普勒方程。

（4）真近点角 ξ 与偏近点角 γ 的关系

由轨道方程式（3.5-14）可解出真近点角 ξ，要根据 ξ 求飞行时间，需知道 ξ 与 γ 的关系。

由图3.5-7所示及式（3.5-80）可知，在 $\Delta OQ''Q'$中，$Q'Q''=y'=\frac{a}{b}y=\frac{a}{b}r\sin\xi$、$Q'Q''=a\sin\gamma$，则得

$$b\sin\gamma=r\sin\xi \tag{3.5-88}$$

由式（3.5-14）知 $P=r(1+e\cos\xi)$，由式（3.5-34）知 $b=\frac{P}{\sqrt{1-e^2}}$，代入上式得

$$\sin\gamma=\frac{r\sin\xi}{b}=\frac{r\sin\xi\sqrt{1-e^2}}{P}=\frac{r\sin\xi\sqrt{1-e^2}}{r(1+e\cos\xi)}=\frac{\sin\xi\sqrt{1-e^2}}{1+e\cos\xi} \tag{3.5-89}$$

又由图3.5-7知 $c=OO_e$、$O_eQ''=r\cos\xi$，则

$$\cos\gamma=\frac{OO_e+O_eQ''}{a}=\frac{c+r\cos\xi}{a} \tag{3.5-90}$$

由式（3.5-33）知 $a=\frac{P}{1-e^2}$、$c=ae$，注意到 $P=r(1+e\cos\xi)$，代入上式得

$$\cos\gamma=\frac{c+r\cos\xi}{a}=\frac{ae+r\cos\xi}{a}=\frac{\dfrac{P}{1-e^2}e+r\cos\xi}{\dfrac{P}{1-e^2}}=\frac{Pe+(1-e^2)r\cos\xi}{P}$$

$$=\frac{r(1+e\cos\xi)e+(1-e^2)r\cos\xi}{r(1+e\cos\xi)}=\frac{e+\cos\xi}{1+e\cos\xi}$$

即

$$\cos\gamma=\frac{e+\cos\xi}{1+e\cos\xi} \tag{3.5-91}$$

又由三角公式知 $\tan\frac{\gamma}{2}=\frac{1-\cos\gamma}{\sin\gamma}$，则将式（3.5-89）和式（3.5-91）代入得

$$\tan\frac{\gamma}{2}=\frac{1-\cos\gamma}{\sin\gamma}=\frac{1-\frac{e+\cos\xi}{1+e\cos\xi}}{\frac{\sin\xi\sqrt{1-e^2}}{1+e\cos\xi}}=\frac{1+e\cos\xi-e-\cos\xi}{\sin\xi\sqrt{1-e^2}}=\frac{(1-e)\cdot(1-\cos\xi)}{\sin\xi\sqrt{1-e^2}}$$

$$=\sqrt{\frac{1-e}{1+e}}\frac{1-\cos\xi}{\sin\xi}=\sqrt{\frac{1-e}{1+e}}\tan\frac{\xi}{2}$$

即 $\tan\frac{\gamma}{2}=\sqrt{\frac{1-e}{1+e}}\tan\frac{\xi}{2}$

$$\gamma=2\arctan\left(\sqrt{\frac{1-e}{1+e}}\tan\frac{\xi}{2}\right)\tag{3.5-92}$$

上式给出了 ξ 与 γ 的关系，并说明了$\frac{\xi}{2}$与$\frac{\gamma}{2}$的象限相同。

（5）运动参数与 γ 的关系式

由式（3.5-89）和式（3.5-91）易知

$$\cos\xi=\frac{\cos\gamma-e}{1-e\cos\gamma},\ \sin\xi=\frac{\sqrt{1-e^2}\sin\gamma}{1-e\cos\gamma}\tag{3.5-93}$$

将上式代入式（3.5-26）和式（3.5-27），并注意到由式（3.5-33）得到的 $P=a(1-e^2)$，则有

$$V_\xi=\sqrt{\frac{\mu}{P}}(1+e\cos\xi)=\sqrt{\frac{\mu}{a(1-e^2)}}\left(1+e\frac{\cos\gamma-e}{1-e\cos\gamma}\right)=\sqrt{\frac{\mu}{a}}\frac{\sqrt{1-e^2}}{1-e\cos\gamma}$$

$$V_r=\sqrt{\frac{\mu}{P}}e\sin\xi=\sqrt{\frac{\mu}{a(1-e^2)}}e\frac{\sqrt{1-e^2}\sin\gamma}{1-e\cos\gamma}=\sqrt{\frac{\mu}{a}}\frac{e\sin\gamma}{1-e\cos\gamma}$$

即

$$V_\xi=\sqrt{\frac{\mu}{a}}\frac{\sqrt{1-e^2}}{1-e\cos\gamma},\ V_r=\sqrt{\frac{\mu}{a}}\frac{e\sin\gamma}{1-e\cos\gamma}\tag{3.5-94}$$

由上式及式（3.5-22）可得

$$V=\sqrt{\frac{\mu}{a}}\frac{\sqrt{1-e^2\cos^2\gamma}}{1-e\cos\gamma},\ \tan\Theta=\frac{e\sin\gamma}{\sqrt{1-e^2}}\tag{3.5-95}$$

由图 3.5-7 所示可知

$$r^2=(O_eQ'')^2+(QQ'')^2,\ O_eQ''=OQ''-OO_e=a\cos\gamma-ae=a(\cos\gamma-e)$$

又由式（3.5-80）和式（3.5-34）得

$$QQ''=y=\frac{b}{a}y'=\frac{b}{a}a\sin\gamma=a\sqrt{1-e^2}\sin\gamma$$

则有

$$r=a(1-e\cos\gamma)\tag{3.5-96}$$

式（3.5-95）和式（3.5-96）给出了飞行器在自由飞行段上一点的运动参数与对应的偏近点角 γ 的关系。

根据上述内容，可以根据飞行器主动段终点参数：t_K、V_K、Θ_K、r_K，解出自由飞行段任一时刻 t 飞行器所具有的运动参数 $V(t)$、$\Theta(t)$、$r(t)$。其步骤归纳如下：

① 根据 V_K、Θ_K、r_K 可算得自由段椭圆弹道的几何参数：a、b、P、e；

② 由 a、e、r_K 通过式（3.5-96）解得偏近点角 γ_K；

③ 将 γ_K、t_K 代入式（3.5-87）可算得飞行器飞经近地点 M 的时刻 t_M；

④ 根据给定的 t 及算得的 e、t_M 解开普勒方程，得到对应 t 时刻的偏近点角 $\gamma(t)$；

⑤ 最后利用式（3.5-95）和式（3.5-96）即可求得 t 时刻的运动参数 $V(t)$、$\Theta(t)$、$r(t)$。

3. 被动段飞行时间 T_C 与主动段终点参数的关系

应用上面结果可导出火箭在被动段的飞行时间 T_C，在推导中同样认为再入段是椭圆弹道的延续。由于被动段的飞行时间占全弹道飞行时间的绝大部分，因此可由 T_C 近似估算出全弹道的飞行时间，这是火箭初步设计中需要掌握的参数之一。此外，在进一步讨论地球自转对火箭运动的影响时，也需要掌握计算火箭飞行时间的方法，

已知火箭在椭圆弹道上由近地点 M 飞至任一点的计算公式为

$$n(t-t_M)=\gamma-e\sin\gamma$$

如将火箭由点 M 飞至主动段终点 K 及 C 的时间分别记为 t_{MK}、t_{MC}，显然有

$$t_{MK}=\frac{1}{n}(\gamma_K-e\sin\gamma_K) \tag{3.5-97}$$

$$t_{MC}=\frac{1}{n}(\gamma_C-e\sin\gamma_C) \tag{3.5-98}$$

式中，γ_K、γ_C 分别为点 K 及点 C 的偏近点角。

由上两式可得到火箭由 K 到 C 这个被动段飞行的时间 T_C：

$$T_C=\frac{1}{n}[(\gamma_C-\gamma_K)+e(\sin\gamma_K-\sin\gamma_C)] \tag{3.5-99}$$

当给定主动段终点参数 r_K、V_K、Θ_K 后，要求火箭飞至 C 点的时间 T_C，固然可通过轨道方程先求 ξ_K、ξ_C，然后用关系式（3.5-92）求得 γ_K、γ_C，最后将其代入式（3.5-99）算得 T_C。但是，这种方法不便于将 T_C 写成与 r_K、V_K、Θ_K 的显式，为此用下面的方法来解决。

由图 3.5-8 所示可得

$$r_K\cos(\pi-\xi_K)=c+a\cos(\pi-\gamma_K) \tag{3.5-100}$$

注意到

$$\pi-\xi_K=\frac{\beta_e}{2},\ c=ae$$

则式（3.5-100）变为

$$\cos(\pi-\gamma_K)=\frac{r_K}{a}\cos\frac{\beta_e}{2}-e$$

而由式（3.5-33）及弹道方程式（3.5-14）可得

$$r_K=\frac{a(1-e^2)}{1-e\cos\dfrac{\beta_e}{2}}$$

代入前式得

$$\cos(\pi-\gamma_K)=\frac{\cos\dfrac{\beta_e}{2}-e}{1-e\cos\dfrac{\beta_e}{2}} \quad (3.5\text{-}101)$$

根据式（3.5-60）和式（3.5-61）可得

$$\cos\frac{\beta_c}{2}=\frac{1-\upsilon_K\cos^2\Theta_K}{e}$$

将上式代入式（3.5-101），并利用式（3.5-19）则有

$$\cos(\pi-\gamma_K)=\frac{1-\upsilon_K}{e}$$

故

$$\begin{cases}\gamma_K=\pi-\arccos\dfrac{1-\upsilon_K}{e}\\ \sin\gamma_K=\sin\left(\arccos\dfrac{1-\upsilon_K}{e}\right)\end{cases} \quad (3.5\text{-}102)$$

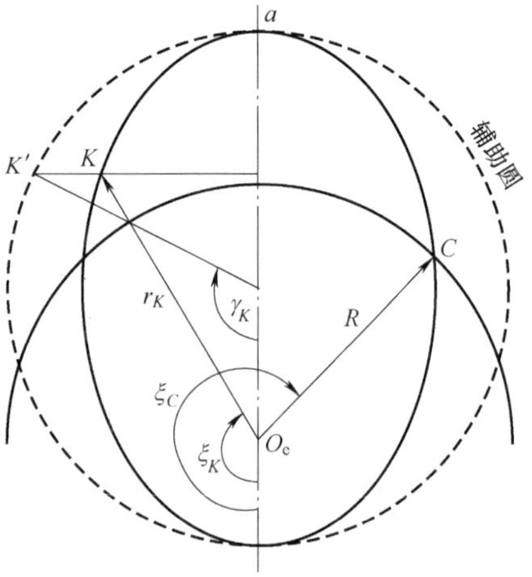

图 3.5-8　求飞行时间的辅助圆

此外，由图 3.5-8 所示还有关系式

$$r_C\cos(\xi_C-\pi)=c+a\cos(\gamma_C-\pi) \quad (3.5\text{-}103)$$

记

$$\xi_C-\pi=\frac{\beta'_C}{2}$$

式中，β'_C的意义为椭圆弹道 C 点与其关于长半轴的对称点 C'之间的地心角。

因此用前面的同样的办法可求得

$$\begin{cases}\gamma_C=\pi+\arccos\dfrac{1-\upsilon_C}{e}\\ \sin\gamma_C=-\sin\left(\arccos\dfrac{1-\upsilon_C}{e}\right)\end{cases} \quad (3.5\text{-}104)$$

式中，υ_C 为 C 点能量参数。

将式（3.5-102）和式（3.5-104）代入式（3.5-99）得

$$T_C=\frac{1}{n}\left\{\left(\arccos\frac{1-\upsilon_K}{e}+\arccos\frac{1-\upsilon_C}{e}\right)+e\left[\sin\left(\arccos\frac{1-\upsilon_K}{e}\right)+\sin\left(\arccos\frac{1-\upsilon_C}{e}\right)\right]\right\} \quad (3.5\text{-}105)$$

由式（3.5-4）及机械能守恒定理可得

$$\frac{V_K^2}{2}-\frac{\mu}{r_K}=\frac{V_C^2}{2}-\frac{\mu}{R}$$

将上式两边除以$\dfrac{\mu}{R}$，并利用式（3.5-18）所示能量参数定义得

$$\upsilon_C=2-2\frac{R}{r_K}+\frac{R}{r_K}\upsilon_K=\upsilon_K+(2-\upsilon_K)\frac{r_K-R}{r_K}$$

即

$$\upsilon_C=\upsilon_K+(2-\upsilon_K)\frac{h_K}{r_K} \quad (3.5\text{-}106)$$

将式（3.5-86）所给 $n=\sqrt{\frac{\mu}{a^3}}$ 及式（3.5-106）代入式（3.5-105）则有

$$T_C=\sqrt{\frac{a^3}{\mu}}\left\{\arccos\frac{1-v_K}{e}+\arccos\frac{1-v_K-(2-v_K)\frac{h_K}{r_K}}{e}\right.$$
$$\left.+e\left[\sin\left(\arccos\frac{1-v_K}{e}\right)+\sin\left(\arccos\frac{1-v_K-(2-v_K)\frac{h_K}{r_K}}{e}\right)\right]\right\} \tag{3.5-107}$$

显然，如果要求自由段飞行时间，只需令式（3.5-105）中 $v_C=v_K$，则可得

$$T_C=2\sqrt{\frac{a^3}{\mu}}\left[\arccos\frac{1-v_K}{e}+e\sin\left(\arccos\frac{1-v_K}{e}\right)\right] \tag{3.5-108}$$

特别当自由飞行段椭圆弹道为最小能量弹道时，由式（3.5-67）和式（3.5-19）可导出

$$e=\sqrt{1-v_K} \tag{3.5-109}$$

将此结果代入式（3.5-108），可得最小能量弹道条件下自由段飞行时间：

$$T_C=2\sqrt{\frac{a^3}{\mu}}\left[\arccos\sqrt{1-v_K}+\sqrt{v_K(1-v_K)}\right] \tag{3.5-110}$$

因此，当知道主动段终点参数 r_K、V_K、Θ_K，要求被动段的飞行时间，可按式（3.5-107）和式（3.5-108）计算得到。而当 Θ_K 为自由飞行段的最佳当地弹道倾角时，也可用式（3.5-110）计算自由段飞行时间。

第 4 章 运载火箭弹道设计

运载火箭弹道设计在总体设计中起着至关重要的作用，贯穿总体设计的全过程，这是因为火箭总体方案、设计参数、指标性能和飞行方案等都是根据弹道设计结果而确定的。

在火箭方案论证和设计阶段，要通过大量的弹道分析和综合参数优化，来寻找一个满足各项指标要求的总体方案和总体设计参数。在设计阶段，要进行大量的弹道计算，为火箭各分系统设计提供必需的弹道参数；初步确定火箭的性能和运载能力；检查飞行方案对箭体结构、稳定系统、制导系统的适应性；协调各分系统的设计状态；检查不同飞行条件下和总体参数偏离标准值时，火箭的射击精度或入轨精度。在飞行试验阶段，根据各分系统最终确定的参数实际值进行精确弹道计算；进一步检验其有关特性；为各分系统提供飞行试验弹道参数数据；确定制导系统参数及有关发射装订诸元原始数据。

概括起来，弹道设计主要解决的问题：研究火箭飞行性能与总体设计参数和弹道设计参数之间的关系；研究各种发射条件对射程和精度的影响，确定设计指标；根据给定的弹道设计参数，选择合理的飞行程序，进行制导任务规划、突防任务规划和目标区环境的适应性检验。

弹道设计研究的问题之一是飞行方案和飞行程序选择问题，而飞行程序选择又与各弹道段上的控制变量变化规律密切相关，因此飞行程序设计实质上就是探讨控制变量随时间变化规律的问题。通常，飞行程序选择是指主动段的飞行程序设计。这是因为被动段弹道取决于主动段关机点运动参数，一旦关机点运动参数确定，被动段弹道形状及射程相应地也就确定了

飞行程序设计受许多条件的约束。例如，火箭飞行过载不能超过箭体结构设计时的最大允许过载，应满足结构设计的指标要求；伺服机构偏转角应小于最大允许值，且能够提供满足控制要求的控制能力；保证各系统正常工作和飞行的稳定性；能量消耗最少、射程最大；射程给定时，要求射击精度或入轨精度最高等。因此，飞行程序设计是一个复杂的系统工程，也是各项性能指标达到最优的寻优过程。要在受如此众多条件约束的情况下进行分型程序设计，使各项性能指标均达到最优值，显然是非常困难的，甚至是不可能的。在工程实践中，选择飞行程序的方法则是，一种在众多约束限制下，满足火箭主要技术指标要求，保证使某些性能指标达到最优，且便于实现的设计方法。

通常，弹道设计有两种方法：最优弹道设计法和工程设计法。前者是采用极大值（或极小值）原理求解两点边值问题，求得满足性能指标和终端条件要求的最优或准优弹道；后者则是根据极大值理论求得的控制变量和工作实践经验，寻找控制变量的近似函数关系，通过调整控制变量和数值积分的方法设计弹道。显然，最优弹道设计方法能够求得最优弹道解，但计算十分复杂，计算工作量特别大。而工程设计方法尽管设计的结果不是最优弹道，

但计算方法比较简单，因此该方法在弹道设计中得到广泛的应用。本章应用上述两种弹道设计方法来讨论运载火箭飞行程序的设计问题。

4.1　弹道工程设计方法

主动段飞行程序是指火箭主动段俯仰角随时间变化的规律，常用 $\varphi_{cx}(t)$ 表示。它是预先给定的已知时间的函数。火箭在主动段就是按这一飞行程序角规律飞行的。选择飞行程序是火箭总体设计工作的重要组成部分，关系到能否正确使用和充分发挥火箭技术性能的大问题，因此选择的飞行程序应尽量满足技术要求。选择飞行程序通常是在火箭基本结构参数、气动外形及弹道特性参数确定后进行的。

火箭纵平面内飞行中的实际俯仰角 $\varphi(t)$ 与飞行程序角 $\varphi_{cx}(t)$ 一般是不相等的，但因两者相差甚微，因此弹道计算中可近似认为火箭是按飞行程序角规律飞行的，即 $\varphi(t)\approx\varphi_{cx}(t)$。

火箭俯仰角 φ、弹道倾仰 θ 及攻角 α 间存在如下关系式：

$$\varphi=\theta+\alpha \tag{4.1-1}$$

在主动段，由于攻角 α 很小（一般不大于 3°），一般可略去不计，则有

$$\theta=\varphi_{cx}(t) \tag{4.1-2}$$

因此，火箭按 $\varphi_{cx}(t)$ 规律飞行实质上可认为是按 $\theta(t)$ 规律飞行的。

飞行程序角 $\varphi_{cx}(t)$，与火箭设计参数、控制系统性能和发射前对弹道的要求密切相关。对于控制系统相同而其他方面不同的火箭，要使它们的射程相等，就必须采用不同的飞行程序；同样，对于控制系统不同而其他方面相同的火箭，为获得最小散布，也必须采用不同的飞行程序；即使是对于同一火箭，为获得最大射程、最小散布、最大飞行高度和其他弹道性能，同样也应采用不同的飞行程序。因此，最佳飞行程序是视某种特殊要求而选定的。

4.1.1　飞行程序的任务和要求

1. 飞行程序的任务

飞行程序选择是指，拟定火箭主动段飞行程序角 φ_{cx} 随时间 t 的变化规律，即建立函数 $\varphi_{cx}(t)$。其主要任务在于，提出使火箭具有最大射程、最小散布和满足火箭结构等方面的技术性能要求。满足最大射程的飞行程序称为最大射程飞行程序，而满足最小散布的飞行程序则称为最小散布飞行程序。对于同一飞行程序来说，最大射程和最小散布的目的并不能同时得到满足，这是因为最小散布一般并不对应最大射程。恰恰相反，有时减小射程并且适当地选择飞行程序角倒可使散布减小。因此，飞行程序选择时，必须统筹考虑最大射程和最小散布及与飞行程序有关的火箭其他参数性能。

对于一个设计参数和总体布置已经确定的火箭，为在主动段终点达到最佳弹道倾角 $\theta_{K\cdot OPT}$，有下面 3 种不同的飞行程序可以实现（见图 4.1-1）。

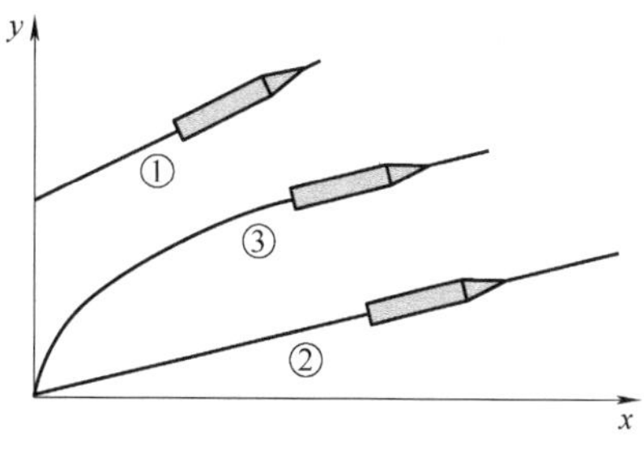

图 4.1-1　火箭发射方式图

① 火箭垂直上升，直到接近主动段终点时突然使火箭倾角转到 $\theta_{K\cdot OPT}$。显然，这种方案尽管可使火箭穿越稠密大气层的时间短，空气阻力所造成的速度损

失较小，但长时间的垂直上升，使重力造成的速度损失最大，因此不能获得大的主动段终点速度，自然也不会达到最大射程。况且，在短时间内速度倾角突然由$\frac{\pi}{2}$改变到$\theta_{K\cdot OPT}$，其角速度$\dot{\theta}$和角加速度$\ddot{\theta}$的值必然很大，从而造成较大的法向力。这不仅会使火箭结构和其他元件受力过大，而且也要求控制系统的执行元件提供较大的控制力和控制力矩，这对改善火箭性能是不利的。

② 火箭从起飞开始就按主动段终点速度倾角$\theta_{K\cdot OPT}$飞行，直到主动段终点。这种方案仍然会因火箭在稠密大气层中的飞行时间较长而引起阻力损失速度的加大，因而也不会获得大的主动段终点速度和大的射程。同时，还由于最初发射阶段的操纵效率不高，有可能产生较大的横向偏差，而要克服过大的横向偏差，又须增加操纵机构的控制能力，从而导致火箭质量增加，引起有效载荷或射程减小。此外，倾斜发射还会带来发射装置复杂和发射方向不易改变等缺点。因此，实际上这种发射方式也不能采用。

③ 垂直起飞，然后逐渐转弯至主动段终点所要求的速度倾角。这种发射方案具有上述两种方案的优点，因此是一种经常使用的飞行程序方案。

2. 对飞行程序的要求

飞行程序的选择不仅应从弹道观点出发，而且还应考虑箭体结构、控制系统和发射装置等方面的实际约束条件。因此，对飞行程序的选择提出下列基本要求：

（1）应有一垂直起飞段

垂直起飞具有发射装置和控制系统简单、便于在360°范围内发射瞄准及阻力所造成的速度损失小的优点。但其飞行时间不宜过长，也不宜过短，应合理选择。飞行时间过长，不仅会使重力损失速度增大，而且因转弯时速度过大需要较大的控制力，同时还会产生较大的法向力和法向过载；垂直飞行时间过短，将可能因发动机未达到额定工作状态而使控制系统的执行机构无能力提供足够的控制力，从而影响弹道特性。火箭垂直飞行时间一般至少应延续到发动机进入额定工作状态的时刻，这样才能确保控制系统正常地控制火箭转弯。

（2）转弯时的法向过载要有限制

在一定条件下，法向过载可简化为

$$n_y=\frac{V}{g}\frac{\mathrm{d}\theta}{\mathrm{d}t}+\cos\theta=\frac{1}{mg}(P_{\mathrm{e}}+C_y^{\alpha}qS_{\mathrm{m}})\alpha \tag{4.1-3}$$

由此可知，法向过载n_y与飞行攻角α及攻角与动压的乘积αq有很大关系，而飞行时作用于箭体上的气动力矩及由此造成的弯曲载荷也与αq成比例。因此，限制法向过载，不仅要限制攻角α及αq，而且还要求在跨音速段及其以后具有大动压头的转变段弹道上的攻角为零或近似零。这样火箭仅在重力的法向分量$-mg\sin\theta$作用下转弯，这种转弯称为重力转弯或零攻角转弯。显然，重力转弯减小了速度的阻力损失，同时也在气动力急剧变化的跨声速段改善了控制系统的工作条件。

此外，从加速度的观点看，限制法向过载n_y也就是要限制$V\dot{\theta}$值，因此在速度增大以后$\dot{\theta}$的值更要受到限制。因$\dot{\varphi}=\dot{\theta}+\dot{\alpha}$，当保持$\alpha$为零时，$\dot{\varphi}=\dot{\theta}$，因此限制法向过载也意味着$\dot{\varphi}$值要受到限制。

（3）程序俯仰角速度$\dot{\varphi}_{cx}(t)$和角加速度$\ddot{\varphi}_{cx}(t)$连续

这是保证火箭转弯时稳定飞行的基本要求。$\ddot{\varphi}_{cx}(t)$和$\dot{\varphi}_{cx}(t)$不连续就意味着要求控制力矩和舵偏转角速度或发动机摆动角速度为无穷大，造成火箭失控。此外，$\ddot{\varphi}_{cx}(t)$ 和 $\dot{\varphi}_{cx}(t)$ 过大也会引起法向过载和惯性力矩过大，致使控制机构无法提供所需要的控制力矩。

（4）应有可靠的级间分离和火箭载荷分离的飞行条件

落点散布，与级间或头体间能否可靠地分离密切相关。为了减小落点散布，就必须使分离时产生的扰动尽可能小。因此不仅要求分离前有一等程序（$\varphi_{cx}(t)$ 为常值）飞行段，以减小因转动而产生的扰动，而且还要求分离时攻角尽可能小，使分离时的气动力扰动不致过大。当然飞行高度较高时，由于气动力的影响已很微弱，也可以在有攻角情况下进行分离而不致引起大的分离扰动。

（5）应有合适的再入条件

再入大气层时的弹道参数与主动段终点的弹道参数密切相关。通常主动段终点速度倾角很小，因此再入时的再入角绝对值也很小，这将使载荷在大气层中的飞行时间增长，引起强烈的气动加热。另外，较小的再入角也使再入速度和落点速度倾角过小，从而降低了载荷的突防性能。因此，为改善载荷的再入条件，就要求主动段终点弹道倾角稍取大一些。

（6）飞行程序应满足火箭的规定任务

根据火箭执行任务的不同，合理选择相应的飞行程序，也是程序选择时的一项基本要求。如执行射击范围内的落点散布最小的射击任务时，那么就应采用最小散布飞行程序方案；而当执行最大射程时的射击任务时，那么就应采用最大射程飞行程序方案等。

通常，对小射程或射程范围很窄的大射程火箭，往往只使用一条飞行程序。而对大射程或射程范围较宽的火箭，为确保其射击的有效性和使用的方便，一般将射程范围尽可能地划分为若干区域，对不同区域内的射击选择不同的飞行程序。

上述这些要求是对飞行程序的一般要求。对于特定型号或执行特定任务的火箭，在选择飞行程序时，还应考虑某些特殊要求。

4.1.2　飞行程序的选择方法

飞行程序的选择方法比较复杂，这里仅介绍一种适用于单级火箭和两级火箭的第一级飞行程序的工程选择方法。

选择飞行程序是与解运动微分方程组紧密相关的，确定各级程序角时需要解其各自的运动方程。

选择飞行程序时的方程组通常是简化了的平面运动方程组：

$$\begin{cases} \dot{V} = \dfrac{P_e - X}{m} - g\sin\theta \\ \dot{\theta} = \dfrac{1}{mV}(P_e + C_y^{\alpha} q S_m)\alpha - \dfrac{1}{V}g\cos\theta \\ \dot{y} = V\sin\theta \\ \dot{x} = V\cos\theta \\ \alpha = A(\varphi_{cx} - \theta) \end{cases} \tag{4.1-4}$$

因为火箭基本设计参数已定，故上述方程中要求的未知数为 $V(t)$、$\theta(t)$、$x(t)$、$y(t)$、$\alpha(t)$ 及 $\varphi_{cx}(t)$。

上述方程组中有 5 个方程式，而有 6 个未知数 $V(t)$、$\theta(t)$、$x(t)$、$y(t)$、$\alpha(t)$ 及 $\varphi_{cx}(t)$，显然，不能直接求其解。为解决这一矛盾，在选择飞行程序时，事先给定函数 $\alpha(t)$，然后再解上述方程组。这样，只要对函数 $\alpha(t)$ 进行适当调整，就可确定合乎要求的飞行程序。根据对飞行程序的要求，具体选择时将其分为垂直段、转弯段和瞄准段（见图 4.1-2）

1. 垂直上升段（$0 \sim t_1$）

在此阶段，$\alpha=0$，$\varphi_{cx}(t)=\theta=\dfrac{\pi}{2}$。$t_1$ 为垂直段结束时间，可依据前述要求确定。时间 t_1 不能选得过大，过大会使火箭转弯时攻角增大以致法向过载增大，同时重力损失速度也增大。t_1 也不能选得太小，因为 t_1 太小时会使阻力损失速度增大和使火箭转过头而不能保证关机时的速度倾角 $\theta_K=\theta_{K \cdot \mathrm{OPT}}$。因此，在初步确定时，$t_1$ 可从以下两个方面考虑：

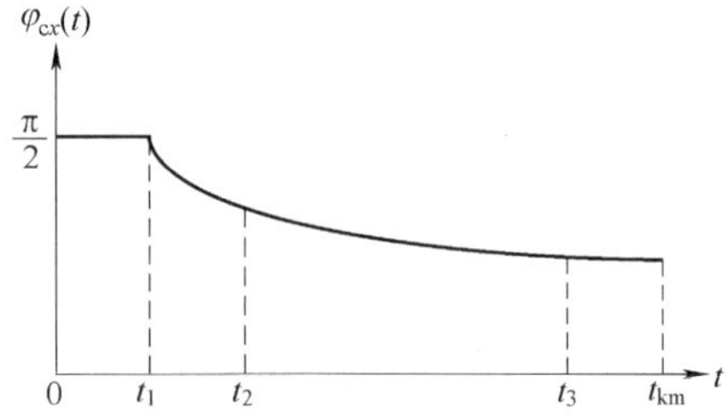

图 4.1-2　飞行程序分段图

① t_1 至少等于发动机达到额定工作状态的时间；

② t_1 应根据火箭推重比 v_0 确定。火箭推重比 $\dfrac{P_0}{G_0}=\dfrac{1}{v_0}$ 与垂直上升时间 t_1 的关系，是由经验曲线给出的（见图 4.1-3）。由图看出，推重比越大，推力越大，主动段加速度越大，火箭就能在较短时间内达到预定的高度，这样垂直上升时间 t_1 就可取的小些，反之 t_1 应取稍大一些。

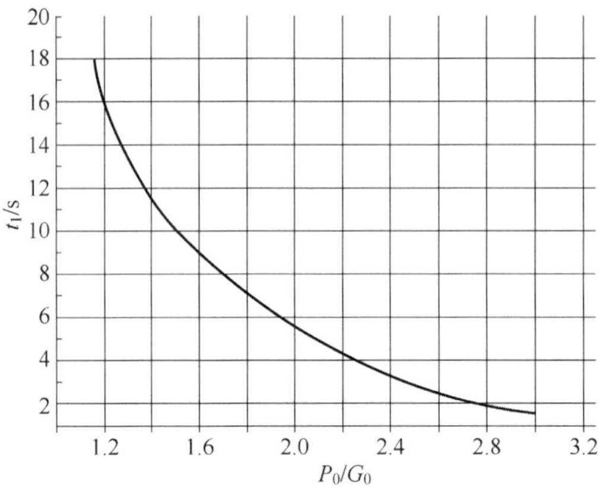

图 4.1-3　推重比与时间关系图

2. 转弯段（$t_1 \sim t_3$）

t_3 为火箭转弯结束时间，它一般取最小射程对应的关机时间，此时的飞行程序角 $\varphi_{cx}(t_3)$ 基本上能使主动段终点的速度倾角为最佳速度倾角 $\theta_{K \cdot \mathrm{OPT}}$。在此段中的 $t_1 \sim t_2$ 时间内，飞行攻角不等于零，所以称为有攻角飞行程序转弯段；在进入气动力急剧变化的大动压飞行段 $t_2 \sim t_3$ 内，为减小空气动力对火箭转弯的影响，攻角应趋于零，火箭仅依靠重力的法向分量进行缓慢地重力转弯飞行。

在确定该段飞行程序时，往往是根据对攻角的要求而定，如给出攻角 α 随时间 t 变化的经验关系式

$$\alpha(t) = -4\tilde{\alpha}z(1-z) \tag{4.1-5}$$

式中，$\tilde{\alpha}$ 为最大攻角的绝对值；a 为可调整的常数；z 的公式如下：

$$z = e^{a(t_1 - t)} \tag{4.1-6}$$

$\alpha(t)$ 的变化曲线如图 4.1-4 所示。其中，$\tilde{\alpha}$ 对应的时间 t^* 取决于 a 值的大小，因为在攻角 $\alpha = -\tilde{\alpha}$ 时，由式（4.1-5）得 $z=\frac{1}{2}$，故有

$$t^* = t_1 + \frac{\ln 2}{a} = t_1 + \frac{0.6931}{a} \tag{4.1-7}$$

由此可见，a 越大，则 t^* 越小（即，最大攻角来的越早，弹道转弯越快）。另外，$\tilde{\alpha}$ 绝对值越大，$\alpha(t)$ 的绝对值也就越大，火箭转弯也越快。因此，调整 $\tilde{\alpha}$ 及 a 的大小，就可调整弹道转弯的快慢。所以程序设计的过程就是通过调整 $\tilde{\alpha}$ 或 α，或两者同时调整，达到所需要的俯仰角随时间变化规律的过程。

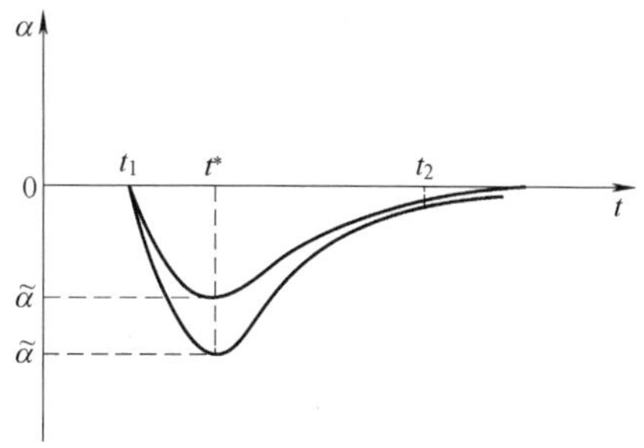

图 4.1-4　转弯段攻角与时间关系

a 值取决于马赫数 $M(t_2)=0.7\sim0.8$ 时攻角值足够小的条件，而 $M(t_2)=0.7\sim0.8$ 时的速度大约为 $V(t_2)=230\sim260\text{m/s}$，因此 t_2 可由速度近似计算式求出。有

$$V(t_2) = V_u(t_2) - \Delta V_1(t_2) = -g_0 P_{bo}\ln\mu_2 - g_0 P_{bo} v_0 I_1(\mu_2, \theta_k) \tag{4.1-8}$$

式中，$\mu_2 = 1 - \frac{\dot{m}}{m_0}t_2$。假定一个 θ，可计算出与 $V(t_2)$ 相应的时间 t_2。

确定 t_2 后，就可由选定的 $\alpha(t_2)/\tilde{\alpha}$ 比值确定 a。因为 $t=t_2$ 时有

$$\frac{\alpha(t_2)}{\tilde{\alpha}} = -4z(t_2)[1 - z(t_2)]$$

即

$$4z^2(t_2) - 4z(t_2) - \frac{\alpha(t_2)}{\tilde{\alpha}} = 0$$

由此得

$$z(t_2) = \frac{1 - \sqrt{1 + \dfrac{\alpha(t_2)}{\tilde{\alpha}}}}{2}$$

故

$$a = \frac{\ln \dfrac{1 - \sqrt{1 + \dfrac{\alpha(t_2)}{\tilde{\alpha}}}}{2}}{t_2 - t_1} \tag{4.1-9}$$

对不同的比值 $\alpha(t_2)/\tilde{\alpha}$ 可计算出不同的乘积 $a(t_2 - t_1)$，见表 4.1-1。

表 4.1-1 计算结果

$\alpha(t_2)/\tilde{\alpha}$	-0.05	-0.10	-0.15
$a(t_2-t_1)$	4.3693	3.6629	3.2436

对于中近程火箭，一般 $\tilde{\alpha}=2°\sim3°$，而 $a=0.1\sim0.2$。当选定了 $\alpha(t)$ 后，就可积分主动段运动微分方程，解出运动参数 $V(t)$、$\theta(t)$、$x(t)$、$y(t)$、$\varphi_{cx}(t)$ 和对应的射程 L。当计算射程等于给定的最小射程 L_{min}时，便可确定程序转弯结束时间 t_3。

3. 瞄准段（$t_3\sim t_{km}$）

t_{km}为飞行程序结束时间，一般取为最大射程对应的关机时间。在此段上，为便于分离和减少落点散布，飞行程序角为常值，即 $\varphi_{cx}(t)=\varphi_{cx}(t_3)$。根据气动静平衡假设，火箭在这一段内应作渐增的正攻角飞行，因而其运动方程组及解算方法与有攻角时的转弯段基本相同，所不同的是飞行程序角 $\varphi_{cx}(t)=\varphi_{cx}(t_3)$是已知的，而攻角 $\alpha(t)$ 则是计算的，即

$$\alpha(t)=A[\varphi_{cx}(t_3)-\theta(t)]$$

经过求解各程序段运动方程组，可求出与 $\tilde{\alpha}$（或 a）相对应的飞行程序角 $\varphi_{cx}(t)$ 及主动段终点运动参数（见图 4.1-5）。

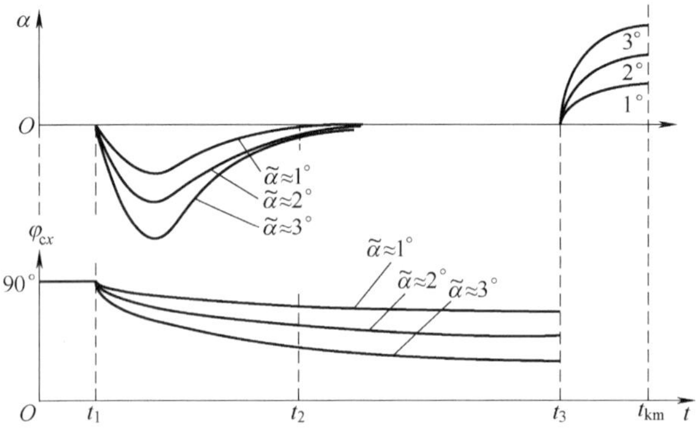

图 4.1-5 飞行程序角 $\varphi_{cx}(t)$ 与最大攻角 $\tilde{\alpha}$ 及系数 a 的关系图

从这些曲线中选择使 $\theta=\theta_{K\cdot OPT}$的飞行程序，通常是采用简便的作图方法。即先画出不同 $\tilde{\alpha}$ 值的 $\theta_{km}(\tilde{\alpha})$ 曲线，然后根据不同 $\tilde{\alpha}$ 值时终点参数应用最佳弹道倾角公式计算 $\theta_{K\cdot OPT}(\tilde{\alpha})$，并绘制成曲线。这样，曲线交点 $\theta_{km}=\theta_{K\cdot OPT}$对应的为选择的飞行程序对应的最大攻角的绝对值（见图 4.1-6），而 $\tilde{\alpha}^*$ 对应的 $\varphi_{cx}(t)$ 为求得的飞行程序角。

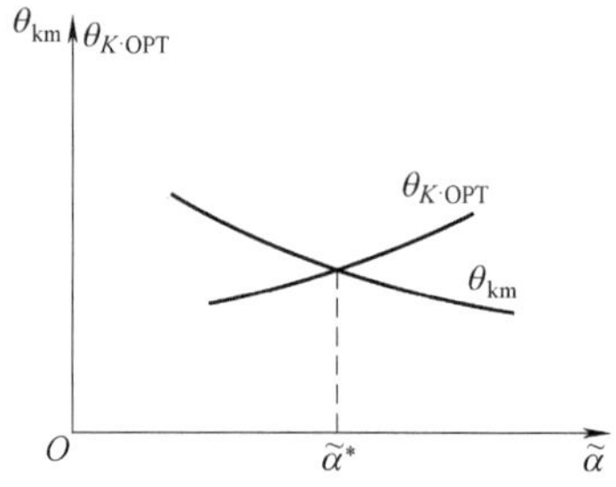

图 4.1-6 最佳弹道倾角与最大攻角绝对值关系图

应该指出的是，应用上述方法能够选择出符合实际要求的飞行程序，但并非一定是最大射程。然而，实际计算表明，用这种方法选择的程序基本上是在最大射程对应的程序的范围内，特别是对近程火箭而言，其最大误差不超过 ±5%。

4.1.3　满足这些特殊要求的实际飞行程序

以上讨论的仅是飞行程序选择的一般工程方法和对飞行程序的基本要求。但是，对担负不同任务的火箭来说，要根据火箭的具体任务提出这样或那样的一些特殊要求，设计出满足这些特殊要求的实际飞行程序。

1. 单级火箭的飞行程序

飞行程序角 $\varphi_{cx}(t)$ 的变化曲线如图 4.1-7 所示。

由图看出，火箭垂直飞行至 t_1 时开始程序转弯。在 $t_1 \sim t_2$ 时间内，由于飞行速度不大，故转弯较快，以后转弯逐渐缓慢直至 t_3。在 t_3 直至主动段关机时间 t_{km} 的一段时间内，火箭作常值程序角飞行。

2. 两级火箭的飞行程序

两级火箭一般都是远程火箭。远程火箭的飞行程序角 $\varphi_{cx}(t)$ 随 t 变化的曲线如图 4.1-8 所示，由以下几段组成：

（1）一级垂直飞行段（$0 \sim t_1$）

在这一段，$\alpha = 0$，$\varphi = \varphi_{cx} = \theta = \dfrac{\pi}{2}$。

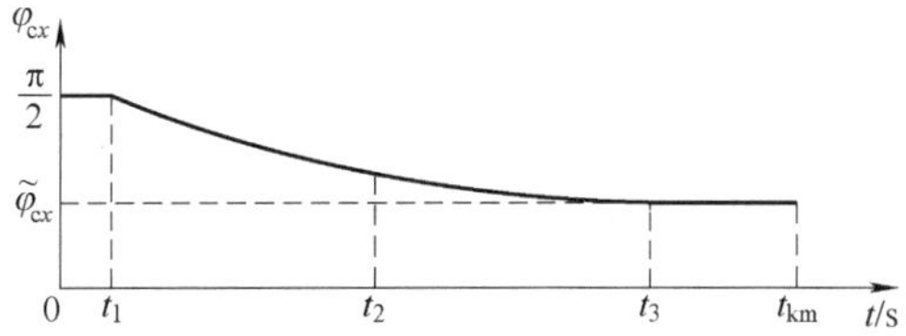

图 4.1-7　单级火箭飞行程序角与时间关系图

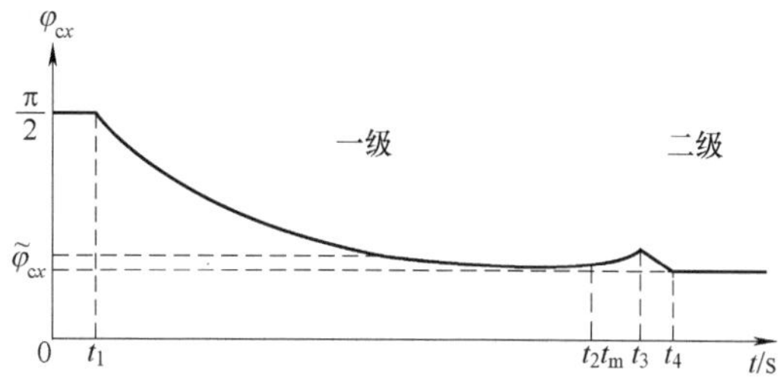

图 4.1-8　两级火箭飞行程序角与时间关系图

（2）一级转弯段（$t_1 \sim t_2$）

在这一段，事先给出常用的攻角 $\alpha(t)$ 经验关系式式（4.1-5）和式（4.1-6），即

$$\alpha(t) = 4\tilde{\alpha}\, e^{a(t_1 - t)}\left(e^{a(t_1 - t)} - 1\right) \tag{4.1-10}$$

通过调整 $\tilde{\alpha}$ 或 a，或者同时调整 $\tilde{\alpha}$ 及 a 和解算弹道微分方程组计算出 $\alpha(t)$，使得飞行程序角为

$$\varphi_{cx}(t_2) = \frac{\alpha(t_2)}{A} + \theta(t_2) = \tilde{\varphi}_{cx1}$$

式中，$\tilde{\varphi}_{cx1}$ 为预先给定的飞行程序角。

（3）一级常值程序段（$t_2 \sim t_{k1}$）

$$\varphi_{cx}(t_{k1}) = \tilde{\varphi}_{cx1}$$

式中，t_{k1} 为一二级分离时间。

（4）二级常值程序段（$t_{k1} \sim t_3$）

$$\varphi_{cx}(t_3) = \tilde{\varphi}_{cx1}$$

式中，t_3 为二级等斜率转弯起始时间。

（5）二级等斜率转弯段（$t_3 \sim t_4$）

$$\varphi_{cx}(t) = \tilde{\varphi}_{cx1} + \dot{\tilde{\varphi}}_{cx}\Delta t$$

$$\varphi_{cx}(t_4)=\tilde{\varphi}_{cx2}$$

其中

$$\Delta t=t-t_3,\ t_3\leqslant t\leqslant t_4$$

式中，t_4 为二级等斜率转弯段结束时间；$\dot{\tilde{\varphi}}_{cx}$为飞行程序角变化率。

（6）二级等程序段（$t_4\sim t_{k2}$）

$$\varphi_{cx}(t_{k2})=\varphi_{cx}(t_4)=\tilde{\varphi}_{cx2}$$

式中，t_{k2}为火箭和载荷的分离时间；$\tilde{\varphi}_{cx2}$为事先给定的火箭和载荷分离时的飞行程序角。

如图 4.1-8 所示，第一级飞行程序由垂直段、转弯段和瞄准段（常值程序段）三部分组成，它与一级火箭的飞行程序角随时间变化的规律相似。在第二级程序中，为便于一二级分离和减小分离时干扰对火箭运动的影响，在二级初始飞行时设有一不长时间的常值程序段。为了在主动段关机点能够达到给定的程序俯仰角 $\tilde{\varphi}_{cx2}$，另外还设有一等斜率飞行程序段。紧接等斜率下降段后面的一段便为二级瞄准段（即二级常值程序段）。

飞行程序的实现方法多种多样，根据不同的技术条件和要求，可采用不同的实现方法。如将飞行程序角的变化规律 $\varphi_{cx}(t)$ 制成机械的程序凸轮机构，弹道起飞后由凸轮机构再现程序角 $\varphi_{cx}(t)$ 的变化规律，从而控制火箭的飞行。显然，也可将飞行程序编制成计算机软件，预先储存在箭上计算机内，火箭飞行时，再由箭上计算机提供 $\varphi_{cx}(t)$ 的控制信息，以实现对火箭运动的控制。

3. 某些运载火箭的飞行程序

有些运载火箭的飞行程序角选择，不是通过预先给出攻角 $\alpha(t)$ 来推求 $\varphi_{cx}(t)$ 的，而是直接给出 φ_{cx}随时间 t 变化的规律。火箭垂直起飞后的飞行程序角随时间的变化规律，有的选择为二次抛物线，也有的采用两段直线的形式，如图 4.1-9 所示。飞行程序角随时间 t 变化的数学关系式为

$$\varphi_{cx}(t)=at^2+bt+c \qquad t_0<t<t_1 \tag{4.1-11}$$

或

$$\varphi_{cx}(t)=\begin{cases}\dfrac{\pi}{2}-\dot{\varphi}_{cx}(t)(t-t_0) & t_0\leqslant t\leqslant t_1' \\ \varphi_{cx}(t_1')-\dot{\varphi}_{cx}(t)(t-t_1') & t_1'\leqslant t\leqslant t_1\end{cases} \tag{4.1-12}$$

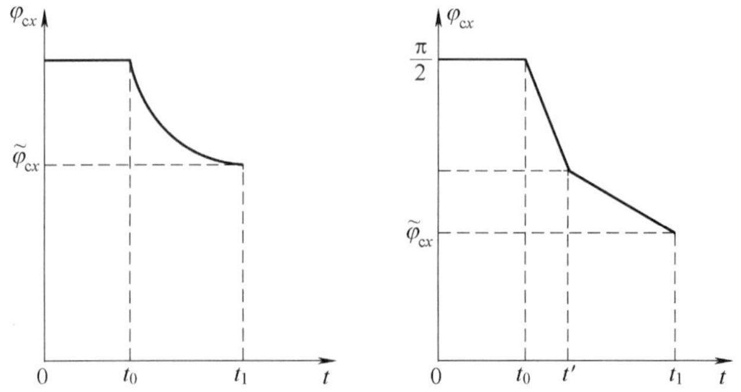

图 4.1-9　飞行程序角随时间变化曲线图

式中，抛物线方程系数 a、b、c 和直线斜率 $\dot{\varphi}_{cx}$，可由 $t=t_1$ 时 $\alpha=0$、俯仰角值 $\tilde{\varphi}_{cx}$及允许俯仰角速度的大小来确定。

另外，也有些运载火箭的飞行程序角随时间 t 变化的关系式采用如下形式：

$$\varphi_{cx}(t_j)=\varphi_{cx}(t_{j-1})+\dot{\varphi}_{cx}(t_{j-1})\Delta t_j \tag{4.1-13}$$

其中

$$\dot{\varphi}_{cx}(t_{j-1})=\begin{cases}0 & t_j<T_{cx1}\\ C_{xa1}t_j+C_{xb1} & t_j\leqslant T_{cx2}\\ C_{xa2}t_j+C_{xb2} & t_j\leqslant T_{cx3}\\ C_{xa3}t_j+C_{xb3} & t_j\leqslant T_{cx4}\\ C_{xa4}t_j+C_{xb4} & t_j\leqslant T_{cx5}\\ 0 & t_j>T_{cx5}\end{cases} \tag{4.1-14}$$

$$\Delta t_j=t_j-t_{j-1}$$

式中，t_j 为火箭从起飞零秒计至时刻 j 的飞行累加时间；t_{j-1}为从火箭起飞零秒计至时刻 $j-1$ 的飞行累加时间；Δt_j 为时刻 t_{j-1} 至 t_j 的时间间隔，或称为计算步长；$\varphi_{cx}(t_{j-1})$ 为时刻 $j-1$ 火箭飞行程序角；$\dot{\varphi}_{cx}(t_{j-1})$ 为 $j-1$ 时刻的火箭飞行程序角速度值；$T_{cxi}(i=1,2,3,4,5)$ 为飞行程序角速度拟合曲线节点时间；C_{xai}和 $C_{xbi}(i=1,2,3,4,5)$ 为飞行程序角速度拟合曲线系数，是射程的函数。在一定射程范围内，它们随射程的改变而变化得不明显，因此可取常值。

4.2　主动段弹道最优飞行程序设计

射程和入轨精度取决于主动段弹道关机点参数，而主动段弹道依赖飞行程序的选择，因此最优弹道设计实质上就是最优飞行程序选择的问题。消耗燃料最少、射程最大的飞行程序称为最大射程飞行程序，而满足落点偏差最小的飞行程序称为最小散布飞行程序。本节应用最优化理论和方法讨论主动段最大射程飞行程序优化设计问题。

与工程设计方法一样，主动段飞行程序优化设计时仍将主动段弹道分为垂直起飞段、程序转弯段和等程序飞行段，飞行攻角为控制变量。垂直起飞段攻角 $\alpha(t)=0°$，飞行程序角 $\varphi_{cx}(t)=\dfrac{\pi}{2}$；等程序飞行段攻角 $\alpha(t)$，可依据与飞行程序角 $\varphi_{cx}(t)$ 和弹道倾角 θ 间关系式求取。所以，主动段最优飞行程序选择，就是应用最优化理论和方法寻求程序转弯段攻角 $\alpha(t)$ 随时间变化的规律问题。

飞行程序选择与很多因素有关，受众多约束条件的限制，而且优化设计过程是一个复杂庞大系统最优解的求解过程，因此不能得到满足全部约束条件要求的最优解。那么，只能通过简化约束条件，求出满足某些约束条件的飞行程序准优解。

4.2.1　状态方程

为了讨论问题的方便，假设地球为不旋转的圆球体，火箭仅在设计平面内飞行，推进剂秒耗量$\dot{m}_c$为常值，发动机推力 P 仅为飞行高度 h 的函数。在上述假设条件下，火箭主动段

简化运动方程为

$$\begin{cases}\dot{V}=\dfrac{1}{m}(P\cos\alpha-X)-g\dfrac{x}{r}\cos\theta-g\dfrac{R+y}{r}\sin\theta=f_1\\ \dot{\theta}=\dfrac{1}{mV}(P\sin\alpha+Y)+\dfrac{g}{V}\dfrac{x}{r}\sin\theta-\dfrac{g}{V}\dfrac{R+y}{r}\cos\theta=f_2\\ \dot{x}=V\cos\theta=f_3\\ \dot{y}=V\sin\theta=f_4\\ \dot{m}=-\dot{m}_c=f_5\end{cases}\tag{4.2-1}$$

式中

$$\begin{cases}r=[x^2+(R+y)^2]^{\frac{1}{2}}\\ P=P_{z0}-S_a p=P(h)\\ h=r-R\\ Y=C_y(M,H,\alpha)qS_m\\ X=C_x(M,H,\alpha)qS_m\\ q=\dfrac{1}{2}\rho V^2\\ g=g_0\left(\dfrac{R}{r}\right)^2\end{cases}\tag{4.2-2}$$

V、θ、x、y、m、S_m 分别为火箭速度、弹道倾角、位置坐标、质量和最大横截面积；P、P_{z0}、S_a 分别为发动机推力、真空额定推力和喷管横截面积；R、h、g_0、g 分别为地球平均半径、高程、地面引力加速度和引力加速度；α 为攻角，控制变量。

令状态变量 $x=(V,\ \theta,\ x,\ y,\ m)^{\mathrm{T}}$，则式（4.2-1）变为

$$\dot{x}=f(x,\alpha,t)\tag{4.2-3}$$

初始条件（$t=t_0$）下有

$$x(t_0)=(V_0,\theta_0,x_0,y_0,m_0)^{\mathrm{T}}\tag{4.2-4}$$

终端条件（$t=t_f$）下有

$$x(t_f)=(V_f,\theta_f,x_f,y_f,m_f)^{\mathrm{T}}\tag{4.2-5}$$

式（4.2-1）中，有 5 个方程、6 个未知数 V、θ、x、y、m、α，无法求解。为求解上述方程，可用最优化理论和方法寻找控制变量 $\alpha(t)$ 的变化规律。

控制变量 $\alpha(t)$ 的变化规律是，在火箭状态给定、初始条件已知的情况下，解满足终端条件和推进剂消耗最小、能量最大、射程最大及不超过最大允许值要求的状态方程来求得的。该系统是一个定常系统，末端受约束、控制变量受限制，末值型性能指标的两点边值的求解问题。

性能指标为

$$J=\varphi=-m_f\tag{4.2-6}$$

控制变量约束条件为

$$u=|\alpha(t)|\leqslant|\alpha_{max}|\tag{4.2-7}$$

式中，$|\alpha_{max}|$ 为 $\alpha(t)$ 的控制区域。

4.2.2　共轭方程和横截条件

令共轭向量 $\lambda=(\lambda_V,\lambda_\theta,\lambda_x,\lambda_y,\lambda_m)^{\mathrm{T}}$，哈密顿函数为

$$H=\lambda^{\mathrm{T}}(t)f(x,u) \tag{4.2-8}$$

展开式

$$H=\lambda_V f_1+\lambda_\theta f_2+\lambda_x f_3+\lambda_y f_4+\lambda_m f_5 \tag{4.2-9}$$

将 $f_i(i=1,2,3,4,5)$ 代入上式，则有

$$\begin{aligned}H=&\lambda_V\left(\frac{P}{m}\cos\alpha-\frac{X}{m}-g\frac{x}{r}\cos\theta-g\frac{R+y}{r}\sin\theta\right)\\&+\lambda_\theta\left(\frac{P}{mV}\sin\alpha+\frac{Y}{mV}+\frac{g}{V}\frac{x}{r}\sin\theta-\frac{g}{V}\frac{R+y}{r}\cos\theta\right)\\&+\lambda_x V\cos\theta+\lambda_y V\sin\theta-\lambda_m\dot{m}_{\mathrm{c}}\end{aligned} \tag{4.2-10}$$

由共轭方程

$$\dot{\lambda}^{\mathrm{T}}=-\frac{\partial H}{\partial x} \tag{4.2-11}$$

得矩阵式

$$\begin{bmatrix}\dot{\lambda}_v\\\dot{\lambda}_\theta\\\dot{\lambda}_x\\\dot{\lambda}_y\\\dot{\lambda}_m\end{bmatrix}=-\begin{bmatrix}\frac{\partial f_1}{\partial V}&\frac{\partial f_2}{\partial V}&\frac{\partial f_3}{\partial V}&\frac{\partial f_4}{\partial V}&\frac{\partial f_5}{\partial V}\\\frac{\partial f_1}{\partial \theta}&\frac{\partial f_2}{\partial \theta}&\frac{\partial f_3}{\partial \theta}&\frac{\partial f_4}{\partial \theta}&\frac{\partial f_5}{\partial \theta}\\\frac{\partial f_1}{\partial x}&\frac{\partial f_2}{\partial x}&\frac{\partial f_3}{\partial x}&\frac{\partial f_4}{\partial x}&\frac{\partial f_5}{\partial x}\\\frac{\partial f_1}{\partial y}&\frac{\partial f_2}{\partial y}&\frac{\partial f_3}{\partial y}&\frac{\partial f_4}{\partial y}&\frac{\partial f_5}{\partial y}\\\frac{\partial f_1}{\partial m}&\frac{\partial f_2}{\partial m}&\frac{\partial f_3}{\partial m}&\frac{\partial f_4}{\partial m}&\frac{\partial f_5}{\partial m}\end{bmatrix}\begin{bmatrix}\lambda_V\\\lambda_\theta\\\lambda_x\\\lambda_y\\\lambda_m\end{bmatrix} \tag{4.2-12}$$

式中，$\frac{\partial f_i}{\partial j}(i=1,2,3,4,5;\ j=V,\theta,x,y,m)$ 为右函数对状态变量的偏导数。以$\frac{\partial f_1}{\partial V}$、$\frac{\partial f_1}{\partial \theta}$、$\frac{\partial f_1}{\partial x}$、$\frac{\partial f_1}{\partial y}$、$\frac{\partial f_1}{\partial m}$为例，推导其表达式。

① $\frac{\partial f_1}{\partial V}=\frac{\partial}{\partial V}\left(-\frac{X}{m}\right)=-\frac{1}{m}\frac{\partial X}{\partial V}$

因为有 $X=\frac{1}{2}C_x(M,H,\alpha)\rho V^2S_{\mathrm{m}}$，$M=\frac{V}{a}$，$\rho=\rho(h)$，$\frac{\partial X}{\partial V}=X\left(\frac{2}{V}+\frac{C_x^V}{C_x}\right)$

所以有

$$\frac{\partial f_1}{\partial V}=-\frac{X}{m}\left(\frac{2}{V}+\frac{C_x^V}{C_x}\right)$$

② $\frac{\partial f_1}{\partial \theta}=\frac{\partial}{\partial \theta}\left(-g\frac{x}{r}\cos\theta-g\frac{R+y}{r}\sin\theta\right)=g\frac{x}{r}\sin\theta-g\frac{R+y}{r}\cos\theta$

③ $\frac{\partial f_1}{\partial x}=\frac{1}{m}\cos\alpha\frac{\partial P}{\partial x}-\frac{1}{m}\frac{\partial X}{\partial x}-\cos\theta\frac{\partial}{\partial x}\left(g\frac{x}{r}\right)-\sin\theta\frac{\partial}{\partial x}\left(g\frac{R+y}{r}\right)$

因为有

$$\frac{\partial P}{\partial x}=\frac{\partial P}{\partial h}\frac{\partial h}{\partial x}=\frac{\partial P}{\partial h}\frac{\partial r}{\partial x}=P^h\frac{x}{r}$$

$$\frac{\partial X}{\partial x}=X\frac{x}{r}\left(\frac{C_x^h}{C_x}+\frac{\rho^h}{\rho}\right)$$

$$\frac{\partial}{\partial x}\left(g\frac{x}{r}\right)=g_0R^2\frac{\partial}{\partial x}\left(\frac{x}{r^3}\right)=g\frac{r^3-3x^2}{r^3}$$

$$\frac{\partial}{\partial x}\left(g\frac{R+y}{r}\right)=g_0R^2\frac{\partial}{\partial x}\left(\frac{R+y}{r^3}\right)=-g\frac{3(R+y)x}{r^3}$$

所以有

$$\frac{\partial f_1}{\partial x}=\frac{P^h}{m}\frac{x}{r}\cos\alpha-\frac{X}{m}\frac{x}{r}\left(\frac{C_x^h}{C_x}+\frac{\rho^h}{\rho}\right)-g\frac{r^2-3x^2}{r^3}\cos\theta+3g\frac{(R+y)x}{r^3}\sin\theta$$

④ $\frac{\partial f_1}{\partial y}=\frac{1}{m}\cos\alpha\frac{\partial P}{\partial y}-\frac{1}{m}\frac{\partial X}{\partial y}-\cos\theta\frac{\partial}{\partial y}\left(g\frac{x}{r}\right)-\sin\theta\frac{\partial}{\partial y}\left(g\frac{R+y}{r}\right)$

因为有

$$\frac{\partial P}{\partial y}=\frac{\partial P}{\partial h}\frac{\partial h}{\partial y}=P^h\frac{\partial r}{\partial y}=P^h\frac{R+y}{r}$$

$$\frac{\partial X}{\partial y}=X\frac{R+y}{r}\left(\frac{C_x^h}{C_x}+\frac{\rho^h}{\rho}\right)$$

$$\frac{\partial}{\partial y}\left(g\frac{x}{r}\right)=\frac{-3g(R+y)x}{r^3}$$

$$\frac{\partial}{\partial y}\left(g\frac{R+y}{r}\right)=g\frac{r^2-3(R+y)^2}{r^3}$$

所以有

$$\frac{\partial f_1}{\partial y}=\frac{P^h}{m}\frac{R+y}{r}\cos\alpha-\frac{X}{m}\frac{R+y}{r}\left(\frac{C_x^h}{C_x}+\frac{\rho^h}{\rho}\right)+3g\cos\theta\frac{(R+y)x}{r^3}-g\sin\theta\frac{r^2-3(R+y)^2}{r^3}$$

⑤ $\frac{\partial f_1}{\partial m}=-\frac{1}{m^2}(P\cos\alpha-X)$

综合各偏导数如下：

$$\begin{cases}\dfrac{\partial f_1}{\partial V}=-\dfrac{X}{m}\left(\dfrac{2}{V}+\dfrac{C_x^V}{C_x}\right)\\ \dfrac{\partial f_1}{\partial \theta}=g\dfrac{x}{r}\sin\theta-g\dfrac{R+y}{r}\cos\theta\\ \dfrac{\partial f_1}{\partial x}=\dfrac{P^h}{m}\dfrac{x}{r}\cos\alpha-\dfrac{X}{m}\dfrac{x}{r}\left(\dfrac{C_x^h}{C_x}+\dfrac{\rho^h}{\rho}\right)-g\dfrac{r^2-3x^2}{r^3}\cos\theta+3g\dfrac{(R+y)x}{r^3}\sin\theta\\ \dfrac{\partial f_1}{\partial y}=\dfrac{P^h}{m}\dfrac{R+y}{r}\cos\alpha-\dfrac{X}{m}\dfrac{R+y}{r}\left(\dfrac{C_x^h}{C_x}+\dfrac{\rho^h}{\rho}\right)+3g\cos\theta\dfrac{(R+y)x}{r^3}-g\sin\theta\dfrac{r^2-3(R+y)^2}{r^3}\\ \dfrac{\partial f_1}{\partial m}=-\dfrac{1}{m^2}(P\cos\alpha-X)\end{cases}\tag{4.2-13}$$

$$
\begin{cases}
\dfrac{\partial f_2}{\partial V}=\dfrac{Y}{mV}\left(\dfrac{1}{V}+\dfrac{C_y^V}{C_y}\right)-\dfrac{1}{V^2}\left(\dfrac{P}{m}\sin\alpha+g\dfrac{x}{r}\sin\theta-g\dfrac{R+y}{r}\cos\theta\right)\\
\dfrac{\partial f_2}{\partial \theta}=\dfrac{g}{V}\dfrac{x}{r}\cos\theta+\dfrac{g}{V}\dfrac{R+y}{r}\sin\theta\\
\dfrac{\partial f_2}{\partial x}=\dfrac{1}{Vm}\dfrac{x}{r}\left[P^h\sin\alpha+Y\left(\dfrac{C_y^h}{C_y}+\dfrac{\rho^h}{\rho}\right)\right]+\dfrac{g}{V}\left[\dfrac{r^2-3x^2}{r^3}\sin\theta+3g\dfrac{(R+y)}{r^3}\cos\theta\right]\\
\dfrac{\partial f_2}{\partial y}=\dfrac{1}{mV}\dfrac{R+y}{r}\left[P^h\sin\alpha+y\left(\dfrac{C_y^h}{C_y}+\dfrac{\rho^h}{\rho}\right)\right]-\dfrac{g}{V}\left[\dfrac{3x(R+y)}{r^3}\sin\theta+\dfrac{r^2-3(R+y)^2}{r^3}\cos\theta\right]\\
\dfrac{\partial f_2}{\partial m}=-\dfrac{1}{m^2V}(P\sin\alpha+y)
\end{cases}
\tag{4.2-14}
$$

$$
\begin{cases}
\dfrac{\partial f_3}{\partial V}=\cos\theta\\
\dfrac{\partial f_3}{\partial \theta}=-V\sin\theta\\
\dfrac{\partial f_3}{\partial x}=\dfrac{\partial f_3}{\partial y}=\dfrac{\partial f_3}{\partial m}=0
\end{cases}
\tag{4.2-15}
$$

$$
\begin{cases}
\dfrac{\partial f_4}{\partial V}=\sin\theta\\
\dfrac{\partial f_4}{\partial \theta}=V\cos\theta\\
\dfrac{\partial f_4}{\partial x}=\dfrac{\partial f_4}{\partial y}=\dfrac{\partial f_4}{\partial m}=0
\end{cases}
\tag{4.2-16}
$$

$$
\frac{\partial f_5}{\partial V}=\frac{\partial f_5}{\partial \theta}=\frac{\partial f_5}{\partial x}=\frac{\partial f_5}{\partial y}=\frac{\partial f_5}{\partial m}=0
\tag{4.2-17}
$$

式中，$P^h=\dfrac{\partial P}{\partial h}=\dfrac{\partial P}{\partial r}$为推力对高度 h 的偏导数；$\rho^h=\dfrac{\partial \rho}{\partial h}=\dfrac{\partial \rho}{\partial r}$为大气密度对高度 h 的偏导数；C_x^h、C_y^h 分别为阻力系数 C_x 和升力系数 C_y 对高度 h 的偏导数；C_x^V、C_y^V 分别为阻力系数 C_x 和升力系数 C_y 对飞行速度 V 的偏导数。

共轭方程终端条件可由横截条件来确定。由于末值型性能指标为

$$
J=\varphi=-m_{\mathrm{f}}
\tag{4.2-18}
$$

根据横截条件方程

$$
\lambda(t_{\mathrm{f}})=\frac{\partial \varphi}{\partial t_{\mathrm{f}}}+\frac{\partial \boldsymbol{\psi}^{\mathrm{T}}}{\partial x(t_{\mathrm{f}})}\boldsymbol{\gamma}
\tag{4.2-19}
$$

及

$$
\boldsymbol{\psi}^{\mathrm{T}}(t_{\mathrm{f}})=\begin{vmatrix}V(t_{\mathrm{f}})-V_{\mathrm{f}}\\ \theta(t_{\mathrm{f}})-\theta_{\mathrm{f}}\\ x(t_{\mathrm{f}})-x_{\mathrm{f}}\\ y(t_{\mathrm{f}})-y_{\mathrm{f}}\end{vmatrix}
\tag{4.2-20}
$$

则有

$$\begin{cases}\lambda_V(t_f)=\gamma_1+\dfrac{\partial\theta}{\partial V}\gamma_2\\ \lambda_\theta(t_f)=\dfrac{\partial V}{\partial\theta}\gamma_1+\gamma_2\\ \lambda_x(t_f)=\gamma_3+\dfrac{\partial y}{\partial x}\gamma_4\\ \lambda_y(t_f)=\dfrac{\partial x}{\partial y}\gamma_3+\gamma_4\\ \lambda_m(t_f)=1\end{cases}\tag{4.2-21}$$

式中，γ_1、γ_2、γ_3、γ_4 为函数，由状态方程终端条件确定。

4.2.3 控制变量的确定

通常，空气阻力系数 C_x 由零阻力系数 $C_{x0}(M,h)$ 和诱导阻力系数 $C_{xi}(\alpha)$ 组成，即 $C_x=C_{x0}(M,h)+C_{xi}(\alpha)$。零阻力系数为速度 M 和高度 h 的函数，诱导阻力系数为攻角 α 的函数。对运载火箭而言，诱导阻力系数 C_{xi}较小，可忽略对火箭运动的影响；对于中近程火箭来说，诱导阻力较大，一般不能忽略。诱导阻力系数可表为攻角 α 的一次函数或二次型函数，常表示为 $C_{xi}=C_{xi0}\alpha^2$。

1. 不计 C_{xi}影响时的控制变量解

当 $C_x=C_{x0}(M,h)$ 和 $C_y(M,h,\alpha)=C_y^\alpha(M,h)\alpha$ 时，哈密顿函数 H 可表示为与攻角 α 有关项和无关项两部分，即

$$H=H_1(\alpha)+H_2\tag{4.2-22}$$

式中

$$H_1(\alpha)=\lambda_\theta\left(\frac{P}{mV}\sin\alpha+\frac{Y}{mV}\right)\tag{4.2-23}$$

$$\begin{aligned}H_2=&\lambda_V\left(\frac{P}{m}\cos\alpha-\frac{X}{m}-g\frac{x}{r}\cos\theta-g\frac{R+y}{r}\sin\theta\right)\\&+\lambda_\theta\left(\frac{g}{V}\frac{x}{r}\sin\theta-g\frac{1}{V}\frac{R+y}{r}\cos\theta\right)+\lambda_xV\cos\theta+\lambda_y\sin\theta-\lambda_m\dot{m}_c\end{aligned}\tag{4.2-24}$$

由于 H_2 与控制变量 $\alpha(t)$ 无关，无论 $\alpha(t)$ 取任何值，都不会影响 H 的极值。换言之，只要 $H_1(\alpha)$ 取极值，就是整个系统的哈密顿函数取为极值，因此用 $H_1(\alpha)$ 来确定控制变量 $\alpha(t)$ 的变化规律。

将 $\sin\alpha\approx\alpha$ 和 $Y=C_y^\alpha\alpha qS_m$ 代入 $H_1(\alpha)$，有

$$H_1(\alpha)=\lambda_\theta\left(\frac{P}{mV}+\frac{1}{mV}C_y^\alpha qS_m\right)\alpha=S(t)\alpha\tag{4.2-25}$$

式中

$$S(t)=\lambda_\theta\left(\frac{P}{mV}+\frac{1}{mV}C_y^\alpha qS_m\right)\tag{4.2-26}$$

该函数称为开关函数。

由 $S(t)$ 看出，因为$\frac{1}{mV}(P+C_y^\alpha qS_m)>0$，所以 $S(t)$ 与 λ_θ 同号。为使哈密顿函数 H 极小，则控制变量为

$$\alpha_{opt}=\begin{cases}\alpha_{max} & \lambda_\theta<0\\ \alpha_{min} & \lambda_\theta>0\end{cases}\tag{4.2-27}$$

由极值理论知，α_{opt} 使哈密顿函数取值为

$$H(x^*,\alpha_{opt},\lambda^*)=\lim_{\alpha\to\Omega}H(x,\alpha,\lambda)\tag{4.2-28}$$

2. $C_{xi}=C_{xi0}\alpha$ 时的控制变量解

将 $X=C_xqS_m$、$C_x=C_{x0}+C_{xi}$、$Y=C_y^\alpha\alpha$ 代入哈密顿函数式（4.2-10），与 $\alpha(t)$ 有关项 $H_1(\alpha)$ 为

$$H_1(\alpha)=\left[\frac{\lambda_\theta}{mV}(P+C_y^\alpha qS_m)-\lambda_V\frac{1}{m}C_{xi0}qS_m\right]\alpha=S(t)\alpha\tag{4.2-29}$$

$$S(t)=\frac{\lambda_\theta}{mV}(P+C_y^\alpha qS_m)-\lambda_V\frac{1}{m}C_{xi0}qS_m\tag{4.2-30}$$

由上式看出，$S(t)$ 正负号与 λ_θ 和 λ_V 的符号有关。当 λ_θ 和 λ_V 同号时，$S(t)$ 可能是正值，也可能是负值，但不是极值；只有当 $\lambda_\theta<0$、$\lambda_V>0$ 时，$S(t)$ 为最小负值；当 $\lambda_\theta>0$、$\lambda_V<0$ 时，$S(t)$ 为最大正值。因此，使哈密顿函数 H 取极值的控制变量为

$$\alpha_{opt}=\begin{cases}\alpha_{max} & \lambda_\theta<0,\lambda_V>0\\ \alpha_{min} & \lambda_\theta>0,\lambda_V<0\end{cases}\tag{4.2-31}$$

4.3　真空段弹道最优设计

多级运载火箭的二级以上的各级飞行段，一般情况下均在大气密度极稀薄的高空飞行，所受到的空气阻力的作用很小，可以忽略不计；大气压强对发动机推力的影响也很小，可认为真空额定推力仅随时间或推进剂秒流量变化而改变。地球扁率及其自转角速度对主动段终点运动参数的影响甚微，因而略去不计。

4.3.1　最优飞行程序选择

在上述假设和视地球引力场为平行力场，且引力加速度为常值条件下，火箭真空段运动微分方程组在发射坐标系中可简化为

$$\begin{cases}\dot{V}_x=\frac{P}{m}\cos\varphi(t)\\ \dot{V}_y=\frac{P}{m}\sin\varphi(t)-g\\ \dot{x}=v_x\\ \dot{y}=v_y\end{cases}\tag{4.3-1}$$

积分上式可得终点运动参数：

$$
\begin{cases}
V_{xk} = V_{x0} + g\int_0^{t_k} n(t)\cos\varphi(t)\mathrm{d}t \\
V_{yk} = V_{y0} + g\int_0^{t_k} [n(t)\sin\varphi(t) - 1]\mathrm{d}t \\
x_k = x_0 + V_{x0}t_k + g\int_0^{t_k}\left[\int_0^t n(t)\cos\varphi(t)dt\right]\mathrm{d}t \\
\quad = x_0 + V_{x0}t_k + g\int_0^{t_k}(t_k - t)n(t)\cos\varphi(t)\mathrm{d}t \\
y_k = y_0 + v_{y0}t_k + g\int_0^{t_k}(t_k - t)[n(t)\sin\varphi(t) - 1]\mathrm{d}t
\end{cases}
\tag{4.3-2}
$$

式中，$n = \dfrac{P}{G}$为时间的函数。

对上式进行变分，可得飞行程序角偏差 $\delta\varphi$ 所引起的主动段终点参数偏差：

$$
\begin{cases}
\delta V_{xk} = -g\int_0^{t_k} n(t)\sin\varphi(t)\delta\varphi(t)\mathrm{d}t \\
\delta V_{yk} = g\int_0^{t_k} n(t)\cos\varphi(t)\delta\varphi(t)\mathrm{d}t \\
\delta x_k = -g\int_0^{t_k}(t_k - t)n(t)\sin\varphi(t)\delta\varphi(t)\mathrm{d}t \\
\delta y_k = g\int_0^{t_k}(t_k - t)n(t)\cos\varphi(t)\delta\varphi(t)\mathrm{d}t
\end{cases}
\tag{4.3-3}
$$

射程偏差为

$$
\delta L = \frac{\partial L}{\partial V_{xk}}\delta V_{xk} + \frac{\partial L}{\partial V_{yk}}\delta V_{yk} + \frac{\partial L}{\partial x_k}\delta x_k + \frac{\partial L}{\partial y_k}\delta y_k \tag{4.3-4}
$$

将式（4.3-3）代入上式，则得

$$
\begin{aligned}
\delta L = g\int_0^{t_k}\Bigg\{ & -\left[\frac{\partial L}{\partial x_k}(t_k - t) + \frac{\partial L}{\partial V_{xk}}\right]\sin\varphi(t) \\
& + \left[\frac{\partial L}{\partial y_k}(t_k - t) + \frac{\partial L}{\partial V_{yk}}\right]\cos\varphi(t)\Bigg\} n(t)\delta\varphi(t)\mathrm{d}t
\end{aligned}
$$

因为 $\delta\varphi(t)$ 可以任意取值，因此当 $\delta L = 0$ 时的必要条件是真空段弹道任一点的被积函数：

$$
-\left[\frac{\partial L}{\partial x_k}(t_k - t) + \frac{\partial L}{\partial V_{xk}}\right]\sin\varphi(t) + \left[\frac{\partial L}{\partial y_k}(t_k - t) + \frac{\partial L}{\partial V_{yk}}\right]\cos\varphi(t) = 0
$$

于是得最优飞行程序角

$$
\tan\varphi_{cx}(t) = \frac{\dfrac{\partial L}{\partial y_k}(t_k - t) + \dfrac{\partial L}{\partial V_{yk}}}{\dfrac{\partial L}{\partial x_k}(t_k - t) + \dfrac{\partial L}{\partial V_{xk}}} \tag{4.3-5}
$$

即

$$
\varphi_{cx}(t) = \arctan\frac{\dfrac{\partial L}{\partial y_k}(t_k - t) + \dfrac{\partial L}{\partial V_{yk}}}{\dfrac{\partial L}{\partial x_k}(t_k - t) + \dfrac{\partial L}{\partial V_{xk}}} \tag{4.3-6}
$$

或者

$$\varphi_{cx}(t)=\arctan\frac{Bt+A}{ct+1} \tag{4.3-7}$$

由于式（4.3-5）是在一定假设条件下推导出的，因而它仅是真空段弹道的最优程序角的近似计算式。对远程运载火箭而言，用式（4.3-5）计算飞行程序角将会引起较大的误差，但如果真空段终点的重力加速度用该段的平均值代替，则误差可相应地减少。

从上面推导过程可以看出，最优解对制导系统的姿态误差引起的射程散布也是符合最优准则的。同时从公式可知，最优解取决于关机点的射程偏导数，而射程偏导数与射击方向有关，因此对不同的射击方向的最优解是不同的。但计算结果表明，考虑射击方向对最优飞行程序角的影响，对减小射程散布有很大的意义。式（4.3-7）表达的最优飞行程序角更具有普遍意义。

4.3.2　发动机推力程序的最优设计

1. 质心运动方程及边界条件

在上述条件和地球引力加速度仅是位置的函数假设条件下，运载火箭质心相对曲面坐标系的运动方程为

$$\begin{cases}\dot{u}=\dfrac{P}{m}\cos\varphi-\dfrac{vu}{r}=f_1\\ \dot{v}=\dfrac{P}{m}\sin\varphi-g+\dfrac{u^2}{r}=f_2\\ \dot{L}=u\dfrac{R}{r}=f_3\\ \dot{h}=v=f_4\\ \dot{m}=-\dfrac{P}{g_0P_{b0}}=f_3\end{cases} \tag{4.3-8}$$

初始条件和末端条件为

$t=t_0$ 时，$u=u_0$，$v=v_0$，$L=L_0$，$h=h_0$，$m=m_0$

$t=t_f$ 时，$h=h^*$，$T=T^*$

式中，u 为水平速度，即速度矢量 $\boldsymbol{V}$ 在垂直于矢径 r 方向上的投影；v 为垂直速度，即速度矢 $\boldsymbol{V}$ 在矢径 r 方向的投影；L 为射程，即沿地球表面的大圆弧长；φ 为俯仰程序角；R 为地球平均半径，是常值；r 为火箭质心的地心距离；P_{b0} 为发动机真空比推力；P 为发动机真空推力；m 为火箭质量；h 为火箭至地面距离；$g=g_0\left(\dfrac{R}{r}\right)^2$ 为地球引力加速度，g_0 是常值；T 为周期；h^*、T^* 为对应的终端条件。

在上述问题中，有 7 个位置参数——u、v、L、h、γ、φ 和 P，而只有 5 个方程，其中的 φ、P 为控制变量。为了求解上述问题，必须寻求 φ 及 P 的变化规律，而它们的求解则可通过最优化方法获得。

二级弹道设计的目的在于，满足终端约束条件下，寻求俯仰角程序 φ 和推力 $P(t)$ 的变

化规律，使二级火箭的运载能力最大，即消耗的推进剂最少、射程最长。因此，它是一个求解定常系统（自治系统）、末端受约束，以及控制受约束和末值型性能指标的两点边值最优解问题的。故性能指标函数为

$$J = m(t_f) \tag{4.3-9}$$

控制变量的约束条件

$$P \leqslant P^* \quad P \in u_p$$

$$\varphi \leqslant \varphi^* \quad \varphi \in u_\varphi$$

式中，u_p、u_φ 分别为 $P(t)$ 和 $\varphi(t)$ 的约束区域

2. 共轭方程和横截条件

令共轭函数为 $\lambda_i(i=1,2,\cdots,5)$，由如下哈密顿函数式：

$$H(\boldsymbol{x},\boldsymbol{u},\boldsymbol{\lambda}) = \boldsymbol{\lambda}^{\mathrm{T}}(t)f(\boldsymbol{x},\boldsymbol{u})$$

即

$$H = f_1\lambda_1 + f_2\lambda_2 + f_3\lambda_3 + f_4\lambda_4 + f_5\lambda_5$$

则得

$$H = \lambda_1\left(\frac{P}{m}\cos\varphi - \frac{uv}{r}\right) + \lambda_2\left(\frac{P}{m}\sin\varphi - g + \frac{u^2}{r}\right) + \lambda_3 u\frac{R}{r} + \lambda_4 v - \lambda_5\frac{P}{g_0 P_{b0}} \tag{4.3-10}$$

由如下共轭方程式：

$$\dot{\lambda} = -\frac{\partial \boldsymbol{H}}{\partial \boldsymbol{x}}$$

求得共轭方程展开式为

$$\begin{cases} \dot{\lambda}_1 = \lambda_1\dfrac{v}{r} - \dfrac{2u}{r}\lambda_2 - \lambda_3\dfrac{R}{r} \\ \dot{\lambda}_2 = \lambda_1\dfrac{u}{r} - \lambda_4 \\ \dot{\lambda}_3 = 0 \\ \dot{\lambda}_4 = -\lambda_1 uv\dfrac{1}{r^2} + \lambda_2 u^2\dfrac{1}{r^2} + \lambda_3 u\dfrac{R}{r^2} - 2g_0\dfrac{R^2}{r^3}\lambda_2 \\ \quad\; = -\lambda_1 uv\dfrac{1}{r^2} + \left(u^2\dfrac{1}{r} - 2g\dfrac{1}{r}\right)\lambda_2 + \lambda_3 u\dfrac{R}{r^2} \\ \dot{\lambda}_5 = \dfrac{P}{m^2}\cos\varphi\lambda_1 + \lambda_2\dfrac{P}{m^2}\sin\varphi \end{cases} \tag{4.3-11}$$

共轭方程的终端条件，可通过横截条件来确定。由于下式：

$$J = \varphi = m(t_f)$$

$$\psi = \begin{bmatrix} h - h^* \\ T - T^* \end{bmatrix}$$

和如下横截条件方程：

$$\lambda(t_f) = \frac{\partial\varphi}{\partial\boldsymbol{x}(t_f)} + \frac{\partial\psi^{\mathrm{T}}}{\partial\boldsymbol{x}(t_f)}\boldsymbol{\gamma}$$

因此共轭方程终端条件一般式（$t=t_f$ 时）为

$$\begin{cases}\lambda_1(t_f)=\gamma_1\dfrac{\partial h}{\partial u}+\gamma_2\dfrac{\partial T}{\partial u} & ①\\ \lambda_2(t_f)=\gamma_1\dfrac{\partial h}{\partial v}+\gamma_2\dfrac{\partial T}{\partial v} & ②\\ \lambda_3(t_f)=0 \\ \lambda_4(t_f)=\gamma_1\dfrac{\partial h}{\partial h}+\gamma_2\dfrac{\partial T}{\partial h} & ③\\ \lambda_5(t_f)=\dfrac{\partial\varphi}{\partial m}=1\end{cases}\tag{4.3-12}$$

式中，γ_1、γ_2 为待定系数，可由状态方程终端条件 $h=h^*$ 和 $T=T^*$ 来确定。

① 求$\dfrac{\partial h}{\partial u}$、$\dfrac{\partial h}{\partial v}$和$\dfrac{\partial h}{\partial h}$。因为下式：

$$V^2=(u^2+v^2),\quad \tan\theta_k=\frac{v}{u}$$

即$\dfrac{\partial h}{\partial u}$和$\dfrac{\partial h}{\partial v}$为 V 及 θ_k 函数，所以有

$$\begin{cases}\dfrac{\partial h}{\partial u}=\dfrac{\partial h}{\partial V}\dfrac{\partial V}{\partial u}+\dfrac{\partial h}{\partial\theta_k}\dfrac{\partial\theta_k}{\partial u}\\ \dfrac{\partial h}{\partial v}=\dfrac{\partial h}{\partial V}\dfrac{\partial V}{\partial v}+\dfrac{\partial h}{\partial\theta_k}\dfrac{\partial\theta_k}{\partial v}\end{cases}\tag{4.3-13}$$

将下列偏导数代入式（4.3-13）：

$$\frac{\partial V}{\partial u}=\cos\theta_k,\ \frac{\partial\theta_k}{\partial u}=-\frac{1}{V}\sin\theta_k,\ \frac{\partial V}{\partial v}=\sin\theta_k,\ \frac{\partial\theta_k}{\partial v}=\frac{1}{V}\cos\theta_k$$

则有

$$\begin{cases}\dfrac{\partial h}{\partial u}=\cos\theta_k\dfrac{\partial h}{\partial V}-\dfrac{1}{V}\sin\theta_k\dfrac{\partial h}{\partial\vartheta_k}\\ \dfrac{\partial h}{\partial v}=\sin\theta_k\dfrac{\partial h}{\partial V}+\dfrac{1}{V}\cos\theta_k\dfrac{\partial h}{\partial\vartheta_k}\end{cases}\tag{4.3-14}$$

由椭圆轨道理论知

$$\begin{cases}h=a_E(1-e)-R\\ a_E=\dfrac{r}{2-V}\\ v=\dfrac{rv^2}{\mu}\\ e=\sqrt{1-v(2-v)\cos^2\theta_k}\end{cases}$$

则有

$$\frac{\partial h}{\partial V}=\frac{\partial h}{\partial a_E}\frac{\partial a_E}{\partial v}\frac{\partial v}{\partial V}+\frac{\partial h}{\partial e}\frac{\partial e}{\partial v}\frac{\partial v}{\partial V}$$

因偏导数有

$$
\begin{cases}
\dfrac{\partial h}{\partial a_{\mathrm{E}}}=1-e \\
\dfrac{\partial a_{\mathrm{E}}}{\partial v}=\dfrac{a_{\mathrm{E}}^{2}}{r} \\
\dfrac{\partial v}{\partial V}=\dfrac{2rV}{\mu} \\
\dfrac{\partial h}{\partial e}=-a_{\mathrm{E}} \\
\dfrac{\partial e}{\partial v}=\dfrac{-(1-v)\cos^{2}\vartheta_{\mathrm{k}}}{e}
\end{cases}
$$

于是有

$$
\frac{\partial h}{\partial V}=\frac{2a_{\mathrm{E}}V}{\mu}\left[(1-e)a_{\mathrm{E}}-\frac{r(v-1)\cos^{2}\vartheta_{\mathrm{k}}}{e}\right] \tag{4.3-15}
$$

同理

$$
\begin{cases}
\dfrac{\partial h}{\partial \vartheta_{\mathrm{k}}}=\dfrac{a_{\mathrm{E}}v(v-2)}{e}\sin\theta_{\mathrm{k}}\cos\theta_{\mathrm{k}} \\
\dfrac{\partial h}{\partial h}=\dfrac{2(1-e)a_{\mathrm{E}}^{2}}{r^{2}}-\dfrac{a_{\mathrm{E}}v(v-1)\cos^{2}\theta_{\mathrm{k}}}{er}
\end{cases} \tag{4.3-16}
$$

② 求$\dfrac{\partial T}{\partial u}$、$\dfrac{\partial T}{\partial v}$和$\dfrac{\partial T}{\partial h}$。由椭圆轨道理论知下式：

$$
T=2\pi\sqrt{\frac{a_{\mathrm{E}}^{3}}{\mu}}
$$

以及 a_{E}、v 与 V 和 r 关系，可得下式：

$$
\begin{cases}
\dfrac{\partial T}{\partial u}=\dfrac{\partial T}{\partial a_{\mathrm{E}}}\dfrac{\partial a_{\mathrm{E}}}{\partial v}\dfrac{\partial v}{\partial V}\dfrac{\partial V}{\partial u} \\
\dfrac{\partial T}{\partial v}=\dfrac{\partial T}{\partial a_{\mathrm{E}}}\dfrac{\partial a_{\mathrm{E}}}{\partial v}\dfrac{\partial v}{\partial V}\dfrac{\partial V}{\partial v} \\
\dfrac{\partial T}{\partial h}=\dfrac{\partial T}{\partial a_{\mathrm{E}}}\dfrac{\partial a_{\mathrm{E}}}{\partial h}
\end{cases}
$$

将如下偏导数分别代入上式：

$$
\begin{cases}
\dfrac{\partial T}{\partial a_{\mathrm{E}}}=3\pi\sqrt{\dfrac{a_{\mathrm{E}}}{\mu}} \\
\dfrac{\partial a_{\mathrm{E}}}{\partial v}=\dfrac{r}{(2-v)^{2}} \\
\dfrac{\partial v}{\partial V}=\dfrac{2rV}{\mu} \\
\dfrac{\partial V}{\partial u}=\dfrac{\mu}{V} \\
\dfrac{\partial V}{\partial v}=\dfrac{v}{V} \\
\dfrac{\partial a_{\mathrm{E}}}{\partial h}=\dfrac{2}{(2-v)^{2}}
\end{cases}
$$

则得

$$\begin{cases}\dfrac{\partial T}{\partial u}=\dfrac{3ua_{\mathrm{E}}T}{\mu}\\ \dfrac{\partial T}{\partial v}=\dfrac{3va_{\mathrm{E}}T}{\mu}\\ \dfrac{\partial T}{\partial h}=\dfrac{3a_{\mathrm{E}}T}{r^2}\end{cases} \tag{4.3-17}$$

③ 联合终端条件。若式（4.3-12）中 $\lambda_1(t_{\mathrm{f}})$ 和 $\lambda_2(t_{\mathrm{f}})$ 为已知，式中各偏导数按式（4.3-14）~式（4.3-17）已求得，则① $\times\dfrac{\partial T}{\partial v}-$ ② $\times\dfrac{\partial T}{\partial u}$得

$$\gamma_1=\frac{\lambda_1\dfrac{\partial T}{\partial v}-\lambda_2\dfrac{\partial T}{\partial u}}{\dfrac{\partial h}{\partial u}\dfrac{\partial T}{\partial v}-\dfrac{\partial h}{\partial v}\dfrac{\partial T}{\partial u}}=\frac{M_2}{M}$$

同理，② $\times\dfrac{\partial h}{\partial u}-$ ① $\times\dfrac{\partial h}{\partial v}$得

$$\gamma_2=\frac{\lambda_2\dfrac{\partial h}{\partial u}-\lambda_1\dfrac{\partial T}{\partial v}}{\dfrac{\partial h}{\partial u}\dfrac{\partial T}{\partial v}-\dfrac{\partial h}{\partial v}\dfrac{\partial T}{\partial u}}=\frac{M_2}{M}$$

将 γ_1 和 γ_2 代入式（4.3-12）中的③，于是有

$$\lambda_4=\frac{M_1}{M}\frac{\partial h}{\partial h}+\frac{M_2}{M}\frac{\partial T}{\partial h}$$

或

$$\lambda_{\mathrm{g}}=\lambda_4-\frac{M_1}{M}\frac{\partial h}{\partial h}-\frac{M_2}{M}\frac{\partial T}{\partial h}=0 \tag{4.3-18}$$

式中

$$\begin{cases}M=\dfrac{\partial h}{\partial u}\dfrac{\partial T}{\partial v}-\dfrac{\partial h}{\partial v}\dfrac{\partial T}{\partial u}\\ M_1=\lambda_1\dfrac{\partial T}{\partial v}-\lambda_2\dfrac{\partial T}{\partial u}\\ M_2=\lambda_2\dfrac{\partial h}{\partial u}-\lambda_1\dfrac{\partial T}{\partial v}\end{cases} \tag{4.3-19}$$

将状态方程终端条件和共轭方程横截条件联合起来，可得如下联合终端条件：

$$\begin{cases}h=h^*\\ T=T^*\\ \lambda_3=0\\ \lambda_5=1\\ \lambda_{\mathrm{g}}=0\end{cases} \tag{4.3-20}$$

如果终端条件限制在 $\vartheta_{\mathrm{k}}(t_{\mathrm{f}})=0$，此时状态方程的终端条件为

$$\begin{cases} u = u^* & \text{（给定的速度）} \\ v = 0 \\ h = h^* & \text{（给定的高度）} \end{cases} \tag{4.3-21}$$

则联合终端条件为

$$\begin{cases} u = u^* \\ v = 0 \\ h = h^* \\ \lambda_3 = 0 \\ \lambda_5 = 1 \end{cases} \tag{4.3-22}$$

当航程有约束时（$L = L^*$），则联合终端条件为

$$\begin{cases} u = u^* \\ v = 0 \\ L = L^* \\ h = h^* \\ \lambda_5 = 1 \end{cases} \tag{4.3-23}$$

3. 极值条件和开关函数

将哈密顿函数式（4.3-10）整理为与发动机推力有关项和无关项两部分，且令

$$S(t) = \left(\frac{\lambda_1}{m}\cos\varphi + \frac{\lambda_2}{m}\sin\varphi - \frac{\lambda_5}{g_0 P_{b0}}\right) \tag{4.3-24}$$

式中，$S(t)$ 称为开关函数，则有

$$H = S(t)P - \frac{uv}{r}\lambda_1 + \left(\frac{u^2}{r} - g\right)\lambda_2 + u\frac{R}{r}\lambda_3 + v\lambda_4 \tag{4.3-25}$$

由极值原理知，最优解 φ^* 和 P^* 满足如下方程：

$$H(P^*, \varphi^*) = \max_{\substack{P^* \in u_p \\ \varphi^* \in u_\varphi}} H(P, \varphi) \tag{4.3-26}$$

当 P 的约束区域为 $P_{\min} \leqslant P \leqslant P_{\max}$ 时，最优解为

$$P^*(t) = \begin{cases} P_{\min} & S(t) < 0 \\ P_{\max} & S(t) > 0 \end{cases} \tag{4.3-27}$$

当俯仰程序角 φ 无约束时，则应满足下式：

$$\frac{\partial H}{\partial \varphi} = 0 \tag{4.3-28}$$

即

$$-\frac{\lambda_1}{m}\sin\varphi^* + \frac{\lambda_2}{m}\cos\varphi^* = 0$$

则最优解为

$$\varphi^*(t) = \arctan\frac{\lambda_2}{\lambda_1} \tag{4.3-29}$$

4. 最优推力程序

由式（4.3-27）知，推力在两种状态下工作：当开关函数 $S(t) < 0$ 时，要求发动机以最

小推力状态工作；当开关函数 $S(t)>0$ 时，则要求以最大推力状态工作。其转换点及工作顺序由开关函数 $S(t)$ 来确定。为了研究最优推力程序，在状态方程式（4.3-8）假设的基础上，进一步假设地球为平面、地球重力为常值，最优俯仰程序角变化规律为 $\varphi^*(t)$，且 $r\approx R$，则式（4.3-8）简化为

$$\begin{cases}\dot{u}=\dfrac{P}{m}\cos\varphi^*\\ \dot{v}=\dfrac{P}{m}\sin\varphi^*-g\\ \dot{L}=u\\ \dot{h}=v\\ \dot{m}=-\dfrac{P}{g_0P_{b0}}\end{cases}\tag{4.3-30}$$

其初始条件和终端条件同式（4.3-8）。

哈密顿函数

$$\begin{aligned}H&=f_1\lambda_1+f_2\lambda_2+f_3\lambda_3+f_4\lambda_4+f_5\lambda_5\\&=\left(\frac{\lambda_1}{m}\cos\varphi^*+\frac{\lambda_2}{m}\sin\varphi^*-\frac{\lambda_5}{g_0P_{b0}}\right)P-g\lambda_2+\lambda_4v+\lambda_3u\end{aligned}\tag{4.3-31}$$

共轭方程为

$$\begin{cases}\dot{\lambda}_1=-\lambda_3\\ \dot{\lambda}_2=-\lambda_4\\ \dot{\lambda}_3=0\\ \dot{\lambda}_4=0\\ \dot{\lambda}_5=\lambda_1\dfrac{P}{m^2}\cos\varphi^*+\lambda_2\dfrac{P}{m^2}\sin\varphi^*\end{cases}\tag{4.3-32}$$

积分上式可得共轭方程终端条件为

$$\begin{cases}\lambda_1=\lambda_{10}\\ \lambda_2=\lambda_{10}(a+bt)\\ \lambda_3=0\\ \lambda_4=\lambda_{40}=-b\lambda_{10}\\ \lambda_5=\displaystyle\int_{t_0}^{t_f}\left(\lambda_1\frac{P}{m^2}\cos\varphi^*+\lambda_2\frac{P}{m^2}\sin\varphi^*\right)\mathrm{d}t=\int_{t_0}^{t_f}\frac{P}{m^2}\sqrt{\lambda_1^2+\lambda_2^2}\,\mathrm{d}t\end{cases}\tag{4.3-33}$$

式中，λ_{10}、λ_{40} 为积分常数；a、b 为待定系数。开关函数为

$$S(t)=\frac{\lambda_1}{m}\cos\varphi^*+\frac{\lambda_2}{m}\sin\varphi^*-\frac{\lambda_5}{g_0P_{b0}}\tag{4.3-34}$$

因为哈密顿函数不显含时间 t，则 $H\equiv0$，故由式（4.3-31）知，开关函数为

$$S(t)=\frac{\lambda_1}{m}\cos\varphi^*+\frac{\lambda_2}{m}\sin\varphi^*-\frac{\lambda_5}{g_0P_{b0}}=\frac{1}{P}(\lambda_2g-\lambda_4v)=\frac{1}{P}k(t)\tag{4.3-35}$$

式中

$$k(t)=\lambda_2 g-\lambda_4 v \tag{4.3-36}$$

对 $k(t)$ 求导，有

$$\dot{k}(t)=\dot{\lambda}_2 g-\dot{\lambda}_4 v-\lambda_4\dot{v}$$

将 $\dot{\lambda}_2$、$\dot{\lambda}_4$ 及 $\dot{v}$ 各式代入上式，整理后得

$$\dot{k}(t)=\frac{\lambda_4 P}{m}\frac{\lambda_2}{\sqrt{\lambda_1^2+\lambda_2^2}} \tag{4.3-37}$$

由式（4.3-33）得出，λ_4 为常值，λ_2 为时间 t 的一次函数。故 $\dot{k}(t)$ 最多有一个零点。因 $P\neq0$，所以开关函数 $S(t)$ 最多有两个零点。也就是说，推力极值弧最多由三段组成。在由这三段组成时，有如下两种形式：

$$P_{\max}\to P_{\min}\to P_{\max};\ P_{\min}\to P_{\max}\to P_{\max}$$

为此要研究推力起始状态。

当 $t=t_0$ 时，由式（4.3-35）得

$$S(t_0)=\frac{1}{P}k(t_0)=\frac{1}{P}(\lambda_{20}g-\lambda_{40}v_0) \tag{4.3-38}$$

下面根据具体问题的物理意义，导出 $\lambda_1(t_0)$、$\lambda_2(t_0)$、$\lambda_3(t_0)$、$\lambda_4(t_0)$、$\lambda_5(t_0)$。设火箭二级飞行瞬时，对不同的起始条件 u_0、v_0、L_0、h_0、m_0，终端质量 $m(t_f)$ 也不同，因此可将质量 $m(t_f)$ 视为起始条件 u_0、v_0、L_0、h_0、m_0 的函数，且将其展开成泰勒级数，取线性项，其质量偏差为

$$\Delta m(t_f)=\frac{\partial m(t_f)}{\partial u_0}\Delta u_0+\frac{\partial m(t_f)}{\partial v_0}\Delta v_0+\frac{\partial m(t_f)}{\partial L_0}\Delta L_0+\frac{\partial m(t_f)}{\partial h_0}\Delta h_0+\frac{\partial m(t_f)}{\partial m_0}\Delta m_0 \tag{4.3-39}$$

令

$$\Delta x=[\Delta u,\Delta v,\Delta L,\Delta h,\Delta m]^{\mathrm{T}}$$

则线性化状态方程为

$$\Delta\dot{\boldsymbol{x}}=\frac{\partial\boldsymbol{f}}{\partial\boldsymbol{x}}\Delta\boldsymbol{x} \tag{4.3-40}$$

共轭方程为

$$\dot{\boldsymbol{\lambda}}=-\left[\frac{\partial\boldsymbol{f}}{\partial\boldsymbol{x}}\right]^{\mathrm{T}}\Delta\lambda \tag{4.3-41}$$

由如下布利斯公式：

$$\sum_{i=1}^{n}\lambda_i(t_f)x_i(t_f)=\sum_{i=1}^{n}\lambda_i(t_0)x_i(t_0) \tag{4.3-42}$$

得

$$\begin{aligned}&\lambda_1(t_f)\Delta u(t_f)+\lambda_2(t_f)\Delta v(t_f)+\lambda_3(t_f)\Delta L(t_f)+\lambda_4(t_f)\Delta h(t_f)+\lambda_5(t_f)\Delta m(t_f)\\&=\lambda_{10}\Delta u_0+\lambda_{20}\Delta v_0+\lambda_{30}\Delta L_0+\lambda_{40}\Delta h_0+\lambda_{50}\Delta m_0\end{aligned} \tag{4.3-43}$$

将式（4.3-12）代入上式

$$\begin{aligned}&\left(\gamma_1\frac{\partial h}{\partial u}+\gamma_2\frac{\partial T}{\partial u}\right)\Delta u(t_f)+\left(\gamma_1\frac{\partial h}{\partial v}+\gamma_2\frac{\partial T}{\partial v}\right)\Delta v(t_f)+\left(\gamma_1\frac{\partial h}{\partial h}+\gamma_2\frac{\partial T}{\partial h}\right)\Delta h(t_f)\\&+\Delta m(t_f)=\lambda_{10}\Delta u_0+\lambda_{20}\Delta v_0+\lambda_{30}\Delta L_0+\lambda_{40}\Delta h_0+\lambda_{50}\Delta m_0\end{aligned} \tag{4.3-44}$$

因为有

$$\left[\frac{\partial h}{\partial u}\Delta u(t_f)+\frac{\partial h}{\partial v}\Delta v(t_f)+\frac{\partial h}{\partial h}\Delta h(t_f)\right]\gamma_1+\left[\frac{\partial T}{\partial u}\Delta u(t_f)+\frac{\partial T}{\partial v}\Delta v(t_f)+\frac{\partial T}{\partial h}\Delta h(t_f)\right]\gamma_2$$
$$=\gamma_1\Delta h+\gamma_2\Delta T$$

在无摄动情况下，即 $\Delta h=\Delta T=0$ 时，由式（4.3-44）可得

$$\Delta m(t_f)=\lambda_{10}\Delta u_0+\lambda_{20}\Delta v_0+\lambda_{30}\Delta L_0+\lambda_{40}\Delta h_0+\lambda_{50}\Delta m_0 \tag{4.3-45}$$

比较式（4.3-45）与式（4.3-39），则有

$$\begin{cases}\lambda_{10}=\dfrac{\partial m(t_f)}{\partial u_0}\\[2mm]\lambda_{20}=\dfrac{\partial m(t_f)}{\partial v_0}\\[2mm]\lambda_{30}=\dfrac{\partial m(t_f)}{\partial L_0}\\[2mm]\lambda_{40}=\dfrac{\partial m(t_f)}{\partial h_0}\\[2mm]\lambda_{50}=\dfrac{\partial m(t_f)}{\partial m_0}\end{cases} \tag{4.3-46}$$

一般情况下，$\lambda_{20}>\lambda_{40}>0$，$P\neq0$，即$\dfrac{\partial m(t_f)}{\partial v_0}>\dfrac{\partial m(t_f)}{\partial h_0}>0$，因此由式（4.3-38）知，在起始点 $t=t_0$，若 $S(t)>0\left(\lambda_{20}g-\lambda_{40}v_0>0\text{ 或 }v_0<\dfrac{\lambda_{20}g}{\lambda_{40}}\right)$时，则 $P_0=P_{\max}$；若 $S(t)<0\left(v_0>\dfrac{\lambda_{20}g}{\lambda_{40}}\right)$时，则 $P_0=P_{\min}$。

从上面讨论看出，欲确定发动机推力最优程序，必须求解状态方程和共轭方程。这是一个典型的两点边值问题，且可应用两点边值问题计算方法求解。

第 5 章 弹道摄动制导理论及方法

5.1 摄动法的基本思想

弹道方程，介绍了火箭的运动特性，给出了飞行中火箭的运动方程和弹道计算方法。从理论上说，如果知道了发射条件，也就是给定了运动方程的一组起始条件，则可以唯一确定一条弹道。实际上，影响火箭运动的因素是很多的，如火箭运动时的环境条件、火箭本身的特征参数、发动机和控制系统的特性。这些都会影响火箭的运动特性。所以，即使在相同的起始条件下，如果运动时的环境条件（气温、气压、风速等）和火箭本身的特征参数（几何尺寸、重量、外形等的微小偏差）以及发动机和控制系统参数不同，则火箭的运动弹道也不相同。相关原因如下：

1）环境气象条件是在不断地发生变化，且是无法预先确定的。

2）由于制造原因，各发火箭箭体特性参数不是完全相同的，在允许的公差范围内，都有一定的偏差。

3）在进行弹道设计时，空气动力系数是模型吹风试验和理论计算的结果，对实际值存在一定的偏差，这些偏差也是无法预知的。

4）发动机推力曲线是实验和理论计算的结果，对实际值有偏差，而且在安装发动机时，还会产生安装偏差。

5）控制系统、程序装置等的参数变化，都会偏离设计值。

6）在建立弹道计算方程时，不可避免地要进行某些近似假设。

由于这些原因，即使给定了发射条件，也无法预先准确地确定火箭的实际运动弹道，只能事先给出运动的某些平均规律，设法使实际运动规律对这些平均运动规律的偏差是微小量。那么，就可以在平均运动规律的基础上，利用小偏差理论来研究这些偏差对火箭的运动特性的影响。在炮兵中这种方法称为弹道修正理论，有时也称为弹道摄动理论。

为了能反映出火箭质心运动的“平均”运动规律，需要进行标准条件和标准弹道方程的假设，利用标准弹道方程在标准条件下计算出来的弹道叫标准弹道。标准条件和标准弹道方程随着研究问题的内容和性质不同而有所不同。不同的研究内容，可以有不同的标准条件和标准弹道方程，目的在于能保证实际运动弹道对标准弹道保持小偏差。例如，对于近程火箭的标准弹道计算，通常可以不考虑地球旋转和扁率的影响；对于远程火箭来说，则必须加以考虑。

标准条件可以概括为如下三个方面：

（1）地理条件

① 地球形状（认为是半径为 R 的圆球，还是认为是均质椭球体）；

② 地球旋转（可以认为不旋转，或者认为以常角速度 $\omega_e = 7.292115 \times 10^{-5}$ rad/s 旋转）；

③ 引力加速度（可以简化为有心力场，其大小与到地心距离的二次方成反比，或者将引力势看成是正常引力势函数，考虑 J_2 或高于 J_2 的某些项）。

（2）气象条件

① 认为大气相对地球是静止的（即认为风速为零）。

② 地面气温（取平面气温，或者取为 15℃）。

③ 地面大气压力 $p_0 \approx 1.01325\text{N/m}^2$。

④ 地面空气密度 $\rho_0 \approx 1.2250\text{kg/m}^3$。

（3）弹道条件

① 火箭的几何尺寸、空气动力系数、质量、发动机系统的推力和秒流量、控制系统的放大系数都取实验的平均值。

② 落点和发射点同位于海平面上。

规定了标准条件之后，还需根据研究问题的内容和性质，选择某些方程作为标准弹道方程。例如，对近程火箭来说，标准弹道方程中可以不包括地球旋转项；远程火箭，则必须考虑地球旋转的影响。

在标准条件下，利用标准弹道方程解出的弹道，称为“标准弹道”。它反映火箭飞行的“平均运动规律”。对有些问题，如火箭初步设计时，对箭体结构参数和控制系统结构参数选择需要提供的运动参量，只要计算出标准弹道就行了。但对另一些问题，不仅要知道标准弹道，而且要比较准确地掌握火箭的实际运动规律。例如，对目标进行射击，对每发火箭而言，实际飞行条件与标准飞行条件之间总存在着偏差。在这些偏差中，有些在发射之前是已知的，如果标准条件和标准弹道方程选择得比较恰当，往往可以使这些偏差是比较小的量。但即使偏差较小，在这些偏差影响下，实际弹道将偏离标准弹道而引起落点偏差。如果落点偏差过大，则达不到任务要求。为此需要研究由这些偏差所引起的射程偏差，并设法在发射之前加以修正或消除，这就是弹道摄动理论所需要研究的问题。

通常上，把实际弹道飞行条件和标准弹道飞行条件的偏差叫“摄动”或称“扰动”。

这里所谓的扰动，与火箭在实际飞行中作用在火箭上的干扰不同，它既包含一些事先无法预知的量，也包含由于发射条件对所规定的标准条件的偏差。对某一火箭来说，后者是已知的系统偏差。

通常说的“实际弹道”，是指在实际的飞行条件下，利用所选择的标准弹道方程进行积分所确定的弹道。由于运动方程的建立不可避免地有所简化，故所确定的弹道对火箭的实际飞行弹道还是有偏差的。

可以用各种方法来研究“扰动”与弹道偏差的关系。

（1）方法之一是“求差法”

建立两组微分方程：一组是在实际条件下建立的；另一组则是在标准条件下建立的。分别对两组方程求解，就可获得实际弹道参数和标准弹道参数，用前者减去后者就得到弹道偏差。此方法的优点是，不论干扰大小，都可以这样做，没有运动稳定性问题。其缺点如下：

① 计算工作量大。

② 当扰动比较小时，用求差法计算，往往是两个相近的大数相减，因而会带来较大的计算误差，要求计算机有较长的字长。

③ 不便于分析干扰与弹道偏差之间的关系，在制导问题上，不便于应用。

（2）方法之二是“摄动法”

即微分法，因为在一般情况下，如果标准条件选择适当，扰动都比较小，可以将实际弹道在标准弹道附近展开，取到一阶项来进行研究。摄动法实际上也就是线性化法。所以存在运动稳定性问题。

5.2 用摄动法研究扰动因素对载荷落点偏差的影响

5.2.1 落点偏差概念、生成及表示

如上所述，在给定发射条件下，载荷的标准弹道应通过目标，在实际情况下，由于各种扰动因素的影响，实际弹道将偏离标准弹道而产生落点偏差。

如图 5.2-1 所示，O 为发射点，C 为目标点，OKC 为标准弹道，$OK'C'$ 为实际弹道，其落点为 C'，则截痕 $\overset{\frown}{CC'}$ 为实际弹道的落点偏差。如果近似认为地球是大圆球，过实际落点 C' 作垂直于标准弹道截痕 OC 的大圆弧 $C'C_1$ 交 OC 于 C_1，则有如下定义：

$$射程偏差\ \Delta L = CC_1$$

$$横程偏差\ \Delta H = C_1C'$$

可以看出，射程偏差 ΔL 和横程偏差 ΔH 都是等高偏差。

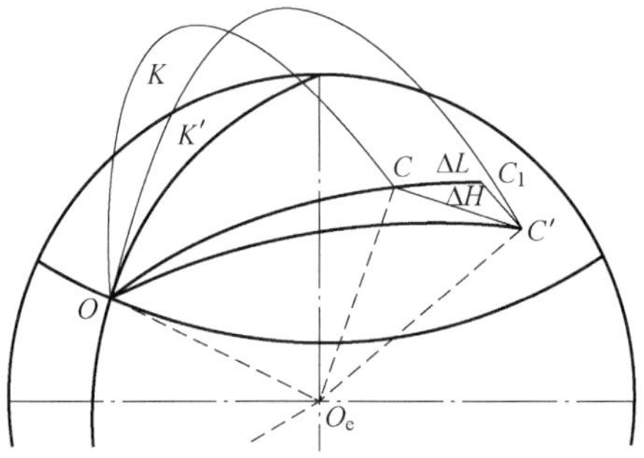

图 5.2-1 落点偏差示意图

在火箭飞行中，引起落点偏差的扰动因素是很多的，总的说来可分为如下两类：

（1）随机扰动

这一类扰动是由飞行过程中飞行条件的随机变化引起的，在发射之前是无法预先确定的。由此而引起的落点对目标的散布。

（2）系统扰动

这一类扰动是非随机的。从理论上来讲，在每发火箭发射之前，应该是可以预先确定的，但受各种条件的限制，有时不能确切地掌握扰动的精确值。例如，起飞重量对标准值的偏差，从理论上讲是可以预知的，但由于在野战条件下不可能有庞大的称量装置，在发射时无法测量。又例如，从发动机启动到火箭飞离发射台这一段时间内要消耗燃料，消耗燃料的数量与发动机在非额定工作状态时的工作过程有关，目前还不能精确确定在这一段过程中所消耗燃料的重量。虽然有些系统扰动无法精确地在发射前确定，但应创造条件，尽量在发射之前在某一允许的精度范围之内来确定。例如，在发射之前，进行必要的气象测量，测出每发火箭主动段实际飞行时可能的气温、气压、风等气象条件。这样来确定它们对标准条件的

偏差及由这些扰动因素所引起的落点偏差，并设法加以补偿和修正，其补偿不足部分，作为随机误差来处理。

系统扰动的大小与所选择的标准条件有关，在适当选择标准条件时，扰动为小量，可以用摄动法来进行研究。

由于实际射程（包含射程偏差 ΔL 和横程偏差 ΔH）是实际飞行条件的函数，即发射时的实际气温、气压、重力加速度、发动机推力、空气动力系数等一系列参数的函数，如用 $\lambda_i(i=1,2,3,\cdots,n)$ 来表示这些参数，用 L 来表示全射程，则有

$$L=L(\lambda_1,\lambda_2,\cdots,\lambda_n) \tag{5.2-1}$$

要特别强调的是，λ_i 必须是相互独立的。例如，气温 T、气压 p、大气密度 ρ 这三个参数存在关系式 $p=\rho RT$，因此只有两个量是相互独立的，在 λ_i 中只能包含这三个参数中的任意两个，否则就把影响射程的因素弄重复了。又例如，推力 P_0、比推力 P_{b0} 和秒耗量 $\dot{G}_0$ 存在关系式 $P_0=\dot{G}_0 P_{b0}$，所以也只有两个是相互独立的。因此在，考虑参数时，要特别注意，既要防止遗漏，又要注意是否相对独立，否则将会出现错误结果。

为方便区分，可把标准飞行条件和标准弹道的参数加符号“ ~ ”来表示，而相应于实际飞行条件和实际弹道的参数则不加，则在标准条件下的标准射程为

$$\tilde{L}=\tilde{L}(\tilde{\lambda}_1,\tilde{\lambda}_2,\cdots,\tilde{\lambda}_n) \tag{5.2-2}$$

而在实际飞行条件下的实际射程则如式（5.2-1）所示。

如果令

$$\Delta L=L-\tilde{L},\ \Delta\lambda_1=\lambda_1-\tilde{\lambda}_1,\ \Delta\lambda_2=\lambda_2-\tilde{\lambda}_2,\ \cdots,\ \Delta\lambda_n=\lambda_n-\tilde{\lambda}_n \tag{5.2-3}$$

将实际射程 L 在标准射程附近展开，则有

$$\begin{aligned} L &= L(\tilde{\lambda}_1+\Delta\lambda_1,\tilde{\lambda}_2+\Delta\lambda_2,\cdots,\tilde{\lambda}_n+\Delta\lambda_n) \\ &= \tilde{L}(\tilde{\lambda}_1,\tilde{\lambda}_2,\cdots,\tilde{\lambda}_n)+\sum_{i=1}^{n}\frac{\partial L}{\partial\lambda_i}\Delta\lambda_i+\frac{1}{2}\sum_{i,j=1}^{n}\frac{\partial^2 L}{\partial\lambda_i\,\partial\lambda_j}\Delta\lambda_i\Delta\lambda_j+\cdots \end{aligned} \tag{5.2-4}$$

故有

$$\Delta L=\sum_{i=1}^{n}\frac{\partial L}{\partial\lambda_i}\Delta\lambda_i+\frac{1}{2}\sum_{i,j=1}^{n}\frac{\partial^2 L}{\partial\lambda_i\,\partial\lambda_j}\Delta\lambda_i\Delta\lambda_j+\cdots \tag{5.2-5}$$

如果标准条件选择恰当，则 $\Delta\lambda_i$ 是一阶微量，如果将二阶以上的项略去，则得

$$\Delta L=\sum_{i=1}^{n}\frac{\partial L}{\partial\lambda_i}\Delta\lambda_i \tag{5.2-6}$$

用这样的方法来研究由扰动 $\Delta\lambda_i$ 引起的射程偏差 ΔL 的方法，就是摄动法。所以，摄动法的实质就是用线性函数来逼近非线性函数，或者用线性微分方程来逼近非线性微分方程。这就牵扯到运动稳定性问题。

摄动法只适用于小干扰的情况，因此通常要将标准弹道和标准弹道方程选择得接近实际飞行情况，使扰动总是保持为微小量，这样获得的结果才比较准确。

在进行摄动制导方法的研究时，通常关注主动段终点参数的偏差会引起多大的射程偏差，因此，在考虑地球旋转影响时，可将全射程 L 写为

$$L=L(V_{xK},V_{yK},V_{zK},x_K,y_K,z_K,t_K) \tag{5.2-7}$$

将 L 在标准射程 $\widetilde{L}$附近展开，取第一项，则有

$$\begin{aligned}\Delta L &= \frac{\partial L}{\partial V_{xK}}\Delta V_{xK} + \frac{\partial L}{\partial V_{yK}}\Delta V_{yK} + \frac{\partial L}{\partial V_{zK}}\Delta V_{zK} \\ &+ \frac{\partial L}{\partial x_K}\Delta x_K + \frac{\partial L}{\partial y_K}\Delta y_K + \frac{\partial L}{\partial z_K}\Delta z_K + \frac{\partial L}{\partial t_K}\Delta t_K\end{aligned} \tag{5.2-8}$$

如果将落点偏差分解成射程偏差 ΔL 和横程偏差 ΔH，则有

$$\begin{cases}\Delta L = \dfrac{\partial L}{\partial V_{xK}}\Delta V_{xK} + \dfrac{\partial L}{\partial V_{yK}}\Delta V_{yK} + \dfrac{\partial L}{\partial V_{zK}}\Delta V_{zK} + \dfrac{\partial L}{\partial x_K}\Delta x_K + \dfrac{\partial L}{\partial y_K}\Delta y_K + \dfrac{\partial L}{\partial z_K}\Delta z_K + \dfrac{\partial L}{\partial t_K}\Delta t_K \\ \Delta H = \dfrac{\partial H}{\partial V_{xK}}\Delta V_{xK} + \dfrac{\partial H}{\partial V_{yK}}\Delta V_{yK} + \dfrac{\partial H}{\partial V_{zK}}\Delta V_{zK} + \dfrac{\partial H}{\partial x_K}\Delta x_K + \dfrac{\partial H}{\partial y_K}\Delta y_K + \dfrac{\partial H}{\partial z_K}\Delta z_K + \dfrac{\partial H}{\partial t_K}\Delta t_K\end{cases} \tag{5.2-9}$$

注意，式（5.2-9）的 L 指在标准弹道射面内的射程，而式（5.2-8）中的 L 则表示实际射程。

5.2.2 全射程偏导数的计算

为了计算考虑地球旋转时的全射程偏导数，如图 5.2-2 所示，引入一个不随地球一起旋转的同心球 M，先研究火箭对不动球壳的运动，然后再将其转换到旋转的地球上。

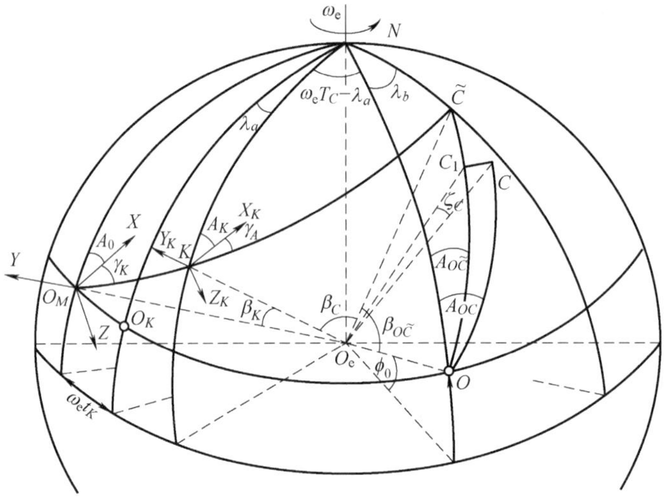

图 5.2-2　相对弹道和绝对弹道示意图

如图 5.2-2 所示，选择适当的 R 作半径，作不随地球旋转的同心球 M，O_M 为在发射瞬间发射点在不动球壳 M 上的投影。$\widetilde{C}$为在命中瞬间地面目标（即标准载荷的落点）在不动球壳上的投影。过 O_M 作发射惯性系 O_M-XYZ，此惯性坐标系起始方位角为 A_0，O_MY 轴为 O_MO_e 的延长线，O_MX 轴在通过目标 $\widetilde{C}$的绝对弹道平面内垂直于 O_MY，O_MZ 与 O_MX、O_MY 成右手坐标系。K 为标准弹道主动段终点时间 $\tilde{t}_K$瞬间主动段终点在不动球壳上的投影。连接大圆弧 $\overset{\frown}{O_MK}$，则 $\overset{\frown}{O_MK}$为标准弹道主动段的绝对弹道在不动球壳上的投影。设 $\tilde{t}_K$瞬间火箭在发射惯性坐标系的位置分量 x_K、y_K、z_K，速度分量 V_{xK}、V_{yK}、V_{zK}，O_MX 与主动段绝对弹道之间夹角为 γ_K。如果过 K 作当地惯性坐标系 K-$X_KY_KZ_K$，KY_K 为 O_eK 的延长线，KX_K 轴在以 K 点和目标 $\widetilde{C}$所确定的铅垂平面内（即当地射向），方位角为 A_K，垂直于 KY_K，KZ_K 与

KX_K、KY_K 成右手系。如果设主动段终点射程角为 β_K，则 O_M-XYZ 与 K-$X_KY_KZ_K$ 之间的关系如图 5.2-3a 所示，则有

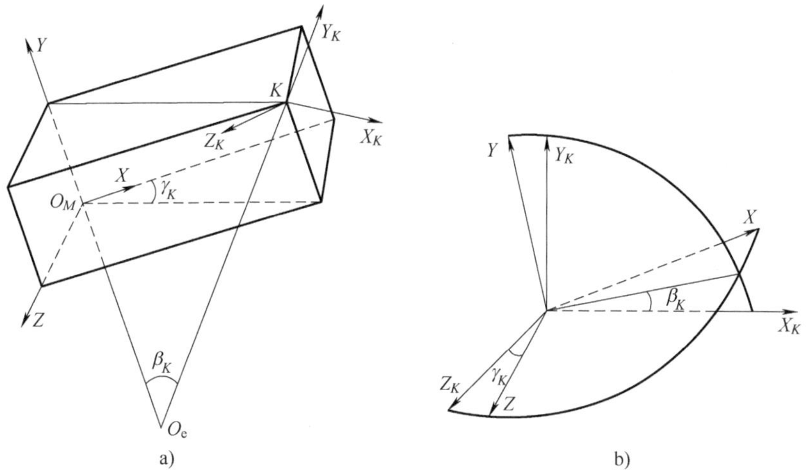

图 5.2-3　发射惯性坐标系与关机点惯性坐标系关系

$$\begin{cases}\sin\beta_K=\dfrac{\sqrt{x_K^2+y_K^2}}{r_K}\\[2ex]\cos\beta_K=\dfrac{R+y_K}{r_K}\end{cases}\tag{5.2-10}$$

$$\begin{cases}\sin\gamma_K=\dfrac{z_K}{\sqrt{x_K^2+z_K^2}}\\[2ex]\cos\gamma_K=\dfrac{x_K}{\sqrt{x_K^2+z_K^2}}\end{cases}\tag{5.2-11}$$

将 K 重合于 O_M，则两坐标系关系如图 5.2-3b 所示。则两坐标系转换关系为

$$C_{\mathrm{I}}^K=\begin{pmatrix}\cos\beta_K\cos\gamma_K & -\sin\beta_K & \cos\beta_K\sin\gamma_K\\ \sin\beta_K\cos\gamma_K & \cos\beta_K & \sin\beta_K\sin\gamma_K\\ -\sin\gamma_K & 0 & \cos\gamma_K\end{pmatrix}\tag{5.2-12}$$

设绝对速度 $\boldsymbol{V}_K$ 在惯性坐标系 K-$X_KY_KZ_K$、O_M-XYZ 上的分量有以下关系：

$$\begin{pmatrix}V_{Ax}\\V_{Ay}\\V_{Az}\end{pmatrix}=C_{\mathrm{I}}^K\begin{pmatrix}V_x\\V_y\\V_z\end{pmatrix}\tag{5.2-13}$$

设绝对速度 $\boldsymbol{V}_K$ 与当地射击平面的夹角为 γ_A，如图 5.2-4 所示，有

$$\begin{cases}\sin\gamma_A=\dfrac{V_{Az}}{\sqrt{V_{Ax}^2+V_{Az}^2}}\\[2ex]\cos\gamma_A=\dfrac{V_{Ax}}{\sqrt{V_{Ax}^2+V_{Az}^2}}\end{cases}\tag{5.2-14}$$

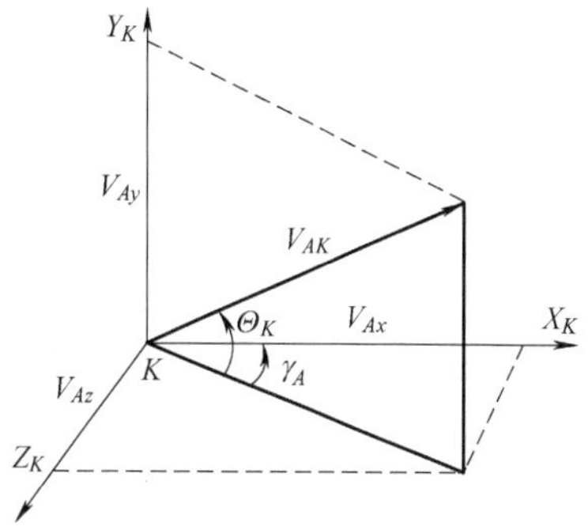

图 5.2-4　绝对速度投影图

$$\begin{cases} \sin\Theta_K = \dfrac{V_{Ay}}{V_{AK}} \\ \cos\Theta_A = \dfrac{\sqrt{V_{Ax}^2 + V_{Az}^2}}{V_{AK}} \end{cases} \tag{5.2-15}$$

由以上叙述可以看出，主动段终点坐标参量 x_K、y_K、z_K 完全可以用 r_K、β_K、γ_K 来表示，而速度参量 V_{xK}、V_{yK}、V_{zK}完全可以用 V_K、Θ_K、γ_A 来表示。因此，可以将影响全射程 L 的 7 个量 V_{xK}、V_{yK}、V_{zK}、x_K、y_K、z_K、t_K 用 V_K、Θ_K、γ_A、r_K、β_K、γ_K、t_K 7 个独立变量来替代，即

$$L = L(V_{xK}, V_{yK}, V_{zK}, x_K, y_K, z_K, t_K) = L(V_K, \Theta_K, r_K, \beta_K, \gamma_K, \gamma_A, t_K) \tag{5.2-16}$$

如果将落点偏差分解成射程偏差 ΔL 和横程偏差 ΔH，则有

$$\begin{aligned}\begin{bmatrix}\Delta L\\ \Delta H\end{bmatrix} &= \frac{\partial[L,H]}{\partial V_{xK}}\Delta V_{xK} + \frac{\partial[L,H]}{\partial V_{yK}}\Delta V_{yK} + \frac{\partial[L,H]}{\partial V_{zK}}\Delta V_{zK} + \frac{\partial[L,H]}{\partial x_K}\Delta x_K \\ &\quad + \frac{\partial[L,H]}{\partial y_K}\Delta y_K + \frac{\partial[L,H]}{\partial z_K}\Delta z_K + \frac{\partial[L,H]}{\partial t_K}\Delta t_K \\ &= \frac{\partial[L,H]}{\partial V_K}\Delta V_K + \frac{\partial[L,H]}{\partial \Theta_K}\Delta \Theta_K + \frac{\partial[L,H]}{\partial r_K}\Delta r_K + \frac{\partial[L,H]}{\partial \beta_K}\Delta \beta_K \\ &\quad + \frac{\partial[L,H]}{\partial \gamma_K}\Delta \gamma_K + \frac{\partial[L,H]}{\partial \gamma_A}\Delta \gamma_A + \frac{\partial[L,H]}{\partial t_K}\Delta t_K \end{aligned} \tag{5.2-17}$$

可以利用坐标变换雅可比公式来建立两类射程偏导数之间的关系，即

$$\frac{\partial[L,H]^{\mathrm T}}{\partial[V_{xK}, V_{yK}, V_{zK}, x_K, y_K, z_K, t_K]} = \frac{\partial[L,H]^{\mathrm T}}{\partial[V_K, \Theta_K, r_K, \beta_K, \gamma_K, \gamma_A, t_K]}\cdot \boldsymbol{M} \tag{5.2-18}$$

式中，$\boldsymbol{M}$ 为雅可比阵，即

$$\boldsymbol{M} = \frac{\partial[V_K, \Theta_K, r_K, \beta_K, \gamma_K, \gamma_A, t_K]^{\mathrm T}}{\partial[V_{xK}, V_{yK}, V_{zK}, x_K, y_K, z_K, t_K]} \tag{5.2-19}$$

1. $\boldsymbol{M} = \dfrac{\partial\ [V_K,\ \Theta_K,\ r_K, \beta_K,\ \gamma_K,\ \gamma_A,\ t_K]^{\mathrm T}}{\partial\ [V_{xK},\ V_{yK},\ V_{zK},\ x_K,\ y_K,\ z_K,\ t_K]}$

雅可比矩阵 $\boldsymbol{M}$ 由 49 个偏导数组成，由于其中速度参数 V_K、V_{xK}、V_{yK}、V_{zK}与坐标参数 x_K、y_K、z_K、r_K、β_K、γ_K 是线性无关的，互相间偏导数为零，故有

$$\frac{\partial V_K}{\partial x_K} = \frac{\partial V_K}{\partial y_K} = \frac{\partial V_K}{\partial z_K} = \frac{\partial r_K}{\partial V_{xK}} = \frac{\partial r_K}{\partial V_{yK}} = \frac{\partial r_K}{\partial V_{zK}} = 0$$

$$\frac{\partial \beta_K}{\partial V_{xK}} = \frac{\partial \beta_K}{\partial V_{yK}} = \frac{\partial \beta_K}{\partial V_{zK}} = \frac{\partial \gamma_K}{\partial V_{xK}} = \frac{\partial \gamma_K}{\partial V_{yK}} = \frac{\partial \gamma_K}{\partial V_{zK}} = 0$$

t_K 与其他运动参数无关，故有

$$\frac{\partial V_K}{\partial t_K} = \frac{\partial \Theta_K}{\partial t_K} = \frac{\partial r_K}{\partial t_K} = \frac{\partial \beta_K}{\partial t_K} = \frac{\partial \gamma_K}{\partial t_K} = \frac{\partial \gamma_A}{\partial t_K} = 0$$

$$\frac{\partial t_K}{\partial V_{xK}} = \frac{\partial t_K}{\partial V_{yK}} = \frac{\partial t_K}{\partial V_{zK}} = \frac{\partial t_K}{\partial x_K} = \frac{\partial t_K}{\partial y_K} = \frac{\partial t_K}{\partial z_K} = 0$$

而$\dfrac{\partial t_K}{\partial t_K} = 1$，其余的 24 个偏导数，可由式（5.2-10）~式（5.2-15）微分求出，此时有

$$\boldsymbol{M}=\begin{bmatrix} \dfrac{\partial V_K}{\partial V_{xK}} & \dfrac{\partial V_K}{\partial V_{yK}} & \dfrac{\partial V_K}{\partial V_{zK}} & 0 & 0 & 0 & 0 \\ \dfrac{\partial \Theta_K}{\partial V_{xK}} & \dfrac{\partial \Theta_K}{\partial V_{yK}} & \dfrac{\partial \Theta_K}{\partial V_{zK}} & \dfrac{\partial \Theta_K}{\partial x_K} & \dfrac{\partial \Theta_K}{\partial y_K} & \dfrac{\partial \Theta_K}{\partial z_K} & 0 \\ 0 & 0 & 0 & \dfrac{\partial r_K}{\partial x_K} & \dfrac{\partial r_K}{\partial y_K} & \dfrac{\partial r_K}{\partial z_K} & 0 \\ 0 & 0 & 0 & \dfrac{\partial \beta_K}{\partial x_K} & \dfrac{\partial \beta_K}{\partial y_K} & \dfrac{\partial \beta_K}{\partial z_K} & 0 \\ 0 & 0 & 0 & \dfrac{\partial \gamma_K}{\partial x_K} & \dfrac{\partial \gamma_K}{\partial y_K} & \dfrac{\partial \gamma_K}{\partial z_K} & 0 \\ \dfrac{\partial \gamma_A}{\partial V_{xK}} & \dfrac{\partial \gamma_A}{\partial V_{yK}} & \dfrac{\partial \gamma_A}{\partial V_{zK}} & \dfrac{\partial \gamma_A}{\partial x_K} & \dfrac{\partial \gamma_A}{\partial y_K} & \dfrac{\partial \gamma_A}{\partial z_K} & 0 \\ 0 & 0 & 0 & 0 & 0 & 0 & 1 \end{bmatrix} \tag{5.2-20}$$

2. $\boldsymbol{N}=\dfrac{\partial[L,H]^{\mathrm{T}}}{\partial[V_K,\Theta_K,r_K,\beta_K,\gamma_K,\gamma_A,t_K]}$

研究 $\boldsymbol{N}=\dfrac{\partial[L,H]^{\mathrm{T}}}{\partial[V_K,\ \Theta_K,\ r_K,\beta_K,\ \gamma_K,\ \gamma_A,\ t_K]}$，可参考图 5.2-2 所示，设被动段飞行时间为 t_C，则在命中瞬间在地球上的发射点在不动球壳上的投影为 O，大圆弧 $\overset{\frown}{O\widetilde{C}}$ 是火箭在旋转地球上的射程在不动球壳上的投影，射程角为 $\beta_{O\widetilde{C}}$。如果实际火箭落点为 C，则 $\overset{\frown}{\widetilde{C}C}$ 为落点偏差，将其分解为 ΔL、ΔH。过 C 作垂直于大圆弧 $\overset{\frown}{O\widetilde{C}}$ 的垂面，交 $\overset{\frown}{O\widetilde{C}}$ 于 C_1，则根据球面三角形 OCC_1 可写出射程偏差和横程偏差的计算式：

$$\begin{cases}\Delta L=R(\beta_{OC_1}-\beta_{O\widetilde{C}})\\ \sin\zeta_C=\sin\beta_{OC}\sin(A_{OC}-A_{O\widetilde{C}})\end{cases} \tag{5.2-21}$$

式中，ζ_C 为 C 与大圆弧 $\overset{\frown}{O\widetilde{C}}$ 的角距，称为横向偏差角；A_{OC}、$A_{O\widetilde{C}}$ 分别为大圆弧 $\overset{\frown}{OC}$、$\overset{\frown}{O\widetilde{C}}$ 与过点 O 子午线的夹角。

通常将上式近似为

$$\begin{cases}\Delta L=R(\beta_{OC}-\beta_{O\widetilde{C}})\\ \Delta H=R\cdot\zeta_C=R\sin\beta_{O\widetilde{C}}(A_{OC}-A_{O\widetilde{C}})\end{cases} \tag{5.2-22}$$

如图 5.2-5 所示，由球面三角形 $NO\widetilde{C}$ 知

$$\begin{cases}\sin A_{O\widetilde{C}}=\dfrac{\cos\phi_{\widetilde{C}}\sin\lambda_b}{\sin\beta_{O\widetilde{C}}}\\[2ex] \cos A_{O\widetilde{C}}=\dfrac{\sin\phi_{\widetilde{C}}-\cos\beta_{O\widetilde{C}}\sin\phi_0}{\sin\beta_{O\widetilde{C}}\cos\phi_0}\end{cases} \tag{5.2-23}$$

$$\cos\beta_{O\widetilde{C}}=\sin\phi_0\sin\phi_{\widetilde{C}}+\cos\phi_0\cos\phi_{\widetilde{C}}\cos\lambda_b \tag{5.2-24}$$

因为发射点纬度 ϕ_0 为已知常数，类似式（5.2.24），对实际弹道，有

$$\beta_{OC}=\beta_{OC}(\phi_C,\lambda_b) \tag{5.2-25}$$

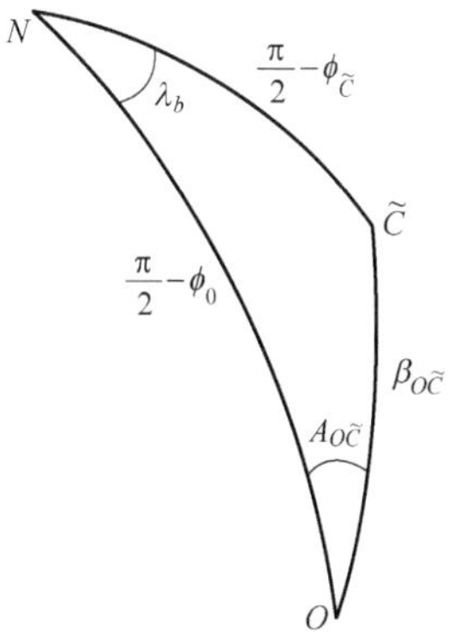

图 5.2-5　球面三角形 $NO\widetilde{C}$

则有

$$N=\frac{\partial[L,H]^{\mathrm{T}}}{\partial[\phi_C,\lambda_b]}\frac{\partial[\phi_C,\lambda_b]^{\mathrm{T}}}{\partial[V_K,\Theta_K,r_K,\beta_K,\gamma_K,\gamma_A,t_K]}=\frac{\partial[L,H]^{\mathrm{T}}}{\partial[\phi_C,\lambda_b]}\cdot N_1 \tag{5.2-26}$$

式中

$$N_1=\frac{\partial[\phi_C,\lambda_b]^{\mathrm{T}}}{\partial[V_K,\Theta_K,r_K,\beta_K,\gamma_K,\gamma_A,t_K]} \tag{5.2-27}$$

由于摄动法是在标准弹道附近展开的，故其参数均为标准弹道参数，不再加符号“～”。

由式（5.2-22）~式（5.2-24）得

$$\begin{cases}\dfrac{\partial L}{\partial[\phi_C,\lambda_b]}=\dfrac{R\,\partial\beta_{OC}}{\partial[\phi_C,\lambda_b]}\\ \qquad=R\left[\dfrac{\cos\phi_0\sin\phi_C\cos\lambda_b-\sin\phi_0\cos\phi_C}{\sin\beta_{OC}},\dfrac{\cos\phi_0\cos\phi_C\sin\lambda_b}{\sin\beta_{OC}}\right]\\ \qquad=R\left[\dfrac{\partial\beta_{OC}}{\partial\phi_C},\dfrac{\partial\beta_{OC}}{\partial\lambda_b}\right]\\ \dfrac{\partial H}{\partial[\phi_C,\lambda_b]}=\dfrac{R\sin\beta_{OC}\,\partial A_{OC}}{\partial[\phi_C,\lambda_b]}\\ \qquad=\left[-R\sin\lambda_b\left(\dfrac{\sin\phi_C}{\cos A_{OC}}+\dfrac{\cos\beta_{OC}\cos\phi_C}{\sin\beta_{OC}\cos A_{OC}}\cdot\dfrac{\partial\beta_{OC}}{\partial\varphi_C}\right),\right.\\ \qquad\left.R\left(\dfrac{\cos\phi_C\cos\lambda_b}{\cos A_{OC}}-\dfrac{\cos\beta_{OC}\cos\phi_C\sin\lambda_b}{\sin\beta_{OC}\cos A_{OC}}\cdot\dfrac{\partial\beta_{OC}}{\partial\lambda_b}\right)\right]\\ \qquad=R\sin\beta_{OC}\left[\dfrac{\partial A_{OC}}{\partial\phi_C},\dfrac{\partial A_{OC}}{\partial\lambda_b}\right]\end{cases} \tag{5.2-28}$$

（1）$N_1=\dfrac{\partial[\phi_C,\lambda_b]^{\mathrm{T}}}{\partial[V_K,\Theta_K,r_K,\beta_K,\gamma_K,\gamma_A,t_K]}$

为了求雅可比阵 N_1，需要进一步找出落点参数与关机点参数之间的关系，由图 5.2-2 所示的球面三角形 $NK\widetilde{C}$，如图 5.2-6 所示，令 $\psi_{\beta_C}=A_K+\gamma_A$，则有

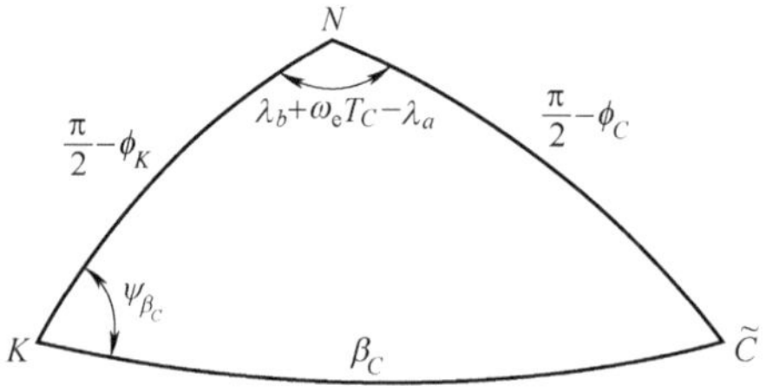

图 5.2-6　球面三角形 $NK\widetilde{C}$

$$\sin\phi_C=\sin\phi_K\cos\beta_C+\cos\phi_K\sin\beta_C\cos\psi_{\beta_C},\quad|\phi_C|\leqslant\frac{\pi}{2} \tag{5.2-29}$$

$$\begin{cases}\sin(\lambda_b-\lambda_a+\omega_e T_C)=\dfrac{\sin\beta_C\sin\psi_{\beta_C}}{\cos\phi_C}\\ \cos(\lambda_b-\lambda_a+\omega_e T_C)=\dfrac{\cos\beta_C\cos\phi_K-\sin\beta_C\sin\phi_K\cos\psi_{\beta_C}}{\cos\phi_C}\end{cases} \tag{5.2-30}$$

故

$$\begin{cases}\phi_C=\phi_C(\beta_C,\psi_{\beta_C},\phi_K)\\ \lambda_b=\lambda_b(\beta_C,\psi_{\beta_C},T_C,\lambda_a,\phi_C)\end{cases}\tag{5.2-31}$$

可令

$$\boldsymbol{N}_1=\frac{\partial[\phi_C,\lambda_b]^{\mathrm T}}{\partial[V_K,\Theta_K,r_K,\beta_K,\gamma_K,\gamma_A,t_K]}=\frac{\partial[\phi_C,\lambda_b]^{\mathrm T}}{\partial[\beta_C,\psi_{\beta_C},T_C,\lambda_a,\phi_K]}\cdot\boldsymbol{N}_2\tag{5.2-32}$$

式中

$$\boldsymbol{N}_2=\frac{\partial[\beta_C,\psi_{\beta_C},T_C,\lambda_a,\phi_K]^{\mathrm T}}{\partial[V_K,\Theta_K,r_K,\beta_K,\gamma_K,\gamma_A,t_K]}\tag{5.2-33}$$

$$\begin{aligned}&\frac{\partial[\phi_C,\lambda_b]^{\mathrm T}}{\partial[\beta_C,\psi_{\beta_C},T_C,\lambda_a,\phi_K]}\\&=\begin{bmatrix}\dfrac{\partial\phi_C}{\partial\beta_C} & \dfrac{\partial\phi_C}{\partial\psi_{\beta_C}} & 0 & 0 & \dfrac{\partial\phi_C}{\partial\phi_K}\\ \dfrac{\partial\lambda_b}{\partial\beta_C}+\dfrac{\partial\lambda_b}{\partial\phi_C}\cdot\dfrac{\partial\varphi_C}{\partial\beta_C} & \dfrac{\partial\lambda_b}{\partial\psi_{\beta_C}}+\dfrac{\partial\lambda_b}{\partial\phi_C}\cdot\dfrac{\partial\phi_C}{\partial\psi_{\beta_C}} & \dfrac{\partial\lambda_b}{\partial T_C} & \dfrac{\partial\lambda_b}{\partial\lambda_a} & \dfrac{\partial\lambda_b}{\partial\phi_K}+\dfrac{\partial\lambda_b}{\partial\phi_C}\cdot\dfrac{\partial\phi_C}{\partial\phi_K}\end{bmatrix}\end{aligned}\tag{5.2-34}$$

其中各偏导数可微分式（5.2-29）和式（5.2-30）求得如下

$$\begin{cases}\dfrac{\partial\varphi_C}{\partial\beta_C}=\dfrac{-\sin\phi_K\sin\beta_C+\cos\phi_K\cos\beta_C\cos\psi_{\beta_C}}{\cos\phi_C}\\ \dfrac{\partial\phi_C}{\partial\psi_{\beta_C}}=\dfrac{-\cos\phi_K\sin\beta_C\sin\psi_{\beta_C}}{\cos\phi_C}\\ \dfrac{\partial\phi_C}{\partial\phi_K}=\dfrac{\cos\phi_K\cos\beta_C-\sin\phi_K\sin\beta_C\cos\psi_{\beta_C}}{\cos\phi_C}\end{cases}\tag{5.2-35}$$

$$\begin{cases}\dfrac{\partial\lambda_b}{\partial\beta_C}+\dfrac{\partial\lambda_b}{\partial\phi_C}\cdot\dfrac{\partial\phi_C}{\partial\beta_C}=\dfrac{1}{\cos(\lambda_b-\lambda_a+\omega_{\mathrm e}T_C)}\left(\dfrac{\cos\beta_C\sin\psi_{\beta_C}}{\cos\phi_C}+\dfrac{\sin\beta_C\sin\psi_{\beta_C}\sin\phi_C}{\cos^2\phi_C}\dfrac{\partial\phi_C}{\partial\beta_C}\right)\\ \dfrac{\partial\lambda_b}{\partial\psi_{\beta_C}}+\dfrac{\partial\lambda_b}{\partial\phi_C}\cdot\dfrac{\partial\phi_C}{\partial\psi_{\beta_C}}=\dfrac{1}{\cos(\lambda_b-\lambda_a+\omega_{\mathrm e}T_C)}\left(\dfrac{\sin\beta_C\cos\psi_{\beta_C}}{\cos\phi_C}+\dfrac{\sin\beta_C\sin\psi_{\beta_C}\sin\phi_C}{\cos^2\phi_C}\dfrac{\partial\phi_C}{\partial\psi_{\beta_C}}\right)\\ \dfrac{\partial\lambda_b}{\partial T_C}=-\omega_{\mathrm e}\\ \dfrac{\partial\lambda_b}{\partial\lambda_a}=1\\ \dfrac{\partial\lambda_b}{\partial\phi_K}+\dfrac{\partial\lambda_b}{\partial\phi_C}\cdot\dfrac{\partial\phi_C}{\partial\phi_K}=\dfrac{1}{\cos(\lambda_b-\lambda_a+\omega_{\mathrm e}T_C)}\left(\dfrac{\sin\beta_C\sin\psi_{\beta_C}\sin\phi_C}{\cos^2\phi_C}\dfrac{\partial\phi_C}{\partial\phi_K}\right)\end{cases}\tag{5.2-36}$$

（2）$\boldsymbol{N}_2=\dfrac{\partial[\beta_C,\psi_{\beta_C},T_C,\lambda_a,\phi_K]^{\mathrm T}}{\partial[V_K,\Theta_K,r_K,\beta_K,\gamma_K,\gamma_A,t_K]}$

为了求雅可比矩阵 $\boldsymbol{N}_2$，需要找出关机点参数与发射点参数之间的关系，由图 5.2-2 所示的球面三角形 NKO_M，如图 5.2-7 所示，令 $\psi_{\beta_K}=A_0+\gamma_K$，则有

$$\sin\phi_K=\sin\phi_0\cos\beta_K+\cos\phi_0\sin\beta_K\cos\psi_{\beta_K},\ |\phi_K|\leqslant\frac{\pi}{2} \tag{5.2-37}$$

$$\begin{cases}\sin A_K=\dfrac{\sin\phi_0\sin\psi_{\beta_K}}{\cos\phi_K}\\ \cos A_K=\dfrac{-\sin\phi_0\sin\beta_K+\cos\phi_0\cos\beta_K\cos\psi_{\beta_K}}{\cos\phi_K}\end{cases} \tag{5.2-38}$$

$$\begin{cases}\sin(\lambda_a+\omega_e t_K)=\dfrac{\sin\beta_K\sin\psi_{\beta_K}}{\cos\phi_K}\\ \cos(\lambda_a+\omega_e t_K)=\dfrac{\cos\beta_K\cos\phi_0-\sin\beta_K\sin\phi_0\cos\psi_{\beta_K}}{\cos\phi_K}\end{cases} \tag{5.2-39}$$

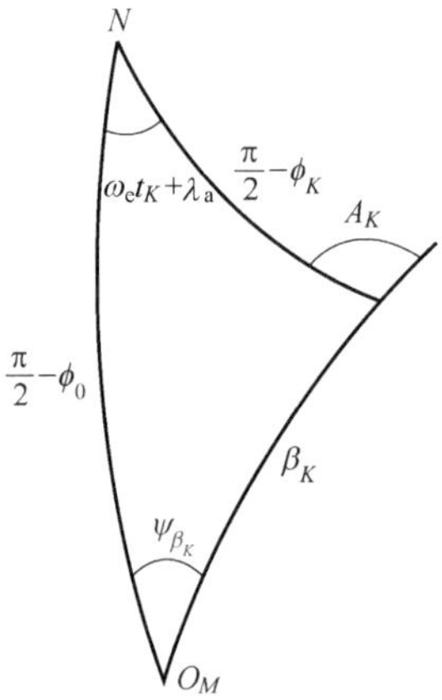

图 5.2-7　球面三角形 NKO_M

故有

$$\begin{cases}\phi_K=\phi_K(\beta_K,\psi_{\beta_K})\\ A_K=A_K(\psi_{\beta_K},\phi_K)\\ \lambda_a=\lambda_a(\beta_K,\psi_{\beta_K},\phi_K,t_K)\end{cases} \tag{5.2-40}$$

其中各偏导数可微分式（5.2-37）~式（5.2-39），得

$$\begin{cases}\dfrac{\partial\phi_K}{\partial\beta_K}=\dfrac{-\sin\phi_0\sin\beta_K+\cos\phi_0\cos\beta_K\cos\psi_{\beta_K}}{\cos\phi_K}\\ \dfrac{\partial A_K}{\partial\phi_K}\dfrac{\partial\phi_K}{\partial\beta_K}=\dfrac{\cos\phi_0\sin\psi_{\beta_K}\sin\phi_K}{\cos A_K\cos^2\phi_K}\dfrac{\partial\phi_K}{\partial\beta_K}\\ \dfrac{\partial\phi_K}{\partial\psi_{\beta_K}}=\dfrac{-\cos\phi_0\sin\beta_K\sin\psi_{\beta_K}}{\cos\varphi_K}\\ \dfrac{\partial A_K}{\partial\psi_{\beta_K}}+\dfrac{\partial A_K}{\partial\phi_K}\dfrac{\partial\phi_K}{\partial\psi_{\beta_K}}=\dfrac{\cos\varphi_0\cos\psi_{\beta_K}}{\cos A_K\cos\phi_K}+\dfrac{\cos\phi_0\sin\psi_{\beta_K}\sin\phi_K}{\cos A_K\cos^2\phi_K}\dfrac{\partial\phi_K}{\partial\psi_{\beta_K}}\end{cases} \tag{5.2-41}$$

$$\begin{cases}\dfrac{\partial\lambda_a}{\partial\beta_K}+\dfrac{\partial\lambda_a}{\partial\phi_K}\dfrac{\partial\phi_K}{\partial\beta_K}=\dfrac{1}{\cos(\lambda_a+\omega_e t_K)}\left(\dfrac{\cos\beta_K\sin\psi_{\beta_K}}{\cos\phi_K}+\dfrac{\sin\beta_K\sin\psi_{\beta_K}\sin\phi_K}{\cos^2\phi_K}\dfrac{\partial\phi_K}{\partial\beta_K}\right)\\ \dfrac{\partial\lambda_a}{\partial\psi_{\beta_K}}+\dfrac{\partial\lambda_a}{\partial\phi_K}\dfrac{\partial\phi_K}{\partial\psi_{\beta_K}}=\dfrac{1}{\cos(\lambda_a+\omega_e t_K)}\left(\dfrac{\sin\beta_K\cos\psi_{\beta_K}}{\cos\phi_K}+\dfrac{\sin\beta_K\sin\psi_{\beta_K}\sin\phi_K}{\cos^2\phi_K}\dfrac{\partial\phi_K}{\partial\psi_{\beta_K}}\right)\\ \dfrac{\partial\lambda_a}{\partial t_K}=-\omega_e\end{cases} \tag{5.2-42}$$

这样就可以求出雅可比矩阵 $\boldsymbol{N}_2$：

$$\boldsymbol{N}_2=\begin{bmatrix}\dfrac{\partial\beta_C}{\partial V_K} & \dfrac{\partial\beta_C}{\partial\Theta_K} & \dfrac{\partial\beta_C}{\partial r_K} & 0 & 0 & 0 & 0\\ 0 & 0 & 0 & \dfrac{\partial A_K}{\partial\phi_K}\dfrac{\partial\phi_K}{\partial\beta_K} & \dfrac{\partial A_K}{\partial\psi_{\beta_K}}+\dfrac{\partial A_K}{\partial\phi_K}\dfrac{\partial\phi_K}{\partial\psi_{\beta_K}} & 1 & 0\\ \dfrac{\partial T_C}{\partial V_K} & \dfrac{\partial T_C}{\partial\Theta_K} & \dfrac{\partial T_C}{\partial r_K} & 0 & 0 & 0 & 0\\ 0 & 0 & 0 & \dfrac{\partial\lambda_a}{\partial\beta_K}+\dfrac{\partial\lambda_a}{\partial\phi_K}\dfrac{\partial\phi_K}{\partial\beta_K} & \dfrac{\partial\lambda_a}{\partial\psi_{\beta_K}}+\dfrac{\partial\lambda_a}{\partial\phi_K}\dfrac{\partial\phi_K}{\partial\psi_{\beta_K}} & 0 & \dfrac{\partial\lambda_a}{\partial t_K}\\ 0 & 0 & 0 & \dfrac{\partial\varphi_K}{\partial\beta_K} & \dfrac{\partial\varphi_K}{\partial\psi_{\beta_K}} & 0 & 0\end{bmatrix} \tag{5.2-43}$$

1）$\dfrac{\partial\beta_C}{\partial V_K}$、$\dfrac{\partial\beta_C}{\partial\Theta_K}$、$\dfrac{\partial\beta_C}{\partial r_K}$

式（5.2-43）中$\dfrac{\partial\beta_C}{\partial V_K}$、$\dfrac{\partial\beta_C}{\partial\Theta_K}$、$\dfrac{\partial\beta_C}{\partial r_K}$可按下述方法计算。

由式（3.5-58）知，在基本假设条件下，被动段角射程 β_C 完全取决于主动段终点的运动参数 V_K、Θ_K、r_K，即

$$\beta_C=\beta_C(V_K,\Theta_K,r_K)$$

如主动段终点参数偏差 ΔV_K、$\Delta\Theta_K$、Δr_K 不大时，则将上式泰勒展开并取一阶项为

$$\Delta\beta_C=\frac{\partial\beta_C}{\partial V_K}\Delta V_K+\frac{\partial\beta_C}{\partial\Theta_K}\Delta\Theta_K+\frac{\partial\beta_C}{\partial r_K}\Delta r_K \tag{5.2-44}$$

对于式（3.5-55）：

$$[2R(1+\tan^2\Theta_K)-v_K(R+r_K)]\tan^2\frac{\beta_C}{2}-2v_K R\tan\Theta_K\tan\frac{\beta_C}{2}+v_K(R-r_K)=0$$

记为

$$F(v_K,\Theta_K,r_K,\beta_C)=0 \tag{5.2-45}$$

对上式求全微分有

$$\mathrm{d}F=\frac{\partial F}{\partial v_K}\mathrm{d}v_K+\frac{\partial F}{\partial\Theta_K}\mathrm{d}\Theta_K+\frac{\partial F}{\partial r_K}\mathrm{d}r_K+\frac{\partial F}{\partial\beta_C}\mathrm{d}\beta_C=0 \tag{5.2-46}$$

由式（3.5-18）知

$$v_K=\frac{V_K^2}{\dfrac{\mu}{r_K}}=v_K(V_K,r_K) \tag{5.2-47}$$

则有

$$\mathrm{d}v_K=\frac{\partial v_K}{\partial V_K}\mathrm{d}V_K+\frac{\partial v_K}{\partial r_K}\mathrm{d}r_K \tag{5.2-48}$$

将上式带入式（5.2-46），进行整理后得

$$\mathrm{d}\beta_C=-\frac{1}{\dfrac{\partial F}{\partial \beta_C}}\left[\frac{\partial F}{\partial v_K}\frac{\partial v_K}{\partial V_K}\mathrm{d}V_K+\frac{\partial F}{\partial \Theta_K}\mathrm{d}\Theta_K+\left(\frac{\partial F}{\partial v_K}\frac{\partial v_K}{\partial r_K}+\frac{\partial F}{\partial r_K}\right)\mathrm{d}r_K\right] \tag{5.2-49}$$

比较式（5.2-44）和式（5.2-49）可得

$$\begin{cases}\dfrac{\partial \beta_C}{\partial V_K}=-\dfrac{1}{\dfrac{\partial F}{\partial \beta_C}}\cdot\dfrac{\partial F}{\partial v_K}\dfrac{\partial v_K}{\partial V_K}\\ \dfrac{\partial \beta_C}{\partial \Theta_K}=-\dfrac{1}{\dfrac{\partial F}{\partial \beta_C}}\dfrac{\partial F}{\partial \Theta_K}\\ \dfrac{\partial \beta_C}{\partial r_K}=-\dfrac{1}{\dfrac{\partial F}{\partial \beta_C}}\left(\dfrac{\partial F}{\partial v_K}\dfrac{\partial v_K}{\partial r_K}+\dfrac{\partial F}{\partial r_K}\right)\end{cases} \tag{5.2-50}$$

可见，只要导出式（5.2-50）右端各偏导数，即可得到各一阶误差系数表达式。

① $\dfrac{\partial F}{\partial \beta_C}$

式（5.2-45）对 β_C 求偏导，有

$$\frac{\partial F}{\partial \beta_C}=[2R(1+\tan^2\Theta_K)-v_K(R+r_K)]\tan\frac{\beta_C}{2}\sec^2\frac{\beta_C}{2}-v_KR\tan\Theta_K\sec^2\frac{\beta_C}{2} \tag{5.2-51}$$

而由式（3.5-55）可得

$$[2R(1+\tan^2\Theta_K)-v_K(R+r_K)]\tan\frac{\beta_C}{2}=\frac{2v_KR\tan\Theta_K\tan\dfrac{\beta_C}{2}-v_K(R-r_K)}{\tan\dfrac{\beta_C}{2}}$$

将上式代入式（5.2-51），得

$$\frac{\partial F}{\partial \beta_C}=v_K\frac{\sec^2\dfrac{\beta_C}{2}}{\tan\dfrac{\beta_C}{2}}\left(R\tan\Theta_K\tan\frac{\beta_C}{2}-R+r_K\right) \tag{5.2-52}$$

② $\dfrac{\partial F}{\partial v_K}$

式（5.2-45）对 v_K 求偏导，有

$$\frac{\partial F}{\partial \beta_C}=-(R+r_K)\tan^2\frac{\beta_C}{2}-2R\tan\Theta_K\tan\frac{\beta_C}{2}+(R-r_K) \tag{5.2-53}$$

由式（3.5-55）可得

$$-2R\tan\Theta_K\tan\frac{\beta_C}{2}+(R-r_K)=-\frac{1}{v_K}[2R(1+\tan^2\Theta_K)-v_K(R+r_K)]\tan^2\frac{\beta_C}{2}$$

将其代入式(5.2-53)即得

$$\begin{aligned}\frac{\partial F}{\partial v_K}&=-(R+r_K)\tan^2\frac{\beta_C}{2}-\frac{1}{v_K}[2R(1+\tan^2\Theta_K)-v_K(R+r_K)]\tan^2\frac{\beta_C}{2}\\&=-\frac{2R}{v_K}(1+\tan^2\Theta_K)\tan^2\frac{\beta_C}{2}\end{aligned}\tag{5.2-54}$$

③ $\frac{\partial F}{\partial \Theta_K}$

式（5.2-45）对 Θ_K 求偏导，有

$$\frac{\partial F}{\partial \Theta_K}=4R\tan\Theta_K\sec^2\Theta_K\tan^2\frac{\beta_C}{2}-2v_KR\sec^2\Theta_K\tan\frac{\beta_C}{2}$$

即

$$\frac{\partial F}{\partial \Theta_K}=2R\tan\frac{\beta_C}{2}(1+\tan^2\Theta_K)\left(2\tan\frac{\beta_C}{2}\tan\Theta_K-v_K\right)\tag{5.2-55}$$

④ $\frac{\partial F}{\partial r_K}$

式（5.2-45）对 r_K 求偏导，有

$$\frac{\partial F}{\partial r_K}=-v_K\left(1+\tan^2\frac{\beta_C}{2}\right)\tag{5.2-56}$$

⑤ $\frac{\partial v_K}{\partial V_K}$、$\frac{\partial v_K}{\partial r_K}$

式（5.2-47）分别对 V_K、r_K 求偏导，有

$$\begin{cases}\dfrac{\partial v_K}{\partial V_K}=\dfrac{2V_Kr_K}{\mu}=2\dfrac{v_K}{V_K}\\[2ex]\dfrac{\partial v_K}{\partial r_K}=\dfrac{V_K^2}{\mu}=\dfrac{v_K}{r_K}\end{cases}\tag{5.2-57}$$

将上述偏导数代入式（5.2-50），则得

$$\begin{cases}\dfrac{\partial \beta_C}{\partial V_K}=\dfrac{4R}{V_K}\dfrac{(1+\tan^2\Theta_K)\sin^2\dfrac{\beta_C}{2}\tan\dfrac{\beta_C}{2}}{v_K\left(R\tan\Theta_K\tan\dfrac{\beta_C}{2}-R+r_K\right)}\\[4ex]\dfrac{\partial \beta_C}{\partial \Theta_K}=-\dfrac{2R(1+\tan^2\Theta_K)\left(2\tan\dfrac{\beta_C}{2}\tan\Theta_K-v_K\right)\sin^2\dfrac{\beta_C}{2}}{v_K\left(R\tan\Theta_K\tan\dfrac{\beta_C}{2}-R+r_K\right)}\\[4ex]\dfrac{\partial \beta_C}{\partial r_K}=\dfrac{\dfrac{2R}{r_K}(1+\tan^2\Theta_K)\sin^2\dfrac{\beta_C}{2}+v_K}{v_K\left(R\tan\Theta_K\tan\dfrac{\beta_C}{2}-R+r_K\right)}\tan\dfrac{\beta_C}{2}\end{cases}\tag{5.2-58}$$

2） $\dfrac{\partial T_C}{\partial V_K}$、$\dfrac{\partial T_C}{\partial \Theta_K}$、$\dfrac{\partial T_C}{\partial r_K}$

式（5. 2-43）中$\dfrac{\partial T_C}{\partial V_K}$、$\dfrac{\partial T_C}{\partial \Theta_K}$、$\dfrac{\partial T_C}{\partial r_K}$计算方法如下。

载荷被动段飞行时间的解析表达式（3. 5-105）可改写为

$$T_C = \frac{1}{n}\left\{\left(\arccos\frac{1-\upsilon_K}{e} + \arccos\frac{1-\upsilon_C}{e}\right) + \sqrt{e^2-(1-\upsilon_K)^2} + \sqrt{e^2-(1-\upsilon_C)^2}\right\} \tag{5.2-59}$$

由式（3. 5-18）、式（3. 5-19）、式（3. 5-86）和式（3. 5-106）的 υ_K、e、n、υ_C 表达式知道，被动段飞行时间 T_C 是主动段终点参数 V_K、Θ_K、r_K 的函数，即

$$T_C = T_C(V_K, \Theta_K, r_K)$$

当参数 V_K、Θ_K、r_K 产生偏差时，必然造成 T_C 的变化。将 T_C 在标准关机点展开成泰勒级数并取至一阶项，则可得被动段飞行时间偏差为

$$\Delta T_C = \frac{\partial T_C}{\partial V_K}\Delta V_K + \frac{\partial T_C}{\partial \Theta_K}\Delta\Theta_K + \frac{\partial T_C}{\partial r_K}\Delta r_K \tag{5.2-60}$$

式中的各误差系数均应代以标准关机点参数值。

为了推导上式中 3 个误差系数，首先导出一些辅助公式。

① $\dfrac{\partial n}{\partial a}$

由式（3. 5-86）知 $n=\sqrt{\dfrac{\mu}{a^3}}$，则有

$$\frac{\partial n}{\partial a} = -\frac{3}{2}\frac{n}{a} \tag{5.2-61}$$

② $\dfrac{\partial a}{\partial V_K}$、$\dfrac{\partial a}{\partial r_K}$

由式（3. 5-18）和式（3. 5-36）知

$$\upsilon_K = \frac{V_K^2}{\dfrac{\mu}{r_K}},\quad a = -\frac{\mu}{2E} = -\frac{\mu r_K}{r_K V_K^2 - 2\mu}$$

则可导出

$$\begin{cases} \dfrac{\partial a}{\partial V_K} = \left(\dfrac{\mu r_K}{r_K V_K^2 - 2\mu}\right)^2 \dfrac{2r_K V_K \cdot V_K}{\mu r_K \cdot V_K} = 2\dfrac{a^2 \upsilon_K}{V_K r_K} \\ \dfrac{\partial a}{\partial r_K} = -\dfrac{\mu}{r_K V_K^2 - 2\mu} + \dfrac{\mu r_K V_K^2}{(r_K V_K^2 - 2\mu)^2} = \dfrac{-\mu r_K V_K^2 + 2\mu^2 + \mu r_K V_K^2}{(r_K V_K^2 - 2\mu)^2} = \dfrac{2a^2}{r_K^2} \end{cases} \tag{5.2-62}$$

③ $\dfrac{\partial e}{\partial V_K}$、$\dfrac{\partial e}{\partial \Theta_K}$、$\dfrac{\partial e}{\partial r_K}$

由式（3. 5-19）知

$$e = \sqrt{1+\upsilon_K(\upsilon_K - 2)\cos^2\Theta_K}$$

则

$$\begin{cases}\dfrac{\partial e}{\partial V_K}=\dfrac{1}{e}(v_K-1)\cos^2\Theta_K\dfrac{\partial v_K}{\partial V_K}\\ \dfrac{\partial e}{\partial \Theta_K}=\dfrac{1}{e}(v_K-1)\cos^2\Theta_K\dfrac{\partial v_K}{\partial r_K}\\ \dfrac{\partial e}{\partial r_K}=\dfrac{1}{e}v_K(2-v_K)\cos\Theta_K\sin\Theta_K\end{cases}\tag{5.2-63}$$

④ $\dfrac{\partial v_C}{\partial V_K}$、$\dfrac{\partial v_C}{\partial r_K}$

注意到 $h_K=r_K-R$ 及式（5.2-57）中$\dfrac{\partial v_K}{\partial V_K}$、$\dfrac{\partial v_K}{\partial r_K}$，则由式（3.5-106）知

$$v_C=v_K+(2-v_K)\left(1-\frac{R}{r_K}\right)$$

得

$$\begin{cases}\dfrac{\partial v_C}{\partial V_K}=\dfrac{R}{r_K}\dfrac{\partial v_K}{\partial V_K}=2\dfrac{R}{r_K}\dfrac{v_K}{V_K}\\ \dfrac{\partial v_C}{\partial r_K}=\dfrac{R}{r_K}\dfrac{\partial v_K}{\partial r_K}+(2-v_K)\dfrac{R}{r_K^2}=\dfrac{R}{r_K}\dfrac{v_K}{r_K}+(2-v_K)\dfrac{R}{r_K^2}=2\dfrac{R}{r_K^2}\end{cases}\tag{5.2-64}$$

有了上述辅助关系式后，不难由式（5.2-59），根据偏微分法则导出飞行时间 T_C 关于主动段终点参数 V_K、Θ_K、r_K 的三个误差系数，即

$$\begin{cases}\dfrac{\partial T_C}{\partial V_K}=\dfrac{3v_KaT_C}{V_Kr_K}+\dfrac{2v_K}{nV_K}\Big\{(2-v_K)F_K+(2-v_C)\dfrac{R}{r_K}F_C\\ \qquad-\dfrac{(1-v_K)\cos^2\Theta_K}{e^2}[(1-v_K+e^2)F_K+(1-v_C+e^2)F_C]\Big\}\\ \dfrac{\partial T_C}{\partial \Theta_K}=\dfrac{v_K(2-v_K)\sin2\Theta_K}{2ne^2}[(1-v_K+e^2)F_K+(1-v_C+e^2)F_C]\\ \dfrac{\partial T_C}{\partial r_K}=\dfrac{3aT_C}{r_K^2}+\dfrac{1}{nr_K}\Big\{v_K(2-v_K)F_K+\dfrac{2R}{r_K}(2-v_C)F_C\\ \qquad-\dfrac{v_K(1-v_K)\cos^2\Theta_K}{e^2}[(1-v_K+e^2)F_K+(1-v_C+e^2)F_C]\Big\}\end{cases}\tag{5.2-65}$$

其中

$$\begin{cases}F_K=\dfrac{1}{\sqrt{e^2-(1-v_K)^2}}\\ F_C=\dfrac{1}{\sqrt{e^2-(1-v_C)^2}}\end{cases}\tag{5.2-66}$$

综合以上结果，可得

$$\begin{aligned}&\frac{\partial[L,H]^{\mathrm{T}}}{\partial[V_K,\Theta_K,r_K,\beta_K,\gamma_K,\gamma_A,t_K]}\\&=\frac{\partial[L,H]^{\mathrm{T}}}{\partial[\phi_C,\lambda_b]}\cdot\frac{\partial[\phi_C,\lambda_b]^{\mathrm{T}}}{\partial[\beta_C,\psi_{\beta_C},T_C,\lambda_a,\phi_K]}\cdot\frac{\partial[\beta_C,\psi_{\beta_C},T_C,\lambda_a,\phi_K]^{\mathrm{T}}}{\partial[V_K,\Theta_K,r_K,\beta_K,\gamma_K,\gamma_A,t_K]}\end{aligned}\tag{5.2-67}$$

可以看出，如果给定主动段终点的绝对弹道参数和起始发射点方位角和纬度，就可求出全射程偏导数。

5.3 摄动方程的建立

5.3.1 主动段摄动方程

本书第3章详细地介绍了火箭主动段的运动特性及运动方程，考虑到主动段射程较小，因此，在研究扰动因素对主动段弹道参数偏差的影响时，通常将火箭的纵向和侧向运动看成是互相独立的两个运动。特别在采用捷联式控制方案时，其纵向常用运动方程如下：

$$\begin{cases}\dot V=\dfrac{1}{m}(P_{\mathrm e}\cos\alpha-C_xqS_{\mathrm m}-R'\delta_\varphi\sin\alpha)+g\sin\theta=f_1(V,\theta,y,\alpha,\delta_\varphi,\lambda_i)\\ \dot\theta=\dfrac{1}{mV}(P_{\mathrm e}\sin\alpha+C_y^\alpha qS_{\mathrm m}\alpha+R'\delta_\varphi\cos\alpha)+\dfrac{g}{V}\cos\theta=f_2(V,\theta,y,\alpha,\delta_\varphi,\lambda_i)\\ \dot x=V\cos\theta=f_3(V,\theta)\\ \dot y=V\sin\theta=f_4(V,\theta)\\ \dot W_{x1}=\dfrac{1}{m}(P_{\mathrm e}-C_xqS_{\mathrm m}\cos\alpha+C_y^\alpha qS_{\mathrm m}\alpha\sin\alpha)=f_5(V,\theta,y,\alpha,\lambda_i)\\ \dot W_{y1}=\dfrac{1}{m}(C_xqS_{\mathrm m}\sin\alpha+C_y^\alpha qS_{\mathrm m}\alpha\cos\alpha+2R'\delta_\varphi)=f_6(V,\theta,y,\alpha,\delta_\varphi,\lambda_i)\\ M_{z1}=M_{z1}^\alpha\alpha+M_{z1}^\delta\delta_\varphi=0\\ \delta_\varphi=a_0^\varphi(\alpha+\theta-\varphi_{pr})\end{cases}\tag{5.3-1}$$

此方程组的前4个是火箭的质心运动方程，λ_i 是诸干扰因素；第5、6个是视加速度方程，由此可求出扰动因素引起的视速度偏差；第7个是力矩“瞬时平衡”方程；第8个是控制方程，a_0^φ 为系统放大系数。如果将 δ_φ 表达式代入前几式即可消去 δ_φ，式（5.3-1）可变为

$$\begin{cases}\dot V=\dfrac{1}{m}[P_{\mathrm e}\cos\alpha-C_xqS_{\mathrm m}-R'a_0^\varphi(\alpha+\theta-\varphi_{\mathrm{pr}})\sin\alpha]+g\sin\theta=f_1(V,\theta,y,\alpha,\lambda_i)\\ \dot\theta=\dfrac{1}{mV}[P_{\mathrm e}\sin\alpha+C_y^\alpha qS_{\mathrm m}\alpha+R'a_0^\varphi(\alpha+\theta-\varphi_{\mathrm{pr}})\cos\alpha]+\dfrac{g}{V}\cos\theta=f_2(V,\theta,y,\alpha,\lambda_i)\\ \dot x=V\cos\theta=f_3(V,\theta)\\ \dot y=V\sin\theta=f_4(V,\theta)\\ \dot W_{x1}=\dfrac{1}{m}(P_{\mathrm e}-C_xqS_{\mathrm m}\cos\alpha+C_y^\alpha qS_{\mathrm m}\alpha\sin\alpha)=f_5(V,\theta,y,\alpha,\lambda_i)\\ \dot W_{y1}=\dfrac{1}{m}[C_xqS_{\mathrm m}\sin\alpha+C_y^\alpha qS_{\mathrm m}\alpha\cos\alpha+2R'a_0^\varphi(\alpha+\theta-\varphi_{\mathrm{pr}})]=f_6(V,\theta,y,\alpha,\lambda_i)\\ M_{z1}^\alpha\alpha+M_{z1}^\delta a_0^\varphi(\alpha+\theta-\varphi_{\mathrm{pr}})=0\end{cases}\tag{5.3-2}$$

在实际情况下，实际飞行条件将偏离标准条件，在诸扰动因素作用下，实际弹道将偏离标准弹道，设其运动参数为 $V(t)$、$\theta(t)$、$x(t)$、$y(t)$、$\alpha(t)$、$W_{x1}(t)$、$W_{y1}(t)$，则运动参数的等时偏差为

$$\begin{cases}\delta V(t)=V(t)-\widetilde{V}(t)\\ \delta\theta(t)=\theta(t)-\widetilde{\theta}(t)\\ \delta x(t)=x(t)-\widetilde{x}(t)\\ \delta y(t)=y(t)-\widetilde{y}(t)\\ \delta\alpha(t)=\alpha(t)-\widetilde{\alpha}(t)\\ \delta W_{x1}(t)=W_{x1}(t)-\widetilde{W}_{x1}(t)\\ \delta W_{y1}(t)=W_{y1}(t)-\widetilde{W}_{y1}(t)\end{cases}\tag{5.3-3}$$

上式所示等时偏差有时也称为“等时变异”或称“变分”。

可以看出，等时偏差的导数等于导数的等时偏差，即

$$\begin{cases}\dfrac{d}{dt}\delta V(t)=\dfrac{d}{dt}[V(t)-\widetilde{V}(t)]=\dot{V}-\dot{\widetilde{V}}=\delta\dot{V}(t)\\ \dfrac{d}{dt}\delta\theta(t)=\dfrac{d}{dt}[\theta(t)-\widetilde{\theta}(t)]=\dot{\theta}-\dot{\widetilde{\theta}}=\delta\dot{\theta}(t)\\ \dfrac{d}{dt}\delta x(t)=\dfrac{d}{dt}[x(t)-\widetilde{x}(t)]=\dot{x}-\dot{\widetilde{x}}=\delta\dot{x}(t)\\ \dfrac{d}{dt}\delta y(t)=\dfrac{d}{dt}[y(t)-\widetilde{y}(t)]=\dot{y}-\dot{\widetilde{y}}=\delta\dot{y}(t)\\ \dfrac{d}{dt}\delta\alpha(t)=\dfrac{d}{dt}[\alpha(t)-\widetilde{\alpha}(t)]=\dot{\alpha}-\dot{\widetilde{\alpha}}=\delta\dot{\alpha}(t)\\ \dfrac{d}{dt}\delta W_{x1}(t)=\dfrac{d}{dt}[W_{x1}(t)-\widetilde{W}_{x1}(t)]=\dot{W}_{x1}-\dot{\widetilde{W}}_{x1}=\delta\dot{W}_{x1}(t)\\ \dfrac{d}{dt}\delta W_{y1}(t)=\dfrac{d}{dt}[W_{y1}(t)-\widetilde{W}_{y1}(t)]=\dot{W}_{y1}-\dot{\widetilde{W}}_{y1}=\delta\dot{W}_{y1}(t)\end{cases}\tag{5.3-4}$$

如果以 $\widetilde{\lambda}_i$ 表示标准飞行条件，λ_i 表示实际飞行条件，则有如下“扰动”：

$$\delta\widetilde{\lambda}_i=\lambda_i-\widetilde{\lambda}_i\tag{5.3-5}$$

扰动是通过改变作用在箭上的力和力矩来影响火箭运动的。以发动机安装偏差所引起的扰动为例，如图 5.3-1 所示，由于安装偏差使发动机有效推力矢量 $\boldsymbol{P}_e$ 偏离箭体纵轴 O_1X_1，与 O_1X_1 轴的夹角为 η，在偏离角 η 的影响下，作用在切向 O_1X_V 上的推力分量（见图 5.3-2）变为

$$P_e\cos(\alpha+\eta)\approx P_e\cos\alpha-P_e\eta\sin\alpha$$

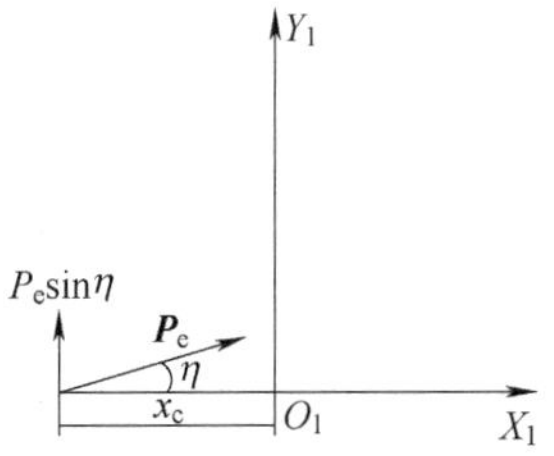

图 5.3-1　安装引起的推力方向偏差

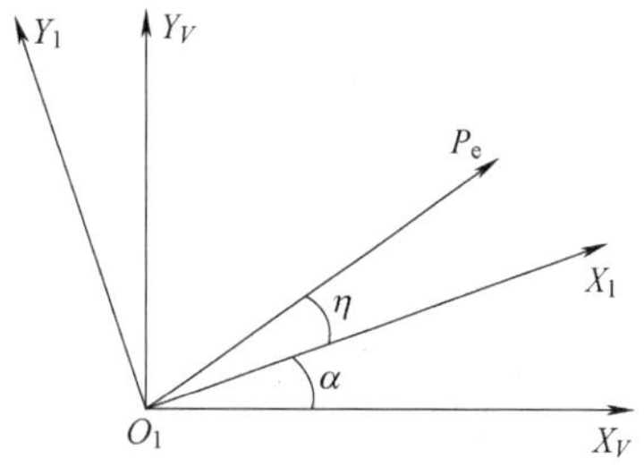

图 5.3-2　推力矢量与纵轴 O_1X_1、速度轴 O_1X_V 的关系

作用在法向 O_1Y_V 上的推力分量为

$$P_e\sin(\alpha+\eta)\approx P_e\sin\alpha+P_e\eta\cos\alpha$$

在标准情况下，$\eta=0$，切向和法向力为 $P_e\cos\alpha$、$P_e\sin\alpha$，则由安装误差引起的切向干扰力 T_D 和法向干扰力 N_D 为

$$\begin{cases}T_D=-P_e\eta\sin\alpha\\N_D=P_e\eta\cos\alpha\end{cases}\tag{5.3-6}$$

此外，这还会引起作用在箭上的力矩产生变化。当 $\eta=0$ 时，作用在箭上的力矩为气动力矩和控制力矩，推力方向通过质心，不产生力矩；但当存在 η 时，如图 5.3-1 所示，将产生推力力矩 $-P_ex_c\eta$。由干扰而引起的力矩称为干扰力矩 M_D，此时，由 η 引起的干扰力矩为

$$M_D=-P_ex_c\eta\tag{5.3-7}$$

这将引起攻角 α 发生变化，则在力矩瞬时平衡假设下，有

$$M_{z1}^{\alpha}\alpha+M_{z1}^{\delta}a_0^{\varphi}(\alpha+\theta-\varphi_{pr})+M_D=0$$

即

$$\alpha=\frac{-1}{M_{z1}^{\alpha}+M_{z1}^{\delta}a_0^{\varphi}}[M_{z1}^{\delta}a_0^{\varphi}(\theta-\varphi_{pr})+M_D]\tag{5.3-8}$$

记

$$E=-M_{z1}^{\alpha}-M_{z1}^{\delta}a_0^{\varphi}\tag{5.3-9}$$

则有

$$\alpha=\frac{1}{E}M_{z1}^{\delta}a_0^{\varphi}(\theta-\varphi_{pr})+\frac{M_D}{E}\tag{5.3-10}$$

式中，$\dfrac{M_D}{E}=\Delta_\eta\alpha$ 为由推力力矩而引起的攻角增量。在干扰力 T_D、N_D 和干扰力矩作用下，首先引起作用在箭上的线加速度和角加速度的变化，然后引起弹道位置和速度的变化，产生弹道偏差。当火箭的位置速度改变时，反过来又会改变作用在箭上的力和力矩。综合作用的结果，使实际弹道偏离标准弹道。在小扰动情况下，可将实际弹道在标准弹道附近展开，则得

$$\begin{cases}\delta\dot V=a_{11}\delta V+a_{12}\delta\theta+a_{13}\delta y+a_{14}\delta\alpha+\sum\limits_{i=1}^{n}\dfrac{\partial f_1}{\partial\lambda_i}\delta\lambda_i\\ \delta\dot\theta=a_{21}\delta V+a_{22}\delta\theta+a_{23}\delta y+a_{24}\delta\alpha+\sum\limits_{i=1}^{n}\dfrac{\partial f_2}{\partial\lambda_i}\delta\lambda_i\\ \delta\dot y=a_{31}\delta V+a_{32}\delta\theta\\ \delta\dot x=a_{41}\delta V+a_{42}\delta\theta\\ a_{51}\delta V+a_{52}\delta\theta+a_{53}\delta y+a_{54}\delta\alpha+\sum\limits_{i=1}^{n}\dfrac{\partial M_{z1}}{\partial\lambda_i}\delta\lambda_i=0\end{cases}\tag{5.3-11}$$

$$\begin{cases}\delta\dot W_{x1}=a_{61}\delta V+a_{62}\delta\theta+a_{63}\delta y+a_{64}\delta\alpha+\sum\limits_{i=1}^{n}\dfrac{\partial f_5}{\partial\lambda_i}\delta\lambda_i\\ \delta\dot W_{y1}=a_{71}\delta V+a_{72}\delta\theta+a_{73}\delta y+a_{74}\delta\alpha+\sum\limits_{i=1}^{n}\dfrac{\partial f_6}{\partial\lambda_i}\delta\lambda_i\end{cases}\tag{5.3-12}$$

式中

$$a_{11}=\frac{\partial\dot{V}}{\partial V}=-\frac{X^V}{m}$$

$$a_{12}=\frac{\partial\dot{V}}{\partial\theta}=-\frac{R'a_0^{\varphi}\sin\alpha}{m}+g\cos\theta$$

$$a_{13}=\frac{\partial\dot{V}}{\partial y}=\frac{\cos\alpha}{m}\frac{\partial P_{\mathrm{e}}}{\partial y}-\frac{X^y}{m}-\frac{2g}{r}\sin\theta$$

$$a_{14}=\frac{\partial\dot{V}}{\partial\alpha}=-\frac{P_{\mathrm{e}}}{m}\cos\alpha-\frac{X^{\alpha}}{m}-\frac{R'a_0^{\varphi}}{m}\sin\alpha-\frac{R'a_0^{\varphi}(\alpha+\theta-\varphi_{\mathrm{pr}})}{m}\cos\alpha$$

$$a_{21}=\frac{\partial\dot{\theta}}{\partial V}=\frac{Y^V}{mV}$$

$$a_{22}=\frac{\partial\dot{\theta}}{\partial\theta}=\frac{R'a_0^{\varphi}\cos\alpha}{mV}-\frac{g}{V}\sin\theta$$

$$a_{23}=\frac{\partial\dot{\theta}}{\partial y}=\frac{\sin\alpha}{mV}\frac{\partial P_{\mathrm{e}}}{\partial y}+\frac{Y^y}{mV}-\frac{2g}{Vr}\cos\theta$$

$$a_{24}=\frac{\partial\dot{\theta}}{\partial\alpha}=\frac{P_{\mathrm{e}}}{mV}\cos\alpha+\frac{Y^{\alpha}}{mV}+\frac{R'a_0^{\varphi}\cos\alpha}{mV}-\frac{R'a_0^{\varphi}(\alpha+\theta-\varphi_{\mathrm{pr}})\sin\alpha}{mV}$$

$$a_{31}=\frac{\partial\dot{y}}{\partial V}=\sin\theta$$

$$a_{32}=\frac{\partial\dot{y}}{\partial\theta}=V\cos\theta$$

$$a_{41}=\frac{\partial\dot{x}}{\partial V}=\cos\theta$$

$$a_{42}=\frac{\partial\dot{x}}{\partial\theta}=-V\sin\theta$$

$$a_{51}=\frac{\partial M_{z1}}{\partial V}=M_{z1}^V$$

$$a_{52}=\frac{\partial M_{z1}}{\partial\theta}=M_{z1}^{\theta}=a_0^{\varphi}M_{z1}^{\delta}$$

$$a_{53}=\frac{\partial M_{z1}}{\partial y}=M_{z1}^y$$

$$a_{54}=\frac{\partial M_{z1}}{\partial\alpha}=M_{z1}^{\alpha}+a_0^{\varphi}M_{z1}^{\delta}=E$$

$$a_{61}=\frac{\partial\dot{W}_{x1}}{\partial V}=\frac{-X^V\cos\alpha+Y^V\sin\alpha}{m}$$

$$a_{62}=\frac{\partial\dot{W}_{x1}}{\partial\theta}=0$$

$$a_{63}=\frac{\partial\dot{W}_{x1}}{\partial y}=\frac{1}{m}\frac{\partial P_{\mathrm{e}}}{\partial y}+\frac{-X^y\cos\alpha+Y^y\sin\alpha}{m}$$

$$a_{64}=\frac{\partial\dot{W}_{x1}}{\partial\alpha}=\frac{X\sin\alpha+Y\cos\alpha-X^{\alpha}\cos\alpha+Y^{\alpha}\sin\alpha}{m}$$

$$a_{71}=\frac{\partial\dot{W}_{y1}}{\partial V}=\frac{X^{V}\sin\alpha+Y^{V}\cos\alpha}{m}$$

$$a_{72}=\frac{\partial\dot{W}_{y1}}{\partial\theta}=\frac{2R'a_0^{\varphi}}{m}$$

$$a_{73}=\frac{\partial\dot{W}_{y1}}{\partial y}=\frac{X^{y}\sin\alpha+Y^{y}\cos\alpha}{m}$$

$$a_{74}=\frac{\partial\dot{W}_{y1}}{\partial\alpha}=\frac{X\cos\alpha-Y\sin\alpha+X^{\alpha}\sin\alpha+Y^{\alpha}\cos\alpha+2R'a_0^{\varphi}}{m}\tag{5.3-13}$$

以上各式综合为式（5.3-13），且式中运动参量均为标准弹道运动参量。

由于扰动因素而产生的$\dot{V}$、$\dot{\theta}$、M_{z1}、$\dot{W}_{x1}$、$\dot{W}_{y1}$的增量为

$$\sum_{i=1}^{n}\frac{\partial f_1}{\partial\lambda_i}\delta\lambda_i,\ \sum_{i=1}^{n}\frac{\partial f_2}{\partial\lambda_i}\delta\lambda_i,\ \sum_{i=1}^{n}\frac{\partial M_{z1}}{\partial\lambda_i}\delta\lambda_i,\ \sum_{i=1}^{n}\frac{\partial f_5}{\partial\lambda_i}\delta\lambda_i,\ \sum_{i=1}^{n}\frac{\partial f_6}{\partial\lambda_i}\delta\lambda_i$$

令

$$\begin{cases}\sum_{i=1}^{n}\frac{\partial f_1}{\partial\lambda_i}\delta\lambda_i=\varepsilon_V\\ \sum_{i=1}^{n}\frac{\partial f_2}{\partial\lambda_i}\delta\lambda_i=\varepsilon_\theta\\ \sum_{i=1}^{n}\frac{\partial M_{z1}}{\partial\lambda_i}\delta\lambda_i=M_{\mathrm{D}}\\ \sum_{i=1}^{n}\frac{\partial f_5}{\partial\lambda_i}\delta\lambda_i=\varepsilon_{W_x}\\ \sum_{i=1}^{n}\frac{\partial f_6}{\partial\lambda_i}\delta\lambda_i=\varepsilon_{W_y}\end{cases}\tag{5.3-14}$$

下一小节将介绍它们的计算方法。

式（5.3-11）为第5式是代数式，由此解出

$$\delta\alpha=-\frac{1}{a_{54}}(a_{51}\delta V+a_{52}\delta\theta+a_{53}\delta y+M_{\mathrm{D}})\tag{5.3-15}$$

代入消去$\delta\alpha$，则得

$$\begin{cases}\delta\dot{V}=a_{11}\delta V+a_{12}\delta\theta+a_{13}\delta y+\varepsilon'_V\\ \delta\dot{\theta}=a_{21}\delta V+a_{22}\delta\theta+a_{23}\delta y+\varepsilon'_\theta\\ \delta\dot{y}=a_{31}\delta V+a_{32}\delta\theta\\ \delta\dot{x}=a_{41}\delta V+a_{42}\delta\theta\\ \delta\dot{W}_{x1}=a_{61}\delta V+a_{62}\delta\theta+a_{63}\delta y+\varepsilon'_{W_x}\\ \delta\dot{W}_{y1}=a_{71}\delta V+a_{72}\delta\theta+a_{73}\delta y+\varepsilon'_{W_y}\end{cases}\tag{5.3-16}$$

式中

$$
\begin{aligned}
a_{11} &= a_{11} - a_{14}\frac{a_{51}}{a_{54}} \\
a_{12} &= a_{12} - a_{14}\frac{a_{52}}{a_{54}} \\
a_{13} &= a_{13} - a_{14}\frac{a_{53}}{a_{54}} \\
a_{21} &= a_{21} - a_{24}\frac{a_{51}}{a_{54}} \\
a_{22} &= a_{22} - a_{24}\frac{a_{52}}{a_{54}} \\
a_{23} &= a_{23} - a_{24}\frac{a_{53}}{a_{54}} \\
a_{31} &= a_{31} \\
a_{32} &= a_{32} \\
a_{41} &= a_{41} \\
a_{42} &= a_{42} \\
a_{61} &= a_{61} - a_{64}\frac{a_{51}}{a_{54}} \\
a_{62} &= a_{62} - a_{64}\frac{a_{52}}{a_{54}} \\
a_{63} &= a_{63} - a_{64}\frac{a_{53}}{a_{54}} \\
a_{71} &= a_{71} - a_{74}\frac{a_{51}}{a_{54}} \\
a_{72} &= a_{72} - a_{74}\frac{a_{52}}{a_{54}} \\
a_{73} &= a_{73} - a_{74}\frac{a_{53}}{a_{54}} \\
\varepsilon'_V &= \varepsilon_V - \frac{a_{14}}{a_{54}}M_\mathrm{D} \\
\varepsilon'_\theta &= \varepsilon_\theta - \frac{a_{24}}{a_{54}}M_\mathrm{D} \\
\varepsilon'_{W_x} &= \varepsilon_{W_x} - \frac{a_{64}}{a_{54}}M_\mathrm{D} \\
\varepsilon'_{W_y} &= \varepsilon_{W_y} - \frac{a_{74}}{a_{54}}M_\mathrm{D}
\end{aligned}
\tag{5.3-17}
$$

这是一组非齐次变系数线性微分方程，如果令

$$
\boldsymbol{A}=\begin{bmatrix} a_{11} & a_{12} & a_{13} & 0 & 0 & 0 \\ a_{21} & a_{22} & a_{23} & 0 & 0 & 0 \\ a_{31} & a_{32} & 0 & 0 & 0 & 0 \\ a_{41} & a_{42} & 0 & 0 & 0 & 0 \\ a_{61} & a_{62} & a_{63} & 0 & 0 & 0 \\ a_{71} & a_{72} & a_{73} & 0 & 0 & 0 \end{bmatrix},\ \boldsymbol{\xi}=\begin{bmatrix} \delta V \\ \delta\theta \\ \delta y \\ \delta x \\ \delta W_{x1} \\ \delta W_{y1} \end{bmatrix},\ \boldsymbol{F}=\begin{bmatrix} \varepsilon'_V \\ \varepsilon'_\theta \\ 0 \\ 0 \\ \varepsilon'_{W_x} \\ \varepsilon'_{W_y} \end{bmatrix}
$$

则有

$$
\frac{\mathrm{d}\boldsymbol{\xi}}{\mathrm{d}t}=\boldsymbol{A}\boldsymbol{\xi}+\boldsymbol{F} \tag{5.3-18}
$$

故

$$
\boldsymbol{\xi}=\boldsymbol{\Phi}(t,t_0)\boldsymbol{\xi}(t_0)+\int_{t_0}^{t}\boldsymbol{\Phi}(t,\tau)\boldsymbol{F}(\tau)\mathrm{d}\tau \tag{5.3-19}
$$

式中，$\boldsymbol{\Phi}(t,\tau)$ 为脉冲过渡函数。

5.3.2 箭体结构参数偏差对主动段弹道的影响

影响主动段弹道特性的因素是很多的，如发射条件的偏差（ΔB_0、$\Delta\lambda_0$、ΔA_0、Δh_0 等)、环境条件（T、p、ρ）的变化、所采用的引力模型、风的影响和箭体结构参数的偏差等。本小节只研究结构偏差对主动段弹道的影响。

结构参数的偏差是由于安装和制造误差引起的，上一小节叙述的发动机安装角 η 即是安装误差。对于两级火箭来说，主要结构参数偏差如下：

$\Delta\lambda_1=\Delta G_{01}$　第一级重量偏差

$\Delta\lambda_2=\Delta\dot{G}_1$　第一级秒消耗量偏差

$\Delta\lambda_3=\Delta P_{\mathrm{SP},Z1}$　第一级真空有效比推力偏差

$\Delta\lambda_4=\Delta\left(\dfrac{1}{2}\rho_0 S_{\max}\right)$　主动段气动力特征系数偏差

$\Delta\lambda_5=\Delta i=\dfrac{C_x-\widetilde{C}_x}{\widetilde{C}_x}$　主动段弹形系数偏差

$\Delta\lambda_6=\Delta(S_\mathrm{e}p_0)$　发动机高度特征系数偏差

$\Delta\lambda_7=\Delta\varphi_{\mathrm{pr}}$　主动段程序角偏差

$\Delta\lambda_8=\Delta G_{02}$　第二级重量偏差

$\Delta\lambda_9=\Delta\dot{G}_2$　第二级秒消耗量偏差

$\Delta\lambda_{10}=\Delta P_{\mathrm{SP},Z2}$　第二级真空有效比推力偏差

$\Delta\lambda_{11}=\Delta V_{z0}$　第一级后效冲量偏差引起第二级起始速度偏差

$\Delta\lambda_{12}=\Delta W_{l_1}$　第一级预令关机点视速度偏差

由式（5.3-1），可求出$\dfrac{\partial f_i}{\partial\lambda_j}(i=1,2,\cdots,6;j=1,2,\cdots,12)$，不一一推导，举例如下：

（1） $\dfrac{\partial f_1}{\partial \lambda_3}=\dfrac{\partial \dot{V}}{\partial P_{\mathrm{SP},Z1}}$

因为有

$$P_{\mathrm{e}}=\left(\tilde{\dot{G}}+\Delta\dot{G}\right)(P_{\mathrm{SP},Z}+\Delta P_{\mathrm{SP},Z1}+\Delta P_{\mathrm{SP},Z2})-[S_{\mathrm{e}}p_0+\Delta(S_{\mathrm{e}}p_0)]\frac{p}{p_0}$$

则得

$$\frac{\partial f_1}{\partial \lambda_3}=\frac{\partial \dot{V}}{\partial P_{\mathrm{e}}}\frac{\partial P_{\mathrm{e}}}{\partial P_{\mathrm{SP},Z}}=\frac{\cos\alpha}{m}\tilde{\dot{G}} \tag{5.3-20}$$

（2） $\dfrac{\partial f_1}{\partial \lambda_5}=\dfrac{\partial \dot{V}}{\partial i}$

因为有

$$C_x=\tilde{C}_x\left(1+\frac{C_x-\tilde{C}_x}{\tilde{C}_x}\right)=\tilde{C}_x(1+\Delta i)$$

故

$$\frac{\partial f_1}{\partial \lambda_5}=\frac{\partial \dot{V}}{\partial C_x}\frac{\partial C_x}{\partial i}=-\frac{qS}{m}\tilde{C}_x \tag{5.3-21}$$

（3） $\dfrac{\partial f_2}{\partial \lambda_7}=\dfrac{\partial \dot{\theta}}{\partial \varphi_{\mathrm{pr}}}+\dfrac{\partial \dot{\theta}}{\partial \alpha}\dfrac{\partial \alpha}{\partial \varphi_{\mathrm{pr}}}$

因为有

$$\dot{\theta}=\frac{1}{mV}[P_{\mathrm{e}}\sin\alpha+C_y^{\alpha}qS_{\mathrm{m}}\alpha+R'a_0^{\varphi}(\alpha+\theta-\varphi_{\mathrm{pr}})\cos\alpha]+\frac{g}{V}\cos\theta$$

$$\alpha=\frac{1}{E}M_{z1}^{\delta}a_0^{\varphi}(\theta-\varphi_{\mathrm{pr}})$$

即

$$\begin{aligned}\frac{\partial f_2}{\partial \lambda_7}&=\frac{\partial \dot{\theta}}{\partial \varphi_{\mathrm{pr}}}+\frac{\partial \dot{\theta}}{\partial \alpha}\frac{\partial \alpha}{\partial \varphi_{\mathrm{pr}}}\\&=-\frac{R'a_0^{\varphi}\cos\alpha}{mV}-\frac{-P_{\mathrm{e}}\cos\alpha+C_y^{\alpha}qS_{\mathrm{m}}+R'a_0^{\varphi}\cos\alpha-R'a_0^{\varphi}(\alpha+\theta-\varphi_{\mathrm{pr}})\sin\alpha}{mV}\frac{a_0^{\varphi}M_{z1}^{\delta}}{E}\end{aligned} \tag{5.3-22}$$

其余可类推。

故式（5.3-18）中的扰动项为

$$\boldsymbol{F}=\begin{bmatrix}\dfrac{\partial f_1}{\partial \lambda_1} & \cdots & \dfrac{\partial f_1}{\partial \lambda_{12}}\\ \dfrac{\partial f_2}{\partial \lambda_1} & \cdots & \dfrac{\partial f_2}{\partial \lambda_{12}}\\ 0 & \cdots & 0\\ 0 & \cdots & 0\\ \dfrac{\partial f_5}{\partial \lambda_1} & \cdots & \dfrac{\partial f_5}{\partial \lambda_{12}}\\ \dfrac{\partial f_6}{\partial \lambda_1} & \cdots & \dfrac{\partial f_6}{\partial \lambda_{12}}\end{bmatrix}\begin{bmatrix}\delta\lambda_1\\ \vdots\\ \delta\lambda_{12}\end{bmatrix}=\begin{bmatrix}F_1\\F_2\\0\\0\\F_5\\F_6\end{bmatrix} \tag{5.3-23}$$

将式（5.3-23）代入式（5.3-19），则可求出等时偏差 δV、$\delta\theta$、δy、δx、δW_{x1}、δW_{y1}。

如果不考虑起始条件引起的偏差，则有

$$\begin{cases}\delta V = \sum_{k=1}^{12} \xi_{1k}\delta\lambda_k \\ \delta\theta = \sum_{k=1}^{12} \xi_{2k}\delta\lambda_k \\ \delta y = \sum_{k=1}^{12} \xi_{3k}\delta\lambda_k \\ \delta x = \sum_{k=1}^{12} \xi_{4k}\delta\lambda_k \\ \delta W_{x1} = \sum_{k=1}^{12} \xi_{5k}\delta\lambda_k \\ \delta W_{y1} = \sum_{k=1}^{12} \xi_{6k}\delta\lambda_k \end{cases} \tag{5.3-24}$$

如果主动段终点是利用实际飞行时间 t_K 等于标准弹道关机时间 $\tilde{t}_K$时关闭发动机，则由式（5.3-24）可求出结构参数偏差引起的主动段终点的弹道偏差，将其代入下式：

$$\begin{aligned}\delta L &= \frac{\partial L}{\partial V_K}\delta V_K + \frac{\partial L}{\partial \theta_K}\delta\theta_K + \frac{\partial L}{\partial y_K}\delta y_K + \frac{\partial L}{\partial x_K}\delta x_K \\ &= \frac{\partial L}{\partial V_K}\sum_{k=1}^{12}\xi_{1k}\delta\lambda_k + \frac{\partial L}{\partial \theta_K}\sum_{k=1}^{12}\xi_{2k}\delta\lambda_k + \frac{\partial L}{\partial y_K}\sum_{k=1}^{12}\xi_{3k}\delta\lambda_k + \frac{\partial L}{\partial x_K}\sum_{k=1}^{12}\xi_{4k}\delta\lambda_k = \sum_{i=1}^{12} Z_i\delta\lambda_i\end{aligned} \tag{5.3-25}$$

即可求出由结构参数所引起的射程等时偏差。

通常，为了减小射程偏差，往往不采用等时关机，而采用其他形式的关机方案，后面将进行讨论。当不采用等时关机时，实际发动机关机时间

$$t_K = \tilde{t}_K + \Delta t_K \tag{5.3-26}$$

如果以 δV_K、$\delta\theta_K$、δy_K、δx_K、δW_{xK}、δW_{yK}表示此时的运动参量的偏差，则有

$$\delta V_K = V(\tilde{t}_K + \Delta t_K) - \tilde{V}(\tilde{t}_K) = V(\tilde{t}_K) + \dot{V}(\tilde{t}_K)\Delta t_K - \tilde{V}(\tilde{t}_K)$$

依同理可得

$$\begin{cases}\Delta V_K = \delta V_K + \dot{V}(\tilde{t}_K)\Delta t_K = \sum_{k=1}^{12}\xi_{1k}\delta\lambda_k + \dot{V}(\tilde{t}_K)\Delta t_K \\ \Delta\theta_K = \delta\theta_K + \dot{\theta}(\tilde{t}_K)\Delta t_K = \sum_{k=1}^{12}\xi_{2k}\delta\lambda_k + \dot{\theta}(\tilde{t}_K)\Delta t_K \\ \Delta y_K = \delta y_K + \dot{y}(\tilde{t}_K)\Delta t_K = \sum_{k=1}^{12}\xi_{3k}\delta\lambda_k + \dot{y}(\tilde{t}_K)\Delta t_K \\ \Delta x_K = \delta x_K + \dot{x}(\tilde{t}_K)\Delta t_K = \sum_{k=1}^{12}\xi_{4k}\delta\lambda_k + \dot{x}(\tilde{t}_K)\Delta t_K \\ \Delta W_{xK} = \delta W_{xK} + \dot{W}_{xK}(\tilde{t}_K)\Delta t_K = \sum_{k=1}^{12}\xi_{5k}\delta\lambda_k + \dot{W}_{xK}(\tilde{t}_K)\Delta t_K \\ \Delta W_{yK} = \delta W_{yK} + \dot{W}_{yK}(\tilde{t}_K)\Delta t_K = \sum_{k=1}^{12}\xi_{6k}\delta\lambda_k + \dot{W}_{yK}(\tilde{t}_K)\Delta t_K \end{cases} \tag{5.3-27}$$

由此而引起的射程偏差为

$$\Delta L = \delta L + \dot{L}\Delta t_K = \sum_{i=1}^{12} Z_i\delta\lambda_i + \dot{L}\Delta t_K \tag{5.3-28}$$

式中

$$\dot{L} = \frac{\partial L}{\partial V_K}\dot{V}(\tilde{t}_K) + \frac{\partial L}{\partial \theta_K}\dot{\theta}(\tilde{t}_K) + \frac{\partial L}{\partial y_K}\dot{y}(\tilde{t}_K) + \frac{\partial L}{\partial x_K}\dot{x}(\tilde{t}_K) \tag{5.3-29}$$

当分析结构参数偏差对最大射程的影响时，往往是按“推进剂消耗量”控制发动机关机。如果设实际推进剂为 Q，标准推进剂为 $\tilde{Q}$，则按“推进剂消耗量”控制发动机关机，即

$$Q(\tilde{t}_K + \Delta t_K) - \tilde{Q}(\tilde{t}_K) = 0$$

即

$$Q(\tilde{t}_K) - \dot{G}(\tilde{t}_K)\Delta t_K - \tilde{Q}(\tilde{t}_K) = 0$$

$$Q_0 - \dot{G}\tilde{t}_K - \dot{G}(\tilde{t}_K)\Delta t_K - \tilde{Q}_0 + \tilde{\dot{G}}\tilde{t}_K = 0$$

$$\delta Q_0 - \delta\dot{G}\tilde{t}_K - \dot{G}(\tilde{t}_K)\Delta t_K = 0$$

故

$$\Delta t_K = \frac{1}{\dot{G}(\tilde{t}_K)}(\delta Q_0 - \delta\dot{G}\tilde{t}_K) \tag{5.3-30}$$

代入式（5.2-28）可求出射程偏差 ΔL。

利用以上方法可以算出各种扰动因素引起的射程偏差，如果将其结果编成射表，则可以根据已知的扰动，利用射表来进行修正，以提高命中准确度。

由式（5.3-25）知射程的等时偏差为

$$\delta L = \frac{\partial L}{\partial V_K}\delta V_K + \frac{\partial L}{\partial \theta_K}\delta\theta_K + \frac{\partial L}{\partial y_K}\delta y_K + \frac{\partial L}{\partial x_K}\delta x_K \tag{5.3-31}$$

式中，δV_K、$\delta\theta_K$、δx_K、δy_K 为式（5.3-18）在 $t = \tilde{t}_K$ 的解。如果设式（5.3-18）的共轭方程为

$$\frac{\mathrm{d}\boldsymbol{Z}}{\mathrm{d}t} = -\boldsymbol{A}^{\mathrm{T}}\boldsymbol{Z} \tag{5.3-32}$$

则有

$$Z_{1K}\delta V_K + Z_{2K}\delta\theta_K + Z_{3K}\delta y_K + Z_{4K}\delta x_K = Z_{10}\delta V_0 + Z_{20}\delta\theta_0 + Z_{30}\delta y_0 + Z_{40}\delta x_0 + \int_{t_0}^{\tilde{t}_K}\boldsymbol{Z}^{\mathrm{T}}\boldsymbol{F}\mathrm{d}\tau \tag{5.3-33}$$

式中，t_0 为发射瞬间，故 $\delta V_0 = \delta\theta_0 = \delta y_0 = \delta x_0 = 0$。

如果选择当 $t = \tilde{t}_K$ 时共轭方程式（5.3-32）的终端条件为

$$Z_{1K} = \frac{\partial L}{\partial V_K},\ Z_{2K} = \frac{\partial L}{\partial \theta_K}、Z_{3K} = \frac{\partial L}{\partial y_K},\ Z_{4K} = \frac{\partial L}{\partial x_K}$$

则由式（5.3-33）可得

$$\delta L = Z_{1K}\delta V_K + Z_{2K}\delta\theta_K + Z_{3K}\delta y_K + Z_{4K}\delta x_K = \int_{t_0}^{\tilde{t}_K}\boldsymbol{Z}^{\mathrm{T}}\boldsymbol{F}\mathrm{d}\tau \tag{5.3-34}$$

求出射程等时偏差后，根据下式：

$$\Delta L=\delta L+\dot{L}\Delta t_K \tag{5.3-35}$$

可求出在任一关机情况下的射程偏差。

5.3.3 自由飞行段摄动方程的研究

飞行器自由飞行段在稠密大气层以外，如果作无控制飞行，其运动主要受以下几种摄动因素影响：

（1）地球形状的摄动

地球为一非对称椭球体，其质量分布也是非均匀的，通常地球的引力势函数式（3.2-70）为

$$U=\frac{GM}{r}-\frac{GM}{r}\sum_{n=2}^{\infty}\left(\frac{a_{\mathrm{e}}}{r}\right)^{n}J_nP_n(\sin\phi)+\frac{GM}{r}\sum_{n=2}^{\infty}\sum_{m=1}^{n}\left(\frac{a_{\mathrm{e}}}{r}\right)^{n}(C_n^m\cos m\lambda+S_n^m\sin m\lambda)P_n^m(\sin\phi)$$

如果将地球近似看成为均质旋转对称体，则引力场的势函数与经度 λ 无关，即 $C_n^m=S_n^m=0(m\neq0)$，此时引力势函数简化为

$$U=\frac{GM}{r}\left[1-\sum_{n=2}^{\infty}\left(\frac{a_{\mathrm{e}}}{r}\right)^{n}J_nP_n(\sin\phi)\right] \tag{5.3-36}$$

有时取引力势中主要部分作为假想引力势，此时有

$$U_0=\frac{GM}{r} \tag{5.3-37}$$

其所对应的弹道为椭圆弹道。

（2）大气阻力摄动

对运载火箭来讲，自由飞行段在地球附近，其高度约为 $80\mathrm{km}<h<1000\mathrm{km}$，所以仍然会受到稀薄大气的影响，主要是大气产生的阻力：

$$X=C_x\frac{\rho V^2}{2}S_{\mathrm{m}}$$

大气阻力会使飞行速度减小。其中，大气密度 ρ 随着飞行高度增加而急剧减小。为了衡量摄动力的数量级，通常将其与正常引力（考虑 J_2）相比较，已知式（3.2-80）为

$$g_{\mathrm{r}}=-\frac{GM}{r^2}\left[1+J\left(\frac{a_{\mathrm{e}}}{r}\right)^{2}(1-3\sin^2\phi)\right]$$

J_2 项约为 10^{-3} 的数量级。则当 $h=200\mathrm{km}$ 时，有

$$\frac{X}{\frac{GM}{r^2}}=\left(\frac{C_xS_{\mathrm{m}}}{GM}\rho\right)\left(\frac{r^2V^2}{2}\right)\sim10^{-6}$$

由于自由飞行段高度是变化的，但绝大部分情况下是在 200km 以上，故大气阻力摄动在 10^{-6} 左右，有时可将其看成二阶微量处理。

（3）太阳光压和日月摄动

对于自由段来讲，由于其弹道高度较低且飞行时间短，故太阳光压和日月摄动对 J_2 来讲都是高阶微量，可不予考虑。

为了研究摄动运动，首先要建立无摄运动方程，然后在无摄运动方程的基础上，利用类似常数变异法的方法，导出摄动运动方程。

为了使研究问题简化，通常取下式作为无摄运动引力势：

$$U_0 = \frac{GM}{r}$$

即令

$$U = U_0 + R$$

式中，R 为摄动引力势。

此时无摄运动为椭圆弹道，为了建立摄动运动方程，首先用分析力学的方法把椭圆轨道的正则共轭常数和轨道根数联系起来。

1. 无摄运动方程的解

取球坐标系（r,λ,φ），其相应的广义坐标记为（q_1,q_2,q_3），广义动量为（p_1,p_2,p_3），则动能为

$$T = \frac{1}{2}(\dot{r}^2 + \dot{\lambda}^2 r^2 \cos^2\varphi + r^2\dot{\varphi}^2) = \frac{1}{2}(\dot{q}_1^2 + \dot{q}_2^2 q_1^2 \cos^2 q_3 + q_1^2 \dot{q}_3^2) \tag{5.3-38}$$

而

$$\begin{cases} p_1 = \dfrac{\partial T}{\partial \dot{q}_1} = \dfrac{\partial T}{\partial \dot{r}} = \dot{r} \\ p_2 = \dfrac{\partial T}{\partial \dot{q}_2} = \dfrac{\partial T}{\partial \dot{\lambda}} = \dot{\lambda} r^2 \cos^2\varphi \\ p_3 = \dfrac{\partial T}{\partial \dot{q}_3} = \dfrac{\partial T}{\partial \dot{\varphi}} = r^2\dot{\varphi} \end{cases} \tag{5.3-39}$$

用广义动量 p_i 来表示动能，则有

$$T = \frac{1}{2}\left(p_1^2 + \frac{p_2^2}{r^2\cos^2\varphi} + \frac{p_3^2}{r^2}\right) \tag{5.3-40}$$

哈密顿函数为

$$H = \frac{1}{2}\left(p_1^2 + \frac{p_2^2}{r^2\cos^2\varphi} + \frac{p_3^2}{r^2}\right) - \frac{GM}{r} \tag{5.3-41}$$

正则方程为

$$\begin{cases} \dot{q}_1 = \dot{r} = \dfrac{\partial H}{\partial p_1} \quad \dot{p}_1 = \dfrac{\partial H}{\partial r} \\ \dot{q}_2 = \dot{\lambda} = \dfrac{\partial H}{\partial p_2} \quad \dot{p}_2 = \dfrac{\partial H}{\partial \lambda} \\ \dot{q}_3 = \dot{\varphi} = \dfrac{\partial H}{\partial p_3} \quad \dot{p}_3 = \dfrac{\partial H}{\partial \varphi} \end{cases} \tag{5.3-42}$$

因为式（5.3-41）所示哈密顿函数 H 不显含 t 和 λ，且对 r、φ 是可分离的，故哈密顿-雅可比方程可写为

$$S = -\alpha_1 t + \alpha_3\lambda + S_1(r) + S_2(\varphi) \tag{5.3-43}$$

$$\frac{\partial S}{\partial t} + H\left(\boldsymbol{q}, \frac{\partial S}{\partial \boldsymbol{q}}, t\right) = 0 \tag{5.3-44}$$

故

$$\frac{\partial S}{\partial t}=-\alpha_1 \tag{5.3-45}$$

且知

$$p_1=\frac{\partial S}{\partial r}=\frac{\mathrm{d}S_1}{\mathrm{d}r},\ p_2=\frac{\partial S}{\partial \lambda}=\alpha_3,\ p_3=\frac{\partial S}{\partial \varphi}=\frac{\mathrm{d}S_2}{\mathrm{d}\varphi} \tag{5.3-46}$$

代入式（5.3-41），有

$$H=\frac{1}{2}\left[\left(\frac{\mathrm{d}S_1}{\mathrm{d}r}\right)^2+\frac{1}{r^2}\left(\frac{\mathrm{d}S_2}{\mathrm{d}\varphi}\right)^2+\frac{\alpha_3^2}{r^2\cos^2\varphi}\right]-\frac{GM}{r}=\alpha_1 \tag{5.3-47}$$

故得分离变量方程为

$$\begin{cases} r^2\left(\dfrac{\mathrm{d}S_1}{\mathrm{d}r}\right)^2-2GMr-2\alpha_1 r^2=-\alpha_2^2 \\ \left(\dfrac{\mathrm{d}S_2}{\mathrm{d}\varphi}\right)^2+\dfrac{\alpha_3^2}{\cos^2\varphi}=\alpha_2^2 \end{cases} \tag{5.3-48}$$

故由式（5.3-46）和式（5.3-48）可得

$$\begin{cases} p_1=\dfrac{\partial S}{\partial r}=\left(2\alpha_1+\dfrac{2GM}{r^2}-\dfrac{\alpha_2^2}{r^2}\right)^{\frac{1}{2}} \\ p_2=\dfrac{\partial S}{\partial \lambda}=\alpha_3 \\ p_3=\dfrac{\partial S}{\partial \varphi}=\left(\alpha_2^2-\dfrac{\alpha_3^2}{\cos^2\varphi}\right)^{\frac{1}{2}} \end{cases} \tag{5.3-49}$$

且由式（5.3-48）得

$$\begin{cases} S_1=\displaystyle\int_{r_1}^{r}(2a_1 r^2+2GMr-\alpha_2^2)^{\frac{1}{2}}\frac{\mathrm{d}r}{r} \\ S_2=\displaystyle\int_0^{\varphi}\left(\alpha_2^2-\frac{\alpha_3^2}{\cos^2\varphi}\right)^{\frac{1}{2}}\mathrm{d}\varphi \end{cases} \tag{5.3-50}$$

由于方程引入三个积分常数 α_1、α_2、α_3，故式（5.3-50）积分限可以任意选取。为了使结果简单，取 S_2 的积分下限为0。S_1 的积分下限 r_1，为如下方程的两个正实根 r_1、r_2 中的小根：

$$z=2\alpha_1 r^2+2GMr-\alpha_2^2=0$$

且知

$$r_1+r_2=-\frac{GM}{\alpha_1},\ r_1 r_2=-\frac{\alpha_2^2}{2\alpha_1} \tag{5.3-51}$$

因为 r_1、r_2 是矢径 $\boldsymbol{r}$ 的值，不可能为负，故有 $\alpha_1<0$，且知 $z>0$，则有

$$\sqrt{z}=\sqrt{-2a_1}\cdot\sqrt{(r-r_1)(r-r_2)} \tag{5.3-52}$$

这表明 $r_1\leqslant r\leqslant r_2$，$r_1$ 和 r_2 是矢径的极小值和极大值，如果用椭圆半长轴和偏心率来表示，即

$$r_1=a(1-e),\ r_2=a(1+e) \tag{5.3-53}$$

代入式（5.3-51）则得

$$\begin{cases}\alpha_1 = -\dfrac{GM}{2a} \\ \alpha_2 = \sqrt{GMa(1-e^2)}\end{cases} \tag{5.3-54}$$

另一方面，有如下方程：

$$\beta_i = \frac{\partial S}{\partial \alpha_i} \tag{5.3-55}$$

则由式（5.3-43）、式（5.3-49）和式（5.3-50）知

$$\beta_1 = \frac{\partial S}{\partial \alpha_1} = -t + \frac{\partial S_1}{\partial \alpha_1} = -t + \frac{\partial S_1}{\partial \alpha_1} = -t + \int_{r_1}^{r} \frac{r}{\sqrt{2\alpha_1 r^2 + 2GMr - \alpha_2^2}}\mathrm{d}r = -t + \int_{r_1}^{r}\frac{\mathrm{d}r}{p_1}$$

$$\beta_2 = \frac{\partial S}{\partial \alpha_2} = \int_{r_1}^{r} \frac{-\alpha_2}{\sqrt{2\alpha_1 r^2 + 2GMr - \alpha_2^2}}\frac{\mathrm{d}r}{r} + \int_0^{\varphi} \frac{\alpha_2}{\sqrt{\alpha_2^2 - \dfrac{\alpha_3^2}{\cos^2\varphi}}}\mathrm{d}\varphi = -\int_{r_1}^{r}\frac{\alpha_2}{r^2 p_1}\mathrm{d}r + \int_0^{\varphi}\frac{\alpha_2}{p_3}\mathrm{d}\varphi$$

$$\beta_3 = \frac{\partial S}{\partial \alpha_3} = \lambda - \int_0^{\varphi}\frac{\alpha_3}{\cos^2\varphi}\frac{1}{\sqrt{\alpha_2^2 - \dfrac{\alpha_3^2}{\cos^2\varphi}}}\mathrm{d}\varphi = \lambda - \int_0^{\varphi}\frac{\alpha_3}{p_3\cos^2\varphi}\mathrm{d}\varphi$$

即

$$\begin{cases}\beta_1 = -t + \displaystyle\int_{r_1}^{r}\frac{\mathrm{d}r}{p_1} \\ \beta_2 = -\displaystyle\int_{r_1}^{r}\frac{\alpha_2}{r^2 p_1}\mathrm{d}r + \int_0^{\varphi}\frac{\alpha_2}{p_3}\mathrm{d}\varphi \\ \beta_3 = \lambda - \displaystyle\int_0^{\varphi}\frac{\alpha_3}{p_3\cos^2\varphi}\mathrm{d}\varphi\end{cases} \tag{5.3-56}$$

引入偏近点角，这里与卫星常用轨道根数记号保持一致，记为 E，则由式（3.5-96）知

$$r = a(1 - e\cos E) \tag{5.3-57}$$

由式（5.3-39）中第 1 式及上式可知

$$p_1 = \dot{r} = ae\dot{E}\sin E \tag{5.3-58}$$

由式（3.5-87）知开普勒方程为

$$M = n(t - t_M) = E - e\sin E \tag{5.3-59}$$

这里用 M 表示平近点角。

那么有

$$\dot{M} = \frac{\mathrm{d}M}{\mathrm{d}t} = n = \dot{E} - e\dot{E}\cos E$$

注意到式（3.5-86）所示 $n = \sqrt{\dfrac{GM}{a^3}}$，则有

$$\dot{E} = \frac{n}{1 - e\cos E} = \sqrt{\frac{GM}{a^3}}\frac{1}{1 - e\cos E} \tag{5.3-60}$$

将上式代入式（5.3-58）得

$$p_1 = ae\sin E\sqrt{\frac{GM}{a^3}}\frac{1}{1 - e\cos E} = \sqrt{\frac{GM}{a}}\frac{e\sin E}{1 - e\cos E} \tag{5.3-61}$$

将式（5.3-58）和式（5.3-61）代入式（5.3-56）得

$$\begin{aligned}\beta_1 &= -t + \int_{r_1}^{r} \frac{\mathrm{d}r}{p_1} = -t + \int_{r_1}^{r} \sqrt{\frac{a}{GM}} \frac{1 - e\cos E}{e\sin E} ae\sin E \mathrm{d}E \\ &= -t + \int_0^E \sqrt{\frac{a^3}{GM}} (1 - e\cos E)\mathrm{d}E = -t + \sqrt{\frac{a^3}{GM}} (E - e\sin E)\end{aligned} \tag{5.3-62}$$

取 $\beta_1 = -t_M$，则由式（5.3-59）和式（5.3-62）知

$$E - e\sin E = \sqrt{\frac{GM}{a^3}}(t - t_M) = n(t - t_M) = M_0 \tag{5.3-63}$$

将式（5.3-49）中 p_3 代入式（5.3-56）中第 3 式得

$$\begin{aligned}\beta_3 &= \lambda - \int_0^{\varphi} \frac{\alpha_3}{p_3 \cos^2\varphi} \mathrm{d}\varphi = \lambda - \int_0^{\varphi} \frac{\alpha_3}{\sqrt{\alpha_2^2 - \dfrac{\alpha_3^2}{\cos^2\varphi}} \cos^2\varphi} \mathrm{d}\varphi \\ &= \lambda - \int_0^{\varphi} \frac{\alpha_3 \sec^2\varphi}{\sqrt{\alpha_2^2 - \alpha_3^2(1 + \tan^2\varphi)}} \mathrm{d}\varphi = \lambda - \int_0^{\varphi} \frac{\sec^2\varphi}{\sqrt{\dfrac{\alpha_2^2 - \alpha_3^2}{\alpha_3^2} - \tan^2\varphi}} \mathrm{d}\varphi\end{aligned} \tag{5.3-64}$$

因为根号内的量不能为负，则必有

$$\alpha_2^2 - \alpha_3^2 > 0$$

引入辅助变量 i，令

$$\alpha_2^2 - \alpha_3^2 = \alpha_3^2 \tan^2 i \tag{5.3-65}$$

则有

$$\beta_3 = \lambda - \int_0^{\varphi} \frac{\sec^2\varphi}{\sqrt{\tan^2 i - \tan^2\varphi}} \mathrm{d}\varphi = \lambda - \sin^{-1}\left(\frac{\tan\varphi}{\tan i}\right)$$

或

$$\sin(\lambda - \beta_3) = \frac{\tan\varphi}{\tan i} \tag{5.3-66}$$

因 $|\sin(\lambda - \beta_3)| \leqslant 1$，故 $|\tan\varphi| \leqslant |\tan i|$。纬度 $|\varphi| \leqslant \frac{\pi}{2}$，当 i 在第 I 象限时，$|\varphi| \leqslant i$，即 i 是 φ 的极大值，所以它是轨道倾角，此时有

$$\alpha_2^2 = \alpha_3^2 \sec^2 i$$

$$\alpha_3 = \alpha_2 \cos i = \sqrt{GMa(1 - e^2)} \cos i \tag{5.3-67}$$

由式（5.3-66）知，当 $\varphi = 0$ 时，轨道在赤道面上，此时 $\sin(\lambda - \beta_3) = 0$，即 $\lambda - \beta_3 = 0$ 或 π，故 $\lambda = \beta_3 = \Omega$（在升交点），$\lambda = \beta_3 + \pi = \Omega + \pi$（在降交点），故有

$$\beta_3 = \Omega \tag{5.3-68}$$

由式（5.3-56）知

$$\beta_2 = -\int_{r_1}^{r} \frac{\alpha_2}{r^2 p_1} \mathrm{d}r + \int_0^{\varphi} \frac{\alpha_2}{p_3} \mathrm{d}\varphi = I_1 + I_2 \tag{5.3-69}$$

将式（5.3-54）中 α_2、式（3.5-57）和式（5.3-58）代入上式，I_1 得

$$I_1 = -\int_{r_1}^{r}\frac{\alpha_2}{r^2 p_1}\mathrm{d}r = -\int_0^E \frac{\sqrt{GMa(1-e^2)}}{a^2(1-e\cos E)^2}\frac{ae\sin E}{\sqrt{\frac{GM}{a}\frac{e\sin E}{1-e\cos E}}}\mathrm{d}E = -\int_0^E \frac{\sqrt{1-e^2}}{1-e\cos E}\mathrm{d}E$$

$$= -\int_0^E \sqrt{\frac{1+e}{1-e}}\frac{1-e}{(1-e)\cos^2\frac{E}{2}+(1+e)\sin^2\frac{E}{2}}\mathrm{d}E = -2\int_0^E \frac{1}{1+\frac{1+e}{1-e}\tan^2\frac{E}{2}}\sqrt{\frac{1+e}{1-e}}\sec^2\frac{E}{2}\mathrm{d}\frac{E}{2}$$

$$= -2\int_0^E \mathrm{d}\arctan\left(\sqrt{\frac{1+e}{1-e}}\tan\frac{E}{2}\right) = -2\arctan\left(\sqrt{\frac{1+e}{1-e}}\tan\frac{E}{2}\right)$$

引入真近点角，这里记为f；令 $I_1=-f$，则根据上式及式（3.5-92）可得

$$\tan\frac{f}{2} = \sqrt{\frac{1+e}{1-e}}\tan\frac{E}{2} \tag{5.3-70}$$

将式（5.3-49）中 p_3 及式（5.3-65）所得 $a_3^2 = a_2^2\cos^2 i$ 代入式（5.3-69）中，I_2 得

$$I_2 = \int_0^{\varphi}\frac{\alpha_2}{p_3}\mathrm{d}\varphi = \int_0^{\varphi}\frac{\alpha_2}{\sqrt{\alpha_2^2-\frac{\alpha_3^2}{\cos^2\varphi}}}\mathrm{d}\varphi = \int_0^{\varphi}\frac{\alpha_2\cos\varphi}{\sqrt{\alpha_2^2\cos^2\varphi-\alpha_2^2\cos^2 i}}\mathrm{d}\varphi$$

$$= \int_0^{\varphi}\frac{1}{\sqrt{\sin^2 i-\sin^2\varphi}}\mathrm{d}\sin\varphi = \int_0^{\varphi}\frac{1}{\sqrt{1-\left(\frac{\sin\varphi}{\sin i}\right)^2}}\mathrm{d}\frac{\sin\varphi}{\sin i} = \arcsin\left(\frac{\sin\varphi}{\sin i}\right)$$

即

$$\sin\varphi = \sin I_2 \sin i$$

又由图 5.3-3 所示及球面三角形可知

$$\sin\varphi = \sin(f+\omega)\sin i$$

故

$$I_2 = f+\omega$$

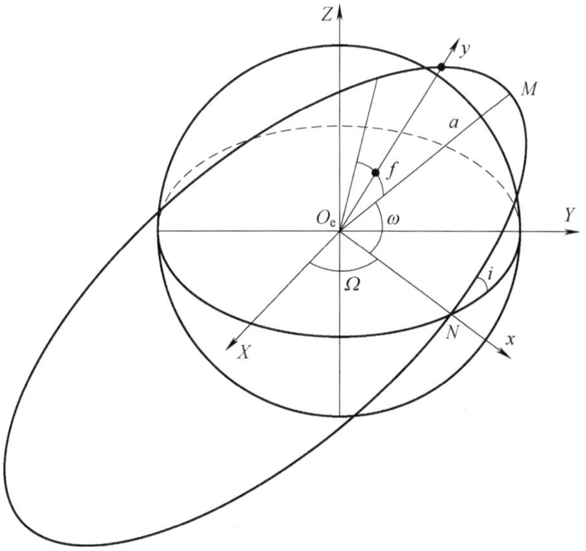

图 5.3-3　椭圆轨道根数的几何表示

则有

$$\beta_2 = I_1 + I_2 = -f + f + \omega = \omega \tag{5.3-71}$$

式中，ω 为近点角。

综上所述，可得轨道根数与正则常数 α_i、β_i 之间的关系（见表 5.3-1）为

$$\begin{cases} a = -\dfrac{GM}{2\alpha_1} \\ e = \sqrt{1 + \dfrac{2\alpha_1 \alpha_2^2}{(GM)^2}} \\ T = -\dfrac{M_0}{n} = -\beta_1 \\ i = \arccos \dfrac{\alpha_3}{\alpha_2} \\ \omega = \beta_2 \\ \Omega = \beta_3 \end{cases} \tag{5.3-72}$$

图 5.3-3 中，N 为升交点，M 为近地点，O_eX 指向在赤道平面上过地心与平春分点的方向。

表 5.3-1　椭圆轨道根数及其作用

序　　号	根 数 名 称	代 表 符 号	作　　用
1	轨道平面倾角	i	决定轨道平面的位置
2	升交点赤经	Ω	
3	轨道半长轴	a	决定轨道的大小
4	轨道偏心率	e	决定轨道的形状
5	近升角距（近地点幅角）	ω	决定椭圆轨道在轨道平面内的方位
6	过近地点时刻	t_M	卫星运动时间的起点

2. 摄动运动方程

在解无摄运动方程时，利用了哈密顿-雅可比方程，有

$$\frac{\partial S}{\partial t} + H_0\left(\boldsymbol{q}, \frac{\partial S}{\partial \boldsymbol{q}}, t\right) = 0 \tag{5.3-73}$$

为了与摄动运动区别，这里用 $H_0\left(\boldsymbol{q}, \frac{\partial S}{\partial \boldsymbol{q}}, t\right)$ 代替式（5.3-44）中的 $H\left(\boldsymbol{q}, \frac{\partial S}{\partial \boldsymbol{q}}, t\right)$。且令

$$p_i = \frac{\partial S}{\partial q_i},\ \beta_i = \frac{\partial S}{\partial \alpha_i} \tag{5.3-74}$$

得出正则方程

$$\dot{q}_i = \frac{\partial H_0}{\partial p_i},\ \dot{p}_i = -\frac{\partial H_0}{\partial q_i} \tag{5.3-75}$$

其解为

$$q_i = q_i(\boldsymbol{\alpha}, \boldsymbol{\beta}, \boldsymbol{t}),\ p_i = p_i(\boldsymbol{\alpha}, \boldsymbol{\beta}, \boldsymbol{t}) \tag{5.3-76}$$

如果考虑摄动引力部分 H_1，则

$$\dot{q}_i = \frac{\partial H}{\partial p_i} = \frac{\partial(H_0 + H_1)}{\partial p_i},\ \dot{p}_i = -\frac{\partial H}{\partial q_i} = -\frac{\partial(H_0 + H_1)}{\partial q_i} \tag{5.3-77}$$

如果仍用式（5.3-76）的形式来考虑摄动部分后的解，则 $\boldsymbol{a}$、$\boldsymbol{\beta}$ 应为变量，而式（5.3-75）应为

$$\frac{\partial q_i}{\partial t}=\frac{\partial H_0}{\partial p_i},\ \frac{\partial p_i}{\partial t}=-\frac{\partial H_0}{\partial q_i} \tag{5.3-78}$$

如果仍用式（5.3-76）的形式来表示式（5.3-77）的解，则有

$$\begin{cases}\dfrac{\partial q_i}{\partial t}+\displaystyle\sum_{r=1}^{k}\left(\frac{\partial q_i}{\partial a_r}\dot{\alpha}_r+\frac{\partial q_i}{\partial \beta_r}\dot{\beta}_r\right)=\frac{\partial(H_0+H_1)}{\partial p_i}\\ \dfrac{\partial p_i}{\partial t}+\displaystyle\sum_{r=1}^{k}\left(\frac{\partial p_i}{\partial a_r}\dot{\alpha}_r+\frac{\partial p_i}{\partial \beta_r}\dot{\beta}_r\right)=-\frac{\partial(H_0+H_1)}{\partial q_i}\end{cases} \tag{5.3-79}$$

将式（5.3-78）代入式（5.3-79），则有

$$\begin{cases}\displaystyle\sum_{r=1}^{k}\left(\frac{\partial q_i}{\partial a_r}\dot{\alpha}_r+\frac{\partial q_i}{\partial \beta_r}\dot{\beta}_r\right)=\frac{\partial H_1}{\partial p_i}\\ \displaystyle\sum_{r=1}^{k}\left(\frac{\partial p_i}{\partial a_r}\dot{\alpha}_r+\frac{\partial p_i}{\partial \beta_r}\dot{\beta}_r\right)=-\frac{\partial H_1}{\partial q_i}\end{cases} \tag{5.3-80}$$

H_1 原为 q_i、p_i 的函数，利用式（5.3-76）可化为 $\boldsymbol{\alpha}$、$\boldsymbol{\beta}$ 的函数。那么根据下式：

$$\frac{\partial H_1}{\partial \alpha_j}=\sum_{i=1}^{k}\left(\frac{\partial H_1}{\partial q_i}\frac{\partial q_i}{\partial \alpha_j}+\frac{\partial H_1}{\partial p_i}\frac{\partial p_i}{\partial \alpha_j}\right) \tag{5.3-81}$$

将式（5.3-80）代入式（5.3-81），整理可得

$$\begin{aligned}\frac{\partial H_1}{\partial \alpha_j}&=\sum_{i=1}^{k}\left[-\sum_{r=1}^{k}\left(\frac{\partial p_i}{\partial \alpha_r}\dot{\alpha}_r+\frac{\partial p_i}{\partial \beta_r}\dot{\beta}_r\right)\frac{\partial q_i}{\partial \alpha_j}+\sum_{r=1}^{k}\left(\frac{\partial q_i}{\partial \alpha_r}\dot{\alpha}_r+\frac{\partial q_i}{\partial \beta_r}\dot{\beta}_r\right)\frac{\partial p_i}{\partial \alpha_j}\right]\\&=\sum_{r=1}^{k}\left[\sum_{i=1}^{k}\left(\frac{\partial q_i}{\partial \alpha_r}\frac{\partial p_i}{\partial \alpha_j}-\frac{\partial q_i}{\partial \alpha_j}\frac{\partial p_i}{\partial \alpha_r}\right)\dot{\alpha}_r+\sum_{i=1}^{k}\left(\frac{\partial q_i}{\partial \beta_r}\frac{\partial p_i}{\partial \alpha_j}-\frac{\partial q_i}{\partial \alpha_j}\frac{\partial p_i}{\partial \beta_r}\right)\dot{\beta}_r\right]\\&=\sum_{r=1}^{k}\{\dot{\alpha}_r[\alpha_r,\alpha_j]+\dot{\beta}_r[\beta_r,\alpha_j]\}\end{aligned} \tag{5.3-82}$$

其中拉格朗日括号（Lagrange Bracket）为

$$[\alpha_r,\alpha_j]=\sum_{i=1}^{k}\left(\frac{\partial q_i}{\partial \alpha_r}\frac{\partial p_i}{\partial \alpha_j}-\frac{\partial q_i}{\partial \alpha_j}\frac{\partial p_i}{\partial \alpha_r}\right)=\sum_{i=1}^{k}\frac{[q_i,p_i]}{[\alpha_r,\alpha_j]} \tag{5.3-83}$$

显然，拉格朗日括号具有下列性质：

$$[\alpha_r,\alpha_j]=-[\alpha_j,\alpha_r] \tag{5.3-84}$$

注意到式（5.3-43），且记

$$S'(\boldsymbol{\alpha},\boldsymbol{\beta},t)=S(\boldsymbol{q},\boldsymbol{\alpha},t) \tag{5.3-85}$$

结合式（5.3-55）和式（5.3-74）可得

$$\frac{\partial S'}{\partial \alpha_j}=\frac{\partial S}{\partial \alpha_j}+\sum_{i=1}^{k}\frac{\partial S}{\partial q_i}\frac{\partial q_i}{\partial \alpha_j}=\beta_j+\sum_{i=1}^{k}p_i\frac{\partial q_i}{\partial \alpha_j} \tag{5.3-86}$$

$$\begin{aligned}[\alpha_r,\alpha_j]&=\sum_{i=1}^{k}\left(\frac{\partial q_i}{\partial \alpha_r}\frac{\partial p_i}{\partial \alpha_j}+p_i\frac{\partial^2 q_i}{\partial \alpha_r\,\partial \alpha_j}-\frac{\partial q_i}{\partial \alpha_j}\frac{\partial p_i}{\partial \alpha_r}-p_i\frac{\partial^2 q_i}{\partial \alpha_r\,\partial \alpha_j}\right)\\&=\frac{\partial}{\partial \alpha_j}\sum_{i=1}^{k}p_i\frac{\partial q_i}{\partial \alpha_r}-\frac{\partial}{\partial \alpha_r}\sum_{i=1}^{k}p_i\frac{\partial q_i}{\partial \alpha_j}\end{aligned} \tag{5.3-87}$$

将式（5.3-86）代入式（5.3-87），并注意到式（5.3-55）中β_j的定义，则有

$$[\alpha_r,\alpha_j]=\frac{\partial}{\partial\alpha_j}\left(\frac{\partial S'}{\partial\alpha_r}-\beta_r\right)-\frac{\partial}{\partial\alpha_r}\left(\frac{\partial S'}{\partial\alpha_j}-\beta_j\right)=0 \tag{5.3-88}$$

同理对β_j有

$$\frac{\partial H_1}{\partial\beta_j}=\sum_{i=1}^{k}\left(\frac{\partial H_1}{\partial q_i}\frac{\partial q_i}{\partial\beta_j}+\frac{\partial H_1}{\partial p_i}\frac{\partial p_i}{\partial\beta_j}\right) \tag{5.3-89}$$

将式（5.3-80）代入式（5.3-89），整理可得

$$\begin{aligned}\frac{\partial H_1}{\partial\beta_j}&=\sum_{i=1}^{k}\left[-\sum_{r=1}^{k}\left(\frac{\partial p_i}{\partial\alpha_r}\dot{\alpha}_r+\frac{\partial p_i}{\partial\beta_r}\dot{\beta}_r\right)\frac{\partial q_i}{\partial\beta_j}+\sum_{r=1}^{k}\left(\frac{\partial q_i}{\partial\alpha_r}\dot{\alpha}_r+\frac{\partial q_i}{\partial\beta_r}\dot{\beta}_r\right)\frac{\partial p_i}{\partial\beta_j}\right]\\&=\sum_{r=1}^{k}\left[\sum_{i=1}^{k}\left(\frac{\partial q_i}{\partial\alpha_r}\frac{\partial p_i}{\partial\beta_j}-\frac{\partial q_i}{\partial\beta_j}\frac{\partial p_i}{\partial\alpha_r}\right)\dot{\alpha}_r+\sum_{i=1}^{k}\left(\frac{\partial q_i}{\partial\beta_r}\frac{\partial p_i}{\partial\beta_j}-\frac{\partial q_i}{\partial\beta_j}\frac{\partial p_i}{\partial\beta_r}\right)\dot{\beta}_r\right]\\&=\sum_{r=1}^{k}\{\dot{\alpha}_r[\alpha_r,\beta_j]+\dot{\beta}_r[\beta_r,\beta_j]\}\end{aligned} \tag{5.3-90}$$

由式（5.3-74）、式（5.3-76）和式（5.3-85），可得

$$\frac{\partial S'}{\partial\beta_j}=\frac{\partial S}{\partial\beta_j}=\sum_{i=1}^{k}\frac{\partial S}{\partial q_i}\frac{\partial q_i}{\partial\beta_j}=\sum_{i=1}^{k}p_i\frac{\partial q_i}{\partial\beta_j} \tag{5.3-91}$$

$$\begin{aligned}[\beta_r,\beta_j]&=\sum_{i=1}^{k}\left(\frac{\partial q_i}{\partial\beta_r}\frac{\partial p_i}{\partial\beta_j}+p_i\frac{\partial^2 q_i}{\partial\beta_r\,\partial\beta_j}-\frac{\partial q_i}{\partial\beta_j}\frac{\partial p_i}{\partial\beta_r}-p_i\frac{\partial^2 q_i}{\partial\beta_r\,\partial\beta_j}\right)\\&=\frac{\partial}{\partial\beta_j}\sum_{i=1}^{k}p_i\frac{\partial q_i}{\partial\beta_r}-\frac{\partial}{\partial\beta_r}\sum_{i=1}^{k}p_i\frac{\partial q_i}{\partial\beta_j}\end{aligned} \tag{5.3-92}$$

将式（5.3-91）代入式（5.3-92）得

$$[\beta_r,\beta_j]=\frac{\partial}{\partial\beta_j}\left(\frac{\partial S}{\partial\beta_r}\right)-\frac{\partial}{\partial\beta_r}\left(\frac{\partial S}{\partial\beta_j}\right)=0 \tag{5.3-93}$$

因

$$\begin{aligned}[\beta_r,\alpha_j]&=\sum_{i=1}^{k}\left(\frac{\partial q_i}{\partial\beta_r}\frac{\partial p_i}{\partial\alpha_j}-\frac{\partial q_i}{\partial\alpha_j}\frac{\partial p_i}{\partial\beta_r}\right)=\sum_{i=1}^{k}\left(\frac{\partial q_i}{\partial\beta_r}\frac{\partial p_i}{\partial\alpha_j}+p_i\frac{\partial^2 q_i}{\partial\beta_r\,\partial\alpha_j}-\frac{\partial q_i}{\partial\alpha_j}\frac{\partial p_i}{\partial\beta_r}-p_i\frac{\partial^2 q_i}{\partial\beta_r\,\partial\alpha_j}\right)\\&=\frac{\partial}{\partial\alpha_j}\sum_{i=1}^{k}p_i\frac{\partial q_i}{\partial\beta_r}-\frac{\partial}{\partial\beta_r}\sum_{i=1}^{k}p_i\frac{\partial q_i}{\partial\alpha_j}\end{aligned} \tag{5.3-94}$$

将式（5.3-86）和式（5.3-91）代入式（5.3-94），可得

$$[\beta_r,\alpha_j]=\frac{\partial}{\partial\alpha_j}\sum_{i=1}^{k}p_i\frac{\partial q_i}{\partial\beta_r}-\frac{\partial}{\partial\beta_r}\sum_{i=1}^{k}p_i\frac{\partial q_i}{\partial\alpha_j}=\frac{\partial}{\partial\alpha_j}\frac{\partial S'}{\partial\beta_j}-\frac{\partial}{\partial\beta_r}\left(\frac{\partial S'}{\partial\alpha_j}-\beta_j\right)=\frac{\partial\beta_j}{\partial\beta_r} \tag{5.3-95}$$

则有

$$r\neq j\text{ 时，}[\beta_r,\alpha_j]=0$$

$$r=j\text{ 时，}[\beta_r,\alpha_j]=1\text{，}[\alpha_j,\beta_r]=-1$$

将以上结果代入式（5.3-82）和式（5.3-90），则得

$$\dot{\beta}_j=\frac{\partial H_1}{\partial\alpha_j}\text{，}\ \dot{\alpha}_j=-\frac{\partial H_1}{\partial\beta_j} \tag{5.3-96}$$

则注意到式（5.3-41），可得

$$\dot{\beta}_j = -\frac{\partial R}{\partial \alpha_j},\ \dot{\alpha}_j = \frac{\partial R}{\partial \beta_j} \tag{5.3-97}$$

式中，R 为摄动引力势。

3. 轨道根数为基本变量的摄动运动方程

由式（5.3-72），引入 $a_i(i=1,\cdots,6)$，令

$$\begin{cases} a_1 = a = -\dfrac{GM}{2\alpha_1} \\ a_2 = e = \sqrt{1+\dfrac{2\alpha_1\alpha_2^2}{(GM)^2}} \\ a_3 = i = \arccos\dfrac{\alpha_3}{\alpha_2} \\ a_4 = M_0 = n\beta_1 \\ a_5 = \omega = \beta_2 \\ a_6 = \Omega = \beta_3 \end{cases} \tag{5.3-98}$$

式（5.3-98）表示轨道根数与正则共轭常数之间的变换，可记为

$$a_m = a_m(\boldsymbol{\alpha},\boldsymbol{\beta}) \tag{5.3-99}$$

上式不显含 t。

下面用式（5.3-98）把式（5.3-97）变为以轨道根数作基本变量的方程组：

$$\dot{a}_m = \sum_{i=1}^{3}\left(\frac{\partial a_m}{\partial \alpha_i}\dot{\alpha}_i + \frac{\partial a_m}{\partial \beta_i}\dot{\beta}_i\right) = \sum_{i=1}^{3}\left(\frac{\partial a_m}{\partial \alpha_i}\frac{\partial R}{\partial \beta_i} - \frac{\partial a_m}{\partial \beta_i}\frac{\partial R}{\partial \alpha_i}\right) \tag{5.3-100}$$

摄动函数 R 可写为

$$R = R(a_1,a_2,\cdots,a_6,t) = R(\boldsymbol{a},\boldsymbol{\beta},t) \tag{5.3-101}$$

$$\begin{cases} \dfrac{\partial R}{\partial \alpha_i} = \displaystyle\sum_{s=1}^{6}\frac{\partial R}{\partial a_s}\frac{\partial a_s}{\partial \alpha_i} \\ \dfrac{\partial R}{\partial \beta_i} = \displaystyle\sum_{s=1}^{6}\frac{\partial R}{\partial a_s}\frac{\partial a_s}{\partial \beta_i} \end{cases} \tag{5.3-102}$$

代入式（5.3-100），整理得

$$\begin{aligned} \dot{a}_m &= \sum_{i=1}^{3}\left[\frac{\partial a_m}{\partial \alpha_i}\left(\sum_{s=1}^{6}\frac{\partial R}{\partial a_s}\frac{\partial a_s}{\partial \beta_i}\right) - \frac{\partial a_m}{\partial \beta_i}\left(\sum_{s=1}^{6}\frac{\partial R}{\partial a_s}\frac{\partial a_s}{\partial \alpha_i}\right)\right] \\ &= \sum_{s=1}^{6}\frac{\partial R}{\partial a_s}\sum_{i=1}^{3}\left(\frac{\partial a_m}{\partial \alpha_i}\frac{\partial a_s}{\partial \beta_i} - \frac{\partial a_m}{\partial \beta_i}\frac{\partial a_s}{\partial \alpha_i}\right) \end{aligned} \tag{5.3-103}$$

采用泊松括号（Possion Bracket），有

$$\{a_m,a_s\} = \sum_{i=1}^{3}\left(\frac{\partial a_m}{\partial \alpha_i}\frac{\partial a_s}{\partial \beta_i} - \frac{\partial a_m}{\partial \beta_i}\frac{\partial a_s}{\partial \alpha_i}\right) \tag{5.3-104}$$

显然有

$$\{a_m,a_s\} = -\{a_s,a_m\},\ \{a_m,a_m\} = 0 \tag{5.3-105}$$

则有

$$\dot{a}_m = \sum_{s=1}^{6}\{a_m,a_s\}\frac{\partial R}{\partial a_s} \tag{5.3-106}$$

因此只要算出所有的泊松括号 $\{a_m,a_s\}$，即可得摄动运动方程。

下面对 $\{a_m,a_s\}$ 分别进行计算。

$a_1=a$，只包含 α_1，则有

$$\{a_1,a_s\}=\{a,a_s\}=\frac{\partial a}{\partial\alpha_1}\frac{\partial a_s}{\partial\beta_1} \tag{5.3-107}$$

式（5.3-98）中，只有 $a_4=M_0=n\beta_1$ 中包含 β_1，所以有

$$\{a_1,a_4\}=\{a,M_0\}=\frac{\partial a}{\partial\alpha_1}\frac{\partial M_0}{\partial\beta_1}=\frac{GM}{2\alpha_1^2}\cdot n=\frac{GM}{2\left(\frac{GM}{2a}\right)^2}\cdot n=\frac{2}{a\frac{GM}{a^3}}\cdot n=\frac{2}{na} \tag{5.3-108}$$

其余的 $\{a_1,a_s\}=0$。

$a_2=e$ 只包含 α_1、α_2，则有

$$\{a_2,a_s\}=\{e,a_s\}=\frac{\partial e}{\partial\alpha_1}\frac{\partial a_s}{\partial\beta_1}+\frac{\partial e}{\partial\alpha_2}\frac{\partial a_s}{\partial\beta_2} \tag{5.3-109}$$

式（5.3-98）中，只有 $a_4=M_0$ 中包含 β_1、$a_5=\omega$ 中包含 β_2，且考虑到式（5.3-54），则有

$$\begin{aligned}\{a_2,a_4\}&=\{e,M_0\}=\frac{\partial e}{\partial\alpha_1}\frac{\partial M_0}{\partial\beta_1}=\frac{\frac{\alpha_2^2}{(GM)^2}}{\sqrt{1+\frac{2\alpha_1\alpha_2^2}{(GM)^2}}}n=\frac{\alpha_2^2}{e}\frac{n}{(GM)^2}\\&=\frac{GMa(1-e^2)}{e}\frac{n}{(GM)^2}=\frac{1-e^2}{e}\frac{n}{\frac{GM}{a^3}a^2}=\frac{1-e^2}{na^2e}\end{aligned} \tag{5.3-110}$$

$$\begin{aligned}\{a_2,a_5\}&=\{e,\omega\}=\frac{\partial e}{\partial\alpha_2}\frac{\partial M_0}{\partial\beta_2}=\frac{\frac{2\alpha_1\alpha_2}{(GM)^2}}{\sqrt{1+\frac{2\alpha_1\alpha_2^2}{(GM)^2}}}=\frac{2}{e}\frac{\alpha_1\alpha_2}{(GM)^2}\\&=-\frac{2}{e}\frac{\frac{GM}{2a}\sqrt{GMa(1-e^2)}}{(GM)^2}=-\frac{\sqrt{1-e^2}}{e}\frac{1}{\sqrt{\frac{GM}{a^3}a^4}}=-\frac{\sqrt{1-e^2}}{na^2e}\end{aligned} \tag{5.3-111}$$

其余的 $\{a_2,a_s\}=\{e,a_s\}=0$。

$a_3=i$ 只包括 α_2、α_3，则有

$$\{a_3,a_s\}=\{i,a_s\}=\frac{\partial i}{\partial\alpha_2}\frac{\partial a_s}{\partial\beta_2}+\frac{\partial i}{\partial\alpha_3}\frac{\partial a_s}{\partial\beta_3} \tag{5.3-112}$$

但只有 $a_5=\omega$ 包含 β_2、$a_6=\Omega$ 包含 β_3，且注意到式（5.3-67）和式（5.3-54），则有

$$\begin{aligned}\{a_3,a_5\}&=\{i,\omega\}=\frac{\frac{\alpha_3}{\alpha_2^2}}{\sqrt{1-\left(\frac{\alpha_3}{\alpha_2}\right)^2}}=\frac{1}{\sqrt{\alpha_2^2-\alpha_3^2}}\frac{\alpha_3}{\alpha_2}=\frac{1}{\alpha_3\tan i}\frac{\alpha_3}{\alpha_2}\\&=\frac{1}{\tan i}\frac{1}{\sqrt{GMa(1-e^2)}}=\frac{\cot i}{\sqrt{\frac{GM}{a^3}a^4(1-e^2)}}=\frac{\cot i}{na^2\sqrt{(1-e^2)}}\end{aligned} \tag{5.3-113a}$$

$$\{a_3,a_6\}=\{i,\Omega\}=-\frac{\frac{1}{\alpha_2}}{\sqrt{1-\left(\frac{\alpha_3}{\alpha_2}\right)^2}}=-\frac{1}{\sqrt{\alpha_2^2-\alpha_3^2}}$$

$$=-\frac{1}{\alpha_3\tan i}=-\frac{1}{\alpha_2\cos i\tan i}=-\frac{1}{\sqrt{GMa(1-e^2)}\sin i} \tag{5.3-113b}$$

$$=-\frac{1}{\sqrt{\frac{GM}{a^3}a^4(1-e^2)}\sin i}=-\frac{1}{na^2\sqrt{(1-e^2)}\sin i}$$

其余的 $\{a_3,a_s\}=\{i,a_s\}=0$。

然后利用上述关系及式（5.3-105）可得相应括号值，归纳如下：

$$\{a_1,a_4\}=\{a,M_0\}=\frac{2}{na},\ \{a_1,a_s\}=\{a,a_s\}=0,s\neq4$$

$$\{a_2,a_4\}=\{e,M_0\}=\frac{1-e^2}{na^2e},\ \{a_2,a_5\}=\{e,\omega\}=-\frac{\sqrt{1-e^2}}{na^2e}$$

$$\{a_2,a_s\}=\{e,a_s\}=0,s\neq4、5$$

$$\{a_3,a_5\}=\{i,\omega\}=\frac{\cot i}{na^2\sqrt{(1-e^2)}},\ \{a_3,a_6\}=\{i,\Omega\}=-\frac{1}{na^2\sqrt{(1-e^2)}\sin i}$$

$$\{a_3,a_s\}=\{i,a_s\}=0,s\neq5、6$$

以上各式可综合为

$$\{a_m,a_s\}=-\{a_s,a_m\};\ \{a_m,a_m\}=0 \tag{5.3-114}$$

代入式（5.3-106）得

$$\begin{cases}\dot{a}=\frac{1}{na}\frac{\partial R}{\partial M_0}\\ \dot{e}=\frac{1-e^2}{na^2e}\frac{\partial R}{\partial M_0}-\frac{\sqrt{1-e^2}}{na^2e}\frac{\partial R}{\partial\omega}\\ \dot{i}=\frac{\cot i}{na^2\sqrt{(1-e^2)}}\frac{\partial R}{\partial\omega}-\frac{1}{na^2\sqrt{(1-e^2)}\sin i}\frac{\partial R}{\partial\Omega}\\ \dot{M}_0=-\frac{2}{na}\frac{\partial R}{\partial a}-\frac{1-e^2}{na^2e}\frac{\partial R}{\partial e}\\ \dot{\omega}=\frac{\sqrt{1-e^2}}{na^2e}\frac{\partial R}{\partial e}-\frac{\cot i}{na^2\sqrt{(1-e^2)}}\frac{\partial R}{\partial i}\\ \dot{\Omega}=\frac{1}{na^2\sqrt{(1-e^2)}\sin i}\frac{\partial R}{\partial i}\end{cases} \tag{5.3-115}$$

这就是以轨道根数为基本变量的摄动运动方程，在天体力学中称为拉格朗日行星运动方程。

对于存在势函数的摄动力，即 $\boldsymbol{F}=\mathrm{grad}R$，摄动方程可作如下变形：

将摄动力分成径向 S、横向 T 和轨道面法向 W 三个分量。如图 5.3-4 所示，则坐标系 O_e-STW 与地心惯性坐标系 O_e-XYZ 之间的关系由 Ω、$u=f+\omega$、i 来确定。

即 O_e-STW 至 O_e-XYZ 的坐标转换矩阵为

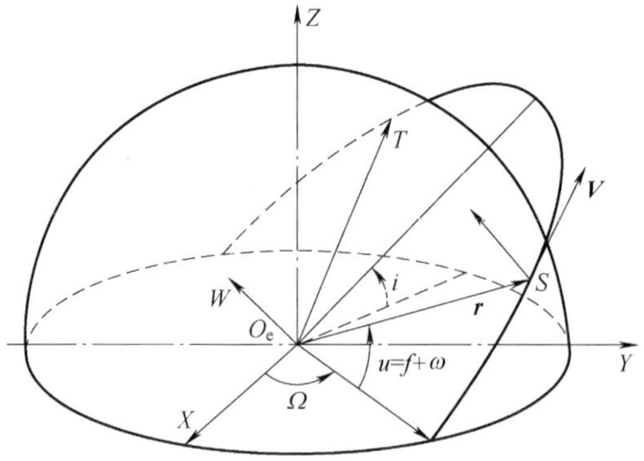

图 5.3-4　摄动力投影分量示意图

$$
\begin{aligned}
C &= M_3(-\Omega)M_1(-i)M_3(-u) \\
&= \begin{bmatrix} \cos\Omega & -\sin\Omega & 0 \\ \sin\Omega & \cos\Omega & 0 \\ 0 & 0 & 1 \end{bmatrix}\begin{bmatrix} 1 & 0 & 0 \\ 0 & \cos i & -\sin i \\ 0 & \sin i & \cos i \end{bmatrix}\begin{bmatrix} \cos u & -\sin u & 0 \\ \sin u & \cos u & 0 \\ 0 & 0 & 1 \end{bmatrix} \\
&= \begin{bmatrix} \cos\Omega & -\sin\Omega & 0 \\ \sin\Omega & \cos\Omega & 0 \\ 0 & 0 & 1 \end{bmatrix}\begin{bmatrix} \cos u & -\sin u & 0 \\ \cos i\sin u & \cos i\cos u & -\sin i \\ \sin i\sin u & \sin i\cos u & \cos i \end{bmatrix} \\
&= \begin{bmatrix} \cos\Omega\cos u - \sin\Omega\cos i\sin u & -\cos\Omega\sin u - \sin\Omega\cos i\cos u & \sin\Omega\sin i \\ \sin\Omega\cos u + \cos\Omega\cos i\sin u & -\sin\Omega\sin u + \cos\Omega\cos i\cos u & -\cos\Omega\sin i \\ \sin i\sin u & \sin i\cos u & \cos i \end{bmatrix}
\end{aligned}
\tag{5.3-116}
$$

记为

$$
C = \begin{bmatrix} l_1 & l_2 & l_3 \\ m_1 & m_2 & m_3 \\ n_1 & n_2 & n_3 \end{bmatrix} \tag{5.3-117}
$$

因$\frac{\partial R}{\partial x}$、$\frac{\partial R}{\partial y}$、$\frac{\partial R}{\partial z}$表示摄动力沿 O_eX、O_eY、O_eZ 三个方向的分量，由上式可得

$$
\begin{cases} \dfrac{\partial R}{\partial x} = l_1 S + l_2 T + l_3 W \\ \dfrac{\partial R}{\partial y} = m_1 S + m_2 T + m_3 W \\ \dfrac{\partial R}{\partial z} = n_1 S + n_2 T + n_3 W \end{cases} \tag{5.3-118}
$$

如果用 σ 来表示 6 个轨道根数，则有

$$
\frac{\partial R}{\partial \sigma} = \frac{\partial R}{\partial x}\frac{\partial x}{\partial \sigma} + \frac{\partial R}{\partial y}\frac{\partial y}{\partial \sigma} + \frac{\partial R}{\partial z}\frac{\partial z}{\partial \sigma} \tag{5.3-119}
$$

由图 5.3-4 所示可知

$$
\boldsymbol{r} = r\boldsymbol{S}^0 = rl_1\boldsymbol{X}^0 + rm_1\boldsymbol{Y}^0 + rn_1\boldsymbol{Z}^0 \tag{5.3-120}
$$

故有

$$\begin{cases}\dfrac{\partial x}{\partial\sigma}=r\dfrac{\partial l_1}{\partial\sigma}+l_1\dfrac{\partial r}{\partial\sigma}\\ \dfrac{\partial y}{\partial\sigma}=r\dfrac{\partial m_1}{\partial\sigma}+m_1\dfrac{\partial r}{\partial\sigma}\\ \dfrac{\partial z}{\partial\sigma}=r\dfrac{\partial n_1}{\partial\sigma}+n_1\dfrac{\partial r}{\partial\sigma}\end{cases}\tag{5.3-121}$$

因为有

$$\begin{cases}l_1=\cos\Omega\cos u-\sin\Omega\cos i\sin u=l_1(\Omega,u,i)\\ m_1=\sin\Omega\cos u+\cos\Omega\cos i\sin u=m_1(\Omega,u,i)\\ n_1=\sin i\sin u=n_1(u,i)\\ r=a(1-e\cos E)\\ E-e\sin E=M=M_0+\int n\mathrm{d}t=M_0+nt\end{cases}\tag{5.3-122}$$

则结合式（5.3-116），可得

$$\begin{cases}\dfrac{\partial l_1}{\partial\sigma}=\dfrac{\partial l_1}{\partial\Omega}\dfrac{\partial\Omega}{\partial\sigma}+\dfrac{\partial l_1}{\partial u}\dfrac{\partial u}{\partial\sigma}+\dfrac{\partial l_1}{\partial i}\dfrac{\partial i}{\partial\sigma}=-m_1\dfrac{\partial\Omega}{\partial\sigma}+l_2\dfrac{\partial u}{\partial\sigma}+l_3\sin u\dfrac{\partial i}{\partial\sigma}\\ \dfrac{\partial m_1}{\partial\sigma}=\dfrac{\partial m_1}{\partial\Omega}\dfrac{\partial\Omega}{\partial\sigma}+\dfrac{\partial m_1}{\partial u}\dfrac{\partial u}{\partial\sigma}+\dfrac{\partial m_1}{\partial i}\dfrac{\partial i}{\partial\sigma}=l_1\dfrac{\partial\Omega}{\partial\sigma}+m_2\dfrac{\partial u}{\partial\sigma}+m_3\sin u\dfrac{\partial i}{\partial\sigma}\\ \dfrac{\partial n_1}{\partial\sigma}=\dfrac{\partial n_1}{\partial u}\dfrac{\partial u}{\partial\sigma}+\dfrac{\partial n_1}{\partial i}\dfrac{\partial i}{\partial\sigma}=n_2\dfrac{\partial u}{\partial\sigma}+n_3\sin u\dfrac{\partial i}{\partial\sigma}\end{cases}\tag{5.3-123}$$

将其代入式（5.3-121）后，与式（5.3-118）代入式（5.3-119），得

$$\frac{\partial R}{\partial\sigma}=S\frac{\partial r}{\partial\sigma}+rT\left(n_3\frac{\partial\Omega}{\partial\sigma}+\frac{\partial u}{\partial\sigma}\right)+rW\left(-n_2\frac{\partial\Omega}{\partial\sigma}+\sin u\frac{\partial i}{\partial\sigma}\right)\tag{5.3-124}$$

所以，只需求出$\dfrac{\partial r}{\partial\sigma}$、$\dfrac{\partial u}{\partial\sigma}$，即可求出$\dfrac{\partial R}{\partial\sigma}$。

由方程组（5.3-122）中第 4 式，有

$$\frac{\partial r}{\partial\sigma}=\frac{r}{a}\frac{\partial a}{\partial\sigma}-a\cos E\frac{\partial e}{\partial\sigma}+ae\sin E\frac{\partial E}{\partial\sigma}\tag{5.3-125}$$

如果不考虑偏近点角 E 中隐含的 a 项，则由方程组式（5.3-122）中第 5 式知

$$\frac{\partial E}{\partial\sigma}(1-e\cos E)-\sin E\frac{\partial e}{\partial\sigma}=\frac{\partial E}{\partial\sigma}\frac{r}{a}-\sin E\frac{\partial e}{\partial\sigma}=\frac{\partial M_0}{\partial\sigma}$$

即

$$\frac{\partial E}{\partial\sigma}=\frac{a}{r}\left(\frac{\partial M_0}{\partial\sigma}+\sin E\frac{\partial e}{\partial\sigma}\right)\tag{5.3-126}$$

代入式（5.3-125），有

$$\begin{aligned}\frac{\partial r}{\partial\sigma}&=\frac{r}{a}\frac{\partial a}{\partial\sigma}-a\cos E\frac{\partial e}{\partial\sigma}+ae\sin E\frac{a}{r}\left(\frac{\partial M_0}{\partial\sigma}+\sin E\frac{\partial e}{\partial\sigma}\right)\\&=\frac{r}{a}\frac{\partial a}{\partial\sigma}-\left(a\cos E-\frac{a^2e\sin^2E}{r}\right)\frac{\partial e}{\partial\sigma}+\frac{a^2e\sin^2E}{r}\frac{\partial M_0}{\partial\sigma}\\&=\frac{r}{a}\frac{\partial a}{\partial\sigma}-\frac{a}{r}(r\cos E-ae\sin^2E)\frac{\partial e}{\partial\sigma}+\frac{a^2e\sin^2E}{r}\frac{\partial M_0}{\partial\sigma}\end{aligned}$$

$$= \frac{r}{a}\frac{\partial a}{\partial \sigma} - \frac{a}{r}[a(1-e\cos E)\cos E - ae\sin^2 E]\frac{\partial e}{\partial \sigma} + \frac{a^2 e\sin^2 E}{r}\frac{\partial M_0}{\partial \sigma}$$

$$= \frac{r}{a}\frac{\partial a}{\partial \sigma} - a\frac{\cos E - e}{1 - e\cos E}\frac{\partial e}{\partial \sigma} + \frac{a^2 e\sin^2 E}{r}\frac{\partial M_0}{\partial \sigma}$$

注意到式(3.5-73),则有

$$\frac{\partial r}{\partial \sigma} = \frac{r}{a}\frac{\partial a}{\partial \sigma} - a\cos f\frac{\partial e}{\partial \sigma} + \frac{a^2 e\sin^2 E}{r}\frac{\partial M_0}{\partial \sigma} \tag{5.3-127}$$

因 $u = f + \omega$，则有

$$\frac{\partial u}{\partial \sigma} = \frac{\partial f}{\partial \sigma} + \frac{\partial \omega}{\partial \sigma} \tag{5.3-128}$$

由式（3.5-72）知 $\tan\frac{f}{2} = \sqrt{\frac{1+e}{1-e}}\tan\frac{E}{2}$，则有

$$\frac{1}{\sin f}\frac{\partial f}{\partial \sigma} = \frac{1}{1-e^2}\frac{\partial e}{\partial \sigma} + \frac{1}{\sin E}\frac{\partial E}{\partial \sigma} \tag{5.3-129}$$

注意到式（5.3-126），则有

$$\begin{aligned}\frac{\partial f}{\partial \sigma} &= \frac{\sin f}{1-e^2}\frac{\partial e}{\partial \sigma} + \frac{\sin f}{\sin E}\frac{\partial E}{\partial \sigma} = \frac{\sin f}{1-e^2}\frac{\partial e}{\partial \sigma} + \frac{\sin f}{\sin E}\frac{a}{r}\left(\frac{\partial M_0}{\partial \sigma} + \sin E\frac{\partial e}{\partial \sigma}\right)\\ &= \left(\frac{1}{1-e^2} + \frac{a}{r}\right)\sin f\frac{\partial e}{\partial \sigma} + \frac{a^2\sqrt{1-e^2}}{r^2}\frac{\partial M_0}{\partial \sigma}\end{aligned} \tag{5.3-130}$$

代入式（5.3-128），可得

$$\frac{\partial u}{\partial \sigma} = \frac{\partial \omega}{\partial \sigma} + \left(\frac{1}{1-e^2} + \frac{a}{r}\right)\sin f\frac{\partial e}{\partial \sigma} + \frac{a^2\sqrt{1-e^2}}{r^2}\frac{\partial M_0}{\partial \sigma} \tag{5.3-131}$$

将式（5.3-127）和式（5.3-131）代入式（5.3-124）得

$$\begin{aligned}\frac{\partial R}{\partial \sigma} = &\left(\frac{r}{a}\frac{\partial a}{\partial \sigma} - a\cos f\frac{\partial e}{\partial \sigma} + \frac{a^2 e\sin^2 E}{r}\frac{\partial M_0}{\partial \sigma}\right)S + \left[\cos i\frac{\partial \Omega}{\partial \sigma} + \frac{\partial \omega}{\partial \sigma} + \left(\frac{1}{1-e^2} + \frac{a}{r}\right)\sin f\frac{\partial e}{\partial \sigma}\right.\\ &\left. + \frac{a^2\sqrt{1-e^2}}{r^2}\frac{\partial M_0}{\partial \sigma}\right]rT + \left(-\sin i\cos u\frac{\partial \Omega}{\partial \sigma} + \sin u\frac{\partial i}{\partial \sigma}\right)rW\end{aligned} \tag{5.3-132}$$

因此得

$$\begin{cases}\dfrac{\partial R}{\partial a} = \dfrac{r}{a}S\\ \dfrac{\partial R}{\partial e} = -a\cos f\cdot S + r\left(\dfrac{1}{1-e^2} + \dfrac{a}{r}\right)\sin f\cdot T\\ \dfrac{\partial R}{\partial i} = r\sin uW\\ \dfrac{\partial R}{\partial \Omega} = r\cos iT - r\cos u\sin iW\\ \dfrac{\partial R}{\partial \omega} = rT\\ \dfrac{\partial R}{\partial M_0} = \dfrac{a^2 e\sin E}{r}S + \dfrac{a^2\sqrt{1-e^2}}{r}T\end{cases} \tag{5.3-133}$$

代入式（5.3-115），则得

$$\begin{cases}\dfrac{\mathrm{d}a}{\mathrm{d}t}=\dfrac{1}{n\sqrt{1-e^2}}[Se\sin f+T(1+e\cos f)]\\ \dfrac{\mathrm{d}e}{\mathrm{d}t}=\dfrac{\sqrt{1-e^2}}{na}[S\sin f+T(\cos E+\cos f)]\\ \dfrac{\mathrm{d}i}{\mathrm{d}t}=\dfrac{r\cos(\omega+f)}{na^2\sqrt{1-e^2}}W\\ \dfrac{\mathrm{d}\Omega}{\mathrm{d}t}=\dfrac{r\sin(\omega+f)}{na^2\sqrt{1-e^2}\sin i}W\\ \dfrac{\mathrm{d}\omega}{\mathrm{d}t}=\dfrac{\sqrt{1-e^2}}{nae}\left[-S\cos f+T\left(1+\dfrac{1}{1+e\cos f}\right)\sin f\right]-\dfrac{r\cot i\sin(\omega+f)}{na^2\sqrt{1-e^2}}W\\ \dfrac{\mathrm{d}M_0}{\mathrm{d}t}=\left(\dfrac{1-e^2}{nae}\cos f-\dfrac{2r}{na^2}\right)S-\dfrac{1-e^2}{nae}\left(1+\dfrac{1}{1+e\cos f}\right)\sin fT\end{cases}\tag{5.3-134}$$

5.4　载荷落点偏差控制的任务及其控制方法

当在发射点对目标进行射击时，为了能达到目标需求，在发射之前，必须给出火箭的射击方位角 A_0 和全射程 L。其中，射击方位角 A_0 由瞄准确定，而全射程可以由发动机关机时刻 t_K 的运动参量来确定。

设在 t_K 瞬间火箭相对发射坐标系 $O_f\text{-}X_fY_fZ_f$（随地球旋转的相对坐标系）的运动参量为

$$\boldsymbol{r}_K=\boldsymbol{r}(t_K)=(x_K,y_K,z_K)^{\mathrm{T}},\ \dot{\boldsymbol{r}}_K=\dot{\boldsymbol{r}}(t_K)=(V_{xK},V_{yK},V_{zK})^{\mathrm{T}}\tag{5.4-1}$$

则射程为

$$L=L(\boldsymbol{r}_K,\dot{\boldsymbol{r}}_K)\tag{5.4-2}$$

如果时刻 t_K 火箭相对发射惯性系 $O_{\mathrm{I}}\text{-}X_{\mathrm{I}}Y_{\mathrm{I}}Z_{\mathrm{I}}$ 的运动参量为

$$\boldsymbol{r}_{aK}=\boldsymbol{r}_a(t_K)=(x_{aK},y_{aK},z_{aK})^{\mathrm{T}},\ \dot{\boldsymbol{r}}_{aK}=\dot{\boldsymbol{r}}_a(t_K)=(V_{axK},V_{ayK},V_{azK})^{\mathrm{T}}\tag{5.4-3}$$

由于目标随地球旋转，故在地球上的全射程 L，不仅与绝对参数 $\boldsymbol{r}_{aK}$、$\dot{\boldsymbol{r}}_{aK}$有关，且与主动段关机时刻 t_K 有关，故有

$$L=L(\boldsymbol{r}_{aK},\dot{\boldsymbol{r}}_{aK},t_K)\tag{5.4-4}$$

如果在发射坐标系内进行标准弹道计算，设发动机关机时刻为 $\tilde{t}_K$，其运动参量为 $\tilde{\boldsymbol{r}}_K$、$\tilde{\dot{\boldsymbol{r}}}_K$，则由此而确定的标准弹道射程为

$$\tilde{L}=\tilde{L}(\tilde{\boldsymbol{r}}_K,\tilde{\dot{\boldsymbol{r}}}_K)\tag{5.4-5}$$

在发射惯性坐标系内可表示为

$$\tilde{L}=\tilde{L}(\tilde{\boldsymbol{r}}_{aK},\tilde{\dot{\boldsymbol{r}}}_{aK},\tilde{t}_K)\tag{5.4-6}$$

射程控制问题，就是满足下式：

$$L(\boldsymbol{r}_K,\dot{\boldsymbol{r}}_K)=\tilde{L}(\tilde{\boldsymbol{r}}_K,\tilde{\dot{\boldsymbol{r}}}_K),\ L(\boldsymbol{r}_{aK},\dot{\boldsymbol{r}}_{aK},t_K)=\tilde{L}(\tilde{\boldsymbol{r}}_{aK},\tilde{\dot{\boldsymbol{r}}}_{aK},\tilde{t}_K)\tag{5.4-7}$$

简单而容易想到的射程控制方法，是使发动机关机时刻 t_K 和标准弹道的关机时刻 $\tilde{t}_K$ 相

等，即

$$t_K = \tilde{t}_K$$

这样是否会实现 $L = \widetilde{L}$ 呢？上面分析已知，在火箭的实际飞行中，由于各种扰动因素的影响，当 $t_K = \tilde{t}_K$ 时，各运动参量对标准值有微小的偏离。因而在此情况下的实际射程 L 将不等于 $\widetilde{L}$，产生等时偏差为

$$L - \widetilde{L} = \delta L$$

如果将 L 在标准弹道附近展开成泰勒级数，即

$$L = L(\tilde{\boldsymbol{r}}_K + \delta\boldsymbol{r}_K, \tilde{\dot{\boldsymbol{r}}}_K + \delta\dot{\boldsymbol{r}}_K) = L(\tilde{\boldsymbol{r}}_K, \tilde{\dot{\boldsymbol{r}}}_K) + \left.\frac{\partial L}{\partial \boldsymbol{r}_K}\right|_{\sim}\delta\boldsymbol{r}_K + \left.\frac{\partial L}{\partial \dot{\boldsymbol{r}}_K}\right|_{\sim}\delta\dot{\boldsymbol{r}}_K + \cdots$$

如果略去二阶以上的各项,则

$$\delta L \approx \frac{\partial L}{\partial \boldsymbol{r}_K}\delta\boldsymbol{r}_K + \frac{\partial L}{\partial \dot{\boldsymbol{r}}_K}\delta\dot{\boldsymbol{r}}_K \tag{5.4-8}$$

对于发射惯性坐标系有

$$\delta L \approx \frac{\partial L}{\partial \boldsymbol{r}_{aK}}\delta\boldsymbol{r}_{aK} + \frac{\partial L}{\partial \dot{\boldsymbol{r}}_{aK}}\delta\dot{\boldsymbol{r}}_{aK} + \frac{\partial L}{\partial t_K}\Delta t_K \tag{5.4-9}$$

因为是在标准弹道上展开的，故式中偏导数是对标准弹道的偏导数，即各偏导数中的运动参量均是标准弹道的运动参量。

δx_K、δy_K、$\delta \dot{x}_K$、$\delta \dot{y}_K$(δx_{aK}、δy_{aK}、$\delta \dot{x}_{aK}$、$\delta \dot{y}_{aK}$）表示关机点火箭的相对（绝对）弹道纵平面运动参量的等时偏差对射程等时偏差的影响。而 δz_K、$\delta \dot{z}_K$(δz_{aK}、$\delta \dot{z}_{aK}$）表示关机点火箭的相对（绝对）弹道侧平面运动参量的等时偏差对射程等时偏差的影响。计算表明，可以将火箭的运动分解成纵平面运动和侧平面运动两个互相独立的运动来考虑。

当火箭法向和横向稳定系统正常工作时，可以将偏差分成射程偏差 ΔL（纵向）和横程偏差 ΔH（侧向），则有

$$\begin{cases}\Delta L = L(x_K, y_K, V_K, \theta_K) - \widetilde{L}(\tilde{x}_K, \tilde{y}_K, \widetilde{V}_K, \tilde{\theta}_K)\\ \Delta H = H(x_K, y_K, V_K, \sigma_K) - \widetilde{H}(\tilde{x}_K, \tilde{y}_K, \widetilde{V}_K, \tilde{\sigma}_K)\end{cases}$$

对于发射惯性坐标系,可以写出相似的式子。

需要指出的是,将火箭的运动分解成纵平面和侧平面两个互相独立运动且单独考虑纵向运动时,上式中速度倾角 θ_K 与当地弹道倾角 Θ_K 具有相同的意义。

射程控制的任务在于正确选择关机点参数,使 $\Delta L \to 0$、$\Delta H \to 0$。

按时间关机的射程控制方案,显然不能完成这个任务,此时射程偏差为

$$\begin{aligned}\delta L &= \frac{\partial L}{\partial x_K}\delta x_K + \frac{\partial L}{\partial y_K}\delta y_K + \frac{\partial L}{\partial V_{xK}}\delta V_{xK} + \frac{\partial L}{\partial V_{yK}}\delta V_{yK}\\ &= \frac{\partial L}{\partial x_K}\delta x_K + \frac{\partial L}{\partial y_K}\delta y_K + \frac{\partial L}{\partial V_K}\delta V_K + \frac{\partial L}{\partial \theta_K}\delta \theta_K\end{aligned} \tag{5.4-10}$$

式中，前两项为由于关机点坐标系偏差引起的射程偏差；后两项为由于速度偏差而引起的射程偏差。它们前面的偏导数称为误差传递系数。

《弹道导弹弹道学》[10] 中第 1 章的内容，在不考虑地球旋转影响情况下，对椭圆弹道偏

导数进行了计算。其结果分别如该书图 1.15～1.18 所示。图中，射程对坐标的偏导数$\frac{\partial L}{\partial r_K}$比较小，而射程对速度的偏导数$\frac{\partial L}{\partial V_K}$则很大，且 V_K 越大，数值越大。射程对速度方向的偏导数$\frac{\partial L}{\partial \theta_K}$，则与主动段飞行程序的选择有关。如果飞行程序是保证最大射程，则$\frac{\partial L}{\partial \theta_K}=0$，而在最佳速度倾角 $\Theta_{K.\mathrm{OPT}}$附近的变化，则与 V_K 的大小有关。当 V_K 较小时，变化比较平缓，当 V_K 较大时，变化比较大。

对于近程火箭来说，V_K 比较小，在最佳速度倾角 $\Theta_{K.\mathrm{OPT}}$附近，$\frac{\partial L}{\partial \theta_K}$不大，且主动段飞行程序保证了 $\delta\theta_K$ 的值比较小，故射程偏差的主要原因是$\frac{\partial L}{(\partial V_K \delta V_K)}$。这是近程火箭射程偏差的主要矛盾。这就启发研究人员是否能采用速度关机的方案。即，实际弹道的飞行速度 V_K 与标准弹道飞行速度 $\tilde{V}_K$相等时关机，这样是否比按时间关机更能缩小射程偏差呢？下面讨论该问题。

5.5　按速度关机的射程控制方案的研究

设箭上有某种测量装置，能测出实际飞行速度 $\boldsymbol{V}$ 的大小 V，然后将其与标准弹道关机速度 $\tilde{\boldsymbol{V}}_K$ 进行比较。当两者数值相等时，令发动机关机，则此方案的关机方程为

$$V_K = \tilde{V}_K \tag{5.5-1}$$

此时主动段终点的速度偏差为

$$\Delta V_K = V_K - \tilde{V}_K = 0 \tag{5.5-2}$$

由于是按速度关机，故关机时刻 t_K 和标准弹道关机时刻 $\tilde{t}_K$ 不等，有一时间偏差 Δt_K

$$\Delta t_K = t_K - \tilde{t}_K \tag{5.5-3}$$

由于在主动段干扰的作用不大，Δt_K 是小偏差，因此实际弹道飞行速度 V_K 可在 $\tilde{t}_K$ 附近展开成泰勒级数，只取到一阶项，则有

$$V_K = V(t_K) = V(\tilde{t}_K + \Delta t_K) = V(\tilde{t}_K) + \dot{V}(\tilde{t}_K)\Delta t_K \tag{5.5-4}$$

式中，$V(\tilde{t}_K)$ 为在时刻 $\tilde{t}_K$ 实际弹道的飞行速度，与标准弹道在时刻 $\tilde{t}_K$ 的飞行速度 $\tilde{V}(\tilde{t}_K)$ 不同。两者之差，就是速度的等时偏差，即

$$\delta V_K = V(\tilde{t}_K) - \tilde{V}(\tilde{t}_K) \tag{5.5-5}$$

则有

$$\Delta V_K = V_K - \tilde{V}_K = V(\tilde{t}_K) + \dot{V}(\tilde{t}_K)\Delta t_K - \tilde{V}(\tilde{t}_K) = \delta V_K + \dot{V}(\tilde{t}_K)\Delta t_K \tag{5.5-6}$$

由式（5.5-2）知，按速度关机时 $\Delta V_K = 0$，故有

$$\Delta t_K = \frac{\delta V_K}{\dot{V}_K} \approx \frac{\delta V_K}{\dot{\tilde{V}}_K} \tag{5.5-7}$$

正是有了这一时间偏差 Δt_K，它可对等时关机的射程偏差起补偿作用，使按速度关机的射程偏差小于按时间关机的射程偏差。这将在下面加以说明。

如图 5.5-1 所示，设在主动段干扰作用下，实际弹道 V 比标准弹道 $\widetilde{V}$ 大。如按时间关机，当 $t=\tilde{t}_K$ 时产生速度偏差 $\delta V_K>0$，而使等时偏差 $\delta L>0$，即由于干扰作用使射程增大。如按速度关机，当 $V_K=\widetilde{V}_K$ 时关机，此时关机时间为 t_K，使射程偏差减小，但是射程偏差 ΔL 是否确实小于 δL，则需进一步研究。为此首先要导出按速度关机时的射程偏差公式，然后再与按时间关机的射程偏差公式进行比较。

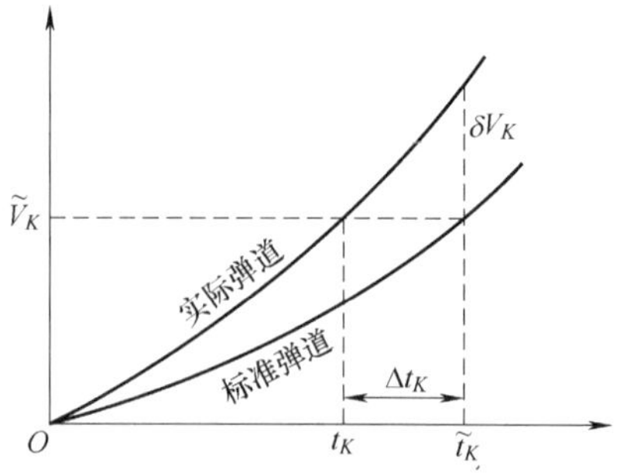

图 5.5-1　按速度关机和按时间关机的比较

5.5.1　按速度关机时射程偏差的计算公式

在按速度关机的条件下，主动段终点的运动参数对标准弹道主动段终点运动参数的偏差为

$$\begin{cases}\Delta V_K=V_K-\widetilde{V}_K=V(t_K)-\widetilde{V}(\tilde{t}_K)=0\\ \Delta\theta_K=\theta_K-\tilde{\theta}_K=\theta(t_K)-\tilde{\theta}(\tilde{t}_K)\\ \Delta x_K=x_K-\tilde{x}_K=x(t_K)-\tilde{x}(\tilde{t}_K)\\ \Delta y_K=y_K-\tilde{y}_K=y(t_K)-\tilde{y}(\tilde{t}_K)\end{cases}\tag{5.5-8}$$

$$\Delta L=L(x_K,y_K,V_K,\theta_K)-\widetilde{L}(\tilde{x}_K,\tilde{y}_K,\widetilde{V}_K,\tilde{\theta}_K)\tag{5.5-9}$$

考虑到由干扰而引起的运动参量的偏差不大，将按速度关机的实际射程在标准弹道附近展开，并取到一阶项，则有

$$L(V_K,\theta_K,x_K,y_K)=\widetilde{L}(\widetilde{V}_K,\tilde{\theta}_K,\tilde{x}_K,\tilde{y}_K)+\frac{\partial L}{\partial\theta_K}\Delta\theta_K+\frac{\partial L}{\partial x_K}\Delta x_K+\frac{\partial L}{\partial y_K}\Delta y_K$$

即

$$\Delta L=\frac{\partial L}{\partial\theta_K}\Delta\theta_K+\frac{\partial L}{\partial x_K}\Delta x_K+\frac{\partial L}{\partial y_K}\Delta y_K\tag{5.5-10}$$

式中，$\frac{\partial L}{\partial\theta_K}$、$\frac{\partial L}{\partial x_K}$、$\frac{\partial L}{\partial y_K}$为标准弹道 $\tilde{t}_K$ 处的射程偏导数；$\Delta\theta_K$、Δx_K、Δy_K 为按速度关机的实际弹道关机时刻运动参数对标准弹道关机时刻运动参数的偏差。

5.5.2　按速度关机的射程偏差与按时间关机的射程偏差的比较

由式（5.5-7）可知，按速度关机时有

$$\Delta t_K=\frac{\delta V_K}{\dot{V}_K}\approx\frac{\delta V_K}{\dot{\widetilde{V}}_K}$$

故

$$\begin{cases}\Delta\theta_K=\theta(t_K)-\tilde{\theta}(\tilde{t}_K)=\theta(\tilde{t}_K)+\dot{\theta}(\tilde{t}_K)\Delta t_K-\tilde{\theta}(\tilde{t}_K)=\delta\theta_K-\dfrac{\dot{\theta}_K}{\dot{V}_K}\delta V_K\\ \Delta x_K=x(t_K)-\tilde{x}(\tilde{t}_K)=\theta(\tilde{t}_K)+\dot{x}(\tilde{t}_K)\Delta t_K-\tilde{x}(\tilde{t}_K)=\delta x_K-\dfrac{\dot{x}_K}{\dot{V}_K}\delta V_K\\ \Delta y_K=y(t_K)-\tilde{y}(\tilde{t}_K)=y(\tilde{t}_K)+\dot{y}(\tilde{t}_K)\Delta t_K-\tilde{y}(\tilde{t}_K)=\delta y_K-\dfrac{\dot{y}_K}{\dot{V}_K}\delta V_K\end{cases}\tag{5.5-11}$$

将其代入式（5. 5-10），则得

$$\begin{aligned}\Delta L&=-\frac{1}{\dot{V}_K}\left(\frac{\partial L}{\partial\theta_K}\dot{\theta}_K+\frac{\partial L}{\partial x_K}\dot{x}_K+\frac{\partial L}{\partial y_K}\dot{y}_K\right)\delta V_K+\frac{\partial L}{\partial\theta_K}\delta\theta_K+\frac{\partial L}{\partial x_K}\delta x_K+\frac{\partial L}{\partial y_K}\delta y_K\\&\approx-\frac{1}{\dot{\tilde{V}}_K}\left(\frac{\partial L}{\partial\theta_K}\dot{\tilde{\theta}}_K+\frac{\partial L}{\partial x_K}\dot{\tilde{x}}_K+\frac{\partial L}{\partial y_K}\dot{\tilde{y}}_K\right)\delta V_K+\frac{\partial L}{\partial\theta_K}\delta\theta_K+\frac{\partial L}{\partial x_K}\delta x_K+\frac{\partial L}{\partial y_K}\delta y_K\end{aligned}\tag{5.5-12}$$

令

$$\left(\frac{\partial L}{\partial V_K}\right)^*=-\frac{1}{\dot{\tilde{V}}_K}\left(\frac{\partial L}{\partial\theta_K}\dot{\tilde{\theta}}_K+\frac{\partial L}{\partial x_K}\dot{\tilde{x}}_K+\frac{\partial L}{\partial y_K}\dot{\tilde{y}}_K\right)\tag{5.5-13}$$

则有

$$\Delta L=\left(\frac{\partial L}{\partial V_K}\right)^*\delta V_K+\frac{\partial L}{\partial\theta_K}\delta\theta_K+\frac{\partial L}{\partial x_K}\delta x_K+\frac{\partial L}{\partial y_K}\delta y_K\tag{5.5-14}$$

将按速度关机的射程偏差式（5. 5-14）所示 ΔL 与按时间关机的射程偏差式（5. 4-10）所示 δL 比较，两者只差在 δV_K 前的系数，下面举例说明。

【例 5. 1】 假设火箭 $\frac{\partial L}{\partial V_K}=9040\text{s}$、$\frac{\partial L}{\partial\theta_K}=26400\text{m}/^\circ$、$\frac{\partial L}{\partial x_K}=1.29$、$\frac{\partial L}{\partial y_K}=9.59$、$\dot{\tilde{\theta}}_K=-0.0433228^\circ/\text{s}$、$\dot{\tilde{V}}_K=81.130\text{m/s}^2$、$\dot{\tilde{x}}_K=6527.2\text{m/s}$、$\dot{\tilde{y}}_K=1056.2\text{m/s}$。且知 $\delta V_K=1\text{m/s}$、$\delta\theta_K=0.01^\circ$、$\delta x_K=1000\text{m}$、$\delta y_K=1000\text{m}$、$\Delta t_K=-0.012326\text{s}$，则有

$$\left(\frac{\partial L}{\partial V_K}\right)^*=214.53623\text{s},\ \Delta L=10929.45\text{m},\ \delta L=20184.0\text{m}$$

计算表明，$\left|\left(\frac{\partial L}{\partial V_K}\right)^*\right|\ll\frac{\partial L}{\partial V_K}$，故按速度关机方案所产生的射程偏差 ΔL 小于按时间关机方案所产生的射程偏差 δL。也可以用以下形式来说明两者的关系：

$$\begin{aligned}\Delta L=&-\frac{1}{\dot{\tilde{V}}_K}\left(\frac{\partial L}{\partial V_K}\dot{\tilde{V}}_K+\frac{\partial L}{\partial\theta_K}\dot{\tilde{\theta}}_K+\frac{\partial L}{\partial x_K}\dot{\tilde{x}}_K+\frac{\partial L}{\partial y_K}\dot{\tilde{y}}_K\right)\delta V_K+\frac{\partial L}{\partial V_K}\delta V_K\\&+\frac{\partial L}{\partial\theta_K}\delta\theta_K+\frac{\partial L}{\partial x_K}\delta x_K+\frac{\partial L}{\partial y_K}\delta y_K=-\frac{\dot{\tilde{L}}}{\dot{\tilde{V}}_K}\delta V_K+\delta L\end{aligned}$$

考虑到式（5. 5-7），则有

$$\Delta L=\delta L+\dot{\tilde{L}}\Delta t_K\tag{5.5-15}$$

注意到射程是随时间增加的，即 $\dot{\tilde{L}}>0$；当 $\delta V_K>0$ 时，$\delta L>0$ 而 $\Delta t_K<0$，所以按速度关机的

方案减小了射程偏差。

5.6 按火箭纵轴方向视速度关机的射程控制

对比按速度关机方案与按时间关机方案，前者可以减小射程偏差，有明显的优越性，但在箭上测量飞行速度是很困难的。如果在箭上安装加速度计，只能测出火箭的视加速度 $\dot{\boldsymbol{W}}$，如果对视加速度积分，只能得到视速度 $\boldsymbol{W}$，不能获得火箭的飞行速度 $\boldsymbol{V}$。为了得到 $\boldsymbol{V}$，必须计算出沿弹道的引力加速度 g。这就需要进行复杂的导航计算。但是对于中、近程火箭来说，由于在主动段实际弹道的引力加速度 g 与沿标准弹道的引力加速度 $\tilde{g}$ 相差不大，由此而引起的射程偏差也比较小，因而可以不采用按速度关机的方案，而采用按视速度关机的方案。按视速度组成关机方程的最简单方案是在火箭纵轴方向上固连一个加速度计，测得视加速度，有

$$\dot{\boldsymbol{W}}_{x_1} = \boldsymbol{a}_{x_1} - g_{x_1} \tag{5.6-1}$$

如果不考虑地球旋转的影响，则有

$$\dot{W}_{x_1} = \dot{V}\cos\alpha + V\dot{\theta}\sin\alpha + g\sin\varphi \approx \dot{V} + V\dot{\theta}\alpha + g\sin\varphi \tag{5.6-2}$$

故轴向视速度为

$$W_{x_1} \approx V + \int_0^t (V\dot{\theta}\alpha + g\sin\varphi)\,\mathrm{d}t \tag{5.6-3}$$

如果考虑地球自转，则

$$a_{x_1} = a_{\mathrm{r}x_1} + a_{\mathrm{e}x_1} + a_{\mathrm{k}x_1} \tag{5.6-4}$$

式中，$a_{\mathrm{r}x_1}$ 为相对加速度在 OX_1 方向上投影；$a_{\mathrm{e}x_1}$ 为牵连加速度在 OX_1 方向上投影；$a_{\mathrm{k}x_1}$ 为哥氏加速度在 OX_1 方向上投影。

注意到 $\cos\alpha = 1 - \frac{1}{2!}\alpha^2 + \frac{1}{4!}\alpha^4 - \frac{1}{6!}\alpha^6 + \cdots$，则有

$$a_{\mathrm{r}x_1} = \dot{V}_{x_1} = \dot{V}\cos\alpha + V\dot{\theta}\sin\alpha \approx \dot{V} + \left(V\dot{\theta} - \frac{\dot{V}}{2}\alpha\right)\alpha$$

则有

$$g_{x_1} - a_{x_1} = g_{x_1}$$

$$\dot{W}_{x_1} = \dot{V} + \left(V\dot{\theta} - \frac{\dot{V}}{2}\alpha\right)\alpha + g\sin\varphi + a_{\mathrm{k}x_1} \tag{5.6-5}$$

如果令

$$\dot{I}_1 = \left(V\dot{\theta} - \frac{\dot{V}}{2}\alpha\right)\alpha + g\sin\varphi + a_{\mathrm{k}x_1} \tag{5.6-6}$$

则有

$$\dot{W}_{x_1}(t) = \dot{V}(t) + \dot{I}_1(t),\ W_{x_1}(t) = V(t) + I_1(t) \tag{5.6-7}$$

式中

$$I_1 = \int_0^t \left[\left(V\dot{\theta} - \frac{\dot{V}}{2}\alpha \right)\alpha + g\sin\varphi + a_{kx_1} \right] dt \tag{5.6-8}$$

可以看出，视速度 W_{x_1} 与速度 V 之间，只差一项 I_1，而 I_1 与 α、φ、V、$\dot{V}$、g、a_{kx_1} 有关，因而要由箭轴方向的一个加速度计来实现按视速度关机是困难的。即使用某些近似的方法计算出 I_1，如用标准弹道的参数代入式（5.6-8），计算出 $\tilde{I}_1(t)$ 来近似代替 $I_1(t)$，也是困难的。为此注意到关机时刻有

$$\dot{W}_{x_1K} = \dot{V}_K + \dot{I}_{1K},\ W_{x_1K} = V_K + I_{1K} \tag{5.6-9}$$

其中

$$I_{1K}(T) = \int_0^{tK} \left[\left(V\dot{\theta} - \frac{\dot{V}}{2}\alpha \right)\alpha + g\sin\varphi + a_{kx_1} \right] dt \tag{5.6-10}$$

实际计算表明，$\dot{I}_{1K} > 0$、$I_{1K} > 0$，且 $\dot{I}_{1K} < \dot{V}_K$、$I_{1K} \ll W_{x_1K}$，即 W_{x_1K} 与 V_K 只差一小量 I_{1K}，W_{x_1K} 与 V_K 很接近。如果以 $W_{x_1K} = \tilde{W}_{x_1K}$ 作为关机条件，能否获得好的效果呢？为此需要分析按视速度 $W_{x_1K} = \tilde{W}_{x_1K}$ 关机时的射程偏差。此时关机点处运动参量的偏差为

$$\begin{cases} \Delta W_{x_1K} = W_{x_1}(t_K) - \tilde{W}_{x_1}(\tilde{t}_K) = 0 \\ \Delta V_K = V(t_K) - \tilde{V}(\tilde{t}_K) \\ \Delta\theta_K = \theta(t_K) - \tilde{\theta}(\tilde{t}_K) \\ \Delta x_K = x(t_K) - \tilde{x}(\tilde{t}_K) \\ \Delta y_K = y(t_K) - \tilde{y}(\tilde{t}_K) \\ \Delta t_K = t_K - \tilde{t}_K \end{cases} \tag{5.6-11}$$

由式（5.6-11）的第 1 式有

$$\begin{aligned} W_{x_1}(t_K) - \tilde{W}_{x_1}(\tilde{t}_K) &= W_{x_1}(\tilde{t}_K + \Delta t_K) - \tilde{W}_{x_1}(\tilde{t}_K) = W_{x_1}(\tilde{t}_K) + \dot{W}_{x_1}(\tilde{t}_K)\Delta t_K - \tilde{W}_{x_1}(\tilde{t}_K) \\ &= \delta W_{x_1K} + \dot{W}_{x_1}(\tilde{t}_K)\Delta t_K = 0 \end{aligned}$$

即

$$\Delta t_K = -\frac{\delta W_{x_1K}}{\dot{W}_{x_1K}} \approx -\frac{\delta W_{x_1K}}{\dot{\tilde{W}}_{x_1K}} \tag{5.6-12}$$

由式（5.6-7）知

$$\delta W_{x_1K} = \delta V_K + \delta I_{1K} \tag{5.6-13}$$

故有

$$\Delta t_K = -\frac{\delta V_K}{\dot{\tilde{W}}_{x_1K}} - \frac{\delta I_{1K}}{\dot{\tilde{W}}_{x_1K}} \tag{5.6-14}$$

与按速度关机相似，正是由于按视速度关机造成了这一时间补偿 Δt_K，从而使射程偏差与按时间关机射程偏差比较，要小得多。

如图 5.6-1 所示，由于 Δt_K 的作用，对射程偏差，起到了补偿作用。比较式（5.6-14）与式（5.5-7），如果近似认为 $\tilde{\dot{W}}_{x_1K} \approx \tilde{\dot{V}}_K$，则按视速度关机方案的时间补偿比速度关机方案的时间补偿近似多了一项 $-\dfrac{\delta I_{1K}}{\tilde{\dot{W}}_{x_1K}}$。为了与按速度关机方程进行比较，导出按视速度关机的射程偏差表达式为

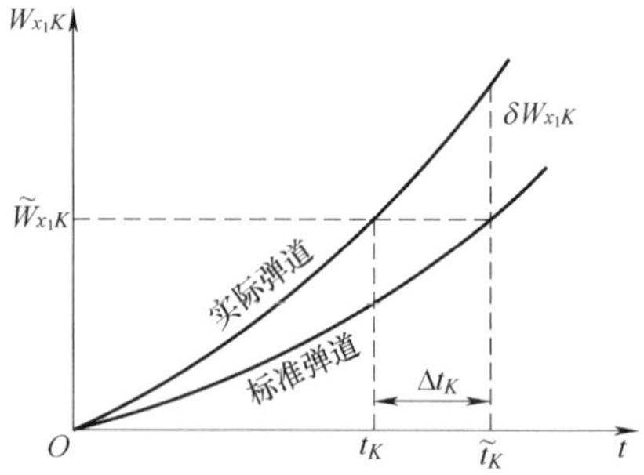

图 5.6-1　按视速度关机的情况

$$\Delta L = \frac{\partial L}{\partial V_K}\Delta V_K + \frac{\partial L}{\partial \theta_K}\Delta \theta_K + \frac{\partial L}{\partial x_K}\Delta x_K + \frac{\partial L}{\partial y_K}\Delta y_K \tag{5.6-15}$$

而

$$\begin{cases} \Delta V_K \approx \delta V_K + \tilde{\dot{V}}_K \Delta t_K = \left(1 - \dfrac{\tilde{\dot{V}}_K}{\tilde{\dot{W}}_{x_1K}}\right)\delta V_K - \dfrac{\tilde{\dot{V}}_K}{\tilde{\dot{W}}_{x_1K}}\delta I_{1K} \\ \Delta \theta_K \approx \delta \theta_K + \tilde{\dot{\theta}}_K \Delta t_K = \delta \theta_K - \dfrac{\tilde{\dot{\theta}}_K}{\tilde{\dot{W}}_{x_1K}}\delta V_K - \dfrac{\tilde{\dot{\theta}}_K}{\tilde{\dot{W}}_{x_1K}}\delta I_{1K} \\ \Delta x_K \approx \delta x_K - \dfrac{\tilde{\dot{x}}_K}{\tilde{\dot{W}}_{x_1K}}\delta V_K - \dfrac{\tilde{\dot{x}}_K}{\tilde{\dot{W}}_{x_1K}}\delta I_{1K} \\ \Delta y_K \approx \delta y_K - \dfrac{\tilde{\dot{y}}_K}{\tilde{\dot{W}}_{x_1K}}\delta V_K - \dfrac{\tilde{\dot{y}}_K}{\tilde{\dot{W}}_{x_1K}}\delta I_{1K} \end{cases} \tag{5.6-16}$$

将式（5.6-16）代入式（5.6-15），得

$$\begin{aligned} \Delta L =& \frac{\partial L}{\partial V_K}\left[\left(1 - \frac{\tilde{\dot{V}}_K}{\tilde{\dot{W}}_{x_1K}}\right)\delta V_K - \frac{\tilde{\dot{V}}_K}{\tilde{\dot{W}}_{x_1K}}\delta I_{1K}\right] + \frac{\partial L}{\partial \theta_K}\left(\delta \theta_K - \frac{\tilde{\dot{\theta}}_K}{\tilde{\dot{W}}_{x_1K}}\delta V_K - \frac{\tilde{\dot{\theta}}_K}{\tilde{\dot{W}}_{x_1K}}\delta I_{1K}\right) \\ & + \frac{\partial L}{\partial x_K}\left(\delta x_K - \frac{\tilde{\dot{x}}_K}{\tilde{\dot{W}}_{x_1K}}\delta V_K - \frac{\tilde{\dot{x}}_K}{\tilde{\dot{W}}_{x_1K}}\delta I_{1K}\right) + \frac{\partial L}{\partial y_K}\left(\delta y_K - \frac{\tilde{\dot{y}}_K}{\tilde{\dot{W}}_{x_1K}}\delta V_K - \frac{\tilde{\dot{y}}_K}{\tilde{\dot{W}}_{x_1K}}\delta I_{1K}\right) \\ =& \left(\frac{\partial L}{\partial \theta_K}\delta \theta_K + \frac{\partial L}{\partial x_K}\delta x_K + \frac{\partial L}{\partial y_K}\delta y_K\right) - \frac{1}{\tilde{\dot{W}}_{x_1K}}\left(\frac{\partial L}{\partial V_K}\tilde{\dot{V}}_K + \frac{\partial L}{\partial \theta_K}\tilde{\dot{\theta}}_K + \frac{\partial L}{\partial x_K}\tilde{\dot{x}}_K + \frac{\partial L}{\partial y_K}\tilde{\dot{y}}_K\right)\delta I_{1K} \\ & + \frac{\partial L}{\partial V_K}\left(1 - \frac{\tilde{\dot{V}}_K}{\tilde{\dot{W}}_{x_1K}}\right)\delta V_K - \frac{1}{\tilde{\dot{W}}_{x_1K}}\left(\frac{\partial L}{\partial \theta_K}\tilde{\dot{\theta}}_K + \frac{\partial L}{\partial x_K}\tilde{\dot{x}}_K + \frac{\partial L}{\partial y_K}\tilde{\dot{y}}_K\right)\delta V_K \end{aligned}$$

注意到式（5.6-9），则有 $1 - \dfrac{\tilde{\dot{V}}_K}{\tilde{\dot{W}}_{x_1K}} = \dfrac{\tilde{\dot{I}}_{1K}}{\tilde{\dot{W}}_{x_1K}}$，代入上式得

$$\Delta L = \left[\frac{\partial L}{\partial V_K} \frac{\tilde{\dot{I}}_{1K}}{\tilde{\dot{W}}_{x_1K}} - \frac{1}{\tilde{\dot{W}}_{x_1K}} \left(\frac{\partial L}{\partial \theta_K} \tilde{\dot{\theta}}_K + \frac{\partial L}{\partial x_K} \tilde{\dot{x}}_K + \frac{\partial L}{\partial y_K} \tilde{\dot{y}}_K \right) \right] \delta V_K + \left(\frac{\partial L}{\partial \theta_K} \delta \theta_K + \frac{\partial L}{\partial x_K} \delta x_K + \frac{\partial L}{\partial y_K} \delta y_K \right) - \frac{1}{\tilde{\dot{W}}_{x_1K}} \left(\frac{\partial L}{\partial V_K} \tilde{\dot{V}}_K + \frac{\partial L}{\partial \theta_K} \tilde{\dot{\theta}}_K + \frac{\partial L}{\partial x_K} \tilde{\dot{x}}_K + \frac{\partial L}{\partial y_K} \tilde{\dot{y}}_K \right) \delta I_{1K} \tag{5.6-17}$$

令

$$\left(\frac{\partial L}{\partial V_K} \right)^{**} \equiv \frac{\partial L}{\partial V_K} \frac{\tilde{\dot{I}}_{1K}}{\tilde{\dot{W}}_{x_1K}} - \frac{1}{\tilde{\dot{W}}_{x_1K}} \left(\frac{\partial L}{\partial \theta_K} \tilde{\dot{\theta}}_K + \frac{\partial L}{\partial x_K} \tilde{\dot{x}}_K + \frac{\partial L}{\partial y_K} \tilde{\dot{y}}_K \right) \tag{5.6-18}$$

$$\frac{\partial L}{\partial I_{1K}} \equiv \frac{1}{\tilde{\dot{W}}_{x_1K}} \left(\frac{\partial L}{\partial V_K} \tilde{\dot{V}}_K + \frac{\partial L}{\partial \theta_K} \tilde{\dot{\theta}}_K + \frac{\partial L}{\partial x_K} \tilde{\dot{x}}_K + \frac{\partial L}{\partial y_K} \tilde{\dot{y}}_K \right) = \frac{\tilde{\dot{L}}}{\tilde{\dot{W}}_{x_1K}} \tag{5.6-19}$$

则式（5.6-17）变为

$$\Delta L = \left(\frac{\partial L}{\partial V_K} \right)^{**} \delta V_K + \frac{\partial L}{\partial \theta_K} \delta \theta_K + \frac{\partial L}{\partial x_K} \delta x_K + \frac{\partial L}{\partial y_K} \delta y_K - \frac{\partial L}{\partial I_{1K}} \delta I_{1K} \tag{5.6-20}$$

将式（5.5-13）代入式（5.6-18）并注意到式（5.6-9）所示的 $\tilde{\dot{V}}_K = \tilde{\dot{W}}_{x_1K} - \tilde{\dot{I}}_{1K}$，则有

$$\begin{aligned} \left(\frac{\partial L}{\partial V_K} \right)^{**} &= \frac{\partial L}{\partial V_K} \frac{\tilde{\dot{I}}_{1K}}{\tilde{\dot{W}}_{x_1K}} + \frac{\tilde{\dot{V}}_K}{\tilde{\dot{W}}_{x_1K}} \left(\frac{\partial L}{\partial V_K} \right)^* = \frac{\partial L}{\partial V_K} \frac{\tilde{\dot{I}}_{1K}}{\tilde{\dot{W}}_{x_1K}} + \frac{\tilde{\dot{W}}_{x_1K} - \tilde{\dot{I}}_{1K}}{\tilde{\dot{W}}_{x_1K}} \left(\frac{\partial L}{\partial V_K} \right)^* \\ &= \left[\frac{\partial L}{\partial V_K} - \left(\frac{\partial L}{\partial V_K} \right)^* \right] \frac{\tilde{\dot{I}}_{1K}}{\tilde{\dot{W}}_{x_1K}} + \left(\frac{\partial L}{\partial V_K} \right)^* \end{aligned} \tag{5.6-21}$$

可以看出 $\left(\frac{\partial L}{\partial V_K} \right)^{**}$ 与 $\left(\frac{\partial L}{\partial V_K} \right)^*$ 相差 $\left[\frac{\partial L}{\partial V_K} - \left(\frac{\partial L}{\partial V_K} \right)^* \right] \frac{\tilde{\dot{I}}_{1K}}{\tilde{\dot{W}}_{x_1K}}$，其中

$$\tilde{\dot{I}}_{1K} = \left(\tilde{V}_K \tilde{\dot{\theta}}_K - \frac{\tilde{\dot{V}}_K}{2} \alpha_K \right) \alpha_K + \tilde{g} \sin \tilde{\varphi} + \tilde{a}_{\mathrm{k}x_1} \tag{5.6-22}$$

上式是法向加速度在箭轴 OX_1 方向的分量、切向加速度的二阶微量 $-\frac{\tilde{\dot{V}}_K}{2\alpha_K^2}$、重力加速度在轴向分量和哥氏加速度在箭轴方向分量之和。

由式（5.6-19）及式（5.5-13）知

$$\begin{aligned} \frac{\partial L}{\partial I_{1K}} &= \frac{\tilde{\dot{V}}_K}{\tilde{\dot{W}}_{x_1K}} \frac{\partial L}{\partial V_K} + \frac{\tilde{\dot{V}}_K}{\tilde{\dot{W}}_{x_1K}} \left(\frac{\partial L}{\partial \theta_K} \tilde{\dot{\theta}}_K + \frac{\partial L}{\partial x_K} \tilde{\dot{x}}_K + \frac{\partial L}{\partial y_K} \tilde{\dot{y}}_K \right) \\ &= \left[\frac{\partial L}{\partial V_K} - \left(\frac{\partial L}{\partial V_K} \right)^* \right] \frac{\tilde{\dot{V}}_K}{\tilde{\dot{W}}_{x_1K}} \end{aligned} \tag{5.6-23}$$

故按视速度关机射程偏差式（5.6-20）可写为

$$\Delta L_W = \left(\frac{\partial L}{\partial V_K}\right)^{**}\delta V_K + \frac{\partial L}{\partial \theta_K}\delta\theta_K + \frac{\partial L}{\partial x_K}\delta x_K + \frac{\partial L}{\partial y_K}\delta y_K - \frac{\partial L}{\partial I_{1K}}\delta I_{1K}$$

$$= \left\{\left[\frac{\partial L}{\partial V_K} - \left(\frac{\partial L}{\partial V_K}\right)^*\right]\frac{\tilde{\dot{I}}_{1K}}{\tilde{\dot{W}}_{x_1K}} + \left(\frac{\partial L}{\partial V_K}\right)^*\right\}\delta V_K + \frac{\partial L}{\partial \theta_K}\delta\theta_K + \frac{\partial L}{\partial x_K}\delta x_K + \frac{\partial L}{\partial y_K}\delta y_K$$

$$- \left[\frac{\partial L}{\partial V_K} - \left(\frac{\partial L}{\partial V_K}\right)^*\right]\frac{\tilde{\dot{V}}_K}{\tilde{\dot{W}}_{x_1K}}\delta I_{1K}$$

$$= \left\{\left(\frac{\partial L}{\partial V_K}\right)^*\delta V_K + \frac{\partial L}{\partial \theta_K}\delta\theta_K + \frac{\partial L}{\partial x_K}\delta x_K + \frac{\partial L}{\partial y_K}\delta y_K\right\} + \left[\frac{\partial L}{\partial V_K} - \left(\frac{\partial L}{\partial V_K}\right)^*\right]\left(\frac{\tilde{\dot{I}}_{1K}}{\tilde{\dot{W}}_{x_1K}}\delta V_K - \frac{\tilde{\dot{V}}_K}{\tilde{\dot{W}}_{x_1K}}\delta I_{1K}\right)$$

$$= \left\{\left(\frac{\partial L}{\partial V_K}\right)^*\delta V_K + \frac{\partial L}{\partial \theta_K}\delta\theta_K + \frac{\partial L}{\partial x_K}\delta x_K + \frac{\partial L}{\partial y_K}\delta y_K\right\} + \left[\frac{\partial L}{\partial V_K} - \left(\frac{\partial L}{\partial V_K}\right)^*\right]\frac{\tilde{\dot{V}}_K}{\tilde{\dot{W}}_{x_1K}}\left(\frac{\tilde{\dot{I}}_{1K}}{\tilde{\dot{V}}_K}\delta V_K - \delta I_{1K}\right)$$

注意到式（5.5-14），上式可简化为

$$\Delta L_W = \Delta L_V + \left[\frac{\partial L}{\partial V_K} - \left(\frac{\partial L}{\partial V_K}\right)^*\right]\frac{\tilde{\dot{V}}_K}{\tilde{\dot{W}}_{x_1K}}\left(\frac{\tilde{\dot{I}}_{1K}}{\tilde{\dot{V}}_K}\delta V_K - \delta I_{1K}\right) \tag{5.6-24}$$

式中，ΔL_V 为按速度关机射程偏差。

注意到式（5.6-9）所示 $\tilde{\dot{I}}_{1K} = \tilde{\dot{W}}_{x_1K} - \tilde{\dot{V}}_K$，则有

$$\begin{aligned}
\Delta L_W - \Delta L_V &= \left[\frac{\partial L}{\partial V_K} - \left(\frac{\partial L}{\partial V_K}\right)^*\right]\frac{\tilde{\dot{V}}_K}{\tilde{\dot{W}}_{x_1K}}\left(\frac{\tilde{\dot{I}}_{1K}}{\tilde{\dot{V}}_K}\delta V_K - \delta I_{1K}\right)\\
&= \left[\frac{\partial L}{\partial V_K} - \left(\frac{\partial L}{\partial V_K}\right)^*\right]\left(\frac{\tilde{\dot{I}}_{1K}}{\tilde{\dot{W}}_{x_1K}}\delta V_K - \frac{\tilde{\dot{V}}_K}{\tilde{\dot{W}}_{x_1K}}\delta I_{1K}\right)\\
&= \left[\frac{\partial L}{\partial V_K} - \left(\frac{\partial L}{\partial V_K}\right)^*\right]\left(\frac{\tilde{\dot{W}}_{x_1K} - \tilde{\dot{V}}_K}{\tilde{\dot{W}}_{x_1K}}\delta V_K - \frac{\tilde{\dot{V}}_K}{\tilde{\dot{W}}_{x_1K}}\delta I_{1K}\right)\\
&= \left[\frac{\partial L}{\partial V_K} - \left(\frac{\partial L}{\partial V_K}\right)^*\right]\left[\delta V_K - \frac{\tilde{\dot{V}}_K}{\tilde{\dot{W}}_{x_1K}}(\delta V_K + \delta I_{1K})\right]\\
&= \left[\frac{\partial L}{\partial V_K} - \left(\frac{\partial L}{\partial V_K}\right)^*\right]\left(\delta V_K - \frac{\tilde{\dot{V}}_K}{\tilde{\dot{W}}_{x_1K}}\delta \dot{W}_{x_1K}\right)
\end{aligned} \tag{5.6-25}$$

通常 $\Delta L_W - \Delta L_V > 0$，其偏差大小，取决于 δV_K、δI_{1K}。知道 δV_K 主要是在主动段飞行时切向干扰因素影响的结果，而 δI_{1K} 则主要是在主动段飞行时法向干扰因素影响的结果。使射程偏差增大的原因是在关机瞬间利用 $\dot{W}_{x_1K} = \tilde{\dot{W}}_{x_1K}$ 代替了 $V_K = \tilde{V}_K$。

因为按速度关机有

$$V_K = W_{x_1K} - I_{1K} = \tilde{V}_K = \tilde{W}_{x_1K} - \tilde{I}_{1K}$$

即

$$W_{x_1K} - [I_{1K}(\tilde{t}_K) - \tilde{I}_{1K}(\tilde{t}_K) + \dot{I}_{1K}(\tilde{t}_K)\Delta t_K] = \tilde{W}_{x_1K}$$

$$W_{x_1K} - [\delta I_{1K} + \dot{I}_{1K}(\tilde{t}_K)\Delta t_K] = \tilde{W}_{x_1K} \tag{5.6-26}$$

故用轴向视速度关机来代替速度关机，相当于略去了 $\delta I_{1K} + \dot{I}_{1K}(\tilde{t}_K)\Delta t_K$，使射程偏差增大。

这就启示，如果将加速度计所测得轴向视加速度 $\dot{W}_{x_1K}$ 人为地减去一固定值，如令

$$\dot{W}_{x_1}^* = \dot{W}_{x_1} - Kg_0 \tag{5.6-27}$$

式中，K 为待定系数，称为补偿系数；g_0 为地面标准重力加速度，$g_0 = 9.8\text{m/s}^2$。积分上式得

$$W_{x_1}^* = W_{x_1} - Kg_0 t_K \tag{5.6-28}$$

如果取下式作为关机条件：

$$W_{x_1}^* = \tilde{W}_{x_1}^* = \tilde{W}_{x_1} - Kg_0\,\tilde{t}_K \tag{5.6-29}$$

适当选择补偿系数 K，是否能使射程偏差减小呢?

为此需要研究按式（5.6-29）关机时的射程偏差公式。

如式（5.6-29）所示，进行补偿的视速度关机方程如下：

$$\begin{aligned} W_{x_1K}^* - \tilde{W}_{x_1K}^* &= [W_{x_1}(\tilde{t}_K + \Delta t_K) - Kg_0(\tilde{t}_K + \Delta t_K)] - [\tilde{W}_{x_1}(\tilde{t}_K) - Kg_0\,\tilde{t}_K] \\ &= W_{x_1}(\tilde{t}_K) + \dot{W}_{x_1}(\tilde{t}_K)\Delta t_K - \tilde{W}_{x_1}(\tilde{t}_K) - Kg_0\Delta t_K \\ &= \delta W_{x_1K} + \dot{W}_{x_1K}\Delta t_K - Kg_0\Delta t_K \end{aligned}$$

注意到式（5.6-9）所示的 $W_{x_1K} = I_{1K} + V_K$，得

$$\Delta t_K = -\frac{\delta W_{x_1K}}{\dot{W}_{x_1K} - Kg_0} \approx -\frac{\delta W_{x_1K}}{\dot{\tilde{W}}_{x_1K} - Kg_0} = -\frac{\delta V_K}{\dot{\tilde{W}}_{x_1K} - Kg_0} - \frac{\delta I_{1K}}{\dot{\tilde{W}}_{x_1K} - Kg_0} \tag{5.6-30}$$

类似式（5.6-16），终点运动参数偏差为

$$\begin{cases} \Delta V_K \approx \delta V_K + \dot{\tilde{V}}_K \Delta t_K = \left(1 - \dfrac{\dot{\tilde{V}}_K}{\dot{\tilde{W}}_{x_1K} - Kg_0}\right)\delta V_K - \dfrac{\dot{\tilde{V}}_K}{\dot{\tilde{W}}_{x_1K} - Kg_0}\delta I_{1K} \\ \Delta\theta_K \approx \delta\theta_K + \dot{\tilde{\theta}}_K \Delta t_K = \delta\theta_K - \dfrac{\dot{\tilde{\theta}}_K}{\dot{\tilde{W}}_{x_1K} - Kg_0}\delta V_K - \dfrac{\dot{\tilde{\theta}}_K}{\dot{\tilde{W}}_{x_1K} - Kg_0}\delta I_{1K} \\ \Delta x_K \approx \delta x_K - \dfrac{\dot{\tilde{x}}_K}{\dot{\tilde{W}}_{x_1K} - Kg_0}\delta V_K - \dfrac{\dot{\tilde{x}}_K}{\dot{\tilde{W}}_{x_1K} - Kg_0}\delta I_{1K} \\ \Delta y_K \approx \delta y_K - \dfrac{\dot{\tilde{y}}_K}{\dot{\tilde{W}}_{x_1K} - Kg_0}\delta V_K - \dfrac{\dot{\tilde{y}}_K}{\dot{\tilde{W}}_{x_1K} - Kg_0}\delta I_{1K} \end{cases} \tag{5.6-31}$$

将式（5.6-31）代入式（5.6-15），得

$$
\begin{aligned}
\Delta L =& \frac{\partial L}{\partial V_K}\left[\left(1-\frac{\tilde{\dot{V}}_K}{\tilde{\dot{W}}_{x_1K}-Kg_0}\right)\delta V_K-\frac{\tilde{\dot{V}}_K}{\tilde{\dot{W}}_{x_1K}-Kg_0}\delta I_{1K}\right]+\frac{\partial L}{\partial \theta_K}\left(\delta\theta_K-\frac{\tilde{\dot{\theta}}_K}{\tilde{\dot{W}}_{x_1K}-Kg_0}\delta V_K-\frac{\tilde{\dot{\theta}}_K}{\tilde{\dot{W}}_{x_1K}-Kg_0}\delta I_{1K}\right)\\
&+\frac{\partial L}{\partial x_K}\left(\delta x_K-\frac{\tilde{\dot{x}}_K}{\tilde{\dot{W}}_{x_1K}-Kg_0}\delta V_K-\frac{\tilde{\dot{x}}_K}{\tilde{\dot{W}}_{x_1K}-Kg_0}\delta I_{1K}\right)+\frac{\partial L}{\partial y_K}\left(\delta y_K-\frac{\tilde{\dot{y}}_K}{\tilde{\dot{W}}_{x_1K}-Kg_0}\delta V_K-\frac{\tilde{\dot{y}}_K}{\tilde{\dot{W}}_{x_1K}-Kg_0}\delta I_{1K}\right)\\
=&\left(\frac{\partial L}{\partial \theta_K}\delta\theta_K+\frac{\partial L}{\partial x_K}\delta x_K+\frac{\partial L}{\partial y_K}\delta y_K\right)-\frac{1}{\tilde{\dot{W}}_{x_1K}-Kg_0}\left(\frac{\partial L}{\partial V_K}\tilde{\dot{V}}_K+\frac{\partial L}{\partial \theta_K}\tilde{\dot{\theta}}_K+\frac{\partial L}{\partial x_K}\tilde{\dot{x}}_K+\frac{\partial L}{\partial y_K}\tilde{\dot{y}}_K\right)\delta I_{1K}\\
&+\frac{\partial L}{\partial V_K}\left(1-\frac{\tilde{\dot{V}}_K}{\tilde{\dot{W}}_{x_1K}-Kg_0}\right)\delta V_K-\frac{1}{\tilde{\dot{W}}_{x_1K}-Kg_0}\left(\frac{\partial L}{\partial \theta_K}\tilde{\dot{\theta}}_K+\frac{\partial L}{\partial x_K}\tilde{\dot{x}}_K+\frac{\partial L}{\partial y_K}\tilde{\dot{y}}_K\right)\delta V_K
\end{aligned}
\tag{5.6-32}
$$

注意到式（5.6-9）知

$$
\tilde{\dot{W}}_{x_1K}=\tilde{\dot{I}}_{1K}+\tilde{\dot{V}}_K \tag{5.6-33}
$$

则有

$$
1-\frac{\tilde{\dot{V}}_K}{\tilde{\dot{W}}_{x_1K}-Kg_0}=1-\frac{\tilde{\dot{W}}_{x_1K}-\tilde{\dot{I}}_{1K}}{\tilde{\dot{W}}_{x_1K}-Kg_0}=\frac{\tilde{\dot{I}}_{1K}-Kg_0}{\tilde{\dot{W}}_{x_1K}-Kg_0} \tag{5.6-34}
$$

由式（5.5-13）知

$$
\frac{\partial L}{\partial \theta_K}\tilde{\dot{\theta}}_K+\frac{\partial L}{\partial x_K}\tilde{\dot{x}}_K+\frac{\partial L}{\partial y_K}\tilde{\dot{y}}_K=-\tilde{\dot{V}}_K\left(\frac{\partial L}{\partial V_K}\right)^* \tag{5.6-35}
$$

将式（5.6-33）~式（5.6-35）代入式（5.6-32），得

$$
\begin{aligned}
&\frac{\partial L}{\partial V_K}\left(1-\frac{\tilde{\dot{V}}_K}{\tilde{\dot{W}}_{x_1K}-Kg_0}\right)\delta V_K-\frac{1}{\tilde{\dot{W}}_{x_1K}-Kg_0}\left(\frac{\partial L}{\partial \theta_K}\tilde{\dot{\theta}}_K+\frac{\partial L}{\partial x_K}\tilde{\dot{x}}_K+\frac{\partial L}{\partial y_K}\tilde{\dot{y}}_K\right)\delta V_K\\
&=\left[\frac{\partial L}{\partial V_K}\frac{\tilde{\dot{I}}_{1K}-Kg_0}{\tilde{\dot{W}}_{x_1K}-Kg_0}+\frac{\tilde{\dot{V}}_K}{\tilde{\dot{W}}_{x_1K}-Kg_0}\left(\frac{\partial L}{\partial V_K}\right)^*\right]\delta V_K\\
&=\left[\frac{\partial L}{\partial V_K}\frac{\tilde{\dot{I}}_{1K}-Kg_0}{\tilde{\dot{W}}_{x_1K}-Kg_0}+\frac{\tilde{\dot{W}}_{x_1K}-\tilde{\dot{I}}_{1K}}{\tilde{\dot{W}}_{x_1K}-Kg_0}\left(\frac{\partial L}{\partial V_K}\right)^*\right]\delta V_K\\
&=\left[\frac{\partial L}{\partial V_K}\frac{\tilde{\dot{I}}_{1K}-Kg_0}{\tilde{\dot{W}}_{x_1K}-Kg_0}+\frac{(\tilde{\dot{W}}_{x_1K}-Kg_0)-(\tilde{\dot{I}}_{1K}-Kg_0)}{\tilde{\dot{W}}_{x_1K}-Kg_0}\left(\frac{\partial L}{\partial V_K}\right)^*\right]\delta V_K\\
&=\left\{\left[\frac{\partial L}{\partial V_K}-\left(\frac{\partial L}{\partial V_K}\right)^*\right]\frac{\tilde{\dot{I}}_{1K}-Kg_0}{\tilde{\dot{W}}_{x_1K}-Kg_0}+\left(\frac{\partial L}{\partial V_K}\right)^*\right\}\delta V_K
\end{aligned}
\tag{5.6-36}
$$

$$\frac{1}{\tilde{\dot{W}}_{x_1K}-Kg_0}\left(\frac{\partial L}{\partial V_K}\tilde{\dot{V}}_K+\frac{\partial L}{\partial \theta_K}\tilde{\dot{\theta}}_K+\frac{\partial L}{\partial x_K}\tilde{\dot{x}}_K+\frac{\partial L}{\partial y_K}\tilde{\dot{y}}_K\right)\delta I_{1K}=\left[\frac{\partial L}{\partial V_K}-\left(\frac{\partial L}{\partial V_K}\right)^*\right]\frac{\tilde{\dot{V}}_K}{\tilde{\dot{W}}_{x_1K}-Kg_0}\delta I_{1K} \tag{5.6-37}$$

记

$$\left(\frac{\partial L}{\partial V_K}\right)^{***}\equiv\left[\frac{\partial L}{\partial V_K}-\left(\frac{\partial L}{\partial V_K}\right)^*\right]\frac{\tilde{\dot{I}}_{1K}-Kg_0}{\tilde{\dot{W}}_{x_1K}-Kg_0}+\left(\frac{\partial L}{\partial V_K}\right)^* \tag{5.6-38}$$

$$\left(\frac{\partial L}{\partial I_{1K}}\right)^*\equiv\left[\frac{\partial L}{\partial V_K}-\left(\frac{\partial L}{\partial V_K}\right)^*\right]\frac{\tilde{\dot{V}}_K}{\tilde{\dot{W}}_{x_1K}-Kg_0} \tag{5.6-39}$$

则式（5. 6-32）可简化为

$$\Delta L^*=\left(\frac{\partial L}{\partial V_K}\right)^{***}\delta V_K+\frac{\partial L}{\partial \theta_K}\delta\theta_K+\frac{\partial L}{\partial x_K}\delta x_K+\frac{\partial L}{\partial y_K}\delta y_K-\left(\frac{\partial L}{\partial I_{1K}}\right)^*\delta I_{1K} \tag{5.6-40}$$

将其与按速度关机的射程偏差 ΔL_V 相比较，有

$$\begin{aligned}\Delta L^*-\Delta L_V&=\left[\frac{\partial L}{\partial V_K}-\left(\frac{\partial L}{\partial V_K}\right)^*\right]\frac{\tilde{\dot{I}}_{1K}-Kg_0}{\tilde{\dot{W}}_{x_1K}-Kg_0}\delta V_K-\left[\frac{\partial L}{\partial V_K}-\left(\frac{\partial L}{\partial V_K}\right)^*\right]\frac{\tilde{\dot{V}}_K}{\tilde{\dot{W}}_{x_1K}-Kg_0}\delta I_{1K}\\&=\left[\frac{\partial L}{\partial V_K}-\left(\frac{\partial L}{\partial V_K}\right)^*\right]\left[\frac{\tilde{\dot{I}}_{1K}-Kg_0}{\tilde{\dot{W}}_{x_1K}-Kg_0}\delta V_K-\frac{\tilde{\dot{V}}_K}{\tilde{\dot{W}}_{x_1K}-Kg_0}(\delta W_{x_1K}-\delta V_K)\right]\\&=\left[\frac{\partial L}{\partial V_K}-\left(\frac{\partial L}{\partial V_K}\right)^*\right]\left(\delta V_K-\frac{\tilde{\dot{V}}_K}{\tilde{\dot{W}}_{x_1K}-Kg_0}\delta W_{x_1K}\right)\end{aligned} \tag{5.6-41}$$

由式（5. 6-41）可以看出，如果切向干扰因素是主要的，则可以选择

$$K=\frac{\tilde{\dot{I}}_{1K}}{g_0} \tag{5.6-42}$$

则

$$\Delta L^*-\Delta L_V=-\left[\frac{\partial L}{\partial V_K}-\left(\frac{\partial L}{\partial V_K}\right)^*\right]\frac{\tilde{\dot{V}}_K}{\tilde{\dot{W}}_{x_1K}-\tilde{\dot{I}}_{1K}}\delta I_{1K}=-\left[\frac{\partial L}{\partial V_K}-\left(\frac{\partial L}{\partial V_K}\right)^*\right]\delta I_{1K}$$

此时法向干扰因素对射程偏差的影响增大了。

如果已知 δV_K、δI_{1K}，可以选 K 使两者之差为零，此时

$$\frac{\tilde{\dot{I}}_{1K}-Kg_0}{\tilde{\dot{W}}_{x_1K}-Kg_0}\delta V_K-\frac{\tilde{\dot{V}}_K}{\tilde{\dot{W}}_{x_1K}-Kg_0}\delta I_{1K}=0$$

即

$$K=\frac{\tilde{\dot{I}}_{1K}-\tilde{\dot{V}}_K\dfrac{\delta I_{1K}}{\delta V_K}}{g_0} \tag{5.6-43}$$

但是，不论切向或法向干扰，都含有随机分量，要想在发射之前完全确定 δV_K、δI_{1K}是不可能的，因此只能适当地进行考虑。

5.7 满足 $\Delta L=0$ 的补偿关机射程控制方案

由上节叙述可知只沿轴向安装一个加速度计，即使采用补偿方案，仍会存在射程偏差 ΔL^*，而且随着火箭射程的增大，由于射程偏导数的递增，射程偏差也随之递增，不再能完成射击任务。为了提高命中精度，显然必须在箭上增加测量装置。为研究增加何种测量信号，首先要研究按轴向视速度关机时的射程偏差。将式（5.6-15）中 δV_K、$\Delta\theta_K$ 换为 δV_{xK}、δV_{yK}，并注意到式（5.6-12）、（5.6-19），则有

$$\begin{aligned}\Delta L &= \frac{\partial L}{\partial V_{xK}}\Delta V_{xK} + \frac{\partial L}{\partial V_{yK}}\Delta V_{yK} + \frac{\partial L}{\partial x_K}\Delta x_K + \frac{\partial L}{\partial y_K}\Delta y_K \\ &= \frac{\partial L}{\partial V_{xK}}(\delta V_{xK} + \tilde{\dot{V}}_{xK}\Delta t_K) + \frac{\partial L}{\partial V_{yK}}(\delta V_{xK} + \tilde{\dot{V}}_{yK}\Delta t_K) \\ &\quad + \frac{\partial L}{\partial x_K}(\delta x_K + \tilde{\dot{x}}_K\Delta t_K) + \frac{\partial L}{\partial y_K}\Delta y_K(\delta y_K + \tilde{\dot{y}}_K\Delta t_K) \\ &= \frac{\partial L}{\partial V_{xK}}\delta V_{xK} + \frac{\partial L}{\partial V_{yK}}\delta V_{yK} + \frac{\partial L}{\partial x_K}\delta x_K + \frac{\partial L}{\partial y_K}\delta y_K - \frac{\tilde{\dot{L}}}{\tilde{\dot{W}}_{xK}}\delta W_{xK}\end{aligned} \tag{5.7-1}$$

式中

$$\tilde{\dot{L}} = \frac{\partial L}{\partial V_K}\tilde{\dot{V}}_K + \frac{\partial L}{\partial \theta_K}\tilde{\dot{\theta}}_K + \frac{\partial L}{\partial x_K}\tilde{\dot{x}}_K + \frac{\partial L}{\partial y_K}\tilde{\dot{y}}_K \tag{5.7-2}$$

设轴向视加速度 $\dot{W}_x$、法向加速度为 $\dot{W}_y$、俯仰角为 φ，则有

$$\begin{cases}\dot{V}_x = \dot{W}_x\cos\varphi - \dot{W}_y\sin\varphi + g_x \\ \dot{V}_y = \dot{W}_x\sin\varphi + \dot{W}_y\cos\varphi + g_y\end{cases} \tag{5.7-3}$$

故

$$\begin{cases}\delta\dot{V}_x = \cos\tilde{\varphi}\delta\dot{W}_x - \sin\tilde{\varphi}\delta\dot{W}_y - (\tilde{\dot{W}}_x\sin\tilde{\varphi} + \tilde{\dot{W}}_y\cos\tilde{\varphi})\delta\varphi + \delta g_x \\ \delta\dot{V}_y = \sin\tilde{\varphi}\delta\dot{W}_x + \cos\tilde{\varphi}\delta\dot{W}_y + (\tilde{\dot{W}}_x\cos\tilde{\varphi} - \tilde{\dot{W}}_y\sin\tilde{\varphi})\delta\varphi + \delta g_y\end{cases} \tag{5.7-4}$$

式中，δg_x、δg_y 为实际弹道与标准弹道引力等时偏差在发射坐标系上的分量。其值较小，如果将其略去，则有

$$\begin{cases}\delta\dot{V}_x \approx \cos\tilde{\varphi}\delta\dot{W}_x - \sin\tilde{\varphi}\delta\dot{W}_y - (\tilde{\dot{W}}_x\sin\tilde{\varphi} + \tilde{\dot{W}}_y\cos\tilde{\varphi})\delta\varphi \\ \delta\dot{V}_y \approx \sin\tilde{\varphi}\delta\dot{W}_x + \cos\tilde{\varphi}\delta\dot{W}_y + (\tilde{\dot{W}}_x\cos\tilde{\varphi} - \tilde{\dot{W}}_y\sin\tilde{\varphi})\delta\varphi\end{cases}$$

而

$$\begin{cases}\delta V_{xK} = \int_0^{\tilde{t}_K}\delta\dot{V}_x\,\mathrm{d}t \\ \delta V_{yK} = \int_0^{\tilde{t}_K}\delta\dot{V}_y\,\mathrm{d}t\end{cases} \tag{5.7-5}$$

$$\begin{cases}\delta x_K = \int_0^{\tilde{t}_K}\int_0^0 \delta\dot{V}_x \mathrm{d}\tau\mathrm{d}t \\ \delta y_K = \int_0^{\tilde{t}_K}\int_0^0 \delta\dot{V}_y \mathrm{d}\tau\mathrm{d}t\end{cases} \tag{5.7-6}$$

将积分顺序颠倒，则有

$$\begin{cases}\delta x_K = \int_0^{\tilde{t}_K}\left(\delta\dot{V}_x(\tau)\int_\tau^{\tilde{t}_K}\mathrm{d}t\right)\mathrm{d}\tau = \int_0^{\tilde{t}_K}\delta\dot{V}_x(\tau)(\tilde{t}_K-\tau)\mathrm{d}\tau \\ \delta y_K = \int_0^{\tilde{t}_K}\left(\delta\dot{V}_y(\tau)\int_\tau^{\tilde{t}_K}\mathrm{d}t\right)\mathrm{d}\tau = \int_0^{\tilde{t}_K}\delta\dot{V}_y(\tau)(\tilde{t}_K-\tau)\mathrm{d}\tau\end{cases} \tag{5.7-7}$$

将式（5.7-5）和式（5.7-7）代入式（5.7-1），得

$$\begin{aligned}\Delta L =& \frac{\partial L}{\partial V_{xK}}\int_0^{\tilde{t}_K}\delta\dot{V}_x\mathrm{d}t + \frac{\partial L}{\partial V_{yK}}\int_0^{\tilde{t}_K}\delta\dot{V}_y\mathrm{d}t \\ &+ \frac{\partial L}{\partial x_K}\int_0^{\tilde{t}_K}\delta\dot{V}_x(\tau)(\tilde{t}_K-\tau)\mathrm{d}\tau + \frac{\partial L}{\partial y_K}\int_0^{\tilde{t}_K}\delta\dot{V}_y(\tau)(\tilde{t}_K-\tau)\mathrm{d}\tau - \frac{\dot{\tilde{L}}}{\dot{\tilde{W}}_{xK}}\delta W_{xK}\end{aligned} \tag{5.7-8}$$

将式（5.7-4）代入上式，得

$$\begin{aligned}\Delta L =& \frac{\partial L}{\partial V_{xK}}\left\{\int_0^{\tilde{t}_K}[\cos\tilde{\varphi}\delta\dot{W}_x - \sin\tilde{\varphi}\delta\dot{W}_y - (\dot{\tilde{W}}_x\sin\tilde{\varphi} + \dot{\tilde{W}}_y\cos\tilde{\varphi})\delta\varphi]\mathrm{d}t\right\} \\ &+ \frac{\partial L}{\partial V_{yK}}\left\{\int_0^{\tilde{t}_K}[\sin\tilde{\varphi}\delta\dot{W}_x + \cos\tilde{\varphi}\delta\dot{W}_y + (\dot{\tilde{W}}_x\cos\tilde{\varphi} - \dot{\tilde{W}}_y\sin\tilde{\varphi})\delta\varphi]\mathrm{d}t\right\} \\ &+ \frac{\partial L}{\partial x_K}\left\{\int_0^{\tilde{t}_K}(\tilde{t}_K-t)[\cos\tilde{\varphi}\delta\dot{W}_x - \sin\tilde{\varphi}\delta\dot{W}_y - (\dot{\tilde{W}}_x\sin\tilde{\varphi} + \dot{\tilde{W}}_y\cos\tilde{\varphi})\delta\varphi]\mathrm{d}t\right\} \\ &+ \frac{\partial L}{\partial y_K}\left\{\int_0^{\tilde{t}_K}(\tilde{t}_K-t)[\sin\tilde{\varphi}\delta\dot{W}_x + \cos\tilde{\varphi}\delta\dot{W}_y + (\dot{\tilde{W}}_x\cos\tilde{\varphi} - \dot{\tilde{W}}_y\sin\tilde{\varphi})\delta\varphi]\mathrm{d}t\right\} \\ &- \frac{\dot{\tilde{L}}}{\dot{\tilde{W}}_{xK}}\int_0^{\tilde{t}_K}\delta\dot{W}_x\mathrm{d}t\end{aligned} \tag{5.7-9}$$

由于$\frac{\partial L}{\partial V_{xK}}$、$\frac{\partial L}{\partial V_{yK}}$、$\frac{\partial L}{\partial x_K}$、$\frac{\partial L}{\partial y_K}$、$\tilde{\varphi}$、$\dot{\tilde{W}}_x$、$\dot{\tilde{L}}$ 均取决于主动段终点的标准弹道参数，可预先计算，与 t 无关，令

$$\begin{cases}C_1 = \cos\tilde{\varphi}\frac{\partial L}{\partial V_{xK}} + \sin\tilde{\varphi}\frac{\partial L}{\partial V_{yK}} + (\tilde{t}_K - t)\cos\tilde{\varphi}\frac{\partial L}{\partial x_K} + (\tilde{t}_K - t)\sin\tilde{\varphi}\frac{\partial L}{\partial y_K} \\ C_2 = -\sin\tilde{\varphi}\frac{\partial L}{\partial V_{xK}} + \cos\tilde{\varphi}\frac{\partial L}{\partial V_{yK}} + (\tilde{t}_K - t)\sin\tilde{\varphi}\frac{\partial L}{\partial x_K} + (\tilde{t}_K - t)\cos\tilde{\varphi}\frac{\partial L}{\partial y_K}\end{cases} \tag{5.7-10}$$

则有

$$\Delta L = \int_0^{\tilde{t}_K}\left[\left(C_1 - \frac{\dot{\tilde{L}}}{\dot{\tilde{W}}_{xK}}\right)\delta\dot{W}_x + C_2\delta\dot{W}_y + (C_2\dot{\tilde{W}}_x - C_1\dot{\tilde{W}}_y)\delta\varphi\right]\mathrm{d}t \tag{5.7-11}$$

由上式可知，如果在箭上实时测出轴向视加速度 $\dot{W}_x$、法向视加速度 $\dot{W}_y$、俯仰角偏差 $\delta\varphi$，则可以完全估计出射程偏差 ΔL。为此在关机方程中引入补偿信号 W^* 使 $\Delta L_C = 0$，此时

关机方程为

$$W_x(t_K) = \widetilde{W}_x(\tilde{t}_K) - W^* \tag{5.7-12}$$

将上式泰勒展开并保留一阶项可得

$$W_x(t_K) = W_x(\tilde{t}_K + \Delta t_K) = W_x(\tilde{t}_K) + \dot{W}_x(\tilde{t}_K)\Delta t_K = \widetilde{W}_x(\tilde{t}_K) - W^*$$

即

$$\Delta t_K = -\frac{\delta W_{xK} + W^*}{\dot{W}_{xK}} \approx -\frac{\delta W_{xK} + W^*}{\dot{\widetilde{W}}_{xK}} \tag{5.7-13}$$

则类似式（5.7-1）且使其为零，可得

$$\Delta L_C = \frac{\partial L}{\partial V_{xK}}\delta V_{xK} + \frac{\partial L}{\partial V_{yK}}\delta V_{yK} + \frac{\partial L}{\partial x_K}\delta x_K + \frac{\partial L}{\partial y_K}\delta y_K - \frac{\dot{\widetilde{L}}}{\dot{\widetilde{W}}_{xK}}(\delta W_{xK} + W^*) = 0 \tag{5.7-14}$$

则有

$$\begin{aligned}\frac{\dot{\widetilde{L}}}{\dot{\widetilde{W}}_{xK}}W^* &= \frac{\partial L}{\partial V_{xK}}\delta V_{xK} + \frac{\partial L}{\partial V_{yK}}\delta V_{yK} + \frac{\partial L}{\partial x_K}\delta x_K + \frac{\partial L}{\partial y_K}\delta y_K - \frac{\dot{\widetilde{L}}}{\dot{\widetilde{W}}_{xK}}\delta W_{xK} \\ &= \int_0^{\tilde{t}_K}\left[\left(C_1 - \frac{\dot{\widetilde{L}}}{\dot{\widetilde{W}}_{xK}}\right)\delta\dot{W}_x + C_2\delta\dot{W}_y + (C_2\dot{\widetilde{W}}_x - C_1\dot{\widetilde{W}}_y)\delta\varphi\right]\mathrm{d}t\end{aligned} \tag{5.7-15}$$

令 $a_1(t) = \dfrac{\dot{\widetilde{W}}_{xK}}{\dot{\widetilde{L}}}C_1 - 1$、$a_2(t) = \dfrac{\dot{\widetilde{W}}_{xK}}{\dot{\widetilde{L}}}C_2$、$a_3(t) = a_2\dot{\widetilde{W}}_{xK} - (a_1 + 1)\dot{\widetilde{W}}_{yK}$，则有

$$W^* = \int_0^{\tilde{t}_K}[a_1(t)\delta\dot{W}_x + a_2(t)\delta\dot{W}_y + a_3(t)\delta\varphi]\mathrm{d}t \tag{5.7-16}$$

代入式（5.7-12），可得此时的关机方程为

$$W_x(t_K) = \widetilde{W}_x(\tilde{t}_K) - \int_0^{\tilde{t}_K}[a_1(t)\delta\dot{W}_x + a_2(t)\delta\dot{W}_y + a_3(t)\delta\varphi]\mathrm{d}t \tag{5.7-17}$$

如果不考虑 δg_x、δg_y 和工具误差的影响，利用式（5.7-17）关机，应能使射程偏差为零。由 δg_x、δg_y 引起的射程偏差为

$$\Delta L_g = \int_0^{\tilde{t}_K}\left\{\left[\frac{\partial L}{\partial V_{xK}} + (\tilde{t}_K - t)\frac{\partial L}{\partial x_K}\right]\delta g_x + \left[\frac{\partial L}{\partial V_{yK}} + (\tilde{t}_K - t)\frac{\partial L}{\partial y_K}\right]\delta g_y\right\}\mathrm{d}t \tag{5.7-18}$$

由引力加速度等时偏差而引起的射程偏差，随射程增大而增大。

【例 5.2】 假设火箭 $\tilde{r}_K = 6472.84\text{km}$、$\tilde{x}_{aK} = 118.93\text{km}$、$\tilde{y}_{aK} = 100.63\text{km}$、$\tilde{t}_K = 250\text{s}$、$\dfrac{\partial L}{\partial V_{xK}} = 6000\text{s}$、$\dfrac{\partial L}{\partial V_{yK}} = 2500\text{s}$、$\dfrac{\partial L}{\partial x_K} = 2$、$\dfrac{\partial L}{\partial y_K} = 10$，如果 $\Delta x_K = -0.5\text{km}$、$\Delta y_K = 0.75\text{km}$，则有

$$1.581\text{km} > |\Delta L_g| > 1.505\text{km}$$

此偏差比较大，必须设法加以补偿。但要计算飞行中的 δg_x、δg_y，必须解火箭的运动方程。

5.8 利用共轭方程建立 $\Delta L = 0$ 的全补偿关机方程

上节采用补偿 $\Delta L = 0$ 的关机方法，由于没有补偿 δg_x、δg_y，仍然存在射程偏差，有没有可能完全补偿由干扰而引起的偏差呢？关键在于火箭的飞行过程中，能不能利用箭上测量设

备，对干扰或由干扰产生的影响进行测量，并组成对干扰的完全补偿的信号。由于 δg_x、δg_y 是位置坐标的函数，因此需要用到火箭的运动方程。

设用 $\dot{W}$ 表示关机特征量，令

$$\dot{W}=K_0+K_1\dot{W}_x+K_2\dot{W}_y \tag{5.8-1}$$

则火箭的运动方程为

$$\begin{cases}\dot{V}_x=g_x+\dot{W}_x\cos\varphi-\dot{W}_y\sin\varphi\\ \dot{V}_y=g_y+\dot{W}_x\sin\varphi+\dot{W}_y\cos\varphi\\ \dot{x}=\dot{V}_x\\ \dot{y}=\dot{V}_y\\ \dot{W}=K_0+K_1\dot{W}_x+K_2\dot{W}_y\end{cases} \tag{5.8-2}$$

式中，K_0、K_1、K_2 为待定系数；g_x、g_y 为 x、y 的非线性函数。故上式为非线性变系数方程组，不便于研究。考虑到主动段火箭在控制系统作用下运动，其实际弹道对标准弹道偏离不大，故可将 g_x、g_y 在标准弹道附近展开

$$\begin{cases}g_x(x,y)=g_x(\tilde{x}+\Delta x,\tilde{y}+\Delta y)=g_x(\tilde{x},\tilde{y})-\dfrac{\partial g_x}{\partial x}\tilde{x}-\dfrac{\partial g_x}{\partial y}\tilde{y}+\dfrac{\partial g_x}{\partial x}x+\dfrac{\partial g_x}{\partial y}y+\cdots\\ \qquad\approx g_x^*+\dfrac{\partial g_x}{\partial x}x+\dfrac{\partial g_x}{\partial y}y\\ g_y(x,y)=g_y(\tilde{x}+\Delta x,\tilde{y}+\Delta y)=g_y(\tilde{x},\tilde{y})-\dfrac{\partial g_y}{\partial x}\tilde{x}-\dfrac{\partial g_y}{\partial y}\tilde{y}+\dfrac{\partial g_y}{\partial x}x+\dfrac{\partial g_y}{\partial y}y+\cdots\\ \qquad\approx g_y^*+\dfrac{\partial g_y}{\partial x}x+\dfrac{\partial g_y}{\partial y}y\end{cases} \tag{5.8-3}$$

式中

$$g_x^*=g_x(\tilde{x},\tilde{y})-\frac{\partial g_x}{\partial x}\tilde{x}-\frac{\partial g_x}{\partial y}\tilde{y},\ g_y^*=g_y(\tilde{x},\tilde{y})-\frac{\partial g_y}{\partial x}\tilde{x}-\frac{\partial g_y}{\partial y}\tilde{y} \tag{5.8-4}$$

在求偏导数时，用有心力场引力加速度来代替实际引力加速度，则有

$$g_x=-\frac{g_0R^2}{r^3}x,\ g_x=-\frac{g_0R^2}{r^3}(R+y) \tag{5.8-5}$$

注意到 $r=\sqrt{x^2+(y+R)^2}$，则有

$$\begin{cases}\dfrac{\partial g_x}{\partial x}=-\dfrac{g_0R^2}{\tilde{r}^3}\left(1-\dfrac{3\tilde{x}^2}{\tilde{r}^2}\right)\\ \dfrac{\partial g_x}{\partial y}=\dfrac{g_0R^2}{\tilde{r}^3}\dfrac{3\tilde{x}(R+\tilde{y})}{\tilde{r}^2}\\ \dfrac{\partial g_y}{\partial x}=-\dfrac{g_0R^2}{\tilde{r}^3}\dfrac{3\tilde{x}(R+\tilde{y})}{\tilde{r}^2}\\ \dfrac{\partial g_y}{\partial y}=-\dfrac{g_0R^2}{\tilde{r}^3}\left[1-\dfrac{3(R+\tilde{y})^2}{\tilde{r}^2}\right]\end{cases} \tag{5.8-6}$$

将式（5.8-3）代入式（5.8-2），得

$$\begin{cases}\dot{V}_x=\dfrac{\partial g_x}{\partial x}x+\dfrac{\partial g_x}{\partial y}y+\left(g_x^*+\dot{W}_x\cos\varphi-\dot{W}_y\sin\varphi\right)\\ \dot{V}_y=\dfrac{\partial g_y}{\partial x}x+\dfrac{\partial g_y}{\partial y}y+\left(g_y^*+\dot{W}_x\sin\varphi+\dot{W}_y\cos\varphi\right)\\ \dot{x}=\dot{V}_x\\ \dot{y}=\dot{V}_y\\ \dot{W}=K_0+K_1\dot{W}_x+K_2\dot{W}_y\end{cases}\tag{5.8-7}$$

式（5.8-7）是线性非齐次微分方程，可以写成矢量形式，即

$$\frac{\mathrm{d}\boldsymbol{X}}{\mathrm{d}t}=\boldsymbol{AX}+\boldsymbol{F}\tag{5.8-8}$$

式中

$$\boldsymbol{X}=\begin{pmatrix}V_x\\V_y\\x\\y\\W\end{pmatrix},\ \boldsymbol{A}=\begin{pmatrix}0&0&\dfrac{\partial g_x}{\partial x}&\dfrac{\partial g_x}{\partial y}&0\\0&0&\dfrac{\partial g_y}{\partial x}&\dfrac{\partial g_y}{\partial y}&0\\1&0&0&0&0\\0&1&0&0&0\\0&0&0&0&0\end{pmatrix},\ \boldsymbol{F}=\begin{pmatrix}g_x^*+\dot{W}_x\cos\varphi-\dot{W}_y\sin\varphi\\g_y^*+\dot{W}_x\sin\varphi+\dot{W}_y\cos\varphi\\0\\0\\K_0+K_1\dot{W}_x+K_2\dot{W}_y\end{pmatrix}\tag{5.8-9}$$

起始条件：当 $t=0$ 时，$V_x(0)=V_y(0)=x(0)=y(0)=W(0)=0$。

将射程偏差写为

$$\begin{aligned}\Delta L&=\frac{\partial L}{\partial V_{xK}}\Delta V_{xK}+\frac{\partial L}{\partial V_{yK}}\Delta V_{yK}+\frac{\partial L}{\partial x_K}\Delta x_K+\frac{\partial L}{\partial y_K}\Delta y_K\\&=\left(\frac{\partial L}{\partial V_{xK}}V_{xK}+\frac{\partial L}{\partial V_{yK}}V_{yK}+\frac{\partial L}{\partial x_K}x_K+\frac{\partial L}{\partial y_K}y_K\right)-\left(\frac{\partial L}{\partial V_{xK}}\tilde{V}_{xK}+\frac{\partial L}{\partial V_{yK}}\tilde{V}_{yK}+\frac{\partial L}{\partial x_K}\tilde{x}_K+\frac{\partial L}{\partial y_K}\tilde{y}_K\right)\end{aligned}\tag{5.8-10}$$

式中，前面括号中的四项为在实际关机时刻 t_K 实际运动参数所组成的量；后面括号中的四项为在标准关机时刻 $\tilde{t}_K$ 标准运动参数所组成的量。两者不等，产生射程偏差，射程控制的目的在于选择适当的关机特征量使关机时刻 $\Delta L=0$。如果选择下式：

$$\tilde{W}(\tilde{t}_K)=\frac{\partial L}{\partial V_{xK}}\tilde{V}_{xK}+\frac{\partial L}{\partial V_{yK}}\tilde{V}_{yK}+\frac{\partial L}{\partial x_K}\tilde{x}_K+\frac{\partial L}{\partial y_K}\tilde{y}_K\tag{5.8-11}$$

则应使关机特征量为

$$I(t_K)=\frac{\partial L}{\partial V_{xK}}V_{xK}+\frac{\partial L}{\partial V_{yK}}V_{yK}+\frac{\partial L}{\partial x_K}x_K+\frac{\partial L}{\partial y_K}y_K-W(t_K)=0\tag{5.8-12}$$

且 $W(t_K)=\tilde{W}(\tilde{t}_K)$时关机。

为此建立式（5.8-8）的共轭方程：

$$\frac{\mathrm{d}\boldsymbol{\lambda}}{\mathrm{d}t}=-\boldsymbol{A}^{\mathrm{T}}\boldsymbol{\lambda}\tag{5.8-13}$$

注意到式（5.8-9）的 $\boldsymbol{A}$，则上式可表示为

$$\begin{cases}\dot{\lambda}_1(t,t_K) = -\lambda_3(t,t_K) \\ \dot{\lambda}_2(t,t_K) = -\lambda_4(t,t_K) \\ \dot{\lambda}_3(t,t_K) = -\dfrac{\partial g_x}{\partial x}\lambda_1(t,t_K) - \dfrac{\partial g_y}{\partial x}\lambda_2(t,t_K) \\ \dot{\lambda}_4(t,t_K) = -\dfrac{\partial g_x}{\partial y}\lambda_1(t,t_K) - \dfrac{\partial g_y}{\partial y}\lambda_2(t,t_K) \\ \dot{\lambda}_5(t,t_K) = 0\end{cases} \tag{5.8-14}$$

如果选择这样的终端条件，即当 $t = t_K$ 时，有

$$\lambda_1(t_K,t_K) = \frac{\partial L}{\partial V_x},\ \lambda_2(t_K,t_K) = \frac{\partial L}{\partial V_y},\ \lambda_3(t_K,t_K) = \frac{\partial L}{\partial x},$$
$$\lambda_4(t_K,t_K) = \frac{\partial L}{\partial y},\ \lambda_5(t_K,t_K) = -1 \tag{5.8-15}$$

由共轭方程的特性可知

$$\boldsymbol{\lambda}^{\mathrm{T}}\boldsymbol{X}\Big|_0^{t_K} = \int_0^{t_K}(\boldsymbol{\lambda}^{\mathrm{T}}\boldsymbol{F})\mathrm{d}t \tag{5.8-16}$$

射程控制指标 $I = 0$，等效于下式：

$$S = \int_0^{t_K}[\lambda_1(g_x^* + \dot{W}_x\cos\varphi - \dot{W}_y\sin\varphi) + \lambda_2(g_y^* + \dot{W}_x\sin\varphi + \dot{W}_y\cos\varphi) \tag{5.8-17}$$
$$+ \lambda_5(K_0 + K_1\dot{W}_x + K_2\dot{W}_y)]\mathrm{d}t = 0$$

由于干扰的随机性，所以要求 S 恒等于零，必须要求积分号下的三个中括号的积分都同时恒等于零，即

$$\begin{cases}S_0 = \int_0^{t_K}[g_x^*\lambda_1(t,t_K) + g_y^*\lambda_2(t,t_K)]\mathrm{d}t - \int_0^{t_K}K_0\mathrm{d}t = 0 \\ S_1 = \int_0^{t_K}[\lambda_1(t,t_K)\cos\varphi + \lambda_2(t,t_K)\sin\varphi]\dot{W}_x\mathrm{d}t - \int_0^{t_K}K_1\dot{W}_x\mathrm{d}t = 0 \\ S_2 = \int_0^{t_K}[-\lambda_1(t,t_K)\sin\varphi + \lambda_2(t,t_K)\cos\varphi]\dot{W}_y\mathrm{d}t - \int_0^{t_K}K_2\dot{W}_y\mathrm{d}t = 0\end{cases} \tag{5.8-18}$$

设

$$W = \int_0^{t_K}(K_0 + K_1\dot{W}_x + K_2\dot{W}_y)\mathrm{d}t = W_0 + W_1 + W_2 \tag{5.8-19}$$

故

$$\begin{cases}W_0 = \int_0^{t_K}[g_x^*\lambda_1(t,t_K) + g_y^*\lambda_2(t,t_K)]\mathrm{d}t \\ W_1 = \int_0^{t_K}[\lambda_1(t,t_K)\cos\varphi + \lambda_2(t,t_K)\sin\varphi]\dot{W}_x\mathrm{d}t \\ W_2 = \int_0^{t_K}[-\lambda_1(t,t_K)\sin\varphi + \lambda_2(t,t_K)\cos\varphi]\dot{W}_y\mathrm{d}t\end{cases} \tag{5.8-20}$$

如果按式（5.8-15）给定的终端条件，用式（5.8-14）数值积分共轭方程，就可求出 $\lambda_1(t,t_K)$、$\lambda_2(t,t_K)$，代入式（5.8-20）可求出 W_0、W_1、W_2。但是，由于式（5.8-14）的方

程组的终端条件是在 $t=t_K$ 时给定的，因干扰的作用，$t\neq\tilde{t}_K$，且由于干扰的随机性，t_K 在 $\tilde{t}_K$ 附近的变化也是随机的，所以式（5.8-14）共轭方程终端条件的时间是不确定的，因而也就无法解出 $\lambda_i(t,t_K)$。

但标准关机时间 $\tilde{t}_K$ 是确定的，可以这样设想：如果在 $\tilde{t}_K$ 处给出等效终端条件 $\lambda_i^*(t,t_K)$，利用此终端条件解式（5.8-14）共轭方程，设其解为 $\lambda_i^*(t,\tilde{t}_K)$，且使其在 $t=t_K$ 时，$\lambda_i^*(t_K,\tilde{t}_K)$ 等于式（5.8-14）的终端条件式（5.8-15），即

$$\lambda_i^*(t_K,\tilde{t}_K)=\lambda_i(t_K,t_K) \tag{5.8-21}$$

考虑到

$$\begin{aligned}\boldsymbol{\lambda}^*(t,\tilde{t}_K)&=\boldsymbol{\Phi}(t,\tilde{t}_K)\boldsymbol{\lambda}^*(\tilde{t}_K,\tilde{t}_K)=\boldsymbol{\Phi}(t,t_K)\boldsymbol{\Phi}(t_K,\tilde{t}_K)\boldsymbol{\lambda}^*(\tilde{t}_K,\tilde{t}_K)\\&=\boldsymbol{\Phi}(t,t_K)\boldsymbol{\lambda}^*(t_K,\tilde{t}_K)=\boldsymbol{\Phi}(t,t_K)\boldsymbol{\lambda}(t_K,t_K)=\boldsymbol{\lambda}(t,t_K)\end{aligned} \tag{5.8-22}$$

式中，$\boldsymbol{\Phi}(t,t_K)$ 为转移矩阵。

故

$$\lambda_i^*(t,\tilde{t}_K)=\lambda_i(t,t_K) \tag{5.8-23}$$

那么，问题是如何选择等效终端条件 $\lambda_i^*(\tilde{t}_K,\tilde{t}_K)$。考虑到在主动段由于干扰而引起的关机时间偏差不大，令

$$t_K=\tilde{t}_K+\Delta t_K$$

可以将 Δt_K 看成是小偏差，将 $\lambda_i^*(t,\tilde{t}_K)$ 在 $\tilde{t}_K$ 附近展开，有

$$\lambda_i^*(t,\tilde{t}_K)=\lambda_i^*(\tilde{t}_K,\tilde{t}_K)+\left.\frac{\partial\lambda_i^*(t,\tilde{t}_K)}{\partial t}\right|_{t=\tilde{t}_K}(t-\tilde{t}_K)+\cdots$$

则当 $t=t_K$ 时,取至一阶项,有

$$\lambda_i^*(t_K,\tilde{t}_K)=\lambda_i^*(\tilde{t}_K,\tilde{t}_K)+\left.\frac{\partial\lambda_i^*(t,\tilde{t}_K)}{\partial t}\right|_{t=\tilde{t}_K}(t_K-\tilde{t}_K) \tag{5.8-24}$$

如果令

$$\lambda_{it}^*(\tilde{t}_K,\tilde{t}_K)=\left.\frac{\partial\lambda_i^*(t,\tilde{t}_K)}{\partial t}\right|_{t=\tilde{t}_K} \tag{5.8-25}$$

则有

$$\lambda_i^*(\tilde{t}_K,\tilde{t}_K)=\lambda_i^*(t_K,\tilde{t}_K)-\lambda_{it}^*(\tilde{t}_K,\tilde{t}_K)\Delta t_K$$

将式（5.8-23）代入上式得

$$\lambda_i^*(\tilde{t}_K,\tilde{t}_K)=\lambda_i(t_K,t_K)-\lambda_{it}^*(\tilde{t}_K,\tilde{t}_K)\Delta t_K$$

将式（5.8-15）代入上式可得如下方程组：

$$\begin{cases}\lambda_1^*(\tilde{t}_K,\tilde{t}_K)=\dfrac{\partial L}{\partial V_x}-\lambda_{1t}^*(\tilde{t}_K,\tilde{t}_K)\Delta t_K=\lambda_1^{(0)}(\tilde{t}_K,\tilde{t}_K)-\lambda_{1t}^*(\tilde{t}_K,\tilde{t}_K)\Delta t_K\\[2ex]\lambda_2^*(\tilde{t}_K,\tilde{t}_K)=\dfrac{\partial L}{\partial V_y}-\lambda_{2t}^*(\tilde{t}_K,\tilde{t}_K)\Delta t_K=\lambda_2^{(0)}(\tilde{t}_K,\tilde{t}_K)-\lambda_{2t}^*(\tilde{t}_K,\tilde{t}_K)\Delta t_K\\[2ex]\lambda_3^*(\tilde{t}_K,\tilde{t}_K)=\dfrac{\partial L}{\partial x}-\lambda_{3t}^*(\tilde{t}_K,\tilde{t}_K)\Delta t_K=\lambda_3^{(0)}(\tilde{t}_K,\tilde{t}_K)-\lambda_{3t}^*(\tilde{t}_K,\tilde{t}_K)\Delta t_K\\[2ex]\lambda_4^*(\tilde{t}_K,\tilde{t}_K)=\dfrac{\partial L}{\partial y}-\lambda_{4t}^*(\tilde{t}_K,\tilde{t}_K)\Delta t_K=\lambda_4^{(0)}(\tilde{t}_K,\tilde{t}_K)-\lambda_{4t}^*(\tilde{t}_K,\tilde{t}_K)\Delta t_K\\[2ex]\lambda_5^*(\tilde{t}_K,\tilde{t}_K)=-1-\lambda_{4t}^*(\tilde{t}_K,\tilde{t}_K)\Delta t_K=\lambda_5^{(0)}(\tilde{t}_K,\tilde{t}_K)-\lambda_{5t}^*(\tilde{t}_K,\tilde{t}_K)\Delta t_K\end{cases} \tag{5.8-26}$$

这样在 $t=\tilde{t}_K$ 时的等效终端条件 $\lambda_i^*(\tilde{t}_K,\tilde{t}_K)$ 可以分解成两组互相叠加的终端条件，如果令以 $\lambda_i^{(0)}(\tilde{t}_K,\tilde{t}_K)$ 为终端条件来解式（5.8-13）共轭方程得到的解为 $\lambda_i^{(0)}(t,\tilde{t}_K)$，以 $-\lambda_{it}^*(\tilde{t}_K,\tilde{t}_K)$ 为终端条件解式（5.8-13）得到的解为 $-\lambda_{it}^*(t,\tilde{t}_K)$，且令 $\lambda_i^{(01)}(t,\tilde{t}_K)=-\lambda_i^*(t,\tilde{t}_K)\Delta t_K$，则由于线性微分方程的叠加性，这两个解之和，应等于以 $\lambda_i^*(\tilde{t}_K,\tilde{t}_K)$ 为终端条件解式（5.8-13）共轭方程得到的解 $\lambda_i^*(t,\tilde{t}_K)$。即

$$\lambda_i^*(t,\tilde{t}_K)=\lambda_i^{(0)}(t,\tilde{t}_K)+\lambda_i^{(01)}(t,\tilde{t}_K)=\lambda_i(t,t_K) \tag{5.8-27}$$

现在的问题是如何求第二组终端条件：

$$\lambda_{it}^*(\tilde{t}_K,\tilde{t}_K)=\left.\frac{\partial\lambda_i^*(t,\tilde{t}_K)}{\partial t}\right|_{t=\tilde{t}_K}$$

可以看出，要求 $\lambda_{it}^*(\tilde{t}_K,\tilde{t}_K)$，必须知道 $\lambda_i^*(t,\tilde{t}_K)$，因此只能通过逐步近似法求 $\lambda_{it}^*(\tilde{t}_K,\tilde{t}_K)$。

第一步　利用 $\lambda_i^*(\tilde{t}_K,\tilde{t}_K)=\lambda_i^{(0)}(\tilde{t}_K,\tilde{t}_K)$ 作为终端条件解式（5.8-13）共轭方程，求出 $\lambda_i^{(0)}(t,\tilde{t}_K)$。

第二步　用 $\lambda_i^{(0)}(t,\tilde{t}_K)$ 代替 $\lambda_i^*(t,\tilde{t}_K)$ 求出下式：

$$\lambda_{it}^*(\tilde{t}_K,\tilde{t}_K)=\left.\frac{\partial\lambda_i^{(0)}(t,\tilde{t}_K)}{\partial t}\right|_{t=\tilde{t}_K}=\lambda_{it}^{(0)}(\tilde{t}_K,\tilde{t}_K)$$

将上式作为第二组终端条件，解式（5.8-13）共轭方程求出 $\lambda_{it}^*(t,\tilde{t}_K)$，则一次近似值为

$$\lambda_i^{*(1)}(t,\tilde{t}_K)=\lambda_i^{(0)}(t,\tilde{t}_K)-\lambda_{it}^*(t,\tilde{t}_K)\Delta t_K$$

第三步　再以 $\lambda_i^{*(1)}(\tilde{t}_K,\tilde{t}_K)$ 为终端条件解式（5.8-13）共轭方程，求出 $\lambda_i^{(1)}(t,\tilde{t}_K)$。重复以上过程，直至满足精度要求为止。实际计算表明 $\lambda_i(t,\tilde{t}_K)$ 接近直线，故只需一次近似，即可满足精度要求。

将以上结果代入式（5.8-20），则得

$$\begin{cases}W_0=\int_0^{t_K}[g_x^*\lambda_1^{(0)}(t,\tilde{t}_K)+g_y^*\lambda_2^{(0)}(t,\tilde{t}_K)]\mathrm{d}t\\ \qquad -(t_K-\tilde{t}_K)\int_0^{t_K}[g_x^*\lambda_{1t}^{(0)}(t,\tilde{t}_K)+g_y^*\lambda_{2t}^{(0)}(t,\tilde{t}_K)]\mathrm{d}t\\ W_1=\int_0^{t_K}[\lambda_1^{(0)}(t,\tilde{t}_K)\cos\varphi+\lambda_2^{(0)}(t,\tilde{t}_K)\sin\varphi]\dot{W}_x\mathrm{d}t\\ \qquad -(t_K-\tilde{t}_K)\int_0^{t_K}[\lambda_{1t}^{(0)}(t,\tilde{t}_K)\cos\varphi+\lambda_{2t}^{(0)}(t,\tilde{t}_K)\sin\varphi]\dot{W}_x\mathrm{d}t\\ W_2=\int_0^{t_K}[-\lambda_1^{(0)}(t,\tilde{t}_K)\sin\varphi+\lambda_2^{(0)}(t,\tilde{t}_K)\cos\varphi]\dot{W}_y\mathrm{d}t\\ \qquad -(t_K-\tilde{t}_K)\int_0^{t_K}[-\lambda_{1t}^{(0)}(t,\tilde{t}_K)\sin\varphi+\lambda_{2t}^{(0)}(t,\tilde{t}_K)\cos\varphi]\dot{W}_y\mathrm{d}t\end{cases} \tag{5.8-28}$$

而

$$W=W_0+W_1+W_2 \tag{5.8-29}$$

利用箭上测量和计算装置可以计算出 W。另一方面，由式（5.8-11），有

$$\widetilde{W}=\frac{\partial L}{\partial V_{xK}}\widetilde{V}_{xK}+\frac{\partial L}{\partial V_{yK}}\widetilde{V}_{yK}+\frac{\partial L}{\partial x_K}\widetilde{x}_K+\frac{\partial L}{\partial y_K}\widetilde{y}_K$$

根据标准弹道确定 $\widetilde{W}$ 为装定参数，当由式（5.8-28）计算出来的 W 等于装定参数 $\widetilde{W}$ 时，发出关机指令。

5.9　横向导引和法向导引

5.9.1　横向导引

运载火箭制导的任务在于使射程偏差 ΔL 和横程偏差 ΔH 都为零。已知横程偏差也可表示为

$$\Delta H=\frac{\partial L}{\partial \dot{\boldsymbol{r}}_K}\Delta\dot{\boldsymbol{r}}_K+\frac{\partial H}{\partial \boldsymbol{r}_K}\Delta\boldsymbol{r}_K,\ \Delta H=\frac{\partial L}{\partial \dot{\boldsymbol{r}}_{aK}}\Delta\dot{\boldsymbol{r}}_{aK}+\frac{\partial H}{\partial \boldsymbol{r}_{aK}}\Delta\boldsymbol{r}_{aK}+\frac{\partial H}{\partial t_K}\Delta t_K \tag{5.9-1}$$

横程控制就是要求在关机时刻 t_K 满足下式：

$$\Delta H(t_K)=0$$

但是，关机时刻 t_K 是由射程控制来确定的，由于干扰的随机性，不可能同时满足射程和横程的关机条件，为此往往采用先横程后射程的原则。即，在标准弹道关机时刻 $\tilde{t}_K$ 之前的某一时刻 $\tilde{t}_K-T$ 开始，直到 t_K 时，一直保持

$$\Delta H(t)=0,\ \tilde{t}_K-T\leqslant t<t_K \tag{5.9-2}$$

这就是说，先满足横程控制要求，并加以保持，再按照射程控制要求来关机。因为横向只能控制 z 和 V_z，为满足式（5.9-2），必须在 $\tilde{t}_K-T$ 之前足够长的时间内对火箭质心的横向运动进行控制。故称横向控制为横向导引。

式（5.9-1）中的偏差为全偏差，类似式（5.5-15）推导，将其换成等时偏差，则有

$$\Delta H(t_K)=\delta H(t_K)+\dot{H}(\tilde{t}_K)\Delta t_K \tag{5.9-3}$$

式中，$\delta H(t_K)=\frac{\partial H}{\partial \dot{\boldsymbol{r}}_K}\delta\dot{\boldsymbol{r}}_K+\frac{\partial H}{\partial \boldsymbol{r}_K}\delta\boldsymbol{r}_K$ 或 $\delta H(t_K)=\frac{\partial H}{\partial \dot{\boldsymbol{r}}_{aK}}\delta\dot{\boldsymbol{r}}_{aK}+\frac{\partial H}{\partial \boldsymbol{r}_{aK}}\delta\boldsymbol{r}_{aK}$。

由于 t_K 是按射程关机的时间，故由式（5.5-15）可知

$$\Delta L(t_K)=\delta L(t_K)+\dot{L}(\tilde{t}_K)\Delta t_K$$

即

$$\Delta t_K=-\frac{\delta L(t_K)}{\dot{L}(\tilde{t}_K)}$$

代入式（5.9-3），则得

$$\Delta H(t_K)=\delta H(t_K)-\frac{\dot{H}(\tilde{t}_K)}{\dot{L}(\tilde{t}_K)}\delta L(t_K) \tag{5.9-4}$$

式中，$\delta L(t_K)=\frac{\partial L}{\partial \dot{\boldsymbol{r}}_K}\delta\dot{\boldsymbol{r}}_K+\frac{\partial L}{\partial \boldsymbol{r}_K}\delta\boldsymbol{r}_K$ 或 $\delta L(t_K)=\frac{\partial L}{\partial \dot{\boldsymbol{r}}_{aK}}\delta\dot{\boldsymbol{r}}_{aK}+\frac{\partial L}{\partial \boldsymbol{r}_{aK}}\delta\boldsymbol{r}_{aK}$。

故

$$\Delta H(t_K)=\left(\frac{\partial H}{\partial \dot{\boldsymbol{r}}_K}-\frac{\dot{H}}{\dot{L}}\frac{\partial L}{\partial \dot{\boldsymbol{r}}_K}\right)_{\tilde{t}_K}\delta\dot{\boldsymbol{r}}_K+\left(\frac{\partial H}{\partial \boldsymbol{r}_K}-\frac{\dot{H}}{\dot{L}}\frac{\partial L}{\partial \boldsymbol{r}_K}\right)_{\tilde{t}_K}\delta\boldsymbol{r}_K=\boldsymbol{k}_1(\tilde{t}_K)\delta\dot{\boldsymbol{r}}_K+\boldsymbol{k}_2(\tilde{t}_K)\delta\boldsymbol{r}_K$$

或

$$\begin{aligned}\Delta H(t_K)&=\left(\frac{\partial H}{\partial \dot{\boldsymbol{r}}_{aK}}-\frac{\dot{H}}{\dot{L}}\frac{\partial L}{\partial \dot{\boldsymbol{r}}_{aK}}\right)_{\tilde{t}_K}\delta\dot{\boldsymbol{r}}_{aK}+\left(\frac{\partial H}{\partial \boldsymbol{r}_{aK}}-\frac{\dot{H}}{\dot{L}}\frac{\partial L}{\partial \boldsymbol{r}_{aK}}\right)_{\tilde{t}_K}\delta\boldsymbol{r}_{aK}\\&=\boldsymbol{k}_{1a}(\tilde{t}_K)\delta\dot{\boldsymbol{r}}_{aK}+\boldsymbol{k}_{2a}(\tilde{t}_K)\delta\boldsymbol{r}_{aK}\end{aligned}\tag{5.9-5}$$

根据标准弹道来确定。如果令下式为横向控制函数：

$$W_H(t)=\boldsymbol{k}_1(\tilde{t}_K)\delta\dot{\boldsymbol{r}}(t)+\boldsymbol{k}_2(\tilde{t}_K)\delta\boldsymbol{r}(t)\ \text{或}\ W_H(t)=\boldsymbol{k}_{1a}(\tilde{t}_K)\delta\dot{\boldsymbol{r}}_a(t)+\boldsymbol{k}_{2a}(\tilde{t}_K)\delta\boldsymbol{r}_a(t)\tag{5.9-6}$$

则当 $t\to t_K$ 时，$W_H(t)\to\Delta H(t_K)$。因此，按 $W_H(t)=0$ 控制横向质心运动，与按 $\Delta H(t)\to 0$ 控制是等价的。

横向导引系统，利用和射程控制相同的火箭位置、速度信息，经过横向导引计算，计算出控制函数 $W_H(t)$，并产生信号送入偏航姿态控制系统，实现对横向质心运动的控制。

早期的近程火箭是用无线电横偏校正系统来进行横向控制的。对于中、近程火箭来说，可以将火箭的运动分为纵向和侧向两个平面运动来研究。则横程偏差取决于主动段终点时侧向运动参数，如图 5.9-1 所示。

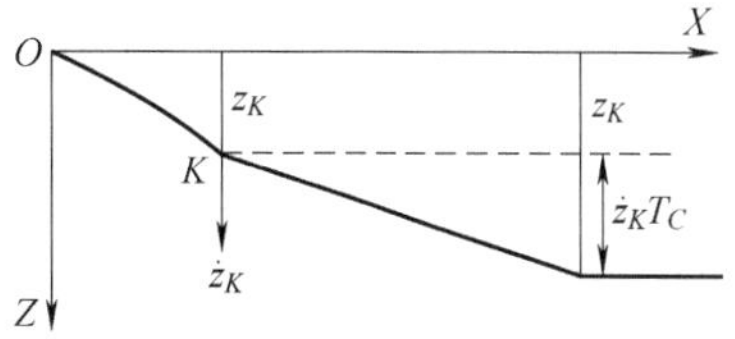

图 5.9-1　侧向运动参数的变化

图 5.9-1 中，OX 为射面，通过目标，z_K、$\dot{z}_K$为关机点 K 的侧向参量，T_C 为被动段飞行时间，那么有

$$\Delta H=z_K+\dot{z}_KT_C\tag{5.9-7}$$

如果在箭上安装 3 个加速度表，则有

$$\begin{cases}\dot{V}_z=-\dot{W}_x\sin\psi+\dot{W}_y\cos\psi\sin\gamma+\dot{W}_z\cos\psi\cos\gamma+g_z\\ \quad\approx-\dot{W}_x\psi+\dot{W}_y\gamma+\dot{W}_z+g_z\\ \dot{z}=V_z\end{cases}\tag{5.9-8}$$

考虑到偏航角 ψ、滚动角 γ 都很小，g_z 也是微量，故可令

$$\begin{cases}\dot{V}_z\approx\dot{W}_z-\dot{W}_x\psi\\ \dot{z}=V_z=W_z-W_x\psi\end{cases}$$

则有

$$\Delta H\approx(W_z-W_x\psi)T_C+\int_0^t W_z\mathrm{d}t-\psi\int_0^t W_x\mathrm{d}t\tag{5.9-9}$$

将其作为横向导引信号，加入偏航姿态稳定系统进行控制，使关机瞬间 $\Delta H\to 0$。

5.9.2　法向导引

摄动制导（也称 δ 制导）是使射程偏差展开式的一阶项 $\Delta L^{(1)}=0$ 的制导方法。为了保证摄动制导的正确性，必须保证二阶以上各项是高阶微量。为此，要求实际弹道运动参量与标准弹道运动参量之差是微量的，也就是使实际弹道很接近标准弹道。特别是高阶射程偏导数比较大的那些运动参量，更应该保持微小量。计算和分析表明，在二阶射程偏导数中$\frac{\partial^2 L}{\partial \theta^2}$、$\frac{\partial^2 L}{(\partial \theta \partial V)}$最大，因此必须控制 $\Delta\theta(t_K)$ 小于容许值，这就是法向导引。与横向导引类似，有

$$\begin{aligned}\Delta\theta(t_K) &= \frac{\partial\theta}{\partial \dot{\boldsymbol{r}}_K}\delta\dot{\boldsymbol{r}}_K + \frac{\partial\theta}{\partial \boldsymbol{r}_K}\delta\boldsymbol{r}_K = \delta\theta(t_K) + \dot{\theta}(\tilde{t}_K)\Delta t_K \\ &= \left(\frac{\partial\theta}{\partial \dot{\boldsymbol{r}}_K} - \frac{\dot{\theta}}{\dot{L}}\frac{\partial L}{\partial \dot{\boldsymbol{r}}_K}\right)_{\tilde{t}_K}\delta\dot{\boldsymbol{r}}_K + \left(\frac{\partial\theta}{\partial \boldsymbol{r}_K} - \frac{\dot{\theta}}{\dot{L}}\frac{\partial L}{\partial \boldsymbol{r}_K}\right)_{\tilde{t}_K}\delta\boldsymbol{r}_K\end{aligned} \tag{5.9-10}$$

或

$$\Delta\theta(t_K) = \left(\frac{\partial\theta}{\partial \dot{\boldsymbol{r}}_{aK}} - \frac{\dot{\theta}}{\dot{L}}\frac{\partial L}{\partial \dot{\boldsymbol{r}}_{aK}}\right)_{\tilde{t}_K}\delta\dot{\boldsymbol{r}}_{aK} + \left(\frac{\partial\theta}{\partial \boldsymbol{r}_{aK}} - \frac{\dot{\theta}}{\dot{L}}\frac{\partial L}{\partial \boldsymbol{r}_{aK}}\right)_{\tilde{t}_K}\delta\boldsymbol{r}_{aK} \tag{5.9-11}$$

式中

$$\dot{\theta}(\tilde{t}_K) = \left[\frac{\partial\theta}{\partial V_x}\dot{V}_x + \frac{\partial\theta}{\partial V_y}\dot{V}_y + \frac{\partial\theta}{\partial V_z}\dot{V}_z + \frac{\partial\theta}{\partial x}\dot{x} + \frac{\partial\theta}{\partial y}\dot{y} + \frac{\partial\theta}{\partial z}\dot{z}\right]_{\tilde{t}_K}$$

或

$$\dot{\theta}(\tilde{t}_K) = \left[\frac{\partial\theta}{\partial V_{ax}}\dot{V}_{ax} + \frac{\partial\theta}{\partial V_{ay}}\dot{V}_{ay} + \frac{\partial\theta}{\partial V_{az}}\dot{V}_{az} + \frac{\partial\theta}{\partial x_a}\dot{x}_a + \frac{\partial\theta}{\partial y_a}\dot{y}_a + \frac{\partial\theta}{\partial z_a}\dot{z}_a + \frac{\partial\theta}{\partial t}\right]_{\tilde{t}_K}$$

如果选择法向控制函数为

$$W_\theta(t) = \left(\frac{\partial\theta}{\partial \dot{\boldsymbol{r}}_K} - \frac{\dot{\theta}}{\dot{L}}\frac{\partial L}{\partial \dot{\boldsymbol{r}}_K}\right)_{\tilde{t}_K}\delta\dot{\boldsymbol{r}}(t) + \left(\frac{\partial\theta}{\partial \boldsymbol{r}_K} - \frac{\dot{\theta}}{\dot{L}}\frac{\partial L}{\partial \boldsymbol{r}_K}\right)_{\tilde{t}_K}\delta\boldsymbol{r}(t)$$

或

$$W_\theta(t) = \left(\frac{\partial\theta}{\partial \dot{\boldsymbol{r}}_{aK}} - \frac{\dot{\theta}}{\dot{L}}\frac{\partial L}{\partial \dot{\boldsymbol{r}}_{aK}}\right)_{\tilde{t}_K}\delta\dot{\boldsymbol{r}}_a(t) + \left(\frac{\partial\theta}{\partial \boldsymbol{r}_{aK}} - \frac{\dot{\theta}}{\dot{L}}\frac{\partial L}{\partial \boldsymbol{r}_{aK}}\right)_{\tilde{t}_K}\delta\boldsymbol{r}_a(t)$$

在远离 $\tilde{t}_K$ 的时间 t_θ 开始控制使 $W_\theta(t)\to 0$，则当时间 $t\to t_K$ 时，$W_\theta(t)\to\Delta\theta(t_K)\to 0$，即满足了导引的要求。法向导引信号加在俯仰姿态控制系统上，通过对火箭的质心的纵向运动参数的控制，以达到法向导引的要求。

第 6 章　显式制导方法

6.1　显式制导的基本思想

前面已经研究了摄动制导方法，过去由于受箭上计算装置的生产技术水平的限制，不能在箭上利用测量信息实时地计算出火箭的位置矢量 $\boldsymbol{r}$ 和速度矢量 $\boldsymbol{V}$，故往往采用摄动制导方法，将大量的计算工作放在设计阶段和发射之前进行。这样就简化了关机方程，大大减少了箭上的计算工作量。

摄动制导依赖标准弹道，实际上是把实际弹道对标准弹道落点的射程偏差逼近作为关机点运动参量的偏差的线性函数，即是使

$$\Delta L \approx \frac{\partial L}{\partial \boldsymbol{V}_{aK}}(\boldsymbol{V}_{aK}-\tilde{\boldsymbol{V}}_{aK})+\frac{\partial L}{\partial \boldsymbol{r}_{aK}}(\boldsymbol{r}_{aK}-\tilde{\boldsymbol{r}}_{aK})+\frac{\partial L}{\partial t_K}(t_K-\tilde{t}_K)$$

略去射程偏差的高阶项，在小偏差情况下，这种近似是可以的。但是当射程增大，在考虑地球扁率和地球自转等因素的影响下，会产生较大的制导误差。总体来说，摄动制导存在如下问题：

1）由于关机方程没有考虑射程展开二阶以上的各项，只有当实际弹道比较接近标准弹道时，才能有比较小的方法误差。

2）摄动制导方法依赖选择的标准弹道，对于完成多种任务的运载火箭来讲，是不方便的。

3）发射之前要进行大量的装订参数的计算，限制了机动性能。

为了克服摄动制导的缺点、提高制导精度，提出了显式制导的设想，即在箭上利用测量装置实时地解出飞行器位置和速度矢量：

$$\boldsymbol{r}(t)=[x(t),y(t),z(t)]^{\mathrm{T}},\ \boldsymbol{V}(t)=[V_x(t),V_y(t),V_z(t)]^{\mathrm{T}}$$

并且，利用 $\boldsymbol{r}(t)$、$\boldsymbol{V}(t)$ 作为起始条件，实时地算出对所要求的终端条件：

$$\boldsymbol{r}(T)=[x(T),y(T),z(T)]^{\mathrm{T}},\ \boldsymbol{V}(T)=[V_x(T),V_y(T),V_z(T)]^{\mathrm{T}}$$

利用与终端条件的偏差，组成制导指令，对火箭进行控制，来消除对终端条件的偏差。当终端偏差满足制导任务要求时，发出指令关闭发动机。故显式制导从最一般的意义上来讲，可以将其看成是多维的非线性的两点边值问题。如果不作某些简化和近似，解起来是非常复杂的，这样对箭上计算机的速度和存储容量的要求都非常高，实现起来比较困难，为此必须根据任务的性质和精度要求作某些简化。

针对运载火箭，其制导任务在于能准确地实现任务目标需求，即要求弹道能通过落点 $\boldsymbol{r}_C(x_C,y_C,z_C)$。

为了导出显式制导公式，必须解决以下三个问题：

1）如何利用箭上测量和计算装置，确定火箭的瞬时坐标 $\boldsymbol{r}(x,y,z)$ 和瞬时飞行速度 $\dot{\boldsymbol{r}}(x,y,z)$。

2）根据 $\boldsymbol{r}$ 和 $\dot{\boldsymbol{r}}$ 产生控制信号，如何将火箭控制在通过目标的射击平面内。

3）在射击平面内，如何才能准确地计算瞬时关机时被动段的射程角 β_C 和目标到此点的射程角 β_C^*，当 $\beta_C=\beta_C^*$ 时关机。

下面分别对这三个问题进行研究。

6.1.1 瞬时位置和速度的计算

当采用平台计算机系统时，3 个加速度表分别测出惯性坐标系 3 个轴方向的视加速度 $\dot{W}_x$、$\dot{W}_y$、$\dot{W}_z$，则运动方程为

$$\begin{cases}\dot{x}=V_x\\ \dot{y}=V_y\\ \dot{z}=V_z\\ \dot{V}_x=g_x+\dot{W}_x\\ \dot{V}_y=g_y+\dot{W}_y\\ \dot{V}_z=g_z+\dot{W}_z\end{cases}\tag{6.1-1}$$

式中，g_x、g_y、g_z 为惯性坐标系 3 个轴上的引力加速度分量。因为引力加速度 $\boldsymbol{g}$ 是坐标的非线性函数，如果考虑地球扁率的影响至 J_2 项，则如式（3.2-86）所示，有

$$\begin{cases}\boldsymbol{g}_r=-\dfrac{GM}{r^2}\left[1+J\left(\dfrac{a_e}{r}\right)^2(1-5\sin^2\phi)\right]\dfrac{\boldsymbol{r}}{r}\\ \boldsymbol{g}_\omega=-2\dfrac{GM}{r^2}J\left(\dfrac{a_e}{r}\right)^2\sin\phi\dfrac{\boldsymbol{\omega}_e}{\omega_e}\end{cases}\tag{6.1-2}$$

式中，$\boldsymbol{g}_r$、$\boldsymbol{g}_\omega$ 分别为引力加速度在 $\boldsymbol{r}$ 和 $\boldsymbol{\omega}_e$ 方向的分量。

由式（2.5-8）知

$$\begin{cases}\dfrac{\omega_{ex}}{\omega_e}=\cos B\cos A\\ \dfrac{\omega_{ey}}{\omega_e}=\sin B\\ \dfrac{\omega_{ez}}{\omega_e}=-\cos B\sin A\end{cases}\tag{6.1-3}$$

则引力加速度在惯性坐标系上的三个分量为

$$\begin{cases}g_x=g_r\dfrac{R_{0x}+x}{r}+g_\omega\cos B\cos A\\ g_y=g_r\dfrac{R_{0y}+y}{r}+g_\omega\sin B\\ g_z=g_r\dfrac{R_{0z}+z}{r}-g_\omega\cos B\sin A\end{cases}\tag{6.1-4}$$

由式（2.4-5）可知

$$\begin{cases}R_{0x}=-R_0\sin(B-\phi)\cos A\\ R_{0y}=R_0\cos(B-\phi)\\ R_{0x}=R_0\sin(B-\phi)\sin A\end{cases}\tag{6.1-5}$$

由 $\boldsymbol{r}$ 和 $\boldsymbol{\omega}_e$ 的点乘可知

$$\sin\phi = \frac{R_{0x}+x}{r}\cos B\cos A + \frac{R_{0y}+y}{r}\sin B - \frac{R_{0z}+z}{r}\cos B\sin A \tag{6.1-6}$$

故式（6.1-1）是非线性变系数微分方程，必须利用数值积分法进行计算。这样对箭载计算机的容量和速度要求都非常高，增加了实现显式制导的困难。在进行显式制导方案设计时，都要寻求各种近似计算方法，以降低对箭载计算机的要求。最简单的近似方法，是将引力场看成有心力场，而认为地球是一圆球。且令

$$\begin{cases} g_x = -\dfrac{g_0R^2}{r^3}x \\ g_y = -\dfrac{g_0R^2}{r^3}(R+y) \\ g_z = -\dfrac{g_0R^2}{r^3}z \end{cases}$$

式中，R 为发射点至地心距离，$r=[x^2+(R+y)^2+z^2]^{\frac{1}{2}}$。由于主动段高度比较低，则将上式泰勒展开，且 x、z 方向取一阶项、y 方向取至二阶项，就可以保证足够的精度，即

$$\begin{cases} g_x \approx -\dfrac{g_0}{R}x + \dfrac{3g_0}{R^2}xy = -\dfrac{g_0}{R}x + \Delta g_x \\ g_y \approx -g_0 + \dfrac{2g_0}{R}y + \dfrac{3g_0}{2R^2}(x^2+4y^2+z^2) = -g_0 + \dfrac{2g_0}{R}x + \Delta g_y \\ g_z \approx -\dfrac{g_0}{R}z + \dfrac{3g_0}{R^2}yz = -\dfrac{g_0}{R}z + \Delta g_z \end{cases} \tag{6.1-7}$$

式中，Δg_x、Δg_y、Δg_z 可以看成是扰动量，如果取适当的计算周期，则可令

$$\begin{cases} \Delta g_{x_i} = \dfrac{3g_0}{R^2}x_{i-1}y_{i-1} \\ \Delta g_{y_i} = \dfrac{3g_0}{2R^2}(x_{i-1}^2 + 4y_{i-1}^2 + z_{i-1}^2) \\ \Delta g_{z_i} = \dfrac{3g_0}{R^2}y_{i-1}z_{i-1} \end{cases}$$

式中，x_{i-1}、y_{i-1}、z_{i-1}为上一周期的计算值，则式（6.1-1）变成线性常系数微分方程组：

$$\begin{cases} \dot{x} = V_x \\ \dot{y} = V_y \\ \dot{z} = V_z \\ \dot{V}_x = -\dfrac{g_0}{R}x + \Delta g_x + \dot{W}_x \\ \dot{V}_y = -g_0 + \dfrac{2g_0}{R}x + \Delta g_y + \dot{W}_y \\ \dot{V}_z = -\dfrac{g_0}{R}z + \Delta g_z + \dot{W}_z \end{cases} \tag{6.1-8}$$

起始条件：$t=t_0$ 时，$V_x=V_{x_0}$、$V_y=V_{y_0}$、$V_z=V_{z_0}$、$x=x_0$、$y=y_0$、$z=z_0$。

这是一组常系数非齐次线性微分方程组，如果令

$$\frac{g_0}{R}=a,\ \boldsymbol{X}=(x,y,z,V_x,V_y,V_z)^{\mathrm{T}}$$

$$\boldsymbol{A}=\begin{pmatrix}0&0&0&1&0&0\\0&0&0&0&1&0\\0&0&0&0&0&1\\-a&0&0&0&0&0\\0&2a&0&0&0&0\\0&0&-a&0&0&0\end{pmatrix},\ \boldsymbol{F}=\begin{pmatrix}0\\0\\0\\\Delta g_x+\dot{W}_x\\\Delta g_y+\dot{W}_y-g_0\\\Delta g_z+\dot{W}_z\end{pmatrix}$$

则

$$\frac{\mathrm{d}\boldsymbol{X}}{\mathrm{d}t}=\boldsymbol{AX}+\boldsymbol{F}\tag{6.1-9}$$

首先解式（6.1-9）的齐次方程，其基本解组阵为 $\boldsymbol{X}_H(t)$，其元素为

$$a_{11}=\cos\sqrt{a}t$$
$$a_{41}=-\sqrt{a}\sin\sqrt{a}t$$
$$a_{22}=\frac{1}{2}(\mathrm{e}^{\sqrt{2a}t}+\mathrm{e}^{-\sqrt{2a}t})$$
$$a_{52}=\sqrt{\frac{a}{2}}(\mathrm{e}^{\sqrt{2a}t}-\mathrm{e}^{-\sqrt{2a}t})$$
$$a_{33}=\cos\sqrt{a}t$$
$$a_{63}=-\sqrt{a}\sin\sqrt{a}t$$
$$a_{14}=\frac{1}{\sqrt{a}}\sin\sqrt{a}t$$
$$a_{44}=\cos\sqrt{a}t$$
$$a_{25}=\frac{1}{2\sqrt{2a}}(\mathrm{e}^{\sqrt{2a}t}-\mathrm{e}^{-\sqrt{2a}t})$$
$$a_{55}=\frac{1}{2}(\mathrm{e}^{\sqrt{2a}t}+\mathrm{e}^{-\sqrt{2a}t})$$
$$a_{36}=\frac{1}{\sqrt{a}}\sin\sqrt{a}t$$
$$a_{66}=\cos\sqrt{a}t$$

其余各元素均为零。

考虑到

$$\boldsymbol{X}_H(t)=\mathrm{e}^{\int_0^t\boldsymbol{A}}=\mathrm{e}^{\Delta}$$

$$\mathrm{e}^{\Delta}=\boldsymbol{I}+\Delta+\frac{1}{2!}\Delta^2+\frac{1}{3!}\Delta^3+\cdots+\frac{1}{n!}\Delta^n+\cdots$$

则如果 $\Delta=0_{6\times6}$ 可得 $e^{\Delta}=\boldsymbol{I}$，即

$$\boldsymbol{X}_H^{-1}(t)=e^{-\Delta}$$

于是可得 $\boldsymbol{X}_H^{-1}(t)$ 各元素为

$$b_{11}=\cos\sqrt{a}t$$

$$b_{41}=\sqrt{a}\sin\sqrt{a}t$$

$$b_{22}=\frac{1}{2}(e^{\sqrt{2a}t}+e^{-\sqrt{2a}t})$$

$$b_{52}=-\sqrt{\frac{a}{2}}(e^{\sqrt{2a}t}-e^{-\sqrt{2a}t})$$

$$b_{33}=\cos\sqrt{a}t$$

$$b_{63}=\sqrt{a}\sin\sqrt{a}t$$

$$b_{14}=-\frac{1}{\sqrt{a}}\sin\sqrt{a}t$$

$$b_{44}=\cos\sqrt{a}t$$

$$b_{25}=-\frac{1}{2\sqrt{2a}}(e^{\sqrt{2a}t}-e^{-\sqrt{2a}t})$$

$$b_{55}=\frac{1}{2}(e^{\sqrt{2a}t}+e^{-\sqrt{2a}t})$$

$$b_{36}=-\frac{1}{\sqrt{a}}\sin\sqrt{a}t$$

$$b_{66}=\cos\sqrt{a}t$$

其余各元素均为零。

设其脉冲过渡函数矩阵为 $\boldsymbol{G}(t,\tau)$，则 $\boldsymbol{G}(t,\tau)=\boldsymbol{X}_H(t)\boldsymbol{X}_H^{-1}(\tau)$ 且其元素为

$$c_{11}=\cos\sqrt{a}(t-\tau)$$

$$c_{41}=-\sqrt{a}\sin\sqrt{a}(t-\tau)$$

$$c_{22}=\mathrm{ch}\sqrt{2a}(t-\tau)$$

$$c_{52}=\sqrt{2a}\,\mathrm{sh}\sqrt{2a}(t-\tau)$$

$$c_{33}=\cos\sqrt{a}(t-\tau)$$

$$c_{63}=-\sqrt{a}\sin\sqrt{a}(t-\tau)$$

$$c_{14}=\frac{1}{\sqrt{a}}\sin\sqrt{a}(t-\tau)$$

$$c_{44}=\cos\sqrt{a}(t-\tau)$$

$$c_{25}=-\frac{1}{\sqrt{2a}}\mathrm{sh}\sqrt{2a}(t-\tau)$$

$$c_{55}=\mathrm{ch}\sqrt{2a}(t-\tau)$$

$$c_{36}=\frac{1}{\sqrt{a}}\sin\sqrt{a}(t-\tau)$$

$$c_{66}=\cos\sqrt{a}(t-\tau)$$

其余各元素均为零。

则非齐次方程的解为

$$\boldsymbol{X}(t)=\boldsymbol{G}(t,t_0)\boldsymbol{X}(t_0)+\int_{t_0}^{t}\boldsymbol{G}(t,\tau)\boldsymbol{F}(\tau)\mathrm{d}t \tag{6.1-10}$$

在所选择的计算周期内取 $\dot{W}_x$、$\dot{W}_y$、$\dot{W}_z$ 的测量平均值，利用上式计算 $\boldsymbol{r}$ 和 $\dot{\boldsymbol{r}}$ 非常方便。

6.1.2 根据瞬时位置和速度产生控制信号，将火箭控制在射面内

设在命中瞬间目标在惯性坐标系中的位置矢量为 $\boldsymbol{r}_C$，为了保持 $\dot{\boldsymbol{r}}$ 在 $\boldsymbol{r}$、$\boldsymbol{r}_C$ 所确定的射击平面内，$\dot{\boldsymbol{r}}$ 应满足下列关系式：

$$(\boldsymbol{r}_C\times\boldsymbol{r})\cdot\dot{\boldsymbol{r}}=0 \tag{6.1-11}$$

则 $(\boldsymbol{r}_C\times\boldsymbol{r})\cdot\dot{\boldsymbol{r}}$ 的大小和符号，标志着 $\dot{\boldsymbol{r}}$ 偏离射面的大小和方向，故在火箭的偏航通道中附加如下信号：

$$U_\psi=\frac{K_\psi}{r_C r\dot{r}}(\boldsymbol{r}_C\times\boldsymbol{r})\cdot\dot{\boldsymbol{r}} \tag{6.1-12}$$

式中，K_ψ 为放大系数。这样，可将火箭的速度矢量 $\dot{\boldsymbol{r}}$ 控制在 $\boldsymbol{r}$、$\boldsymbol{r}_C$ 所确定的射面内。

为了求式（6.1-12），需要将 $\dot{\boldsymbol{r}}$、$\boldsymbol{r}$ 和 $\boldsymbol{r}_C$ 投影在惯性坐标系。假设，在发射瞬间，目标点位于 c_0，并设由发射至计算瞬间为 t，则在计算瞬间目标位于 c_t。如果设由计算瞬间 t 至命中目标瞬间为 t_n，则 $\boldsymbol{r}_C$ 在地心惯性坐标系上的投影为

$$\boldsymbol{r}_C=\{r_C\cos\phi_C\cos[\lambda_C+\omega_e(t+t_n)],r_C\cos\phi_C\sin[\lambda_C+\omega_e(t+t_n)],r_C\sin\phi_C\}^{\mathrm{T}} \tag{6.1-13}$$

由式（2.4-19）可求出 $\boldsymbol{r}_C$ 在发射惯性系下的投影：

$$\boldsymbol{r}_C=(x_C,y_C,z_C)^{\mathrm{T}} \tag{6.1-14}$$

又知在发射惯性系下有

$$\boldsymbol{r}=(R_{0x}+x,R_{0y}+y,R_{0z}+z)^{\mathrm{T}},\ \dot{\boldsymbol{r}}=(V_x,V_y,V_z) \tag{6.1-15}$$

故有

$$U_\psi=\frac{K_\psi}{r_C r\dot{r}}\begin{vmatrix}V_x & V_y & V_z\\ x_C & y_C & z_C\\ R_{0x}+x & R_{0y}+y & R_{0z}+z\end{vmatrix} \tag{6.1-16}$$

由上述可知，问题的关键在于如何准确地确定 t_n。要准确地确定 t_n 是很困难的，通常 t_n 由以下三部分组成：

1）由计算瞬间至关机时间 t_{n_1}，此段是主动段弹道一部分。由于关机时间是未知的，故 t_{n_1} 无法预测。

2）由关机点至再入点时间 t_{n_2}，此段为自由飞行段，如果给出关机点运动参数，则可以求出 t_{n_2}。最简单的方法是利用椭圆理论近似求 t_{n_2}。自由段飞行时间最长，t_{n_2} 约占 t_n 的 95% 以上。

3）由再入点至命中瞬间的时间 t_{n_3}，此段为再入段。t_{n_3} 受空气动力影响，再入段飞行时

间 t_{n_3} 通常只有几十秒，故 $t_{n_1}+t_{n_3}\ll t_{n_2}$。为此通常尽量减小 t_{n_1}，而将 t_n 看成被动段飞行时间。有时近似用椭圆理论计算 t_n，即把计算点至目标点的弹道都看成是椭圆弹道。如果假设计算瞬间偏近点角为 E_t，命中目标点偏近点角为 E_C，则有

$$\begin{cases}\sin E_t=\dfrac{r}{a\sqrt{1-e^2}}\sqrt{1-\left[\dfrac{1}{e}\left(\dfrac{P}{r}-1\right)\right]^2}\\ \sin E_t=\dfrac{r_C}{a\sqrt{1-e^2}}\sqrt{1-\left[\dfrac{1}{e}\left(\dfrac{P}{r_C}-1\right)\right]^2}\\ t_n=\dfrac{a^{\frac{3}{2}}}{\sqrt{GM}}\left[E_C-E_t-e(\sin E_C-\sin E_t)\right]\end{cases}\tag{6.1-17}$$

6.1.3　计算射程角

与 t_n 相同，要准确计算 β_C 和 β_C^* 是很困难的。如果近似将计算瞬间至命中瞬间的弹道看成是椭圆弹道，如图 6.1-1 所示，则有

$$\beta_C=\varphi_2-\varphi_1\tag{6.1-18}$$

$$\varphi_1=\arcsin\left[\frac{1}{e}\left(\frac{P}{r}-1\right)\right]\tag{6.1-19}$$

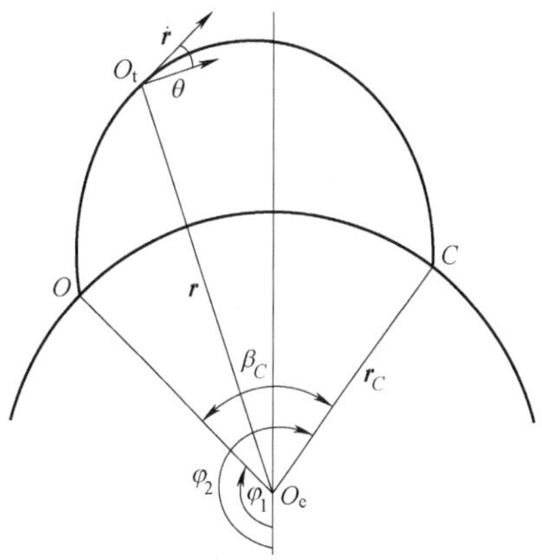

图 6.1-1　椭圆弹道示意图

且由式（3.5-18）~式（3.5-21）可知

$$\begin{cases}P=r\upsilon\cos^2\theta\\ e=\sqrt{1+\upsilon(\upsilon-2)\cos^2\theta}\\ \upsilon_K=\dfrac{V^2r}{GM}\end{cases}\tag{6.1-20}$$

$$\cos\left(\frac{\pi}{2}-\theta\right)=\frac{\dot{\boldsymbol{r}}\cdot\boldsymbol{r}}{|\dot{\boldsymbol{r}}|\,|\boldsymbol{r}|}$$

其次求 φ_2，如图 6.1-1 所示，φ_2 在第Ⅲ象限，故有

$$\varphi_2=2\pi-\arccos\left[\frac{1}{e}\left(\frac{P}{r_C}-1\right)\right]$$

最后求 β_C^*。β_C^* 是目标矢径 $\boldsymbol{r}_C$ 和计算瞬间矢径 $\boldsymbol{r}$ 之间的夹角，有

$$\beta_C^*=\arccos\left(\frac{\boldsymbol{r}_C\cdot\boldsymbol{r}}{|\boldsymbol{r}_C|\,|\boldsymbol{r}|}\right)\tag{6.1-21}$$

当 $\beta_C^*=\beta_C$ 时，即可关机。

用近似的椭圆弹道来代替计算瞬间至命中瞬间的实际弹道，但由于地球扁率和再入段空气动力的影响，将引起偏差，特别是地球扁率引起的偏差较大必须加以考虑。本节所述只是原理性介绍，使大家了解显式制导的基本思想。

6.2　闭路制导方法研究

上一节介绍了显式制导基本思想，可以看出显式制导的特点是，根据现时值和要求达到的终端值，直接构成制导指令公式；与摄动制导不同，它没有什么预先的要求，伸缩性大；

精确、灵活和通用性是它的最大优点；唯一的要求是必须准确地给出所要求的终端条件。

在显式制导方法中，经常引入需要速度的概念。所谓需要速度就是，火箭在当前位置应该以什么样的速度关机，才能完成制导任务。

针对远程火箭，如果把被动段弹道看成是椭圆弹道，如图 6.2-1 所示，*OKM* 为在惯性空间的绝对弹道，*M* 为命中瞬间目标在不动球壳上的投影，*K* 为计算瞬间绝对弹道上一点，制导的目的在于使弹道通过目标投影点 *M*。

对远程运载火箭进行制导，需要考虑地球曲率和再入段空气动力影响，并进行补偿。本书参考文献［26］利用级数展开法，对地球扁率影响进行了考虑，并提出了一种闭路制导方法。所谓闭路制导是指，利用需要速度的概念，在主动段且火箭飞出大气层以后，根据火箭当前的位置 $\boldsymbol{r}_K$、速度 $\boldsymbol{V}_K$ 及时间 t_K 和目标的位置 $\boldsymbol{r}_T$，实时地确定出需要速度 $\boldsymbol{V}_{\mathrm{R}}$，并求出待增速度 $\boldsymbol{V}_{\mathrm{g}}=\boldsymbol{V}_{\mathrm{R}}-\boldsymbol{V}_K$；然后控制火箭的推力方向，使火箭的绝对加速度 $\boldsymbol{a}$ 与 $\boldsymbol{V}_{\mathrm{g}}$ 一致，以保证 $\boldsymbol{V}_{\mathrm{g}}$ 在最短时间内达到零；当 $\boldsymbol{V}_{\mathrm{g}}=0$ 时，关闭发动机。按照需要速度的定义，关机后火箭将经过被动段飞行而命中目标。

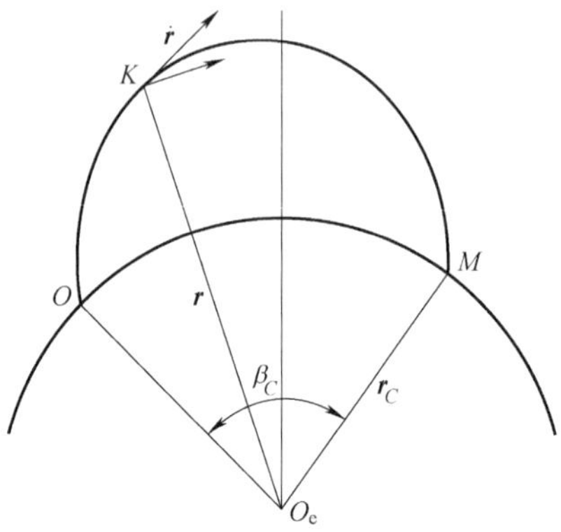

图 6.2-1　被动段弹道

6.2.1　基本假设

1. 地球形状

地球形状为一旋转椭球体，其长半轴为 a，短半轴为 b。

扁率 f

$$f=\frac{a-b}{a}$$

第一偏心率

$$e^2=\frac{a^2-b^2}{a^2}$$

第二偏心率

$$e'^2=\frac{a^2-b^2}{b^2}$$

2. 地理纬度 B 和地心纬度 ϕ 的关系

$$\begin{cases}\tan B=\dfrac{a^2}{b^2}\tan\phi\\ \mu=B-\phi\end{cases}\tag{6.2-1}$$

3. 地球引力场

取具有一阶扁率系数 J 的形式，在地心纬度 ϕ、距地心距离 $r(r>R)$ 处，质心所受的引力加速度为

$$\boldsymbol{g}=g_r\boldsymbol{r}^0+g_\omega\boldsymbol{\omega}_{\mathrm{e}}^0\tag{6.2-2}$$

式中

$$g_r = -\frac{GM}{r^2}\left[1 + J\left(\frac{a}{r}\right)^2(1 - 5\sin^2\phi)\right] \tag{6.2-3}$$

$$g_\omega = -2\frac{GM}{r^2}J\left(\frac{a}{r}\right)^2\sin\phi \tag{6.2-4}$$

地球以角速度 $\boldsymbol{\omega}_e$ 旋转。

6.2.2 导航计算的递推算法

本小节将给出发射惯性坐标系中适用的递推导航算法。

$$\begin{cases}
V_{x,i} = V_{x,i-1} + \Delta W_{x,i} + g_{x,i}\Delta T \\
V_{y,i} = V_{y,i-1} + \Delta W_{y,i} + g_{y,i}\Delta T \\
V_{z,i} = V_{z,i-1} + \Delta W_{z,i} + g_{z,i}\Delta T \\
x_i = x_{i-1} + 0.5\Delta T(V_{x,i} + V_{x,i-1}) \\
y_i = y_{i-1} + 0.5\Delta T(V_{y,i} + V_{y,i-1}) \\
z_i = z_{i-1} + 0.5\Delta T(V_{z,i} + V_{z,i-1}) \\
r_{x,i} = R_{0x} + x_i \\
r_{y,i} = R_{0y} + y_i \\
r_{z,i} = R_{0z} + z_i \\
r_i^2 = r_{x,i}^2 + r_{y,i}^2 + r_{z,i}^2 \\
r_i = 0.5(r'_{i-1} + r_i^2/r'_{i-1}) \\
r_{x,i}^0 = r_{x,i}/r_i \\
r_{y,i}^0 = r_{y,i}/r_i \\
r_{z,i}^0 = r_{z,i}/r_i \\
\sin\varphi_i = \omega_{ex}^0 r_{x,i}^0 + \omega_{ey}^0 r_{y,i}^0 + \omega_{ez}^0 r_{z,i}^0 \\
r'_{x,i} = r_{x,i} + 0.5\Delta T V_{x,i} \\
r'_{y,i} = r_{y,i} + 0.5\Delta T V_{y,i} \\
r'_{z,i} = r_{z,i} + 0.5\Delta T V_{z,i} \\
r_i'^2 = r_{x,i}'^2 + r_{y,i}'^2 + r_{z,i}'^2 \\
r'_i = 0.5(r_i + r_i'^2/r_i) \\
g_{r,i} = -\frac{GM}{r_i'^2}\left[1 + \frac{3}{2}J_2\left(\frac{a}{r}\right)^2(1 - 5\sin^2\phi_i)\right] \\
g_{\omega,i} = -3\frac{GM}{r_i'^2}J_2\left(\frac{a}{r}\right)^2\sin\phi_i \\
g_{x,i+1} = g_{r_i}r'_{x,i}/r'_i + g_{\omega_i}\omega_{ex}^0 \\
g_{y,i+1} = g_{r_i}r'_{y,i}/r'_i + g_{\omega_i}\omega_{ey}^0 \\
g_{z,i+1} = g_{r_i}r'_{z,i}/r'_i + g_{\omega_i}\omega_{ez}^0
\end{cases} \tag{6.2-5}$$

6.2.3 当前点位置的球坐标表示

按图 2.8-1 所示得到图 6.2-2 所示球坐标及点位置。

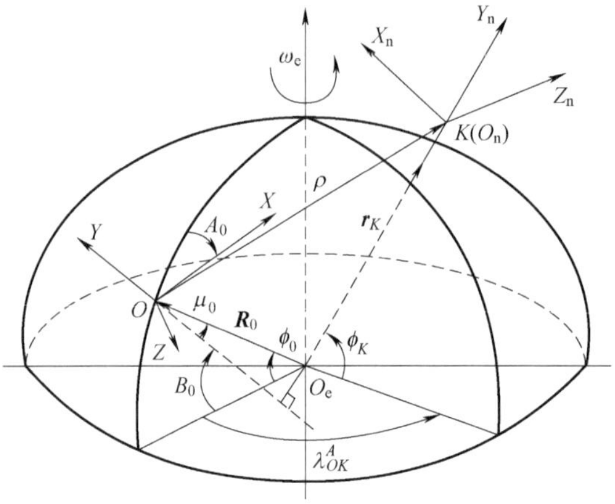

图 6.2-2 北天东坐标系与惯性坐标系关系

不妨设当前点 K 的位置参数为 x_K、y_K、z_K，飞行时间为 t_K，现将其转换为球坐标 r_K、ϕ_K、λ_{OK}^A。

考虑到 $\phi_K \in [-90°, 90°]$，显然有

$$\boldsymbol{r}_K = (R_{0x} \quad R_{0y} \quad R_{0z})^{\mathrm{T}} + (x_K \quad y_K \quad z_K)^{\mathrm{T}} \tag{6.2-6}$$

$$\phi_K = \arcsin(r_x^0 \omega_{ex}^0 + r_y^0 \omega_{ey}^0 + r_z^0 \omega_{ez}^0) \tag{6.2-7}$$

又由式（2.8-8）和式（2.8-9）知

$$\boldsymbol{e}_{z_n} = \frac{1}{\cos\phi_K}(F_{31}\boldsymbol{e}_X + F_{32}\boldsymbol{e}_Y + F_{33}\boldsymbol{e}_Z) \tag{6.2-8}$$

其中

$$\begin{pmatrix} F_{31} \\ F_{32} \\ F_{33} \end{pmatrix} = \begin{pmatrix} 0 & -\omega_{ez}^0 & \omega_{ey}^0 \\ \omega_{ez}^0 & 0 & -\omega_{ex}^0 \\ -\omega_{ey}^0 & \omega_{ex}^0 & 0 \end{pmatrix} \begin{pmatrix} r_x^0 \\ r_y^0 \\ r_z^0 \end{pmatrix} \tag{6.2-9}$$

式中，$\boldsymbol{e}_X$、$\boldsymbol{e}_Y$、$\boldsymbol{e}_Z$ 为发射惯性坐标系 O-XYZ 三轴单位矢量；$\boldsymbol{e}_{x_n}$、$\boldsymbol{e}_{y_n}$、$\boldsymbol{e}_{z_n}$ 为北天东坐标系 K-$x_n y_n z_n$ 三轴单位矢量。

下面计算绝对经差 λ_{OK}^A。

记过 O 点子午面法线方向单位矢量 $\boldsymbol{k}'$，则知 $\boldsymbol{k}'$ 在平面 O-XZ 内，得

$$\boldsymbol{k}' = \sin A_0 \boldsymbol{e}_X + \cos A_0 \boldsymbol{e}_Z \tag{6.2-10}$$

因为 λ_{OK}^A 为过 K 点子午面与过 O 点子午面间的二面角，即 $\boldsymbol{e}_{z_n}$ 与 $\boldsymbol{k}'$ 间夹角，则有

$$\boldsymbol{k}' \cdot \boldsymbol{e}_{z_n} = \cos\lambda_{OK}^A, \ \boldsymbol{k}' \times \boldsymbol{e}_{z_n} = \sin\lambda_{OK}^A \boldsymbol{e}_\Omega \tag{6.2-11}$$

将式（6.2-8）和式（6.2-10）代入式（6.2-11）得

$$\cos\lambda_{OK}^A = \frac{1}{\cos\phi_K}(F'_{31}\sin A_0 + F'_{33}\cos A_0) \tag{6.2-12}$$

$$\sin\lambda_{OK}^{A}\boldsymbol{e}_{\Omega}=\frac{1}{\cos\phi_K}\begin{vmatrix}\boldsymbol{e}_X & \boldsymbol{e}_Y & \boldsymbol{e}_Z\\ \sin A_0 & 0 & \cos A_0\\ F_{31} & F_{32} & F_{33}\end{vmatrix}\tag{6.2-13}$$

$$=\frac{1}{\cos\phi_K}[-F_{32}\cos A_0\boldsymbol{e}_X+(F_{31}\cos A_0-F_{33}\sin A_0)\boldsymbol{e}_Y+F_{32}\sin A_0\boldsymbol{e}_Z]$$

又考虑到 $\boldsymbol{e}_{\omega}=\omega_{ex}^{0}\boldsymbol{e}_X+\omega_{ey}^{0}\boldsymbol{e}_Y+\omega_{ez}^{0}\boldsymbol{e}_Z$，则有

$$\sin\lambda_{OK}^{A}=-\frac{F_{32}\cos A_0}{\omega_{ex}^{0}\cos\phi_K}=-\frac{F_{32}}{\cos B_0\cos\phi_K}\tag{6.2-14}$$

$$\sin\lambda_{OK}^{A}=\frac{F_{31}\cos A_0-F_{33}\sin A_0}{\omega_{ey}^{0}\cos\phi_K}=\frac{F_{31}\cos A_0-F_{33}\sin A_0}{\sin B_0\cos\phi_K}\tag{6.2-15}$$

如记 $\lambda^{A}=\arcsin\left(-\dfrac{F_{32}}{\cos B_0\cos\phi_K}\right)$，则有

$$\lambda_{OK}^{A}=\begin{cases}\lambda^{A} & F_{31}\cos A_0-F_{33}\sin A_0\geqslant 0\\ \mathrm{sgn}\lambda^{A}\cdot\pi-\lambda & F_{31}\cos A_0-F_{33}\sin A_0<0\end{cases}\tag{6.2-16}$$

则由式（6.2-6）、式（6.2-7）和式（6.2-16）可求出 K 点球坐标。

6.2.4　需要速度的确定

闭路制导，是在导航计算的基础上，根据火箭当前状态（位置、速度）和目标位置进行制导，利用需要速度的概念将火箭当前位置和目标位置联系起来。

需要速度，是假定火箭在当前位置上关机，经自由段和再入段飞行和命中目标所应具有的速度。或者说，需要速度，是保证能命中目标所需的速度。任意瞬时火箭的需要速度是实时确定的，火箭根据需要速度进行导引和关机控制。

根据上述定义，为求某点需要速度，需解自由段和再入段弹道。为简化箭上计算，提出了虚拟目标的概念。所谓虚拟目标，就是以需要速度为初值的开普勒椭圆轨道与地面的交点。以虚拟目标代替实际目标，可以用椭圆轨道求需要速度，此需要速度的实际落点即真实目标。下面如不加说明，落点 T，均指虚拟目标点。

1. 地球不旋转前提下需要速度的确定

由导航计算知道火箭当前状态（位置、速度）。则由式（6.2-6）、式（6.2-7）和式（6.2-16）可求出当前点 K 球坐标 r_K、ϕ_K、λ_{OK}^{A}。

如火箭于点 K（已出大气层，仅受地球引力作用）关机，且火箭沿椭圆轨道飞至点 T 的需要速度为 $\boldsymbol{V}_R$，设 r_K、$\boldsymbol{V}_R$ 确定椭圆面与当地子午面间方位角为 $\hat{\alpha}$，点 K 与 T 间射程角为 β，如图 6.2-3 所示。

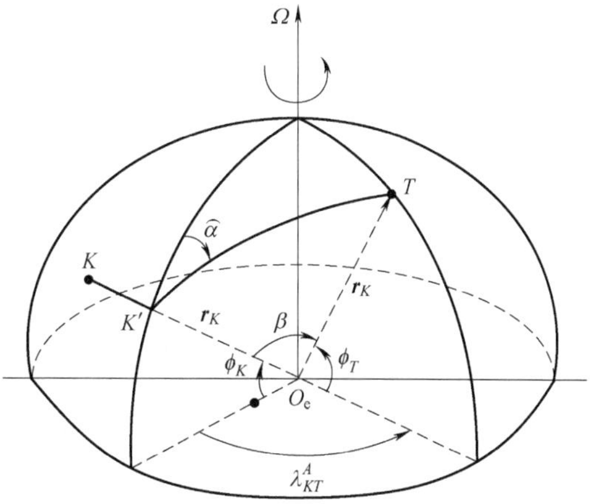

图 6.2-3　方位角 $\hat{\alpha}$ 与射程角为 β 示意图

由球面三角函数知

$$\cos\beta=\cos\left(\frac{\pi}{2}-\phi_K\right)\cos\left(\frac{\pi}{2}-\phi_T\right)+\sin\left(\frac{\pi}{2}-\phi_K\right)\sin\left(\frac{\pi}{2}-\phi_T\right)\cos\lambda_{KT}^A$$

$$\frac{\sin\widehat{\alpha}}{\sin\left(\frac{\pi}{2}-\phi_K\right)}=\frac{\sin\lambda_{KT}^A}{\sin\beta}$$

$$\cos\left(\frac{\pi}{2}-\phi_T\right)=\cos\beta\cos\left(\frac{\pi}{2}-\phi_K\right)+\sin\beta\sin\left(\frac{\pi}{2}-\phi_K\right)\cos\widehat{\alpha}$$

考虑到火箭射程，由上式得

$$\beta=\arccos(\sin\phi_K\sin\phi_T+\cos\phi_K\cos\phi_{\mathrm{T}}\cos\lambda_{KT}^A) \tag{6.2-17}$$

$$\sin\widehat{\alpha}=\frac{\sin\lambda_{KT}^A}{\sin\beta}\cos\phi_K,\ \cos\widehat{\alpha}=(\sin\varphi_T-\cos\beta\sin\varphi_K)/(\sin\beta\cos\varphi_K) \tag{6.2-18}$$

（1）已知点 K 需要速度倾角 Θ_K 时的椭圆轨道方程

如火箭沿椭圆轨道由点 K 飞至点 T，如图 6.2-3 所示，其射程角为 β，显然点 K、T 真近点角具有如下关系：

$$\xi_T=\xi_K+\beta \tag{6.2-19}$$

则由轨道方程式（3.5-14）知

$$r_K=\frac{P}{1+e\cos\xi_K} \tag{6.2-20}$$

$$r_T=\frac{P}{1+e\cos\xi_T}=\frac{P}{1+e\cos(\xi_K+\beta)} \tag{6.2-21}$$

由式（6.2-20）知

$$e=\frac{\left(\frac{P}{r_K}-1\right)}{\cos\xi_K} \tag{6.2-22}$$

将式（6.2-22）代入式（6.2-21），得

$$r_T=\frac{P}{1+\left(\frac{P}{r_K}-1\right)\frac{\cos(\xi_K+\beta)}{\cos\xi_K}}=\frac{P}{1+\left(\frac{P}{r_K}-1\right)(\cos\beta-\sin\beta\tan\xi_K)} \tag{6.2-23}$$

又由式（3.5-29）知

$$\xi_K=\arctan\frac{\tan\Theta_K}{1-\frac{r_K}{P}} \tag{6.2-24}$$

将式（6.2-24）代入式（6.2-23），并整理得

$$\frac{P}{r_T}=1+\left(\frac{P}{r_K}-1\right)(\cos\beta-\sin\beta\tan\xi_K)\Rightarrow\frac{P}{r_T}=1+\left(\frac{P}{r_K}-1\right)\left(\cos\beta-\sin\beta\frac{1}{\left(1-\frac{r_K}{P}\right)}\tan\Theta_K\right)$$

$$\frac{P}{r_T}\left(1-\frac{r_K}{P}\right)=\left(1-\frac{r_K}{P}\right)+\left(\frac{P}{r_K}-1\right)\left[\left(1-\frac{r_K}{P}\right)\cos\beta-\sin\beta\tan\Theta_K\right]$$

$$\frac{P}{r_T}-\frac{r_K}{r_T}=1-\frac{r_K}{P}+\left(\frac{P}{r_K}-1-1+\frac{r_K}{P}\right)\cos\beta-\left(\frac{P}{r_K}-1\right)\sin\beta\tan\Theta_K$$

$$P^2r_K-Pr_K^2=Pr_Kr_T-r_K^2r_T+(P^2r_T-2Pr_Kr_T+r_K^2r_T)\cos\beta-(P^2r_T-Pr_Kr_T)\sin\beta\tan\Theta_K$$

$$P^2(r_K - r_T\cos\beta + r_T\sin\beta\tan\Theta_K) - P(r_K^2 + r_K r_T - 2r_K r_T\cos\beta - r_K r_T\sin\beta\tan\Theta_K) + r_K^2 r_T(1 - \cos\beta) = 0$$

$$[P(r_K - r_T\cos\beta + r_T\sin\beta\tan\Theta_K) - r_K r_T(1-\cos\beta)]\cdot(P - r_K) = 0$$

显然有

$$P = \frac{r_K r_T(1-\cos\beta)}{r_K - r_T\cos\beta + r_T\sin\beta\tan\Theta_K} = \frac{r_T(1-\cos\beta)}{1 - \dfrac{r_T}{r_K}(\cos\beta - \sin\beta\tan\Theta_K)},\ P = r_K$$

将 $P = r_K$ 代入式（6.2-22）得 $e=0$，此时轨道方程得 $r=P$ 的圆；如 $r_K \neq r_T$，显然落点 T 不在该圆上，不满足要求。那么，有

$$P = \frac{r_T(1-\cos\beta)}{1 - \dfrac{r_T}{r_K}(\cos\beta - \sin\beta\tan\Theta_K)} \tag{6.2-25}$$

这样，如知点 K 需要速度倾角 Θ_K，便可由式（6.2-25）、式（6.2-24）和式（6.2-22）分别求出该椭圆轨道方程的 P、ξ_K、e。

（2）已知点 T 为落点时速度倾角 Θ_T 时的椭圆轨道方程

假设点 K 关机、点 T 为落点，且已知点 T 速度倾角为 Θ_T 时，下面求椭圆轨道方程。

显然，由式（6.2-19）、式（6.2-20）和式（6.2-21）知

$$\xi_K = \xi_T - \beta \tag{6.2-26}$$

$$r_K = \frac{P}{1 + e\cos\xi_K} = \frac{P}{1 + e\cos(\xi_T - \beta)} \tag{6.2-27}$$

$$r_T = \frac{P}{1 + e\cos\xi_T} \tag{6.2-28}$$

由式（6.2-28）知

$$e = \frac{\left(\dfrac{P}{r_T} - 1\right)}{\cos\xi_T} \tag{6.2-29}$$

将式（6.2-29）代入式（6.2-27），得

$$r_K = \frac{P}{1 + \left(\dfrac{P}{r_T} - 1\right)\dfrac{\cos(\xi_T - \beta)}{\cos\xi_T}} = \frac{P}{1 + \left(\dfrac{P}{r_T} - 1\right)(\cos\beta + \sin\beta\tan\xi_T)} \tag{6.2-30}$$

又由式（3.5-29）知

$$\xi_T = \arctan\frac{\tan\Theta_T}{1 - \dfrac{r_T}{P}} \tag{6.2-31}$$

将式（6.2-31）代入式（6.2-30），并整理得

$$\frac{P}{r_K} = 1 + \left(\frac{P}{r_T} - 1\right)(\cos\beta + \sin\beta\tan\xi_T)$$

$$\frac{P}{r_K} = 1 + \left(\frac{P}{r_T} - 1\right)\left(\cos\beta + \sin\beta\frac{1}{\left(1 - \dfrac{r_T}{P}\right)}\tan\Theta_T\right)$$

$$\frac{P}{r_K}\left(1-\frac{r_T}{P}\right)=\left(1-\frac{r_T}{P}\right)+\left(\frac{P}{r_T}-1\right)\left[\left(1-\frac{r_T}{P}\right)\cos\beta+\sin\beta\tan\Theta_T\right]$$

$$\frac{P}{r_K}-\frac{r_T}{r_K}=1-\frac{r_T}{P}+\left(\frac{P}{r_T}-1-1+\frac{r_T}{P}\right)\cos\beta+\left(\frac{P}{r_T}-1\right)\sin\beta\tan\Theta_T$$

$$P^2r_T-Pr_T^2=Pr_Tr_K-r_T^2r_K+(P^2r_K-2Pr_Tr_K+r_T^2r_K)\cos\beta+(P^2r_K-Pr_Tr_K)\sin\beta\tan\Theta_T$$

$$P^2(r_T-r_K\cos\beta-r_K\sin\beta\tan\Theta_T)-P(r_T^2+r_Tr_K-2r_Tr_K\cos\beta-r_Tr_K\sin\beta\tan\Theta_T)+r_T^2r_K(1-\cos\beta)=0$$

$$[P(r_T-r_K\cos\beta-r_K\sin\beta\tan\Theta_T)-r_Tr_K(1-\cos\beta)]\cdot(P-r_T)=0$$

显然有

$$P=\frac{r_Tr_K(1-\cos\beta)}{r_T-r_K\cos\beta-r_K\sin\beta\tan\Theta_T}=\frac{r_K(1-\cos\beta)}{1-\frac{r_K}{r_T}(\cos\beta+\sin\beta\tan\Theta_T)},\quad P=r_K$$

同上分析可知

$$P=\frac{r_K(1-\cos\beta)}{1-\frac{r_K}{r_T}(\cos\beta+\sin\beta\tan\Theta_T)} \tag{6.2-32}$$

这样，如知点 T 需要速度倾角 Θ_T，便可由式（6.2-32）、式（6.2-31）和式（6.2-29）分别求出该椭圆轨道方程的 P、ξ_T、e。

（3）最小能量椭圆轨道的确定方法一

由式（3.5-13）知 $h=\sqrt{P\mu}$，由式（3.5-16）知 $h=r_KV_K\cos\Theta_K$，则有

$$V_K=\frac{\sqrt{P\mu}}{r_K\cos\Theta_K} \tag{6.2-33}$$

如火箭在当前点关机、落在点 T，则可将式（6.2-25）代入上式进行如下整理：

$$V_K^2r_K^2\cos^2\Theta_K=P\mu=\frac{\mu r_T(1-\cos\beta)}{1-\frac{r_T}{r_K}(\cos\beta-\sin\beta\tan\Theta_K)}$$

$$V_K^2r_K^2\cos^2\Theta_K-V_K^2r_K^2\cos^2\Theta_K\frac{r_T}{r_K}(\cos\beta-\sin\beta\tan\Theta_K)=\mu r_T(1-\cos\beta)$$

$$(V_K^2r_K^2-V_K^2r_Kr_T\cos\beta)\cos^2\Theta_K+V_K^2r_Kr_T\sin\beta\tan\Theta_K\cos^2\Theta_K=\mu r_T(1-\cos\beta)$$

$$(V_K^2r_K^2-V_K^2r_Kr_T\cos\beta)+V_K^2r_Kr_T\sin\beta\tan\Theta_K=\mu r_T(1-\cos\beta)(1+\tan^2\Theta_K)$$

$$V_K^2r_K\left(\frac{r_K}{r_T}-\cos\beta\right)+V_K^2r_K\sin\beta\tan\Theta_K=\mu(1-\cos\beta)+\mu(1-\cos\beta)\tan^2\Theta_K$$

即得关于 $\tan\Theta_K$ 的二次代入方程：

$$\mu(1-\cos\beta)\tan^2\Theta_K-V_K^2r_K\sin\beta\tan\Theta_K+\left[\mu(1-\cos\beta)-V_K^2r_K\left(\frac{r_K}{r_T}-\cos\beta\right)\right]=0 \tag{6.2-34}$$

该方程两个根为

$$\tan\Theta_K=\frac{V_K^2r_K\sin\beta\pm\sqrt{V_K^4r_K^2\sin^2\beta-4\mu(1-\cos\beta)\left[\mu(1-\cos\beta)-V_K^2r_K\left(\frac{r_K}{r_T}-\cos\beta\right)\right]}}{2\mu(1-\cos\beta)} \tag{6.2-35}$$

式中，根号内式子大于等于零时，那么方程有实根，即

$$r_K^2\sin^2\beta V_K^4+4\mu(1-\cos\beta)r_K\left(\frac{r_K}{r_T}-\cos\beta\right)V_K^2-4[\mu(1-\cos\beta)]^2\geqslant 0 \tag{6.2-36}$$

即可作如下整理：

$$r_K^2\sin^2\beta V_K^4+4\mu(1-\cos\beta)r_K\left(\frac{r_K}{r_T}-\cos\beta\right)V_K^2+\frac{\left[2\mu(1-\cos\beta)r_K\left(\frac{r_K}{r_T}-\cos\beta\right)\right]^2}{r_K^2\sin^2\beta}\geqslant$$

$$\frac{\left[2\mu(1-\cos\beta)r_K\left(\frac{r_K}{r_T}-\cos\beta\right)\right]^2}{r_K^2\sin^2\beta}+4[\mu(1-\cos\beta)]^2$$

那么有

$$\left[r_K\sin\beta V_K^2+\frac{2\mu(1-\cos\beta)\left(\frac{r_K}{r_T}-\cos\beta\right)}{\sin\beta}\right]^2\geqslant\frac{4[\mu(1-\cos\beta)]^2\left[\left(\frac{r_K}{r_T}-\cos\beta\right)^2+\sin^2\beta\right]}{\sin^2\beta}$$

又考虑到 $\beta<\pi$、$\sin\beta\geqslant 0$，有

$$\sqrt{4[\mu(1-\cos\beta)]^2\left[\left(\frac{r_K}{r_T}-\cos\beta\right)^2+\sin^2\beta\right]}>2\left|\mu(1-\cos\beta)\left(\frac{r_K}{r_T}-\cos\beta\right)\right|$$

则下式有物理意义：

$$r_K\sin\beta V_K^2+\frac{2\mu(1-\cos\beta)\left(\frac{r_K}{r_T}-\cos\beta\right)}{\sin\beta}\geqslant\frac{2\mu(1-\cos\beta)\sqrt{\left(\frac{r_K}{r_T}-\cos\beta\right)^2+\sin^2\beta}}{\sin\beta}$$

即

$$V_K^2\geqslant\frac{2\mu(1-\cos\beta)\left[-\left(\frac{r_K}{r_T}-\cos\beta\right)+\sqrt{\left(\frac{r_K}{r_T}-\cos\beta\right)^2+\sin^2\beta}\right]}{r_K\sin^2\beta}$$

由上式可知 V_K^2的最小值为

$$V_K^{*2}=\frac{2\mu(1-\cos\beta)\left[-\left(\frac{r_K}{r_T}-\cos\beta\right)+\sqrt{\left(\frac{r_K}{r_T}-\cos\beta\right)^2+\sin^2\beta}\right]}{r_K\sin^2\beta} \tag{6.2-37}$$

由于点 K 的速度大于等于 V_K^{*2}，火箭载荷才有可能达到落点 T，所以称 $V_K^2=V_K^{*2}$ 对应的椭圆轨道为最小能量轨道。此时，式（6.2-36）变为

$$r_K^2\sin^2\beta V_K^4+4\mu(1-\cos\beta)r_K\left(\frac{r_K}{r_T}-\cos\beta\right)V_K^2-4[\mu(1-\cos\beta)]^2=0$$

作如下整理：

$$\frac{4\mu(1-\cos\beta)r_KV_K^2}{4[\mu(1-\cos\beta)]^2-r_K^2\sin^2\beta V_K^4}=\frac{1}{\frac{r_K}{r_T}-\cos\beta}=\frac{\frac{V_K^2r_K}{\mu(1-\cos\beta)}}{1-\frac{V_K^4r_K^2\sin^2\beta}{4[\mu(1-\cos\beta)]^2}}=\frac{\frac{V_K^2r_K}{\mu(1-\cos\beta)}}{1-\left[\frac{V_K^2r_K\sin\beta}{2\mu(1-\cos\beta)}\right]^2}$$

$$\frac{\sin\beta}{\dfrac{r_K}{r_T}-\cos\beta}=\frac{2\cdot\dfrac{V_K^2 r_K\sin\beta}{2\mu(1-\cos\beta)}}{1-\left[\dfrac{V_K^2 r_K\sin\beta}{2\mu(1-\cos\beta)}\right]^2} \tag{6.2-38}$$

当 $V_K^2=V_K^{*2}$ 时，由式（6.2-35）知 $\tan\Theta_K^*=\dfrac{V_K^2 r_K\sin\beta}{2\mu\ (1-\cos\beta)}$，则式（6.2-38）可变为

$$\frac{\sin\beta}{\dfrac{r_K}{r_T}-\cos\beta}=\frac{2\tan\Theta_K^*}{1-\tan^2\Theta_K^*}=\tan 2\Theta_K^*$$

即

$$\Theta_K^*=\frac{1}{2}\arctan\frac{\sin\beta}{\dfrac{r_K}{r_T}-\cos\beta} \tag{6.2-39}$$

此时可由式（6.2-25）、式（6.2-24）和式（6.2-22）分别求出最小能量椭圆轨道方程的 P、ξ_K、e。

（4）最小能量椭圆轨道的确定方法二

由式（3.5-13）知 $h=\sqrt{P\mu}$，由式（3.5-16）知 $h=r_T V_T\cos\Theta_T$，则有

$$V_T=\frac{\sqrt{P\mu}}{r_T\cos\Theta_T} \tag{6.2-40}$$

如火箭在当前点关机、载荷落在点 T，则可将式（6.2-25）代入上式进行如下整理：

$$V_T^2 r_T^2\cos^2\Theta_T=P\mu=\frac{\mu r_K(1-\cos\beta)}{1-\dfrac{r_K}{r_T}(\cos\beta+\sin\beta\tan\Theta_T)}$$

$$V_T^2 r_T^2\cos^2\Theta_T-V_T^2 r_T^2\cos^2\Theta_T\frac{r_K}{r_T}(\cos\beta+\sin\beta\tan\Theta_T)=\mu r_K(1-\cos\beta)$$

$$(V_T^2 r_T^2-V_T^2 r_T r_K\cos\beta)\cos^2\Theta_K-V_T^2 r_T r_K\sin\beta\tan\Theta_T\cos^2\Theta_K=\mu r_T(1-\cos\beta)$$

$$(V_T^2 r_T^2-V_T^2 r_T r_K\cos\beta)-V_T^2 r_T r_K\sin\beta\tan\Theta_T=\mu r_T(1-\cos\beta)(1+\tan^2\Theta_T)$$

$$V_T^2 r_T\left(\frac{r_T}{r_K}-\cos\beta\right)-V_T^2 r_T\sin\beta\tan\Theta_T=\mu(1-\cos\beta)+\mu(1-\cos\beta)\tan^2\Theta_T$$

即得关于 $\tan\Theta_T$ 的二次代入方程：

$$\mu(1-\cos\beta)\tan^2\Theta_T+V_T^2 r_T\sin\beta\tan\Theta_T+\left[\mu(1-\cos\beta)-V_T^2 r_T\left(\frac{r_T}{r_K}-\cos\beta\right)\right]=0$$

该方程两个根为

$$\tan\Theta_T=\frac{-V_T^2 r_T\sin\beta\pm\sqrt{V_T^4 r_T^2\sin^2\beta-4\mu(1-\cos\beta)\left[\mu(1-\cos\beta)-V_T^2 r_T\left(\dfrac{r_T}{r_K}-\cos\beta\right)\right]}}{2\mu(1-\cos\beta)} \tag{6.2-41}$$

上式中，根号内式子大于等于零时，那么方程有实根，即

$$r_T^2\sin^2\beta V_T^4+4\mu(1-\cos\beta)r_T\left(\frac{r_T}{r_K}-\cos\beta\right)V_T^2-4[\mu(1-\cos\beta)]^2\geqslant 0 \tag{6.2-42}$$

即可作如下整理：

$$r_T^2\sin^2\beta V_T^4+4\mu(1-\cos\beta)r_T\left(\frac{r_T}{r_K}-\cos\beta\right)V_T^2+\frac{\left[2\mu(1-\cos\beta)r_T\left(\frac{r_T}{r_K}-\cos\beta\right)\right]^2}{r_T^2\sin^2\beta}\geqslant$$

$$\frac{\left[2\mu(1-\cos\beta)r_T\left(\frac{r_T}{r_K}-\cos\beta\right)\right]^2}{r_T^2\sin^2\beta}+4[\mu(1-\cos\beta)]^2$$

那么有

$$\left[r_T\sin\beta V_T^2+\frac{2\mu(1-\cos\beta)\left(\frac{r_T}{r_K}-\cos\beta\right)}{\sin\beta}\right]^2\geqslant\frac{4[\mu(1-\cos\beta)]^2\left[\left(\frac{r_T}{r_K}-\cos\beta\right)^2+\sin^2\beta\right]}{\sin^2\beta}$$

又考虑到 $\beta<\pi$、$\sin\beta\geqslant 0$，有

$$\sqrt{4[\mu(1-\cos\beta)]^2\left[\left(\frac{r_T}{r_K}-\cos\beta\right)^2+\sin^2\beta\right]}>2\left|\mu(1-\cos\beta)\left(\frac{r_T}{r_K}-\cos\beta\right)\right|$$

则下式有物理意义：

$$r_T\sin\beta V_T^2+\frac{2\mu(1-\cos\beta)\left(\frac{r_T}{r_K}-\cos\beta\right)}{\sin\beta}\geqslant\frac{2\mu(1-\cos\beta)\sqrt{\left(\frac{r_T}{r_K}-\cos\beta\right)^2+\sin^2\beta}}{\sin\beta}$$

即

$$V_T^2\geqslant\frac{2\mu(1-\cos\beta)\left[-\left(\frac{r_T}{r_K}-\cos\beta\right)+\sqrt{\left(\frac{r_T}{r_K}-\cos\beta\right)^2+\sin^2\beta}\right]}{r_T\sin^2\beta}$$

由上式可知 V_T^2 的最小值为

$$V_T^{*2}=\frac{2\mu(1-\cos\beta)\left[-\left(\frac{r_T}{r_K}-\cos\beta\right)+\sqrt{\left(\frac{r_T}{r_K}-\cos\beta\right)^2+\sin^2\beta}\right]}{r_T\sin^2\beta} \tag{6.2-43}$$

由于点 T 的速度大于等于 V_T^{*2}，火箭载荷才有可能达到落点 T，所以称 $V_T^2=V_T^{*2}$ 对应的椭圆轨道为最小能量轨道。此时，式（6.2-42）变为

$$r_T^2\sin^2\beta V_T^4+4\mu(1-\cos\beta)r_T\left(\frac{r_T}{r_K}-\cos\beta\right)V_T^2-4[\mu(1-\cos\beta)]^2=0$$

作如下整理：

$$\frac{4\mu(1-\cos\beta)r_TV_T^2}{4[\mu(1-\cos\beta)]^2-r_T^2\sin^2\beta V_T^4}=\frac{1}{\dfrac{r_T}{r_K}-\cos\beta}=\frac{\dfrac{V_T^2r_T}{\mu(1-\cos\beta)}}{1-\dfrac{V_T^4r_T^2\sin^2\beta}{4[\mu(1-\cos\beta)]^2}}=\frac{\dfrac{V_T^2r_T}{\mu(1-\cos\beta)}}{1-\left[\dfrac{V_T^2r_T\sin\beta}{2\mu(1-\cos\beta)}\right]^2}$$

$$\frac{\sin\beta}{\dfrac{r_T}{r_K}-\cos\beta}=\frac{2\cdot\dfrac{V_T^2r_T\sin\beta}{2\mu(1-\cos\beta)}}{1-\left[\dfrac{V_T^2r_T\sin\beta}{2\mu(1-\cos\beta)}\right]^2} \tag{6.2-44}$$

当 $V_T^2=V_T^{*2}$ 时，由式（6.2-41）知 $\tan\Theta_T=\dfrac{-V_T^2r_T\sin\beta}{2\mu(1-\cos\beta)}$，则式（6.2-44）可变为

$$\frac{\sin\beta}{\dfrac{r_T}{r_K}-\cos\beta}=\frac{-2\tan\Theta_T^*}{1-\tan^2\Theta_T^*}=-\tan2\Theta_T^* \tag{6.2-45}$$

即

$$\Theta_T^*=\frac{1}{2}\arctan\frac{\sin\beta}{\cos\beta-\dfrac{r_T}{r_K}} \tag{6.2-46}$$

此时可由式（6.2-32）、式（6.2-31）和式（6.2-29）分别求出最小能量椭圆轨道方程的 P、ξ_T、e。

2. 地球旋转时需要速度的确定

因为导航计算通常在发射惯性系进行，其飞行过程任一点 K（时间为 t_K）的位置、速度是相对发射惯性坐标系的；而目标点 T 与地球固连，随地球旋转。因此，如按地球不旋转条件下所确定的需要速度，则当具有此速度的火箭载荷落地时，目标点 T 已随地球转过了 $(t_K+t_f)\Omega$。其中，t_f 为地球不旋转时，火箭由点 K 飞至点 T 时间。所以，考虑地球旋转时确定需要速度必须采用迭代算法。

如果已知目标点 T 的速度倾角 Θ_T，计算点 K 需要速度的公式为式（6.2-47），式（6.2-47）中的②~⑩分别对应式（6.2-17）、式（6.2-46）、式（6.2-25）、式（6.2-31）、式（6.2-26）、式（6.2-29）、式（3.5-92）和式（3.5-99）。

$t_{f,j}$的第一个周期取初值 $t_{f,0}$，以后就用上一周期计算得到的新值作为初值。

如果已知虚拟目标点 T 大地纬度 B_T、λ_T、H_T，则球坐标计算如下：

$$r_T=\frac{a}{\sqrt{1-e^2\sin^2B_T}}+H_T,\ \phi_T=\arctan[(1-e^2)\tan B_T]$$

如果已知虚拟目标点 T 地心纬度 ϕ_T、λ_T、H_T，则球坐标计算如下：

$$r_T=\frac{a\sqrt{1-e^2}}{\sqrt{1-e^2\cos^2\phi_T}}+H_T$$

式（6.2-47）结束迭代需要满足的条件：$|P_{j+1}-P_j|<\varepsilon$ 或者迭代次数 $>m$，为箭上计算考虑，m 通常取 5。

迭代结束后，取 $\beta=\beta_j$、$P=P_j$、$\xi_K=\xi_{K,j}$，则由式（6.2-24）得

$$\Theta_K=\arctan\left[\left(1-\frac{r_K}{P}\right)\cdot\tan\xi_K\right]$$

$$\left\{\begin{array}{ll}
\lambda_{KT,j}^{A}=(\lambda_T-\lambda_O)-\lambda_{OK}^{A}+\Omega(t_K+t_{f,j}) & ① \\
\beta_j=\arccos(\sin\phi_K\sin\phi_T+\cos\phi_K\cos\phi_T\cos\lambda_{KT,j}^{A}) & ② \\
\Theta_{T,j}=\begin{cases}\frac{1}{1}\arctan\left(\dfrac{\sin\beta}{\cos\beta-\dfrac{r_T}{r_K}}\right) \\ \Theta_T\end{cases} & ③ \\
p_j=\dfrac{r_K(1-\cos\beta_j)}{1-\dfrac{r_K}{r_T}(\cos\beta_j+\sin\beta_j\tan\Theta_{T,j})} & ④ \\
\xi_{T,j}=\arctan\dfrac{\tan\Theta_{T,j}}{1-\dfrac{r_T}{P}} & ⑤ \\
\xi_{K,j}=\xi_{T,j}-\beta_j & ⑥ \\
e_j=\dfrac{\left(\dfrac{P}{r_T}-1\right)}{\cos\xi_{T,j}} & ⑦ \\
\gamma_{T,j}=2\arctan\left(\sqrt{\dfrac{1-e_j}{1+e_j}}\tan\dfrac{\xi_{T,j}}{2}\right) & ⑧ \\
\gamma_{K,j}=2\arctan\left(\sqrt{\dfrac{1-e_j}{1+e_j}}\tan\dfrac{\xi_{K,j}}{2}\right) & ⑨ \\
t_{f,j+1}=\dfrac{1}{\sqrt{\mu}}\left(\dfrac{P}{1-e^2}\right)^{\frac{3}{2}}[(\gamma_{T,j}-\gamma_{K,j})-e(\sin\gamma_{T,j}-\sin\gamma_{K,j})] & ⑩
\end{array}\right. \tag{6.2-47}$$

3. 关于 $\boldsymbol{\Theta_T}$ 的讨论

当$\boldsymbol{r}_K$、$\boldsymbol{r}_T$ 给定后，最小能量轨道对应唯一的角 Θ_T；对于非最小能量轨道，给定一个 V_R 对应两个 Θ_T。通常可按最小能量轨道选择 Θ_T，有时可根据特殊需要来选择 Θ_T 角，条件如下：

1）从突防要求一定的再入角出发来确定 Θ_T。

2）运载火箭要打小射程，根据此要求来确定 Θ_T。

3）根据工具误差对落点影响最小的原则来确定 Θ_T，等等。

4. 需要速度的确定及其在发射惯性坐标系的投影

显然，需要速度由式（6.2-33）可得

$$V_R=\frac{\sqrt{P\mu}}{r_K\cos\Theta_K} \tag{6.2-48}$$

如图 6.2-2 和图 6.2-3 所示，V_R 在当地北东天坐标系可写为

$$\boldsymbol{V}_R=(\boldsymbol{e}_{x_n}\quad \boldsymbol{e}_{y_n}\quad \boldsymbol{e}_{z_n})V_R(\cos\Theta_K\cos\hat{\alpha}\quad \sin\Theta_K\quad \cos\Theta_K\sin\hat{\alpha})^{\mathrm{T}} \tag{6.2-49}$$

又知$(\boldsymbol{e}_{x_n}\quad \boldsymbol{e}_{y_n}\quad \boldsymbol{e}_{z_n})=(\boldsymbol{e}_X\quad \boldsymbol{e}_Y\quad \boldsymbol{e}_Z)(C_I^n)^{\mathrm{T}}$，代入上式得

$$\boldsymbol{V}_R=(\boldsymbol{e}_X\quad \boldsymbol{e}_Y\quad \boldsymbol{e}_Z)(C_I^n)^{\mathrm{T}}V_R(\cos\Theta_K\cos\hat{\alpha}\quad \sin\Theta_K\quad \cos\Theta_K\sin\hat{\alpha})^{\mathrm{T}}$$

记 $p=\dfrac{\cos\Theta_K\cos\hat{\alpha}}{\cos\phi_K}$、$q=\sin\Theta_K$、$l=\dfrac{\cos\Theta_K\sin\hat{\alpha}}{\cos\phi_K}$，则有

$$\boldsymbol{V}_R=(\boldsymbol{e}_X\quad \boldsymbol{e}_Y\quad \boldsymbol{e}_Z)(V_{Rx}\quad V_{Ry}\quad V_{Rz})^{\mathrm{T}}=(\boldsymbol{e}_X\quad \boldsymbol{e}_Y\quad \boldsymbol{e}_Z)V_R\begin{pmatrix}pF_{11}+qr_x^0+lF_{31}\\ pF_{12}+qr_y^0+lF_{32}\\ pF_{13}+qr_z^0+lF_{33}\end{pmatrix}\tag{6.2-50}$$

式中，F_{11}、F_{12}、F_{13}、F_{31}、F_{32}、F_{33}如式（2.8-13）和式（2.8-9）所示，即

$$\begin{pmatrix}F_{11}\\F_{12}\\F_{13}\end{pmatrix}=\begin{pmatrix}\omega_{ex}^0\\ \omega_{ey}^0\\ \omega_{ez}^0\end{pmatrix}-\sin\phi_K\begin{pmatrix}r_x^0\\r_y^0\\r_z^0\end{pmatrix}\tag{6.2-51}$$

$$\begin{pmatrix}F_{31}\\F_{32}\\F_{33}\end{pmatrix}=\begin{pmatrix}0 & -\omega_{ez}^0 & \omega_{ey}^0\\ \omega_{ez}^0 & 0 & -\omega_{ex}^0\\ -\omega_{ey}^0 & \omega_{ex}^0 & 0\end{pmatrix}\begin{pmatrix}r_x^0\\r_y^0\\r_z^0\end{pmatrix}\tag{6.2-52}$$

6.2.5 闭路制导的导引

将火箭主动段的导引和控制分为两段：火箭飞出大气层之前和火箭飞出大气层之后。

在火箭飞出大气层之前，采用固定俯仰程序的导引方式。在设计俯仰飞行程序时，力求使火箭的攻角保持最小，特别是气动载荷较大的跨声速段应使攻角尽量小，使火箭的法向过载小，以满足结构设计和姿态稳定的要求。有的文献介绍了速度程序控制方法，可以较好地控制速度矢量方向，从而减少火箭载荷的散布。

火箭飞出大气层后采用闭路导引。此时，火箭的机动不受结构强度的限制，可以控制火箭作较大的机动。下面主要介绍闭路导引有关的问题。

1. 待增速度 V_{g} 及其满足的微分方程

定义需要速度 $\boldsymbol{V}_R$ 与火箭实际速度 $\boldsymbol{V}$ 之差为待增速度，即

$$\boldsymbol{V}_{\mathrm{g}}=\boldsymbol{V}_R-\boldsymbol{V}\tag{6.2-53}$$

待增速度的物理意义是，由火箭的当前状态 $\boldsymbol{r}$、$\boldsymbol{V}$ 给出其瞬时增加速度 $\boldsymbol{V}_{\mathrm{g}}$，而后火箭依惯性飞行便可命中目标，因此将 $\boldsymbol{V}_{\mathrm{g}}$ 称为待增速度（见图6.2-4）。

显然，关机条件应为

$$\boldsymbol{V}_{\mathrm{g}}=0\tag{6.2-54}$$

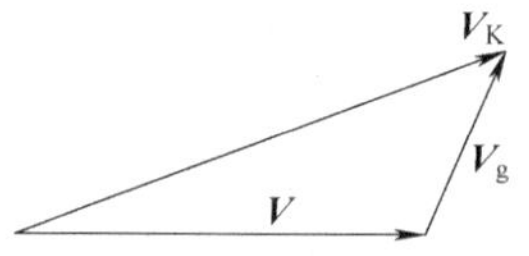

图6.2-4　待增速度示意图

实际上，待增速度不可能瞬时增加，而是通过推力矢量控制实现的。因而，导引的任务是如何使火箭尽快满足关机条件，使燃料消耗最小。为此，必须考虑导引过程中 $\boldsymbol{V}_{\mathrm{g}}$ 所满足的微分方程。

首先，将式（6.2-53）对时间 t 求导，有

$$\frac{\mathrm{d}\boldsymbol{V}_{\mathrm{g}}}{\mathrm{d}t}=\frac{\mathrm{d}\boldsymbol{V}_R}{\mathrm{d}t}-\frac{\mathrm{d}\boldsymbol{V}}{\mathrm{d}t}\tag{6.2-55}$$

因为 $\boldsymbol{V}_R$ 是 $\boldsymbol{r}$ 和 t 的函数，所以有

$$\frac{\mathrm{d}\boldsymbol{V}_R}{\mathrm{d}t}=\frac{\partial\boldsymbol{V}_R}{\partial\boldsymbol{r}^{\mathrm{T}}}\frac{\mathrm{d}\boldsymbol{r}}{\mathrm{d}t}+\frac{\partial\boldsymbol{V}_R}{\partial t}=\frac{\partial\boldsymbol{V}_R}{\partial\boldsymbol{r}^{\mathrm{T}}}\boldsymbol{V}+\frac{\partial\boldsymbol{V}_R}{\partial t}\tag{6.2-56}$$

及

$$\frac{\mathrm{d}\boldsymbol{V}}{\mathrm{d}t}=\dot{\boldsymbol{W}}+\boldsymbol{g} \tag{6.2-57}$$

于是，将式（6.2-56）和式（6.2-57）代入式（6.2-55），得

$$\frac{\mathrm{d}\boldsymbol{V}_{\mathrm{g}}}{\mathrm{d}t}=\frac{\partial\boldsymbol{V}_R}{\partial\boldsymbol{r}^{\mathrm{T}}}\boldsymbol{V}+\frac{\partial\boldsymbol{V}_R}{\partial t}-\dot{\boldsymbol{W}}-\boldsymbol{g} \tag{6.2-58}$$

如火箭在 t 的速度为 $\boldsymbol{V}_R$，其后按惯性飞行。当沿惯性弹道飞行时，火箭只受地球引力作用，有

$$\frac{\mathrm{d}\boldsymbol{V}_R}{\mathrm{d}t}=\boldsymbol{g}=\frac{\partial\boldsymbol{V}_R}{\partial\boldsymbol{r}^{\mathrm{T}}}\boldsymbol{V}_R+\frac{\partial\boldsymbol{V}_R}{\partial t} \tag{6.2-59}$$

再将式（6.2-59）所示 $\boldsymbol{g}$ 代入式（6.2-58）得

$$\frac{\mathrm{d}\boldsymbol{V}_{\mathrm{g}}}{\mathrm{d}t}=-\frac{\partial\boldsymbol{V}_R}{\partial\boldsymbol{r}^{\mathrm{T}}}\boldsymbol{V}_{\mathrm{g}}-\dot{\boldsymbol{W}} \tag{6.2-60}$$

记

$$\boldsymbol{Q}=\begin{pmatrix}\dfrac{\partial V_{Rx}}{\partial x} & \dfrac{\partial V_{Rx}}{\partial y} & \dfrac{\partial V_{Rx}}{\partial z}\\ \dfrac{\partial V_{Ry}}{\partial x} & \dfrac{\partial V_{Ry}}{\partial y} & \dfrac{\partial V_{Ry}}{\partial z}\\ \dfrac{\partial V_{Rz}}{\partial x} & \dfrac{\partial V_{Rz}}{\partial y} & \dfrac{\partial V_{Rz}}{\partial z}\end{pmatrix} \tag{6.2-61}$$

于是，式（6.2-60）可写成如下矩阵形式

$$\frac{\mathrm{d}\boldsymbol{V}_{\mathrm{g}}}{\mathrm{d}t}=-\boldsymbol{Q}\boldsymbol{V}_{\mathrm{g}}-\dot{\boldsymbol{W}} \tag{6.2-62}$$

式（6.2-60）消去了 $\boldsymbol{V}$、$\boldsymbol{r}$、$\boldsymbol{V}_{\mathrm{g}}$ 的变化，仅与 $\dot{\boldsymbol{W}}$、$\dfrac{\partial\boldsymbol{V}_R}{\partial\boldsymbol{r}^{\mathrm{T}}}$有关；而$\dfrac{\partial\boldsymbol{V}_R}{\partial\boldsymbol{r}^{\mathrm{T}}}$的元素变化缓慢，可以预先求出每个元素随时间变化的曲线并装订到箭上计算机。箭上不需导航计算，只要解出式（6.2-62）便可。当 V_{gx}、V_{gy}、V_{gz} 中的大者小于允许值关机。对于中近程火箭 $\boldsymbol{Q}$ 的元素可取为常值，所以 $\boldsymbol{V}_{\mathrm{g}}$ 的实时解算非常简单。上述制导方法称为 Q- 制导法。

2. 高加速度推力的闭路导引

对于具有推力终止能力的固体火箭，关机前推力产生的加速度均大于一个 $\boldsymbol{g}$，甚至是 $\boldsymbol{g}$ 的许多倍，即所谓高加速度推力。如已经知道任一时刻的 $\boldsymbol{V}_{\mathrm{g}}$，为尽快使 $\boldsymbol{V}_{\mathrm{g}}\to 0$，应该通过改变推力方向使$\dfrac{\mathrm{d}\boldsymbol{V}_{\mathrm{g}}}{\mathrm{d}t}$与 $\boldsymbol{V}_{\mathrm{g}}$ 的作用线一致。因此，火箭的姿态角指令角速度为

$$\boldsymbol{\omega}_{\mathrm{c}}=k\frac{\dot{\boldsymbol{V}}_{\mathrm{g}}\times\boldsymbol{V}_{\mathrm{g}}}{|\dot{V}_{\mathrm{g}}V_{\mathrm{g}}|} \tag{6.2-63}$$

式中，k 为常数。

高推力条件下，$|\dot{\boldsymbol{W}}|\gg\left|\dfrac{\partial\boldsymbol{V}_R}{\partial\boldsymbol{r}^{\mathrm{T}}}\boldsymbol{V}_{\mathrm{g}}\right|$，故可取 $\dot{\boldsymbol{W}}$ 与 $\boldsymbol{V}_{\mathrm{g}}$ 方向一致作为导引的准则。可以导出，使 $\dot{\boldsymbol{W}}$ 与 $\boldsymbol{V}_{\mathrm{g}}$ 一致的俯仰、偏航导引信号分别为

$$\Delta\varphi_{c} = \frac{V_{gy}\Delta W_{x} - V_{gx}\Delta W_{y}}{V_{gx}\Delta W_{x} + V_{gy}\Delta W_{y}} \tag{6.2-64}$$

$$\Delta\psi_{c} = \frac{V'_{gx}\Delta W_{z} - V_{gz}\Delta W'_{x}}{V'_{gx}\Delta W'_{x} + V_{gz}\Delta W_{z}} \tag{6.2-65}$$

上述导引方法一般可以得到满意的结果。只是要注意一点，在临近关机时，$\boldsymbol{V}_{g}$ 的大小接近零时，$\boldsymbol{V}_{R}$ 的微小变化就会使 $\boldsymbol{V}_{g}$ 的方向变化很大，即会使火箭有很大的转动角速度。为避免此现象发生，在临近关机的一小段时间区间内取姿态为常值，即 $\Delta\varphi_{c}=\Delta\psi_{c}=0$。

还有一个比较合理且实用的导引方法，即对关机点的 $\boldsymbol{V}_{R}(t_{K})$ 进行预测的导引方法。如 $\boldsymbol{V}_{R}$ 不随 $\boldsymbol{r}$、$\boldsymbol{t}$ 的变化而变化，为使 $\boldsymbol{V}_{g}$ 尽快达到零，则应该取“使火箭的加速度 $\dot{\boldsymbol{V}}$ 与 $\boldsymbol{V}_{g}$ 一致”的原则，这将是“燃料消耗为最少”意义下的最优导引。实际上，在导引过程中，由于火箭的位置和时间的变化，其对应的 $\boldsymbol{V}_{R}$ 也在不断地变化着，故按照“使 $\dot{\boldsymbol{V}}$ 与 $\boldsymbol{V}_{g}$ 一致”的准则进行导引就不是最优了。但因 $\boldsymbol{V}_{R}$ 的变化比较缓慢，可以对关机点的 $\boldsymbol{V}_{R}$ 进行预测。记关机点处 $\boldsymbol{V}_{R}$ 为 $\boldsymbol{V}_{R,K}$，并将 $\boldsymbol{V}_{R}$ 在 t_{i} 展开为泰勒级数，近似取

$$\boldsymbol{V}_{R,K} = \boldsymbol{V}_{R}(t_{i}) + \dot{\boldsymbol{V}}_{R}(t_{i})(t_{K}-t_{i}) \tag{6.2-66}$$

式中

$$\dot{\boldsymbol{V}}_{R}(t_{i}) \approx \frac{\boldsymbol{V}_{R}(t_{i}) - \boldsymbol{V}_{R}(t_{i-1})}{t_{i}-t_{i-1}} \tag{6.2-67}$$

另外，由 t_{i} 至关机 t_{K} 的时间（$t_{K}-t_{i}$），是根据 $\boldsymbol{V}_{g}(t_{K})=0$ 确定的。这里作如下定义：

$$\boldsymbol{V}_{g} = \boldsymbol{V}_{R,K} - \boldsymbol{V} \tag{6.2-68}$$

假定 V_{gx} 是 $\boldsymbol{V}_{g}$ 的较大的分量，则由

$$V_{gx}(t_{K}) = V_{gx}(t_{i}) + \dot{V}_{gx}(t_{i})(t_{K}-t_{i}) = 0 \tag{6.2-69}$$

可得

$$t_{K} - t_{i} = -\frac{V_{gx}(t_{i})}{\dot{V}_{gx}(t_{i})} \tag{6.2-70}$$

因为 $\dot{V}_{x} \gg \dot{V}_{Rx,K}$，所以有

$$\dot{V}_{gx}(t_{i}) = \dot{V}_{Rx,K}(t_{i}) - \dot{V}_{x}(t_{i}) \approx -\dot{V}_{x}(t_{i}) \approx -\frac{V_{x}(t_{i}) - V_{x}(t_{i-1})}{t_{i}-t_{i-1}} \tag{6.2-71}$$

将上式代入式（6.2-70），得

$$t_{K} - t_{i} = \frac{V_{gx}(t_{i})}{V_{x}(t_{i}) - V_{x}(t_{i-1})}(t_{i}-t_{i-1}) \tag{6.2-72}$$

再分别将式（6.2-72）和式（6.2-67）代入式（6.2-66），整理可得

$$\begin{aligned}\boldsymbol{V}_{R,K} &= \boldsymbol{V}_{R}(t_{i}) + \frac{\boldsymbol{V}_{R}(t_{i}) - \boldsymbol{V}_{R}(t_{i-1})}{t_{i}-t_{i-1}} \frac{V_{gx}(t_{i})}{V_{x}(t_{i}) - V_{x}(t_{i-1})}(t_{i}-t_{i-1}) \\ &= \boldsymbol{V}_{R,i} + \frac{\boldsymbol{V}_{R,i} - \boldsymbol{V}_{R,i-1}}{\nabla V_{x,i}} V_{gx}\end{aligned} \tag{6.2-73}$$

实际仿真计算表明，用式（6.2-74）确定 $\boldsymbol{V}_{g}$，再按照“使火箭的加速度 $\dot{\boldsymbol{V}}$ 与 $\boldsymbol{V}_{g}$ 一致”的准则进行导引，效果较好，可以达到燃料消耗的准最佳，且计算简单，能保证关机点附近

火箭姿态变化平稳。

下面介绍采用“使火箭的加速度 $\dot{\boldsymbol{V}}$ 与 $\boldsymbol{V}_{\mathrm{g}}$ 一致”准则时，导引指令的确定。

为了 $\dot{\boldsymbol{V}}$ 与 $\boldsymbol{V}_{\mathrm{g}}$ 一致，必须确定这两个矢量间的夹角。一个矢量的空间方位可用两个欧拉角 φ、ψ 表示，如图 6.2-5 所示。图中坐标系为发射惯性坐标系的平移坐标系。如 $\boldsymbol{V}_{\mathrm{g}}$ 对应的欧拉角为 φ_{g}、ψ_{g}；$\dot{\boldsymbol{V}}$ 对应的欧拉角为 φ_{a}、ψ_{a}，则有

$$\begin{cases}\tan\varphi_{\mathrm{g}}=\dfrac{V_{\mathrm{g}y}}{V_{\mathrm{g}x}}\\[2ex]\tan\psi_{\mathrm{g}}=-\dfrac{V_{\mathrm{g}z}}{V'_{\mathrm{g}x}}\end{cases}\tag{6.2-74}$$

$$\begin{cases}\tan\varphi_{\mathrm{a}}=\dfrac{\dot{V}_y}{\dot{V}_x}\approx\dfrac{\Delta V_y}{\Delta V_x}\\[2ex]\tan\psi_{\mathrm{a}}=-\dfrac{\dot{V}_z}{\dot{V}'_x}\approx-\dfrac{\Delta V_z}{\Delta V'_x}\end{cases}\tag{6.2-75}$$

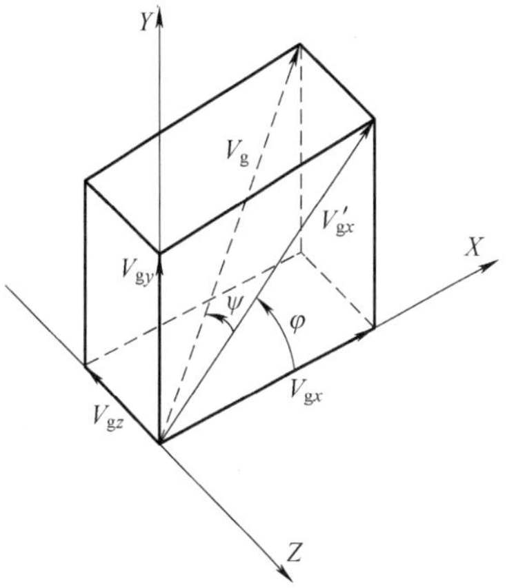

图 6.2-5　矢量的空间方位表示

式中，$V'_{\mathrm{g}x}=\sqrt{V_{\mathrm{g}x}^2+V_{\mathrm{g}y}^2}$、$\Delta V'_x=\sqrt{\Delta V_x^2+\Delta V_y^2}$，根据三角公式，有

$$\tan(\varphi_{\mathrm{g}}-\varphi_{\mathrm{a}})=\frac{\tan\varphi_{\mathrm{g}}-\tan\varphi_{\mathrm{a}}}{1+\tan\varphi_{\mathrm{g}}\tan\varphi_{\mathrm{a}}}$$

考虑到 $\varphi_{\mathrm{g}}-\varphi_{\mathrm{a}}$、$\psi_{\mathrm{g}}-\psi_{\mathrm{a}}$ 都比较小，近似可得

$$\varphi_{\mathrm{g}}-\varphi_{\mathrm{a}}=\frac{\dfrac{V_{\mathrm{g}y}}{V_{\mathrm{g}x}}-\dfrac{\Delta V_y}{\Delta V_x}}{1+\dfrac{V_{\mathrm{g}y}}{V_{\mathrm{g}x}}\dfrac{\Delta V_y}{\Delta V_x}}=\frac{V_{\mathrm{g}y}\Delta V_x-V_{\mathrm{g}x}\Delta V_y}{V_{\mathrm{g}x}\Delta V_x+V_{\mathrm{g}y}\Delta V_y}\tag{6.2-76}$$

$$\psi_{\mathrm{g}}-\psi_{\mathrm{a}}=\frac{-\dfrac{V_{\mathrm{g}z}}{V'_{\mathrm{g}x}}+\dfrac{\Delta V_z}{\Delta V'_x}}{1+\dfrac{V_{\mathrm{g}z}}{V'_{\mathrm{g}x}}\dfrac{\Delta V_z}{\Delta V'_x}}=\frac{V'_{\mathrm{g}x}\Delta V_z-V_{\mathrm{g}z}\Delta V'_x}{V'_{\mathrm{g}x}\Delta V'_x+V_{\mathrm{g}z}\Delta V_z}\tag{6.2-77}$$

可以取如下两量分别作为俯仰、偏航的导引指令：

$$\begin{cases}\Delta\varphi_{\mathrm{c}}=\varphi_{\mathrm{g}}-\varphi_{\mathrm{a}}\\\Delta\psi_{\mathrm{c}}=\psi_{\mathrm{g}}-\psi_{\mathrm{a}}\end{cases}$$

3. 低加速度推力的闭路导引

当火箭采用末速修正系统时，其末修发动机的推力很低，往往只能产生零点几个 $\boldsymbol{g}$ 的推力加速度，如仍然采用最小能量轨道的 Θ_T 或给定的固定 Θ_T 来确定 $\boldsymbol{V}_R$，则会出现 $|\dot{\boldsymbol{W}}|<\left|\dfrac{\partial\boldsymbol{V}_R}{\partial\boldsymbol{r}^{\mathrm{T}}}\boldsymbol{V}_{\mathrm{g}}\right|$ 的情况，此时改变 $\dot{\boldsymbol{W}}$ 的方向不能有效地改变 $\dot{\boldsymbol{V}}_{\mathrm{g}}$ 的方向，因而不能使 $\boldsymbol{V}_{\mathrm{g}}\to0$。在此情况下，可根据速度矢量 $\boldsymbol{V}$ 的倾角 Θ_T 作为需要速度的倾角来确定需要速度 $\boldsymbol{V}_R$，然后采取

$\dot{\boldsymbol{W}}$ 与 $\boldsymbol{V}_{\mathrm{g}}$ 一致的原则实现低加速度推力的末速修正导引。

6.2.6 闭路制导的关机控制

按照需要速度的定义，关机条件应为

$$\boldsymbol{V}_{\mathrm{g}}=0$$

也就是说，一个矢量等于零，显然各个分量同时为零，即

$$V_{gx}=V_{gy}=V_{gz}=0$$

所以，可以取“各分量中变化率较大的一个等于零”作为关机条件。对于运载火箭，通常是$\dot{V}_{gx}>\dot{V}_{gy}>\dot{V}_{gz}$，所以取如下作为关机条件：

$$V_{gx}=0 \tag{6.2-78}$$

下面仅讨论以上式为关机条件的情况。

由箭上计算机实时解算，当满足式（6.2-78）时关机。但因计算机有计算时延，当计算步长为 τ 时，$t_i(=i\tau)$ 是可得测量数据采样，在 $t_{i+1}[=(i+1)\tau]$ 时刻才给出结果，即在 t_{i+1}时刻给出 $V_{gx}(t_i)$ 的值，计算时延为 τ。另外，关机时间不一定恰好是 τ 的整数倍，只能判断当第一次出现 $V_{gx}(t_i)<0$ 时关机。因此，关机时间的最大误差将在 $\tau\sim2\tau$。为了减少关机误差，可在 V_{gx}中预先扣除一个步长 τ 对应的 V_{gx}的增量，使关机的时间误差降为 τ。然而对固体火箭来说，τ 造成的偏差仍然很可观。例如，射程为 6000km 的火箭，当取 $\tau=\frac{1}{8}\mathrm{s}$ 时，一个 τ 的关机时间误差造成的射程偏差可达 25km。为降低此误差可采取以下两项措施：

1）合理简化关机点附近的计算公式，从而缩小计算步长。

2）对关机时间作线性预报，提前预报出关机时间。

1. 关机点附近计算公式的简化

关机点附近制导计算作如下简化：

1）因为在关机点附近很短时间内，火箭姿态的微小变化对其质心运动没有多大影响，故在关机点附近不加导引，即取

$$\Delta\varphi_{\mathrm{c}}=\Delta\psi_{\mathrm{c}}=\Delta\gamma_{\mathrm{c}}=0 \tag{6.2-79}$$

2）由于 $\boldsymbol{g}$ 的变化很缓慢，在关机点附近可取为常值。

3）因 $\boldsymbol{V}_R$ 变化缓慢，不用再作迭代计算求其准确值，而是采用线性外推的方法进行计算，具体计算公式为

$$V_{Rx,j}=V_{Rx,N}+\frac{\Delta V_{Rx}(t_j-t_N)}{\tau} \tag{6.2-80}$$

$$\Delta V_{Rx}=V_{Rx,N}-V_{Rx,N-1} \tag{6.2-81}$$

式中，$V_{Rx,N}$为大步长计算最后一点 $t=t_N$ 时的 V_{Rx}值；$V_{Rx,N-1}$为大步长计算最后一点 $t=t_{N-1}$ 时的 V_{Rx}值。

4）因为关机条件为 $V_{gx}=0$，所以在关机点附近只需计算 V_x、V_{Rx}和 V_{gx}几个分量。

2. 转入小步长计算的判别式

在关机点附近的制导计算作了上述简化之后，使计算量降为大步长计算量$\frac{1}{100}\sim\frac{1}{50}$，因

此可将计算的步长改为大步长的$\frac{1}{100}\sim\frac{1}{50}$，称此缩小后的步长为小步长，记为$\tau'$。显然，为了保证制导精度，希望小步长的计算次数越少越好，因此必须给出一个是否转入小步长计算的判别式。下一小节将表明，对关机时间进行线性预报，至少需要两个小步长，又考虑到，最后一个大步长计算是在 $t_{N+1}(=t_N+\tau)$ 时刻给出 t_N 时刻的参数值。所以，当 t_K-t_N 满足以下不等式时转入小步长为宜：

$$(2\tau+2\tau')\geqslant(t_K-t_N)\geqslant(\tau+2\tau') \tag{6.2-82}$$

因为大步长计算是连续进行的，故当第一次出现 $(t_K-t_N)\leqslant(2\tau+2\tau')$ 时，也必满足 $(t_K-t_N)\geqslant(\tau+2\tau')$，故取

$$t_K-t_N\leqslant 2\tau+2\tau' \tag{6.2-83}$$

作为转入小步长的判别条件。而由式（6.2-72）知

$$t_K-t_i=-\frac{V_{gx,i}\tau'}{V_{gx,i}-V_{gx,i-1}} \tag{6.2-84}$$

将上式代入式（6.2-83）并整理可得到转入小步长的判别式为

$$V_{gx,i}\leqslant\left(\frac{2+2\tau'/\tau}{3+2\tau'/\tau}\right)V_{gx,i-1} \tag{6.2-85}$$

3. 关机时间的线性预报

采用线性预报的方法可以大大提高关机时间的控制精度。显然，t_K-t 越小，$V_{gx}(t)$ 曲线的线性度越高。所以，t_K-t 应越小越好。而考虑到计算机计算的时延，t_K-t 必须大于或等于 τ'才能实现预报。因此，进行线性预报的条件应该为

$$\tau'\leqslant t_K-t\leqslant 2\tau' \tag{6.2-86}$$

同样，因计算是连续进行的，故取

$$t_K-t\leqslant 2\tau' \tag{6.2-87}$$

作为进行线性预报的判别条件。据此导出线性预报的判别式为

$$V_{gx,i}\leqslant\frac{2}{3}V_{gx,i-1} \tag{6.2-88}$$

预报的关机时间计算式为

$$t_K=t_i-\frac{V_{gx,i}\tau'}{V_{gx,i}-V_{gx,i-1}} \tag{6.2-89}$$

4. 关机导引计算综述

综上所述，闭路制导要求箭上计算机作如下计算：

1）大步长计算（步长为 τ）

① 导航计算。

② 进行 $\boldsymbol{V}_g$ 及导引计算。

③ 计算的每一步均需判断是否满足判别式（6.2-85），如不满足，则继续下一步大步长计算；如满足，则转入小步长计算。

2）小步长计算（步长为 τ'）

设 $i=N$ 时满足式（6.2-85）。列出小步长计算式为

$$\begin{cases} V_{x,j} = V_{x,N} + \Delta W_{x,N+1} + \sum_{l=1}^{j} \Delta W_{x,l} + (\tau + j\tau')g_{x,N} \\ V_{Rx,j} = V_{Rx,N} + \left(1 + j\dfrac{\tau'}{\tau}\right)(V_{Rx,N} - V_{Rx,N-1}) \\ V_{Rx,K,j} = V_{Rx,j} + \dfrac{V_{Rx,j} - V_{Rx,j-1}}{V_{x,j} - V_{x,j-1}}(V_{Rx,K,j-1} - V_{x,j}) \\ V_{gx,j} = V_{Rx,K,j} - V_{x,j} \end{cases} \tag{6.2-90}$$

当 $V_{gx,j} \leqslant \frac{2}{3}V_{gx,j-1}$时，式（6.2-89）计算求得 t_K，当 $t=t_K$ 时发出关机指令。

6.3 地球扁率和再入段空气动力影响的计算和补偿

在求需要速度时，由于没有考虑地球扁率、再入段空气动力和其他干扰因素的影响，会引起较大的落点偏差，为此需要对落点坐标进行修正并引出虚拟目标的概念。下面研究扁率和再入空气动力影响的计算和补偿方法。

6.3.1 地球扁率对被动段弹道影响的计算

本书第 3 章指出，在研究火箭运动时，地球引力势函数只考虑 J_2，而将含 J_3 的项及之后各项作为高阶微量略去，故可认为势函数如式（3.2-78）所示，即

$$U = \frac{GM}{r}\left[1 + \frac{J_2}{2}\left(\frac{a_e}{r}\right)^2(1 - 3\sin^2\phi)\right] \tag{6.3-1}$$

如式（3.2-80）所示，引力加速度 $\boldsymbol{g}$ 在 $\boldsymbol{r}^0$ 及 ϕ^0 方向的投影分量为

$$\begin{cases} g_r = -\dfrac{GM}{r^2}\left[1 + J\left(\dfrac{a_e}{r}\right)^2(1 - 3\sin^2\phi)\right] \\ g_\phi = -\dfrac{GM}{r^2}J\left(\dfrac{a_e}{r}\right)^2\sin 2\phi \end{cases} \tag{6.3-2}$$

式中，$J = \frac{3}{2}J_2$。

显见，如上式不考虑含 J 的项，即得地球为圆球时的引力加速度

$$\begin{cases} g_r = -\dfrac{GM}{r^2} \\ g_\phi = 0 \end{cases}$$

因此含 J 的项，是考虑了地球扁率后，对作为均质圆球的地球的引力加速度的修正。它说明当考虑地球扁率时，不仅 g_r 有变化，而且还有一个方向总是指向赤道的分量 g_ϕ。这是由于地球的赤道部分略为隆起，此处质量较大而引起的。因此，在正常引力势作用下，与仅是 $\frac{GM}{r}$的作用比较，不仅使载荷落点产生射程偏差，而且还会产生侧向偏差。考虑到由于地球扁率所引起的落点偏差较射程要小得多，故把射程偏差和侧向偏差看成是相互独立的量而分别加以考虑，这种简化假设的目的是为了简化计算，而计算结果仍能保持足够精度。

必须指出的是，地球扁率对被动段弹道的影响，不仅表现在由于引力场的变化而引起弹

道偏差，而且还由于地球的几何形状的变化，即用椭球体代替原假设的圆球体，而使载荷落点发生偏差。前者称为动力学的影响，后者称为几何学的影响。因此在讨论地球扁率的影响时，两者均应予以考虑。要说明的是，以下讨论是在不考虑地球旋转条件下进行的。

1. 射程偏差的计算

（1）动力学的影响

当把地球看作为旋转椭球体时，由于 g_ϕ 的存在，则地球的引力场变为非有心力场，但它仍为一保守力场，即质点在该力场内移动，所做的功只与始末两点位置有关，而与移动的路径无关。因此，火箭载荷在该非有心力场内作被动段飞行时，仍然满足能量守恒定律，据此可重新列写新的弹道微分方程。考虑到在非有心力场中，势能不仅随高度变化，还与纬度 ϕ 有关，故最方便的办法是将势能用引力势来表达，则对单位质量质点所满足的能量守恒定律为

$$\frac{\mathrm{d}}{\mathrm{d}t}\left(\frac{V^2}{2}-U\right)=0 \tag{6.3-3}$$

其中

$$U=\frac{GM}{r}+J\frac{GM}{r^3}a_{\mathrm{e}}^2\left(\frac{1}{3}-\sin^2\phi\right) \tag{6.3-4}$$

式中，ϕ 为地心纬度，是沿着弹道变化的。

为了方便讨论，欲将 ϕ 表示成射程角 β 的函数，因此根据图 6.3-1 所示找出 ϕ 与 β 的关系。

图 6.3-1 给出了以 R 为半径画的圆球面，K' 为主动段终点 K 在球面上的投影，α_K 为火箭在 K 点的射击方位角。如不考虑由于地球扁率所产生的引力对射面而言的侧向分量，则在不考虑地球旋转条件下，弹道仍为平面曲线，而大圆弧 $\overset{\frown}{K'Q}$ 为该平面弹道在球面上的投影。由球面三角形 $K'QN$ 得

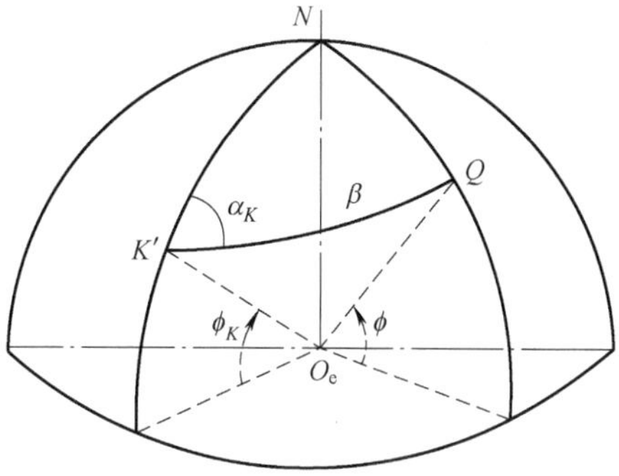

图 6.3-1　β 与 ϕ 的球面关系

$$\cos\left(\frac{\pi}{2}-\phi\right)=\cos\beta\cos\left(\frac{\pi}{2}-\phi_K\right)+\sin\beta\sin\left(\frac{\pi}{2}-\phi_K\right)\cos\alpha_K$$

即

$$\sin\phi=\cos\beta\sin\phi_K+\sin\beta\cos\phi_K\cos\alpha_K \tag{6.3-5}$$

为书写方便，记

$$\begin{cases}A=\cos\phi_K\cos\alpha_K\\B=\sin\phi_K\end{cases} \tag{6.3-6}$$

则

$$\sin\phi=A\sin\beta+B\cos\beta \tag{6.3-7}$$

将上式代入式（6.3-4），得

$$U=\frac{GM}{r}+J\frac{GM}{r^3}a_{\mathrm{e}}^2\left[\frac{1}{3}-(A\sin\beta+B\cos\beta)^2\right] \tag{6.3-8}$$

再记

$$F(\beta)=\frac{1}{3}-(A\sin\beta+B\cos\beta)^2 \tag{6.3-9}$$

则引力势可表示为

$$U=\frac{GM}{r}+J\frac{GM}{r^3}a_e^2F(\beta) \tag{6.3-10}$$

对于平面弹道而言，由式（3.5-25）和式（3.5-26）可知，火箭的飞行速度可表示为

$$V^2=\dot{r}^2+(r\dot{\beta})^2 \tag{6.3-11}$$

现将式（6.3-10）和式（6.3-11）代入式（6.3-3），得

$$\frac{\mathrm{d}}{\mathrm{d}t}\left[\frac{1}{2}\dot{r}^2+\frac{1}{2}(r\dot{\beta})^2-\frac{GM}{r}-J\frac{GM}{r^3}a_e^2F(\beta)\right]=0$$

即

$$\dot{r}\ddot{r}+r\dot{r}\dot{\beta}^2+r^2\dot{\beta}\ddot{\beta}+\frac{GM}{r^2}\dot{r}+3J\frac{GM}{r^4}a_e^2\dot{r}F(\beta)-J\frac{GM}{r^3}a_e^2\frac{\mathrm{d}F}{\mathrm{d}\beta}\dot{\beta}=0 \tag{6.3-12}$$

应该指出的是，在非有心力场中，火箭相对于地球质心的动量矩并不守恒。这是因为引力 $\boldsymbol{F}_T$ 在垂直于向径 $\boldsymbol{r}$ 的方向上有分量，该分量在弹道平面内的投影为

$$F_{T\beta}=\frac{m}{r}\frac{\partial U}{\partial\beta}$$

在忽略引力对弹道平面侧向分量时，则根据动量矩定律：火箭相对于地球质心之动量矩对时间的导数，等于作用在火箭上之外力对同点之矩，即

$$\frac{\mathrm{d}}{\mathrm{d}t}(mr^2\dot{\beta})=F_{T\beta}r$$

故有

$$\frac{\mathrm{d}}{\mathrm{d}t}(r^2\dot{\beta})=\frac{\partial U}{\partial\beta} \tag{6.3-13}$$

即

$$2r\dot{r}\dot{\beta}+r^2\ddot{\beta}=J\frac{GM}{r^3}a_e^2\frac{\partial F}{\partial\beta} \tag{6.3-14}$$

将上式代入式（6.3-12），得

$$\dot{r}\ddot{r}+r\dot{r}\dot{\beta}^2+\left(J\frac{GM}{r^3}a_e^2\frac{\partial F}{\partial\beta}-2r\dot{r}\dot{\beta}\right)\dot{\beta}+\frac{GM}{r^2}\dot{r}+3J\frac{GM}{r^4}a_e^2\dot{r}F(\beta)-J\frac{GM}{r^3}a_e^2\frac{\mathrm{d}F}{\mathrm{d}\beta}\dot{\beta}=0$$

整理为

$$\ddot{r}-r\dot{\beta}^2+\frac{GM}{r^2}+3J\frac{GM}{r^4}a_e^2F(\beta)=0 \tag{6.3-15}$$

此为火箭在非有心力场内运动之弹道微分方程。

为求解式（6.3-15）微分方程，首先设法消去参变量 t。由式（6.3-13）得

$$\mathrm{d}(r^2\dot{\beta})=J\frac{GM}{r^3}a_e^2\frac{\mathrm{d}F}{\mathrm{d}\beta}\mathrm{d}t$$

对上式积分得

$$r^2\dot{\beta}-r^2\dot{\beta}|_0=JGMa_e^2\int_0^t\frac{1}{r^3}\frac{\mathrm{d}F}{\mathrm{d}\beta}\mathrm{d}t \tag{6.3-16}$$

由式（3.5-23）知，上式中有

$$r^2\dot{\beta}|_0=r_KV_K\cos\Theta_K=h \tag{6.3-17}$$

则式（6.3-16）可写为

$$r^2\dot{\beta}=h\left(1+J\frac{GM}{h}a_e^2\int_0^t\frac{1}{r^3}\frac{dF}{d\beta}dt\right) \tag{6.3-18}$$

记

$$\chi=J\frac{GM}{h}a_e^2\int_0^t\frac{1}{r^3}\frac{dF}{d\beta}dt \tag{6.3-19}$$

则

$$\dot{\beta}=\frac{h(1+\chi)}{r^2} \tag{6.3-20}$$

再令

$$r=\frac{1}{u} \tag{6.3-21}$$

故有

$$\dot{\beta}=hu^2(1+\chi) \tag{6.3-22}$$

根据式（6.3-21）和式（6.3-22）得

$$\dot{r}=\frac{dr}{d\beta}\dot{\beta}=-\frac{1}{u^2}\frac{du}{d\beta}\dot{\beta}=-h(1+\chi)\frac{du}{d\beta} \tag{6.3-23}$$

由于

$$\ddot{r}=\frac{d\dot{r}}{dt}=\frac{d\dot{r}}{d\beta}\dot{\beta}$$

利用式（6.3-22）和式（6.3-23）得

$$\ddot{r}=\left[-h(1+\chi)\frac{d^2u}{d\beta^2}-h\frac{d\chi}{d\beta}\frac{du}{d\beta}\right]\dot{\beta}=\left[-h(1+\chi)\frac{d^2u}{d\beta^2}-h\frac{d\chi}{d\beta}\frac{du}{d\beta}\right]hu^2(1+\chi)$$

即

$$\ddot{r}=-h^2u^2(1+\chi)^2\frac{d^2u}{d\beta^2}-h^2u^2(1+\chi)\frac{d\chi}{d\beta}\frac{du}{d\beta} \tag{6.3-24}$$

现将式（6.3-21）、式（6.3-22）和式（6.3-24）代入式（6.3-15），整理可得

$$\frac{d^2u}{d\beta^2}+u=\frac{1}{(1+\chi)^2}\frac{GM}{h^2}\left[1+3Ja_e^2u^2F(\beta)\right]-\frac{1}{(1+\chi)}\frac{d\chi}{d\beta}\frac{du}{d\beta} \tag{6.3-25}$$

经过上述变换后，原微分方程中对时间 t 的微分项已消去，但又引进了参数 χ，而 χ 仍含有参变量 t，为此还需作进一步变换，考虑到下式：

$$\frac{d\chi}{d\beta}=\frac{d\chi}{dt}\frac{1}{\dot{\beta}} \tag{6.3-26}$$

由式（6.3-19）得

$$\frac{d\chi}{dt}=\frac{JGMa_e^2}{hr^3}\frac{dF}{d\beta}$$

将上式及式（6.3-22）代入式（6.3-26），整理可得

$$\frac{d\chi}{d\beta}=\frac{JGMa_e^2u}{h^2(1+\chi)}\frac{dF}{d\beta} \tag{6.3-27}$$

将上式代入式（6.3-25），得

$$\frac{\mathrm{d}^2 u}{\mathrm{d}\beta^2}+u=\frac{1}{(1+\chi)^2}\frac{GM}{h^2}\left[1+3Ja_e^2u^2F(\beta)-Ja_e^2u\frac{\mathrm{d}F}{\mathrm{d}\beta}\frac{\mathrm{d}u}{\mathrm{d}\beta}\right] \tag{6.3-28}$$

现在估计χ的数量级，记

$$h_e=r-a_e$$

则

$$a_eu=\frac{a_e}{r}=\frac{a_e}{a_e+h_e}=\left(1+\frac{h_e}{a_e}\right)^{-1}$$

由于 $\frac{h_e}{a_e}$ 是一个微量，有

$$a_eu\approx1-\frac{h_e}{a_e} \tag{6.3-29}$$

注意到 J 为小量，则含 $J\frac{h_e}{a_e}$ 项可略去。

结合上述分析，积分式（6.3-27）可得

$$\chi+\frac{\chi^2}{2}=\frac{JGMa_e}{h^2}[F(\beta)-F(0)] \tag{6.3-30}$$

注意到式（3.5-18）所示υ_K、式（6.3-9）所示$F(\beta)$表达式及式（6.3-17），则有

$$\chi+\frac{\chi^2}{2}<\frac{JGMa_e}{h^2}=\frac{JGM}{r_K}\frac{a_e}{r_K}\frac{1}{V_K^2\cos^2\Theta_K}<\frac{JGM}{r_K}\frac{1}{V_K^2\cos^2\Theta_K}=\frac{J}{\upsilon_K\cos^2\Theta_K}$$

如果$\upsilon_K>0.5$、$\Theta_K<45°$，则

$$\chi<4J=6.48872\times10^{-3}$$

故χ与J同数量级，且同为小量，在一级近似情况下，可近似认为

$$(1+\chi)^{-1}\approx1-\chi,\ (1+\chi)^{-2}\approx1-2\chi \tag{6.3-31}$$

则将式（6.3-28）对χ展开级数，并略去二阶以上的高阶微量，可得

$$\frac{\mathrm{d}^2 u}{\mathrm{d}\beta^2}+u=\frac{GM}{h^2}\left[1+3Ja_e^2u^2F(\beta)-Ja_e^2u\frac{\mathrm{d}F}{\mathrm{d}\beta}\frac{\mathrm{d}u}{\mathrm{d}\beta}-2\chi\right] \tag{6.3-32}$$

注意到式（6.3-29），则上式可进一步改写为

$$\frac{\mathrm{d}^2 u}{\mathrm{d}\beta^2}+u=\frac{GM}{h^2}\left[1+3JF(\beta)-Ja_e\frac{\mathrm{d}F}{\mathrm{d}\beta}\frac{\mathrm{d}u}{\mathrm{d}\beta}-2\chi\right] \tag{6.3-33}$$

忽略高阶项，由式（6.3-30）得

$$\chi=\frac{JGMa_e}{h^2}[F(\beta)-F(0)] \tag{6.3-34}$$

将上式代入式（6.3-33），则有

$$\frac{\mathrm{d}^2 u}{\mathrm{d}\beta^2}+u=\frac{GM}{h^2}+J\frac{GM}{h^2}\left[\left(3-2\frac{GM}{h^2}a_e\right)F(\beta)+2\frac{GM}{h^2}a_eF(0)-a_e\frac{\mathrm{d}F}{\mathrm{d}\beta}\frac{\mathrm{d}u}{\mathrm{d}\beta}\right] \tag{6.3-35}$$

上式为考虑地球扁率影响时，消除了参变量 t 后所得到的二阶线性非齐次微分方程。

显然，式（6.3-35）忽略 J，即得到假设地球为均质圆球时的微分方程，现在把不考虑地球扁率的方程变量记为 $\tilde{u}$，则有

$$\frac{\mathrm{d}^2\tilde{u}}{\mathrm{d}\beta^2}+\tilde{u}=\frac{GM}{h^2} \tag{6.3-36}$$

式中，$\tilde{u}=\dfrac{1}{\tilde{r}}$，$\tilde{r}$ 为不考虑地球扁率时弹道每点的矢径，也是射程角 β 的函数。

式（6.3-36）为二阶线性非齐次微分方程式，由于等式右端为一常数，故可令

$$\tilde{u}'=\tilde{u}-\frac{GM}{h^2} \tag{6.3-37}$$

这样可将式（6.3-36）变为二阶线性齐次方程式，即

$$\frac{\mathrm{d}^2\tilde{u}'}{\mathrm{d}\beta^2}+\tilde{u}'=0 \tag{6.3-38}$$

则该方程为一自由振动方程，其解为

$$\tilde{u}'=C_1\cos\beta+C_2\sin\beta$$

即

$$\tilde{u}=\frac{GM}{h^2}+C_1\cos\beta+C_2\sin\beta \tag{6.3-39}$$

式中，C_1、C_2 为积分常数，可由主动段终点参数来确定。

当 $\beta=0$ 时，有

$$\tilde{u}(0)=\frac{GM}{h^2}+C_1$$

显然 $\tilde{u}(0)=\dfrac{1}{r_K}$，故得

$$C_1=\frac{1}{r_K}-\frac{GM}{h^2} \tag{6.3-40}$$

为求 C_2，将式（6.3-39）对 β 求一次导数，得

$$\frac{\mathrm{d}\tilde{u}}{\mathrm{d}\beta}=-C_1\sin\beta+C_2\cos\beta \tag{6.3-41}$$

当 $\beta=0$ 时，上式为

$$\frac{\mathrm{d}\tilde{u}}{\mathrm{d}\beta}\Big|_{\beta=0}=C_2 \tag{6.3-42}$$

因如下关系式成立：

$$\frac{\mathrm{d}\tilde{u}}{\mathrm{d}\beta}=\frac{\mathrm{d}\tilde{u}}{\mathrm{d}t}\frac{\mathrm{d}t}{\mathrm{d}\beta}=\frac{\mathrm{d}\tilde{u}}{\mathrm{d}t}\frac{1}{\dot{\beta}}$$

注意到 $\tilde{u}=\dfrac{1}{\tilde{r}}$，则有

$$\frac{\mathrm{d}\tilde{u}}{\mathrm{d}\beta}=-\frac{\dot{\tilde{r}}}{\tilde{r}^2}\frac{1}{\dot{\beta}}=-\frac{\dot{\tilde{r}}}{\tilde{r}\,(\tilde{r}\dot{\beta})}$$

当 $\beta=0$ 时，上式各参数应取主动段终点值，则由式（3.5-22）知

$$\dot{\tilde{r}}=V_K\sin\Theta_K,\quad \tilde{r}\dot{\beta}=V_K\cos\Theta_K$$

代入前式得

$$\left.\frac{\mathrm{d}\tilde{u}}{\mathrm{d}\beta}\right|_{\beta=0} = -\frac{1}{r_K}\tan\Theta_K$$

故可由式（6.3-42）知

$$C_2 = -\frac{1}{r_K}\tan\Theta_K \tag{6.3-43}$$

将 C_1、C_2 代入式（6.3-39），得

$$\frac{1}{\tilde{r}} = \frac{GM}{h^2} + \left(\frac{1}{r_K} - \frac{GM}{h^2}\right)\cos\beta - \frac{1}{r_K}\tan\Theta_K\sin\beta \tag{6.3-44}$$

由式（3.5-13）知 $P = \dfrac{h^2}{GM}$，则上式可写为

$$\frac{1}{\tilde{r}} = \frac{1}{P} + \left(\frac{1}{r_K} - \frac{1}{P}\right)\cos\beta - \frac{1}{r_K}\tan\Theta_K\sin\beta \tag{6.3-45}$$

当记

$$\begin{cases} C = P\sqrt{\left(\dfrac{1}{r_K} - \dfrac{1}{P}\right)^2 + \left(\dfrac{1}{r_K}\tan\Theta_K\right)^2} \\ \tan\varphi_K = \dfrac{\dfrac{1}{r_K}\tan\Theta_K}{\dfrac{1}{r_K} - \dfrac{1}{P}} \end{cases} \tag{6.3-46}$$

则式（6.3-45）变为

$$\frac{1}{\tilde{r}} = \frac{1}{P} + \frac{C}{P}\cos(\beta + \varphi_K)$$

经过整理为

$$\tilde{r} = \frac{P}{1 + C\cos(\varphi_K + \beta)} \tag{6.3-47}$$

经过简单的推导可知，式（6.3-47）中 C 及 φ_K 分别与椭圆弹道方程中之偏心率 e 及主动段终点 K 之真近点角 f_K 相等，因此上式变为

$$\tilde{r} = \frac{P}{1 + e\cos(f_K + \beta)} \tag{6.3-48}$$

这是由于式（6.3-47）是在假设地球为均质地球条件下导得的，即与椭圆弹道方程推导的条件相同，因而其结果完全一致，这是不言而喻的。

既然式（6.3-35）在 $J=0$ 时方程的解为椭圆弹道方程，而地球扁率对弹道的影响是很小的，在这微小的影响下，使弹道参数产生小的偏差，为此记

$$\delta u = u - \tilde{u} \tag{6.3-49}$$

式中，u 为考虑地球扁率影响的弹道参数，则式（6.3-35）可改写为

$$\frac{\mathrm{d}^2(\tilde{u}+\delta u)}{\mathrm{d}\beta^2} + (\tilde{u}+\delta u) = \frac{GM}{h^2} + J\frac{GM}{h^2}\left[\left(3 - 2\frac{GM}{h^2}a_e\right)F(\beta) + 2\frac{GM}{h^2}a_e F(0) - a_e\frac{\mathrm{d}(\tilde{u}+\delta u)}{\mathrm{d}\beta}\frac{\mathrm{d}F}{\mathrm{d}\beta}\right]$$

考虑到 $\dfrac{\mathrm{d}\delta u}{\mathrm{d}\beta}$ 为一很小的量，它与 J 相乘可看作高阶微量，将上式中该项略去后，再与

式（6.3-36）相减，可知

$$\delta u''+\delta u=J\frac{GM}{h^2}\left[\left(3-2\frac{GM}{h^2}a_{\mathrm{e}}\right)F(\beta)+2\frac{GM}{h^2}a_{\mathrm{e}}F(0)-a_{\mathrm{e}}\frac{\mathrm{d}\tilde{u}}{\mathrm{d}\beta}\frac{\mathrm{d}F}{\mathrm{d}\beta}\right] \tag{6.3-50}$$

由弹道方程式（6.3-48）可知

$$\frac{\mathrm{d}\tilde{u}}{\mathrm{d}\beta}=\frac{\mathrm{d}}{\mathrm{d}\beta}\left(\frac{1}{\tilde{r}}\right)=\frac{e}{P}\sin(f_K+\beta) \tag{6.3-51}$$

并注意到式（3.5-13）所示 $P=\dfrac{h^2}{GM}$，则式（6.3-50）可写为

$$\delta u''+\delta u=\frac{J}{P}\left[\left(3-2\frac{a_{\mathrm{e}}}{P}\right)F(\beta)+2\frac{a_{\mathrm{e}}}{P}F(0)+\frac{a_{\mathrm{e}}}{P}e\sin(f_K+\beta)\frac{\mathrm{d}F}{\mathrm{d}\beta}\right] \tag{6.3-52}$$

式中右端方括号中诸项为射程角 β 的函数，故可记为

$$\Phi(\beta)=\left(3-2\frac{a_{\mathrm{e}}}{P}\right)F(\beta)+2\frac{a_{\mathrm{e}}}{P}F(0)+\frac{a_{\mathrm{e}}}{P}e\sin(f_K+\beta)\frac{\mathrm{d}F}{\mathrm{d}\beta} \tag{6.3-53}$$

则式（6.3-52）变为

$$\delta u''+\delta u=\frac{J}{P}\Phi(\beta) \tag{6.3-54}$$

这是一个二阶非齐次线性微分方程，用常数变易法来进行求解。

不难看出式（6.3-54）对应齐次方程的一般解为

$$\delta U=C_1\cos\beta+C_2\sin\beta \tag{6.3-55}$$

用常数变易法从上述齐次方程的一般解来求非齐次方程的特定解，这就是将上式中之常数 C_1、C_2 换成自变量 β 的函数 D_1、D_2，使其导数 D_1'、D_2'满足下列联立代数方程：

$$\begin{cases}D_1'\cos\beta+D_2'\sin\beta=0\\[2mm]-D_1'\sin\beta+D_2'\cos\beta=\dfrac{J}{P}\Phi(\beta)\end{cases} \tag{6.3-56}$$

从而解得

$$\begin{cases}D_1'=-\dfrac{J}{P}\Phi(\beta)\sin\beta\\[2mm]D_2'=\dfrac{J}{P}\Phi(\beta)\cos\beta\end{cases} \tag{6.3-57}$$

因此得到式（6.3-54）非齐次方程的特解为

$$\delta\bar{u}=-\frac{J}{P}\int_0^{\beta}\Phi(\xi)\sin\xi\mathrm{d}\xi\cdot\cos\beta+\frac{J}{P}\int_0^{\beta}\Phi(\xi)\cos\xi\mathrm{d}\xi\cdot\sin\beta \tag{6.3-58}$$

即

$$\delta\bar{u}=\frac{J}{P}\int_0^{\beta}\Phi(\xi)\sin(\beta-\xi)\mathrm{d}\xi \tag{6.3-59}$$

根据式（6.3-54）对应齐次方程的一般解 δU 及非齐次方程的特解 $\delta\bar{u}$，即可写出式（6.3-54）的一般解为

$$\delta u=C_1\cos\beta+C_2\sin\beta+\frac{J}{P}\int_0^{\beta}\Phi(\xi)\sin(\beta-\xi)\mathrm{d}\xi \tag{6.3-60}$$

式（6.3-60）为由于地球扁率影响所引起的弹道参数偏差方程，式中的 C_1、C_2 可由具

体初始条件确定。

当从自由段的起点开始计算地球扁率的影响时，由于地球扁率所引起之引力场的变化在自由段起始点仅造成加速度的偏差，而不会产生速度偏差和距离偏差。因此，当 $\beta=0$ 时有

$$\delta u=0,\ \delta u'=0 \tag{6.3-61}$$

由此可求得式（6.3-60）中的常数值为

$$C_1=0,\ C_2=0 \tag{6.3-62}$$

则在上述起始条件下，有

$$\delta u = \frac{J}{P}\int_0^{\beta}\Phi(\xi)\sin(\beta-\xi)\,\mathrm{d}\xi \tag{6.3-63}$$

如取 $\beta=\tilde{\beta}_C$，δu 则表明当火箭由点 K 飞行射程角 $\tilde{\beta}_C$ 时，由于地球扁率影响造成的实际弹道的高度的倒数与标准弹道高度的倒数之偏差为

$$\delta u(\tilde{\beta}_C)=\frac{1}{r(\tilde{\beta}_C)}-\frac{1}{\tilde{r}(\tilde{\beta}_C)} \tag{6.3-64}$$

如此时实际弹道高于标准弹道高度，则 $\delta u(\tilde{\beta}_C)$ 为负值，载荷沿实际弹道继续飞行直至落地，这就会造成正的射程偏差 $\Delta\beta_1$（见图 6.3-2）。由于地球扁率影响结果，实际弹道的 C' 点偏离 C 很小，故可用标准弹道对应点 C 的导数来代替实际点 C' 的导数，由式（6.3-48）可知

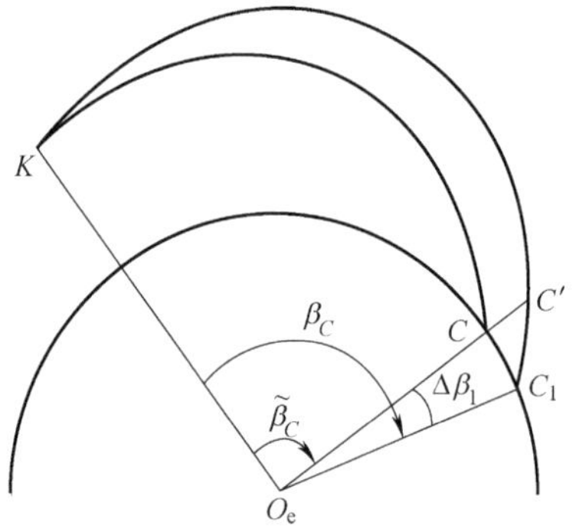

图 6.3-2　地球扁率造成的偏差 $\Delta\beta_1$ 示意图

$$\frac{\mathrm{d}u(\tilde{\beta}_C)}{\mathrm{d}\beta}=-\frac{e}{P}\sin(f_K+\tilde{\beta}_C) \tag{6.3-65}$$

显然该导数为正值，故可写出

$$\delta u(\tilde{\beta}_C)=-\frac{\mathrm{d}u(\tilde{\beta}_C)}{\mathrm{d}\beta}\Delta\beta_1 \tag{6.3-66}$$

注意到式（6.3-63）和式（6.3-65）可得地球扁率引起的射程偏差为

$$\Delta\beta_1 = \frac{J}{e\sin(f_K+\tilde{\beta}_C)}\int_0^{\tilde{\beta}_C}\Phi(\xi)\sin(\tilde{\beta}_C-\xi)\,\mathrm{d}\xi \tag{6.3-67}$$

而

$$e\sin(f_K+\tilde{\beta}_C)=e\sqrt{1-\cos^2(f_K+\tilde{\beta}_C)}=\sqrt{e^2-\left(\frac{P}{R}-1\right)^2} \tag{6.3-68}$$

将其代入式（6.3-67），得

$$\Delta\beta_1 = \frac{J}{\sqrt{e^2-\left(\frac{P}{R}-1\right)^2}}\int_0^{\tilde{\beta}_C}\Phi(\xi)\sin(\tilde{\beta}_C-\xi)\,\mathrm{d}\xi \tag{6.3-69}$$

在一阶近似条件下，认为

$$\frac{P}{R}\approx\frac{P}{r_K}=v_K\cos^2\Theta_K$$

则式（6.3-69）可进一步简化为

$$\Delta\beta_1 = \frac{J}{v_K\sin\Theta_K\cos\Theta_K}\int_0^{\tilde{\beta}_C}\Phi(\xi)\sin(\tilde{\beta}_C-\xi)\mathrm{d}\xi \tag{6.3-70}$$

由式（6.3-53）知

$$\Phi(\xi) = \left(3-2\frac{a_e}{P}\right)F(\xi)+2\frac{a_e}{P}F(0)+\frac{a_e}{P}e\sin(f_K+\xi)\frac{\mathrm{d}F(\xi)}{\mathrm{d}\xi} \tag{6.3-71}$$

而由式（6.3-9）可知

$$\begin{cases}F(\xi)=\dfrac{1}{3}-(A\sin\xi+B\cos\xi)^2\\ F(0)=\dfrac{1}{3}-B^2\\ \dfrac{\mathrm{d}F(\xi)}{\mathrm{d}\xi}=2(A\sin\xi+B\cos\xi)(B\sin\xi-A\cos\xi)\end{cases} \tag{6.3-72}$$

将该式代入式（6.3-71），得

$$\begin{aligned}\Phi(\xi) = &\left(1-2\frac{a_e}{P}B^2\right)-\left(3-2\frac{a_e}{P}\right)(A\sin\xi+B\cos\xi)^2\\ &+2\frac{a_e}{P}e\sin(f_K+\xi)(A\sin\xi+B\cos\xi)(B\sin\xi-A\cos\xi)\end{aligned} \tag{6.3-73}$$

式中的$\frac{a_e}{P}$在兼顾式（6.3-70）中 J 的情况下，可一阶近似为

$$\frac{a_e}{P}=\frac{a_e}{r_Kv_K\cos^2\Theta_K}\approx\frac{1}{v_K\cos^2\Theta_K}$$

记 $E=v_K\cos^2\Theta_K$，则射程偏差 $\Delta\beta_1$ 可以表达为以下形式：

$$\begin{aligned}\Delta\beta_1 = &\frac{J}{v_K^2\cos^3\Theta_K\sin\Theta_K}\int_0^{\tilde{\beta}_C}\sin(\tilde{\beta}_C-\xi)[(E-2B^2)-(3E-2)(A\sin\xi+B\cos\xi)^2\\ &+2e\sin(f_K+\xi)(A\sin\xi+B\cos\xi)(B\sin\xi-A\cos\xi)]\mathrm{d}\xi\end{aligned}$$

即

$$\begin{aligned}\Delta\beta_1 = &\frac{J}{v_K^2\cos^3\Theta_K\sin\Theta_K}\left[(E-2B^2)\int_0^{\tilde{\beta}_C}\sin(\tilde{\beta}_C-\xi)\mathrm{d}\xi\right.\\ &-(3E-2)\int_0^{\tilde{\beta}_C}\sin(\tilde{\beta}_C-\xi)(A\sin\xi+B\cos\xi)^2\mathrm{d}\xi\\ &\left.+2e\int_0^{\tilde{\beta}_C}\sin(\tilde{\beta}_C-\xi)\sin(f_K+\xi)(A\sin\xi+B\cos\xi)(B\sin\xi-A\cos\xi)\mathrm{d}\xi\right]\end{aligned} \tag{6.3-74}$$

现对上式诸项进行积分。记

$$I_1 = (E-2B^2)\int_0^{\tilde{\beta}_C}\sin(\tilde{\beta}_C-\xi)\mathrm{d}\xi$$

积分得

$$I_1 = (E - 2B^2)(1 - \cos \tilde{\beta}_C) \tag{6.3-75}$$

记

$$I_2 = -(3E - 2)\int_0^{\tilde{\beta}_C} \sin(\tilde{\beta}_C - \xi)(A\sin\xi + B\cos\xi)^2 \mathrm{d}\xi$$

展开后得

$$\begin{aligned} I_2 = & B^2(3E - 2)\int_0^{\tilde{\beta}_C} (\cos\tilde{\beta}_C\cos^2\xi\sin\xi - \sin\tilde{\beta}_C\cos^3\xi)\mathrm{d}\xi \\ & + 2AB(3E - 2)\int_0^{\tilde{\beta}_C} (\cos\tilde{\beta}_C\cos\xi\sin^2\xi - \sin\tilde{\beta}_C\cos^2\xi\sin\xi)\mathrm{d}\xi \\ & + A^2(3E - 2)\int_0^{\tilde{\beta}_C} (\cos\tilde{\beta}_C\sin^3\xi - \sin\tilde{\beta}_C\cos\xi\sin^2\xi)\mathrm{d}\xi \end{aligned}$$

积分得

$$\begin{aligned} I_2 = & \left(E - \frac{2}{3}\right)[B^2(\cos^2\tilde{\beta}_C + \cos\tilde{\beta}_C - 2) \\ & -2AB\sin\tilde{\beta}_C(1 - \cos\tilde{\beta}_C) - A^2(1 - \cos\tilde{\beta}_C)^2] \end{aligned} \tag{6.3-76}$$

记

$$I_3 = 2e\int_0^{\tilde{\beta}_C} \sin(\tilde{\beta}_C - \xi)\sin(f_K + \xi)(A\sin\xi + B\cos\xi)(B\sin\xi - A\cos\xi)\mathrm{d}\xi$$

展开上式得

$$\begin{aligned} I_3 = & 2e(B^2 - A^2)\int_0^{\tilde{\beta}_C} [\sin\tilde{\beta}_C\sin f_K\sin\xi\cos^3\xi \\ & + \sin(\tilde{\beta}_C - f_K)\sin^2\xi\cos^2\xi - \cos\tilde{\beta}_C\cos f_K\sin^3\xi\cos\xi]\mathrm{d}\xi \\ & + 2eAB\int_0^{\tilde{\beta}_C} [\sin\tilde{\beta}_C\sin f_K(\cos^2\xi\sin^2\xi - \cos^4\xi) \\ & + \sin(\tilde{\beta}_C - f_K)(\sin^3\xi\cos\xi - \sin\xi\cos^3\xi) \\ & - \cos\tilde{\beta}_C\cos f_K(\sin^4\xi - \sin^2\xi\cos^2\xi)]\mathrm{d}\xi \end{aligned} \tag{6.3-77}$$

注意到下列积分结果

$$\int_0^{\tilde{\beta}_C} \sin\xi\cos^3\xi\mathrm{d}\xi = -\left.\frac{\cos^4\xi}{4}\right|_0^{\tilde{\beta}_C} = \frac{1}{4}(1 - \cos^4\tilde{\beta}_C)$$

$$\int_0^{\tilde{\beta}_C} \sin^3\xi\cos\xi\mathrm{d}\xi = \left.\frac{\sin^4\xi}{4}\right|_0^{\tilde{\beta}_C} = \frac{1}{4}\sin^4\tilde{\beta}_C$$

$$\int_0^{\tilde{\beta}_C} \cos^2\xi\sin^2\xi\mathrm{d}\xi = \frac{1}{4}\int_0^{\tilde{\beta}_C} \sin^2 2\xi\mathrm{d}\xi = \frac{1}{8}\int_0^{\tilde{\beta}_C} (1 - \cos 4\xi)\mathrm{d}\xi = -\frac{1}{32}\sin 4\tilde{\beta}_C + \frac{\tilde{\beta}_C}{8}$$

$$\int_0^{\tilde\beta_C}\cos^4\xi\mathrm{d}\xi = \int_0^{\tilde\beta_C}\cos^2\xi(1-\sin^2\xi)\mathrm{d}\xi = \int_0^{\tilde\beta_C}\frac{1+\cos2\xi}{2}\mathrm{d}\xi - \int_0^{\tilde\beta_C}\cos^2\xi\sin^2\xi\mathrm{d}\xi$$

$$= \frac{\tilde\beta_C}{2}+\frac{\sin2\xi}{4}\bigg|_0^{\tilde\beta_C} - \left(-\frac{1}{32}\sin4\tilde\beta_C+\frac{\tilde\beta_C}{8}\right) = \frac{1}{32}\sin4\tilde\beta_C+\frac{1}{2}\sin\tilde\beta_C\cos\tilde\beta_C+\frac{3}{8}\tilde\beta_C$$

$$\int_0^{\tilde\beta_C}\sin^4\xi\mathrm{d}\xi = \int_0^{\tilde\beta_C}\sin^2\xi(1-\cos^2\xi)\mathrm{d}\xi = \int_0^{\tilde\beta_C}\frac{1-\cos2\xi}{2}\mathrm{d}\xi - \int_0^{\tilde\beta_C}\cos^2\xi\sin^2\xi\mathrm{d}\xi$$

$$= \frac{\tilde\beta_C}{2}-\frac{\sin2\xi}{4}\bigg|_0^{\tilde\beta_C} - \left(-\frac{1}{32}\sin4\tilde\beta_C+\frac{\tilde\beta_C}{8}\right) = \frac{1}{32}\sin4\tilde\beta_C-\frac{1}{2}\sin\tilde\beta_C\cos\tilde\beta_C+\frac{3}{8}\tilde\beta_C$$

将各积分式代入式（6.3-76）右端并进行整理，得

$$\begin{aligned}I_3 = {}& e(B^2-A^2)\left[\frac{1}{2}\sin\tilde\beta_C\sin f_K(1-\cos^4\tilde\beta_C)\right.\\&\left.+\frac{1}{4}\sin(\tilde\beta_C-f_K)\left(\tilde\beta_C-\frac{1}{4}\sin4\tilde\beta_C\right)-\frac{1}{2}\cos\tilde\beta_C\cos f_K\sin^4\tilde\beta_C\right]\\&+eAB\left[\cos(\tilde\beta_C+f_K)\sin\tilde\beta_C\cos\tilde\beta_C-\frac{1}{2}\left(\frac{1}{4}\sin4\tilde\beta_C+\tilde\beta_C\right)\cos(\tilde\beta_C-f_K)\right.\\&\left.+\frac{1}{2}\sin(\tilde\beta_C-f_K)(\sin^4\tilde\beta_C+\cos^4\tilde\beta_C-1)\right]\end{aligned} \tag{6.3-78}$$

将式（6.3-75）、式（6.3-76）和式（6.3-78）代入式（6.3-74），得

$$\begin{aligned}\Delta\beta_1 = {}& \frac{J}{v_K^2\cos^3\Theta_K\sin\Theta_K}\left\{(E-2B^2)(1-\cos\tilde\beta_C)\right.\\&+\left(E-\frac{2}{3}\right)[B^2(\cos^2\tilde\beta_C+\cos\tilde\beta_C-2)-2AB\sin\tilde\beta_C(1-\cos\tilde\beta_C)\\&-A^2(1-\cos\tilde\beta_C)^2]+\frac{1}{2}e(B^2-A^2)\left[\sin\tilde\beta_C\sin f_K(1-\cos^4\tilde\beta_C)\right.\\&\left.+\frac{1}{2}\sin(\tilde\beta_C-f_K)\left(\tilde\beta_C-\frac{1}{4}\sin4\tilde\beta_C\right)-\cos\tilde\beta_C\cos f_K\sin^4\tilde\beta_C\right]\\&+eAB\left[\cos(\tilde\beta_C+f_K)\sin\tilde\beta_C\cos\tilde\beta_C-\frac{1}{2}\left(\frac{1}{4}\sin4\tilde\beta_C+\tilde\beta_C\right)\cos(\tilde\beta_C-f_K)\right.\\&\left.\left.+\frac{1}{2}\sin(\tilde\beta_C-f_K)(\sin^4\tilde\beta_C+\cos^4\tilde\beta_C-1)\right]\right\}\end{aligned} \tag{6.3-79}$$

将式（6.3-6）所示 A、B 代入上式并注意到 $E=v_K\cos^2\Theta_K$，经过整理可得下式：

$$\Delta\beta_1 = q_{10}+q_{11}\sin^2\phi_K+q_{12}\sin2\phi_K\cos\alpha_K+q_{13}\cos^2\phi_K\cos^2\alpha_K \tag{6.3-80}$$

其中

$$q_{10} = \frac{J(1-\cos\tilde\beta_C)}{v_K\cos\Theta_K\sin\Theta_K}$$

$$q_{11}=\frac{J}{v_K^2\cos^3\Theta_K\sin\Theta_K}\left\{2(\cos\tilde{\beta}_C-1)+\left(E-\frac{2}{3}\right)(\cos^2\tilde{\beta}_C+\cos\tilde{\beta}_C-2)\right.$$
$$+\frac{e}{2}\left[\sin\tilde{\beta}_C\sin f_K(1-\cos^4\tilde{\beta}_C)+\frac{1}{2}\sin(\tilde{\beta}_C-f_K)\left(\tilde{\beta}_C-\frac{1}{4}\sin4\tilde{\beta}_C\right)\right.$$
$$\left.\left.-\cos\tilde{\beta}_C\cos f_K\sin^4\tilde{\beta}_C\right]\right\}$$

$$q_{12}=\frac{J}{v_K^2\cos^3\Theta_K\sin\Theta_K}\left\{\left(E-\frac{2}{3}\right)\sin\tilde{\beta}_C(\cos\tilde{\beta}_C-1)\right.$$
$$+\frac{e}{2}\left[\cos(\tilde{\beta}_C+f_K)\sin\tilde{\beta}_C\cos\tilde{\beta}_C-\frac{1}{2}\left(\frac{1}{4}\sin4\tilde{\beta}_C+\tilde{\beta}_C\right)\cos(\tilde{\beta}_C-f_K)\right.$$
$$\left.\left.+\frac{1}{2}\sin(\tilde{\beta}_C-f_K)(\sin^4\tilde{\beta}_C+\cos^4\tilde{\beta}_C-1)\right]\right\}$$

$$q_{13}=\frac{J}{v_K^2\cos^3\Theta_K\sin\Theta_K}\left\{\left(E-\frac{2}{3}\right)(1-\cos\tilde{\beta}_C)^2\right.$$
$$+\frac{e}{2}\left[\sin\tilde{\beta}_C\sin f_K(1-\cos^4\tilde{\beta}_C)+\frac{1}{2}\sin(\tilde{\beta}_C-f_K)\left(\tilde{\beta}_C-\frac{1}{4}\sin4\tilde{\beta}_C\right)\right.$$
$$\left.\left.-\cos\tilde{\beta}_C\cos f_K\sin^4\tilde{\beta}_C\right]\right\}$$

（2）几何学的影响

当考虑到地球为旋转椭球时，则椭球表面上各点至地心 O_e 的距离不是个常数，但由于同一纬圈上的点至地心 O_e 的距离相等，故 $\boldsymbol{r}$ 的大小只与 $\boldsymbol{r}$ 和赤道平面的夹角（即地心纬度 ϕ）有关。大地测量学给出地球表面上任一点的向径的大小为

$$r=a_e\left(1-\alpha_E\sin^2\phi-\frac{3}{8}\alpha_E^2\sin^2 2\phi-\cdots\right)$$

式中，a_e 为赤道半径；α_E 为地球扁率。

当略去 α_E^2 及其以上各阶项时，则有

$$r=a_e(1-\alpha_E\sin^2\phi) \tag{6.3-81}$$

记地球向径与将地球当作圆球之半径 R 之差为

$$\Delta h=r-R$$

将式（6.3-81）代入上式，得

$$\Delta h=a_e-R-a_e\alpha_E\sin^2\phi \tag{6.3-82}$$

因此，如设火箭载荷在地球为圆球上的落点地心纬度为 ϕ_C，而实际上在椭球表面上落点的地心距 r 与 R 有高程差：

$$\Delta h_C=a_e-R-a_e\alpha_E\sin^2\phi_C \tag{6.3-83}$$

显然，高程差 Δh_C 将会引起射程偏差：当 Δh_C 为正时，将使射程减小；反之，则射程增大。考虑到 Δh_C 不大，因此可以将这一段弹道看成是直线弹道，如图6.3-3 所示并且，可按下式求出由于几何学影响而引起的射程偏差：

$$\Delta L_2 = \Delta h_C \cot\Theta_C$$

或以射程偏差角表示为

$$\Delta\beta_2 = \frac{\Delta h_C}{R}\cot\Theta_C \tag{6.3-84}$$

式中，Θ_C 为火箭载荷的实际落点。由于扁率引起的弹道偏差较小，故可用不考虑地球扁率时所求得的弹道落角 $\tilde{\Theta}_C$ 来代替。这样，将式（6.3-83）代入式（6.3-84），在一阶近似条件下，$\Delta\beta_2$ 可简化为

$$\Delta\beta_2 = \frac{a_e - R}{R}\cot\Theta_C - \alpha_E\cot\Theta_C\sin^2\phi_C \tag{6.3-85}$$

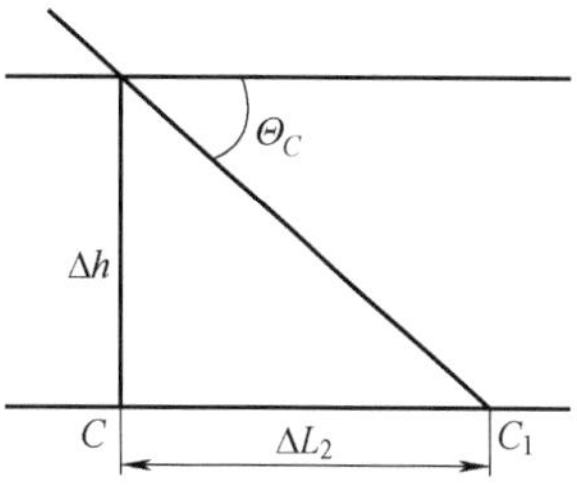

图 6.3-3　地球扁率对落点的几何学影响

由式（6.3-5）有

$$\sin\phi_C = \cos\tilde{\beta}_C\sin\phi_K + \sin\tilde{\beta}_C\cos\phi_K\cos\alpha_K \tag{6.3-86}$$

将其代入式（6.3-85）得

$$\Delta\beta_2 = \frac{a_e - R}{R}\cot\tilde{\Theta}_C - \alpha_E\cot\tilde{\Theta}_C(\cos^2\tilde{\beta}_C\sin^2\phi_K + \sin\tilde{\beta}_C\cos\tilde{\beta}_C\sin 2\phi_K\cos\alpha_K + \sin^2\tilde{\beta}_C\cos^2\phi_K\cos^2\alpha_K) \tag{6.3-87}$$

记

$$\Delta\beta_2 = q_{20} + q_{21}\sin^2\phi_K + q_{22}\sin 2\phi_K\cos\alpha_K + q_{23}\cos^2\phi_K\cos^2\alpha_K \tag{6.3-88}$$

其中

$$q_{20} = \frac{a_e - R}{R}\cot\tilde{\Theta}_C$$

$$q_{21} = -\alpha_E\cot\tilde{\Theta}_C\cos^2\tilde{\beta}_C$$

$$q_{22} = -\alpha_E\cot\tilde{\Theta}_C\sin\tilde{\beta}_C\cos\tilde{\beta}_C$$

$$q_{23} = -\alpha_E\cot\tilde{\Theta}_C\sin^2\tilde{\beta}_C$$

在求得地球扁率的动力学影响和几何学影响所产生的射程偏差后，则可很快地写出地球扁率造成的总射程偏差：

$$\Delta\beta_C = \Delta\beta_1 + \Delta\beta_2$$

将式（6.3-80）和式（6.3-88）代入上式，得

$$\Delta\beta_C = q_0 + q_1\sin^2\phi_K + q_2\sin 2\phi_K\cos\alpha_K + q_3\cos^2\phi_K\cos^2\alpha_K \tag{6.3-89}$$

$$\begin{cases} q_0 = q_{10} + q_{20} \\ q_1 = q_{11} + q_{21} \\ q_2 = q_{12} + q_{22} \\ q_3 = q_{13} + q_{23} \end{cases} \tag{6.3-90}$$

2. 侧向偏差的计算

在将地球作为一旋转椭球体时，其引力场为非有心力场，因而一般情况下将有垂直于射击平面的引力侧向分量，这将使得火箭飞行偏离标准射击平面，从而造成火箭载荷的侧向偏

差。由于地球扁率造成偏差较小，故将纵向影响和侧向影响分开考虑，这样火箭在地球引力的侧向分量作用下，根据牛顿运动定律，可简单作为单位质量质点的运动微分方程式：

$$\frac{\mathrm{d}^2 z}{\mathrm{d}t^2}=g_z=\boldsymbol{Z}^0\cdot \mathrm{grad}U$$

式中，z 为垂直于标准弹道平面的距离，顺射击方向看，向右为正；$\boldsymbol{Z}^0$ 为 Z 轴的单位矢量。

如图 6.3-4 所示，当存在 z 时，$\boldsymbol{r}$ 偏离射面，其 ϕ'、α' 均与标准弹道的 ϕ、α 有区别。利用式（6.3-2），根据前式得

$$\frac{\mathrm{d}^2 z}{\mathrm{d}t^2}=\left[-\frac{GM}{r^2}-J\frac{GM}{r^4}(1-3\sin^2\phi')\right]\boldsymbol{Z}^0\cdot\boldsymbol{r}^0-\frac{GM}{r^2}J\left(\frac{a_{\mathrm{e}}}{r}\right)^2\sin2\phi'\boldsymbol{Z}^0\cdot\boldsymbol{\phi}'^0 \tag{6.3-91}$$

令

$$\zeta=\frac{z}{r} \tag{6.3-92}$$

由于 ζ 的存在，使得 K''之 ϕ'、α'与标准弹道之 ϕ、α 有区别，下面讨论其差值 $\Delta\phi$、$\Delta\alpha$ 与 ζ 的关系。

当仅考虑侧向偏差，即有 ζ 存在时，将图 6.3-4 所示的相关部分提取并重新作，如图 6.3-5 所示。则由球面三角形 $K'NK''$得关系式：

$$\frac{\sin[180°-(90°+\alpha+\Delta\alpha)]}{\sin(90°-\phi)}=\frac{\sin(90°+\alpha)}{\sin[90°-(\varphi+\Delta\varphi)]}$$

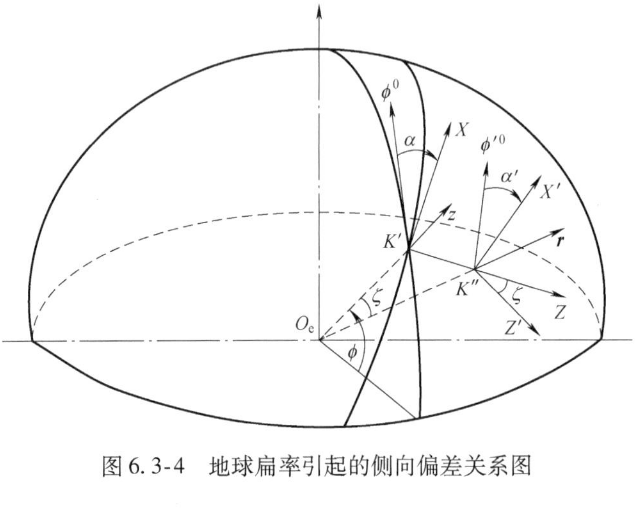

图 6.3-4　地球扁率引起的侧向偏差关系图

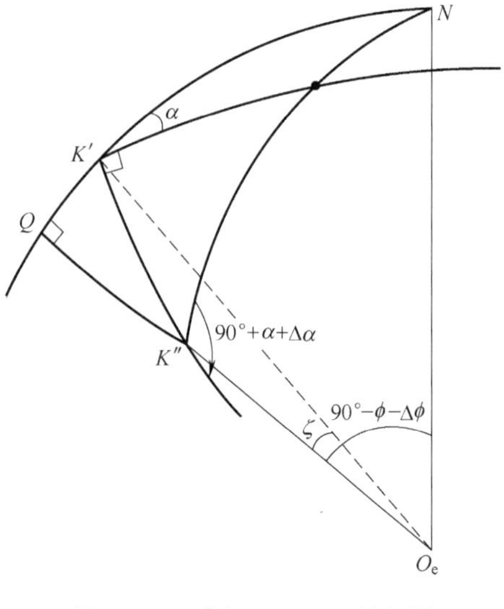

图 6.3-5　求解 $\Delta\phi$、$\Delta\alpha$ 几何图

即

$$\frac{\cos(\alpha+\Delta\alpha)}{\cos\phi}=\frac{\cos\alpha}{\cos(\phi+\Delta\phi)}$$

将上式展开，由于 ζ 较小，故可近似认为

$$\cos\Delta\phi=1,\ \sin\Delta\phi=\Delta\varphi$$
$$\cos\Delta\alpha=1,\ \sin\Delta\alpha=\Delta\alpha$$

且把含 $\Delta\phi\cdot\Delta\alpha$ 的项作为高阶微量略去，得

$$\Delta\alpha = -\cot\alpha\tan\phi \cdot \Delta\phi \tag{6.3-93}$$

图6.3-5中，取 $\overset{\frown}{QN} = \overset{\frown}{K''N} = 90° - (\phi + \Delta\phi)$，显然，$Q$、$K''$位于同一平行圈，连接 Q、K''，此大圆弧在 ζ 较小时，可近似与平行圈相等，则将 $\angle K''QN$ 近似看成直角，因而由球面直角三角形 $K'QK''$，可得

$$\Delta\phi = -\zeta\sin\alpha$$

将上式代入式（6.3-93），则得

$$\Delta\alpha = \cos\alpha\tan\phi \cdot \zeta \tag{6.3-94}$$

如图6.3-3所示，注意到 $\boldsymbol{\phi}'^0$、$\boldsymbol{X}'^0$、$\boldsymbol{Z}'^0$ 是处于过 K''点的当地水平面内，$\boldsymbol{r}^0$ 垂直于该平面。因此可以求得

$$\boldsymbol{Z}^0 \cdot \boldsymbol{r}^0 = \sin\zeta$$

$$\boldsymbol{Z}^0 \cdot \boldsymbol{\phi}'^0 = (\boldsymbol{Z}'^0\cos\zeta + \boldsymbol{r}^0\sin\zeta) \cdot \boldsymbol{\phi}'^0 = \cos\zeta\boldsymbol{Z}'^0 \cdot \boldsymbol{\phi}'^0 = \cos\zeta\cos\left(\frac{\pi}{2} + \alpha'\right)$$

将上式中之 α'以 $\alpha + \Delta\alpha'$代入，并注意到 ζ 为小量，则在一阶近似条件下有

$$\begin{cases} \boldsymbol{Z}^0 \cdot \boldsymbol{r}^0 = \zeta \\ \boldsymbol{Z}^0 \cdot \boldsymbol{\phi}'^0 = -\sin\alpha - \cos\alpha \cdot \Delta\alpha \end{cases} \tag{6.3-95}$$

将式（6.3-95）代入式（6.3-91），得

$$\frac{\mathrm{d}^2 z}{\mathrm{d}t^2} = -\left[\frac{GM}{r^2} + J\frac{GM}{r^4}(1 - 3\sin^2\phi')\right]\zeta + \frac{GM}{r^2}J\left(\frac{a_e}{r}\right)^2\sin2\phi'(\sin\alpha + \cos\alpha \cdot \Delta\alpha)$$

将 $\Delta\phi$、$\Delta\alpha$ 代入上式，考虑到 ζ 为小量，可以看作与 J 是同阶微量，则在一阶近似条件下，上式写为

$$\frac{\mathrm{d}^2 z}{\mathrm{d}t^2} = -\frac{GM}{r^2}\zeta + 2J\frac{GM}{r^4}a_e^2\sin\phi\cos\phi\sin\alpha \tag{6.3-96}$$

应该指出，式（6.3-96）的射击方位角 α 是沿弹道变化的，为了计算方便，可将它变换成 ϕ 的函数。由图6.3-1所示的球面三角形 $K'QN$ 可得

$$\frac{\sin(\pi - \alpha)}{\sin\left(\frac{\pi}{2} - \varphi_K\right)} = \frac{\sin\alpha_K}{\sin\left(\frac{\pi}{2} - \phi\right)}$$

即

$$\sin\alpha = \frac{\cos\phi_K}{\cos\phi}\sin\alpha_K \tag{6.3-97}$$

将其代入式（6.3-96），得

$$\frac{\mathrm{d}^2 z}{\mathrm{d}t^2} = -\frac{GM}{r^2}\zeta + 2J\frac{GM}{r^4}a_e^2\cos\phi_K\sin\alpha_K\sin\phi \tag{6.3-98}$$

再根据式（6.3-5）：

$$\sin\phi = \cos\beta\sin\phi_K + \sin\beta\cos\phi_K\cos\alpha_K$$

得

$$\frac{\mathrm{d}^2 z}{\mathrm{d}t^2} = -\frac{GM}{r^2}\zeta + J\frac{GM}{r^4}a_e^2(\sin2\phi_K\sin\alpha_K\cos\beta + \cos^2\phi_K\sin2\alpha_K\sin\beta) \tag{6.3-99}$$

记

$$\Phi_{\zeta}(\beta)=\sin 2\phi_K \sin\alpha_K \cos\beta+\cos^2\phi_K \sin 2\alpha_K \sin\beta \tag{6.3-100}$$

则式（6.3-99）改写为

$$\frac{d^2 z}{dt^2}=-J\frac{GM}{r^2}\zeta+J\frac{GM}{r^4}a_e^2\Phi_{\zeta}(\beta) \tag{6.3-101}$$

上式为二阶微分方程，为便于求解该方程，首先设法消去方程中之参数 t，由式（6.3-92）有

$$z=r\zeta$$

考虑到 $u=\frac{1}{r}$，故有

$$z=\frac{\zeta}{u} \tag{6.3-102}$$

则

$$\frac{dz}{dt}=\frac{dz}{d\beta}\dot{\beta}=\left(-\frac{1}{u^2}\frac{du}{d\beta}\zeta+\frac{1}{u}\frac{d\zeta}{d\beta}\right)\dot{\beta}$$

将式（6.3-22）代入上式，得

$$\frac{dz}{dt}=-h(1+\chi)\frac{du}{d\beta}\zeta+hu(1+\chi)\frac{d\zeta}{d\beta}$$

由于可把 ζ、$\frac{d\zeta}{d\beta}$ 和 χ 看作与 J 同阶的微量，则在一阶近似条件下，上式可变为

$$\frac{dz}{dt}=-h\frac{du}{d\beta}\zeta+hu\frac{d\zeta}{d\beta} \tag{6.3-103}$$

而

$$\frac{d^2 z}{dt^2}=\frac{d}{dt}\left(\frac{dz}{dt}\right)=\frac{d}{d\beta}\left(\frac{dz}{dt}\right)\dot{\beta}$$

将式（6.3-103）和式（6.3-22）代入上式，得

$$\frac{d^2 z}{dt^2}=\left(-h\frac{d^2 u}{d\beta^2}\zeta+hu\frac{d^2\zeta}{d\beta^2}\right)hu^2(1+\chi)$$

在一阶近似条件下，上式变为

$$\frac{d^2 z}{dt^2}=-h^2u^2\frac{d^2 u}{d\beta^2}\zeta+h^2u^3\frac{d^2\zeta}{d\beta^2} \tag{6.3-104}$$

将上式代入式（6.3-101），得

$$h^2u^3\frac{d^2\zeta}{d\beta^2}-h^2u^2\frac{d^2 u}{d\beta^2}\zeta=-GMu^2\zeta+JGMa_e^2u^4\Phi_{\zeta}(\beta)$$

即

$$\frac{d^2\zeta}{d\beta^2}+\left(\frac{GM}{h^2}-\frac{d^2 u}{d\beta^2}\right)\frac{\zeta}{u}=J\frac{GM}{h^2}a_e^2 u\Phi_{\zeta}(\beta) \tag{6.3-105}$$

由于不考虑地球扁率造成的纵向偏差对侧向偏差的影响，故认为纵平面弹道中 $J=0$，则由式（6.3-35）有

$$\frac{d^2 u}{d\beta^2}+u=\frac{GM}{h^2} \tag{6.3-106}$$

将上式代入式（6.3-105），并考虑到一阶近似条件下可取$\frac{a_e}{r}=1$，则有

$$\frac{\mathrm{d}^2\zeta}{\mathrm{d}\beta^2}+\zeta=J\frac{GM}{h^2}a_{\mathrm{e}}\Phi_{\zeta}(\beta) \tag{6.3-107}$$

上式也是一个二阶常系数线性齐次微分方程，此类方程的解前面已做介绍。下面介绍一种特殊的求解方法，这种方法在于用相当简单的公式，从对应的齐次方程满足的初始条件 $\bar{\zeta}(0)=0$、$\bar{\zeta}'(0)=1$ 的特解，来定出原非齐次方程满足初始条件 $\zeta(0)=\zeta'(0)=0$ 的特解。现具体以式（6.3-107）来求解。

式（6.3-107）对应的齐次方程为

$$\frac{\mathrm{d}^2\bar{\zeta}}{\mathrm{d}\beta^2}+\bar{\zeta}=0 \tag{6.3-108}$$

其通解为

$$\bar{\zeta}=C_1\cos\beta+C_2\sin\beta \tag{6.3-109}$$

根据初始条件 $\bar{\zeta}(0)=0$、$\bar{\zeta}'(0)=1$，可确定出常数 $C_1=0$、$C_2=1$，故有

$$\bar{\zeta}=\sin\beta$$

有了上述满足初始条件的通解，再联系式（6.3-107）的右端函数，只需将 $\bar{\zeta}$ 的变量 β 换成 $\beta-\xi$，则可按下式计算

$$\zeta=\int_0^{\beta}\sin(\beta-\xi)\cdot J\frac{GM}{h^2}a_{\mathrm{e}}\Phi_{\zeta}(\xi)\mathrm{d}\xi \tag{6.3-110}$$

上式为非齐次方程满足初始条件 $\zeta(0)=\zeta'(0)=0$ 的解。这种方法叫作脉冲过渡函数法。

如果原非齐次方程的初始条件不是 $\zeta(0)=\zeta'(0)=0$，则可根据解非齐次方程的一般做法，由式（6.3-109）和式（6.3-110）组成非齐次方程的通解，再根据起始条件去确定其具体的特解。由于地球扁率对被动段侧向运动的影响，在被动段起始点处，引力侧向分量只会产生侧向加速度，而侧向分速及侧向距离均不会发生改变，因而满足 $\zeta(0)=\zeta'(0)=0$，故式（6.3-110）为所需的解。

注意到 $\frac{1}{P}=\frac{GM}{h^2}$，则式（6.3-110）可写为

$$\zeta=J\frac{a_{\mathrm{e}}}{P}\int_0^{\beta}\sin(\beta-\xi)\Phi_{\zeta}(\xi)\mathrm{d}\xi$$

而当载荷落地，即 $\beta=\tilde{\beta}_C$ 时，由地球扁率所造成之侧向偏差为

$$\zeta_C=J\frac{a_{\mathrm{e}}}{P}\int_0^{\tilde{\beta}_C}\sin(\tilde{\beta}_C-\xi)\Phi_{\zeta}(\xi)\mathrm{d}\xi \tag{6.3-111}$$

注意到一阶近似条件下有

$$\frac{a_{\mathrm{e}}}{P}=\frac{a_{\mathrm{e}}}{r_K v_K\cos^2\Theta_K}\approx\frac{1}{v_K\cos^2\Theta_K}$$

将上式及 $\Phi_{\zeta}(\xi)$ 的表达式（6.3-100）代入式（6.3-111），得

$$\begin{aligned}\zeta_C=\frac{J}{v_K\cos^2\Theta_K}\Big[&\sin2\phi_K\sin\alpha_K\int_0^{\tilde{\beta}_C}\sin(\tilde{\beta}_C-\xi)\cos\xi\mathrm{d}\xi\\&+\cos^2\phi_K\sin2\alpha_K\int_0^{\tilde{\beta}_C}\sin(\tilde{\beta}_C-\xi)\sin\xi\mathrm{d}\xi\Big]\end{aligned} \tag{6.3-112}$$

注意到下式：

$$\sin(\tilde{\beta}_C-\xi)\cos\xi=\frac{1}{2}[\sin\tilde{\beta}_C+\sin(\tilde{\beta}_C-2\xi)]$$

$$\sin(\tilde{\beta}_C-\xi)\sin\xi=-\frac{1}{2}[\cos\tilde{\beta}_C-\cos(\tilde{\beta}_C-2\xi)]$$

$$\int_0^{\tilde{\beta}_C}\sin(\tilde{\beta}_C-2\xi)\mathrm{d}\xi=-\frac{1}{2}\int_0^{\tilde{\beta}_C}\sin(\tilde{\beta}_C-2\xi)\mathrm{d}(\tilde{\beta}_C-2\xi)=\frac{1}{2}\cos(\tilde{\beta}_C-2\xi)\Big|_0^{\tilde{\beta}_C}=0$$

$$\int_0^{\tilde{\beta}_C}\cos(\tilde{\beta}_C-2\xi)\mathrm{d}\xi=-\frac{1}{2}\int_0^{\tilde{\beta}_C}\cos(\tilde{\beta}_C-2\xi)\mathrm{d}(\tilde{\beta}_C-2\xi)=-\frac{1}{2}\sin(\tilde{\beta}_C-2\xi)\Big|_0^{\tilde{\beta}_C}=\sin\tilde{\beta}_C$$

则式（6.3-112）积分后得

$$\begin{aligned}\zeta_C=&\frac{J}{2v_K\cos^2\Theta_K}\tilde{\beta}_C\sin\tilde{\beta}_C\sin2\phi_K\sin\alpha_K\\&+\frac{J}{2v_K\cos^2\Theta_K}(\sin\tilde{\beta}_C-\tilde{\beta}_C\cos\tilde{\beta}_C)\cos^2\phi_K\sin2\alpha_K\end{aligned}\tag{6.3-113}$$

记

$$q_4=\frac{JR}{2v_K\cos^2\Theta_K}\tilde{\beta}_C\sin\tilde{\beta}_C$$

$$q_5=\frac{JR}{2v_K\cos^2\Theta_K}(\sin\tilde{\beta}_C-\tilde{\beta}_C\cos\tilde{\beta}_C)$$

则

$$z_C=R\zeta_C=q_4\sin2\phi_K\sin\alpha+q_5\cos^2\phi_K\sin2\alpha_K\tag{6.3-114}$$

3. 飞行时间偏差的计算

前面研究了地球扁率所引起的射程偏差和侧向偏差，实际上，地球扁率对飞行时间也有影响。而飞行时间的改变，对计算考虑地球旋转之相对落点将产生影响，因此应该计算地球扁率对飞行时间的影响。

已知假设地球为圆球时，根据动量矩定律有

$$\frac{\mathrm{d}\beta}{\mathrm{d}t}=h\tilde{u}^2$$

其被动段飞行时间为

$$\tilde{T}=\int_0^{\tilde{\beta}_C}\frac{1}{h\tilde{u}^2}\mathrm{d}\beta\tag{6.3-115}$$

式（6.3-22）已给出考虑地球扁率时的射程角随时间的变化率为

$$\frac{\mathrm{d}\beta}{\mathrm{d}t}=hu^2(1+\chi)$$

则火箭在此条件下，其被动段飞行时间为

$$T=\int_0^{\tilde{\beta}_C+\Delta\beta}\frac{1}{hu^2(1+\chi)}\mathrm{d}\beta$$

式中，$\Delta\beta$ 为考虑地球扁率影响时射程角的改变量。

当考虑到一阶近似条件时，上式变为

$$T = \int_0^{\tilde{\beta}_C+\Delta\beta} \frac{1-\chi}{hu^2}\mathrm{d}\beta$$

即

$$T = \int_0^{\tilde{\beta}_C+\Delta\beta_C} \frac{1}{hu^2}\mathrm{d}\beta - \int_0^{\tilde{\beta}_C+\Delta\beta_C} \frac{\chi}{hu^2}\mathrm{d}\beta$$

由于地球扁率引起的射程偏差 $\Delta\beta_C$ 是个小量，故上式可近似写为

$$T = \int_0^{\tilde{\beta}_C} \frac{1}{hu^2}\mathrm{d}\beta_C + \frac{1}{hu_C^2}\Delta\beta_C - \int_0^{\tilde{\beta}_C} \frac{\chi}{hu^2}\mathrm{d}\beta - \frac{\chi}{hu_C^2}\Delta\beta_C \tag{6.3-116}$$

式中，$u_C = \frac{1}{R}$。

式（6.3-116）右端最后一项可视为高阶微量而略去，然后再与式（6.3-115）相减，得到时间偏差：

$$\Delta T = \int_0^{\tilde{\beta}_C}\left(\frac{1}{hu^2} - \frac{1}{h\tilde{u}^2}\right)\mathrm{d}\beta_C + \frac{1}{hu_C^2}\Delta\beta_C - \int_0^{\tilde{\beta}_C} \frac{\chi}{hu^2}\mathrm{d}\beta$$

上式右端第一个积分可作为高阶微量略去，并利用式（6.3-34），可得

$$\Delta T = \frac{1}{hu_C^2}\Delta\beta_C - \int_0^{\tilde{\beta}_C} J\frac{GM}{h^3u^2}a_e[F(\beta) - F(0)]\mathrm{d}\beta \tag{6.3-117}$$

由式（6.3-9）知

$$F(\beta) = \frac{1}{3} - (A\sin\beta + B\cos\beta)^2$$

$$F(0) = \frac{1}{3} - B^2$$

及

$$\frac{1}{P} = \frac{GM}{h^2}$$

将它们代入式（6.3-117），得

$$\Delta T = \frac{1}{hu_C^2}\Delta\beta_C - \int_0^{\tilde{\beta}_C} \frac{Ja_e}{hPu^2}[B^2 - (A\sin\beta + B\cos\beta)^2]\mathrm{d}\beta$$

由于 $u_C = \frac{1}{R}$、$h = r_K V_K\cos\Theta_K$、$P = r_K \upsilon_K\cos^2\Theta_K$，则代入上式并经整理，并仿照前述方法取至一阶项时，可得如下形式：

$$\Delta T = \frac{R}{V_K\cos\Theta_K}\Delta\beta_C + \frac{Ja_e}{V_K\upsilon_K\cos^3\Theta_K}\int_0^{\tilde{\beta}_C}[(A^2 - B^2)\sin^2\beta + 2AB\sin\beta\cos\beta]\mathrm{d}\beta$$

积分后得

$$\begin{aligned}\Delta T = &\frac{R}{V_K\cos\Theta_K}\Delta\beta_C \\ &+ \frac{Ja_e}{V_K\upsilon_K\cos^3\Theta_K}\left[\frac{1}{2}(A^2 - B^2)\left(\tilde{\beta}_C - \frac{1}{2}\sin 2\tilde{\beta}_C\right) + AB\sin^2\tilde{\beta}_C\right]\end{aligned} \tag{6.3-118}$$

最后将式（6.3-6）和式（6.3-89）代入上式，则可得飞行时间偏差的表达式：

$$\Delta\beta_C = Q_0 + Q_1\sin^2\phi_K + Q_2\sin2\phi_K\cos\alpha_K + Q_3\cos^2\phi_K\cos^2\alpha_K \tag{6.3-119}$$

其中

$$\begin{cases} Q_0 = \dfrac{R}{V_K\cos\Theta_K}q_0 \\ Q_1 = \dfrac{R}{V_K\cos\Theta_K}q_1 - \dfrac{1}{2}\dfrac{Ja_e}{V_K\upsilon_K\cos^3\Theta_K}\left(\tilde{\beta}_C - \dfrac{1}{2}\sin2\tilde{\beta}_C\right) \\ Q_2 = \dfrac{R}{V_K\cos\Theta_K}q_2 + \dfrac{1}{2}\dfrac{Ja_e}{V_K\upsilon_K\cos^3\Theta_K}\sin^2\tilde{\beta}_C \\ Q_3 = \dfrac{R}{V_K\cos\Theta_K}q_3 + \dfrac{1}{2}\dfrac{Ja_e}{V_K\upsilon_K\cos^3\Theta_K}\left(\tilde{\beta}_C - \dfrac{1}{2}\sin2\tilde{\beta}_C\right) \end{cases} \tag{6.3-120}$$

本节前面所讨论的，是在不考虑地球旋转时，得到准确到 J 的一阶项的射程偏差、侧向偏差和射程偏差。这种方法的优点是，只要知道火箭在主动段终点的运动参数（速度、位置、方位角），即可利用解析表达式很方便地算得落点偏差。必须指出如下几点：

1）如欲求地球扁率对考虑地球旋转时的被动段落点偏差，则应将主动段终点的绝对参数代入导得的解析表达式计算，所得的落点偏差是绝对落点偏差，然后再去算得绝对落点，最后将此绝对落点换算成相对落点以求相对落点偏差。

2）对上述考虑了 J 的一阶项的解析表达式，当某些问题不能满足精度要求时，则应考虑 J 的高阶项。

3）最后需要说明的是，在推导过程中为了求得解析解，对 r、r_K、R、a_e 四个量，在一阶近似下，未作严格区分，因此所导得的结果是近似的。它适用于弹道初步设计，至于精确弹道计算，则可以考虑标准引力势甚至高阶项，然后去解运动微分方程。

6.3.2 再入段空气动力的影响

当载荷再入大气层后，要受到空气动力的作用，假定载荷是静安定的，载荷烧蚀是均匀的，即是轴对称的，则可认为再入段中载荷的攻角为零。那么，空气动力有如下三点影响：

1）增大命中目标的时间。

2）减小了火箭的射程。

3）引起落点散布。

由再入段运动方程知当再入点高度固定时，再入段气动阻力的影响是再入点的速度、弹道倾角及载荷的阻重比的函数；如载荷已定，则再入阻力影响只是落速和弹道倾角的函数。可以通过大量计算得出图 6.3-6 所示函数关系。图中，V_C、Θ_C 为再入点的速度和弹道倾角。

$$\Delta\beta_x = \frac{\Delta L}{r_C}$$

式中，ΔL 为再入阻力使射程减少的数值。

对于主动段按固定程序飞行的运载火箭，在不同的发射条件下，即在不同的发射点纬度和不同的发射方位角下发射，而在同一时刻关机，其落点的再入阻力影响差别很小，通常只为几米的数量级，因此可近似将 $\Delta\beta_x$ 逼近为 t_K 的单变量函数，如图 6.3-7 所示。

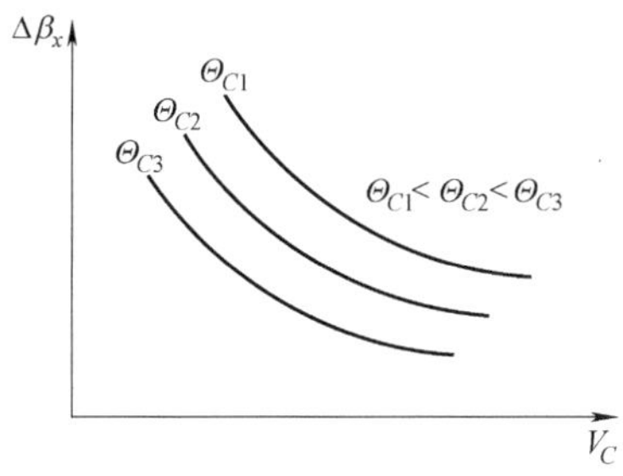

图 6.3-6　$\Delta\beta_x(V_C)$ 曲线

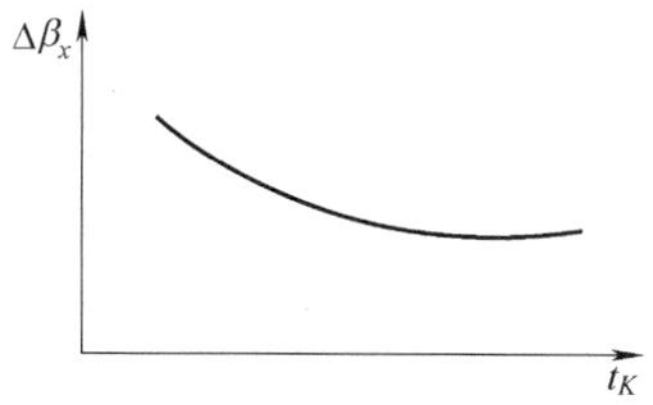

图 6.3-7　$\Delta\beta_x(t_K)$ 曲线

有时也可以将由空气动力对空气动力和飞行时间的影响拟合成 V、h 的函数。

6.4　落点偏差的修正

已经导出由于地球扁率和再入空气动力引起的落点偏差和命中时间的偏差，为此需要对落点进行修正。首先，需要根据计算的命中时间偏差，来修正目标在不动球壳上的投影和根据椭圆理论所确定的需要速度；然后，可以利用以下介绍的方法之一，来修正落点偏差。

6.4.1　利用计算所得落点偏差来修正落点坐标

如图 6.4-1 所示，当按椭圆弹道来确定需要速度时，对目标点 C 产生偏差 ΔL、Δz_C。

$$\begin{cases}\Delta L = r_C\Delta\beta_C \\ \Delta z_C = r_C\zeta\end{cases} \tag{6.4-1}$$

则与 $C_1(\Delta L,\Delta z_C)$ 相对应的 $C_2(-\Delta L,-\Delta z_C)$ 是虚拟目标，对虚拟目标进行瞄准，此时有

$$\boldsymbol{r}_{C_2} = \boldsymbol{r}_C + \Delta\boldsymbol{r} \tag{6.4-2}$$

$$\Delta\boldsymbol{r} = -\Delta L\cos\tilde{\beta}_C \cdot \boldsymbol{x}^0 + \Delta L\sin\tilde{\beta}_C \cdot \boldsymbol{y}^0 - \Delta z_C \cdot \boldsymbol{z}^0 \tag{6.4-3}$$

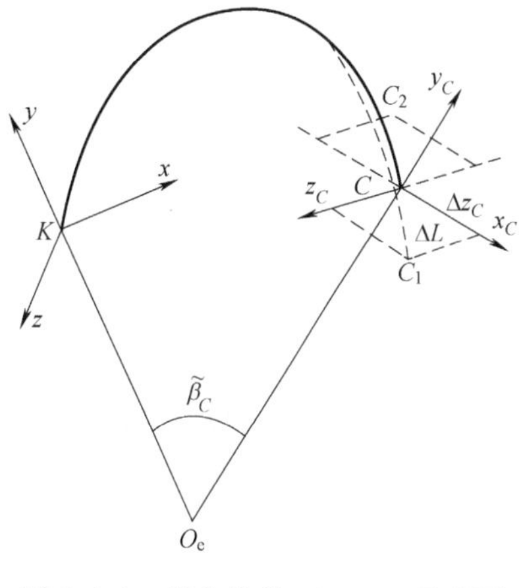

图 6.4-1　落点偏差 ΔL、Δz_C 示意图

故利用 $\boldsymbol{r}_{C_2}$ 代替 $\boldsymbol{r}_C$ 求需要速度，有

$$\boldsymbol{r}_{C_2} = (x-\Delta L\cos\tilde{\beta}_C)\cdot\boldsymbol{x}^0 + (y+\Delta L\sin\tilde{\beta}_C)\cdot\boldsymbol{y}^0 + (z-\Delta z_C)\cdot\boldsymbol{z}^0 \tag{6.4-4}$$

6.4.2　利用落点偏差修正关机点速度

由式（5.2-58）知，$\boldsymbol{V}_K$ 在射击平面内时，有下式成立：

$$\frac{\partial\beta_C}{\partial V_K} = \frac{4R}{V_K}\frac{(1+\tan^2\Theta_K)\sin^2\dfrac{\beta_C}{2}\tan\dfrac{\beta_C}{2}}{v_K\left(R\tan\Theta_K\tan\dfrac{\beta_C}{2}-R+r_K\right)} \tag{6.4-5}$$

下面考虑当主动段终点的位置仍在射击平面内，仅存在由于 $\boldsymbol{V}_K$ 偏离射击平面产生方位角误差 $\Delta\alpha_K$ 时，火箭的侧向误差系数。

设主动段终点 K 在地球表面上的投影为 K'，原射击平面由 $\boldsymbol{r}_K$ 和 $\boldsymbol{V}_K$ 所决定，该平面与

地球的截痕为 $\overset{\frown}{K'C}$，$\overset{\frown}{K'C}$为大圆弧的一段。当实际的终点速度偏离射击平面时，记该速度为 $\boldsymbol{V}'_K$，则实际的弹道平面由 $\boldsymbol{r}_K$ 和 $\boldsymbol{V}'_K$所决定。它与地球的截痕为 $\overset{\frown}{K'C'}$，也是一段大圆弧。原射击平面与实际平面之间的夹角为二面角，它是由 $\overset{\frown}{K'C}$与 $\overset{\frown}{K'C'}$两圆弧在 K'的切线之间的夹角所决定的。它称为方位角误差，记为 $\Delta\alpha_K$，如图 6.4-2 所示。

现在要讨论仅存在该 $\Delta\alpha_K$ 时所造成的载荷落点的侧向误差系数，因此，令

$$|\boldsymbol{V}_K| = |\boldsymbol{V}'_K| = V_K$$

且 $\boldsymbol{V}_K$、$\boldsymbol{V}'_K$与过 K'点的切平面之间夹角均为 Θ_K。这样，根据计算射程的知识可知

$$\overset{\frown}{K'C} = \overset{\frown}{K'C'} = R \cdot \beta_C$$

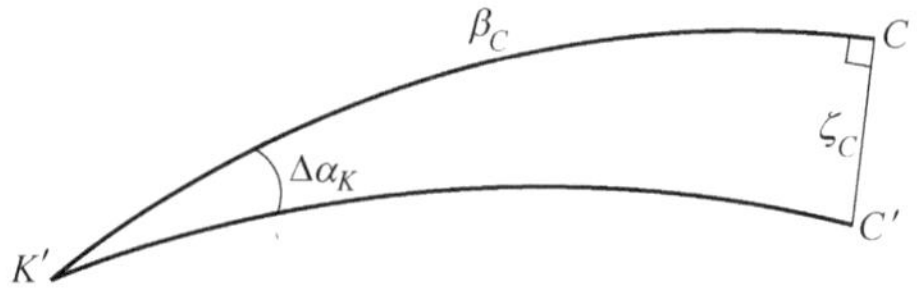

图 6.4-2　$\Delta\alpha_K$ 与 ζ_C 的几何关系

记$\overset{\frown}{CC'}$对应的地心角为 ζ_C。显然，ζ_C 为由于仅存在主动段终点速度偏离射击平面而造成的侧向落点偏差。

不难看出，$\Delta K'CC'$为一球面三角形。通常火箭主动段飞行时有横向导引系统工作，故由 $\boldsymbol{V}_K$ 偏离射击平面造成的 $\Delta\alpha_K$ 为一小量，则可近似认为$\overset{\frown}{CC'}$与$\overset{\frown}{K'C}$相垂直，即视 $\Delta K'CC'$为球面直角三角形，因此可得

$$\sin\zeta_C = \sin\beta_C \cdot \sin\Delta\alpha_K$$

因 ζ_C、$\Delta\alpha_K$ 均为小量，故可简化为

$$\zeta_C = \sin\beta_C \cdot \Delta\alpha_K \tag{6.4-6}$$

由此得侧向误差系数为

$$\frac{\partial\zeta_C}{\partial\Delta\alpha_K} = \sin\beta_C \tag{6.4-7}$$

不难理解，主动段终点速度偏离射击平面，说明此时载荷具有垂直于射击平面的分速度，记为 $\dot{z}_K$。规定顺射击方向看去，指向右方时为正，反之为负。

如图 6.4-3 所示有

$$\sin\Delta\alpha_K = \frac{\dot{z}_K}{V_K\cos\Theta_K}$$

而 $\dot{z}_K$为小量，则有

$$\Delta\alpha_K = \frac{\dot{z}_K}{V_K\cos\Theta_K} \tag{6.4-8}$$

将上式代入式（6.4-7），可求得

$$\frac{\partial\zeta_C}{\partial\dot{z}_K} = \frac{\sin\beta_C}{V_K\cos\Theta_K} \tag{6.4-9}$$

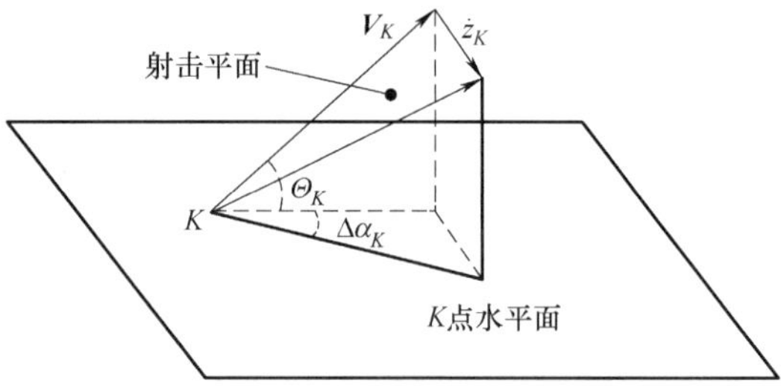

图 6.4-3　$\dot{z}_K$与 $\Delta\alpha_K$ 的几何关系图

则由式（6.4-5）和式（6.4-9）得

$$\begin{cases} \delta V_K = \dfrac{V_K v_K\left(R\tan\Theta_K\tan\dfrac{\beta_C}{2} - R + r_K\right)}{4R(1+\tan^2\Theta_K)\sin^2\dfrac{\beta_C}{2}\tan\dfrac{\beta_C}{2}}\delta\beta_C \\ \delta\dot{z}_K = \dfrac{V_K\cos\Theta_K}{\sin\beta_C}\delta\zeta_C \end{cases} \tag{6.4-10}$$

如果令修正速度为 $\Delta \boldsymbol{V}_K$，则有

$$\Delta \boldsymbol{V}_K = (\delta V_K \cos\Theta_K \quad \delta V_K \sin\Theta_K \quad \delta \dot{z}_K)^{\mathrm{T}} \tag{6.4-11}$$

则修正后需要速度为

$$\boldsymbol{V}_{1R} = \boldsymbol{V}_R - \Delta \boldsymbol{V}_K \tag{6.4-12}$$

6.4.3 根据落点偏差，用脉冲过渡函数计算关机点修正速度

令 $\boldsymbol{X} = (x, y, z, V_x, V_y, V_z)^{\mathrm{T}} = (x_1, x_2, x_3, x_4, x_5, x_6)^{\mathrm{T}}$，则在被动段的式（6.1-8）可变为

$$\begin{cases} \dot{x}_1 = x_4 \\ \dot{x}_2 = x_5 \\ \dot{x}_3 = x_6 \\ \dot{x}_4 = -\dfrac{g_0}{R}x_1 + \Delta g_x \\ \dot{x}_5 = \dfrac{2g_0}{R}x_2 + \Delta g_y \\ \dot{x}_6 = -\dfrac{g_0}{R}x_3 + \Delta g_z \end{cases} \tag{6.4-13}$$

根据落点偏差 δx_C、δy_C、δz_C 求关机点修正速度 δV_{xK}、δV_{yK}、δV_{zK}，即根据给定终端条件 δx_C、δy_C、δz_C、c_4、c_5、c_6（这里 c_4、c_5、c_6 为任意常数），求起始条件 0、0、0、δV_{xK}、δV_{yK}、δV_{zK}。

记

$$\frac{g_0}{R} = a, \quad \boldsymbol{A} = \begin{pmatrix} 0 & 0 & 0 & 1 & 0 & 0 \\ 0 & 0 & 0 & 0 & 1 & 0 \\ 0 & 0 & 0 & 0 & 0 & 1 \\ -a & 0 & 0 & 0 & 0 & 0 \\ 0 & 2a & 0 & 0 & 0 & 0 \\ 0 & 0 & -a & 0 & 0 & 0 \end{pmatrix}$$

设共轭变量 $\boldsymbol{Z} = (z_1, z_2, z_3, z_4, z_5, z_6)^{\mathrm{T}}$，则式（6.4-13）的共轭方程为

$$\frac{\mathrm{d}\boldsymbol{Z}}{\mathrm{d}t} = -\boldsymbol{A}^{\mathrm{T}}\boldsymbol{Z} \tag{6.4-14}$$

即

$$\begin{cases} \dot{z}_1 = \dfrac{g_0}{R}z_4 \\ \dot{z}_2 = -\dfrac{2g_0}{R}z_5 \\ \dot{z}_3 = \dfrac{g_0}{R}z_6 \\ \dot{x}_4 = -z_1 \\ \dot{x}_5 = -z_2 \\ \dot{x}_6 = -z_3 \end{cases} \tag{6.4-15}$$

显然，式（6.4-14）的脉冲过渡函数矩阵为式（6.1-9）脉冲过渡函数矩阵 $\boldsymbol{G}(t,\tau)$ 的转置，其元素为

$$d_{11}=\cos\sqrt{a}(t-\tau)$$
$$d_{41}=\frac{1}{\sqrt{a}}\sin\sqrt{a}(t-\tau)$$
$$d_{22}=\operatorname{ch}\sqrt{2a}(t-\tau)$$
$$d_{52}=-\frac{1}{\sqrt{2a}}\operatorname{sh}\sqrt{2a}(t-\tau)$$
$$d_{33}=\cos\sqrt{a}(t-\tau)$$
$$d_{63}=\frac{1}{\sqrt{a}}\sin\sqrt{a}(t-\tau)$$
$$d_{14}=-\sqrt{a}\sin\sqrt{a}(t-\tau)$$
$$d_{44}=\cos\sqrt{a}(t-\tau)$$
$$d_{25}=\sqrt{2a}\operatorname{sh}\sqrt{2a}(t-\tau)$$
$$d_{55}=\operatorname{ch}\sqrt{2a}(t-\tau)$$
$$d_{36}=-\sqrt{a}\sin\sqrt{a}(t-\tau)$$
$$d_{66}=\cos\sqrt{a}(t-\tau)$$

其余各元素均为零。

选择如下三组终端条件，进行讨论。

1. 第一组（1，0，0，0，0，0）

解之得

$$z_1=\cos\sqrt{a}(t_C-t),\ z_2=z_3=0$$
$$z_4=\frac{1}{\sqrt{a}}\sin\sqrt{a}(t_C-t),\ z_5=z_6=0$$

当 $t=t_K$ 时，有

$$z_1(t_K)=\cos\sqrt{a}(t_C-t_K),\ z_2=z_3=0$$
$$z_4(t_K)=\frac{1}{\sqrt{a}}\sin\sqrt{a}(t_C-t_K),\ z_5=z_6=0$$

2. 第二组（0，1，0，0，0，0）

解之得

$$z_2=\operatorname{ch}\sqrt{2a}(t_C-t),\ z_1=z_3=0$$
$$z_5=-\frac{1}{\sqrt{2a}}\operatorname{sh}\sqrt{2a}(t_C-t),\ z_4=z_6=0$$

当 $t=t_K$ 时，有

$$z_2(t_K)=\operatorname{ch}\sqrt{2a}(t_C-t_K),\ z_1=z_3=0$$
$$z_5(t_K)=-\frac{1}{\sqrt{2a}}\operatorname{sh}\sqrt{2a}(t_C-t_K),\ z_4=z_6=0$$

3. 第三组（0，0，1，0，0，0）

解之得

$$z_3 = \cos\sqrt{a}(t_C - t),\ z_1 = z_2 = 0$$

$$z_6 = \frac{1}{\sqrt{a}}\sin\sqrt{a}(t_C - t),\ z_4 = z_5 = 0$$

当 $t = t_K$ 时，有

$$z_3(t_K) = \cos\sqrt{a}(t_C - t_K),\ z_1 = z_2 = 0$$

$$z_6(t_K) = \frac{1}{\sqrt{a}}\sin\sqrt{a}(t_C - t_K),\ z_4 = z_5 = 0$$

由布利斯公式得

$$\begin{cases} \delta V_{xK} = \dfrac{\sqrt{a}}{\sin\sqrt{a}(t_C - t_K)}\left[\cos\sqrt{a}(t_C - t_K)\delta x_C - \displaystyle\int_{t_K}^{t_C}\frac{1}{\sqrt{a}}\sin\sqrt{a}(t_C - t)\Delta g_x \mathrm{d}t\right] \\ \delta V_{yK} = -\dfrac{\sqrt{2a}}{\mathrm{sh}\ \sqrt{2a}(t_C - t_K)}\left[\mathrm{ch}\sqrt{2a}(t_C - t_K)\delta y_C + \displaystyle\int_{t_K}^{t_C}\frac{1}{\sqrt{2a}}\mathrm{sh}\sqrt{2a}(t_C - t)\Delta g_y \mathrm{d}t\right] \\ \delta V_{zK} = \dfrac{\sqrt{a}}{\sin\sqrt{a}(t_C - t_K)}\left[\cos\sqrt{a}(t_C - t_K)\delta z_C - \displaystyle\int_{t_K}^{t_C}\frac{1}{\sqrt{a}}\sin\sqrt{a}(t_C - t)\Delta g_z \mathrm{d}t\right] \end{cases} \tag{6.4-16}$$

将此修正速度加在需要速度 $\boldsymbol{V}_R$ 上，则有

$$\boldsymbol{V}_{1R} = (V_{Rx} + \delta V_{xK}\quad V_{Ry} + \delta V_{yK}\quad V_{Rz} + \delta V_{zK})^{\mathrm{T}} \tag{6.4-17}$$

用 $\boldsymbol{V}_{1R}$ 代替 $\boldsymbol{V}_R$ 进行迭代计算，即可修正落点偏差。

6.5　迭代制导法

以上研究了基于需要速度的显式制导方法，为了得到简单的需要速度的显式表达式，将被动段看成是椭圆弹道，然后再对地球扁率和再入段空气动力的影响进行修正。这将带来方法误差。

迭代制导的思想，则是利用标准弹道的关机点位置和速度矢量作为关机条件。当实际位置和速度矢量与标准弹道位置和速度矢量一致时关机，这样就不需要对扁率和再入段空气动力的影响进行修正。下面介绍其基本思想。

如图 6.5-1 所示，C 为目标点，O 为发射点，首先计算通过目标的标准弹道，给出标准弹道关机点 $\tilde{K}$ 的飞行时间 $\tilde{t}_K$ 和此点的位置和速度矢量 $\tilde{\boldsymbol{r}}_K$、$\tilde{\boldsymbol{V}}_K$。

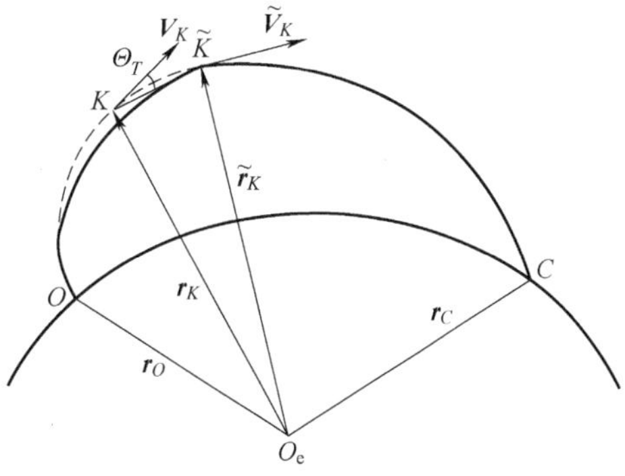

图 6.5-1　标准关机点 $\tilde{K}$ 与实际位置 K 的关系图

设在标准关机时间前，火箭在 K 点，此点的飞行时间为 t_K，坐标和速度矢量为 $\boldsymbol{r}_K$、$\boldsymbol{V}_K$。那么，制导的任务是如何将 $\boldsymbol{r}_K$、$\boldsymbol{V}_K$ 变为 $\tilde{\boldsymbol{r}}_K$、

$\tilde{V}_K$，这是典型的两点边值问题。如果给出某些最佳性能指标，可以利用极大值原理求出发动机的最佳控制规律，但考虑到由点 K 到 $\tilde{K}$ 的飞行时间不长，为了简化控制方程，可作如下的近似。

首先，将火箭控制在由 $\tilde{\boldsymbol{r}}_K$ 和 $\boldsymbol{r}_C$ 所确定的射击平面内。其控制的方法与以上几节所叙述的相同。下面只研究在射击平面内的控制方法。

设推力 P（或秒消耗量）和有效流出速度 U_e 为常数，则速度矢量 $\boldsymbol{V}$ 不仅可以用 V 和 Θ_T 来确定，也可以用 V 和 V_r 来确定。因而将 $\boldsymbol{r}_K$、$\boldsymbol{V}_K$ 控制到 $\tilde{\boldsymbol{r}}_K$、$\tilde{\boldsymbol{V}}_K$的问题，可以看成是将 $\boldsymbol{r}_K$ 控制到 $\tilde{\boldsymbol{r}}_K$、V_K 控制到 $\tilde{V}_K$、V_{rK}控制到 $\tilde{V}_{rK}$的问题，以下分别来研究。

6.5.1 将 $\boldsymbol{V}_K$ 控制到 $\tilde{\boldsymbol{V}}_K$

因为控制发动机推力 P 是给定的常数，故将 V_K 变为 $\tilde{V}_K$所需的时间不一定为 $T=\tilde{t}_K-t_K$，如果将 $V_K\to\tilde{V}_K$所需的时间为 T^*，且令

$$T^*=T+\delta t=t_K^*-t_K \tag{6.5-1}$$

式中，t_K^* 为 $V_K=\tilde{V}_K$的瞬间，则可利用以下迭代方法求 T^*。

这里，不妨取 U_e 为正值，$\dot{m}=\dfrac{\mathrm{d}m}{\mathrm{d}t}$为负值，则有

$$P=ma=-U_e\frac{\mathrm{d}m}{\mathrm{d}t} \tag{6.5-2}$$

式中，a 为由推力产生的加速度，设攻角为 α，则有

$$\frac{\mathrm{d}V}{\mathrm{d}t}=a\cos\alpha-g\sin\Theta_T-\frac{X}{m} \tag{6.5-3}$$

通常点 K 在高空，可设由空气阻力而引起的加速度$\dfrac{X}{m}\approx 0$。令

$$a_g=a-\frac{\mathrm{d}V}{\mathrm{d}t}=a(1-\cos\alpha)+g\sin\Theta_T \tag{6.5-4}$$

式中，a_g 可看作是由于攻角和重力而引起的加速度损失，则有

$$a=a_g+\frac{\mathrm{d}V}{\mathrm{d}t} \tag{6.5-5}$$

$$\Delta V_K=\int_{t_K}^{\tilde{t}_K}a\mathrm{d}t=\int_{t_K}^{\tilde{t}_K}\frac{\mathrm{d}V}{\mathrm{d}t}\mathrm{d}t+\int_{t_K}^{\tilde{t}_K}a_g\mathrm{d}t=V_{\tilde{K}}-V_K+\int_{t_K}^{\tilde{t}_K}a_g\mathrm{d}t \tag{6.5-6}$$

式中，$V_{\tilde{K}}$为在 $\tilde{t}_K$ 瞬间的实际速度值，ΔV_K 为由 t_K 至 $\tilde{t}_K$ 时，由发动机推力而产生的速度增量。

引入标准弹道在 $\tilde{K}$ 点的速度值 $\tilde{V}_K$，此值即是需要达到的实际值。令

$$V_g=V_{\tilde{K}}-\tilde{V}_K+\int_{t_K}^{\tilde{t}_K}a_g\mathrm{d}t \tag{6.5-7}$$

式中，V_g 为点 $\tilde{K}$ 实际速度 $V_{\tilde{K}}$ 和需要达到的速度 $\tilde{V}_K$ 之差加上由攻角和重力而引起的速度损失。

微分式（6.5-7），得

$$\left.\frac{\mathrm{d}V_g}{\mathrm{d}t}\right|_{t_K} = -a_g\Big|_{t_K} \tag{6.5-8}$$

利用式（6.5-7），那么式（6.5-6）可改写为

$$\Delta V_K = V_{\tilde{K}} - \tilde{V}_K + \int_{t_K}^{\tilde{t}_K} a_g \mathrm{d}t + \tilde{V}_K - V_K = V_g + \tilde{V}_K - V_K \tag{6.5-9}$$

式中，$V_{\tilde{K}} - \tilde{V}_K$实际是由于干扰而引起的在关机点 $\tilde{K}$ 的速度差。

由式（6.5-2）得

$$\int_{t_K}^{\tilde{t}_K} a\mathrm{d}t = -U_e \ln\frac{m_{\tilde{K}}}{m_K} = U_e \ln\left[1 - \frac{\dot{m}}{m_{\tilde{K}}}(\tilde{t}_K - t_K)\right] = U_e \ln\left[1 + \frac{a_{\tilde{K}}}{U_e}(\tilde{t}_K - t_K)\right] \tag{6.5-10}$$

式中，$a_{\tilde{K}} = \dfrac{P}{m_{\tilde{K}}}$为在 $\tilde{t}_K$ 瞬间的推力加速度。

令

$$U = -\frac{a_{\tilde{K}}}{U_e}(\tilde{t}_K - t_K) = -\frac{a_{\tilde{K}}}{U_e}T \tag{6.5-11}$$

则

$$\dot{U} = \frac{a_{\tilde{K}}}{U_e} \tag{6.5-12}$$

故

$$T = -\frac{U}{\dot{U}} \tag{6.5-13}$$

则由式（6.5-6）、式（6.5-9）~式（6.5-11），得

$$\Delta V_K = U_e \ln(1-U) = V_g + \tilde{V}_K - V_K \tag{6.5-14}$$

令

$$Q_1 = \frac{V_g + \tilde{V}_K - V_K}{U_e} = \frac{\Delta V_K}{U_e} = \ln(1-U) \tag{6.5-15}$$

则有

$$U = 1 - \mathrm{e}^{Q_1} \tag{6.5-16}$$

这里 V_g 是未知的，但由式（6.5-8）知$\dfrac{\mathrm{d}V_g}{\mathrm{d}t}$是已知的，因此可利用下式来近似计算各计算瞬间的 $V_{g,n}$值：

$$V_{g,n} = V_{g,n-1} - a_{g,n}\Delta t \tag{6.5-17}$$

式中，Δt 为计算步长。如果给定 $V_{g,n}$的初值，则可求出 $V_{g,n}$。由式（6.5-7）可以看出，给定 $V_{g,n}$的初值相当于给定$V_{\tilde{K}}$。总是希望最好是在 $\tilde{t}_K$ 瞬间$V_{\tilde{K}}$ 恰好等于 $\tilde{V}_K$，如果 $V_{g,n}$选择恰当，可使$V_{\tilde{K}}$ 很接近 $\tilde{V}_K$，而 δt 很小。

由式（6.5-9）知，当 $t_K = \tilde{t}_K$时，如 $\Delta V_K = 0$，则有

$$\widetilde{V}_K - V_K = -V_{g\widetilde{K}} \tag{6.5-18}$$

如果设 a_{cp} 为 $\tilde{t}_K$ 至 $t_K^* = \tilde{t}_K + \delta t_1$ 瞬间的平均加速度，则

$$\delta t_1 = -\frac{V_{g\widetilde{K}}}{a_{cp}} \tag{6.5-19}$$

这表示如果 $\tilde{t}_K$ 瞬间后 $a_g = 0$，则实际关机时间应该为 $\tilde{t}_K + \delta t_1$。实际上 $a_g \neq 0$，如果考虑其影响，则实际需要的速度增量为

$$\delta t = -\frac{V_{gD}}{a_{cp}} \tag{6.5-20}$$

式中

$$V_{gD} = V_g - \int_{\tilde{t}_K}^{\tilde{t}_K+\delta t} a_g \mathrm{d}t \tag{6.5-21}$$

而 a_{cp} 表示 $\tilde{t}_K$ 至 $t_K^* = \tilde{t}_K + \delta t$ 的平均加速度，可近似认为

$$a_{cp} = \frac{a_{\widetilde{K}} + a_f}{2} \tag{6.5-22}$$

式中，$a_{\widetilde{K}}$ 为 $\tilde{t}_K$ 时的推力加速度；a_f 为 $t_K^* = \tilde{t}_K + \delta t$ 时的推力加速度。

由式（6.5-12）知

$$a_{\widetilde{K}} = \frac{P}{m_{\widetilde{K}}} = U_e \dot{U} \tag{6.5-23}$$

$$a_f = \frac{P}{m_{\widetilde{K}} + \dot{m}\delta t} = \frac{\dfrac{P}{m_{\widetilde{K}}}}{1 + \dfrac{U_e \dot{m}}{U_e m_{\widetilde{K}}}\delta t} = \frac{a_{\widetilde{K}}}{1 - \dfrac{P}{U_e m_{\widetilde{K}}}\delta t} = \frac{a_{\widetilde{K}}}{1 - \dot{U}\delta t} \tag{6.5-24}$$

下面来近似计算 V_{gD}，由式（6.5-21）且注意到式（6.5-4）知

$$V_{gD} = V_g - \int_{\tilde{t}_K}^{\tilde{t}_K+\delta t} a_g \mathrm{d}t = V_g - \int_{\tilde{t}_K}^{\tilde{t}_K+\delta t} [a(1-\cos\alpha) + g\sin\Theta_T]\mathrm{d}t \tag{6.5-25}$$

由于 δt 为一小量，可近似用终点 $\tilde{t}_K$ 瞬间的 $g_{\widetilde{K}}$ 来代替上式中的 g，用 $\tilde{t}_K$ 瞬间的 $\dot{\Theta}_{T\widetilde{K}}$ 来代替 $\dot{\Theta}_T$ 的平均值，则有

$$\int_{\tilde{t}_K}^{\tilde{t}_K+\delta t} g\sin\Theta_T \mathrm{d}t \approx -\frac{g_{\widetilde{K}}}{\dot{\Theta}_{T\widetilde{K}}}\left[\cos\Theta_T(\tilde{t}_K + \delta t) - \cos\Theta_T(\tilde{t}_K)\right] \approx \frac{g_{\widetilde{K}}}{2\dot{\Theta}_{T\widetilde{K}}}(\Theta_{t_K^*}^2 - \Theta_{\tilde{t}_K}^2)$$

因为

$$\dot{\Theta}_{T\widetilde{K}} \approx \frac{\Theta_{t_K^*} - \Theta_{\tilde{t}_K}}{t_K^* - \tilde{t}_K}$$

故有

$$\int_{\tilde{t}_K}^{\tilde{t}_K+\delta t} g\sin\Theta_T \mathrm{d}t = \int_{\tilde{t}_K}^{t_K^*} g\sin\Theta_T \mathrm{d}t = g_{\widetilde{K}}(t_K^* - \tilde{t}_K)\frac{\Theta_{t_K^*} + \Theta_{\tilde{t}_K}}{2} \tag{6.5-26}$$

$$\int_{\tilde{t}_K}^{t_K^*} a(1-\cos\alpha)\mathrm{d}t = \int_{\tilde{t}_K}^{t_K^*} a\frac{\alpha^2}{2}\mathrm{d}t \tag{6.5-27}$$

设当地俯仰角为 φ_T，在 δt 瞬间内认为 $\dot{\alpha}=\dot{\varphi}_T-\dot{\Theta}_T$ 为常数，则有

$$\frac{\alpha^2}{2}=\frac{1}{2}[\alpha_{\tilde{K}}+\dot{\alpha}(t-\tilde{t}_K)]^2 \tag{6.5-28}$$

式中，$\alpha_{\tilde{K}}$ 为 $\tilde{t}_K$ 瞬间的攻角。

则有

$$\begin{aligned}
\int_{\tilde{t}_K}^{t_K^*} a(1-\cos\alpha)\mathrm{d}t &= \frac{1}{2}\int_{\tilde{t}_K}^{t_K^*} a[\alpha_{\tilde{K}}+\dot{\alpha}(t-\tilde{t}_K)]^2\mathrm{d}t \\
&= \frac{1}{2}\alpha_{\tilde{K}}^2\int_{\tilde{t}_K}^{t_K^*} a\mathrm{d}t+\alpha_{\tilde{K}}\dot{\alpha}\int_{\tilde{t}_K}^{t_K^*}(t-\tilde{t}_K)a\mathrm{d}t+\frac{1}{2}\dot{\alpha}^2\int_{\tilde{t}_K}^{t_K^*} a(t-\tilde{t}_K)^2\mathrm{d}t \\
&= \frac{1}{2}\alpha_{\tilde{K}}^2\Delta V_{\mathrm{e}}(\delta t)+\alpha_{\tilde{K}}\dot{\alpha}Q_2(\delta t)+\frac{1}{2}\dot{\alpha}^2[\delta t^2\Delta V_{\mathrm{e}}(\delta t)-2Q_3(\delta t)]
\end{aligned} \tag{6.5-29}$$

下面详细推导上式的具体表示。

（1）$\Delta V_{\mathrm{e}}(\delta t)$

$$\begin{aligned}
\int_{\tilde{t}_K}^{t_K^*} a\mathrm{d}t &= \int_{\tilde{t}_K}^{t_K^*}\frac{P}{m}\mathrm{d}t=-\int_{\tilde{t}_K}^{t_K^*}U_{\mathrm{e}}\frac{\dot{m}}{m}\mathrm{d}t=-U_{\mathrm{e}}\ln\frac{m_{t_K^*}}{m_{\tilde{t}_K}}=-U_{\mathrm{e}}\ln\left(1+\frac{\dot{m}\delta t}{m_{\tilde{t}_K}}\right) \\
&= -U_{\mathrm{e}}\ln\left(1+\frac{U_{\mathrm{e}}\dot{m}\delta t}{U_{\mathrm{e}}m_{\tilde{t}_K}}\right)=-U_{\mathrm{e}}\ln\left(1-\frac{a_{\tilde{K}}}{U_{\mathrm{e}}}\delta t\right)=\Delta V_{\mathrm{e}}(\delta t)
\end{aligned} \tag{6.5-30}$$

（2）$Q_2(\delta t)$

$$\begin{aligned}
\int_{\tilde{t}_K}^{t_K^*}(t-\tilde{t}_K)a\mathrm{d}t &= \int_{\tilde{t}_K}^{t_K^*}[(t-t_K^*)+(t_K^*-\tilde{t}_K)]a\mathrm{d}t \\
&= \int_{\tilde{t}_K}^{t_K^*}(t_K^*-\tilde{t}_K)a\mathrm{d}t-\int_{\tilde{t}_K}^{t_K^*}(t_K^*-t)a(t)\mathrm{d}t \\
&= \delta t\Delta V_{\mathrm{e}}(\delta t)-\int_{\tilde{t}_K}^{t_K^*}a(t)\int_t^{t_K^*}\mathrm{d}\tau\mathrm{d}t
\end{aligned}$$

利用积分变换

$$\begin{aligned}
\int_{\tilde{t}_K}^{t_K^*}a(t)\int_t^{t_K^*}\mathrm{d}\tau\mathrm{d}t &= \int_{\tilde{t}_K}^{t_K^*}\int_{\tilde{t}_K}^{\tau}a(t)\mathrm{d}t\mathrm{d}\tau=\int_{\tilde{t}_K}^{t_K^*}\int_{\tilde{t}_K}^{\tau}\frac{P}{m(t)}\mathrm{d}t\mathrm{d}\tau \\
&= -\int_{\tilde{t}_K}^{t_K^*}\int_{\tilde{t}_K}^{\tau}\frac{U_{\mathrm{e}}\dot{m}}{m_{\tilde{t}_K}+\dot{m}(t-\tilde{t}_K)}\mathrm{d}t\mathrm{d}\tau=-\int_{\tilde{t}_K}^{t_K^*}\int_{\tilde{t}_K}^{\tau}\frac{U_{\mathrm{e}}}{1+\dfrac{\dot{m}(t-\tilde{t}_K)}{m_{\tilde{t}_K}}}\mathrm{d}\left[1+\frac{\dot{m}(t-\tilde{t}_K)}{m_{\tilde{t}_K}}\right]\mathrm{d}\tau \\
&= -U_{\mathrm{e}}\int_{\tilde{t}_K}^{t_K^*}\ln\left[1+\frac{\dot{m}(t-\tilde{t}_K)}{m_{\tilde{t}_K}}\right]\mathrm{d}\tau \\
&= -U_{\mathrm{e}}\frac{m_{\tilde{t}_K}}{\dot{m}}\int_{\tilde{t}_K}^{t_K^*}\ln\left[1+\frac{\dot{m}(\tau-\tilde{t}_K)}{m_{\tilde{t}_K}}\right]\mathrm{d}\left[1+\frac{\dot{m}(\tau-\tilde{t}_K)}{m_{\tilde{t}_K}}\right]
\end{aligned}$$

注意到 $\int\ln x=x(\ln x-1)$，则利用上述结果并整理可得

$$\int_{\tilde{t}_K}^{t_K^*}(t-\tilde{t}_K)a\mathrm{d}t=-U_{\mathrm{e}}\left[\delta t-\frac{\Delta V_{\mathrm{e}}(\delta t)}{a_{\tilde{K}}}\right]=Q_2(\delta t) \tag{6.5-31}$$

（3）$Q_3(\delta t)$

$$\int_{\tilde{t}_K}^{t_K^*} a(t-\tilde{t}_K)^2\mathrm{d}t = \int_{\tilde{t}_K}^{t_K^*} a(t-t_K^*+t_K^*-\tilde{t}_K)^2\mathrm{d}t$$

$$= \int_{\tilde{t}_K}^{t_K^*} a[(t-t_K^*)^2+2(t-t_K^*)(t_K^*-\tilde{t}_K)+(t_K^*-\tilde{t}_K)^2]\mathrm{d}t$$

$$= \delta t^2\Delta V_e(\delta t)+\int_{\tilde{t}_K}^{t_K^*} a[(t-t_K^*)^2+2(t-t_K^*)(t_K^*-\tilde{t}_K)]\mathrm{d}t$$

注意到

$$\int_{\tilde{t}_K}^{t_K^*} a(t)(t-t_K^*)^2\mathrm{d}t = -2\int_{\tilde{t}_K}^{t_K^*} a(t)\int_t^{t_K^*}(\tau-t_K^*)\mathrm{d}\tau\mathrm{d}t$$

$$= -2\int_{\tilde{t}_K}^{t_K^*} a(t)\int_t^{t_K^*}(\tau-\tilde{t}_K+\tilde{t}_K-t_K^*)\mathrm{d}\tau\mathrm{d}t$$

则有

$$\int_{\tilde{t}_K}^{t_K^*} a[(t-t_K^*)^2+2(t-t_K^*)(t_K^*-\tilde{t}_K)]\mathrm{d}t$$

$$= \int_{\tilde{t}_K}^{t_K^*} 2a(t)(t-t_K^*)(t_K^*-\tilde{t}_K)\mathrm{d}t - 2\int_{\tilde{t}_K}^{t_K^*} a(t)\int_t^{t_K^*}(\tau-\tilde{t}_K+\tilde{t}_K-t_K^*)\mathrm{d}\tau\mathrm{d}t$$

$$= -2\int_{\tilde{t}_K}^{t_K^*} a(t)\int_t^{t_K^*}(\tau-\tilde{t}_K)\mathrm{d}\tau\mathrm{d}t = -2\int_{\tilde{t}_K}^{t_K^*}(\tau-\tilde{t}_K)\int_{\tilde{t}_K}^{\tau} a(t)\mathrm{d}t\mathrm{d}\tau = -2Q_3(\delta t)$$

同式（6.5-30）的推导类似，有

$$Q_3(\delta t) = \int_{\tilde{t}_K}^{t_K^*}(\tau-\tilde{t}_K)\int_{\tilde{t}_K}^{\tau} a(t)\mathrm{d}t\mathrm{d}\tau = -U_e\int_{\tilde{t}_K}^{t_K^*}(\tau-\tilde{t}_K)\ln\left[1+\frac{\dot{m}(\tau-\tilde{t}_K)}{m_{\tilde{t}_K}}\right]\mathrm{d}\tau$$

上式可进一步整理为

$$Q_3(\delta t) = U_e\frac{m_{\tilde{t}_K}}{\dot{m}}\int_{\tilde{t}_K}^{t_K^*}\left[1-\frac{\dot{m}(\tau-\tilde{t}_K)}{m_{\tilde{t}_K}}\right]\ln\left[1-\frac{\dot{m}(\tau-\tilde{t}_K)}{m_{\tilde{t}_K}}\right]\mathrm{d}\tau$$

$$-U_e\frac{m_{\tilde{t}_K}}{\dot{m}}\int_{\tilde{t}_K}^{t_K^*}\ln\left[1-\frac{\dot{m}(\tau-\tilde{t}_K)}{m_{\tilde{t}_K}}\right]\mathrm{d}\tau$$

注意到 $\int\ln x = x(\ln x-1)$、$\int\ln x = \frac{x^2}{4}(2\ln x-1)$，则积分上式，有

$$Q_3(\delta t) = \frac{U_e^3}{a^2_{\tilde{K}}}\left\{\left(1-\frac{a_{\tilde{K}}}{U_e}\delta t\right)\ln\left(1-\frac{a_{\tilde{K}}}{U_e}\delta t\right)+\frac{a_{\tilde{K}}}{U_e}\delta t\right.$$

$$\left.-\frac{1}{2}\left(1-\frac{a_{\tilde{K}}}{U_e}\delta t\right)^2\left[\ln\left(1-\frac{a_{\tilde{K}}}{U_e}\delta t\right)-\frac{1}{2}\right]-\frac{1}{4}\right\} \tag{6.5-32}$$

故

$$V_{gD} = V_g - g_{\tilde{K}}(t_K^*-\tilde{t}_K)\frac{\Theta_{t_K^*}+\Theta_{\tilde{t}_K}}{2}+\frac{1}{2}(\alpha^2_{\tilde{K}}+\dot{\alpha}^2\delta t^2)\Delta V_e(\delta t) \tag{6.5-33}$$

$$+\alpha_{\tilde{K}}\dot{\alpha}Q_2(\delta t)-\dot{\alpha}^2Q_3(\delta t)$$

综合以上结果，可得计算框图如图 6.5-2 所示。

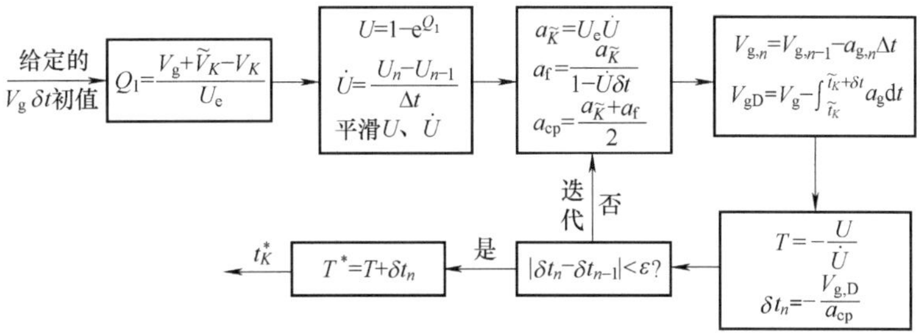

图 6.5-2　关机时间 t_K^* 迭代计算框图

利用计算框图，可求出实际需要的关机时间 t_K^*。由式（6.5-25）知，为求 V_{gD}，箭上需要测量或计算出 Θ_T、$\dot{\Theta}_T$、φ_T、$\dot{\varphi}_T$。

剩下的问题就是如何选择 V_g 和 δt 的初值。由式（6.5-7）知

$$V_g = V_{\tilde{K}} - \tilde{V}_K + \int_{t_K}^{\tilde{t}_K} a_g \mathrm{d}t$$

选择 V_g 就相当于选定 $V_{\tilde{K}}$，为了能在 $t_K=\tilde{t}_K$时，$V_{\tilde{K}}=\tilde{V}_K$，最好选择 V_g 的初值为

$$V_g = \int_{t_K}^{\tilde{t}_K}[a(1-\cos\alpha)+g\sin\Theta_T]\mathrm{d}t$$

类似前述 V_{gD}，可近似取

$$\begin{aligned} V_g \approx & g_K(\tilde{t}_K-t_K)\frac{\Theta_{\tilde{t}_K}+\Theta_{t_K}}{2} \\ & +\left[\frac{1}{2}a_K^2+\frac{1}{2}\dot{\alpha}^2(\tilde{t}_K-t_K)+(a_K-\dot{\alpha})\dot{\alpha}(\tilde{t}_K-t_K)^2\right]\Delta V_e(\tilde{t}_K-t_K) \end{aligned} \tag{6.5-34}$$

式中

$$\Delta V_e(\tilde{t}_K-t_K) = -U_e\ln\left[1-\frac{a_K}{U_e}(\tilde{t}_K-t_K)\right] \tag{6.5-35}$$

δt 的初值按式（6.5-20）计算，有

$$\delta t = -\frac{\tilde{V}_K-V_{\tilde{K}}}{a_{cp}}\approx 0 \tag{6.5-36}$$

6.5.2　将 $\boldsymbol{r}_K$ 控制到 $\tilde{\boldsymbol{r}}_K$、V_{rK}控制到 $\tilde{V}_{rK}$

已经求出需要的关机时间 t_K^* 后，根据 t_K^* 求出在此瞬间的位置矢量 $\boldsymbol{r}_K^*$ 和速度矢量沿径向分量 V_{rK}^*，如图 6.5-1 所示，则有

$$\begin{cases} V_{rK} = \boldsymbol{r}_K\cdot\boldsymbol{V}_K \\ \sin\Theta_T = \dfrac{V_{rK}}{V_K} \end{cases} \tag{6.5-37}$$

设矢量 $\boldsymbol{r}$ 的旋转角速度 $\boldsymbol{\omega}$，则有

$$\omega = \frac{V\cos\Theta_T}{r} \tag{6.5-38}$$

因为有

$$\frac{\mathrm{d}V_{\mathrm{r}}}{\mathrm{d}t}-r\omega^{2}=-g_{\mathrm{r}}+a\sin\varphi$$

故

$$\frac{\mathrm{d}V_{\mathrm{r}}}{\mathrm{d}t}=a\sin\varphi-\left(g_{\mathrm{r}}-\frac{V^{2}\cos^{2}\Theta_{T}}{r}\right) \tag{6.5-39}$$

制导要求当 $t=t_K^*$ 时，$V_{\mathrm{r}K}=\widetilde{V}_{\mathrm{r}K}$，积分上式得

$$\widetilde{V}_{\mathrm{r}K}=V_{\mathrm{r}K}+\int_{t_K}^{t_K^*}a\sin\varphi\mathrm{d}t-\int_{t_K}^{t_K^*}\left(g_{\mathrm{r}}-\frac{V^{2}\cos^{2}\Theta_{T}}{r}\right)\mathrm{d}t \tag{6.5-40}$$

式（6.5-40）表示需要速度分量 $\widetilde{V}_{\mathrm{r}K}$由三部分组成：现时速度 $V_{\mathrm{r}K}$；发动机推力加速度分量产生的速度；由于重力加速度而引起的速度损失。

发动机推力加速度分量产生的速度为

$$V_{\mathrm{rp}}(t_K^*)=\int_{t_K}^{t_K^*}a\sin\varphi\mathrm{d}t \tag{6.5-41}$$

重力加速度引起的速度损失为：

$$V_{\mathrm{g}}(t_K^*)=\int_{t_K}^{t_K^*}\left(g_{\mathrm{r}}-\frac{V^{2}\cos^{2}\Theta_{T}}{r}\right)\mathrm{d}t \tag{6.5-42}$$

制导的目的在于控制火箭的姿态角 φ（即推力姿态角），使在 t_K^* 瞬间的速度径向分量为 $\widetilde{V}_{\mathrm{r}K}$。

由于 $V_{\mathrm{r}K}$由瞬时测量计算得出，V_{g} 是坐标和速度的函数，故主要是控制 V_{rp}。而 V_{rp}取决于所选择的姿态角 φ 的控制规律。在简化情况下，可选择控制规律为

$$\varphi=A_0+A_1f_1(t-t_K) \tag{6.5-43}$$

式中，A_0、A_1 为待定的任意常数；$f_1(t-t_K)$ 为 $t-t_K$ 的某一函数。

另一方面，积分式（6.5-40）。考虑到制导要求 $t=t_K^*$ 时 $\boldsymbol{r}_K=\tilde{\boldsymbol{r}}_K$，故有

$$\tilde{r}_K=r_K+\int_{t_K}^{t_K^*}V_{\mathrm{r}K}\mathrm{d}t+\int_{t_K}^{t_K^*}\int_{t_K}^{t}a\sin\varphi\mathrm{d}\tau\mathrm{d}t-\int_{t_K}^{t_K^*}V_{\mathrm{g}}\mathrm{d}t=r_K+V_{\mathrm{r}K}T^*+r_{\mathrm{p}}-r_{\mathrm{g}} \tag{6.5-44}$$

在选择式（6.5-43）控制规律时，必须满足式（6.5-40）和式（6.5-44），再没有其他的要求，既不需要解析，也不需要连续。但是，从控制的实现性和动态性能来看，控制指令应该是连续和易于实现的，因此选择如下：

$$f_1(t-t_K)=t-t_K \tag{6.5-45}$$

$$\varphi=A_0+A_1(t-t_K) \tag{6.5-46}$$

式（6.5-46）意味着姿态角速度为常数。

通常在完成控制任务前提下，尽量使姿态角变化小，故有

$$\sin\varphi=\sin(\varphi_K+\Delta\varphi)\approx\sin\varphi_K+\Delta\varphi\cos\varphi_K \tag{6.5-47}$$

代入式（6.5-41），有

$$V_{\mathrm{rp}}(t_K^*)=\Delta V_{\mathrm{e}}(t_K^*-t_K)\sin\varphi_K+\cos\varphi_K\int_{t_K}^{t_K^*}a\Delta\varphi\mathrm{d}t \tag{6.5-48}$$

此时，有

$$\Delta\varphi = (A_0 - \varphi_K) + A_1(t - t_K) \tag{6.5-49}$$

利用以下方法来选择 A_0 和 A_1。根据中值定理，由式（6.5-48）得

$$V_{rp}(t_K^*) = \Delta V_e(T^*)\sin\varphi_K + \Delta\varphi(\xi)\cos\varphi_K\int_{t_K}^{t_K^*} a\mathrm{d}t, t_K < \xi < t_K^*$$

故有

$$\Delta\varphi(\xi) = \frac{V_{rp}(t_K^*) - \Delta V_e(T^*)\sin\varphi_K}{\Delta V_e(T^*)\cos\varphi_K} \tag{6.5-50}$$

如果设姿态角速度 ω_p，由 ξ 至 t_K^* 的姿态角增量为 $\Delta\varphi_p$，如图 6.5-3 所示，有

$$\Delta\varphi(t) = \Delta\varphi(\xi) + \Delta\varphi_p - \omega_p(t_K^* - t) \tag{6.5-51}$$

将式（6.5-51）代入式（6.5-48），则有

$$V_{rp}(t_K^*) = \Delta V_e(T^*)\sin\varphi_K + \frac{V_{rp}(t_K^*) - \Delta V_e(T^*)\sin\varphi_K}{\Delta V_e(T^*)\cos\varphi_K}\Delta V_e(T^*)\cos\varphi_K + \int_{t_K}^{t_K^*} a[\Delta\varphi_p - \omega_p(t_K^* - t)]\mathrm{d}t \tag{6.5-52}$$

整理上式，得

$$\int_{t_K}^{t_K^*} a\left[\Delta\varphi_p - \omega_p(t_K^* - t)\right]\mathrm{d}t = 0 \tag{6.5-53}$$

故选择常数 A_0、A_1 变为选择 $\Delta\varphi_p$ 和 ω_p 问题。式（6.5-53）可变为

$$\int_{t_K}^{t_K^*} a\{\Delta\varphi_p - \omega_p[(t_K^* - t_K) + (t_K - t)]\}\mathrm{d}t = 0$$

则

$$[\Delta\varphi_p - \omega_p(t_K^* - t_K)]\int_{t_K}^{t_K^*} a\mathrm{d}t + \omega_p\int_{\tilde{t}_K}^{t_K^*}(t - \tilde{t}_K)a\mathrm{d}t = 0$$

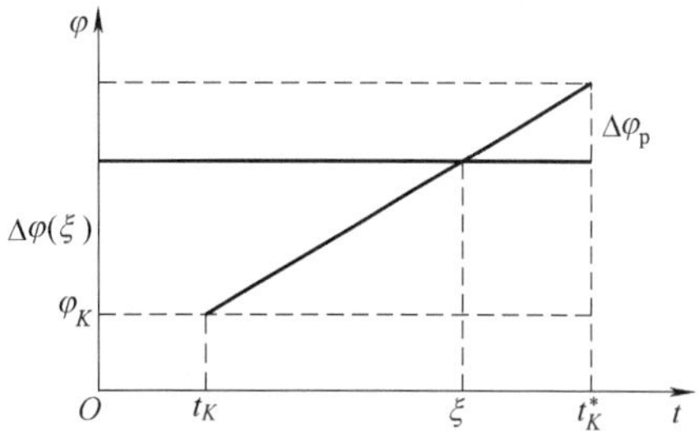

图 6.5-3　$\varphi(t)$ 曲线

注意到式（6.5-30）和式（6.5-31），得

$$\left[\Delta\varphi_p - \omega_p(t_K^* - t_K)\right]\Delta V_e(T^*) + \omega_p Q_2(T^*) = 0 \tag{6.5-54}$$

即

$$\Delta\varphi_p\Delta V_e(T^*) + \omega_p[Q_2(T^*) - T^*\Delta V_e(T^*)] = 0 \tag{6.5-55}$$

令

$$a_1 = -\frac{\omega_p[Q_2(T^*) - T^*\Delta V_e(T^*)]}{T^*\Delta V_e(T^*)} \tag{6.5-56}$$

则有

$$\Delta\varphi_p = T^* a_1\omega_p \tag{6.5-57}$$

将上式代入式（6.5-51），得

$$\begin{aligned}\Delta\varphi(t) &= \Delta\varphi(\xi) + T^* a_1\omega_p - \omega_p(t_K^* - t_K + t_K - t)\\ &= \Delta\varphi(\xi) + \omega_p[(a_1 - 1)T^* + (t - t_K)]\end{aligned} \tag{6.5-58}$$

将以上结果代入式（6.5-44），有

$$\tilde{r}_K = r_K + V_{rK}T^* + \int_{t_K}^{t_K^*}\int_{t_K}^{t} a\sin(\varphi_K + \Delta\varphi)\mathrm{d}\tau\mathrm{d}t - r_g = r_K + V_{rK}T^* + r_p - r_g$$

其中

$$r_{\mathrm{p}} = \int_{t_K}^{t_K^*}\int_{t_K}^{t} a\sin(\varphi_K + \Delta\varphi)\,\mathrm{d}\tau\mathrm{d}t = \sin\varphi_K\int_{t_K}^{t_K^*}\int_{t_K}^{t} a\mathrm{d}\tau\mathrm{d}t + \cos\varphi_K \cdot \int_{t_K}^{t_K^*}\int_{t_K}^{t} a\Delta\varphi\mathrm{d}\tau\mathrm{d}t$$

$$= \sin\varphi_K\int_{t_K}^{t_K^*}\int_{t_K}^{t} a\mathrm{d}\tau\mathrm{d}t + \Delta\varphi(\xi)\cos\varphi_K \cdot \int_{t_K}^{t_K^*}\int_{t_K}^{t} a\mathrm{d}\tau\mathrm{d}t \tag{6.5-59}$$

$$+ \omega_{\mathrm{p}}(a_1 - 1)T^*\cos\varphi_K \cdot \int_{t_K}^{t_K^*}\int_{t_K}^{t} a\mathrm{d}\tau\mathrm{d}t + \omega_{\mathrm{p}}\cos\varphi_K \cdot \int_{t_K}^{t_K^*}\int_{t_K}^{t} a(\tau - t_K)\mathrm{d}\tau\mathrm{d}t$$

注意到式（6.5-40）~式（6.5-42），则式（6.5-50）可表示为

$$\Delta\varphi(\xi) = \frac{\widetilde{V}_{\mathrm{r}K} - V_{\mathrm{r}K} + V_{\mathrm{g}} - \Delta V_{\mathrm{e}}(T^*)\sin\varphi_K}{\Delta V_{\mathrm{e}}(T^*)\cos\varphi_K} \tag{6.5-60}$$

$$\begin{aligned} I_1 &= \int_{t_K}^{t_K^*}\int_{t_K}^{t} a\mathrm{d}\tau\mathrm{d}t = \frac{U_{\mathrm{e}}^2}{a_K}\int_{t_K}^{t_K^*}\ln\left[1 - \frac{a_K}{U_{\mathrm{e}}}(t - t_K)\right]\mathrm{d}\left[1 - \frac{a_K}{U_{\mathrm{e}}}(t - t_K)\right] \\ &= \frac{U_{\mathrm{e}}^2}{a_K}\left[\left(1 - \frac{a_K}{U_{\mathrm{e}}}T^*\right)\ln\left(1 - \frac{a_K}{U_{\mathrm{e}}}T^*\right) + \frac{a_K}{U_{\mathrm{e}}}T^*\right] = U_{\mathrm{e}}T^* a_2 \end{aligned} \tag{6.5-61}$$

这里有

$$\begin{aligned} a_2 &= \left(\frac{U_{\mathrm{e}}}{a_K T^*} - 1\right)\ln\left(1 - \frac{a_K}{U_{\mathrm{e}}}T^*\right) + 1 = \left(-\frac{m_{t_K}}{\dot{m}T^*} - 1\right)\ln\left(1 - \frac{a_K}{U_{\mathrm{e}}}T^*\right) + 1 \\ &= -\frac{m_{t_K} + \dot{m}T^*}{\dot{m}T^*}\ln\left(1 - \frac{a_K}{U_{\mathrm{e}}}T^*\right) + 1 = -\frac{U_{\mathrm{e}}m_{t_K^*}}{U_{\mathrm{e}}\dot{m}T^*}\ln\left(1 - \frac{a_K}{U_{\mathrm{e}}}T^*\right) + 1 \\ &= \frac{U_{\mathrm{e}}}{a_{K^*}T^*}\ln\left(1 - \frac{a_K}{U_{\mathrm{e}}}T^*\right) + 1 = 1 - \frac{\Delta V_{\mathrm{e}}(T^*)}{a_{K^*}T^*} \end{aligned} \tag{6.5-62}$$

又因为

$$\int_{t_K}^{t} a(\tau)(\tau - t_K)\mathrm{d}\tau = \int_{t_K}^{t}\frac{P}{m}(\tau - t_K)\mathrm{d}\tau = \int_{t_K}^{t}\frac{P}{m_{t_K} + \dot{m}(\tau - t_K)}(\tau - t_K)\mathrm{d}\tau$$

$$= a_{t_K}\int_{\tilde{t}_K}^{t}\frac{1}{1 + \dfrac{U_{\mathrm{e}}\,\dot{m}}{U_{\mathrm{e}}m_{t_K}}(\tau - t_K)}(\tau - t_K)\mathrm{d}\tau = a_{t_K}\int_{t_K}^{t}\frac{1}{1 - \dfrac{a_{t_K}}{U_{\mathrm{e}}}(\tau - t_K)}(\tau - t_K)\mathrm{d}\tau$$

$$= a_{t_K}\left(\frac{U_{\mathrm{e}}}{a_{t_K}}\right)^2\int_{t_K}^{t}\frac{1}{1 - \dfrac{a_{t_K}}{U_{\mathrm{e}}}(\tau - t_K)}\left[1 - \frac{a_{t_K}}{U_{\mathrm{e}}}(\tau - t_K) - 1\right]\mathrm{d}\left[1 - \frac{a_{t_K}}{U_{\mathrm{e}}}(\tau - t_K)\right]$$

$$= a_{t_K}\left(\frac{U_{\mathrm{e}}}{a_{t_K}}\right)^2\left[1 - \frac{a_{t_K}}{U_{\mathrm{e}}}(t - t_K) - 1\right] - a_{t_K}\left(\frac{U_{\mathrm{e}}}{a_{t_K}}\right)^2\ln\left[1 - \frac{a_{t_K}}{U_{\mathrm{e}}}(\tau - t_K)\right]\Bigg|_{t_K}^{t}$$

$$= -a_{t_K}\frac{U_{\mathrm{e}}}{a_{t_K}}(t - t_K) - a_{t_K}\left(\frac{U_{\mathrm{e}}}{a_{t_K}}\right)^2\ln\left[1 - \frac{a_{t_K}}{U_{\mathrm{e}}}(t - t_K)\right]$$

$$= -U_{\mathrm{e}}\left\{(t - t_K) + \frac{U_{\mathrm{e}}}{a_{t_K}}\ln\left[1 - \frac{a_{t_K}}{U_{\mathrm{e}}}(t - t_K)\right]\right\}$$

则有

$$
\begin{aligned}
I_2 &= \int_{t_K}^{t_K^*}\int_{t_K}^{t} a(\tau - t_K)\,\mathrm{d}\tau\mathrm{d}t = \int_{t_K}^{t_K^*} - U_{\mathrm{e}}\left\{(t - t_K) + \frac{U_{\mathrm{e}}}{a_{t_K}}\ln\left[1 - \frac{a_{t_K}}{U_{\mathrm{e}}}(t - t_K)\right]\right\}\mathrm{d}t \\
&= -U_{\mathrm{e}}\frac{(t_K^* - t_K)^2}{2} + U_{\mathrm{e}}\left(\frac{U_{\mathrm{e}}}{a_{t_K}}\right)^2\int_{t_K}^{t_K^*}\ln\left[1 - \frac{a_{t_K}}{U_{\mathrm{e}}}(t - t_K)\right]\mathrm{d}\left[1 - \frac{a_{t_K}}{U_{\mathrm{e}}}(t - t_K)\right] \\
&= -U_{\mathrm{e}}\frac{T^{*2}}{2} + U_{\mathrm{e}}\left(\frac{U_{\mathrm{e}}}{a_{t_K}}\right)^2\frac{a_{t_K}}{U_{\mathrm{e}}}T^*\left[\left(\frac{U_{\mathrm{e}}}{a_{t_K}T^*} - 1\right)\ln\left(1 - \frac{a_{t_K}}{U_{\mathrm{e}}}T^*\right) + 1\right] \\
&= U_{\mathrm{e}}T^{*2}\left\{-\frac{1}{2} + \frac{U_{\mathrm{e}}}{a_{t_K}T^*}\left[\left(\frac{U_{\mathrm{e}}}{a_{t_K}T^*} - 1\right)\ln\left(1 - \frac{a_{t_K}}{U_{\mathrm{e}}}T^*\right) + 1\right]\right\} \\
&= U_{\mathrm{e}}T^{*2}\left\{-\frac{1}{2} + \frac{U_{\mathrm{e}}}{a_{t_K}T^*}a_2\right\}
\end{aligned}
$$

令

$$
a_3 = \frac{U_{\mathrm{e}}a_2}{\Delta V_{\mathrm{e}}(T^*)} \tag{6.5-63}
$$

注意到式（6.5-62）及其推导，则有

$$
\begin{aligned}
\frac{U_{\mathrm{e}}a_2}{a_{t_K}T^*} &= \left(\frac{U_{\mathrm{e}}}{a_{t_K}T^*} - 1 + 1\right)a_2 = \left(\frac{U_{\mathrm{e}}}{a_{K^*}T^*} + 1\right)a_2 \\
&= a_2 + \frac{U_{\mathrm{e}}a_2}{\Delta V_{\mathrm{e}}(T^*)}\frac{\Delta V_{\mathrm{e}}(T^*)}{a_{K^*}T^*}a_2 \\
&= a_2 + a_3(1 - a_2)
\end{aligned} \tag{6.5-64}
$$

故有

$$
I_2 = \int_{t_K}^{t_K^*}\int_{t_K}^{t} a(\tau - t_K)\,\mathrm{d}\tau\mathrm{d}t = U_{\mathrm{e}}T^{*2}\left[-\frac{1}{2} + a_2 + a_3(1 - a_2)\right] \tag{6.5-65}
$$

代入式（6.5-59），有

$$
r_{\mathrm{p}} = I_1\sin\varphi_K + I_1\Delta\varphi(\xi)\cos\varphi_K + [I_1(a_1 - 1)T^*\omega_{\mathrm{p}} + I_2\omega_{\mathrm{p}}]\cos\varphi_K \tag{6.5-66}
$$

故

$$
\begin{cases}
\omega_{\mathrm{p}} = \dfrac{\tilde{r}_K - r_K - V_{\mathrm{r}K}T_{\mathrm{p}}^* + r_{\mathrm{g}} - I_1[\sin\varphi_K + \Delta\varphi(\xi)\cos\varphi_K]}{[I_1(a_1 - 1)T^* + I_2]\cos\varphi_K} \\
\Delta\varphi_{\mathrm{p}} = T^*a_1\omega_{\mathrm{p}}
\end{cases} \tag{6.5-67}
$$

故瞬时姿态角应为

$$
\varphi(t) = \varphi_K + \Delta\varphi(\xi) + \Delta\varphi_{\mathrm{p}} - \omega_{\mathrm{p}}(t_K^* - t) \tag{6.5-68}
$$

计算 $\Delta\varphi(\xi)$ 时，需要计算 V_{g}；计算 ω_{p} 时，需要计算 r_{g}。有时将 r_{g}、V_{g} 分离出来，单独计算由于它们的影响所需要的姿态角 φ_{g}。这称为重力补偿姿态。令

$$
\begin{cases}
g_{\mathrm{r}}^* = g_{\mathrm{r}} - \dfrac{(V\cos\Theta_T)^2}{\mathrm{r}} \\
\varphi_{\mathrm{g}} = \dfrac{g_{\mathrm{r}}^*}{a}
\end{cases} \tag{6.5-69}
$$

此时

$$
\begin{cases}
\Delta\varphi(\xi) = \dfrac{\widetilde{V}_{rK} - V_{rK} - \Delta V_e(T^*)\sin\varphi_K}{\Delta V_e(T^*)\cos\varphi_K} \\
\omega_p = \dfrac{\widetilde{r}_K - r_K - V_{rK}T_p^* - I_1[\sin\varphi_K + \Delta\varphi(\xi)\cos\varphi_K]}{[I_1(a_1-1)T^* + I_2]\cos\varphi_K} \\
\Delta\varphi_p = T^* a_1 \omega_p
\end{cases}
\tag{6.5-70}
$$

则有

$$
\varphi(t) = \varphi_K + \Delta\varphi(\xi) + \Delta\varphi_p - \omega_p(t_K^* - t) + \varphi_g \tag{6.5-71}
$$

以上制导方法是在推力和有效流出速度为常数的假设下的制导方法。推力和有效流出速度的偏差，将会引起制导误差。有文献证明了 U_e 的偏差对结果影响不大，并进行了数值模拟计算，在没有速度和位置测量误差情况下，近似的入轨误差见表 6.5-1。

表 6.5-1　U_e 偏差（无速度和位置测量误差）数值模拟计算的近似入轨误差

参数	3σ 漂移
速度值	0.0304794m/s
速度方向	0.5×10^{-4}rad = 0.003°
高度	45.7191m

第 7 章　运载火箭动态特性的研究方法

在讨论弹道方程问题时，通常采用“瞬时平衡”假设：认为火箭在飞行过程中，任一瞬间绕质心的力矩都处于平衡状态，即合力矩为零。同时，假定制导系统的各个环节（包括火箭本身）无惯性，也无时间延滞。也就是说，把火箭看作是一个可控制的质点，认为火箭由一个平衡的飞行状态转变到另一平衡状态是在瞬间完成的。这样，只要研究作用在质心上的诸力和运动之间的关系，就可以求出火箭的飞行弹道，并没有涉及控制的过程如何。然而，在实际飞行过程中，火箭绕质心的合力矩不可能经常处于平衡状态，因为控制飞行的最一般方法就是形成和运用控制力和力矩，使火箭绕质心旋转以达到改变运动参数的目的。因为火箭和制导系统的各个环节都是有惯性的，而且制导系统也不可能在理想条件下工作，所以，为了达到新的平衡飞行状态，火箭绕质心的旋转运动不可能瞬间完成，必须经历某一时间过程，这个过程通常称为“过渡过程”。因此，当考虑制导系统工作过程时，就不能像弹道学中那样把火箭当作质点来处理。另外，在飞行过程中，除了控制作用外，火箭还受到干扰作用。例如，风引起的气动力和气动力矩的变化；箭体制造的工艺误差和安装误差及翼安装误差，都会使火箭结构外形偏离理论值而形成附加的气动力和力矩；发动机推力与额定值不一致，以及推力偏心所引起的附加作用力和力矩；发动机开关瞬间引起的作用力和力矩的突然变化；制导系统的元件工艺误差和受外界干扰产生的起伏误差等，使舵面出现不必要的偏转；自动驾驶仪的陀螺输出特性不对称及零点漂移、舵机的机械间隙及振动，使得舵面偏转与要求的情况不一致等。由于这些干扰因素的存在，使得火箭在飞行过程中总是绕质心不断地转动，这种转动导致火箭在飞行过程中的弹道参数与按力矩平衡假设的理想条件下求得的结果并不完全相同。

火箭动态特性分析，就是将火箭看作质点系来研究其运动情况，不仅考虑作用在质心上的力，还考虑围绕质心的力矩；研究火箭在干扰力和干扰力矩作用下，能否保持原来的飞行状态；研究在操纵机构作用下，火箭改变飞行状态的能力如何，即研究火箭的稳定性和操纵性问题。这些内容直接与火箭设计有关，涉及气动外形的选择、结构布局的安排及制导系统参数的确定等。因此，这部分知识是火箭总体设计、制导系统设计及准确度分析的基础。

7.1　火箭稳定性和操纵性的概念

火箭飞行时，总是不可避免地要受到各种干扰作用。火箭的干扰，如果按作用时间的长短来分，可以分为经常作用干扰和短时作用干扰。经常作用干扰有火箭的安装误差、发动机推力偏心、舵面偏离零位等。对于这种干扰，在动态分析时，作为干扰力和干扰力矩来处理。瞬时作用干扰又称偶然或脉冲干扰，是瞬时作用又瞬时消失的，或者短时间作用很快消失的，如瞬时作用的阵风、发射时的起始扰动、级间分离、制导系统中偶然出现的短促信号等。这种干扰作用的结果，往往使某些运动参数出现初始偏差，如在瞬时作用的垂直风影响下，使火箭攻角产生初始偏差角。

火箭扰动运动，是指火箭在控制作用或干扰作用下的运动特性。这里首先介绍未扰动运动和扰动运动、未扰动弹道和扰动弹道的概念。如果火箭结构、外形及参数符合理论值，发动机状态参数、控制系统参数符合额定值，大气状态参数符合标准值，目标特性是确定的等，则按给定的初始条件计算得出的理论弹道称为未扰动弹道或基准弹道，相应的火箭运动称为未扰动运动或基准运动。然而，实际飞行的弹道总是不同于未扰动的理论弹道，这不仅是由于所采用的方程只是近似地描述火箭和制导系统的动力学特性，而且，还有一系列随机因素作用在火箭和制导系统上、实际的初始条件不同于所给定的数值、大气扰流所引起的随机空气动力也作用于火箭上等因素。所有这些因素都不可避免地存在于实际飞行中，并对火箭的运动产生扰动，也就是有附加运动加到未扰动运动上，这时火箭运动称为扰动运动，其对应的弹道称为扰动弹道。

干扰的存在，会引起运动参数对未扰动运动方程所确定的运动参数产生偏差。对某些运动这种影响在整个过程中并不显著，因而干扰运动和未干扰运动所确定的运动参数相差不大，通常称这种未干扰运动为稳定的。反之对某些运动，干扰的影响随时间的增加越来越明显，以致无论干扰的作用多么小，干扰运动和未干扰运动所确定的运动参数都相差很大，通常称这种未干扰运动是不稳定的。

火箭箭体的动态特性，是指它在受到扰动作用后或当操纵机构产生偏转时产生的扰动运动特性，称为火箭箭体的稳定性和操纵性。

7.1.1 稳定性的概念

1. 运动稳定性

上面定性地说明了运动的稳定性，它实质上就是在标准飞行条件下计算的弹道。当受到干扰时，其运动参数的变化（或者说如果其增量随飞行时间的增加）是减小的，则说飞行是稳定的；反之则说飞行是不稳定的，或者说火箭不具有飞行稳定性。

火箭的运动是通过微分方程来描述的，如本书第 3 章所述的一般运动方程。虽然它既有微分方程，又有代数方程，但通过变量置换便可以消除代数方程而得到一个微分方程组，这个微分方程组的解便代表了火箭的运动。

受不同干扰后的运动特性，从数学的观点来看，瞬时干扰引起微分方程组初值的变化，而经常干扰是微分方程组本身有微小变化。所以初值条件变化或微分方程本身的微小变化，对微分方程解的影响，就是干扰对火箭运动的影响。所以说，研究运动的稳定性也就是研究这个运动的微分方程组某一解的稳定性问题。

以上关于运动稳定性的说明，只是定性的，不够严格，而且稳定性的定义在不同学科又不完全相同。这里采用李雅普诺夫意义下的稳定性，给出一个严格的定义。

设任意的动力学系统，它的运动可用以下规范形式的微分方程组表示：

$$\frac{\mathrm{d}y_i}{\mathrm{d}t}=Y_i(t;y_1,y_2,\cdots,y_n)\qquad i=1,2,\cdots,n \tag{7.1-1}$$

式中，y_i 为与运动有关的参数。对于火箭的运动来讲，它可以是飞行速度、坐标、攻角等。

动力系统的某一特殊运动，对应式（7.1-1）未受干扰的特解，以下式表示：

$$y_i = f_i(t) \qquad i = 1,2,\cdots,n \tag{7.1-2}$$

这样，以区别于其受干扰的运动。对于瞬时干扰作用下的运动稳定性，李雅普诺夫作如下定义：

“如果对于任意正数 ε，无论它多么小，可以找到另一正数 $\boldsymbol{\eta}(\varepsilon)$，使得对于所有受干扰的运动 $y_i = y_i(t)$（$i = 1,2,\cdots,n$），当其初始时刻 $t = t_0$ 时满足不等式

$$|y_i(t_0) - f_i(t_0)| \leqslant \boldsymbol{\eta}(\varepsilon) \qquad i = 1,2,\cdots,n \tag{7.1-3}$$

而在所有 $t > t_0$ 时满足不等式

$$|y_i(t) - f_i(t)| < \varepsilon \qquad i = 1,2,\cdots,n \tag{7.1-4}$$

则未受干扰的运动对于量 y_i 是稳定的。”

未受干扰运动如果不是稳定的，则称为运动不稳定。由此可知，如果存在任何固定的数 ε，而任何无论多么小的 $\boldsymbol{\eta}$，即使只有一种受干扰的运动，它满足式（7.1-3），但在某一时刻不等式（7.1-4）中有不成立的，那么运动就是不稳定的。

为了研究运动的稳定性，最好将式（7.1-1）方程组变换到新坐标：

$$x_i = y_i - f_i(t) \qquad i = 1,2,\cdots,n \tag{7.1-5}$$

式中，x_i 为参数的增量，表示扰动运动和未扰动运动在同一时刻对应参数的增量。

将式（7.1-5）代入式（7.1-1），则式（7.1-1）变为

$$\begin{aligned}\frac{\mathrm{d}x_i}{\mathrm{d}t} &= X_i(t;x_1,x_2,\cdots,x_n) \\ &= Y_i(t;x_1+f_1,x_2+f_2,\cdots,x_n+f_n) - Y_i(t;f_1,f_2,\cdots,f_n),\ i = 1,2,\cdots,n\end{aligned} \tag{7.1-6}$$

该方程组为干扰运动的微分方程组，受干扰后的每一运动对应式（7.1-6）的一个特解，特别是未干扰运动显然都应该对于零解，即

$$x_1 = x_2 = \cdots = x_n = 0$$

所以，对于干扰运动的微分方程，其零解对应未受干扰的运动，这个零解的稳定性，也就是未干扰运动的稳定性。

相应的式（7.1-3）和式（7.1-4）变为

$$|x_i(t_0)| \leqslant \boldsymbol{\eta}(\varepsilon) \tag{7.1-7}$$

$$|x_i(t)| < \varepsilon \tag{7.1-8}$$

因而稳定性定义可以改为

“如果对于任意正数 ε，无论它多么小，可以找到另一正数 $\boldsymbol{\eta}(\varepsilon)$，使得对于所有受干扰的运动，当其初始条件满足式（7.1-7），而在所有 $t > t_0$ 时满足不等式式（7.1-8），则未受干扰的运动是稳定的。”

如果未受干扰的运动是稳定的，并且数 $\boldsymbol{\eta}$ 可以选择得如此之小，使对于所有满足不等式 $|x_i(t_0)| = |y_i(t_0) - f_i(t_0)| \leqslant \boldsymbol{\eta}$ 的干扰运动满足如下条件：

$$\lim_{t\to\infty} x_i(t) = 0$$

那么未受干扰的运动称为渐进稳定。

上述稳定性定义如用状态变量、状态方程来叙述要更简洁。设 $\boldsymbol{x} = (x_1,x_2,\cdots,x_n)^{\mathrm{T}}$，则

式（7.1-6）可以写为

$$\dot{\boldsymbol{x}}=\boldsymbol{f}(\boldsymbol{x},t) \tag{7.1-9}$$

式中，$\boldsymbol{x}$ 为 n 维向量；$\boldsymbol{f}(\boldsymbol{x},t)$ 为 n 维向量函数。式（7.1-9）是系统的状态方程。根据前面的假设，$\boldsymbol{x}=0$ 为系统的平衡状态，其解对应未干扰运动。这时的稳定性定义如下：

"如果对于任意给定的小数 ε，可以找到另一正数 $\eta(\varepsilon)$，使得对于一切 $\|\boldsymbol{x}(0)\|\leqslant\eta(\varepsilon)$ 的系统响应 $\boldsymbol{x}(t)$，在所有的时间内满足 $\|\boldsymbol{x}(t)\|\leqslant\varepsilon$，则称系统的平衡状态 $\boldsymbol{x}=0$ 是稳定的。"

前面叙述的李雅普诺夫的稳定性定义，是考察未干扰运动对初始条件的稳定，物理上表示的是对于瞬时干扰的稳定性。实际上动力学系统还常受到某一些力和力矩的作用，而实际建立方程时要全面考虑它们又不可能，所以常把这些量当作干扰量来处理。因此，研究运动对这种经常作用的干扰的稳定性也是重要的。从数学观点来看，这就表示不但要考虑初始条件的扰动，而且还必须考虑运动方程本身的扰动，即要研究经常干扰作用下的稳定性。不过，这里不研究关于经常干扰作用下的稳定性，以后不加说明提到的运动稳定性是指短促干扰作用下的稳定性。对短促干扰作用下的稳定性的严格的解析意义，可以用下述定义来代替："当作用在火箭上的瞬时干扰消失后，由于扰而引起的运动参数的增量随时间的增加而逐渐衰减。"

上面讨论了李雅普诺夫定义的运动稳定性，即讨论了 $t\to\infty$ 时系统的渐进性能，但这一定义并不完全适合所有运动。例如，火箭的飞行时间有限，t 趋于无穷大并不完全符合实际情况。为了适应这种需要，又提出有限时间内的稳定性。

设系统的微分方程组如下：

$$\frac{\mathrm{d}\boldsymbol{x}}{\mathrm{d}t}=\boldsymbol{A}(t)\boldsymbol{x},\ 0\leqslant t<\infty \tag{7.1-10}$$

式中，$\boldsymbol{x}=(x_1,x_2,\cdots,x_n)^{\mathrm{T}}$；$\boldsymbol{A}(t)$ 为一矩阵。如果有三个常数 ε、δ 和 T，其中 T 是系统工作的时间。如系统的初始扰动满足如下限制条件：

$$\|\boldsymbol{x}_0\|\leqslant\delta \tag{7.1-11}$$

且对时间区间 $[t_0,t_0+T]$ 内的任何 t 都有

$$\|\boldsymbol{x}(t)\|\leqslant\varepsilon,\ t_0\leqslant t\leqslant t_0+T$$

则说系统对给定的一对数 δ 和 ε 在时间 T 内稳定。

对于火箭运动的稳定性，更为确切的说法是指某些运动参数的稳定性。火箭运动参数可以分为火箭质心运动参数和火箭绕质心运动参数。因此，研究火箭运动的稳定性时，往往不是笼统地研究它的稳定性，而是针对那一类参数或那几个运动参数。

必须指出的是，火箭箭体的稳定性，是指火箭没有控制作用时的抗干扰能力。这与制导系统参与工作时的闭环回路中的火箭系统稳定性是不同的。例如，无控情况下火箭是不稳定的，但在控制作用下可以变成稳定的。当然，也可能出现这种情况，即火箭在无控时是稳定的，而由于控制系统设计得不合理，反而在闭环时不稳定了。当然，一般总是希望在无控时火箭具有良好的稳定性和动态品质，以降低对控制系统的要求。有的火箭完全依靠箭体自身的稳定性来保证火箭的飞行稳定性。

2. 静稳定性

飞行器的运动稳定性如上所述：当作用在飞行器上的瞬时干扰消失后，由干扰引起的运动参数的增量随时间的增加而逐渐衰减。但是关于飞机和火箭（统称飞行器，特别是有一段在大气中飞行的飞行器）的参考文献广泛使用着静稳定性（静安定性）和动稳定性的术语。那么是否存在两种稳定呢？其实这完全是习惯上的称呼而已。运动稳定性只是上面定义的一种，为了区别静稳定性的术语，人们也称稳定性为动稳定性，而静稳定性仅表示干扰作用消失的瞬间飞行器的运动趋势。

下面讨论静稳定性的问题。

把一个火箭模型放在风洞里，让火箭的质心支持在天平支架的旋转轴上，使模型能绕 Z_1 轴旋转，如图 7.1-1a 所示。如果把舵固定在一个 δ_{φ_0} 角，当攻角为 α_0 时，获得力矩平衡（测得的力矩 $M_{z1}=0$），然后改变攻角 α 可以测得 $M_{z1}(\alpha)$ 曲线，如图 7.1-1b 所示。对具有图 7.1-1b 所示的 $M_{z1}(\alpha)$ 曲线的火箭，称为静稳定的火箭。这是因为攻角改变时，如攻角减小时，作用在火箭上的力矩为正，它使攻角增加回到原来的位置；相反，当攻角增加时，作用在箭上的力矩为负，它使攻角减小回到原来的位置。可以看出，要保持静稳定，压力中心必须在质心之后。

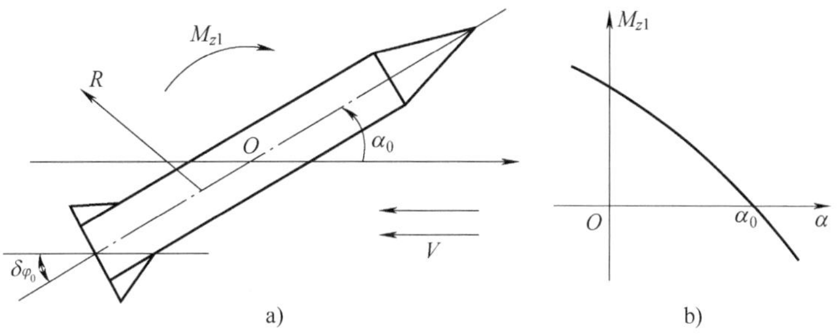

图 7.1-1　静稳定火箭的 $M_{z1}(\alpha)$ 曲线

反之，另一火箭的压心在火箭的质心之前，如图 7.1-2a 所示。当舵偏角为 δ_{φ_0} 时，对应的 α_0 使火箭处于力矩平衡状态（$M_{z1}=0$），当 α 改变时可以测得 $M_{z1}(\alpha)$ 曲线，如图 7.1-2b 所示。这样，当 $\alpha>\alpha_0$ 时，由于压力中心在火箭的质心之前，空气动力矩的作用使 α 继续增大而失去平衡，这种火箭称为静不稳定的火箭。

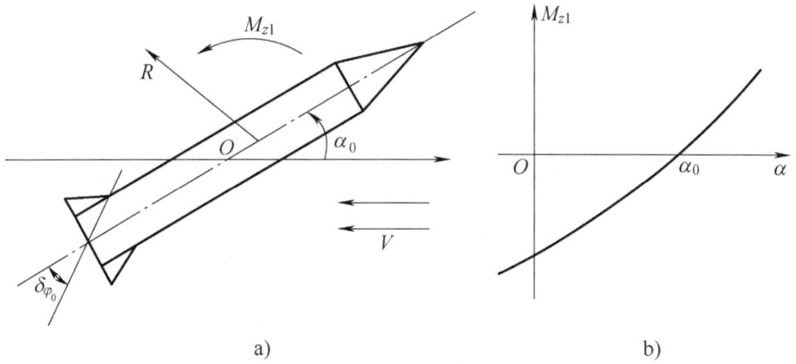

图 7.1-2　静不稳定火箭的 $M_{z1}(\alpha)$ 曲线

由此看出，如果火箭具有纵向静稳定性，则当火箭处于力矩平衡（$M_{z1}=0$）时，$M_{z1}(\alpha)$曲线在平衡点切线的斜率为负值，这一条件可以写成如下不等式的形式：

$$\frac{\partial M_{z1}}{\partial \alpha}<0 \tag{7.1-12}$$

而纵向静不稳定的条件可表达为

$$\frac{\partial M_{z1}}{\partial \alpha}>0 \tag{7.1-13}$$

而

$$\frac{\partial M_{z1}}{\partial \alpha}=0 \tag{7.1-14}$$

这表示火箭的纵向中立稳定。如果这时改变攻角，火箭既无恢复到原来攻角的趋势，也无增大原来攻角的趋势。如放松火箭使其自由绕 Z_1 轴旋转，则既不会恢复到原来的平衡位置，也不会继续偏离原来的平衡位置。

为了今后讨论问题方便，常用力矩系数代替力矩，则纵向静稳定性有如下形式：

$$\frac{\partial m_{z1}}{\partial \alpha}<0 \tag{7.1-15}$$

考虑在飞行攻角范围内，升力系数与攻角近似成线性关系，因此火箭的$\frac{\partial m_{z1}}{\partial \alpha}$可用$\frac{\partial m_{z1}}{\partial C_y}$来代替。后者的绝对值，表示压力中心至质心的距离和火箭长度之比，常用它来估计纵向静稳定性的程度，故$\frac{\partial m_{z1}}{\partial C_y}$又称为纵向静稳定度。

完全类似的，可以得到航向静稳定性的条件为

$$\frac{\partial m_{y1}}{\partial \beta}<0 \tag{7.1-16}$$

但应该指出，所谓静稳定性乃是在人工复制的运动中（如风洞中）或在一定条件下想象出来的飞行中一个自由度的稳定性，在实际飞行中并不存在。这是因为，在实际飞行中，如果只改变攻角而保持速度不变，则作用在火箭上的空气动力和空气动力矩将发生变化，引起力和力矩的不平衡，结果使火箭发生多自由度的复杂运动。故对于实际飞行来说，静稳定或静不稳定只表示火箭受干扰离开平衡状态后的最初瞬间有无回到原来飞行状态的趋势。静稳定的火箭，当干扰消失后的瞬间有回到原来状态的趋势，但是否真能回到原来的状态呢？它并没有回答。所以说要判断火箭的运动是否稳定，只有通过计算火箭的干扰运动参数，如俯仰角、攻角、速度等，或者通过飞行试验把这些参数记录下来才能判断。单凭静稳定性或静不稳定性是不能做出完全判断的。尽管如此，还是要研究静稳定性，因为要判断动稳定性，即使是用后面简化了的理论也需要经过较复杂的计算。同时，在火箭的初步设计阶段，火箭的很多特性（如结构特性 m、$\boldsymbol{J}$ 等，空气动力持性 C_y、m_{z1}等）还不能准确知道，要进行这种计算也是不可能的。另一方面人们通过大量的计算和实验，找出了静稳定性和动稳定性之间的一些关系，而静稳定性的理论计算和风洞实验都比较容易。所以，人们在设计、分析、试验和对火箭性能的了解中总是要了解火箭的静稳定度。

火箭在飞行中由于压力中心和质心的移动，其静稳定度要发生改变，可能由静稳定变成静不稳定，当然也可能由静不稳定变成静稳定，这要看具体情况而定。一般来说，火箭纵向是静稳定的，则纵向运动也是动稳定的；但对侧向运动来讲就不一定，要看具体情况，后面会详细讨论。

火箭箭体稳定性不如飞机机体的稳定性那么重要，这是因为箭体是在控制系统作用下运动的，箭体运动不稳定，仅表示其中一个环节不稳定，并不表示整个系统不稳定，有时还会利用火箭的不稳定来减小舵的负担。显然无控制的载荷，为了再入大气层时具有运动稳定性，载荷必须设计成静稳定的。今后把火箭的舵固定起来，即在控制系统不工作的条件下，研究火箭受干扰后的运动特性称为箭体的运动稳定性，也称为火箭的固有稳定性。而在控制系统工作情况下研究的火箭的运动稳定性，称为火箭的运动稳定性。

7.1.2　操纵性的概念

在火箭飞行过程中，需要对其进行操纵，以便使火箭的运动特性参数能够按照要求的规律去变化。要改变火箭的运动状态，就要改变舵的位置，即舵面要发生偏转，而当舵面发生偏转时，箭体的运动参数会有各种变化，即有操纵性问题。所谓箭体操纵性就是火箭的运动参数（如攻角 α、俯仰角 φ、速度 V 等）对舵面偏转的反映，或者说火箭的运动参数随着舵面偏转相应变化的能力。

这里要对“控制”和“操纵”两个词作些说明，从字义上讲两者相近。在自动化领域中很少用“操纵”两字，而在飞行力学中表示人对飞行器施加的影响，或者舵面运动对飞行器施加的影响，称为操纵。但不管“操纵”或“控制”都是表示某事物对另一事物施加影响，而使它按某种方式运动。因此，在这里可把两个词等同起来。所谓操纵性，就是自动控制原理中提到的，当舵面偏转时，引起飞行器运动参数变化的过渡的过程品质，因此自动控制原理中的一些概念、判据在这里均是可以用的，只是控制的对象是一个较复杂的元件而已。

在研究火箭箭体操纵性问题时，通常只研究火箭对操纵机构三种典型偏转方式的反应。这三种方式就是阶跃偏转、谐波偏转和脉冲偏转。

1. 单位阶跃偏转

$$\Delta\delta = \begin{cases} 0 & t < t_0 \\ 1 & t \geqslant t_0 \end{cases} \tag{7.1-17}$$

研究操纵机构作阶跃偏转的必要性是因为在这种情况下，火箭的响应最强烈，引起过渡过程中的超调量最大。

实际上，舵面不可能做出瞬时的阶跃偏转。因为如果是这样，舵面的偏转速度将是无限大，那么舵机的功率也需要无限大。但是，在舵机快速作用下，舵面的偏转可接近阶跃偏转的情况。

2. 谐波偏转

$$\Delta\delta(t) = \Delta\delta_0 \sin\omega t \tag{7.1-18}$$

在这种情况下，火箭的响应称为火箭对舵偏转的跟随性。

当然，在实际飞行过程中，操纵机构不可能出现谐波偏转规律（除非飞行试验中，为了测出火箭的频率特性，人为地使舵作谐波偏转）。但是，根据自动控制理论知道，用频率法研究动力学系统时，必须知道各元件（或环节）的频率特性，因此，规定舵作谐波偏转规律正是为了求得火箭的频率特性。

3. 脉冲偏转

$$\Delta\delta(t)=\begin{cases}A & 0<t<t_0\\1 & t<0,t>t_0\end{cases} \tag{7.1-19}$$

式中，A 为常数。

上面提到的操纵性，仅是说火箭的运动参数对舵偏转的反应能力，这实际上是箭体的操纵性。对包括控制系统的火箭而言，当程序角 φ_{pr} 变化时，角 φ 变化的快慢也可以看作是火箭操纵性的好坏，这里只研究箭体的操纵性。

稳定性和操纵性是箭体的两个重要的特性，两者有共同的地方，如描述运动的微分方程组的齐次方程相同，对性能的要求有些相同；但也有区别，甚至矛盾的地方。所以，既要注意两者的联系，又要注意两者的区别。有时把箭体的稳定性和操纵性称为箭体的动态特性，或称为飞行器的姿态动力学。

7.2 火箭扰动运动的研究方法

由本书第 3 章中知道，可以用式（3.4-74）来描述火箭运动，要研究火箭的扰动运动，就需要解非线性微分方程组，目前实际应用中有两种不同的工程数学方法。

7.2.1 用数值积分法解火箭扰动运动方程组

如果对火箭扰动运动需要比较精确的计算，或者由于所研究的问题必须用非线性微分方程组来描述，这时就需要解非线性微分方程组。一般来说，大多数微分方程组的解，不可能用初等函数表示，得不出解析解。但是，用数值积分方法，可以求出特解。

20 世纪 50 年代以前，普遍认为使用数值积分法解微分方程是一种近似方法。因为这种方法需要繁重的计算，因此，只能把火箭运动简化为平面运动，计算的步长也不能取得太小。此外，求解时还必须知道初始条件，所求得的解只是在一定初始条件下的特解。因此，由于繁重的计算，只能选择一些典型情况求解。这样，往往得不到一般结论。

随着大容量、高速度的电子计算机的出现，可以精确地算出火箭的扰动弹道及受扰运动的过程。因为电子计算机可以使用较为精确的描述火箭运动的数学模型，计算步长也可以根据精度要求进行选取，还可以选择各种初始条件进行计算。因此，数值积分法在现代计算技术的基础上，已不再是近似方法，而是较为精确的方法，且得到了更加广泛的应用。

由于数值积分法只能是对应一组确定的初始条件的特解，因此，研究扰动运动时，较难从方程组解中总结出带规律性的结果，这是数值积分法的一个缺点。

7.2.2 小扰动法

如果对扰动运动方程组加以合理的简化处理，使其能够解析求解而又具有必要的工程精确度，这是很有价值的。因为解析解中包含了各种飞行参数和气动参数，可以直接分析参数对火箭动态特性的影响。常用的方法就是利用小扰动假设将微分方程线性化，通常称为小扰动法。

当研究一个非线性系统在某一稳定平衡点附近的微小扰动运动的状态时，原来的系统可以充分精确地用一个线性系统加以近似。几乎可以肯定地说，只要加以足够精确的分析，任何一个物理系统都是非线性的。通常说某一个实际的物理系统是线性系统，只是说它的某些主要性能可以充分精确地用一个线性系统加以近似而已。而且所谓“充分精确”，是指实际系统与理想化的线性系统的差别，对于所研究的问题，已经小到可以忽略的程度。只有当具体的条件和要求给定以后，才能确定一个实际系统是线性系统还是非线性系统。在这个问题上并不存在绝对的判断准则。例如，火箭箭体-自动驾驶仪系统（即姿态控制系统）就是非线性系统，因为不论是火箭运动方程还是自动驾驶仪方程都是非线性的，但是，当研究动态特性时，可以认为这两个方程组是线性的；而如果所研究的是火箭箭体-自动驾驶仪系统的自振问题，则略去自动驾驶仪方程的非线性是不允许的，因为正是由于自动驾驶仪的非线性特性才会发生自振。

如果扰动的影响很小，则扰动弹道很接近未扰动弹道，这样就有了对火箭运动方程组进行线性化的基础。为了对式（3.4-74）的方程组进行线性化，所有运动参数都分别写成它们在未扰动运动中的数值与某一偏量之和，即

$$\begin{cases} V = V_0 + \Delta V \\ \theta = \theta_0 + \Delta\theta \\ \alpha = \alpha_0 + \Delta\alpha \\ \cdots \end{cases} \tag{7.2-1}$$

式中变量的下标“0”表示未扰运动中的运动学参数的数值；ΔV、$\Delta\theta$、$\Delta\alpha$ 等表示扰动运动参数对未扰动运动参数的偏差值，称为运动学参数的偏量。

如果未扰动弹道的运动学参数已经根据弹道学中的方法求得，则只要求出偏量值，扰动弹道上的运动参数也就可以确定了。因此，研究火箭的扰动运动，就可以归结为研究运动学参数的偏量变化。这样的研究方法可以得到一般性的结论，因此获得了广泛的应用。火箭箭体动态特性分析这部分内容就是建立在小扰动法的基础上的。

如果火箭制导系统的工作精度较高，实际飞行弹道总是与未扰动弹道相当接近，实际的运动参数也是在未扰动弹道上的运动参数附近变化。那么，实践证明，在许多情况下，火箭运动方程组可以用线性化方程组来近似。如果扰动弹道和未扰动弹道差别很大，用小扰动法研究稳定性就会有较大的误差，用于研究扰动弹道误差就更大了，在这种情况下就不能应用此方法。

对于火箭制导系统的设计和分析，从控制理论的应用上也有两种不同的方法，即经典控制理论和现代控制理论。

经典控制理论是以单输入-单输出的常参量系统作为主要研究对象。它的研究方法以传递函数作为系统基本数学描述，以根轨迹法和频率响应法作为分析和设计系统的两类方法。它的基本内容是研究系统的稳定性及在给定输入下系统的分析或在给定指标下系统的设计。

这样，火箭作为制导系统的一个环节，即控制对象，其特性完全可由经典控制理论的概念和定义表示，如输入量、输出量、传递函数、稳定性、过渡过程品质指标等。

20 世纪 60 年代由于探索空间需要和电子计算机的飞速发展，逐渐形成现代化控制理论。它的研究对象既可以是线性的，也可以是非线性的；既可以是常参量的，也可以是变参量的。它的研究方法本质上是时间域的方法（经典控制理论是频域的），是建立在对系统状态变量的描述，即所谓状态空间法，是直接求解微分方程组的一种方法。利用它来设计和分析系统时，可以揭示系统内在的规律，实现系统在一定条件下的最优控制。

现代控制理论在解决大型复杂的控制问题时，具有许多突出的优点，目前在火箭制导系统分析和设计中也得到越来越多的应用，但是它不能够完全取代经典控制理论。在工程的实际应用中，两者各有所长，应互为补充。

这里，主要是应用经典控制理论进行火箭动态分析。

7.3　火箭运动方程的线性化

下面讨论如何将本书第 3 章得到的火箭运动方程组线性化。记运动方程组中符号如下：

V，飞行速度；

α，攻角；

β，侧滑角；

q，动压（速度头）；

S，飞行器气动参考面积；

g，重力加速度；

R，地球半径；

r，地心距；

P_e，有效推力；

m，飞行器质量；

h，几何高度；

t，飞行时间；

C_x、C_y、C_z，阻力、升力、侧向力系数；

M_{x1}、M_{y1}、M_{z1}，滚动、偏航、俯仰力矩；

θ、σ、ν，速度倾角、航迹偏航角、倾侧角；

φ、ψ、γ，箭体俯仰、偏航、滚转角；

x、y、z，质心对发射坐标系坐标；

δ_φ、δ_ψ、δ_γ，俯仰、偏航、滚转通道等效舵偏角；

ω_{x1}、ω_{y1}、ω_{z1}，飞行器转动角速度在箭体坐标系 X_1、Y_1、Z_1 轴上的投影；

J_{x1}、J_{y1}、J_{z1}，飞行器绕 X_1、Y_1、Z_1 轴的转动惯量；

$\dot{m}$，质量秒耗量$\left(这里取正，即\left|\frac{\mathrm{d}m}{\mathrm{d}t}\right|\right)$。

那么有

$$
\left\{
\begin{aligned}
& m\dot{V} = P_{\mathrm{e}}\cos\alpha\cos\beta - C_x \frac{\rho V^2}{2} S - mg\sin\theta\cos\sigma \\
& mV\dot{\theta}\cos\sigma = P_{\mathrm{e}}(\sin\alpha\cos\nu + \cos\alpha\sin\beta\sin\nu) + C_y \frac{\rho V^2}{2} S\cos\nu - C_z \frac{\rho V^2}{2} S\sin\nu \\
& \qquad\qquad - mg\cos\theta + R'\delta_{\varphi}\cos\nu + R'\delta_{\psi}\sin\nu \\
& -mV\dot{\sigma} = P_{\mathrm{e}}(\sin\alpha\sin\nu - \cos\alpha\sin\beta\cos\nu) + C_y \frac{\rho V^2}{2} S\sin\nu + C_z q S_{\mathrm{m}}\cos\nu \\
& \qquad\qquad - mg\sin\theta\sin\sigma + R'\delta_{\varphi}\sin\nu - R'\delta_{\psi}\cos\nu \\
& J_{x1}\dot{\omega}_{x1} = M_{x1} + M_{x1}^{\delta}\delta_{\gamma} - (I_{z1} - I_{y1})\omega_{z1}\omega_{y1} \\
& J_{y1}\dot{\omega}_{y1} = M_{y1} + M_{y1}^{\delta}\delta_{\psi} - (I_{x1} - I_{z1})\omega_{x1}\omega_{z1} \\
& J_{z1}\dot{\omega}_{z1} = M_{z1} + M_{z1}^{\delta}\delta_{\varphi} - (I_{y1} - I_{x1})\omega_{y1}\omega_{x1} \\
& \dot{x} = V\cos\theta\cos\sigma \\
& \dot{y} = V\sin\theta\cos\sigma \\
& \dot{z} = -V\sin\sigma \\
& \omega_{x1} = -\dot{\varphi}\sin\psi + \dot{\gamma} \\
& \omega_{y1} = \dot{\varphi}\cos\psi\sin\gamma + \dot{\psi}\cos\gamma \\
& \omega_{z1} = \dot{\varphi}\cos\psi\cos\gamma - \dot{\psi}\sin\gamma \\
& \sin\nu\cos\sigma = -\sin\alpha\sin\psi + \cos\alpha\sin\gamma\cos\psi \\
& \sin\nu\sin\sigma\cos\theta - \cos\nu\sin\theta = \cos\psi\cos\varphi\sin\alpha + \sin\gamma\sin\psi\cos\varphi\cos\alpha - \cos\gamma\sin\varphi\cos\alpha \\
& \sin\sigma = \cos\alpha\cos\beta\sin\psi + \sin\alpha\cos\beta\sin\gamma\cos\psi - \sin\beta\cos\gamma\cos\psi \\
& F_{\gamma}(\delta_{\gamma}、x、y、z、\dot{x}、\dot{y}、\dot{z}、\gamma、\dot{\gamma}\cdots) = 0 \\
& F_{\psi}(\delta_{\psi}、x、y、z、\dot{x}、\dot{y}、\dot{z}、\psi、\dot{\psi}\cdots) = 0 \\
& F_{\varphi}(\delta_{\varphi}、x、y、z、\dot{x}、\dot{y}、\dot{z}、\varphi、\dot{\varphi}\cdots) = 0 \\
& h = \sqrt{x^2 + (y+R)^2 + z^2} - R \\
& m = m_0 - \dot{m}t
\end{aligned}
\right.
\tag{7.3-1}
$$

7.3.1　微分方程组线性化的方法

可以把火箭的一般运动方程改写为如下形式：

$$
\left\{
\begin{aligned}
& \frac{\mathrm{d}x_1}{\mathrm{d}t} = f_1(x_1, x_2, \cdots, x_n) \\
& \frac{\mathrm{d}x_2}{\mathrm{d}t} = f_2(x_1, x_2, \cdots, x_n) \\
& \cdots\cdots \\
& \frac{\mathrm{d}x_n}{\mathrm{d}t} = f_n(x_1, x_2, \cdots, x_n)
\end{aligned}
\right.
\tag{7.3-2}
$$

式中，$x_1, x_2, \cdots, x_n$ 分别为飞行器的运动参数 $V, \theta, \alpha, \cdots$;$f_1, f_2, \cdots, f_n$ 为 $x_1, x_2, \cdots, x_n$ 的非线性函数。设以 $x_{10}, x_{20}, \cdots, x_{n0}$表示未扰运动的运动参数，则有

$$\frac{\mathrm{d}x_{i0}}{\mathrm{d}t} = f_{i0} = f_i(x_{10}, x_{20}, \cdots, x_{n0}) \tag{7.3-3}$$

令 $\Delta x_i = x_i - x_{i0}$，则有

$$\frac{\mathrm{d}x_i}{\mathrm{d}t} = \frac{\mathrm{d}x_{i0}}{\mathrm{d}t} + \frac{\mathrm{d}\Delta x_i}{\mathrm{d}t} \tag{7.3-4}$$

而将f_i 在 x_{10}，x_{20}，…，x_{n0}处用泰勒级数展开，得

$$\begin{aligned} f_i(x_1, x_2, \cdots, x_n) &= f_i(x_{10} + \Delta x_1, x_2 + \Delta x_2, \cdots, x_n + + \Delta x_n) \\ &= f_i(x_{10}, x_{20}, \cdots, x_{n0}) + \left(\frac{\partial f_i}{\partial x_1}\right)_0 \Delta x_1 + \left(\frac{\partial f_i}{\partial x_2}\right)_0 \Delta x_2 + \cdots + \left(\frac{\partial f_i}{\partial x_n}\right)_0 \Delta x_n + R_i \end{aligned} \tag{7.3-5}$$

式中，R_i 为泰勒级数展开时二阶以上的余量；$\left(\frac{\partial f_i}{\partial x_1}\right)_0, \cdots, \left(\frac{\partial f_i}{\partial x_n}\right)_0$ 为时刻 t 的$\frac{\partial f_i}{\partial x_j}$在未扰运动参数 $x_{10}, x_{20}, \cdots, x_{n0}$上的取值，除特殊情况外，它是已知的时间函数。

将式（7.3-5）和式（7.3-3）代入式（7.3-4），并注意到式（7.3-2），则有

$$\begin{cases} \dfrac{\mathrm{d}\Delta x_1}{\mathrm{d}t} = \left(\dfrac{\partial f_1}{\partial x_1}\right)_0 \Delta x_1 + \left(\dfrac{\partial f_1}{\partial x_2}\right)_0 \Delta x_2 + \cdots + \left(\dfrac{\partial f_1}{\partial x_n}\right)_0 \Delta x_n + R_1 \\ \dfrac{\mathrm{d}\Delta x_2}{\mathrm{d}t} = \left(\dfrac{\partial f_2}{\partial x_1}\right)_0 \Delta x_1 + \left(\dfrac{\partial f_2}{\partial x_2}\right)_0 \Delta x_2 + \cdots + \left(\dfrac{\partial f_2}{\partial x_n}\right)_0 \Delta x_n + R_2 \\ \vdots \\ \dfrac{\mathrm{d}\Delta x_n}{\mathrm{d}t} = \left(\dfrac{\partial f_n}{\partial x_1}\right)_0 \Delta x_1 + \left(\dfrac{\partial f_n}{\partial x_2}\right)_0 \Delta x_2 + \cdots + \left(\dfrac{\partial f_n}{\partial x_n}\right)_0 \Delta x_n + R_n \end{cases} \tag{7.3-6}$$

式（7.3-6）对 $\Delta x_1, \Delta x_2, \cdots, \Delta x_n$ 而言，因为包含 $R_1, R_2, \cdots, R_n$ 二阶以上的项，所以是一非线性微分方程组。如果增量 Δx_i 是微量的，则可把式（7.3-6）中的高阶项略去，这样便得到式（7.3-6）的一次近似方程，把非线性微分方程组线性化了。

$$\begin{cases} \dfrac{\mathrm{d}\Delta x_1}{\mathrm{d}t} = \left(\dfrac{\partial f_1}{\partial x_1}\right)_0 \Delta x_1 + \left(\dfrac{\partial f_1}{\partial x_2}\right)_0 \Delta x_2 + \cdots + \left(\dfrac{\partial f_1}{\partial x_n}\right)_0 \Delta x_n \\ \dfrac{\mathrm{d}\Delta x_2}{\mathrm{d}t} = \left(\dfrac{\partial f_2}{\partial x_1}\right)_0 \Delta x_1 + \left(\dfrac{\partial f_2}{\partial x_2}\right)_0 \Delta x_2 + \cdots + \left(\dfrac{\partial f_2}{\partial x_n}\right)_0 \Delta x_n \\ \vdots \\ \dfrac{\mathrm{d}\Delta x_n}{\mathrm{d}t} = \left(\dfrac{\partial f_n}{\partial x_1}\right)_0 \Delta x_1 + \left(\dfrac{\partial f_n}{\partial x_2}\right)_0 \Delta x_2 + \cdots + \left(\dfrac{\partial f_n}{\partial x_n}\right)_0 \Delta x_n \end{cases} \tag{7.3-7}$$

上述把非线性微分方程组线性化的方法，如果用向量和矩阵来表示，则十分简洁，把微分方程组写成如下标准形式：

$$\frac{\mathrm{d}\boldsymbol{x}}{\mathrm{d}t} = \boldsymbol{f} \tag{7.3-8}$$

式中，$\boldsymbol{x} = (x_1, x_2, \cdots, x_n)^{\mathrm{T}}$;$\boldsymbol{f} = (f_1, f_2, \cdots, f_n)^{\mathrm{T}}$。

未干扰运动满足如下方程：

$$\frac{\mathrm{d}\boldsymbol{x}_0}{\mathrm{d}t} = \boldsymbol{f}_0 \tag{7.3-9}$$

为了线性化，把$\boldsymbol{f}$在$\boldsymbol{f}_0$近旁展开，令

$$\Delta\boldsymbol{x}=\boldsymbol{x}-\boldsymbol{x}_0 \tag{7.3-10}$$

$$\boldsymbol{f}=\boldsymbol{f}_0+\left(\frac{\partial\boldsymbol{f}}{\partial\boldsymbol{x}}\right)_0\Delta\boldsymbol{x}+\boldsymbol{O}[\,|\Delta\boldsymbol{x}|\,] \tag{7.3-11}$$

其中

$$\frac{\partial\boldsymbol{f}}{\partial\boldsymbol{x}}=\begin{bmatrix}\dfrac{\partial f_1}{\partial x_1} & \dfrac{\partial f_1}{\partial x_2} & \cdots & \dfrac{\partial f_1}{\partial x_n}\\ \dfrac{\partial f_2}{\partial x_1} & \dfrac{\partial f_2}{\partial x_2} & \cdots & \dfrac{\partial f_n}{\partial x_n}\\ \vdots & \vdots & \vdots & \vdots\\ \dfrac{\partial f_n}{\partial x_1} & \dfrac{\partial f_n}{\partial x_2} & \cdots & \dfrac{\partial f_n}{\partial x_n}\end{bmatrix} \tag{7.3-12}$$

上式为雅可比矩阵，$\boldsymbol{O}[\,|\Delta\boldsymbol{x}|\,]$ 为包含二阶以上的项，将式（7.3-11）、式（7.3-10）和式（7.3-9）代入式（7.3-8）可以得

$$\frac{\mathrm{d}\Delta\boldsymbol{x}}{\mathrm{d}t}=\left(\frac{\partial\boldsymbol{f}}{\partial\boldsymbol{x}}\right)_0\Delta\boldsymbol{x}+\boldsymbol{O}[\,|\Delta\boldsymbol{x}|\,] \tag{7.3-13}$$

式（7.3-13）为非线性微分方程组，如果忽略二阶以上的项，则可以得到线性化的方程：

$$\frac{\mathrm{d}\Delta\boldsymbol{x}}{\mathrm{d}t}=\left(\frac{\partial\boldsymbol{f}}{\partial\boldsymbol{x}}\right)_0\Delta\boldsymbol{x} \tag{7.3-14}$$

式（7.3-14）的展开式即为式（7.3-7）。式（7.3-14）称为式（7.3-13）的一次近似方程。

但式（7.3-1）列出的一般运动方程并非标准形式，而是如下形式：

$$\begin{cases}g_1\dfrac{\mathrm{d}x_1}{\mathrm{d}t}=f_1\\ g_2\dfrac{\mathrm{d}x_2}{\mathrm{d}t}=f_2\\ \vdots\\ g_n\dfrac{\mathrm{d}x_n}{\mathrm{d}t}=f_n\end{cases} \tag{7.3-15}$$

如果定义

$$\boldsymbol{G}=\begin{bmatrix}g_1 & 0 & \cdots & 0\\ 0 & g_2 & \cdots & 0\\ \vdots & \vdots & \vdots & \vdots\\ 0 & 0 & \cdots & g_n\end{bmatrix} \tag{7.3-16}$$

则式（7.3-15）可表示为

$$\boldsymbol{G}\frac{\mathrm{d}\boldsymbol{x}}{\mathrm{d}t}=\boldsymbol{f} \tag{7.3-17}$$

为了对一般运动方程线性化方便，这里把式（7.3-17）也加以线性化。

对未干扰运动可得

$$\boldsymbol{G}_0\frac{\mathrm{d}\boldsymbol{x}_0}{\mathrm{d}t}=\boldsymbol{f}_0 \tag{7.3-18}$$

由式（7.3-18）和式（7.3-17），得

$$\frac{\mathrm{d}\Delta\boldsymbol{x}}{\mathrm{d}t}=\frac{\mathrm{d}\boldsymbol{x}}{\mathrm{d}t}-\frac{\mathrm{d}\boldsymbol{x}_0}{\mathrm{d}t}=\boldsymbol{G}^{-1}\boldsymbol{f}-\boldsymbol{G}_0^{-1}\boldsymbol{f}_0 \tag{7.3-19}$$

上式两边同乘矩阵 $\boldsymbol{G}_0$，可得

$$\boldsymbol{G}_0\frac{\mathrm{d}\Delta\boldsymbol{x}}{\mathrm{d}t}=\boldsymbol{G}_0\boldsymbol{G}^{-1}\boldsymbol{f}-\boldsymbol{f}_0 \tag{7.3-20}$$

设 $\boldsymbol{G}-\boldsymbol{G}_0=\Delta\boldsymbol{G}$，则 $\boldsymbol{G}_0=\boldsymbol{G}-\Delta\boldsymbol{G}$，代入式（7.3-20）得

$$\boldsymbol{G}_0\frac{\mathrm{d}\Delta\boldsymbol{x}}{\mathrm{d}t}=(\boldsymbol{G}-\Delta\boldsymbol{G})\boldsymbol{G}^{-1}\boldsymbol{f}-\boldsymbol{f}_0=\boldsymbol{f}-\boldsymbol{f}_0-\Delta\boldsymbol{G}\frac{\mathrm{d}\boldsymbol{x}}{\mathrm{d}t} \tag{7.3-21}$$

因为有

$$\Delta\boldsymbol{G}=\begin{bmatrix} g_1-g_{10} & 0 & \cdots & 0\\ 0 & g_2-g_{20} & \cdots & 0\\ \vdots & \vdots & \vdots & \vdots\\ 0 & 0 & \cdots & g_n-g_{n0}\end{bmatrix}$$

略去二阶以上的量，上式可写为

$$\Delta\boldsymbol{G}=\begin{bmatrix} \left(\frac{\partial g_1}{\partial\boldsymbol{x}}\right)_0^{\mathrm{T}}\cdot\Delta\boldsymbol{x} & 0 & \cdots & 0\\ 0 & \left(\frac{\partial g_2}{\partial\boldsymbol{x}}\right)_0^{\mathrm{T}}\cdot\Delta\boldsymbol{x} & \cdots & 0\\ \vdots & \vdots & \vdots & \vdots\\ 0 & 0 & \cdots & \left(\frac{\partial g_n}{\partial\boldsymbol{x}}\right)_0^{\mathrm{T}}\cdot\Delta\boldsymbol{x}\end{bmatrix}\triangleq\boldsymbol{P}$$

$$\Delta\boldsymbol{f}=\boldsymbol{f}-\boldsymbol{f}_0=\left(\frac{\partial\boldsymbol{f}}{\partial\boldsymbol{x}}\right)_0\Delta\boldsymbol{x}+\boldsymbol{O}[\,|\Delta\boldsymbol{x}|\,]\approx\left(\frac{\partial\boldsymbol{f}}{\partial\boldsymbol{x}}\right)_0\Delta\boldsymbol{x}$$

将 $\Delta\boldsymbol{G}$、$\boldsymbol{f}-\boldsymbol{f}_0$ 代入式（7.3-21），且略去二阶以上的小量，可得

$$\boldsymbol{G}_0\frac{\mathrm{d}\Delta\boldsymbol{x}}{\mathrm{d}t}=\left(\frac{\partial\boldsymbol{f}}{\partial\boldsymbol{x}}\right)_0\Delta\boldsymbol{x}-\boldsymbol{P}\frac{\mathrm{d}\boldsymbol{x}}{\mathrm{d}t} \tag{7.3-22}$$

式（7.3-22）对变量 $\Delta x_1,\Delta x_2,\cdots,\Delta x_n$ 而言是线性的，可称为式（7.3-21）的一次近似方程。为了应用方便，将式（7.3-22）展开

$$\begin{cases} g_{10}\dfrac{\mathrm{d}\Delta x_1}{\mathrm{d}t}=\left(\dfrac{\partial f_1}{\partial x_1}\right)_0\Delta x_1+\cdots+\left(\dfrac{\partial f_1}{\partial x_n}\right)_0\Delta x_n-\left(\dfrac{\partial g_1}{\partial x_1}\right)_0\Delta x_1\left(\dfrac{\mathrm{d}x_1}{\mathrm{d}t}\right)_0\\ \qquad-\left(\dfrac{\partial g_1}{\partial x_2}\right)_0\Delta x_2\left(\dfrac{\mathrm{d}x_1}{\mathrm{d}t}\right)_0-\cdots-\left(\dfrac{\partial g_1}{\partial x_n}\right)_0\Delta x_n\left(\dfrac{\mathrm{d}x_1}{\mathrm{d}t}\right)_0\\ \vdots\\ g_{n0}\dfrac{\mathrm{d}\Delta x_n}{\mathrm{d}t}=\left(\dfrac{\partial f_n}{\partial x_1}\right)_0\Delta x_1+\cdots+\left(\dfrac{\partial f_n}{\partial x_n}\right)_0\Delta x_n-\left(\dfrac{\partial g_n}{\partial x_1}\right)_0\Delta x_1\left(\dfrac{\mathrm{d}x_n}{\mathrm{d}t}\right)_0\\ \qquad-\left(\dfrac{\partial g_n}{\partial x_2}\right)_0\Delta x_2\left(\dfrac{\mathrm{d}x_n}{\mathrm{d}t}\right)_0-\cdots-\left(\dfrac{\partial g_n}{\partial x_n}\right)_0\Delta x_n\left(\dfrac{\mathrm{d}x_n}{\mathrm{d}t}\right)_0 \end{cases} \tag{7.3-23}$$

或者写为

$$\begin{cases} g_{10}\dfrac{\mathrm{d}\Delta x_1}{\mathrm{d}t} = \left[\dfrac{\partial f_1}{\partial x_1} - \dfrac{\partial g_1}{\partial x_1}\left(\dfrac{\mathrm{d}x_1}{\mathrm{d}t}\right)\right]_0 \Delta x_1 + \cdots + \left[\dfrac{\partial f_1}{\partial x_n} - \dfrac{\partial g_1}{\partial x_n}\left(\dfrac{\mathrm{d}x_1}{\mathrm{d}t}\right)\right]_0 \Delta x_n \\ \vdots \\ g_{n0}\dfrac{\mathrm{d}\Delta x_n}{\mathrm{d}t} = \left[\dfrac{\partial f_n}{\partial x_1} - \dfrac{\partial g_n}{\partial x_1}\left(\dfrac{\mathrm{d}x_n}{\mathrm{d}t}\right)\right]_0 \Delta x_1 + \cdots + \left[\dfrac{\partial f_n}{\partial x_n} - \dfrac{\partial g_n}{\partial x_n}\left(\dfrac{\mathrm{d}x_n}{\mathrm{d}t}\right)\right]_0 \Delta x_n \end{cases} \tag{7.3-24}$$

因为假定未扰动运动是已知的，则在式（7.3-24）中方括号内的各项已知且所有的 g_{i0} 都是时间 t 的已知函数。式（7.3-24）通常称为扰动运动方程组。

当对形式如式（7.3-17）的非线性微分方程组进行线性化时，利用式（7.3-24）是很方便的。不难看出，火箭运动方程组式（7.3-1）就具有这种形式。

7.3.2　空气动力和力矩表达式的线性化

火箭运动方程包含空气动力、重力、推力和控制力及相应的力矩。为了线性化火箭的一般运动方程，需要求雅可比矩阵各元素，即式（7.3-7）的各个系数。为此首先要研究那些运动参数与上述力和力矩有关，然后求其偏导数并进行详细分析，以便了解空气动力和空气动力矩与那些因素有关，那些因素又可以忽略。

根据空气动力学的知识，在一般情况下，作用在火箭上的空气动力和空气动力矩与下列参数有关，即 V、y、α、β、$\dot{\alpha}$、$\dot{\beta}$、ω_{x1}、ω_{y1}、ω_{z1}、δ_φ、δ_ψ、δ_γ。但在线性化时，并不是将上面的参数都加以考虑。一般忽略阻力、升力、侧向力与旋转角速度 ω_{x1}、ω_{y1}、ω_{z1} 的关系。因为火箭的旋转对这些力的数值影响很小。同时火箭相对于 $O_1X_1Y_1$ 面总是对称的，加上人们总是希望侧向力和侧向力矩 Z、M_{x1}、M_{y1} 不与纵向参数 α 等有关系，而纵向力矩 M_{z1} 也不要与侧向运动参数 β 发生关系，同时不希望 δ_γ 与 M_{z1}、M_{x1} 与 δ_φ 发生关系等。所以，实际上空气动力和力矩仅与某些运动参数有关。

设

$$\begin{cases} X = C_x \dfrac{\rho V^2}{2} S = X(V, y, \alpha, \beta, Re) \\ Y = C_y \dfrac{\rho V^2}{2} S = Y(V, y, \alpha, \delta_\varphi) \\ Z = C_z \dfrac{\rho V^2}{2} S = Z(V, y, \beta, \delta_\psi) \\ M_{x1} = m_{x1} \dfrac{\rho V^2}{2} Sl = M_{x1}(V, y, \alpha, \beta, \omega_{x1}, \omega_{y1}, \omega_{z1}, \delta_\gamma) \\ M_{y1} = m_{y1} \dfrac{\rho V^2}{2} Sl = M_{y1}(V, y, \beta, \omega_{x1}, \omega_{y1}, \dot{\beta}, \delta_\psi) \\ M_{z1} = m_{z1} \dfrac{\rho V^2}{2} Sl = M_{z1}(V, y, \alpha, \omega_{x1}, \omega_{z1}, \dot{\alpha}, \delta_\varphi) \end{cases} \tag{7.3-25}$$

式中，l 为火箭的气动参考长度。

假设未干扰运动参数以下标“0”表示，如 V_0、ω_{x10} 等；干扰运动参数为 V、ω_{z1} 等；各参数的增量（干扰运动与未扰运动参数的差）为 ΔV、$\Delta\omega_{x1}$、$\Delta\delta_\gamma$ 等。

如果把式（7.3-25）在未扰动运动的附近展开，忽略一阶以上的项，可以得

$$\Delta X = X^V \Delta V + X^\alpha \Delta\alpha + X^\beta \Delta\beta + X^y \Delta y$$
$$\Delta Y = Y^V \Delta V + Y^\alpha \Delta\alpha + X^y \Delta y + Y^{\delta_\varphi} \Delta\delta_\varphi$$
$$\Delta Z = Z^V \Delta V + Z^\beta \Delta\beta + Z^y \Delta y + Z^{\delta_\psi} \Delta\delta_\psi$$
$$\Delta M_{x1} = M_{x1}^V \Delta V + M_{x1}^\alpha \Delta\alpha + M_{x1}^\beta \Delta\beta + M_{x1}^{\omega_x} \Delta\omega_{x1} + M_{x1}^{\omega_z} \Delta\omega_{z1} + M_{x1}^{\omega_y} \Delta\omega_{y1} + M_{x1}^y \Delta y + M_{x1}^\delta \Delta\delta_\gamma$$
$$\Delta M_{y1} = M_{y1}^V \Delta V + M_{y1}^\beta \Delta\beta + M_{y1}^{\omega_x} \Delta\omega_{x1} + M_{y1}^{\omega_y} \Delta\omega_{y1} + M_{y1}^{\dot\beta} \Delta\dot\beta + M_{y1}^y \Delta y + M_{y1}^\delta \Delta\delta_\psi$$
$$\Delta M_{z1} = M_{z1}^V \Delta V + M_{z1}^\alpha \Delta\alpha + M_{z1}^{\omega_x} \Delta\omega_{x1} + M_{z1}^{\omega_z} \Delta\omega_{z1} + M_{z1}^{\dot\alpha} \Delta\dot\alpha + M_{z1}^y \Delta y + M_{z1}^\delta \Delta\delta_\varphi$$

式中，$Y^\alpha = \dfrac{\partial Y}{\partial\alpha}$、$M_{x1}^\alpha = \dfrac{\partial M_{x1}}{\partial\alpha}$、$M_{x1}^{\omega_z} = \dfrac{\partial M_{x1}}{\partial\omega_{z1}}$等为空气动力偏导数，可以通过计算和实验求得。

下面讨论一下各空气动力和空气动力矩偏导数的表达式。在研究动态特性时，通常是不考虑扰动运动中高度的变化对空气动力的影响，原因是它很小，可以认为该项为零。

1. 阻力导数 X^V、X^α、X^β

因 $X = C_x \dfrac{\rho V^2}{2} S$，而 C_x 是马赫数 M、雷诺数 Re、攻角 α、侧滑角 β 的函数，即

$$C_x = C_x(\alpha, \beta, M, Re)$$

因此

$$X^\alpha = \frac{\partial X}{\partial\alpha} = \frac{X}{C_x}\frac{\partial C_x}{\partial\alpha} = \frac{X}{C_x} C_x^\alpha \tag{7.3-26}$$

$$X^\beta = \frac{\partial X}{\partial\beta} = \frac{X}{C_x}\frac{\partial C_x}{\partial\beta} = \frac{X}{C_x} C_x^\beta \tag{7.3-27}$$

$$X^V = \frac{\partial X}{\partial V} = \frac{X}{V}\left(2 + \frac{V}{C_x}\frac{\partial C_x}{\partial V}\right) \tag{7.3-28}$$

而 $M = \dfrac{V}{a}$（a 为音速）、$Re = \dfrac{\rho V l}{\mu}$、$\dfrac{\partial C_x}{\partial V} = \dfrac{M}{V}\dfrac{\partial C_x}{\partial M} + \dfrac{Re}{V}\dfrac{\partial C_x}{\partial Re}$，所以有

$$X^V = \frac{X}{V}\left(2 + \frac{M}{C_x} C_x^M + \frac{Re}{C_x} C_x^{Re}\right) \tag{7.3-29}$$

2. 升力导数 Y^V、Y^α

已知 $Y = C_y \dfrac{\rho V^2}{2} S$，而 $C_y = C_y(M, \alpha)$，则有

$$Y^V = \frac{\partial Y}{\partial V} = \frac{Y}{V}\left(2 + \frac{M}{C_y}\frac{\partial C_y}{\partial M}\right) \tag{7.3-30}$$

$$Y^\alpha = \frac{\partial Y}{\partial\alpha} = \frac{Y}{C_y} C_y^\alpha \tag{7.3-31}$$

3. 侧向力导数 Z^V、Z^β

已知 $Z = C_z \dfrac{\rho V^2}{2} S$，而 $C_z = C_z(M, \beta)$，则有

$$Z^V = \frac{\partial Z}{\partial V} = \frac{Z}{V}\left(2 + \frac{M}{C_z}\frac{\partial C_z}{\partial M}\right) \tag{7.3-32}$$

$$Z^\beta = \frac{\partial Z}{\partial\beta} = \frac{Z}{C_z} C_z^\beta,\ C_z^\beta = -C_y^\alpha \tag{7.3-33}$$

对于升力和侧向力增量中的 $Y^{\delta_\varphi}\Delta\delta_\varphi$ 和 $Z^{\delta_\psi}\Delta\delta_\psi$，如果采用空气舵，该两项存在；如果采用燃气舵或摇摆发动机，可认为该两项等于零。

4. 力矩导数

已知

$$\begin{cases} M_{x1} = m_{x1}\dfrac{\rho V^2}{2}Sl \\ M_{y1} = m_{y1}\dfrac{\rho V^2}{2}Sl \\ M_{z1} = m_{z1}\dfrac{\rho V^2}{2}Sl \end{cases} \tag{7.3-34}$$

式中

$$\begin{cases} m_{x1} = m_{x1}(M,\alpha,\beta,\omega_{x1},\omega_{y1},\omega_{z1},\delta_\gamma) \\ m_{y1} = m_{y1}(M,\beta,\dot{\beta},\omega_{x1},\omega_{y1}) \\ m_{z1} = m_{z1}(M,\alpha,\dot{\alpha},\omega_{x1},\omega_{z1}) \end{cases} \tag{7.3-35}$$

当采用空气舵时，上述三个力矩系数还应该是舵偏角的函数；当采用燃气舵和摇摆发动机时，空气力矩系数与舵偏角无关，由舵偏角产生的力矩单独计算。

类似前面推导，可以得到力矩导数如下：

$$\begin{cases} M_{x1}^V = \dfrac{M_{x1}}{V}\left(2 + \dfrac{M}{m_{x1}}\dfrac{\partial m_{x1}}{\partial M}\right) \\ M_{y1}^V = \dfrac{M_{y1}}{V}\left(2 + \dfrac{M}{m_{y1}}\dfrac{\partial m_{y1}}{\partial M}\right) \\ M_{z1}^V = \dfrac{M_{z1}}{V}\left(2 + \dfrac{M}{m_{z1}}\dfrac{\partial m_{z1}}{\partial M}\right) \end{cases} \tag{7.3-36}$$

$$M_{x1}^\alpha = \frac{M_{x1}}{m_{x1}}m_{x1}^\alpha \quad M_{x1}^\beta = \frac{M_{x1}}{m_{x1}}m_{x1}^\beta \quad M_{y1}^\beta = \frac{M_{y1}}{m_{y1}}m_{y1}^\beta \quad M_{z1}^\alpha = \frac{M_{z1}}{m_{z1}}m_{z1}^\alpha \tag{7.3-37}$$

$$\begin{cases} M_{x1}^{\omega_x} = \dfrac{M_{x1}}{m_{x1}}m_{x1}^{\omega_x} \quad M_{x1}^{\omega_y} = \dfrac{M_{x1}}{m_{x1}}m_{x1}^{\omega_y} \quad M_{x1}^{\omega_z} = \dfrac{M_{x1}}{m_{x1}}m_{x1}^{\omega_z} \\ M_{y1}^{\omega_y} = \dfrac{M_{y1}}{m_{y1}}m_{y1}^{\omega_y} \quad M_{y1}^{\omega_x} = \dfrac{M_{y1}}{m_{y1}}m_{y1}^{\omega_x} \quad M_{y1}^{\dot{\beta}} = \dfrac{M_{y1}}{m_{y1}}m_{y1}^{\dot{\beta}} \\ M_{y1}^{\omega_z} = \dfrac{M_{z1}}{m_{z1}}m_{z1}^{\omega_z} \quad M_{z1}^{\omega_x} = \dfrac{M_{z1}}{m_{z1}}m_{z1}^{\omega_x} \quad M_{z1}^{\dot{\alpha}} = \dfrac{M_{z1}}{m_{z1}}m_{z1}^{\dot{\alpha}} \end{cases} \tag{7.3-38}$$

应该指出式（7.3-38）中阻尼导数都是有因次的。有时为了方便，常使用无因次形式。无因次空气动力系数的导数定义如下：

无因次的角速度为

$$\bar{\omega}_{x1} = \frac{\omega_{x1}l}{V},\ \bar{\omega}_{y1} = \frac{\omega_{y1}l}{V},\ \bar{\omega}_{z1} = \frac{\omega_{z1}l}{V},\ \bar{\dot{\beta}} = \frac{\dot{\beta}l}{V},\ \bar{\dot{\alpha}} = \frac{\dot{\alpha}l}{V}$$

无因次空气动力系数的导数为

$$m_{x1}^{\bar{\omega}_x}=\frac{\partial m_{x1}}{\partial \bar{\omega}_{x1}},\ m_{x1}^{\bar{\omega}_y}=\frac{\partial m_{x1}}{\partial \bar{\omega}_{y1}},\ m_{x1}^{\bar{\omega}_z}=\frac{\partial m_{x1}}{\partial \bar{\omega}_{z1}}$$

$$m_{y1}^{\bar{\omega}_y}=\frac{\partial m_{y1}}{\partial \bar{\omega}_{y1}},\ m_{y1}^{\bar{\omega}_x}=\frac{\partial m_{y1}}{\partial \bar{\omega}_{x1}},\ m_{y1}^{\dot{\bar{\beta}}}=\frac{\partial m_{y1}}{\partial \dot{\bar{\beta}}}$$

$$m_{z1}^{\bar{\omega}_z}=\frac{\partial m_{z1}}{\partial \bar{\omega}_{z1}},\ m_{z1}^{\bar{\omega}_x}=\frac{\partial m_{z1}}{\partial \bar{\omega}_{x1}},\ m_{z1}^{\dot{\bar{\alpha}}}=\frac{\partial m_{z1}}{\partial \dot{\bar{\alpha}}}$$

上述的阻尼导数中 $m_{x1}^{\omega_x}$、$m_{y1}^{\omega_y}$、$m_{z1}^{\omega_z}$在本书第 3 章已经讨论过。其余的 $m_{x1}^{\bar{\omega}_y}$、$m_{x1}^{\bar{\omega}_z}$、$m_{y1}^{\bar{\omega}_x}$、$m_{z1}^{\bar{\omega}_x}$称为旋转导数，$m_{z1}^{\dot{\bar{\alpha}}}$、$m_{y1}^{\dot{\bar{\beta}}}$是洗流延迟产生的动导数，后面再讨论其意义。

下面讨论四个静倒数 m_{z1}^{α}、m_{y1}^{β}、m_{x1}^{β}、m_{x1}^{α}。

上面已经讨论过 m_{z1}^{α}，m_{y1}^{β}实际上与 m_{z1}^{α}类似。当 $m_{y1}^{\beta}<0$，则在正侧滑角下会产生负的偏航力矩，使火箭有减少侧滑角 β 的趋势，因此可以说火箭具有航向静稳定性；反之，$m_{y1}^{\beta}>0$，则火箭具有航向静不稳定性，如 $m_{y1}^{\beta}=0$，则火箭是航向中立稳定的。

m_{x1}^{β}是由侧滑引起的滚转力矩偏导数。m_{x1}^{α}是由攻角引起的滚转力矩偏导数。其中，m_{x1}^{β}在飞行动力学中称为横向静稳定性。横向静稳定性可以这样理解：假设某种原因，火箭突然绕 OX_1 轴向右滚动，升力沿 Z_1 轴方向有一分量；此分量开始并未平衡，火箭在此升力分量作用下，获得一附加的侧向分速，故紧跟着滚动而来的火箭将产生侧滑；而火箭向右滚动时，产生正侧滑，侧滑出现的同时，又会产生由侧滑而引起的滚动力矩，如正侧滑产生负的滚动力矩 M_{x1}，则火箭在此力矩作用下，将向左滚动，换言之滚动力矩 M_{x1}将力图消除火箭起始产生的滚动，所以说火箭在这种情况下具有横向稳定性。

由上述讨论可见，有无横向静稳定性只与偏导数 m_{x1}^{β}的符号有关。如果 $m_{x1}^{\beta}<0$，则火箭具有横向静稳定性；反之，如 $m_{x1}^{\beta}>0$，则为横向静不稳定；当 $m_{x1}^{\beta}=0$，则为横向中立稳定。

应该指出的是，M_{x1}、M_{y1}都与同一变数（即与侧滑角 β）相关，两者是密切相关的，因此并不单独说火箭运动是横向或航向稳定的，只是笼统地说侧向稳定性。它的意义是在受侧向干扰时，保持飞行状态的特性。横向静稳定性和航向静稳定性，是侧向稳定性的组成部分。但对侧向稳定性而言，横向静稳定性和航向静稳定性，并不能作为侧向稳定性的充要条件。有时即使火箭是横向静稳定和航向静稳定，也可能出现侧向不稳定。反之，航向稍有静不稳定性，对侧向运动也不会带来致命的影响，这是因为侧向的静稳定性本来就不代表侧向稳定性。其原因是稳定性不仅与 m_{x1}^{β}、m_{y1}^{β}有关，而且与一些动导数 $m_{y1}^{\bar{\omega}_y}$、$m_{x1}^{\bar{\omega}_x}$、$m_{x1}^{\bar{\omega}_y}$、$m_{y1}^{\bar{\omega}_x}$有关。

7.3.3 运动方程的线性化

在一般情况下，火箭的运动可以看作是火箭质心的运动和绕通过质心的三个轴的旋转运动。但在稳定性分析中，需要进行简化。

因为实际运载火箭的运动轨迹基本上是一个平面运动，所以人们把对称面 $X_1O_1Y_1$ 与射面完全重合的运动叫作纵向运动。其运动参数 V、α、θ、φ、ω_{z1}、x、y、h、δ_{φ} 通常称为纵向运动参数，在纵向运动中只有这些参数变化。要实现这一点，要求火箭有一个对称面，而且当纵向参数变化时，不产生侧向力和侧向力矩。当然，严格地讲，上述条件是得不到的。

但作为简化处理，这还是允许的。在纵向运动中，为零的那些参数如 σ、ω_{y1}、ω_{x1}、z、ψ、γ、ν、β、δ_γ、δ_ψ 通常称为侧向运动参数，侧向运动参数的变化代表了侧向运动，它反映了在 X_1OZ_1 面内的移动、绕 O_1Y_1 轴的偏航运动和绕 O_1X_1 轴的滚转运动。

要把火箭运动方程线性化，如果从线性化的定义来讲，只需要一个假设，就是各运动参数的增量为一阶微量，而二阶以上的增量可以略去，就可以得到线性化的微分方程组。但是，这样一个微分方程组是非常复杂的，没有突出重点。同时，从控制的角度看，可通过俯仰舵偏角 δ_φ，来控制纵向运动参数的变化；通过偏航舵偏角 δ_ψ，来控制侧平面运动参数的变化；通过滚动舵偏角 δ_γ，来控制滚转运动。所以，希望线性化的微分方程组最好能分成与上述对应的几组。正因如此，其一般总把微分方程组线性化，以及把扰动运动分成纵向扰动运动和侧向扰动运动结合在一起进行。其原因是有这个需要，同时火箭在客观上也存在这种简化的可能性。例如，火箭有一个对称面 $X_1O_1Y_1$，虽然有时存在着不大的非对称性，但影响是很小的。又如火箭的未扰动运动，侧向运动参数的确是很小的，甚至为零。为了简化所研究的问题，在对运动方程线性化时作如下假设：

1）在稳定性和操纵性分析中，一般认为地球是一个不旋转的平面，所以方程中不出现由地球旋转及考虑地球曲率而引起的项。

2）由外界干扰而引起的运动参数的增量是微量的。因而在微分方程线性化时，这些运动参数的增量的高次项及其相互之间的乘积可以略去，这个假设又简称小扰动。

3）在研究扰动运动时，人们感兴趣的是运动参数对舵偏角的反应及运动参数对干扰的反应，所以对一些次要因素不加以讨论。

4）假设未扰动运动的侧向运动参数 σ、ψ、γ、ν、β、ω_{y1}、ω_{z1} 及侧向运动的舵偏角 δ_γ、δ_ψ 和纵向运动的参数 $\dot{\theta}$、ω_{z1}、$\dot{\alpha}$ 均是微量的，可以在线性化时忽略其乘积，以及这些参数和其他微量的乘积。

5）火箭有一个对称面 $X_1O_1Y_1$，这一条件是将扰动运动分解成纵向扰动运动和侧向扰动运动所必需的。因为这一条件，加上未扰动运动的侧向参数是一阶微量，就可以略去所有空气动力的耦合项。即，认为当出现空气动力增量 ΔX、ΔY 时不会引起附加的 ΔZ、ΔM_{x1}、ΔM_{y1}，也就是不考虑 m_{x1}^V、m_{y1}^V、$m_{x1}^{\omega_z}$等；反之当出现 ΔZ 时，也不能引起任何在对称面内力和力矩的变化，也就是不存在 $m_{z1}^{\omega_x}$、X^β 等项。因为有对称性，作用于对称面 X_1OY_1 内的力和力矩的变化对任何一个侧向参数的导数都等于零，如 X^β。可以想象无论正侧滑角 β，还是负侧滑角 β，对 X 的影响是一样的，所以 X 与 β 的关系如图 7.3-1 所示。

因此，当侧向参数很小时 $X^\beta=0$，同理其他运动参数的导数也等于零。这一条件保证了纵向扰动运动中无侧向运动参数。而侧向运动参数很小，可以保证侧向扰动运动中不出现纵向运动参数。以空气动力线性化时出现的 $M_{x1}^V\Delta V$ 为例，如果这一项出现在侧向扰动运动中，它就和纵向扰动运动发生关系了。但因为侧向运动参数很小，也为一阶微量，则这一项便可以忽略了。因为下式：

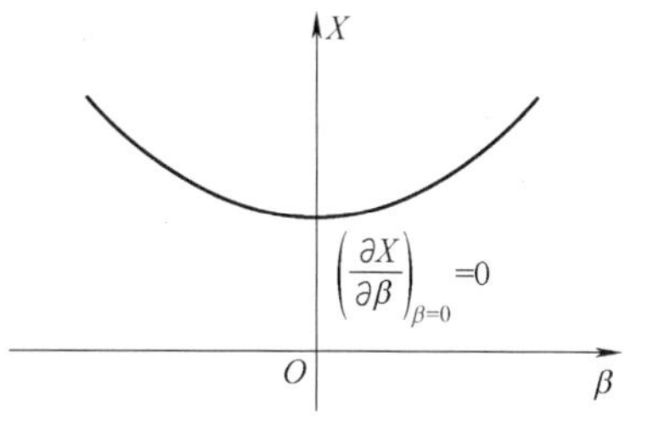

图 7.3-1　由侧滑角引起的阻力

$$M_{x1} = M_{x1}^{\beta}\beta + M_{x1}^{\omega_x}\omega_{x1} + M_{x1}^{\omega_y}\omega_{y1} + M_{x1}^{\delta}\delta_{\gamma}$$

于是得

$$(M_{x1}^{V})_0\Delta V = \left(\frac{\partial M_{x1}^{\beta}}{\partial V}\right)_0 \beta_0\Delta V + \left(\frac{\partial M_{x1}^{\omega_x}}{\partial V}\right)_0 \omega_{x10}\Delta V + \left(\frac{\partial M_{x1}^{\omega_y}}{\partial V}\right)_0 \omega_{y10}\Delta V + \left(\frac{\partial M_{x1}^{\delta}}{\partial V}\right)_0 \delta_{\gamma0}\Delta V$$

当β_0、ω_{x10}、$\delta_{\gamma0}$、ω_{y10}很小时，$M_{x1}^{V}\Delta V$为二阶微量可以忽略。但当β_0、ω_{x10}、ω_{y10}等很大时，这一项不能忽略，侧向扰动运动方程就包括了ΔV项，扰动运动就不能分解为纵向运动和侧向运动了。

根据上述假设，利用非标准形式微分方程组线性化的公式及空气动力和空气动力矩线性表示的结果，可以将式（7.3-1）的运动方程线性化。

下面列写方程时，把干扰力和干扰力矩也加上，这样线性化的方程也适用于有经常干扰的情况。

先研究式（7.3-1）的第1个方程式，有

$$m\dot{V} = P_{\mathrm{e}}\cos\alpha\cos\beta - C_x\frac{\rho V^2}{2}S - mg\sin\theta\cos\sigma + T_{\mathrm{B}} \tag{7.3-39}$$

根据线性化式（7.3-23），上式可线性化为

$$\begin{aligned} m\frac{\mathrm{d}\Delta V}{\mathrm{d}t} &= (P_{\mathrm{e}}^{V}\cos\alpha\cos\beta - X^{V})_0\Delta V + (-P_{\mathrm{e}}\sin\alpha\cos\beta - X^{\alpha})_0\Delta\alpha \\ &\quad + (-P_{\mathrm{e}}\cos\alpha\sin\beta - X^{\beta})_0\Delta\beta - (mg\cos\theta\cos\sigma)_0\Delta\theta \\ &\quad + (mg\sin\theta\sin\sigma)_0\Delta\sigma + T_{\mathrm{B}} \end{aligned} \tag{7.3-40}$$

为了书写方便，将运动参数增量前面系数的下标0去掉，但偏导数是在未扰动运动上取值的含义无任何变化；T_{B}为在X_V方向上的干扰力。因为假设未扰动运动侧向运动参数很小，可以认为侧向未扰动运动参数为一阶微量，略去式（7.3-40）中二阶以上的微量，可得

$$\begin{aligned} m\frac{\mathrm{d}\Delta V}{\mathrm{d}t} &= (P_{\mathrm{e}}^{V}\cos\alpha\cos\beta - X^{V})\Delta V + (-P_{\mathrm{e}}\sin\alpha\cos\beta - X^{\alpha})\Delta\alpha \\ &\quad - mg\cos\theta\cos\sigma\Delta\theta + T_{\mathrm{B}} \end{aligned} \tag{7.3-41}$$

更进一步可以令$\cos\beta\approx1$、$\cos\sigma\approx1$，则式（7.3-41）变为

$$\begin{aligned} m\frac{\mathrm{d}\Delta V}{\mathrm{d}t} &= (P_{\mathrm{e}}^{V}\cos\alpha - X^{V})\Delta V + (-P_{\mathrm{e}}\sin\alpha - X^{\alpha})\Delta\alpha \\ &\quad - mg\cos\theta\Delta\theta + T_{\mathrm{B}} \end{aligned} \tag{7.3-42}$$

根据式（7.3-1）的第2个方程式，有

$$\begin{aligned} mV\frac{\mathrm{d}\theta}{\mathrm{d}t}\cos\sigma &= P_{\mathrm{e}}(\sin\alpha\cos\nu + \cos\alpha\sin\beta\sin\nu) + Y\cos\nu - Z\sin\nu \\ &\quad - mg\cos\theta + R'\delta_{\varphi}\cos\nu + R'\delta_{\psi}\sin\nu + N_{\mathrm{B}} \end{aligned} \tag{7.3-43}$$

根据未扰动运动的侧向参数是微量的假设，$\cos\alpha\sin\beta\sin\nu$、$Z\sin\nu$、$R'\delta_{\psi}\sin\nu$是二阶微量可略去，则式（7.3-43）变为

$$mV\cos\sigma\ \dot{\theta} = P_{\mathrm{e}}\sin\alpha\cos\nu + Y\cos\nu - mg\cos\theta + R'\delta_{\varphi}\cos\nu + N_{\mathrm{B}} \tag{7.3-44}$$

根据式（7.3-24）线性化公式，式（7.3-44）可线性化为

$$
\begin{aligned}
mV\cos\sigma\frac{\mathrm{d}\Delta\theta}{\mathrm{d}t}=&\left(P_{\mathrm{e}}^{V}\sin\alpha\cos\nu+Y^{V}\cos\nu-m\cos\sigma\frac{\mathrm{d}\theta}{\mathrm{d}t}\right)\Delta V\\
&+(P_{\mathrm{e}}\cos\alpha\cos\nu+Y^{\alpha}\cos\nu)\Delta\alpha+mg\sin\theta\Delta\theta+mV\sin\sigma\frac{\mathrm{d}\theta}{\mathrm{d}t}\Delta\sigma\\
&+(-P_{\mathrm{e}}\sin\alpha\sin\nu-Y\sin\nu-R'\delta_{\varphi}\sin\nu)\Delta\nu+R'\cos\nu\Delta\delta_{\varphi}+N_{\mathrm{B}}
\end{aligned}
\tag{7.3-45}
$$

略去二阶以上的项，得

$$
\begin{aligned}
mV\cos\sigma\frac{\mathrm{d}\Delta\theta}{\mathrm{d}t}=&\left(P_{\mathrm{e}}^{V}\sin\alpha\cos\nu+Y^{V}\cos\nu-m\cos\sigma\frac{\mathrm{d}\theta}{\mathrm{d}t}\right)\Delta V\\
&+(P_{\mathrm{e}}\cos\alpha\cos\nu+Y^{\alpha}\cos\nu)\Delta\alpha+mg\sin\theta\Delta\theta+R'\cos\nu\Delta\delta_{\varphi}+N_{\mathrm{B}}
\end{aligned}
\tag{7.3-46}
$$

进一步可以令 $\cos\nu\approx1$、$\cos\sigma\approx1$，则有

$$
mV\frac{\mathrm{d}\Delta\theta}{\mathrm{d}t}=\left(P_{\mathrm{e}}^{V}\sin\alpha+Y^{V}-m\frac{\mathrm{d}\theta}{\mathrm{d}t}\right)\Delta V+(P_{\mathrm{e}}\cos\alpha+Y^{\alpha})\Delta\alpha+mg\sin\theta\Delta\theta+R'\Delta\delta_{\varphi}+N_{\mathrm{B}}
\tag{7.3-47}
$$

根据式（7.3-1）的第 3 个方程式，有

$$
\begin{aligned}
-mV\frac{\mathrm{d}\sigma}{\mathrm{d}t}=&P_{\mathrm{e}}(\sin\alpha\sin\nu-\cos\alpha\sin\beta\cos\nu)+Y\sin\nu+Z\cos\nu\\
&-mg\sin\theta\sin\sigma+R'\delta_{\varphi}\sin\nu-R'\delta_{\psi}\cos\nu+F_{\mathrm{B}}
\end{aligned}
\tag{7.3-48}
$$

根据假设，ν 为一阶微量，$R'\delta_{\varphi}$ 与 Y 相比也为微量。故 $Y\sin\nu$ 与 $R'\delta_{\varphi}\sin\nu$ 相比，可忽略 $R'\delta_{\varphi}\sin\nu$ 项，则式（7.3-48）变为

$$
\begin{aligned}
-mV\dot{\sigma}=&P_{\mathrm{e}}(\sin\alpha\sin\nu-\cos\alpha\sin\beta\cos\nu)+Y\sin\nu\\
&+Z\cos\nu-mg\sin\theta\sin\sigma-R'\delta_{\psi}\cos\nu+F_{\mathrm{B}}
\end{aligned}
\tag{7.3-49}
$$

将上式用线性化公式展开，得

$$
\begin{aligned}
-mV\frac{\mathrm{d}\Delta\sigma}{\mathrm{d}t}=&\left[P_{\mathrm{e}}^{V}(\sin\alpha\sin\nu-\cos\alpha\sin\beta\cos\nu)+Y^{V}\sin\nu+Z^{V}\cos\nu+m\frac{\mathrm{d}\sigma}{\mathrm{d}t}\right]\Delta V\\
&+[P_{\mathrm{e}}(\cos\alpha\sin\nu+\sin\alpha\sin\beta\cos\nu)+Y^{\alpha}\sin\nu]\Delta\alpha\\
&+(-P_{\mathrm{e}}\cos\alpha\cos\beta\cos\nu+Z^{\beta}\cos\nu)\Delta\beta-mg\cos\theta\sin\sigma\Delta\theta\\
&-mg\sin\theta\cos\sigma\Delta\sigma+[P_{\mathrm{e}}(\sin\alpha\cos\nu+\cos\alpha\sin\beta\sin\nu)+Y\cos\nu\\
&-Z\sin\nu+R'\delta_{\psi}\sin\nu]\Delta\nu-R'\cos\nu\Delta\delta_{\psi}+F_{\mathrm{B}}
\end{aligned}
\tag{7.3-50}
$$

略去二阶以上的项，式（7.3-50）变为

$$
\begin{aligned}
-mV\frac{\mathrm{d}\Delta\sigma}{\mathrm{d}t}=&(-P_{\mathrm{e}}\cos\alpha\cos\beta\cos\nu+Z^{\beta}\cos\nu)\Delta\beta-mg\sin\theta\cos\sigma\Delta\sigma\\
&+(P_{\mathrm{e}}\sin\alpha\cos\nu+Y\cos\nu)\Delta\nu-R'\cos\nu\Delta\delta_{\psi}+F_{\mathrm{B}}
\end{aligned}
\tag{7.3-51}
$$

进一步简化，令 $\cos\sigma\approx1$、$\cos\nu\approx1$，则式（7.3-51）变为

$$
\begin{aligned}
-mV\frac{\mathrm{d}\Delta\sigma}{\mathrm{d}t}=&(-P_{\mathrm{e}}\cos\alpha\cos\beta+Z^{\beta})\Delta\beta-mg\sin\theta\Delta\sigma\\
&+(P_{\mathrm{e}}\sin\alpha+Y)\Delta\nu-R'\Delta\delta_{\psi}+F_{\mathrm{B}}
\end{aligned}
\tag{7.3-52}
$$

式（7.3-42）、式（7.3-47）和式（7.3-52）为质心运动方程线性化后的结果。它是讨论质心扰动运动方程的基本方程。

下面讨论绕质心运动方程的线性化，也就是式（7.3-1）第 4 ~ 6 个方程的线性化。这里

要说明一下，推导式（7.3-1）时，已经认为箭体坐标系 $O_1X_1Y_1Z_1$ 与箭体的主惯性轴相接近，认为惯性积 $J_{xy}=J_{yz}=J_{zx}=0$。但这是近似的，一般情况下是可以用的。但对某些问题惯性积的影响也要考虑。这里假设 $J_{xy}=J_{yz}=J_{zx}=0$，加上干扰力矩，此时的转动方程如下：

$$\begin{cases}J_{x1}\dot{\omega}_{x1}=M_{x1}+M_{x1}^{\delta}\delta_{\gamma}-(I_{z1}-I_{y1})\omega_{z1}\omega_{y1}+M_{XB}\\J_{y1}\dot{\omega}_{y1}=M_{y1}+M_{y1}^{\delta}\delta_{\psi}-(I_{x1}-I_{z1})\omega_{x1}\omega_{z1}+M_{YB}\\J_{z1}\dot{\omega}_{z1}=M_{z1}+M_{z1}^{\delta}\delta_{\varphi}-(I_{y1}-I_{x1})\omega_{y1}\omega_{x1}+M_{ZB}\end{cases}\tag{7.3-53}$$

式中，M_{XB}、M_{YB}、M_{ZB}为干扰力矩。

式（7.3-53）第 1 式右边的第 2 项，因 $J_{y1}\approx J_{z1}$ 可以忽略。而其余两式中右边的第 2 项如果假设 ω_{x1}、ω_{y1}、ω_{z1}都是很小的，也可以忽略。但应该指出的是，当火箭在大干扰运动中，火箭的实际转动角速度往往并不是很小，特别是由于火箭绕 X_1 轴的转动惯量远比绕 Y_1 轴、Z_1 轴小。因此，ω_{x1}更大一些，这样方程中的（$I_{x1}-I_{z1}$）$\omega_{x1}\omega_{z1}$、（$I_{y1}-I_{x1}$）$\omega_{y1}\omega_{x1}$就不能忽略。当考虑这两项对火箭扰动运动影响时，它们使纵向运动和侧向运动联系在一起，这种现象称作惯性交感。不过，一般情况下，认为这两项可以忽略。

对式（7.3-53）线性化方程的第 1 式，根据假设可变为

$$J_{x1}\dot{\omega}_{x1}=M_{x1}+M_{x1}^{\delta}\delta_{\gamma}+M_{XB}\tag{7.3-54}$$

而 $M_{x1}=M_{x1}(V,\alpha,\beta,\omega_{x1},\omega_{y1},\omega_{z1})$，故有

$$J_{x1}\frac{\mathrm{d}\Delta\omega_{x1}}{\mathrm{d}t}=M_{x1}^{V}\Delta V+M_{x1}^{\alpha}\Delta\alpha+M_{x1}^{\beta}\Delta\beta+M_{x1}^{\omega_x}\Delta\omega_{x1}+M_{x1}^{\omega_y}\Delta\omega_{y1}+M_{x1}^{\omega_z}\Delta\omega_{z1}+M_{x1}^{\delta}\Delta\delta_{\gamma}+M_{XB}\tag{7.3-55}$$

因为侧向运动参数很小，可近似认为 $M_{x1}^{\omega_z}\Delta\omega_{z1}$、$M_{x1}^{V}\Delta V$、$M_{x1}^{\alpha}\Delta\alpha$ 等于零，则上式可化简为

$$J_{x1}\frac{\mathrm{d}\Delta\omega_{x1}}{\mathrm{d}t}=M_{x1}^{\beta}\Delta\beta+M_{x1}^{\omega_x}\Delta\omega_{x1}+M_{x1}^{\omega_y}\Delta\omega_{y1}+M_{x1}^{\delta}\Delta\delta_{\gamma}+M_{XB}\tag{7.3-56}$$

同理，式（7.3-53）的第 2 式可线性化为

$$J_{y1}\frac{\mathrm{d}\Delta\omega_{y1}}{\mathrm{d}t}=M_{y1}^{\beta}\Delta\beta+M_{y1}^{\dot{\beta}}\Delta\dot{\beta}+M_{y1}^{\omega_x}\Delta\omega_{x1}+M_{y1}^{\omega_y}\Delta\omega_{y1}+M_{y1}^{\delta}\Delta\delta_{\psi}+M_{YB}\tag{7.3-57}$$

式（7.3-53）线性化方程的第 3 式可变为

$$J_{z1}\dot{\omega}_{z1}=M_{z1}+M_{z1}^{\delta}\delta_{\varphi}+M_{ZB}$$

因 $M_{z1}=M_{z1}(V,\alpha,\omega_{x1},\omega_{z1},\dot{\alpha})$，所以有

$$J_{z1}\frac{\mathrm{d}\Delta\omega_{z1}}{\mathrm{d}t}=M_{z1}^{V}\Delta V+M_{z1}^{\alpha}\Delta\alpha+M_{z1}^{\dot{\alpha}}\Delta\dot{\alpha}+M_{z1}^{\omega_z}\Delta\omega_{z1}+M_{z1}^{\omega_x}\Delta\omega_{x1}+M_{z1}^{\delta}\Delta\delta_{\varphi}+M_{ZB}\tag{7.3-58}$$

根据线性化假设，$M_{z1}^{\omega_x}\Delta\omega_{x1}$在侧向参数很小时应等于零，则有

$$J_{z1}\frac{\mathrm{d}\Delta\omega_{z1}}{\mathrm{d}t}=M_{z1}^{V}\Delta V+M_{z1}^{\alpha}\Delta\alpha+M_{z1}^{\dot{\alpha}}\Delta\dot{\alpha}+M_{z1}^{\omega_z}\Delta\omega_{z1}+M_{z1}^{\delta}\Delta\delta_{\varphi}+M_{ZB}\tag{7.3-59}$$

下面对运动学方程进行线性化。

因 $\dot{x}=V\cos\theta\cos\sigma$，则有

$$\Delta\dot{x}=\cos\theta\cos\sigma\Delta V-V\sin\theta\cos\sigma\Delta\theta-V\cos\theta\sin\sigma\Delta\sigma$$

因 σ 为微量，$\cos\sigma=1$，则有

$$\Delta\dot{x}=\cos\theta\Delta V-V\sin\theta\Delta\theta \tag{7.3-60}$$

因 $\dot{y}=V\sin\theta\cos\sigma$，则有

$$\begin{aligned}\Delta\dot{y}&=\sin\theta\cos\sigma\Delta V+V\cos\theta\cos\sigma\Delta\theta-V\sin\theta\sin\sigma\Delta\sigma\\&\approx\sin\theta\Delta V+V\cos\theta\Delta\theta\end{aligned} \tag{7.3-61}$$

因 $\dot{z}=-V\sin\sigma$，则有

$$\Delta\dot{z}=-\sin\sigma\Delta V-V\cos\sigma\Delta\sigma\approx-V\Delta\sigma \tag{7.3-62}$$

根据线性化假设，未扰动运动侧向参数是微量，对于如下方程：

$$\begin{cases}\omega_{x1}=-\dot{\varphi}\sin\psi+\dot{\gamma}\\\omega_{y1}=\dot{\varphi}\cos\psi\sin\gamma+\dot{\psi}\cos\gamma\\\omega_{z1}=\dot{\varphi}\cos\psi\cos\gamma-\dot{\psi}\sin\gamma\end{cases} \tag{7.3-63}$$

可线性化为

$$\begin{cases}\Delta\omega_{x1}=\Delta\dot{\gamma}-\dot{\varphi}\Delta\psi\\\Delta\omega_{y1}=\dot{\varphi}\Delta\gamma+\Delta\dot{\psi}\\\Delta\omega_{z1}=\Delta\dot{\varphi}\cos\psi\approx\Delta\dot{\varphi}\end{cases} \tag{7.3-64}$$

下面讨论几何关系的线性化。

因为

$$\sin\nu\cos\sigma=-\sin\alpha\sin\psi+\cos\alpha\sin\gamma\cos\psi$$

$$\sin\nu\sin\sigma\cos\theta-\cos\nu\sin\theta=\cos\psi\cos\varphi\sin\alpha+\sin\gamma\sin\psi\cos\varphi\cos\alpha-\cos\gamma\sin\varphi\cos\alpha$$

$$\sin\sigma=\cos\alpha\cos\beta\sin\psi+\sin\alpha\cos\beta\sin\gamma\cos\psi-\sin\beta\cos\gamma\cos\psi$$

如认为侧向参数 β、ψ、γ、ν 为一阶微量，在几何关系中可取 $\cos x\approx1$、$\sin x\approx x$，则几何关系可线性化为

$$\begin{cases}\Delta\nu=\Delta\gamma\cos\alpha-\Delta\psi\sin\alpha\\\Delta\varphi=\Delta\theta+\Delta\alpha\\\Delta\sigma=\Delta\psi\cos\alpha+\Delta\gamma\sin\alpha-\Delta\beta\end{cases} \tag{7.3-65}$$

一般情况下对上式还要进行简化，因为运载火箭的飞行攻角较小，可以认为是微量的，则有

$$\begin{cases}\Delta\nu=\Delta\gamma\\\Delta\theta=\Delta\varphi-\Delta\alpha\\\Delta\sigma=\Delta\psi-\Delta\beta\end{cases} \tag{7.3-66}$$

显然式（7.3-66）中第 2 式在侧向参数为零时自然成立，意义也很清楚；其第 3 式在纵向参数为零时，意义也是清楚的。

至此，火箭的运动方程全部被线性化了，其中凡带增量符号 Δ 的参数是需求的未知参数，而这些增量的系数是由未扰动运动的参数 V_0、α_0、β_0 等来确定的。很显然，除非未扰动运动参数不变化，否则这些系数都是变系数的。故上面得到的微分方程是一组变系数线性微分方程。

7.4 火箭扰动运动的分组

根据线性化假设，上述线性化微分方程自然分成下面两组。

$$
\begin{cases}
m\dfrac{\mathrm{d}\Delta V}{\mathrm{d}t}=(P_{\mathrm{e}}^{V}\cos\alpha-X^{V})\Delta V+(-P_{\mathrm{e}}\sin\alpha-X^{\alpha})\Delta\alpha-mg\cos\theta\Delta\theta+T_{\mathrm{B}}\\
mV\dfrac{\mathrm{d}\Delta\theta}{\mathrm{d}t}=\left(P_{\mathrm{e}}^{V}\sin\alpha+Y^{V}-m\dfrac{\mathrm{d}\theta}{\mathrm{d}t}\right)\Delta V+(P_{\mathrm{e}}\cos\alpha+Y^{\alpha})\Delta\alpha+mg\sin\theta\Delta\theta+R'\Delta\delta_{\varphi}+N_{\mathrm{B}}\\
J_{z1}\dfrac{\mathrm{d}\Delta\omega_{z1}}{\mathrm{d}t}=M_{z1}^{V}\Delta V+M_{z1}^{\alpha}\Delta\alpha+M_{z1}^{\dot{\alpha}}\Delta\dot{\alpha}+M_{z1}^{\omega_z}\Delta\omega_{z1}+M_{z1}^{\delta}\Delta\delta_{\varphi}+M_{ZB}\\
\Delta\varphi=\Delta\theta+\Delta\alpha\\
\Delta\omega_{z1}=\Delta\dot{\varphi}\\
\Delta\dot{x}=\cos\theta\Delta V-V\sin\theta\Delta\theta\\
\Delta\dot{y}=\sin\theta\Delta V+V\cos\theta\Delta\theta
\end{cases}
\tag{7.4-1}
$$

在这组方程里，未知量是纵向扰动运动参数 ΔV、$\Delta\alpha$、$\Delta\theta$、$\Delta\varphi$、$\Delta\omega_{z1}$、Δx、Δy、$\Delta\delta_{\varphi}$。

$$
\begin{cases}
-mV\dfrac{\mathrm{d}\Delta\sigma}{\mathrm{d}t}=(-P_{\mathrm{e}}\cos\alpha\cos\beta+Z^{\beta})\Delta\beta-mg\sin\theta\Delta\sigma+(P_{\mathrm{e}}\sin\alpha+Y)\Delta\nu-R'\Delta\delta_{\psi}+F_{\mathrm{B}}\\
J_{x1}\dfrac{\mathrm{d}\Delta\omega_{x1}}{\mathrm{d}t}=M_{x1}^{\beta}\Delta\beta+M_{x1}^{\omega_x}\Delta\omega_{x1}+M_{x1}^{\omega_y}\Delta\omega_{y1}+M_{x1}^{\delta}\Delta\delta_{\gamma}+M_{XB}\\
J_{y1}\dfrac{\mathrm{d}\Delta\omega_{y1}}{\mathrm{d}t}=M_{y1}^{\beta}\Delta\beta+M_{y1}^{\dot{\beta}}\Delta\dot{\beta}+M_{y1}^{\omega_x}\Delta\omega_{x1}+M_{y1}^{\omega_y}\Delta\omega_{y1}+M_{y1}^{\delta}\Delta\delta_{\psi}+M_{YB}\\
\Delta\omega_{x1}=\dot{\gamma}-\dot{\varphi}\Delta\psi\\
\Delta\omega_{y1}=\dot{\varphi}\Delta\gamma+\Delta\dot{\psi}\\
\Delta\sigma=\Delta\psi-\Delta\beta\\
\Delta\gamma=\Delta\nu\\
\Delta\dot{z}=-V\Delta\sigma
\end{cases}
\tag{7.4-2}
$$

在这组方程里，包括了侧向扰动运动参数 $\Delta\sigma$、$\Delta\psi$、$\Delta\beta$、$\Delta\gamma$、$\Delta\nu$、$\Delta\omega_{x1}$、$\Delta\omega_{y1}$、$\Delta\delta_{\gamma}$、$\Delta\delta_{\psi}$、Δz。

这样，在上述假设下，可以把扰动运动分解成两组独立的方程组。如果一干扰作用仅使纵向运动参数变化，而侧向运动参数同未扰动运动一样，这种扰动运动可称为纵向扰动运动；反之，如果干扰的作用，使纵向运动参数和未扰动飞行的一样，仅有侧向运动参数变化，这种扰动运动称为侧向扰动运动。

但是必须注意的是，上述方法只有在上述的线性化假设条件成立时才是正确的。如果线性化假设条件不满足，如侧向运动参数不是很小，那么侧向运动中就包括了 ΔV，这样纵向扰动运动和侧向扰动运动就要一起考虑了。在飞行器的设计分析中，把扰动运动分解为纵向和侧向扰动运动的做法得到了广泛应用。

前面得到的扰动运动方程，并非标准形式，为了分析方便，要化成标准形式。即，方程组每一个方程均为一阶方程，且有导数项的系数为 1，有

$$
\begin{cases}
\dfrac{\mathrm{d}\Delta V}{\mathrm{d}t}=\dfrac{P_{\mathrm{e}}^{V}\cos\alpha-X^{V}}{m}\Delta V+\dfrac{-P_{\mathrm{e}}\sin\alpha-X^{\alpha}}{m}\Delta\alpha-g\cos\theta\Delta\theta+\dfrac{T_{\mathrm{B}}}{m}\\
\dfrac{\mathrm{d}\Delta\theta}{\mathrm{d}t}=\dfrac{P_{\mathrm{e}}^{V}\sin\alpha+Y^{V}-m\dfrac{\mathrm{d}\theta}{\mathrm{d}t}}{mV}\Delta V+\dfrac{P_{\mathrm{e}}\cos\alpha+Y^{\alpha}}{mV}\Delta\alpha+\dfrac{g\sin\theta}{V}\Delta\theta+\dfrac{R'}{mV}\Delta\delta_{\varphi}+\dfrac{N_{\mathrm{B}}}{mV}\\
\dfrac{\mathrm{d}\Delta\varphi}{\mathrm{d}t}=\Delta\omega_{z1}\\
\dfrac{\mathrm{d}\Delta\omega_{z1}}{\mathrm{d}t}=\dfrac{M_{z1}^{V}}{J_{z1}}\Delta V+\dfrac{M_{z1}^{\alpha}}{J_{z1}}\Delta\alpha+\dfrac{M_{z1}^{\dot{\alpha}}}{J_{z1}}\Delta\dot{\alpha}+\dfrac{M_{z1}^{\omega_z}}{J_{z1}}\Delta\omega_{z1}+\dfrac{M_{z1}^{\delta}}{J_{z1}}\Delta\delta_{\varphi}+\dfrac{M_{ZB}}{J_{z1}}\\
\Delta\varphi=\Delta\theta+\Delta\alpha\\
\Delta\dot{x}=\cos\theta\Delta V-V\sin\theta\Delta\theta\\
\Delta\dot{y}=\sin\theta\Delta V+V\cos\theta\Delta\theta
\end{cases}
\tag{7.4-3}
$$

因为增量 Δx、Δy 不包括在其他方程之中，不影响其他方程的求解，所以上式中后两个方程可以独立出来。先积分前面几个方程，再单独求解后面两个方程。有时，称要联立一起解的方程为耦合方程，而把不要求联立求解的方程称为非耦合方程。上述现象的实质是，质心运动的位置增量 Δx、Δy 对作用在火箭上的力和力矩无影响。当考虑高度变化对质心运动的扰动运动有影响时，式（7.4-3）的第 6、7 式就变成耦合方程了。

为了方便，规定按表 7.4-1 所示规律对运动参数编号。

表 7.4-1　运动参数编号

ΔV	$\Delta\theta$	$\Delta\sigma$	$\Delta\omega_{x1}$
1	2	3	4

对方程组的每个方程也给予编号，而方程的系数用两个下标表示：第 1 个下标表示所在方程的编号；第 2 个下标表示对应的运动参数的编号。例如，a_{12} 表示第 1 个方程第 2 个参数 $\Delta\theta$ 所对应的系数，按规定的顺序可以得到如下方程：

$$
\begin{cases}
\dfrac{\mathrm{d}\Delta V}{\mathrm{d}t}=\dfrac{P_{\mathrm{e}}^{V}\cos\alpha-X^{V}}{m}\Delta V-g\cos\theta\Delta\theta+\dfrac{-P_{\mathrm{e}}\sin\alpha-X^{\alpha}}{m}\Delta\alpha+\dfrac{T_{\mathrm{B}}}{m}\\
\dfrac{\mathrm{d}\Delta\theta}{\mathrm{d}t}=\dfrac{P_{\mathrm{e}}^{V}\sin\alpha+Y^{V}-m\dfrac{\mathrm{d}\theta}{\mathrm{d}t}}{mV}\Delta V+\dfrac{g\sin\theta}{V}\Delta\theta+\dfrac{P_{\mathrm{e}}\cos\alpha+Y^{\alpha}}{mV}\Delta\alpha+\dfrac{R'}{mV}\Delta\delta_{\varphi}+\dfrac{N_{\mathrm{B}}}{mV}\\
\dfrac{\mathrm{d}\Delta\alpha}{\mathrm{d}t}=\dfrac{P_{\mathrm{e}}^{V}\sin\alpha+Y^{V}-m\dfrac{\mathrm{d}\theta}{\mathrm{d}t}}{mV}\Delta V-\dfrac{g\sin\theta}{V}\Delta\theta-\dfrac{P_{\mathrm{e}}\cos\alpha+Y^{\alpha}}{mV}\Delta\alpha+\Delta\omega_{z1}-\dfrac{R'}{mV}\Delta\delta_{\varphi}-\dfrac{N_{\mathrm{B}}}{mV}\\
\dfrac{\mathrm{d}\Delta\omega_{z1}}{\mathrm{d}t}=\left(\dfrac{M_{z1}^{V}}{J_{z1}}-\dfrac{M_{z1}^{\dot{\alpha}}}{J_{z1}}\dfrac{P_{\mathrm{e}}^{V}\sin\alpha+Y^{V}-m\dfrac{\mathrm{d}\theta}{\mathrm{d}t}}{mV}\right)\Delta V-\left(\dfrac{M_{z1}^{\dot{\alpha}}}{J_{z1}}\dfrac{g\sin\theta}{V}\right)\Delta\theta\\
\qquad+\left(\dfrac{M_{z1}^{\alpha}}{J_{z1}}-\dfrac{M_{z1}^{\dot{\alpha}}}{J_{z1}}\dfrac{P_{\mathrm{e}}\cos\alpha+Y^{\alpha}}{mV}\right)\Delta\alpha+\left(\dfrac{M_{z1}^{\omega_z}}{J_{z1}}+\dfrac{M_{z1}^{\dot{\alpha}}}{J_{z1}}\right)\Delta\omega_{z1}\\
\qquad+\dfrac{M_{z1}^{\delta}}{J_{z1}}\Delta\delta_{\varphi}+\dfrac{M_{ZB}}{J_{z1}}-\dfrac{M_{z1}^{\dot{\alpha}}}{J_{z1}}\Delta\delta_{\varphi}-\dfrac{M_{z1}^{\dot{\alpha}}}{J_{z1}}\dfrac{N_{\mathrm{B}}}{mV}
\end{cases}
\tag{7.4-4}
$$

令

$$\begin{cases} X_0 = -P_e\cos\alpha + X \\ -X_0^V = P_e^V\cos\alpha - X^V \\ -X_0^\alpha = -P_e\sin\alpha - X^\alpha \\ Y_0 = P_e\sin\alpha + Y - mV\dfrac{d\theta}{dt} \\ Y_0^\alpha = P_e\cos\alpha + Y^\alpha \\ Y_0^V = P_e^V\sin\alpha + Y^V - m\dfrac{d\theta}{dt} \end{cases} \tag{7.4-5}$$

则有

$$a_{11} = \frac{P_e^V\cos\alpha - X^V}{m} = \frac{-X_0^V}{m}, \qquad a_{12} = -g\cos\theta$$

$$a_{13} = \frac{-P_e\sin\alpha - X^\alpha}{m} = \frac{-X_0^\alpha}{m}, \qquad a_{14} = 0$$

$$a_{21} = \frac{P_e^V\sin\alpha + Y^V - m\dfrac{d\theta}{dt}}{mV} = \frac{Y_0^V}{mV}, \qquad a_{22} = \frac{g\sin\theta}{V}$$

$$a_{23} = \frac{P_e\cos\alpha + Y^\alpha}{mV} = \frac{Y_0^\alpha}{mV}, \qquad a_{24} = 0$$

$$a_{31} = -a_{21} = -\frac{Y_0^V}{mV}, \qquad a_{32} = -a_{22} = -\frac{g\sin\theta}{V}$$

$$a_{33} = -a_{23} = -\frac{Y_0^\alpha}{mV}, \qquad a_{34} = 1$$

$$a_{41} = \frac{M_{z1}^V}{J_{z1}} - \frac{M_{z1}^{\dot\alpha}}{J_{z1}}\frac{P_e^V\sin\alpha + Y^V - m\dfrac{d\theta}{dt}}{mV}, \qquad a_{42} = -\frac{M_{z1}^{\dot\alpha}}{J_{z1}}\cdot\frac{g\sin\theta}{V}$$

$$a_{43} = \frac{M_{z1}^\alpha}{J_{z1}} - \frac{M_{z1}^{\dot\alpha}}{J_{z1}}\frac{P_e\cos\alpha + Y^\alpha}{mV}, \qquad a_{44} = \frac{M_{z1}^{\omega_z}}{J_{z1}} + \frac{M_{z1}^{\dot\alpha}}{J_{z1}}$$

在短促干扰作用下的稳定性分析中，$T_B = N_B = M_{ZB} = 0$，在箭体的稳定性讨论中假设俯仰舵偏角 $\Delta\delta_\varphi = 0$，就可以得到纵向扰动运动的标准形式：

$$\begin{cases} \Delta\dot V = a_{11}\Delta V + a_{12}\Delta\theta + a_{13}\Delta\alpha \\ \Delta\dot\theta = a_{21}\Delta V + a_{22}\Delta\theta + a_{23}\Delta\alpha \\ \Delta\dot\alpha = a_{31}\Delta V + a_{32}\Delta\theta + a_{33}\Delta\alpha + a_{34}\Delta\omega_{z1} \\ \Delta\dot\omega_{z1} = a_{41}\Delta V + a_{42}\Delta\theta + a_{43}\Delta\alpha + a_{44}\Delta\omega_{z1} \end{cases} \tag{7.4-6}$$

写成矩阵形式为

$$\begin{bmatrix} \Delta\dot{V} \\ \Delta\dot{\theta} \\ \Delta\dot{\alpha} \\ \Delta\dot{\omega}_{z1} \end{bmatrix} = \begin{bmatrix} a_{11} & a_{12} & a_{13} & a_{14} \\ a_{21} & a_{22} & a_{23} & a_{24} \\ a_{31} & a_{32} & a_{33} & a_{34} \\ a_{41} & a_{42} & a_{43} & a_{44} \end{bmatrix} \begin{bmatrix} \Delta V \\ \Delta\theta \\ \Delta\alpha \\ \Delta\omega_{z1} \end{bmatrix} \tag{7.4-7}$$

令

$$\boldsymbol{x} = \begin{bmatrix} \Delta V \\ \Delta\theta \\ \Delta\alpha \\ \Delta\omega_{z1} \end{bmatrix},\quad \boldsymbol{A} = \begin{bmatrix} a_{11} & a_{12} & a_{13} & a_{14} \\ a_{21} & a_{22} & a_{23} & a_{24} \\ a_{31} & a_{32} & a_{33} & a_{34} \\ a_{41} & a_{42} & a_{43} & a_{44} \end{bmatrix}$$

则式（7.4-7）也可写为

$$\dot{\boldsymbol{x}} = \boldsymbol{A}\boldsymbol{x} \tag{7.4-8}$$

$\boldsymbol{A}$ 中元素常称为动力系数，它们都取决于未扰运动参数的参数值。由于未扰运动的参数是随时间变化的，所以这些系数也是随时间变化的，因此式（7.4-1）、式（7.4-2）和式（7.4-7）为变系数线性微分方程组。

7.5　固化系数法

在飞行过程中，绝大多数的火箭即使是按照未扰动弹道飞行，运动参数也是随时间变化的，只有在某些特殊情况下，即火箭作水平直线等速飞行时，才可以近似地认为运动参数不变。但是，严格地说，由于在飞行过程中，火箭的质量 m 和转动惯量 J_{x1}、J_{y1}、J_{z1} 随着燃料的不断消耗也在不断地变化，所以，即使是能够严格保持等速飞行，某些运动参数，如攻角 α 和俯仰角 φ 仍然是时间的函数。因此，得到的线性化扰动运动方程组总是变系数线性微分方程组。

求解变系数线性系统是比较复杂的问题，只有在极简单的情况下（一般不超过二阶）才可能求得解析解。对于式（7.4-1）和式（7.4-2），通过数字计算机求解只能得到特解。而研究常系数线性方程则简单很多，特别是求一般解析解的方法大家是熟知的。此外，还有许多研究常系数方程解的方法，它们在工程实践中获得了广泛的应用，如判断解的稳定性方法、频域法等。

为了可能采用常系数线性系统自动控制理论中所介绍的方法，通常采用所谓固化系数法来研究火箭的动态特性。

在研究火箭动态特性时，并不是对火箭所有可能的弹道逐条逐点进行分析，而是选择典型弹道上的特征点进行分析。即，首先选择典型弹道，然后在典型弹道上选择特征点，如助推器脱落干扰点、控制开始点、箭上可用过载最小点、弹道上需用过载最大点及干扰力和干扰力矩最大的点等，作为特征点。对典型弹道上特征点的动态分析，可以表征火箭在整个飞行中的动态特性。

所谓固化系数法，就是在研究火箭的动态特性时，如果未扰动弹道已经给出，则在该弹道上任意点的运动参数和结构参数都为已知，近似地认为所研究的弹道点（即特征点）附近小范围内，未扰动运动的运动参数、气动参数、结构参数和制导系统参数都固定不变的也就是说，近似认为各扰动运动方程中扰动偏量前的系数，在特征点的附近，固化不变。这样把扰动方程当作常系数线性微分方程组来研究其零解的稳定性。如果在每个特征点常系数线性微分方程的零解是稳定的，则说整个干扰运动是稳定的。

固化系数法并无严格的理论依据和数学证明。在使用中发现，如果在过渡过程时间内，系数的变化不超过15% ~20%，固化系数法不至于带来很大的误差。对于主要研究的快衰减短周期扰动运动，过渡过程时间一般是在几秒钟以内，在此期间系数不会有很大变化，因此，采用固化系数法不至于带来太大的误差。但也有例外，有时系数变化并不大，采用固化系数法求得的常系数微分方程解与实际情况的差别却很大。因此，在初步选择火箭和制导系统的参数时，可以采用固化系数法，但进一步设计时，应该用非线性微分方程组，通过计算机和飞行试验等方法最后加以验证。

第 8 章　运载火箭箭体纵向动态特性分析

上一章已经把火箭扰动运动分解为纵向扰动运动和侧向扰动运动，并以两组互相独立的扰动运动方程组来描述。本章要具体研究火箭箭体纵向扰动动态特性，也就是稳定性和操纵性问题。

研究动态特性，一般分三个步骤进行：第一步是研究火箭受到偶然干扰作用时，未扰动运动是否具有稳定性，这就是要求分析自由扰动运动的性质，求解式（8.4-4）或式（8.4-6）所示齐次线性微分方程组；第二步是研究火箭对控制作用（舵偏角 $\Delta\delta_\varphi \neq 0$）的反应，也就是操纵性问题，这时除了要分析自由扰动运动的性质，更重要的是分析过渡过程的品质；第三步是研究常值干扰作用下，可能产生的参数偏差。

8.1　纵向扰动运动的解、特征方程式

利用已推导出的箭体纵向扰动运动方程，采用固化系数法，可得一个常系数线性微分方程组，即式（7.4-6），有

$$\begin{cases}\Delta\dot{V} = a_{11}\Delta V + a_{12}\Delta\theta + a_{13}\Delta\alpha \\ \Delta\dot{\theta} = a_{21}\Delta V + a_{22}\Delta\theta + a_{23}\Delta\alpha \\ \Delta\dot{\alpha} = a_{31}\Delta V + a_{32}\Delta\theta + a_{33}\Delta\alpha + a_{34}\Delta\omega_{z1} \\ \Delta\dot{\omega}_{z1} = a_{41}\Delta V + a_{42}\Delta\theta + a_{43}\Delta\alpha + a_{44}\Delta\omega_{z1}\end{cases} \tag{8.1-1}$$

关于解常系数线性微分方程可以先求特征方程式的根，再根据初始条件确定待定常数。这里采用此方法。当然，也可以用拉普拉斯变换方法求解。

根据常系数线性微分方程组的解法可以设

$$\begin{cases}\Delta V = A\mathrm{e}^{\lambda t} \\ \Delta\theta = B\mathrm{e}^{\lambda t} \\ \Delta\alpha = C\mathrm{e}^{\lambda t} \\ \Delta\omega_{z1} = D\mathrm{e}^{\lambda t}\end{cases} \tag{8.1-2}$$

式中，A、B、C、D、λ 为待定常数，将式（8.1-2）代入式（8.1-1）消去 $\mathrm{e}^{\lambda t}$，得

$$\begin{cases}(a_{11} - \lambda)A + a_{12}B + a_{13}C = 0 \\ a_{21}A + (a_{22} - \lambda)B + a_{23}C = 0 \\ a_{31}A + a_{32}B + (a_{33} - \lambda)C + a_{34}D = 0 \\ a_{41}A + a_{42}B + a_{43}C + (a_{44} - \lambda)D = 0\end{cases} \tag{8.1-3}$$

这是一个齐次的代数方程组，以 A、B、C、D 为自变量，方程组的特征行列式为

$$\Delta = \begin{vmatrix} a_{11}-\lambda & a_{12} & a_{13} & 0 \\ a_{21} & a_{22}-\lambda & a_{23} & 0 \\ a_{31} & a_{32} & a_{33}-\lambda & a_{34} \\ a_{41} & a_{42} & a_{43} & a_{44}-\lambda \end{vmatrix} \tag{8.1-4}$$

注意到 $a_{34}=1$、$a_{31}=-a_{21}$、$a_{32}=-a_{22}$、$a_{33}=-a_{23}$，则有

$$\Delta = \begin{vmatrix} a_{11}-\lambda & a_{12} & a_{13} & 0 \\ a_{21} & a_{22}-\lambda & a_{23} & 0 \\ -a_{21} & -a_{22} & -a_{23}-\lambda & 1 \\ a_{41} & a_{42} & a_{43} & a_{44}-\lambda \end{vmatrix} \tag{8.1-5}$$

式（8.1-3）中的 A、B、C、D 可由下式求出：

$$A=\frac{\Delta_A}{\Delta},\ B=\frac{\Delta_B}{\Delta},\ C=\frac{\Delta_C}{\Delta},\ D=\frac{\Delta_D}{\Delta}$$

式中，Δ_A、Δ_B、Δ_C、Δ_D 分别为式（8.1-3）右端分别代入特征行列式（8.1-4）中第 1 列、第 2 列、第 3 列和第 4 列而得到的行列式。显然，$\Delta_A=\Delta_B=\Delta_C=\Delta_D=0$。为得到非零的有意义的解，特征行列式 Δ 应等于零，即

$$\Delta(\lambda) = \begin{vmatrix} a_{11}-\lambda & a_{12} & a_{13} & 0 \\ a_{21} & a_{22}-\lambda & a_{23} & 0 \\ -a_{21} & -a_{22} & -a_{23}-\lambda & 1 \\ a_{41} & a_{42} & a_{43} & a_{44}-\lambda \end{vmatrix} = 0 \tag{8.1-6}$$

将上式展开得一个四次方程，称为特征方程式

$$\lambda^4+a_1\lambda^3+a_2\lambda^2+a_3\lambda+a_4=0 \tag{8.1-7}$$

为了使式（8.1-2）是式（8.1-1）的解，λ 必须满足上述方程，其中有

$$\begin{cases} a_1 = -a_{11}-a_{22}+a_{23}-a_{44} \\ a_2 = a_{11}a_{44}+a_{11}a_{22}-a_{11}a_{23}+a_{44}a_{22}-a_{44}a_{23}-a_{21}a_{12}+a_{21}a_{13}-a_{43} \\ a_3 = a_{11}a_{44}a_{23}-a_{11}a_{44}a_{22}+a_{21}a_{12}a_{44}-a_{21}a_{13}a_{44}-a_{23}a_{42}+a_{22}a_{43}+a_{11}a_{43}-a_{41}a_{13} \\ a_4 = a_{11}a_{23}a_{42}-a_{11}a_{22}a_{43}+a_{21}a_{12}a_{43}-a_{21}a_{13}a_{42}-a_{41}a_{12}a_{23}+a_{41}a_{13}a_{22} \end{cases} \tag{8.1-8}$$

将 a_{ij} 等系数代入上式，得

$$\begin{cases} a_1 = \dfrac{Y_0^\alpha - G\sin\theta}{mV} - \dfrac{M_{z1}^{\omega_z}+M_{z1}^{\dot\alpha}}{J_{z1}} + \dfrac{X_0^V}{m} \\ a_2 = -\dfrac{M_{z1}^\alpha}{J_{z1}} - \dfrac{M_{z1}^{\omega_z}}{J_{z1}}\dfrac{Y_0^\alpha}{mV} + \left(\dfrac{g\sin\theta}{V}-\dfrac{X_0^V}{m}\right)\dfrac{M_{z1}^{\omega_z}+M_{z1}^{\dot\alpha}}{J_{z1}} + \dfrac{X_0^V}{m}\dfrac{Y_0^\alpha-G\sin\theta}{mV} - \dfrac{Y_0^V}{mV}\dfrac{X_0^\alpha-G\cos\theta}{m} \\ a_3 = \left(\dfrac{g\sin\theta}{V}-\dfrac{X_0^V}{m}\right)\dfrac{M_{z1}^\alpha}{J_{z1}} + \left(\dfrac{Y_0^V}{mV}\dfrac{X_0^\alpha-G\cos\theta}{m} - \dfrac{X_0^V}{m}\dfrac{Y_0^\alpha-G\sin\theta}{mV}\right)\dfrac{M_{z1}^{\omega_z}}{J_{z1}} \\ \qquad + \left(\dfrac{X_0^V}{mV}g\sin\theta - \dfrac{Y_0^V}{mV}g\cos\theta\right)\dfrac{M_{z1}^{\dot\alpha}}{J_{z1}} + \dfrac{X_0^\alpha}{m}\dfrac{M_{z1}^V}{J_{z1}} \\ a_4 = \left(\dfrac{X_0^V}{mV}g\sin\theta - \dfrac{Y_0^V}{mV}g\cos\theta\right)\dfrac{M_{z1}^\alpha}{J_{z1}} + \left(\dfrac{Y_0^\alpha}{mV}g\cos\theta - \dfrac{X_0^\alpha}{mV}g\sin\theta\right)\dfrac{M_{z1}^V}{J_{z1}} \end{cases} \tag{8.1-9}$$

式（8.1-7）的特征方程式是一个四次代数方程。四次代数方程有四个根，如将特征方程式的任一根代入式（8.1-3）可以得一组 A、B、C、D 的方程。设四个根不相同，分别为 λ_1、λ_2、λ_3、λ_4，而对应的系数为 A_1、B_1、C_1、D_1、…、A_4、B_4、C_4、D_4，则纵向扰动运动方程式（8.1-1）的通解形式为

$$\begin{cases}\Delta V = A_1 e^{\lambda_1 t} + A_2 e^{\lambda_2 t} + A_3 e^{\lambda_3 t} + A_4 e^{\lambda_4 t} \\ \Delta\theta = B_1 e^{\lambda_1 t} + B_2 e^{\lambda_2 t} + B_3 e^{\lambda_3 t} + B_4 e^{\lambda_4 t} \\ \Delta\alpha = C_1 e^{\lambda_1 t} + C_2 e^{\lambda_2 t} + C_3 e^{\lambda_3 t} + C_4 e^{\lambda_4 t} \\ \Delta\omega_{z1} = D_1 e^{\lambda_1 t} + D_2 e^{\lambda_2 t} + D_3 e^{\lambda_3 t} + D_4 e^{\lambda_4 t}\end{cases} \tag{8.1-10}$$

对于四阶线性微分方程组，可以给出四个初始条件决定其特解。设 $t=0$ 时初值为 ΔV_0、$\Delta\theta_0$、$\Delta\alpha_0$、$\Delta\omega_{z10}=\Delta\dot{\varphi}_0$。将 ΔV_0、$\Delta\theta_0$、$\Delta\alpha_0$、$\Delta\omega_{z10}$代入式（8.1-10）可以得四个方程，但这四个方程不能解出 A_1、B_1、…、C_4、D_4，必须补充方程。对应每一个根有对应 A、B、C、D 的一个代数方程。但是从微分方程理论知，因为 $\Delta=0$，所以 A、B、C、D 并非独立。又因为假设无重根，则 $\Delta'=0$，所以必然有一个 $n-1$ 阶子行列式不为零，故可以任取一个值，决定其他三个量对该量的比例，设 C 为任意值，则可以从式（8.1-3）解出其比例关系。例如，取式（8.1-3）前三式可得

$$\begin{cases}(a_{11}-\lambda)\dfrac{A}{C} + a_{12}\dfrac{B}{C} + 0 = -a_{13} \\ a_{21}\dfrac{A}{C} + (a_{22}-\lambda)\dfrac{B}{C} + 0 = -a_{23} \\ a_{31}\dfrac{A}{C} + a_{32}\dfrac{B}{C} + a_{34}\dfrac{D}{C} = -(a_{33}-\lambda)\end{cases}$$

解上式得

$$\begin{cases}\dfrac{A}{C} = \dfrac{-a_{13}(a_{22}-\lambda) + a_{12}a_{23}}{(a_{11}-\lambda)(a_{22}-\lambda) - a_{12}a_{21}} = f(\lambda) \\ \dfrac{B}{C} = \dfrac{-a_{23}(a_{11}-\lambda) + a_{13}a_{21}}{(a_{11}-\lambda)(a_{22}-\lambda) - a_{12}a_{21}} = \varphi(\lambda) \\ \dfrac{D}{C} = \dfrac{\lambda^3 + d_1\lambda^2 + d_2\lambda + d_3}{a_{34}[(a_{11}-\lambda)(a_{22}-\lambda) - a_{12}a_{21}]} = g(\lambda)\end{cases} \tag{8.1-11}$$

其中

$$d_1 = -a_{11} - a_{22} - a_{33}$$

$$d_2 = a_{11}a_{22} + a_{11}a_{33} + a_{22}a_{33} - a_{32}a_{23} - a_{21}a_{12} - a_{31}a_{13}$$

$$d_3 = -a_{11}a_{22}a_{33} + a_{11}a_{32}a_{23} - a_{21}a_{13}a_{32} + a_{21}a_{12}a_{33} + a_{31}a_{13}a_{22} - a_{31}a_{12}a_{23}$$

将 λ_1、λ_2、λ_3、λ_4 代入式（8.1-11），得到如下 12 个方程：

$$\begin{cases}A_1 = C_1 f(\lambda_1), \quad A_2 = C_2 f(\lambda_2), \quad A_3 = C_3 f(\lambda_3), \quad A_4 = C_4 f(\lambda_4) \\ B_1 = C_1\varphi(\lambda_1), \quad B_2 = C_2\varphi(\lambda_2), \quad B_3 = C_3\varphi(\lambda_3), \quad B_4 = C_4\varphi(\lambda_4) \\ B_1 = D_1 g(\lambda_1), \quad B_2 = D_2 g(\lambda_2), \quad B_3 = D_3 g(\lambda_3), \quad B_4 = D_4 g(\lambda_4)\end{cases} \tag{8.1-12}$$

将式（8.1-12）代入式（8.1-10），得

$$\begin{cases}\Delta V = C_1 f(\lambda_1)\mathrm{e}^{\lambda_1 t} + C_2 f(\lambda_2)\mathrm{e}^{\lambda_2 t} + C_3 f(\lambda_3)\mathrm{e}^{\lambda_3 t} + C_4 f(\lambda_4)\mathrm{e}^{\lambda_4 t} \\ \Delta\theta = C_1\varphi(\lambda_1)\mathrm{e}^{\lambda_1 t} + C_2\varphi(\lambda_2)\mathrm{e}^{\lambda_2 t} + C_3\varphi(\lambda_3)\mathrm{e}^{\lambda_3 t} + C_4\varphi(\lambda_4)\mathrm{e}^{\lambda_4 t} \\ \Delta\alpha = C_1\mathrm{e}^{\lambda_1 t} + C_2\mathrm{e}^{\lambda_2 t} + C_3\mathrm{e}^{\lambda_3 t} + C_4\mathrm{e}^{\lambda_4 t} \\ \Delta\omega_{z1} = C_1 g(\lambda_1)\mathrm{e}^{\lambda_1 t} + C_2 g(\lambda_2)\mathrm{e}^{\lambda_2 t} + C_3 g(\lambda_3)\mathrm{e}^{\lambda_3 t} + C_4 g(\lambda_4)\mathrm{e}^{\lambda_4 t}\end{cases} \tag{8.1-13}$$

把 $t=0$ 的初始条件 ΔV_0、$\Delta\theta_0$、$\Delta\alpha_0$、$\Delta\omega_{z10}$代入式（8.1-13），得

$$\begin{cases}C_1 f(\lambda_1) + C_2 f(\lambda_2) + C_3 f(\lambda_3) + C_4 f(\lambda_4) = \Delta V_0 \\ C_1\varphi(\lambda_1) + C_2\varphi(\lambda_2) + C_3\varphi(\lambda_3) + C_4\varphi(\lambda_4) = \Delta\theta_0 \\ C_1 + C_2 + C_3 + C_4 = \Delta\alpha_0 \\ C_1 g(\lambda_1) + C_2 g(\lambda_2) + C_3 g(\lambda_3) + C_4 g(\lambda_4) = \Delta\omega_{z10}\end{cases} \tag{8.1-14}$$

解上述代数方程组，得

$$C_1 = \frac{E_1}{E},\ C_2 = \frac{E_2}{E},\ C_3 = \frac{E_3}{E},\ C_4 = \frac{E_4}{E}$$

式中，E 为式（8.1-14）左边的系数行列式，即

$$E = \begin{vmatrix} f(\lambda_1) & f(\lambda_2) & f(\lambda_3) & f(\lambda_4) \\ \varphi(\lambda_1) & \varphi(\lambda_2) & \varphi(\lambda_3) & \varphi(\lambda_4) \\ 1 & 1 & 1 & 1 \\ g(\lambda_1) & g(\lambda_2) & g(\lambda_3) & g(\lambda_4) \end{vmatrix} \tag{8.1-15}$$

行列式 E_1、E_2、E_3、E_4 可由式（8.1-14）右端值分别代入式（8.1-15）中第 1 ~4 列而得到。

综合起来，在已知初始条件下，解干扰运动方程组的步骤如下：

1）写出特征方程式，求得这个方程的四个根 λ_1、λ_2、λ_3、λ_4。

2）在含有 A、B、C、D 的代数方程中任选三个，找出$f(\lambda)$、$\varphi(\lambda)$ 和 $g(\lambda)$，在例中以 C 为任意变量。

3）在给定的初始条件下，求解式（8.1-14）中的常数项 C_1、C_2、C_3、C_4。

4）按式（8.1-11）求常数 A_1、B_1、…、C_4、D_4。

5）将所得的常数值代入式（8.1-10），得干扰运动方程的解。

上述解火箭扰动运动的过程是较复杂的，所以更常用的是用近似方法来定性分析。当估计火箭飞行稳定性时，可以直接按特征方程式的根的大小来判断，甚至可直接根据特征方程式的系数来判断。

8.2 纵向扰动运动特性分析及纵向稳定性条件

8.2.1 特征方程式的根和其系数间的关系

下面将详细讨论特征方程式（8.1-7）：

$$\lambda^4 + a_1\lambda^3 + a_2\lambda^2 + a_3\lambda + a_4 = 0$$

式中的 a_1、a_2、a_3、a_4 由式（8.1-9）来决定。可以看出，这些系数取决于空气动力系数和

火箭的特征参数，所以它们都是实数，因此特征方程式的 4 个根也应该是实数，或者是成对的共轭复数，实际上也很容易看出。式（8.1-7）的四次代数方程可以表达为如下形式：

$$(\lambda-\lambda_1)(\lambda-\lambda_2)(\lambda-\lambda_3)(\lambda-\lambda_4)=0 \tag{8.2-1}$$

式中，λ_1、λ_2、λ_3 和 λ_4 为特征方程式的根，将上式展开与式（8.1-7）的同次 λ 系数相比，得

$$\begin{cases} a_1=-(\lambda_1+\lambda_2+\lambda_3+\lambda_4) \\ a_2=\lambda_1\lambda_2+\lambda_1\lambda_3+\lambda_1\lambda_4+\lambda_2\lambda_3+\lambda_2\lambda_4+\lambda_3\lambda_4 \\ a_3=-(\lambda_1\lambda_2\lambda_3+\lambda_1\lambda_2\lambda_4+\lambda_1\lambda_3\lambda_4+\lambda_2\lambda_3\lambda_4) \\ a_4=\lambda_1\lambda_2\lambda_3\lambda_4 \end{cases} \tag{8.2-2}$$

所以特征方程式的根必须是实根或是成对的共轭复根，因此下面分析扰动运动特性时，只要讨论以下几种情况：

1）特征方程式的 4 个根皆为实根。

2）两个根为实根，另两个根为共轭复根。

3）4 个根组成两对共轭复根。

8.2.2　纵向干扰运动的特性

下面讨论当特征方程式的根为上述三种组合时的扰动运动的特性。

1. 第一种情况

当4 个根都是实根时，每个运动参数都可以直接由式（8.1-10）写出，现以 $\Delta\alpha$ 为例，有

$$\Delta\alpha=C_1e^{\lambda_1 t}+C_2e^{\lambda_2 t}+C_3e^{\lambda_3 t}+C_4e^{\lambda_4 t} \tag{8.2-3}$$

上式等号右边的每一项均按非周期形式随时间变化。当时间变化时，$\Delta\alpha$ 是增长还是减小，视特征方程式根的性质而定。如果 $\lambda_i<0$，$\Delta\alpha$ 将随时间的增加而减小；当 $\lambda_i>0$，则随时间的增加 $\Delta\alpha$ 要增加。为了更明显地表示非周期运动的性质，图 8.2-1 给出了各种 λ 值时函数 $e^{\lambda t}$随时间 t 的变化情况。

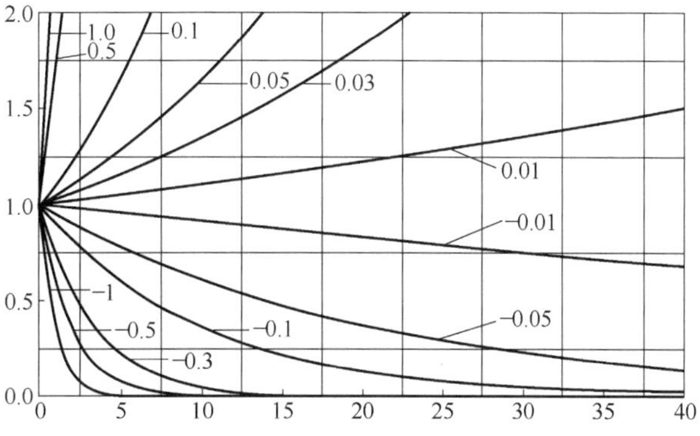

图 8.2-1　不同 λ 值时 $e^{\lambda t}$随时间 t 的变化

与 $\Delta\alpha$ 相仿，同样可以写出 ΔV、$\Delta\theta$、$\Delta\omega_{z1}$ 的表达式。故如果特征方程式的根中有一个根为正值，则扰动运动的参数 $\Delta\alpha$、ΔV、$\Delta\theta$、$\Delta\omega_{z1}$ 的绝对值将随时间的增加而增大，运动参

数将越来越偏离未扰动运动的参数值，根据稳定性定义这种未扰动运动是不稳定的。由此可得出结论，在特征方程式的4个根皆为实根的情况下，欲使火箭运动为纵向渐进稳定，必须使4个根皆为负根。

2. 第二种情况

当两个根为共轭复根，另两个根为实根时，假设 λ_1、λ_2 为共轭复根，即 $\lambda_1=\overline{\lambda_2}$，且令 $\lambda_1=a+bi$、$\lambda_2=a-bi$，其中 a、b 为实数。

仍以 $\Delta\alpha$ 为例来讨论，对应 λ_1、λ_2 的特解，有

$$\Delta\alpha=C_1\mathrm{e}^{\lambda_1 t}+C_2\mathrm{e}^{\lambda_2 t} \tag{8.2-4}$$

因为研究的是真实飞行，故解中的所有量，最终必须是实数。因此在共轭复根的情况下，解中所有与此复根相对应的常数也应互为共轭复数，令

$$C_1=\overline{C_2}$$

这些常数也可以表示为

$$C_1=R-\mathrm{j}I,\ C_2=R+\mathrm{j}I$$

故

$$\Delta\alpha=(R-\mathrm{j}I)\mathrm{e}^{(a+\mathrm{j}b)t}+(R+\mathrm{j}I)\mathrm{e}^{(a-\mathrm{j}b)t}=R\mathrm{e}^{at}(\mathrm{e}^{\mathrm{j}bt}+\mathrm{e}^{-\mathrm{j}bt})-\mathrm{j}I\mathrm{e}^{at}(\mathrm{e}^{\mathrm{j}bt}-\mathrm{e}^{-\mathrm{j}bt})$$

利用欧拉公式有

$$\begin{cases}\mathrm{e}^{\mathrm{j}bt}+\mathrm{e}^{-\mathrm{j}bt}=2\cos bt\\ \mathrm{e}^{\mathrm{j}bt}-\mathrm{e}^{-\mathrm{j}bt}=2\mathrm{j}\sin bt\end{cases} \tag{8.2-5}$$

故

$$\begin{aligned}\Delta\alpha&=2\mathrm{e}^{at}R\cos bt+2\mathrm{e}^{at}I\sin bt\\&=2\sqrt{R^2+I^2}\left(\frac{R}{\sqrt{R^2+I^2}}\cos bt+\frac{I}{\sqrt{R^2+I^2}}\sin bt\right)\end{aligned} \tag{8.2-6}$$

令

$$C_{12}=2\sqrt{R^2+I^2},\ \sin\psi_{\mathrm{C}}=\frac{R}{\sqrt{R^2+I^2}},\ \cos\psi_{\mathrm{C}}=\frac{I}{\sqrt{R^2+I^2}} \tag{8.2-7}$$

则

$$\Delta\alpha=C_{12}\mathrm{e}^{at}\sin(bt+\psi_{\mathrm{C}}) \tag{8.2-8}$$

式中，$\psi_{\mathrm{C}}=\arctan\dfrac{R}{I}$。

由此可见，一对共轭复根所给出的运动是周期性的振荡运动，此振荡运动的振幅为 $C_{12}\mathrm{e}^{at}$，而频率为 b，初始相位为 ψ_{C}。振荡运动是衰减还是增强，取决于复根的实部 a：如果 a 为负值，则振幅 $C_{12}\mathrm{e}^{at}$将随时间增长而减小，因而是衰减振荡；如 $a=0$ 则为等幅振荡，如图 8.2-2 所示。

这样整个的扰动运动是由一个振荡运动和两个非周期运动所组成：

$$\Delta\alpha=C_{12}\mathrm{e}^{at}\sin(bt+\psi_{\mathrm{C}})+C_3\mathrm{e}^{\lambda_3 t}+C_4\mathrm{e}^{\lambda_4 t} \tag{8.2-9}$$

从上面分析可知，如要火箭运动是渐进稳定的，其实根和复根的实部必须为负值。

3. 第三种情况

与第二种情况相反，设 λ_1、λ_2 为实数，而 λ_3、λ_4 为共轭复数。

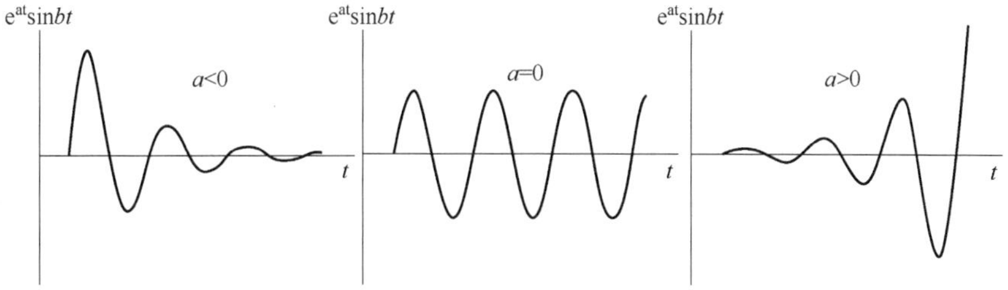

图 8.2-2　不同 a 值时 $e^{at}\sin bt$ 随 t 的变化

设 $\lambda_{3,4}=\alpha\pm j\beta$，则与第二种情况相似，有

$$\Delta\alpha = C_1 e^{\lambda_1 t} + C_2 e^{\lambda_2 t} + C_{34} e^{\alpha t}\sin(\beta t+\varphi_C) \tag{8.2-10}$$

形式上看，第三种情况和第二种情况是相同的，但后面将会发现，这实际上代表两种不同类型的运动：一个代表两个非周期运动和一个短周期运动的合成运动；另一个代表两个非周期运动和一个长周期运动的合成运动。

4. 第四种情况

设 $\lambda_{1,2}=a\pm jb$、$\lambda_{3,4}=\alpha\pm j\beta$，则得到扰动运动为两个振荡运动的合成运动：

$$\Delta\alpha = C_{12} e^{at}\sin(bt+\psi_C) + C_{34} e^{\alpha t}\sin(\beta t+\varphi_C) \tag{8.2-11}$$

如要火箭运动是渐进稳定的，其两对复根的实部必须为负值。

8.2.3　纵向稳定性条件

从以上叙述可知，如特征方程式的各根的实部皆为负值，则所有由于干扰引起的运动参数增量的绝对值将随时间的增加而无限地减小。因此说火箭的运动具有纵向渐进稳定性，反之只要有一个正实部或一对共轭复根的实部为正，运动参数将随时间的增加而无限地偏离其未扰动的值。故火箭纵向运动是不稳定的。所以，特征方程式的各个根具有负的实部是火箭具有纵向渐进稳定性的充要条件。

其实，确定运动是否稳定完全可以用自动控制理论中常用的霍尔维茨稳定性判据来判别。设微分方程的特征方程为

$$a_0\lambda^n + a_1\lambda^{n-1} + \cdots + a_{n-1}\lambda + a_n = 0$$

则作

$$\begin{vmatrix} a_1 & a_0 & 0 & 0 & 0 & 0 & \cdots \\ a_3 & a_2 & a_1 & a_0 & 0 & 0 & \cdots \\ a_5 & a_4 & a_3 & a_2 & a_1 & a_0 & \cdots \\ a_7 & a_6 & a_5 & a_4 & a_3 & a_2 & \cdots \\ \vdots & \vdots & \vdots & \vdots & \vdots & \vdots & \cdots \end{vmatrix}$$

其中下标大于方程式次数 n 的所有系数用零代替。

霍尔维茨多项式为

$$\Delta_1 = a_1,\ \Delta_2 = \begin{vmatrix} a_1 & a_0 \\ a_3 & a_2 \end{vmatrix},\ \Delta_3 = \begin{vmatrix} a_1 & a_0 & 0 \\ a_3 & a_2 & a_1 \\ a_5 & a_4 & a_3 \end{vmatrix},\ \cdots$$

则稳定的充要条件为

$$a_0>0,\ \Delta_1>0,\ \cdots,\ \Delta_n>0$$

显然，当 $n=2$ 时的充要条件是 $a_0>0$，$a_1>0$，$a_2>0$

$$n=3\text{ 时的充要条件是}\begin{cases}a_0>0,a_1>0,a_2>0,a_3>0\\ a_1a_2-a_0a_3>0\end{cases}$$

$$n=4\text{ 时的充要条件是}\begin{cases}a_0>0,a_1>0,a_2>0,a_3>0,a_4>0\\ a_1a_2a_3-a_0a_3^2-a_1^2a_4>0\end{cases}$$

这里讨论的情况是 $n=4$，$a_0=1>0$，所以只要求

$$\begin{cases}a_1>0,a_2>0,a_3>0,a_4>0\\ a_1a_2a_3-a_3^2-a_1^2a_4>0\end{cases}\tag{8.2-12}$$

常称 $a_1a_2a_3-a_3^2-a_1^2a_4$ 为洛氏判别式，以 R 表示。

【**例 8.1**】已知某纵向扰动运动其特征方程式为

$$\lambda^4+2.92645\lambda^3+125.12033\lambda^2+4.93223\lambda+0.02947=0$$

因 $a_0=1$、a_1、a_2、a_3、a_4 均大于零，且有

$$R=a_1a_2a_3-a_3^2-a_1^2a_4=1781.398>0$$

故未扰动运动是渐进稳定的。

这里还需要说明一点，这里说火箭纵向运动渐进稳定是针对 ΔV、$\Delta\alpha$、$\Delta\theta$ 和 $\Delta\omega_{z1}$ 而言的，对 Δx 和 Δy 来讲，并不是渐进稳定的，仅是稳定。即，飞行火箭并不能回到未扰动弹道上。

下面分析 Δx、Δy 的变化规律，由线性化微分方程组知

$$\begin{cases}\Delta\dot{x}=\cos\theta\Delta V-V\sin\theta\Delta\theta\\ \Delta\dot{y}=\sin\theta\Delta V+V\cos\theta\Delta\theta\end{cases}\tag{8.2-13}$$

设未扰动运动对变量 V、θ、α、ω_{z1} 是渐进稳定的，则可以令

$$\Delta V=\sum_{i=1}^{4}A_i\mathrm{e}^{\lambda_it},\ \Delta\theta=\sum_{i=1}^{4}B_i\mathrm{e}^{\lambda_it}$$

代入 $\Delta\dot{y}$ 式中得

$$\Delta\dot{y}=\sin\theta\sum_{i=1}^{4}A_i\mathrm{e}^{\lambda_it}+V\cos\theta\sum_{i=1}^{4}B_i\mathrm{e}^{\lambda_it}$$

积分上式

$$\Delta y-\Delta y_0=\sin\theta\sum_{i=1}^{4}\frac{A_i}{\lambda_i}\mathrm{e}^{\lambda_it}\bigg|_{t_0}^{t}+V\cos\theta\sum_{i=1}^{4}\frac{B_i}{\lambda_i}\mathrm{e}^{\lambda_it}\bigg|_{t_0}^{t}$$

设 $t_0=0$，$\Delta y_0=0$，有

$$\Delta y=\sin\theta\sum_{i=1}^{4}\frac{A_i}{\lambda_i}\mathrm{e}^{\lambda_it}+V\cos\theta\sum_{i=1}^{4}\frac{B_i}{\lambda_i}\mathrm{e}^{\lambda_it}-\sin\theta\sum_{i=1}^{4}\frac{A_i}{\lambda_i}-V\cos\theta\sum_{i=1}^{4}\frac{B_i}{\lambda_i}$$

可以看出，如果 $\lambda_i<0$，对 ΔV、$\Delta\theta$、$\Delta\alpha$、$\Delta\omega_{z1}$ 是渐进稳定的；但对 Δy 而言，当 $t\to\infty$ 时，$\Delta y\neq0$，而等于常数。同理，对 Δx 也是如此。即，对 x、y 而言，仍然是有误差的。换句话说，对未扰动火箭是有偏差的。如果要消除此偏差，则要安装能够消除 Δx 和 Δy 的导引系统。所以谈运动的稳定性，就要指出对那些参数是渐进稳定的，对那些参数是稳定的。

例如对纵向扰动运动，对 ΔV、$\Delta\theta$、$\Delta\alpha$、$\Delta\omega_{z1}$而言是渐进稳定的；而对 Δx、Δy 而言不是渐进稳定，而是稳定。如果对 ΔV、$\Delta\theta$、$\Delta\alpha$、$\Delta\omega_{z1}$是稳定的（即特征方程至少有一个根的实部为零），则对 Δx、Δy 而言便是不稳定的。

8.2.4　特征方程式根的求法

对于四次代数的根有不同的近似方法求解。但是，对于求解纵向扰动的特征方程式而言，它的 4 个根的绝对值，通常有 2 个根远大于另外 2 个根，根据这一特点，可以采用更为简捷的近似方法。

设特征方程式 $\lambda^4+a_1\lambda^3+a_2\lambda^2+a_3\lambda+a_4=0$ 有 4 个根 λ_1、λ_2、λ_3、λ_4，则特征方程式可以表示为

$$\begin{aligned} F(\lambda) &= \lambda^4+a_1\lambda^3+a_2\lambda^2+a_3\lambda+a_4 \\ &= (\lambda-\lambda_1)(\lambda-\lambda_2)(\lambda-\lambda_3)(\lambda-\lambda_4)=0 \end{aligned} \tag{8.2-14}$$

设 $|\lambda_1|\geqslant|\lambda_2|\gg|\lambda_3|\geqslant|\lambda_4|$，并且将式（8.2-14）中 $(\lambda-\lambda_1)(\lambda-\lambda_2)$ 和 $(\lambda-\lambda_3)(\lambda-\lambda_4)$ 展开，则式（8.2-14）可以改写为

$$F(\lambda)=(\lambda^2+A\lambda+B)(\lambda^2+m\lambda+n) \tag{8.2-15}$$

将式（8.2-15）和式（8.2-14）对应的 λ 次的系数相比得

$$A=-(\lambda_1+\lambda_2),\ m=-(\lambda_3+\lambda_4),\ B=\lambda_1\lambda_2,\ n=\lambda_3\lambda_4 \tag{8.2-16}$$

将式（8.2-15）展开与式（8.2-14）的同 λ 次系数相比，得

$$\begin{cases} a_1=A+m \\ a_2=B+Am+n \\ a_3=An+Bm \\ a_4=Bn \end{cases} \tag{8.2-17}$$

或写为如下形式：

$$\begin{cases} A=a_1-m \\ B=a_2-Am-n \\ n=\dfrac{a_4}{B} \\ m=\dfrac{a_3-An}{B} \end{cases} \tag{8.2-18}$$

式中，A、B、m 和 n 可以用逐次逼近法求出，因为特征方程式的 4 个根中 λ_1 和 λ_2 的绝对值远大于 λ_3 和 λ_4 的绝对值，这样由式（8.2-16）知，A 和 B 的绝对值远大于 m 和 n 的绝对值。因此，在一次近似时可认为

$$A_1=a_1,\ B_1=a_2 \tag{8.2-19}$$

将所得到的 A_1、B_1 代入式（8.2-18）的第 3、4 式得 m、n 的一次近似值：

$$n_1=\frac{a_4}{a_2},\ m_1=\frac{a_3-a_1n}{a_2} \tag{8.2-20}$$

如将此一次近似值 m_1 和 n_1 代入式（8.2-18）的第 1、2 式可得近似值 A_2、B_2，从而可得 n_2、m_2。如此连续迭代，一直到前后两次所得 A、B 和 m、n 值十分相近且能满足要求之准

确度为止。

求出 A、B 和 m、n 之后，就很容易求出特征方程式的 4 个根：

$$\begin{cases} \lambda_{1,2} = -\dfrac{A}{2} \pm \sqrt{\dfrac{A^2}{4} - B} \\ \lambda_{3,4} = -\dfrac{m}{2} \pm \sqrt{\dfrac{m^2}{4} - n} \end{cases} \tag{8.2-21}$$

实际计算表明，A、B 和 m、n 的值经过两三次迭代就足够精确了。

8.2.5 振荡周期和阻尼度的确定

前面已经指出，特征方程式的每一对共轭复根对应纵向扰动运动微分方程组下列形式的一个解：

$$\Delta\alpha = C\mathrm{e}^{at}\sin(bt + \psi) \tag{8.2-22}$$

对于其他运动参数同样可以写出类似的表达式，它们表示火箭的扰动运动的一部分做周期性的振荡运动。振荡的角频率，等于复根的虚部 b。振荡的周期 T 由下式决定：

$$T = \frac{2\pi}{b} \tag{8.2-23}$$

振荡运动之振幅为 $C\mathrm{e}^{at}$，故扰动运动是减幅还是增幅运动，将视复根之实部 a 而定。当 $a<0$，则振幅将随时间增加而衰减，设扰动运动开始瞬间 $t_0=0$，而振幅衰减一半的时间为 t_2，则由式（8.2-22）有

$$C\mathrm{e}^{at} = \frac{C}{2}$$

则有

$$t_2 = -\frac{\ln 2}{a} = \frac{-0.693}{a} \tag{8.2-24}$$

如 $a>0$，则振幅将随时间的增加而加大，设振幅增大一倍的时间为 t_2，同样有等式：

$$C\mathrm{e}^{at} = 2C$$

则有

$$t_2 = \frac{\ln 2}{a} = \frac{0.693}{a} \tag{8.2-25}$$

所以 t_2 表示振荡运动衰减或增加的快慢程度，也称阻尼度。对于非周期运动，假设特征方程式之实根 $\lambda=a$，则同样可以用式（8.2-24）或式（8.2-25）来确定 t_2。

由此可见，如求得了特征方程式的根，就可以算出 T 和 t_2，以确定扰动运动的性质，而不必解扰动运动方程。

8.3 扰动运动的典型例子及扰动运动的两种模态

8.3.1 扰动运动的典型例子

为了更清楚地了解纵向扰动运动的性质，现在研究一个例子，设火箭在空间某一点，飞行参数如下：

$$H=3000\text{m}、V=855\text{m/s},\ G=2600\text{kg},\ M=2.6,\ P_e=44100\text{N},\ \theta=15°$$

$$J_{z1}=2220\text{kg}\cdot\text{m}^2/\text{s}^2,\ \alpha=1.5°,\ S=0.608\text{m}^2,\ l=10.4\text{m},\ C_x=0.19$$

$$C_x^M=-0.102,\ C_y^\alpha=0.101/°,\ \partial C_y^\alpha/\partial M=-8.71\times10^{-3}/°,\ m_{z1}^\alpha=-8.4\times10^{-3}/°$$

$$m_{z1}^{\omega_z}=-1.17\times10^{-2}\text{s/rad},\ m_{z1}^{\dot\alpha}=0,\ m_{z1}^M=4.25\times10^{-3},\ C_x^\alpha=0.47/\text{rad}$$

1. 计算特征方程式系数

$$a_1=\frac{Y_0^\alpha-G\sin\theta}{mV}-\frac{M_{z1}^{\omega_z}+M_{z1}^{\dot\alpha}}{J_{z1}}+\frac{X_0^V}{m}=1.654963921$$

$$a_2=-\frac{M_{z1}^\alpha}{J_{z1}}-\frac{M_{z1}^{\omega_z}}{J_{z1}}\frac{Y_0^\alpha}{mV}+\left(\frac{g\sin\theta}{V}-\frac{X_0^V}{m}\right)\frac{M_{z1}^{\omega_z}+M_{z1}^{\dot\alpha}}{J_{z1}}$$
$$+\frac{X^V}{m}\frac{Y_0^\alpha-G\sin\theta}{mV}-\frac{Y_0^V}{mV}\frac{X_0^\alpha-G\cos\theta}{m}=46.30785396$$

$$a_3=\left(\frac{g\sin\theta}{V}-\frac{X_0^V}{m}\right)\frac{M_{z1}^\alpha}{J_{z1}}+\left(\frac{Y_0^V}{mV}\frac{X_0^\alpha-G\cos\theta}{m}-\frac{X_0^V}{m}\frac{Y_0^\alpha-G\sin\theta}{mV}\right)\frac{M_{z1}^{\omega_z}}{J_{z1}}$$
$$+\left(\frac{X_0^V}{mV}g\sin\theta-\frac{Y_0^V}{mV}g\cos\theta\right)\frac{M_{z1}^{\dot\alpha}}{J_{z1}}+\frac{X_0^\alpha}{m}\frac{M_{z1}^V}{J_{z1}}=0.28123092$$

$$a_4=\left(\frac{X_0^V}{mV}g\sin\theta-\frac{Y_0^V}{mV}g\cos\theta\right)\frac{M_{z1}^\alpha}{J_{z1}}+\left(\frac{Y_0^\alpha}{mV}g\cos\theta-\frac{X_0^\alpha}{mV}g\sin\theta\right)\frac{M_{z1}^V}{J_{z1}}$$
$$=0.2952489\times10^{-2}$$

由此可见特征方程式系数满足如下条件：

$$a_1>0,\ a_2>0,\ a_3>0,\ a_4>0$$
$$R=a_1a_2a_3-a_3^2-a_1^2a_4=21.466>0$$

2. 确定特征方程式的根

采用前面介绍的逐次近似法，由如下的式（8.2-18）：

$$\begin{cases}A=a_1-m\\B=a_2-Am-n\\n=\dfrac{a_4}{B}\\m=\dfrac{a_3-An}{B}\end{cases}$$

计算见表 8.2-1。

表 8.2-1　特征方程式根的计算

近似次数	A	B	m	n
1	1.654963921	46.30785396	0.6070789×10^{-2}	0.63757×10^{-4}
2	1.648893132	46.29778012	0.6072122×10^{-2}	0.63771×10^{-4}
3	1.648891799	46.29777792	0.6072122×10^{-2}	0.63771×10^{-4}

从上表可见，第3次近似结果已不能使解进一步精确了，现将求得结果代入式（8.2-21）得特征方程式的4个根如下：

$$\lambda_{1,2} = -\frac{A}{2} \pm \sqrt{\frac{A^2}{4} - B} = -0.82445899 \pm \mathrm{j}6.754114811$$

$$\lambda_{3,4} = -\frac{m}{2} \pm \sqrt{\frac{m^2}{4} - n} = -0.003036061 \pm \mathrm{j}0.007385022$$

计算结果表明，特征方程式有两对共轭复根，所以本例所示的扰动运动是两个振荡运动的叠加。

应当引起注意的是，两对共轭复根之绝对值相差很大。而且对不同的火箭进行计算表明，在许多情况下，纵向扰动运动特征方程式常有两个大根和两个小根。这个特点即使是实根的情况也是如此。

3. 振荡周期和阻尼度的计算

（1）对一对大根 λ_1、λ_2

由式（8.2-23）求得振荡周期：

$$T = \frac{2\pi}{b} = \frac{2\pi}{6.7541}\mathrm{s} = 0.9303\mathrm{s}$$

由式（8.2-24）求得振幅衰减一半的时间：

$$t_2 = \frac{-0.693}{a} = \frac{0.693}{0.8245}\mathrm{s} = 0.8405\mathrm{s}$$

（2）对应于一对小根

振荡周期为

$$T = \frac{2\pi}{0.7386 \times 10^{-2}}\mathrm{s} = 850.6\mathrm{s}$$

振幅衰减一半的时间为

$$t_2 = \frac{0.693}{0.3036 \times 10^2}\mathrm{s} = 228.3\mathrm{s}$$

由此可见，对应一对大根的振荡运动，周期短、衰减快，故称为短周期运动或快速运动。而对应于一对小根的振荡运动，周期长而衰减慢，称为长周期运动。一般情况下，即使不是周期运动也沿用此叫法。

4. 求解扰动运动方程

假设干扰使火箭的俯仰角增加1°，则扰动运动可以归纳为下列起始扰动：

$$\Delta V_0 = 0,\ \Delta\theta_0 = 0,\ \Delta\alpha_0 = 1°,\ \Delta\omega_{z10} = 0$$

按前节叙述方法，经过计算可得扰动运动方程的解如下：

$$\begin{aligned}\Delta V &= 0.09301\mathrm{e}^{-0.8245t}\sin(387.0t + 169°30') + 0.2753\mathrm{e}^{-0.003036t}\sin(0.42t + 183°31') \\ &= \Delta V_1 + \Delta V_2\end{aligned}$$

$$\begin{aligned}\Delta\theta &= 0.07897\mathrm{e}^{-0.8245t}\sin(387.0t + 350°33') + 1.5926 \times 10^{-2}\mathrm{e}^{-0.003036t}\sin(0.42t + 54°19') \\ &= \Delta\theta_1 + \Delta\theta_2\end{aligned}$$

$$\begin{aligned}\Delta\alpha &= 1.0\mathrm{e}^{-0.8245t}\sin(387.0t + 87°33') + 0.5449 \times 10^{-3}\mathrm{e}^{-0.003036t}\sin(0.42t + 3°25') \\ &= \Delta\alpha_1 + \Delta\alpha_2\end{aligned}$$

$$\Delta\dot{\varphi} = 6.766e^{-0.8245t}\sin(387.0t + 180°0'1'') + 0.09539e^{-0.003036t}\sin(0.42t + 179°58')$$
$$= \Delta\dot{\varphi}_1 + \Delta\dot{\varphi}_2$$

为了方便，写出 $\Delta\varphi$ 的解：

$$\Delta\varphi = 0.9944e^{-0.8245t}\sin(387.0t + 82°59') + 1.617\times10^{-2}e^{-0.003036t}\sin(0.42t + 53°07')$$
$$= \Delta\varphi_1 + \Delta\varphi_2$$

将上述结果绘制曲线，如图 8.3-1 ~ 图 8.3-4 所示。为了便于看清楚，图中把各运动参数分成两部分，下标为 1 的表示一对大根所对应的解，下标为 2 的表示一对小根所对应的解。

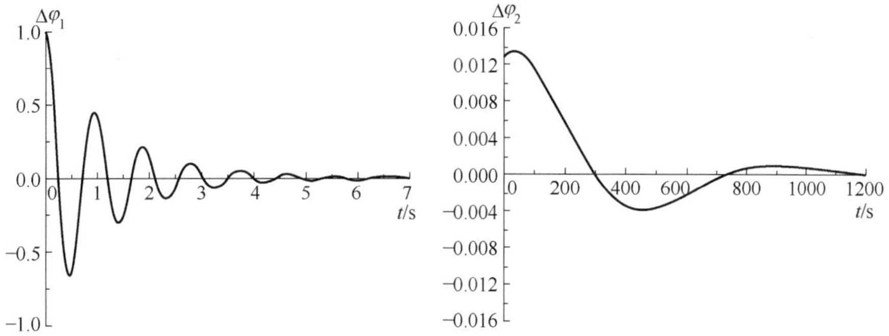

图 8.3-1　$\Delta\varphi = \Delta\varphi_1 + \Delta\varphi_2$ 随 t 的变化

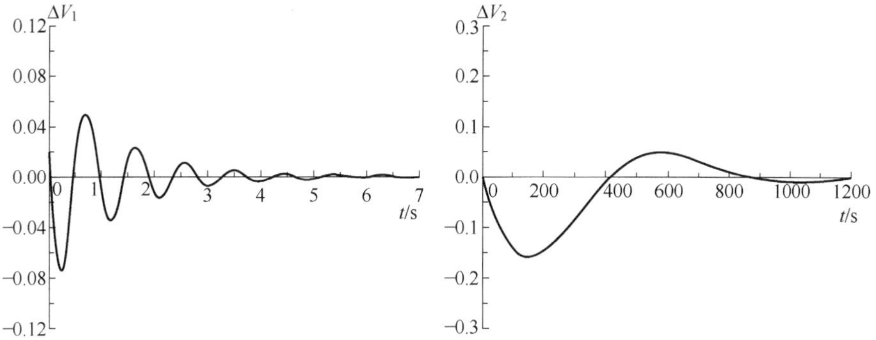

图 8.3-2　$\Delta V = \Delta V_1 + \Delta V_2$ 随 t 的变化

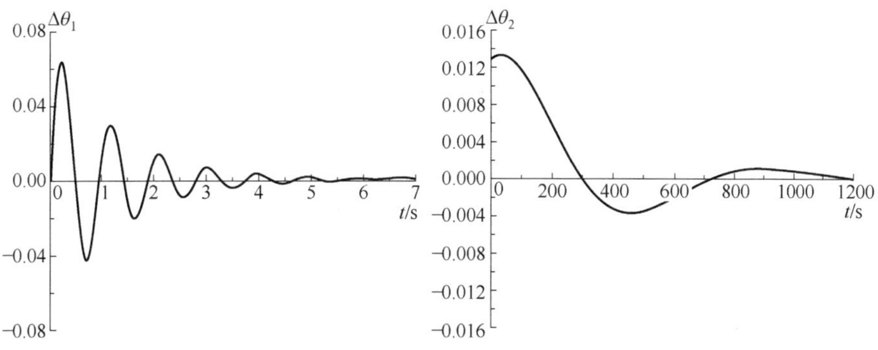

图 8.3-3　$\Delta\theta = \Delta\theta_1 + \Delta\theta_2$ 随 t 的变化

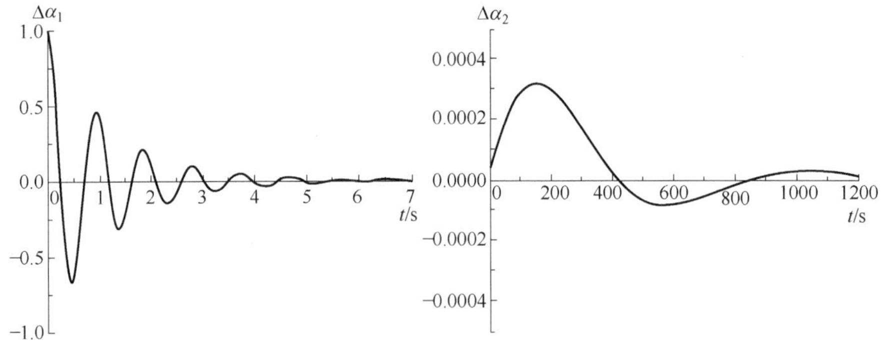

图 8.3-4　$\Delta\alpha=\Delta\alpha_1+\Delta\alpha_2$ 随 t 的变化

8.3.2　扰动运动的两种模态

如图 8.3-1 ~ 图 8.3-4 所示，短周期运动参数变化非常迅速，振荡运动的周期 T 仅为 0.93s 且衰减很快，实际上经过 5s 后，短周期运动的振幅几乎全部衰减掉了。相反的长周期运动变化十分缓慢，以 ΔV 为例，在开始时变化极小，当短周期运动几乎全部消失时，长周期运动的变化仍很微小，一直要经过 100s 才有显著地变化。因此根据长周期和短周期运动的特点，可以近似地认为在扰动运动开始的一小段时间内，主要是火箭的短周期运动，而后一阶段的时间内，主要是长周期的运动。不仅如此，各运动参数的振幅在长短周期运动中，也有一定的规律。

先看 ΔV，有

$$\begin{aligned}\Delta V&=0.09301\mathrm{e}^{-0.8245t}\sin(387.0t+169°30')+0.2753\mathrm{e}^{-0.003036t}\sin(0.42t+183°31')\\&=A'\mathrm{e}^{-0.8245t}\sin(387.0t+169°30')+A''\mathrm{e}^{-0.003036t}\sin(0.42t+183°31')\end{aligned}$$

短周期运动的系数（$t=0$ 时的振幅值）$A'=0.09301$ 约为长周期运动的系数 $A''=0.2753$ 的 1/3，而且短周期运动衰减是很快的，所以 ΔV 的变化主要是由长周期运动决定。

并且有

$$\begin{aligned}\Delta\alpha&=1.0\mathrm{e}^{-0.8245t}\sin(387.0t+87°33')+0.5449\times10^{-3}\mathrm{e}^{-0.003036t}\sin(0.42t+3°25')\\&=C'\mathrm{e}^{-0.8245t}\sin(387.0t+87°33')+C''\mathrm{e}^{-0.003036t}\sin(0.42t+3°25')\end{aligned}$$

$$\begin{aligned}\Delta\omega_{z1}&=6.766\mathrm{e}^{-0.8245t}\sin(387.0t+180°0'1'')+0.09539\mathrm{e}^{-0.003036t}\sin(0.42t+179°58')\\&=D'\mathrm{e}^{-0.8245t}\sin(387.0t+180°0'1'')+D''\mathrm{e}^{-0.003036t}\sin(0.42t+179°58')\end{aligned}$$

$$\begin{aligned}\Delta\varphi&=0.9944\mathrm{e}^{-0.8245t}\sin(387.0t+82°59')+1.617\times10^{-2}\mathrm{e}^{-0.003036t}\sin(0.42t+53°07')\\&=E'\mathrm{e}^{-0.8245t}\sin(387.0t+82°59')+E''\mathrm{e}^{-0.003036t}\sin(0.42t+53°07')\end{aligned}$$

显然，短周期运动的系数大大低于长周期运动系数，即

$$|C'|=1.0\gg|C''|=0.0005449$$

$$|D'|=6.766\gg|D''|=0.09539$$

$$|E'|=0.9944\gg|E''|=0.01617$$

上述事实表明，在 $\Delta\alpha$、$\Delta\omega_{z1}$、$\Delta\varphi$ 的变化中，前几秒主要是短周期运动。因为长周期运动的系数小，因而在两部分中，它所占的比重小，而且变化也慢，因此运动参数的变化主要由短周期运动决定。

对 $\Delta\theta$ 而言，有

$$\begin{aligned}\Delta\theta &= 0.07897e^{-0.8245t}\sin(387.0t+350°33')+0.015926e^{-0.003036t}\sin(0.42t+54°19')\\ &= B'e^{-0.8245t}\sin(387.0t+350°33')+B''e^{-0.003036t}\sin(0.42t+54°19')\end{aligned}$$

两个系数相差不大，一个 $B'=0.07897$，一个为 $B''=0.015926$，都很小，但短周期衰减快，主要看长周期运动。

纵向扰动运动特征方程式的 4 个根有 2 个大根和 2 个小根，以及长短周期运动中各个参数的振幅系数有一定的规律，说明了短周期运动主要在前几秒，变化的参数主要是 $\Delta\alpha$、$\Delta\omega_{z1}$、$\Delta\varphi$。长周期运动主要变化的参数是 ΔV 和 $\Delta\theta$。这种现象不仅火箭有，飞机也有。这两种运动的不同性质是由其固有特性决定的。其原因是火箭受干扰后，角运动参数和质心运动参数的变化是按两种不同的方式进行的。由干扰引起的角参数变化非常快，而由干扰引起的速度大小变化则十分缓慢。

下面用计算干扰作用消失的瞬间，火箭绕 OZ_1 旋转的角加速度和沿弹道的法向、切向加速度，来说明这一点。

设火箭突然受到某种干扰的影响，使火箭的俯仰角和攻角都增加了 1°，由攻角的变化，使作用在箭上的力和力矩发生变化，破坏了原来的平衡，利用式（8.1-1），有

$$\Delta\dot{V}=a_{13}\Delta\alpha=\frac{-P_e\sin\alpha-X^{\alpha}}{m}\Delta\alpha=-0.6343\mathrm{m/s^2}$$

$$\Delta\dot{\theta}=a_{23}\Delta\alpha=\frac{P_e\cos\alpha+Y^{\alpha}}{mV}\Delta\alpha=0.5368°/\mathrm{s}$$

$$\Delta\dot{\omega}_{z1}=a_{43}\Delta\alpha=\frac{M_{z1}^{\alpha}}{J_{z1}}\Delta\alpha=-45.7°/\mathrm{s^2}$$

从上面结果可以清楚看出，$\Delta\dot{\omega}_{z1}$ 比 $\Delta\dot{V}$ 和 $\Delta\dot{\theta}$ 大得多。这是因为火箭的质量惯性比较大，所以线加速度比角加速度要小得多。可以想象，在干扰的最初阶段，火箭绕质心的转动比质心本身的运动要剧烈得多。飞行速度的变化是极其微小的。当然，这里说的大小问题，只是指相对原来的量其增量的大小。

下面以一个静稳定的火箭在受干扰后的运动过程，来说明扰动运动为什么可以分成两种模态。为了使问题简化认为未扰动运动是作水平等速直线飞行，作这样的假设并不影响研究问题的本身。设火箭的运动状态如图 8.3-5 所示。此时作用在火箭上的力和力矩都处于平衡状态：

$$\sum \boldsymbol{X}=0，即\ P_e\cos\alpha_0-X=0$$

$$\sum \boldsymbol{Y}=0，即\ P_e\sin\alpha_0+Y-G=0$$

$$\sum \boldsymbol{M}_{z1}=0，即\ M_{z1}^{\alpha}\alpha_0+M_{z1}^{\delta}\delta_{\varphi_0}=0$$

在干扰作用下，火箭绕 OZ_1 轴转了 $\Delta\varphi_0$ 角，则干扰作用消失的瞬间，火箭的飞行状态如图 8.3-6 所示。

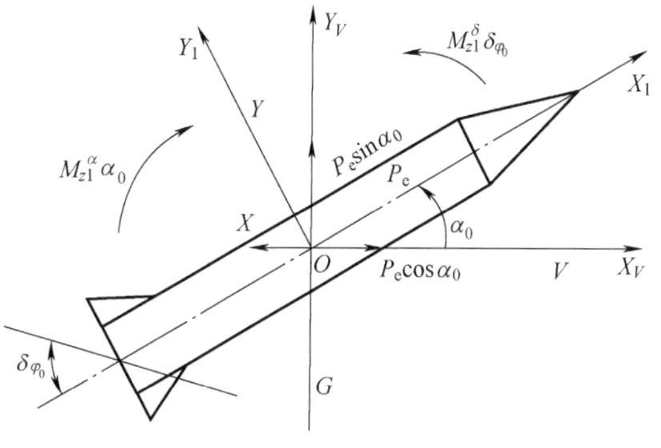

图 8.3-5　未受干扰时火箭的飞行状态

由于惯性原因，在瞬时干扰作用下，火箭的飞行速度方向来不及变化，则 $\Delta\alpha=\Delta\varphi$；由于 $\Delta\alpha$ 的产生，破坏了力和力矩的

平衡。因为是静稳定的火箭，压力中心在质心之后，攻角由 α_0 变为 $\alpha_0+\Delta\alpha$ 时，静稳定力矩绝对值增加了 $M_{z1}^{\alpha}\Delta\alpha$。在 $M_{z1}^{\alpha}\Delta\alpha$ 的作用下，使火箭轴向原方向（$\Delta\varphi$ 减小的方向）偏转。在火箭轴偏转过程中，产生两个作用：一是 $\Delta\alpha$ 减小，使稳定力矩增量的绝对值下降，如果不考虑其他作用，当 $\Delta\alpha$ 为零时，由于惯性作用箭体轴将向另一方向偏转，产生负的 $\Delta\alpha$，引起正的 $M_{z1}^{\alpha}\Delta\alpha$，这样在不计阻尼时将引起等幅的周期振荡；另一作用是产生角速度 $\Delta\omega_{z1}$，此角速度产生的阻尼力矩 $M_{z1}^{\omega_z}\Delta\omega_{z1}$，阻止火箭向原来方向转动，如果不考虑力的变化而引起飞行速度的变化，则在阻尼力矩作用下，火箭的运动参数增量的变化是一个衰减的运动。但实际上，当力矩平衡破坏时，力的平衡也破坏了，由于 $\Delta\alpha$ 的存在，使升力 $Y^{\alpha}\alpha_0$ 变为 $Y^{\alpha}(\alpha_0+\Delta\alpha)$，而推力分量 $P_e\sin\alpha_0$ 变为 $P_e\sin(\alpha_0+\Delta\alpha)$，于是升力和推力破坏了法向力平衡。由于法向力增量 $Y^{\alpha}\Delta\alpha+P_e\cos\alpha_0\Delta\alpha$ 的作用，使法向力产生附加速度 ΔV，改变速度的方向。同时，由于 $\Delta\alpha$ 的存在，破坏了切向力的平衡，切向力的增量 $-P_e\sin\alpha_0\Delta\alpha-X^{\alpha}\Delta\alpha$ 产生切向速度增量 ΔV。但由于质量惯性大，法向力和切向力的增量在短时间内产生的 ΔV 很小，ΔV 与原来的 V_0 相比是很小的，所以速度方向的增量 $\Delta\theta$ 变化十分缓慢。在 V 逐渐向箭体轴原来方向偏转的过程中，力矩作周期变化，最后它使箭体轴基本上稳定在与速度方向成攻角 α_0 的位置，如图 8.3-7 所示。此时力矩基本恢复平衡，即 $\sum \boldsymbol{M}_{z1}\approx 0$。

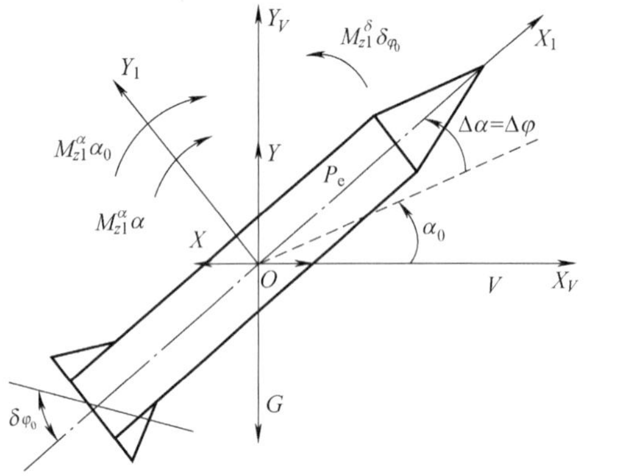

图 8.3-6　干扰作用消失瞬间火箭的飞行状态

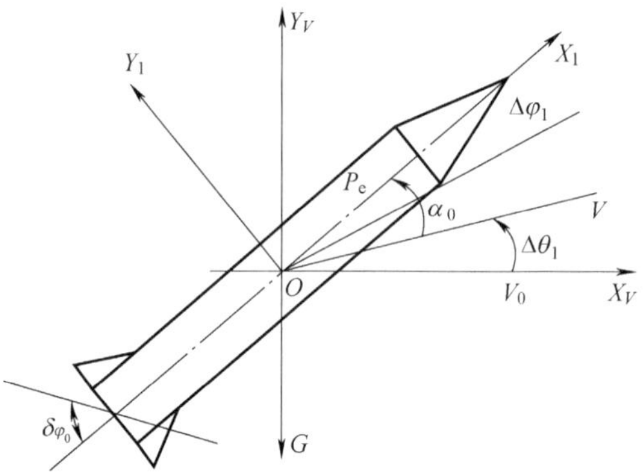

图 8.3-7　力矩基本恢复平衡时火箭的飞行状态

但由于速度偏离了原来的方向，产生了 $\Delta\theta_1$，而且速度大小也发生了变化，使得下式成立：

$$Y^V\Delta V+Y^{\alpha}\alpha_0+P_e\sin\alpha_0-G\cos\Delta\theta_1\neq 0$$

因而力未达到平衡，还需继续变化。由于这时阻尼作用很弱（主要是阻力的作用，当速度加大时，阻力也加大，使速度减小），所以运动进行得很慢，甚至在某些情况下变成不衰减的运动。

下面讨论力的平衡过程，在力的平衡过程中，由于速度方向变化比较慢，箭体轴的方向总能跟上速度轴的变化，可认为 $\Delta\alpha\to 0$，即不考虑力矩平衡过程。此时式（8.1-1）可写为

$$\begin{cases}\Delta\dot{V}=a_{11}\Delta V+a_{12}\Delta\theta=-\dfrac{X_0^V}{m}\Delta V-g\cos\theta\Delta\theta\\ \Delta\dot{\theta}=a_{21}\Delta V+a_{22}\Delta\theta=\dfrac{Y_0^V}{mV}\Delta V+\dfrac{g\sin\theta}{V}\Delta\theta\end{cases}\tag{8.3-1}$$

则根据式（8.3-1）的微分方程的第 2 式并代入第 1 式，得

$$\Delta\ddot{\theta}=\frac{Y_0^V}{mV}\Delta\dot{V}+\frac{g\sin\theta}{V}\Delta\dot{\theta}=\frac{Y_0^V}{mV}\left(-\frac{X_0^V}{m}\Delta V-g\cos\theta\Delta\theta\right)+\frac{g\sin\theta}{V}\Delta\dot{\theta}$$

又由式（8.3-1）的第 2 式知 $\Delta V=\frac{mV}{Y_0^V}\left(\Delta\dot{\theta}-\frac{g\sin\theta}{V}\Delta\theta\right)$，代入上式，得

$$\begin{aligned}\Delta\ddot{\theta}&=\frac{Y_0^V}{mV}\left\{-\frac{X_0^V}{m}\left[\frac{mv}{Y_0^V}\left(\Delta\dot{\theta}-\frac{g\sin\theta}{V}\Delta\theta\right)\right]-g\cos\theta\Delta\theta\right\}+\frac{g\sin\theta}{V}\Delta\dot{\theta}\\&=-\frac{X_0^V}{m}\left(\Delta\dot{\theta}-\frac{g\sin\theta}{V}\Delta\theta\right)-\frac{Y_0^V}{mV}g\cos\theta\Delta\theta+\frac{g\sin\theta}{V}\Delta\dot{\theta}\\&=-\left(\frac{X_0^V}{m}-\frac{g\sin\theta}{v}\right)\Delta\dot{\theta}-\frac{gY_0^V\cos\theta-gX_0^V\sin\theta}{mV}\Delta\theta\end{aligned}$$

即

$$\Delta\ddot{\theta}+\left(\frac{X_0^V}{m}-\frac{g\sin\theta}{V}\right)\Delta\dot{\theta}+\frac{gY_0^V\cos\theta-gX_0^V\sin\theta}{mV}\Delta\theta=0\tag{8.3-2}$$

同理，根据式（8.3-1）的第 1 式并代入第 2 式，有

$$\Delta\ddot{V}=-\frac{X_0^V}{m}\Delta\dot{V}-g\cos\theta\Delta\dot{\theta}=-\frac{X_0^V}{m}\Delta\dot{V}-g\cos\theta\left(\frac{Y_0^V}{mV}\Delta V+\frac{g\sin\theta}{V}\Delta\theta\right)$$

又由式（8.3-1）的第 1 式得 $\Delta\theta=\frac{1}{g\cos\theta}\left(-\frac{X_0^V}{m}\Delta V-\Delta\dot{V}\right)$，代入上式，得

$$\begin{aligned}\Delta\ddot{V}&=-\frac{X_0^V}{m}\Delta\dot{V}-g\cos\theta\left\{\frac{Y_0^V}{mV}\Delta V+\frac{g\sin\theta}{V}\left[\frac{1}{g\cos\theta}\left(-\frac{X_0^V}{m}\Delta V-\Delta\dot{V}\right)\right]\right\}\\&=-\frac{X_0^V}{m}\Delta\dot{V}-g\cos\theta\frac{Y_0^V}{mV}\Delta V-\frac{g\sin\theta}{V}\left(-\frac{X_0^V}{m}\Delta V-\Delta\dot{V}\right)\\&=-\left(\frac{X_0^V}{m}-\frac{g\sin\theta}{V}\right)\Delta\dot{V}-\left(\frac{gY_0^V\cos\theta}{mv}-\frac{gX_0^V\sin\theta}{mV}\right)\Delta V\end{aligned}$$

即

$$\Delta\ddot{V}+\left(\frac{X_0^V}{m}-\frac{g\sin\theta}{V}\right)\Delta\dot{V}+\left(\frac{gY_0^V\cos\theta}{mV}-\frac{gX_0^V\sin\theta}{mV}\right)\Delta V=0\tag{8.3-3}$$

令

$$B_1=\frac{X_0^V}{m}-\frac{g\sin\theta}{V},\ B_2=\frac{gY_0^V\cos\theta-gX_0^V\sin\theta}{mV}$$

故式（8.3-2）和式（8.3-3）可变为

$$\begin{cases}\Delta\ddot{\theta}+B_1\Delta\dot{\theta}+B_2\Delta\theta=0\\\Delta\ddot{V}+B_1\Delta\dot{V}+B_2\Delta V=0\end{cases}\tag{8.3-4}$$

它的特征方程式为

$$\lambda^2+B_1\lambda+B_2=0$$

如 $B_1^2-4B_2<0$，则有

$$\Delta\theta=C_i\mathrm{e}^{-\frac{B_1}{2}t}\sin\left(\sqrt{\frac{4B_2-B_1^2}{4}}t+\gamma\right)$$

此时，$\Delta\theta$ 的变化是一个衰减的周期运动，下面简单地说明一下这个衰减运动的物理过程。

这里从力矩平衡过程结束瞬间开始，此时由于 $\Delta\theta_1$ 的存在，法向力和切向力均不平衡，设

$$Y + P_e \sin\alpha_0 - G\cos\Delta\theta_1 > 0$$

而

$$P_e \cos\alpha_0 - X - G\sin\Delta\theta_1 < 0$$

如图 8.3-8 所示，如果法向力大于零，即

$$\frac{Y_0^V}{mV}\Delta V + \frac{g\sin\theta}{V}\Delta\theta > 0$$

故 $\Delta\theta$ 继续增加，而$\frac{\mathrm{d}\Delta\theta}{\mathrm{d}t} > 0$。与此同时，由于切向力小于零，即

$$-\frac{X_0^V}{m}\Delta V - g\cos\theta\Delta\theta < 0$$

故 ΔV 继续下降，由于 $\Delta V < 0$，故 $|\Delta V|$ 增加，如图 8.3-8 所示。

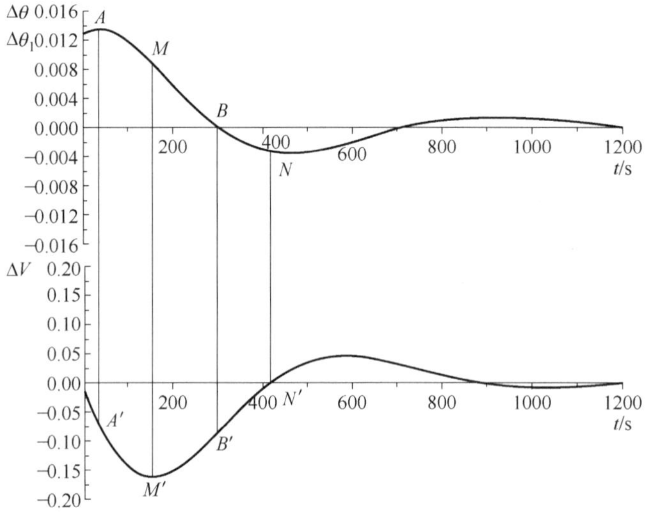

图 8.3-8　力的平衡过程

当 $\Delta\theta$ 增加至点 A 时，由于 ΔV 继续下降使

$$\frac{Y_0^V}{mV}\Delta V + \frac{g\sin\theta}{V}\Delta\theta = 0$$

即，法向力处于平衡。但由于点 A' 处切向力尚未平衡，ΔV 继续下降，使

$$\frac{\mathrm{d}\Delta\theta}{\mathrm{d}t} = \frac{Y_0^V}{mV}\Delta V + \frac{g\sin\theta}{V}\Delta\theta < 0$$

故 $\Delta\theta$ 开始下降，至点 M，切向力处于平衡状态：

$$-\frac{X_0^V}{m}\Delta V - g\cos\theta\Delta\theta = 0$$

但由于在 M' 点法向力不平衡，即 $\Delta\theta$ 要继续减小使

$$\frac{\mathrm{d}\Delta V}{\mathrm{d}t} = -\frac{X_0^V}{m}\Delta V - g\cos\theta\Delta\theta > 0$$

结果使 ΔV 增加，至点 B，$\Delta\theta=0$，则 $\Delta V<0$、$\Delta\dot{\theta}<0$，故 $\Delta\theta$ 继续减小变为负值，至点 $N\Delta V=0$，但 $\Delta\dot{\theta}<0$、$\Delta\dot{V}>0$，故 ΔV 继续增大变为正值，如此反复直至 $\Delta\theta$ 和 ΔV 同时变为零，而力的平衡结束，由于如下阻尼的作用：

$$B_1=\frac{X_0^V}{m}-\frac{g\sin\theta}{V}$$

振幅越来越小，故呈现衰减振荡。

从阻尼系数 $B_1=\frac{X_0^V}{m}-\frac{g\sin\theta}{V}$可以看出，阻力是起阻尼作用，而当 θ_0 为正值时，重力分量是不稳定的因素，当$\frac{g\sin\theta}{V}>\frac{X_0^V}{m}$时，长周期运动会变成不稳定运动。

因此，人们常说力矩的平衡过程主要是角运动的过程，主要的变化参数是 $\Delta\alpha$、$\Delta\varphi$ 和 $\Delta\dot{\varphi}=\Delta\omega_{z1}$，而力的平衡过程主要是质心运动的过程，主要的变化参数是 ΔV 和 $\Delta\theta$。

归纳一下，可以看出长周期运动（缓慢运动）主要是与质心运动有关，这是力的平衡过程。相反，短周期运动（快速运动）主要与绕质心的转动有关，是力矩的平衡过程。但也要指出的是，将扰动运动划分为短周期运动和长周期运动，只是研究整个不可分割的扰动运动的一个简便的分析方法。而这种划分对了解哪些因素在哪个阶段对火箭的稳定性起决定性的作用，并知晓哪些因素可以略去。例如，讨论短周期运动时，常常略去飞行速度大小的变化。而当研究长周期运动时，则不考虑攻角 $\Delta\alpha$ 和角速度 $\Delta\omega_{z1}$ 的影响。这样可以使问题大为简化。

比较而言，短周期运动有更大的实际意义，原因如下：

1）长周期运动实际上不能表示火箭的扰动运动，因为长周期运动进行得非常缓慢。由于扰动运动方程的系数的变化，固化系数法不再适用。如果系数不变化，因为长周期运动变化缓慢，控制系统完全来得及进行控制。

2）短周期运动在初始阶段起主要作用，它反映力矩的平衡过程。攻角的变化主要由短周期运动决定。而攻角 α 又是设计中重要的参数之一，所以在火箭和火箭控制系统的设计中，均只考虑短周期运动。

最后再说明一点，由于火箭的外形不一样，有静稳定的，还有静不稳定的。由于质心和压心相对位置的变化，飞行过程中静稳定性还会变化。当静稳定性很小，接近中立稳定时，绕质心的运动也进行得十分缓慢，这时把扰动运动分解为长短周期运动就不正确了，必须同时研究。

8.4　短周期运动的简化分析

根据上节的讨论，火箭受干扰后，质心运动参数变化慢，而转动运动参数变化快，如果火箭是静稳定的且静稳定度较大，可以不考虑力的方程。令 $\Delta V=0$、$\Delta\theta=0$、$\Delta\varphi=\Delta\alpha$，则此时的运动方程如下：

$$\Delta\ddot{\varphi}=a_{43}\Delta\alpha+a_{44}\Delta\omega_{z1}$$

即

$$\Delta\ddot{\alpha} - a_{44}\Delta\dot{\alpha} - a_{43}\Delta\alpha = 0$$

$$\Delta\ddot{\alpha} - \frac{M_{z1}^{\omega_z}}{J_{z1}}\Delta\dot{\alpha} - \frac{M_{z1}^{\alpha}}{J_{z1}}\Delta\alpha = 0$$

$$\Delta\ddot{\alpha} + A_1\Delta\dot{\alpha} + A_2\Delta\alpha = 0$$

$$A_1 = -\frac{M_{z1}^{\omega_z}}{J_{z1}} > 0,\ A_2 = -\frac{M_{z1}^{\alpha}}{J_{z1}}$$

可见如果火箭是静稳定的，$M_{z1}^{\alpha} < 0$，$A_2 > 0$，则未扰动运动是稳定的；如果火箭是静不稳定的，$M_{z1}^{\alpha} > 0$，$A_2 < 0$，则未扰动运动是不稳定的。但这种简化过于粗糙，一般来说只忽略 ΔV 的变化，而 $\Delta\theta$ 是要考虑的。也就是说，如果只讨论受干扰后第一阶段的运动，可以忽略 ΔV 的变化，这样可以去掉第 1 个方程，而在其余方程里假定 $\Delta V = 0$，这样可以得到如下简化方程：

$$\begin{cases} \Delta\dot{\theta} = a_{22}\Delta\theta + a_{23}\Delta\alpha \\ \Delta\ddot{\varphi} = \Delta\dot{\omega}_{z1} = a_{42}\Delta\theta + a_{43}\Delta\alpha + a_{44}\Delta\omega_{z1} \\ \Delta\varphi = \Delta\theta + \Delta\alpha \end{cases} \tag{8.4-1}$$

其中

$$\begin{cases} a_{22} = \dfrac{g\sin\theta}{V} & a_{23} = \dfrac{P_{\mathrm{e}}\cos\alpha + Y^{\alpha}}{mV} = \dfrac{Y_0^{\alpha}}{mV} \\ a_{42} = -\dfrac{M_{z1}^{\dot{\alpha}}}{J_{z1}}\dfrac{g\sin\theta}{V} & a_{44} = \dfrac{M_{z1}^{\omega_z}}{J_{z1}} + \dfrac{M_{z1}^{\dot{\alpha}}}{J_{z1}} \\ a_{43} = \dfrac{M_{z1}^{\alpha}}{J_{z1}} - \dfrac{M_{z1}^{\dot{\alpha}}}{J_{z1}}\dfrac{P_{\mathrm{e}}\cos\alpha + Y^{\alpha}}{mV} \end{cases} \tag{8.4-2}$$

对运载火箭而言，$M_{z1}^{\dot{\alpha}}$ 很小，可以忽略，则有

$$a_{22} = \frac{g\sin\theta}{V},\ a_{23} = \frac{Y_0^{\alpha}}{mV},\ a_{43} = \frac{M_{z1}^{\alpha}}{J_{z1}},\ a_{44} = \frac{M_{z1}^{\omega_z}}{J_{z1}},\ a_{42} = 0 \tag{8.4-3}$$

此时式（8.4-1）可改写为如下形式：

$$\begin{cases} \Delta\dot{\theta} = a_{22}\Delta\theta + a_{23}\Delta\alpha \\ \Delta\ddot{\varphi} = a_{43}\Delta\alpha + a_{44}\Delta\omega_{z1} \\ \Delta\varphi = \Delta\theta + \Delta\alpha \end{cases} \tag{8.4-4}$$

式（8.4-4）为一般火箭控制理论中常用公式。式（8.4-4）很重要，下面先讨论其中各动力系数的意义。

（1）系数 $a_{44} = \dfrac{M_{z1}^{\omega_z}}{J_{z1}}$

它表示角速度有一个单位偏离时所引起的角加速度。因为 $M_{z1}^{\omega_z} < 0$，所以这个角加速度增量 $\Delta\ddot{\varphi}$ 总与角速度方向相反。由于这角加速度阻止火箭相对于 OZ_1 轴的旋转，所以其所起到的作用叫作阻尼作用。

（2）系数 $a_{43}=\dfrac{M_{z1}^{\alpha}}{J_{z1}}$

它表示火箭的静稳定性。a_{43}是攻角改变一个单位时所引起的火箭角加速度的增量，如果 $a_{43}<0$，$M_{z1}^{\alpha}<0$，则表示 $\Delta\ddot{\varphi}$与 $\Delta\alpha$ 方向相反。

（3）系数 $a_{23}=\dfrac{P_{\mathrm{e}}\cos\alpha+Y^{\alpha}}{mV}$

它表示攻角偏离一个单位引起弹道切线转动角速度的增量。当刚起飞行时，因 Y^{α} 很小，其主要由推力大小来决定。

（4）系数 $a_{22}=\dfrac{g\sin\theta}{V}$

它表示弹道倾角偏离一个单位时，弹道切线转动角速度的增量。这里应指出一点，当弹道倾角偏转 $\Delta\theta$ 时，重力法向分量会改变 $G\sin\theta\Delta\theta$，但一般情况下不考虑重力法向分离 $G\sin\theta\Delta\theta$ 对弹道切线转动角速度的影响，即往往忽略 $a_{22}\Delta\theta$ 这一项。其原因是重力分量的改变较推力和升力分量的改变要小得多。但是，在火箭飞行速度不大的情况下，该项不能忽略。这里先设 $a_{22}=0$，式（8.4-4）变为

$$\begin{cases}\Delta\dot{\theta}=a_{23}\Delta\alpha\\ \Delta\ddot{\varphi}=a_{43}\Delta\alpha+a_{44}\Delta\omega_{z1}\\ \Delta\varphi=\Delta\theta+\Delta\alpha\end{cases}\tag{8.4-5}$$

消去 $\Delta\varphi$ 和 $\Delta\theta$ 后，得

$$\Delta\ddot{\alpha}+A_1\Delta\dot{\alpha}+A_2\Delta\alpha=0\tag{8.4-6}$$

式中

$$\begin{cases}A_1=a_{23}-a_{44}=\dfrac{P_{\mathrm{e}}\cos\alpha+Y^{\alpha}}{mV}-\dfrac{M_{z1}^{\omega_z}}{J_{z1}}\\ A_2=-a_{43}-a_{44}a_{23}=-\dfrac{M_{z1}^{\alpha}}{J_{z1}}-\dfrac{P_{\mathrm{e}}\cos\alpha+Y^{\alpha}}{mV}\dfrac{M_{z1}^{\omega_z}}{J_{z1}}\end{cases}\tag{8.4-7}$$

根据霍尔维茨判据，短周期运动稳定充要条件为

$$A_1>0,\ A_2>0$$

因为 A_1 恒大于零，而对于 A_2，当静稳定时，$M_{z1}^{\alpha}<0$，$A_2>0$；如果稍有静不稳定，$M_{z1}^{\alpha}>0$，但只要保证下式成立：

$$-\frac{P_e\cos\alpha+Y^{\alpha}}{mV}\frac{M_{z1}^{\omega_z}}{J_{z1}}>\frac{M_{z1}^{\alpha}}{J_{z1}}$$

则短周期运动仍然是稳定的。这说明静不稳定不一定就会动不稳定。但实际上当满足上述不等式时，M_{z1}^{α}很小，这时不一定能略去 ΔV 的影响。

式（8.4-6）的特征方程式为

$$\lambda^2+A_1\lambda+A_2=0$$

故

$$\lambda_{1,2}=-\frac{A_1}{2}\pm\sqrt{\frac{A_1^2}{4}-A_2}\tag{8.4-8}$$

研究下述两种情况。

（1）$A_2 > \frac{A_1^2}{4}$

这时扰动运动为周期运动。由于 A_1 不包括静稳定性系数 M_{z1}^{α}，故火箭的静稳定度变化与短周期衰减系数 $-\frac{A_1}{2}$ 无关，它仅影响短周期运动周期，即

$$T = \frac{2\pi}{\sqrt{A_2 - \frac{A_1^2}{4}}} \tag{8.4-9}$$

如果静稳定度增加，则系数 A_2 增加，短周期运动的振荡周期减小。这里要特别注意的是，如果扰动运动是周期运动，衰减快慢与静稳定度无关，影响衰减快慢的因素主要与 $\frac{M_{z1}^{\omega_z}}{J_{z1}}$ 和 $\frac{Y^{\alpha}}{mV}$ 有关。

（2）$\frac{A_1^2}{4} > A_2 > 0$

这时扰动运动是两个非周期运动的合成运动，如果 $A_1 > 0$、$A_2 > 0$，则此两非周期运动都是衰减的。此时，静稳定度会影响运动的衰减特性。当静稳定度增加时，一个非周期运动衰减加剧，而另一个非周期运动衰减变慢。

根据短周期运动的简化分析，在忽略了重力法向分量变化时，干扰运动方程是一个二阶微分方程，可以求出周期运动的周期和振幅衰减一半的时间。这样也就可以分析影响 A_1、A_2 的因素对周期 T 和半衰期 t_2 的影响，如速度 V、高度 h、空气动力系数 C_y^{α}、$M_{z1}^{\omega_z}$ 和转动惯量 J_{z1}、以及推力等对周期 T 和半衰期 t_2 的影响。

8.5 运载火箭纵向扰动运动分析

运载火箭分析其纵向扰动运动不能略去重力影响，尤其是起飞不久，推力和重力相差不多，所以重力不能略去。根据短周期运动的简化分析，此时 $\Delta V = 0$，但 $a_{22} \neq 0$，所以扰动运动方程为

$$\begin{cases} \Delta\dot{\theta} = a_{22}\Delta\theta + a_{23}\Delta\alpha + 0\Delta\omega_{z1} \\ \Delta\dot{\alpha} = -a_{22}\Delta V - a_{23}\Delta\theta + \Delta\omega_{z1} \\ \Delta\dot{\omega}_{z1} = 0\Delta\theta + a_{43}\Delta\alpha + a_{44}\Delta\omega_{z1} \end{cases} \tag{8.5-1}$$

设其解为

$$\begin{cases} \Delta\theta = B\mathrm{e}^{\lambda t} \\ \Delta\alpha = A\mathrm{e}^{\lambda t} \\ \Delta\omega_{z1} = C\mathrm{e}^{\lambda t} \end{cases} \tag{8.5-2}$$

将式（8.5-2）代入式（8.5-1），得到如下线性方程组：

$$\begin{cases}(a_{22}-\lambda)B+a_{23}A+0C=0\\-a_{22}B+(-a_{23}-\lambda)A+C=0\\0B+a_{43}A+(a_{44}-\lambda)C=0\end{cases}\tag{8.5-3}$$

其特征行列式为

$$\begin{vmatrix}a_{22}-\lambda & a_{23} & 0\\-a_{22} & -a_{23}-\lambda & 1\\0 & a_{43} & a_{44}-\lambda\end{vmatrix}\tag{8.5-4}$$

展开得特征方程式为

$$D(\lambda)=\lambda^3+p_1\lambda^2+p_2\lambda+p_3=0\tag{8.5-5}$$

其中

$$\begin{cases}p_1=a_{23}-a_{22}-a_{44}=\dfrac{P_e\cos\alpha+Y^\alpha}{mV}-\dfrac{g\sin\theta}{V}-\dfrac{M_{z1}^{\omega_z}}{J_{z1}}\\p_2=a_{44}(a_{22}-a_{23})-a_{43}=\dfrac{M_{z1}^{\omega_z}}{J_{z1}}\left(\dfrac{g\sin\theta}{V}-\dfrac{P_e\cos\alpha+Y^\alpha}{mV}\right)-\dfrac{M_{z1}^\alpha}{J_{z1}}\\p_3=a_{43}a_{22}=\dfrac{M_{z1}^\alpha}{J_{z1}}\dfrac{g\sin\theta}{V}\end{cases}\tag{8.5-6}$$

设特征方程式的根为 λ_1、λ_2、λ_3，则有

$$\begin{cases}\Delta\theta=B_1\mathrm{e}^{\lambda_1 t}+B_2\mathrm{e}^{\lambda_2 t}+B_3\mathrm{e}^{\lambda_3 t}\\\Delta\alpha=A_1\mathrm{e}^{\lambda_1 t}+A_2\mathrm{e}^{\lambda_2 t}+A_3\mathrm{e}^{\lambda_3 t}\\\Delta\omega_{z1}=C_1\mathrm{e}^{\lambda_1 t}+C_2\mathrm{e}^{\lambda_2 t}+C_3\mathrm{e}^{\lambda_3 t}\end{cases}\tag{8.5-7}$$

因为考虑重力，又 $\theta>0$，则 $a_{22}=\dfrac{g\sin\theta}{V}>0$。当火箭是静稳定时，$M_{z1}^\alpha<0$，故 $p_3=a_{43}a_{22}=\dfrac{M_{z1}^\alpha}{J_{z1}}\dfrac{g\sin\theta}{V}<0$，故运动是不稳定的。它反映了重力法向分量起一个不稳定的作用，这是 $a_{22}\neq0$ 带来的特点。在详细讨论 $a_{22}\neq0$ 会带来什么影响之前，分析一下前述公式，如果令 $a_{22}=0$，其结果是否同以前的结论一致。为此，令 $a_{22}=0$，则 $p_3=0$，特征方程式变为

$$\lambda\ [\lambda^2+(a_{23}-a_{44})\lambda+(-a_{44}a_{23}-a_{43})]=0$$

即出现了零根，那么，一般来讲此零根对应的解 $\Delta\alpha$、$\Delta\theta$、$\Delta\omega_{z1}$ 应该等于常数（未扰动运动是稳定），而不是零（未扰动运动不是渐进稳定）。但前面讨论如果火箭是静稳定的，$\Delta\alpha$、$\Delta\omega_{z1}$ 应该是渐进稳定的。如何解释这一现象呢？其实式（8.5-7）中对应零根 λ_3 的 A_3、C_3 可证明其为零。为此令对应 $\lambda_3=0$ 的特解为

$$\begin{cases}\Delta\theta=B_3\\\Delta\alpha=A_3\\\Delta\omega_{z1}=C_3\end{cases}\tag{8.5-8}$$

因 $a_{22}=0$，式（8.5-3）可写为

$$\begin{cases}-\lambda_3B_3+a_{23}A_3+0C_3=0\\0B_3+(-a_{23}-\lambda_3)A_3+C_3=0\\0B_3+a_{43}A_3+(a_{44}-\lambda_3)C_3=0\end{cases}\tag{8.5-9}$$

在上述方程式中令 $\lambda_3=0$，即知 $A_3=C_3=0$，B_3 自由，所以对应于零根 λ_3 的特解 $\Delta\alpha$、$\Delta\omega_{z1}$ 是零。如果另外 2 个根的实部为负，则对 $\Delta\alpha$、$\Delta\omega_{z1}$ 是渐进稳定的。但对 $\Delta\theta$ 而言，因 $B_3\neq0$，所以 $\Delta\theta$ 只能是稳定的，而不是渐进稳定的。这与前述力矩平衡后 $\Delta\theta_1\neq0$ 是一致的。

下面讨论 $a_{22}\neq0$ 给扰动运动的解带来什么特点，因为静稳定和静不稳定有不同的特点，所以分两种情况来讨论。

8.5.1 静稳定的火箭

静稳定的火箭的状态又可以分为三种。

（1）动压 $q=\dfrac{\rho}{2}V^2$ 较大的状态

因为动压较大，空气动力和空气动力矩均较大，特征方程式的系数为

$$p_1=\frac{P_e\cos\alpha+Y^\alpha}{mV}-\frac{g\sin\theta}{V}-\frac{M_{z1}^{\omega_z}}{J_{z1}}$$

因 $P_e>G$、$M_{z1}^{\omega_z}<0$，故 $p_1>0$。

$$p_2=\frac{M_{z1}^{\omega_z}}{J_{z1}}\left(\frac{g\sin\theta}{V}-\frac{P_e\cos\alpha+Y^\alpha}{mV}\right)-\frac{M_{z1}^\alpha}{J_{z1}}$$

因 $M_{z1}^{\omega_z}<0$、$P_e\cos\alpha+Y^\alpha>G$、$M_{z1}^\alpha<0$，故 $p_2>0$。

$$p_3=\frac{M_{z1}^\alpha}{J_{z1}}\frac{g\sin\theta}{V}$$

因 $M_{z1}^\alpha<0$，故 $p_3<0$。

而 $R=p_1p_2-p_3>0$，故运动是不稳定的。

下面分析一下特征方程式，有

$$D(\lambda)=\lambda^3+(a_{23}-a_{22}-a_{44})\lambda^2+[a_{44}(a_{22}-a_{23})-a_{43}]\lambda+a_{43}a_{22}=0 \quad (8.5\text{-}10)$$

因为此时速度较大，法向力方程的系数 a_{23}、a_{22} 较小，上式可近似简化为

$$D(\lambda)=(\lambda-a_{22})(\lambda^2-a_{44}\lambda-a_{43})=0 \quad (8.5\text{-}11)$$

或者

$$D(\lambda)=(\lambda-a_{22})[\lambda^2+(a_{23}-a_{44})\lambda-a_{43}]=0 \quad (8.5\text{-}12)$$

因为 $-a_{43}>0$、$a_{23}-a_{44}>0$、$a_{22}>0$，说明存在一个小的正实根 $\lambda=a_{22}$ 和一对实部为负的共轭复根（或者两个负实根）。

【例 8.2】 假设火箭某时刻参数，见表 8.5-1。

表 8.5-1　假设的静稳定火箭某时刻参数

符号	a_{23}	a_{22}	a_{44}	a_{43}
数值	0.118	0.0403	-0.117	-0.371

利用式（8.5-10）得

$$D(\lambda)=\lambda^3+0.1947\lambda^2+0.3619\lambda-0.01495=0$$

解得

$$\lambda_{1,2}=-0.117498\pm j0.597961,\quad \lambda_3=0.0402575$$

利用式（8.5-12），有

$$D(\lambda)=(\lambda-0.0403)(\lambda^2+0.235\lambda+0.371)=0$$

$$\lambda_{1,2}=-0.01175\pm j0.597656,\ \lambda_3=0.0403$$

利用式（8.5-11），有

$$D(\lambda)=(\lambda-0.0403)(\lambda^2+0.117\lambda+0.371)=0$$

$$\lambda_{1,2}=-0.0585\pm j0.606282,\ \lambda_3=0.0403$$

说明用式（8.5-12）的近似程度要好一些。一个小的正实根与 a_{22} 有关，它说明重力法向分量使运动参数发散，但发散得很慢，而另一对大的共轭复根正好反映了箭体的短周期运动。

（2）起飞时刻的状态

此时的特点是飞行速度 V 较小，因而 a_{22}、a_{23} 较大，而 $-a_{43}$ 较小，阻尼项 $-a_{44}$ 更小可以忽略。此时特征方程式为

$$\begin{aligned}D(\lambda)&=\lambda^3+p_1\lambda^2+p_2\lambda+p_3\\&=\lambda^3+(a_{23}-a_{22}-a_{44})\lambda^2+[a_{44}(a_{22}-a_{23})-a_{43}]\lambda+a_{43}a_{22}\\&\approx\lambda^3+(a_{23}-a_{22})\lambda^2-a_{43}\lambda+a_{43}a_{22}\\&\approx(\lambda+a_{23}-a_{22})\left[\lambda^2-\frac{a_{43}a_{23}}{(a_{23}-a_{22})^2}\lambda+\frac{a_{43}a_{22}}{a_{23}-a_{22}}\right]=0\end{aligned}\tag{8.5-13}$$

因 $a_{23}-a_{22}>0$、$a_{43}<0$，故 $a_{43}a_{22}<0$，则上式可以近似分解为

$$\begin{aligned}D(\lambda)\approx(\lambda+a_{23}-a_{22})&\left[\lambda-\frac{1}{2}\frac{a_{43}a_{23}}{(a_{23}-a_{22})^2}+\sqrt{\frac{-a_{43}a_{22}}{a_{23}-a_{22}}}\right]\cdot\\&\left[\lambda-\frac{1}{2}\frac{a_{43}a_{23}}{(a_{23}-a_{22})^2}-\sqrt{\frac{-a_{43}a_{22}}{a_{23}-a_{22}}}\right]=0\end{aligned}\tag{8.5-14}$$

因为 $-\frac{1}{2}\frac{a_{43}a_{23}}{(a_{23}-a_{22})^2}-\sqrt{\frac{-a_{43}a_{22}}{a_{23}-a_{22}}}<0$，故有一个正实根，它与 a_{22} 有关。这说明由于考虑法向分量的影响，有 1 个正实根，即有一个非周期运动是不稳定的；另外 2 个实根是小于零的，是两个非周期衰减运动。

【例 8.3】 假设火箭在起飞时刻附近参数，见表 8.5-2。

表 8.5-2　假设的静稳定火箭在起飞时刻附近参数

符号	a_{23}	a_{22}	a_{44}	a_{43}
数值	0.118	0.0403	−0.117	−0.371

$$D(\lambda)=\lambda^3+0.4817\lambda^2+0.0053759\lambda-0.0023738=0$$

故有

$$\lambda_1=0.06109888,\ \lambda_2=-0.084700509,\ \lambda_3=-0.458698046$$

用近似式（8.5-14）得

$$\lambda_1=\frac{1}{2}\frac{a_{43}a_{23}}{(a_{23}-a_{22})^2}+\sqrt{\frac{-a_{43}a_{22}}{a_{23}-a_{22}}}=0.062142568$$

$$\lambda_2=\frac{1}{2}\frac{a_{43}a_{23}}{(a_{23}-a_{22})^2}-\sqrt{\frac{-a_{43}a_{22}}{a_{23}-a_{22}}}=-0.077490274$$

$$\lambda = -(a_{23} - a_{22}) = -0.487$$

（3）高空状态（关机时刻）

高空飞行时，速度很大，但空气动力很小，可以忽略空气动力，此时特征方程式为

$$\lambda^3 + (a_{23} - a_{22})\lambda^2 = 0$$

$\lambda^2 = 0$ 时的两个零根，体现了力矩方程 $J_{z1}\Delta\ddot{\varphi} = 0$，故 $\Delta\varphi = \Delta\varphi_0 + \Delta\dot{\varphi}_0 t$，即角 $\Delta\varphi$ 是任意的，因为此时无外力阻止它的运动。当有干扰 $\Delta\dot{\varphi}_0$时，$\Delta\varphi$ 就迅速增加，这说明在高空箭体的未扰动运动是不稳定的，必须加以控制。

8.5.2 静不稳定的火箭

（1）动压 q 较大的状态

同静稳定火箭 q 较大的状态一样，$D(\lambda)$ 可简化为

$$D(\lambda) = (\lambda - a_{22})(\lambda^2 - a_{44}\lambda - a_{43}) = 0 \tag{8.5-15}$$

因 $a_{43} > 0$，故上式可以分解为

$$D(\lambda) = (\lambda - a_{22})\left(\lambda - \frac{a_{44}}{2} - \frac{\sqrt{a_{44}^2 + 4a_{43}}}{2}\right)\left(\lambda - \frac{a_{44}}{2} + \frac{\sqrt{a_{44}^2 + 4a_{43}}}{2}\right) = 0 \tag{8.5-16}$$

【例 8.4】假设火箭某时刻参数，见表 8.5-3。

表 8.5-3　假设的静不稳定火箭某时刻参数

符号	a_{23}	a_{22}	a_{44}	a_{43}
数值	0.0636	0.0097	−0.0882	2.261

特征方程式为

$$D(\lambda) = \lambda^3 + 0.1421\lambda^2 - 2.2605246\lambda + 0.0219317 = 0$$

故有

$$\lambda_1 = 0.00972, \quad \lambda_2 = -1.437, \quad \lambda_3 = 1.5696$$

用式（8.5-16）所示近似形式可得

$$\lambda_1 = 0.0097, \quad \lambda_2 = -1.45956, \quad \lambda_3 = 1.54776$$

说明存在 1 个大的正实根，这是由于箭体是静不稳定的，受扰动后，有一翻转力矩使 $\Delta\alpha$ 越来越大，所以箭体的未扰动运动是不稳定的。还有 1 个小的正实根，它仍然反映的是重力法向分量的影响。

（2）起飞时刻的状态

此时的特点是飞行速度 V 较小，因而 a_{22}、a_{23}较大，而 a_{43}较小，阻尼项 $-a_{44}$更小，甚至可以忽略。此时特征方程式为

$$D(\lambda) \approx \lambda^3 + p_1\lambda^2 + p_2\lambda + p_3 = 0$$

其系数为

$$p_1 \approx \frac{P_e}{G}\frac{g}{V} - \frac{g}{V} - \frac{M_{z1}^{\omega_z}}{J_{z1}} > 0$$

$$p_2 \approx \frac{M_{z1}^{\omega_z}}{J_{z1}}\left(\frac{g}{V} - \frac{P_e}{G}\frac{g}{V}\right) - \frac{M_{z1}^{\alpha}}{J_{z1}} < 0$$

$$p_3 \approx \frac{M_{z1}^{\alpha}}{J_{z1}} \frac{g}{V} > 0$$

故 $R = p_1 p_2 - p_3 < 0$，此时运动是发散的。类似静稳定火箭，此时的特征方程式可写为

$$\begin{aligned} & \lambda^3 + (a_{23} - a_{22})\lambda^2 - a_{43}\lambda + a_{43}a_{22} \\ & \approx (\lambda + a_{23} - a_{22})\left[\lambda^2 - \frac{a_{43}a_{23}}{(a_{23} - a_{22})^2}\lambda + \frac{a_{43}a_{22}}{a_{23} - a_{22}}\right] = 0 \end{aligned} \tag{8.5-17}$$

因 $a_{43} > 0$，故上式可以近似表示为

$$\begin{aligned} & D(\lambda) \approx (\lambda + a_{23} - a_{22})(\lambda^2 + 2\xi\omega\lambda + \omega^2) \\ & \left[\lambda - \frac{1}{2}\frac{a_{43}a_{23}}{(a_{23} - a_{22})^2} - \sqrt{\frac{-a_{43}a_{22}}{a_{23} - a_{22}}}\right] = 0 \end{aligned} \tag{8.5-18}$$

其中

$$\omega = \sqrt{\frac{a_{43}a_{22}}{a_{23} - a_{22}}},\ \xi\omega = \frac{-a_{43}a_{23}}{2\ (a_{23} - a_{22})^2}$$

故是一对实部为正的共轭复根和一个负的实根，它表明系统是不稳定的，而且是振荡发散的。

【**例 8.5**】假设火箭在起飞时刻附近参数，见表 8.5-4。

表 8.5-4　假设的静不稳定火箭起飞时刻附近参数

符号	a_{23}	a_{22}	a_{44}	a_{43}
数值	1.4	0.91	-0.006	-0.003

特征方程式为

$$\begin{aligned} D(\lambda) &= \lambda^3 + 0.496\lambda^2 - 0.0706\lambda + 0.00273 \\ &= (\lambda + 0.5078)(\lambda^2 - 0.011771\lambda + 0.005376) = 0 \end{aligned}$$

故

$$\lambda_1 = -0.49,\ \lambda_{2,3} = 0.00874635 \pm 0.07412779i$$

说明有一对实部为正的复根，运动是振荡发散。

为什么静不稳定的火箭在飞行时刻会产生振荡不稳定呢？这里有两点要注意：一是箭体是静不稳定的，当有 $\Delta\alpha$ 存在时，它会产生反转力矩使 $\Delta\alpha$ 有增大的趋势，当有 $\Delta\theta$ 时，重力法向分量将使 $\Delta\theta$ 继续增大；二是起飞时刻速度小，所以阻尼力矩很小，甚至可以忽略，而不稳定力矩产生的箭轴旋转角速度 $\Delta\dot{\varphi}$ 并不是很大，相反速度方向由于推力和空气动力产生的 $\Delta\dot{\theta}$ 反而比 $\Delta\dot{\varphi}$ 大一些，这一点不同于空气动力较大的情况。正是由于上述两点，在适当的情况下，就可能产生振荡发散过程。

（3）高空状态（关机时刻）

因为高空情况空气动力已很小，可以忽略，那么火箭是静稳定的还是静不稳定的，其运动情况是一样的，箭体的未扰动运动是不稳定的。

对静不稳定的运载火箭的运动稳定性就讨论到此，不过应强调一点，这种分析并不是唯一的，随着火箭的不同会有不同的结论。

8.5.3 火箭的纵向稳定性分析

从上面分析讨论可以看出，不管静稳定的还是静不稳定的火箭，在高空其箭体运动均是不稳定的。而且，在 q 较大时，静不稳定的火箭是迅速发散的；静稳定的火箭，虽然是振荡稳定的，但稳定的过程是不合乎要求的。这是因为，所说的角运动比质心运动进行得快，是相对而言的，从控制系统的角度来看，箭体的稳定过程远不满足要求。而且一个火箭在飞行过程中 M_{z1}^{α} 的符号和大小也是变化的，所以必须加以控制才行。不过，这就不是箭体的稳定性问题了，而是火箭的运动稳定性问题。

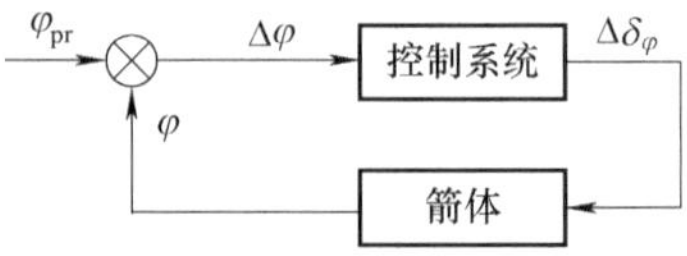

图 8.5-1　俯仰通道结构图

当受到干扰后，控制系统（见图 8.5-1）的敏感元件感受到 $\Delta\varphi$，设其输出为 $\Delta\delta_{\varphi}$，且有

$$\Delta\delta_{\varphi} = a_0 \Delta\varphi + a_1 \Delta\dot{\varphi}$$

式中，a_0、a_1 为常数。此时的运动方程为

$$\begin{cases} \Delta\dot{\theta} = a_{22}\Delta\theta + a_{23}\Delta\alpha \\ \Delta\dot{\alpha} = -a_{22}\Delta\theta - a_{23}\Delta\alpha + \Delta\omega_{z1} \\ \Delta\dot{\omega}_{z1} = a_{43}\Delta\alpha + a_{44}\Delta\omega_{z1} + \dfrac{M_{z1}^{\delta}}{J_{z1}}(a_0\Delta\varphi + a_1\Delta\dot{\varphi}) \end{cases} \tag{8.5-19}$$

设其解为

$$\begin{cases} \Delta\theta = B\mathrm{e}^{\lambda t} \\ \Delta\alpha = A\mathrm{e}^{\lambda t} \\ \Delta\omega_{z1} = C\mathrm{e}^{\lambda t} \end{cases} \tag{8.5-20}$$

将式（8.5-20）代入式（8.5-19），得

$$\begin{cases} (a_{22} - \lambda)B + a_{23}A + 0C = 0 \\ -a_{22}B + (-\lambda - a_{23})A + C = 0 \\ \dfrac{M_{z_1}^{\delta}}{J_{z1}}a_0 B + \left(a_{43} + \dfrac{M_{z_1}^{\delta}}{J_{z1}}a_0\right)A + \left(a_{44} + \dfrac{M_{z_1}^{\delta}}{J_{z1}}a_1 - \lambda\right)C = 0 \end{cases} \tag{8.5-21}$$

其特征行列式为

$$\begin{vmatrix} a_{22} - \lambda & a_{23} & 0 \\ -a_{22} & -\lambda - a_{23} & 1 \\ \dfrac{M_{z_1}^{\delta}}{J_{z1}}a_0 & a_{43} + \dfrac{M_{z_1}^{\delta}}{J_{z1}}a_0 & a_{44} + \dfrac{M_{z_1}^{\delta}}{J_{z1}}a_1 - \lambda \end{vmatrix} \tag{8.5-22}$$

则其特征方程式为

$$\frac{M_{z_1}^{\delta}}{J_{z1}}a_0 a_{23} - \left(a_{43} + \frac{M_{z_1}^{\delta}}{J_{z1}}a_0\right)(a_{22} - \lambda)$$
$$+ \left(a_{44} + \frac{M_{z_1}^{\delta}}{J_{z1}}a_1 - \lambda\right)[(a_{22} - \lambda)(-\lambda - a_{23}) + a_{22}a_{23}] = 0$$

即

$$\frac{M_{z_1}^{\delta}}{J_{z1}}a_0a_{23}-\left(a_{43}+\frac{M_{z_1}^{\delta}}{J_{z1}}a_0\right)(a_{22}-\lambda)+\left(a_{44}+\frac{M_{z_1}^{\delta}}{J_{z1}}a_1-\lambda\right)[(a_{22}-\lambda)(-\lambda-a_{23})+a_{22}a_{23}]$$

$$=\frac{M_{z_1}^{\delta}}{J_{z1}}a_0a_{23}-\left(a_{43}+\frac{M_{z_1}^{\delta}}{J_{z1}}a_0\right)a_{22}+\left(a_{43}+\frac{M_{z_1}^{\delta}}{J_{z1}}a_0\right)\lambda-\left[\lambda-\left(a_{44}+\frac{M_{z_1}^{\delta}}{J_{z1}}a_1\right)\right][\lambda^2+(a_{23}-a_{22})\lambda]$$

$$=\frac{M_{z_1}^{\delta}}{J_{z1}}a_0a_{23}-\left(a_{43}+\frac{M_{z_1}^{\delta}}{J_{z1}}a_0\right)a_{22}+\left[\left(a_{43}+\frac{M_{z_1}^{\delta}}{J_{z1}}a_0\right)+\left(a_{44}+\frac{M_{z_1}^{\delta}}{J_{z1}}a_1\right)(a_{23}-a_{22})\right]\lambda$$

$$+\left[a_{44}+\frac{M_{z_1}^{\delta}}{J_{z1}}a_1-(a_{23}-a_{22})\right]\lambda^2-\lambda^3=0$$

即

$$\lambda^3+A_1\lambda^2+A_2\lambda+A_3=0$$

其中

$$A_1=a_{23}-a_{22}-a_{44}-\frac{M_{z_1}^{\delta}}{J_{z1}}a_1=\frac{P_e\cos\alpha+Y^{\alpha}}{mV}-\frac{g\sin\theta}{V}-\frac{M_{z1}^{\omega_z}}{J_{z1}}-\frac{M_{z_1}^{\delta}}{J_{z1}}a_1 \tag{8.5-23}$$

$$\begin{aligned}A_2&=a_{44}(a_{22}-a_{23})-a_{43}-\frac{M_{z_1}^{\delta}}{J_{z1}}a_0-\frac{M_{z_1}^{\delta}}{J_{z1}}a_1(a_{23}-a_{22})\\&=\frac{M_{z1}^{\omega_z}}{J_{z1}}\left(\frac{g\sin\theta}{V}-\frac{P_e\cos\alpha+Y^{\alpha}}{mV}\right)-\frac{M_{z1}^{\alpha}}{J_{z1}}-\frac{M_{z_1}^{\delta}}{J_{z1}}a_0-\frac{M_{z_1}^{\delta}}{J_{z1}}a_1\left(\frac{P_e\cos\alpha+Y^{\alpha}}{mV}-\frac{g\sin\theta}{V}\right)\end{aligned} \tag{8.5-24}$$

$$A_3=a_{22}a_{43}+a_{22}\frac{M_{z_1}^{\delta}}{J_{z1}}a_0-\frac{M_{z_1}^{\delta}}{J_{z1}}a_0a_{23}=\frac{M_{z1}^{\alpha}}{J_{z1}}\frac{g\sin\theta}{V}+a_0\frac{M_{z_1}^{\delta}}{J_{z1}}\left(\frac{g\sin\theta}{V}-\frac{P_e\cos\alpha+Y^{\alpha}}{mV}\right) \tag{8.5-25}$$

如果不考虑控制系统的作用，令 a_0、a_1 为零，当火箭静不稳定时，因 $\frac{M_{z1}^{\alpha}}{J_{z1}}>0$，使 $A_2<0$，如果为了使 $A_2>0$，可以令 $\Delta\delta_{\varphi}=a_0\Delta\varphi$，则有

$$A_2=\frac{M_{z1}^{\omega_z}}{J_{z1}}\left(\frac{g\sin\theta}{V}-\frac{P_e\cos\alpha+Y^{\alpha}}{mV}\right)-\frac{M_{z1}^{\alpha}}{J_{z1}}-\frac{M_{z_1}^{\delta}}{J_{z1}}a_0 \tag{8.5-26}$$

由式（8.5-26）知，可以调整 a_0 的大小，使 $A_2>0$。如果不考虑阻尼作用，令上式的第 1 项为零，则要求

$$-\frac{M_{z1}^{\alpha}}{J_{z1}}-\frac{M_{z_1}^{\delta}}{J_{z1}}a_0>0$$

把 $a_0=\frac{\Delta\delta_{\varphi}}{\Delta\varphi}$ 代入上式，可得

$$-M_{z_1}^{\delta}\Delta\delta_{\varphi}>M_{z1}^{\alpha}\Delta\varphi=M_{z1}^{\alpha}\Delta\alpha+M_{z1}^{\alpha}\Delta\theta$$

上式的意义是清楚的，即当火箭是静不稳定时，受到干扰后产生的控制力矩 $M_{z_1}^{\delta}\Delta\delta_{\varphi}$ 应该大于由于火箭是静不稳定所产生的翻转力矩。这样火箭的运动才是稳定的。如果是静稳定的火箭，它等效于提高了火箭的静稳定度。

但在实际设计中，仅 $\Delta\delta_{\varphi}=a_0\Delta\varphi$ 是不够的，原因是阻尼作用太弱，不能满足系统的要求，为此应该增加 $a_1\Delta\dot{\varphi}$，此时 $\Delta\delta_{\varphi}=a_0\Delta\varphi+a_1\Delta\dot{\varphi}$，即实现了超前控制。它可以使 A_1 满足

设计要求，其意义也是容易理解的，当有 $\Delta\dot{\varphi}$ 时，产生一个负的力矩 $M_{z_1}^{\delta}a_1\Delta\dot{\varphi}$，而它的作用相当于一个阻尼。

如何选择 a_0、a_1 两个参数，是控制系统的一个首要任务。这要考虑适合各特征点的情况，特别是最严重的情况，如静不稳定度最大的情况，还要针对各种干扰来具体选择 a_0、a_1。

8.6 箭体的纵向传递函数及结构图的组成

火箭在飞行过程中需要对它进行控制，以便使火箭的运动参数按照要求的规律去变化。箭体的操纵性是火箭的运动参数对舵面的反应，或者说火箭的运动参数随着舵面偏转而相应变化的能力。典型的舵面偏转规律是阶跃偏转和正弦偏转。从自动控制的角度看，箭体的操纵性实际上是把舵的偏转作为输入，火箭的运动参数作为输出来研究其传递函数，只不过这个环节稍为复杂一点。对整个火箭而言，箭体仅是其中的一个环节，因此可以说，箭体的操纵性是整个火箭控制系统的一个环节。

在箭体的稳定性研究中，为了简化，总是要把运动方程线性化，把扰动运动分成纵向扰动运动和侧向扰动运动分别进行研究。这一点在箭体的操纵性研究中仍然采用。事实上，人们总是想利用俯仰舵来控制攻角 α 的变化，而利用偏航舵来控制侧滑角 β 的变化。所以在下面的讨论中，这里认为俯仰舵和偏航舵偏转时，互相不发生交连，即扰动运动可以分成纵向扰动运动和侧向扰动运动。这里主要讨论箭体的纵向操纵性。

当舵偏转时，火箭由原来的飞行状态过渡到新的稳定飞行状态的时间是很短的。在此时间内，火箭的空气动力系数、箭体结构参数和弹道特性参数的变化都不是太大，可作为常数来考虑。因而在研究箭体的操纵性时，确定箭体动态特性的线性微分方程的齐次方程和研究干扰运动的线性微分方程完全一样，都是常系数线性微分方程。

在研究操纵性时，先推出一般形式的传递函数，为了解各参数之间的关系，把传递函数用结构图的形式表示出来。然后，简化结构图，求出简化后的传递函数，并进一步分析各种参数对操纵性的影响和求出过渡过程。

由式（8.4-3）知

$$\begin{cases}\dfrac{\mathrm{d}\Delta V}{\mathrm{d}t}=\dfrac{P_{\mathrm{e}}^{V}\cos\alpha-X^{V}}{m}\Delta V+\dfrac{-P_{\mathrm{e}}\sin\alpha-X^{\alpha}}{m}\Delta\alpha-g\cos\theta\Delta\theta+\dfrac{T_{\mathrm{B}}}{m}\\ \dfrac{\mathrm{d}\Delta\theta}{\mathrm{d}t}=\dfrac{P_{\mathrm{e}}^{V}\sin\alpha+Y^{V}-m\dfrac{\mathrm{d}\theta}{\mathrm{d}t}}{mV}\Delta V+\dfrac{P_{\mathrm{e}}\cos\alpha+Y^{\alpha}}{mV}\Delta\alpha+\dfrac{g\sin\theta}{V}\Delta\theta+\dfrac{R'}{mV}\Delta\delta_{\varphi}+\dfrac{N_{\mathrm{B}}}{mV}\\ \dfrac{\mathrm{d}^2\Delta\varphi}{\mathrm{d}t^2}=\dfrac{M_{z1}^{V}}{J_{z1}}\Delta V+\dfrac{M_{z1}^{\alpha}}{J_{z1}}\Delta\alpha+\dfrac{M_{z1}^{\omega_z}}{J_{z1}}\Delta\dot{\varphi}+\dfrac{M_{z1}^{\delta}}{J_{z1}}\Delta\delta_{\varphi}+\dfrac{M_{z1}^{\dot{\alpha}}}{J_{z1}}\Delta\dot{\alpha}\dfrac{M_{ZB}}{J_{z1}}\\ \Delta\varphi=\Delta\theta+\Delta\alpha\\ \Delta\dot{x}=\cos\theta\Delta V-V\sin\theta\Delta\theta\\ \Delta\dot{y}=\sin\theta\Delta V+V\cos\theta\Delta\theta\end{cases}\tag{8.6-1}$$

因为不专门讨论舵偏转时火箭位置的变化，式（8.6-1）的后两式可以单独积分。为书写方便，式（8.6-1）中的下标 $z1$ 改用 z。

8.6.1　箭体的纵向传递函数

箭体的操纵性是研究舵偏转后箭体运动参数的变化规律，所以可假设两点：①运动参数的初始条件为零；②不考虑经常干扰的作用。即，设 $T_B = N_B = M_{ZB} = 0$。

为了求输入舵偏角 $\Delta\delta_\varphi$ 时的输出 ΔV、$\Delta\theta$、$\Delta\alpha$、$\Delta\varphi$ 的变化，根据自动控制原理的知识，可以用传递函数来表示其关系。

为简化书写，除采用式（8.4-5）所示符号外，引进如下符号：

$$a_{41}^* = a_{41} + \frac{M_z^{\dot{\alpha}}}{J_z}\frac{Y_0^V}{mV} = \frac{M_z^V}{J_z}$$

$$a_{43}^* = a_{43} + \frac{M_z^{\dot{\alpha}}}{J_z}\frac{Y_0^\alpha}{mV} = \frac{M_z^\alpha}{J_z}$$

$$a_{44}^* = a_{44} - \frac{M_z^{\dot{\alpha}}}{J_z} = \frac{M_z^{\omega_z}}{J_z}$$

$$a_{43}' = \frac{M_z^{\dot{\alpha}}}{J_z}$$

则式（8.6-1）可以写为

$$\begin{cases} \dfrac{\mathrm{d}\Delta V}{\mathrm{d}t} - a_{11}\Delta V - a_{12}\Delta\theta - a_{13}\Delta\alpha = 0 \\ -a_{21}\Delta V + \dfrac{\mathrm{d}\Delta\theta}{\mathrm{d}t} - a_{22}\Delta\theta - a_{23}\Delta\alpha = \dfrac{R'}{mV}\Delta\delta_\varphi \\ -a_{41}^*\Delta V + \dfrac{\mathrm{d}^2\Delta\varphi}{\mathrm{d}t^2} - a_{44}^*\dfrac{\mathrm{d}\Delta\varphi}{\mathrm{d}t} + \left(-a_{43}'\dfrac{\mathrm{d}\Delta\alpha}{\mathrm{d}t} - a_{43}^*\Delta\alpha\right) = \dfrac{M_z^\delta}{J_z}\Delta\delta_\varphi \\ \Delta\varphi - \Delta\theta - \Delta\alpha = 0 \end{cases} \tag{8.6-2}$$

对于常系数线性系统，传递函数的定义是，初始条件为零时，输出量的拉普拉斯变换式与输入量的拉普拉斯变换式之比，简称为输出量和输入量的拉氏变换式之比。为此对式（8.6-2）进行拉氏变换可得

$$\begin{cases} (p - a_{11})\Delta V(p) - a_{12}\Delta\theta(p) - a_{13}\Delta\alpha(p) = 0 \\ -a_{21}\Delta V(p) + (p - a_{22})\Delta\theta(p) - a_{23}\Delta\alpha(p) = \dfrac{R'}{mV}\Delta\delta_\varphi(p) \\ -a_{41}^*\Delta V(p) + p(p - a_{44}^*)\Delta\varphi(p) + (-a_{43}'p - a_{43}^*)\Delta\alpha(p) = \dfrac{M_z^\delta}{J_z}\Delta\delta_\varphi(p) \\ \Delta\varphi(p) - \Delta\theta(p) - \Delta\alpha(p) = 0 \end{cases} \tag{8.6-3}$$

式中，p 为拉普拉斯算子；$\Delta V(p)$ 等分别为 $\Delta V(t)$ 等的拉氏变换式。

故

$$\Delta V(p) = \frac{\Delta_V}{\Delta},\ \Delta\theta(p) = \frac{\Delta_\theta}{\Delta},\ \Delta\varphi(p) = \frac{\Delta_\varphi}{\Delta},\ \Delta\alpha(p) = \frac{\Delta_\alpha}{\Delta}$$

式中，Δ 为式（8.6-3）的系数行列式；Δ_V、Δ_θ、Δ_φ、Δ_α 为用式（8.6-3）右端所组成的列

代入系数行列式相应各列得到的行列式：

$$\Delta=\begin{vmatrix}p-a_{11} & 0 & -a_{12} & -a_{13}\\ -a_{41}^{*} & p(p-a_{44}^{*}) & 0 & -a_{43}'p-a_{43}^{*}\\ -a_{21} & 0 & p-a_{22} & -a_{23}\\ 0 & 1 & -1 & -1\end{vmatrix}$$

即

$$\Delta=(-1)^{4+2}\begin{vmatrix}p-a_{11} & -a_{12} & -a_{13}\\ -a_{41}^{*} & 0 & -a_{43}'p-a_{43}'\\ -a_{21} & p-a_{22} & -a_{23}\end{vmatrix}$$

$$-(-1)^{4+3}\begin{vmatrix}p-a_{11} & 0 & -a_{13}\\ -a_{41}^{*} & p(p-a_{44}^{*}) & -a_{43}'p-a_{43}'\\ -a_{21} & 0 & -a_{23}\end{vmatrix}$$

$$-(-1)^{4+4}\begin{vmatrix}p-a_{11} & 0 & -a_{12}\\ -a_{41}^{*} & p(p-a_{44}^{*}) & 0\\ -a_{21} & 0 & p-a_{22}\end{vmatrix}$$

进一步展开为

$$\Delta=(p-a_{11})\begin{vmatrix}0 & -a_{43}'p-a_{43}'\\ p-a_{22} & -a_{23}\end{vmatrix}+a_{41}^{*}\begin{vmatrix}-a_{12} & -a_{13}\\ p-a_{22} & -a_{23}\end{vmatrix}-a_{21}\begin{vmatrix}-a_{12} & -a_{13}\\ 0 & -a_{43}'p-a_{43}'\end{vmatrix}$$

$$+p(p-a_{44}^{*})\begin{vmatrix}p-a_{11} & -a_{13}\\ -a_{21} & -a_{23}\end{vmatrix}-p(p-a_{44}^{*})\begin{vmatrix}p-a_{11} & -a_{12}\\ -a_{21} & p-a_{22}\end{vmatrix}$$

$$\begin{aligned}\Delta=&(p-a_{11})(p-a_{22})(a_{43}'p+a_{43}')+a_{41}^{*}(a_{12}a_{23}+a_{13}p-a_{13}a_{22})-a_{21}(a_{12}a_{43}'p+a_{12}a_{43}')\\ &+p(p-a_{44}^{*})(a_{11}a_{23}-a_{23}p-a_{13}a_{21})-p(p-a_{44}^{*})[p^2-(a_{11}+a_{22})p+a_{11}a_{22}-a_{12}a_{21}]\\ =&[p^2-(a_{11}+a_{22})p+a_{11}a_{22}](a_{43}'p+a_{43}')+(a_{41}^{*}a_{13}-a_{21}a_{12}a_{43}')p\\ &+a_{41}^{*}(a_{12}a_{23}-a_{13}a_{22})-a_{21}a_{12}a_{43}'+p[-a_{23}p^2+(a_{11}a_{23}-a_{13}a_{21}+a_{44}^{*}a_{23})p\\ &-a_{44}^{*}(a_{11}a_{23}-a_{13}a_{21})]-p[p^3-(a_{11}+a_{22}+a_{44}^{*})p^2\\ &+(a_{11}a_{22}-a_{12}a_{21}+a_{44}^{*}a_{11}+a_{44}^{*}a_{22})p-a_{44}^{*}(a_{11}a_{22}-a_{12}a_{21})]\end{aligned}$$

即

$$\begin{aligned}\Delta=&[a_{43}'p^3+(a_{43}'-a_{43}'a_{11}-a_{43}'a_{22})p^2+(a_{11}a_{22}a_{43}'-a_{43}'a_{11}-a_{43}'a_{22})p+a_{11}a_{22}a_{43}']\\ &+(a_{41}^{*}a_{13}-a_{21}a_{12}a_{43}')p+a_{41}^{*}(a_{12}a_{23}-a_{13}a_{22})-a_{21}a_{12}a_{43}'\\ &+p[-a_{23}p^2+(a_{11}a_{23}-a_{13}a_{21}+a_{44}^{*}a_{23})p-a_{44}^{*}(a_{11}a_{23}-a_{13}a_{21})]\\ &-p[p^3-(a_{11}+a_{22}+a_{44}^{*})p^2+(a_{11}a_{22}-a_{12}a_{21}+a_{44}^{*}a_{11}+a_{44}^{*}a_{22})p\\ &-a_{44}^{*}(a_{11}a_{22}-a_{12}a_{21})]\end{aligned}$$

整理可得

$$\Delta=-(p^4+A_1p^3+A_2p^2+A_3p+A_4) \tag{8.6-4}$$

式中

$$\begin{cases} A_1 = -a'_{43} + a_{23} - a_{11} - a_{22} - a^*_{44} \\ A_2 = -(a'_{43} - a'_{43}a_{11} - a'_{43}a_{22}) - (a_{11}a_{23} - a_{13}a_{21} + a^*_{44}a_{23}) \\ \qquad + (a_{11}a_{22} - a_{12}a_{21} + a^*_{44}a_{11} + a^*_{44}a_{22}) \\ A_3 = -(a_{11}a_{22}a'_{43} - a'_{43}a_{11} - a'_{43}a_{22}) - (a^*_{41}a_{13} - a_{21}a_{12}a'_{43}) \\ \qquad + a^*_{44}(a_{11}a_{23} - a_{13}a_{21}) - a^*_{44}(a_{11}a_{22} - a_{12}a_{21}) \\ A_4 = -a_{11}a_{22}a'_{43} - a^*_{41}(a_{12}a_{23} - a_{13}a_{22}) + a_{21}a_{12}a'_{43} \end{cases} \tag{8.6-5}$$

而有

$$\Delta_v = \begin{vmatrix} 0 & 0 & -a_{12} & -a_{13} \\ \frac{M_z^\delta}{J_z}\Delta\delta_\varphi & p(p-a^*_{44}) & 0 & -a'_{43}p - a'_{43} \\ \frac{R'}{mV}\Delta\delta_\varphi & 0 & p-a_{22} & -a_{23} \\ 0 & 1 & -1 & -1 \end{vmatrix} \tag{8.6-6}$$

展开可得

$$\Delta_v = (-1)^{2+1}\frac{M_z^\delta}{J_z}\Delta\delta_\varphi \begin{vmatrix} 0 & -a_{12} & -a_{13} \\ 0 & p-a_{22} & -a_{23} \\ 1 & -1 & -1 \end{vmatrix} + (-1)^{3+1}\frac{R'}{mV}\Delta\delta_\varphi \begin{vmatrix} 0 & -a_{12} & -a_{13} \\ p(p-a^*_{44}) & 0 & -a'_{43}p - a'_{43} \\ 1 & -1 & -1 \end{vmatrix}$$

$$= -\frac{M_z^\delta}{J_z}\Delta\delta_\varphi(a_{13}p - a_{13}a_{22} + a_{12}a_{23}) + \frac{R'}{mV}\Delta\delta_\varphi(-1)^{2+1}p(p-a^*_{44}) \begin{vmatrix} -a_{12} & -a_{13} \\ -1 & -1 \end{vmatrix}$$

$$+ (-1)^{3+1}\frac{R'}{mV}\Delta\delta_\varphi \begin{vmatrix} -a_{12} & -a_{13} \\ 0 & -a'_{43}p - a'_{43} \end{vmatrix}$$

即

$$\begin{aligned} \Delta_v &= -\frac{M_z^\delta}{J_z}\Delta\delta_\varphi(a_{13}p - a_{13}a_{22} + a_{12}a_{23}) \\ &\quad -\frac{R'}{mV}\Delta\delta_\varphi p(p-a^*_{44})(a_{12}-a_{13}) + \frac{R'}{mV}\Delta\delta_\varphi a_{12}(a'_{43}p + a'_{43}) \\ &= -\frac{R'}{mV}\Delta\delta_\varphi(a_{12}-a_{13})p^2 \\ &\quad + \left[-\frac{M_z^\delta}{J_z}\Delta\delta_\varphi a_{13} + \frac{R'}{mv}\Delta\delta_\varphi a^*_{44}(a_{12}-a_{13}) + \frac{R'}{mV}\Delta\delta_\varphi a_{12}a'_{43}\right]p \\ &\quad + \left[-\frac{M_z^\delta}{J_z}\Delta\delta_\varphi(-a_{13}a_{22} + a_{12}a_{23}) + \frac{R'}{mV}\Delta\delta_\varphi a_{12}a'_{43}\right] \\ &= \Delta\delta_\varphi\left\{-\frac{R'}{mV}(a_{12}-a_{13})p^2 + \left[\frac{R'}{mV}(a_{12}a^*_{44} - a_{13}a^*_{44} + a_{12}a'_{43}) - \frac{M_z^\delta}{J_z}a_{13}\right]p \right. \\ &\quad \left. + \left[\frac{R'}{mV}a_{12}a'_{43} - \frac{M_z^\delta}{J_z}(a_{12}a_{23} - a_{13}a_{22})\right]\right\} \end{aligned} \tag{8.6-7}$$

$$\Delta_{\theta}=\begin{vmatrix} p-a_{11} & 0 & 0 & -a_{13} \\ -a_{41}^{*} & p(p-a_{44}^{*}) & \dfrac{M_z^{\delta}}{J_z}\Delta\delta_{\varphi} & -a_{43}'p-a_{43}' \\ -a_{21} & 0 & \dfrac{R'}{mV}\Delta\delta_{\varphi} & -a_{23} \\ 0 & 1 & 0 & -1 \end{vmatrix} \tag{8.6-8}$$

展开可得

$$\Delta_{\theta}=(-1)^{2+3}\frac{M_z^{\delta}}{J_z}\Delta\delta_{\varphi}\begin{vmatrix} p-a_{11} & 0 & -a_{13} \\ -a_{21} & 0 & -a_{23} \\ 0 & 1 & -1 \end{vmatrix}+(-1)^{3+3}\frac{R'}{mV}\Delta\delta_{\varphi}\begin{vmatrix} p-a_{11} & 0 & -a_{13} \\ -a_{41}^{*} & p(p-a_{44}^{*}) & -a_{43}'p-a_{43}' \\ 0 & 1 & -1 \end{vmatrix}$$

$$=-\frac{M_z^{\delta}}{J_z}\Delta\delta_{\varphi}(-1)^{3+2}(-a_{23}p+a_{11}a_{23}-a_{13}a_{21})$$

$$+\frac{R'}{mV}\Delta\delta_{\varphi}(-1)^{3+2}\begin{vmatrix} p-a_{11} & -a_{13} \\ -a_{41}^{*} & -a_{43}'p-a_{43}' \end{vmatrix}-\frac{R'}{mV}\Delta\delta_{\varphi}(-1)^{3+3}\begin{vmatrix} p-a_{11} & 0 \\ -a_{41}^{*} & p(p-a_{44}^{*}) \end{vmatrix}$$

即

$$\begin{aligned}\Delta_{\theta}&=\frac{M_z^{\delta}}{J_z}\Delta\delta_{\varphi}(-a_{23}p+a_{11}a_{23}-a_{13}a_{21})-\frac{R'}{mV}\Delta\delta_{\varphi}[-a_{43}'p^2+(a_{11}a_{43}'-a_{43}')p\\&\quad+a_{11}a_{43}'-a_{13}a_{41}^{*}]-\frac{R'}{mV}\Delta\delta_{\varphi}p[p^2-(a_{11}+a_{44}^{*})p+a_{11}a_{44}^{*}]\\&=\Delta\delta_{\varphi}\left\{-\frac{R'}{mV}p^3+\frac{R'}{mV}(a_{44}^{*}+a_{11}+a_{43}')p^2+\left[-\frac{R'}{mV}(a_{11}a_{43}'-a_{43}'+a_{11}a_{44}^{*})\right.\right.\\&\quad\left.\left.-\frac{M_z^{\delta}}{J_z}a_{23}\right]p+\frac{M_z^{\delta}}{J_z}(a_{11}a_{23}-a_{13}a_{21})-\frac{R'}{mV}(a_{11}a_{43}'-a_{13}a_{41}^{*})\right\}\end{aligned} \tag{8.6-9}$$

$$\Delta_{\varphi}=\begin{vmatrix} p-a_{11} & 0 & -a_{12} & -a_{13} \\ -a_{41}^{*} & \dfrac{M_z^{\delta}}{J_z}\Delta\delta_{\varphi} & 0 & -a_{43}'p-a_{43}' \\ -a_{21} & \dfrac{R'}{mV}\Delta\delta_{\varphi} & p-a_{22} & -a_{23} \\ 0 & 0 & -1 & -1 \end{vmatrix} \tag{8.6-10}$$

展开可得

$$\Delta_{\varphi}=(-1)^{2+2}\frac{M_z^{\delta}}{J_z}\Delta\delta_{\varphi}\begin{vmatrix} p-a_{11} & -a_{12} & -a_{13} \\ -a_{21} & p-a_{22} & -a_{23} \\ 0 & -1 & -1 \end{vmatrix}+(-1)^{3+2}\frac{R'}{mV}\Delta\delta_{\varphi}\begin{vmatrix} p-a_{11} & -a_{12} & -a_{13} \\ -a_{41}^{*} & 0 & -a_{43}'p-a_{43}' \\ 0 & -1 & -1 \end{vmatrix}$$

$$=-(-1)^{3+2}\frac{M_z^{\delta}}{J_z}\Delta\delta_{\varphi}\begin{vmatrix} p-a_{11} & -a_{13} \\ -a_{21} & -a_{23} \end{vmatrix}-(-1)^{3+3}\frac{M_z^{\delta}}{J_z}\Delta\delta_{\varphi}\begin{vmatrix} p-a_{11} & -a_{12} \\ -a_{21} & p-a_{22} \end{vmatrix}$$

$$+(-1)^{3+2}\frac{R'}{mV}\Delta\delta_{\varphi}\begin{vmatrix} p-a_{11} & -a_{13} \\ -a_{41}^{*} & -a_{43}'p-a_{43}' \end{vmatrix}+(-1)^{3+3}\frac{R'}{mV}\Delta\delta_{\varphi}\begin{vmatrix} p-a_{11} & -a_{12} \\ -a_{41}^{*} & 0 \end{vmatrix}$$

即

$$\begin{aligned}\Delta_\varphi &= \frac{M_z^\delta}{J_z}\Delta\delta_\varphi(-a_{23}p + a_{11}a_{23} - a_{13}a_{21}) - \frac{M_z^\delta}{J_z}\Delta\delta_\varphi[p^2 - (a_{11} + a_{22})p + a_{11}a_{22} - a_{12}a_{21}] \\ &\quad - \frac{R'}{mV}\Delta\delta_\varphi[-a'_{43}p^2 + (-a'_{43} + a_{11}a'_{43})p + a_{11}a'_{43} - a_{13}a^*_{41}] - \frac{R'}{mV}\Delta\delta_\varphi a_{12}a^*_{41} \\ &= \Delta\delta_\varphi\left\{\left(-\frac{M_z^\delta}{J_z} + \frac{R'}{mV}a'_{43}\right)p^2 + \left[-\frac{M_z^\delta}{J_z}(a_{23} - a_{22} - a_{11}) + \frac{R'}{mV}(a'_{43} - a_{11}a'_{43})\right]p\right. \\ &\quad \left. + \frac{M_z^\delta}{J_z}(a_{11}a_{23} - a_{11}a_{22} - a_{13}a_{21} + a_{12}a_{21}) + \frac{R'}{mV}(-a_{11}a'_{43} + a_{13}a^*_{41} - a_{12}a^*_{41})\right\}\end{aligned} \tag{8.6-11}$$

$$\Delta_\alpha = \begin{vmatrix} p - a_{11} & 0 & -a_{12} & 0 \\ -a^*_{41} & p(p - a^*_{44}) & 0 & \frac{M_z^\delta}{J_z}\Delta\delta_\varphi \\ -a_{21} & 0 & p - a_{22} & \frac{R'}{mV}\Delta\delta_\varphi \\ 0 & 1 & -1 & 0 \end{vmatrix} \tag{8.6-12}$$

展开可得

$$\begin{aligned}\Delta_\alpha &= (-1)^{2+4}\frac{M_z^\delta}{J_z}\Delta\delta_\varphi\begin{vmatrix} p - a_{11} & 0 & -a_{12} \\ -a_{21} & 0 & p - a_{22} \\ 0 & 1 & -1 \end{vmatrix} + (-1)^{3+4}\frac{R'}{mV}\Delta\delta_\varphi\begin{vmatrix} p - a_{11} & 0 & -a_{12} \\ -a^*_{41} & p(p - a^*_{44}) & 0 \\ 0 & 1 & -1 \end{vmatrix} \\ &= \frac{M_z^\delta}{J_z}\Delta\delta_\varphi(-1)^{2+3}[p^2 - (a_{11} + a_{22})p + a_{11}a_{22} - a_{12}a_{21}] \\ &\quad - \frac{R'}{mV}\Delta\delta_\varphi\begin{vmatrix} p - a_{11} & -a_{12} \\ -a^*_{41} & 0 \end{vmatrix} - \frac{R'}{mV}\Delta\delta_\varphi\begin{vmatrix} p - a_{11} & 0 \\ -a^*_{41} & p(p - a^*_{44}) \end{vmatrix}\end{aligned}$$

即

$$\begin{aligned}\Delta_\alpha &= \frac{M_z^\delta}{J_z}\Delta\delta_\varphi(-1)^{2+3}[p^2 - (a_{11} + a_{22})p + a_{11}a_{22} - a_{12}a_{21}] \\ &\quad - \frac{R'}{mV}\Delta\delta_\varphi a_{12}a^*_{41} + \frac{R'}{mV}\Delta\delta_\varphi p[p^2 - (a_{11} + a^*_{44})p + a_{11}a^*_{44}] \\ &= \Delta\delta_\varphi\left\{\frac{R'}{mV}p^3 + \left[\frac{R'}{mV}(-a_{11} - a^*_{44}) - \frac{M_z^\delta}{J_z}\right]p^2 + \left[\frac{R'}{mV}a_{11}a^*_{44} - \frac{M_z^\delta}{J_z}(-a_{22} - a_{11})\right]p\right. \\ &\quad \left. - \frac{M_z^\delta}{J_z}(a_{11}a_{22} - a_{12}a_{21}) - \frac{R'}{mV}a^*_{41}a_{12}\right\}\end{aligned} \tag{8.6-13}$$

按传递函数的定义，有

$$K_{V\delta_\varphi} = -\frac{\Delta V(p)}{\Delta\delta_\varphi(p)} \tag{8.6-14}$$

$$K_{\varphi\delta_\varphi} = -\frac{\Delta\varphi(p)}{\Delta\delta_\varphi(p)} \tag{8.6-15}$$

$$K_{\theta\delta_\varphi} = -\frac{\Delta\theta(p)}{\Delta\delta_\varphi(p)} \tag{8.6-16}$$

$$K_{\alpha\delta_\varphi} = -\frac{\Delta\alpha(p)}{\Delta\delta_\varphi(p)} \tag{8.6-17}$$

按照传递函数的一般定义，上面几个等号右边不应加负号。但是，因为舵偏转时，一般使 $\Delta\varphi$、$\Delta\theta$、$\Delta\alpha$ 为负值，而通常都是将传递系数写成正值，所以要加负号。如果不加负号，在构成控制系统结构图时，要注意当舵偏角为正值时，运动参数增量的符号。

按传递函数的定义可以推得

$$\begin{aligned} K_{V\delta_\varphi} &= -\frac{\Delta V(p)}{\Delta\delta_\varphi(p)} = -\frac{\Delta_V/\Delta}{\Delta\delta_\varphi(p)} \\ &= \left\{ -\frac{R'}{mV}(a_{12}-a_{13})p^2 + \left[\frac{R'}{mV}(a_{12}a_{44}^*-a_{13}a_{44}^*+a_{12}a_{43}')-\frac{M_z^\delta}{J_z}a_{13}\right]p \right. \\ &\quad \left. + \left[\frac{R'}{mV}a_{12}a_{43}'-\frac{M_z^\delta}{J_z}(a_{12}a_{23}-a_{13}a_{22})\right]\right\} \Big/ (p^4+A_1p^3+A_2p^2+A_3p+A_4) \end{aligned} \tag{8.6-18}$$

同理得

$$\begin{aligned} K_{\varphi\delta_\varphi} &= \left\{ \left(-\frac{M_z^\delta}{J_z}+\frac{R'}{mV}a_{43}'\right)p^2 + \left[-\frac{M_z^\delta}{J_z}(a_{23}-a_{22}-a_{11}) \right.\right. \\ &\quad \left. + \frac{R'}{mV}(a_{43}'-a_{11}a_{43}')\right]p + \frac{M_z^\delta}{J_z}(a_{11}a_{23}-a_{11}a_{22}-a_{13}a_{21}+a_{12}a_{21}) \\ &\quad \left. + \frac{R'}{mV}(-a_{11}a_{43}'+a_{13}a_{41}^*-a_{12}a_{41}^*)\right\} \Big/ (p^4+A_1p^3+A_2p^2+A_3p+A_4) \end{aligned} \tag{8.6-19}$$

$$\begin{aligned} K_{\theta\delta_\varphi} &= \left\{ -\frac{R'}{mV}p^3 + \frac{R'}{mV}(a_{44}^*+a_{11}+a_{43}')p^2 \right. \\ &\quad + \left[-\frac{R'}{mV}(a_{11}a_{43}'-a_{43}'+a_{11}a_{44}^*)-\frac{M_z^\delta}{J_z}a_{23}\right]p + \frac{M_z^\delta}{J_z}(a_{11}a_{23}-a_{13}a_{21}) \\ &\quad \left. - \frac{R'}{mV}(a_{11}a_{43}'-a_{13}a_{41}^*)\right\} \Big/ (p^4+A_1p^3+A_2p^2+A_3p+A_4) \end{aligned} \tag{8.6-20}$$

$$\begin{aligned} K_{\alpha\delta_\varphi} &= \left\{ \frac{R'}{mV}p^3 + \left[\frac{R'}{mV}(-a_{11}-a_{44}^*)-\frac{M_z^\delta}{J_z}\right]p^2 + \left[\frac{R'}{mV}a_{11}a_{44}^*-\frac{M_z^\delta}{J_z}(-a_{22}-a_{11})\right]p \right. \\ &\quad \left. -\frac{M_z^\delta}{J_z}(a_{11}a_{22}-a_{12}a_{21})-\frac{R'}{mV}a_{41}^*a_{12}\right\} \Big/ (p^4+A_1p^3+A_2p^2+A_3p+A_4) \end{aligned} \tag{8.6-21}$$

一般来说，对某些火箭$\frac{R'}{mV}$较小，可以略去。此时得到的传递函数便是通常所述的传递函数。

$$K_{V\delta_\varphi} = \frac{-\frac{M_z^\delta}{J_z}a_{13}p-\frac{M_z^\delta}{J_z}(a_{12}a_{23}-a_{13}a_{22})}{p^4+A_1p^3+A_2p^2+A_3p+A_4} \tag{8.6-22}$$

$$K_{\varphi\delta_\varphi} = \frac{-\frac{M_z^\delta}{J_z}[p^2+(a_{23}-a_{22}-a_{11})p-(a_{11}a_{23}-a_{11}a_{22}-a_{13}a_{21}+a_{12}a_{21})]}{p^4+A_1p^3+A_2p^2+A_3p+A_4} \tag{8.6-23}$$

$$K_{\theta\delta_\varphi}=\frac{-\dfrac{M_z^\delta}{J_z}[a_{23}p-(a_{11}a_{23}-a_{13}a_{21})]}{p^4+A_1p^3+A_2p^2+A_3p+A_4}=\frac{-\dfrac{M_z^\delta}{J_z}\left[\dfrac{Y_0^\alpha}{mV}p+\left(\dfrac{X_0^V}{m}\dfrac{Y_0^\alpha}{mV}-\dfrac{X_0^\alpha}{m}\dfrac{Y_0^V}{mV}\right)\right]}{p^4+A_1p^3+A_2p^2+A_3p+A_4} \tag{8.6-24}$$

$$\begin{aligned}K_{\alpha\delta_\varphi}&=\frac{-\dfrac{M_z^\delta}{J_z}[p^2+(-a_{22}-a_{11})p+(a_{11}a_{22}-a_{12}a_{21})]}{p^4+A_1p^3+A_2p^2+A_3p+A_4}\\&=\frac{-\dfrac{M_z^\delta}{J_z}\left[p^2+\left(-\dfrac{g\sin\theta}{V}+\dfrac{X_0^V}{m}\right)p+\left(-\dfrac{g\sin\theta}{V}\dfrac{X_0^V}{m}+g\cos\theta\dfrac{Y_0^V}{mV}\right)\right]}{p^4+A_1p^3+A_2p^2+A_3p+A_4}\end{aligned} \tag{8.6-25}$$

8.6.2　纵向扰动运动的结构图

从求得的传递函数看，箭体这个环节的传递函数，在一般情况下是很复杂的。为了看出各参数之间的联系，希望把传递函数写成几个基本环节的串联。如前所述，箭体是整个火箭控制系统中的控制对象，如果用古典的方法研究其动态特性，也需要把箭体这个环节写成若干基本环节的组合，以便画出整个系统的幅频特性，并对系统的动态特性进行分析。对于结构图，其稳定回路有不同的构成方法，如可以构成如下介绍的三种形式。

图 8.6-1 所示的结构图是第一种形式。

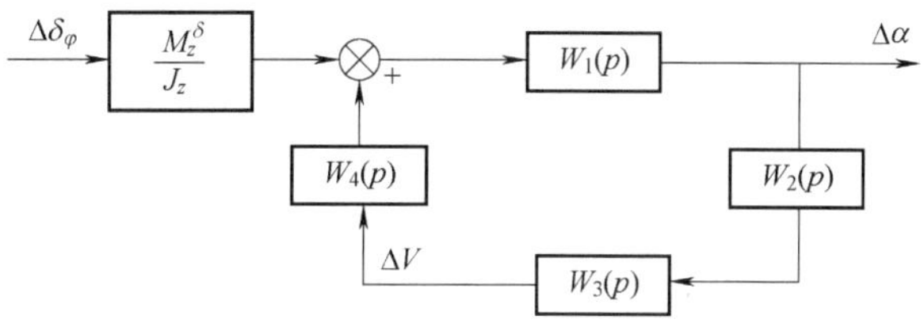

图 8.6-1　以 ΔV 为反馈的结构图

以 $\Delta\alpha$ 为稳定回路的输出，而以 ΔV 为反馈，它的好处是环节 1 的传递函数 $W_1(p)$ 正好反映扰动运动的短周期运动，因为令 $\Delta V=0$，环节 1 的传递函数 $W_1(p)$ 正好反映输出 $\Delta\alpha$ 与输入 $\Delta\delta_\varphi$ 之间的关系。

图 8.6-2 所示的结构图是第二种形式。

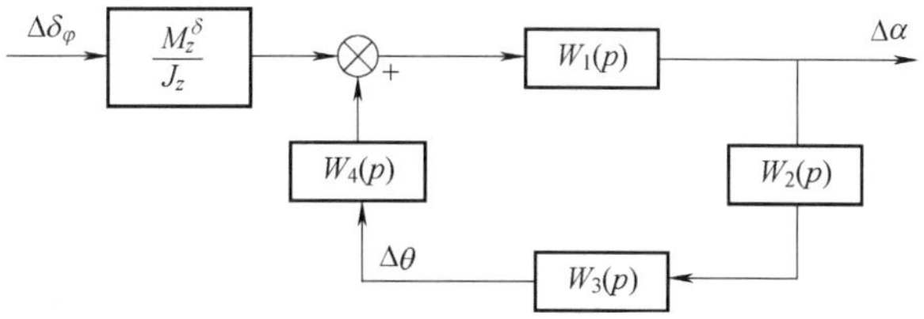

图 8.6-2　以 $\Delta\theta$ 为反馈的结构图

仍以 $\Delta\alpha$ 为稳定回路的输出，但以 $\Delta\theta$ 为反馈，它的好处是 $\Delta V=0$ 时，稳定回路仍有反馈构成闭合回路。环节 1 也基本上代表了短周期运动的特性，而输出 $\Delta\alpha$ 的好处是 $\Delta\alpha$ 的变化规律在操纵性分析中占有重要地位。

图 8.6-3 所示的结构图是第三种形式。

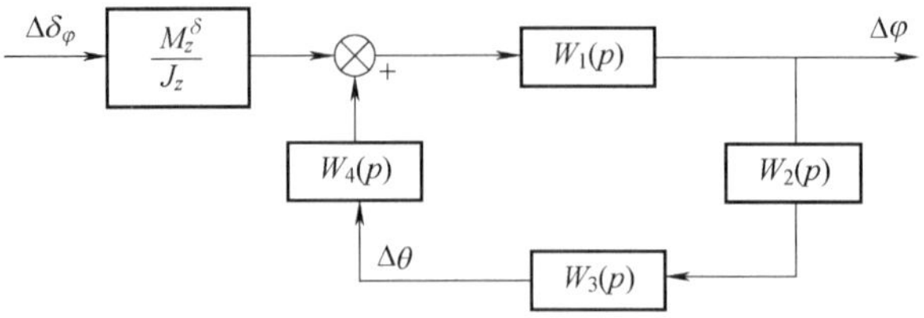

图 8.6-3　以 $\Delta\varphi$ 为输出以 $\Delta\theta$ 为反馈的结构图

它是以 $\Delta\varphi$ 为输出，$\Delta\theta$ 为反馈的，这样当 $\Delta V=0$ 时，它仍有反馈构成闭合回路。它的好处是箭上陀螺测量到的是 $\Delta\varphi$，$\Delta\alpha$ 是不易测量到的，所以更接近实际情况。

根据式（8.6-3）可以求出上述三种形式结构图中的各环节的传递函数。为同火箭姿控系统的分析一致，这里推导第三种形式的结构图。并且，为建立 $\Delta\varphi$、$\Delta\theta$ 之间的关系，把式（8.6-3）中的 $\Delta\alpha(p)$ 用 $\Delta\alpha(p)=\Delta\varphi(p)-\Delta\theta(p)$ 代入就可以得到，有

$$-\frac{M_z^V}{J_z}\Delta V(p)+\left[p^2-\left(\frac{M_z^{\omega_z}}{J_z}+\frac{M_z^{\dot{\alpha}}}{J_z}\right)p-\frac{M_z^\alpha}{J_z}\right]\Delta\varphi(p)-\left(-\frac{M_z^{\dot{\alpha}}}{J_z}p-\frac{M_z^\alpha}{J_z}\right)\Delta\theta(p)=\frac{M_z^\delta}{I_z}\Delta\delta_\varphi(p)\tag{8.6-26}$$

$$-\frac{Y_0^V}{mV}\Delta V(p)+\left(p-\frac{g\sin\theta}{V}+\frac{Y_0^\alpha}{mV}\right)\Delta\theta(p)-\frac{Y_0^\alpha}{mV}\Delta\varphi(p)=\frac{R'}{mV}\Delta\delta_\varphi(p)\tag{8.6-27}$$

$$\left(p+\frac{X_0^\alpha}{m}\right)\Delta V(p)+\left(g\cos\theta-\frac{X_0^\alpha}{m}\right)\Delta\theta(p)+\frac{X_0^\alpha}{m}\Delta\varphi(p)=0\tag{8.6-28}$$

式（8.6-27）$\times\left(p+\frac{X_0^V}{m}\right)$ + 式（8.6-28）$\times\frac{Y_0^V}{mv}$可以得

$$\left(p-\frac{g\sin\theta}{V}+\frac{Y_0^\alpha}{mV}\right)\left(p+\frac{X_0^V}{m}\right)\Delta\theta(p)-\frac{Y_0^\alpha}{mV}\left(p+\frac{X_0^V}{m}\right)\Delta\varphi(p)+$$
$$\left(g\cos\theta-\frac{X_0^\alpha}{m}\right)\frac{Y_0^V}{mV}\Delta\theta(p)+\frac{X_0^\alpha}{m}\frac{Y_0^V}{mV}\Delta\varphi(p)=\frac{R'}{mV}\left(p+\frac{X_0^V}{m}\right)\Delta\delta_\varphi(p)$$

即

$$\begin{aligned}&\left[p^2+\left(\frac{X_0^V}{m}-\frac{g\sin\theta}{V}+\frac{Y_0^\alpha}{mV}\right)p+\frac{X_0^V}{m}\frac{Y_0^\alpha}{mV}-\frac{X_0^\alpha}{m}\frac{Y_0^V}{mV}-\frac{X_0^V}{m}\frac{g\sin\theta}{V}+\frac{g\cos\theta}{V}\frac{Y_0^V}{m}\right]\Delta\theta(p)\\&=\left(\frac{Y_0^\alpha}{mV}p+\frac{Y_0^\alpha}{mV}\frac{X_0^V}{m}-\frac{X_0^\alpha}{m}\frac{Y_0^V}{mV}\right)\Delta\varphi(p)+\frac{R'}{mV}\left(p+\frac{X_0^V}{m}\right)\Delta\delta_\varphi(p)\end{aligned}\tag{8.6-29}$$

即

$$W_2(p)=\frac{1}{p^2+\left(\frac{X_0^V}{m}-\frac{g\sin\theta}{V}+\frac{Y_0^\alpha}{mV}\right)p+\frac{X_0^V}{m}\frac{Y_0^\alpha}{mV}-\frac{X_0^\alpha}{m}\frac{Y_0^V}{mV}-\frac{X_0^V}{m}\frac{g\sin\theta}{V}+\frac{g\cos\theta}{V}\frac{Y_0^V}{m}}\tag{8.6-30}$$

$$W_3(p)=\frac{Y_0^\alpha}{mV}p+\frac{Y_0^\alpha}{mV}\frac{X_0^V}{m}-\frac{X_0^\alpha}{m}\frac{Y_0^V}{mV}\tag{8.6-31}$$

可以得到

$$\Delta\theta(p)=W_3(p)W_2(p)\Delta\varphi(p)+\frac{R'}{mV}\left(p+\frac{X_0^V}{m}\right)W_2(p)\Delta\delta_\varphi(p) \tag{8.6-32}$$

式（8.6-26）$\times\dfrac{Y_0^V}{mV}-$式（8.6-27）$\times\dfrac{M_z^V}{J_z}$可以得

$$\begin{aligned}&\left\{\left[p^2-\left(\frac{M_z^{\omega_z}}{J_z}+\frac{M_z^{\dot\alpha}}{J_z}\right)p-\frac{M_z^\alpha}{J_z}\right]\frac{Y_0^V}{mV}+\frac{Y_0^\alpha}{mV}\frac{M_z^V}{J_z}\right\}\Delta\varphi(p)+\\&\left[\left(-\frac{M_z^V}{J_z}+\frac{M_z^{\dot\alpha}}{J_z}\frac{Y_0^V}{mV}\right)p+\frac{M_z^\alpha}{J_z}\frac{Y_0^V}{mV}+\frac{g\sin\theta}{V}\frac{M_z^V}{J_z}-\frac{Y_0^\alpha}{mV}\frac{M_z^V}{J_z}\right]\Delta\theta(p)\\&=\frac{Y_0^V}{mV}\frac{M_z^\delta}{J_z}\Delta\delta_\varphi(p)-\frac{R'}{mV}\frac{M_z^V}{J_z}\Delta\delta_\varphi(p)\end{aligned} \tag{8.6-33}$$

如果$\dfrac{Y_0^V}{mV}\neq0$，则有

$$\begin{aligned}&\left[p^2-\left(\frac{M_z^{\omega_z}}{J_z}+\frac{M_z^{\dot\alpha}}{J_z}\right)p-\frac{M_z^\alpha}{J_z}+\frac{Y_0^\alpha}{mV}\frac{M_z^V}{J_z}\frac{mV}{Y_0^V}\right]\Delta\varphi(p)\\&+\left[\left(-\frac{M_z^V}{J_z}\frac{mV}{Y_0^V}+\frac{M_z^{\dot\alpha}}{J_z}\right)p+\frac{M_z^\alpha}{J_z}+\frac{g\sin\theta}{V}\frac{M_z^V}{J_z}\frac{mV}{Y_0^V}-\frac{Y_0^\alpha}{mV}\frac{M_z^V}{J_z}\frac{mV}{Y_0^V}\right]\Delta\theta(p)\\&=\frac{M_z^\delta}{J_z}\Delta\delta_\varphi(p)-\frac{R'}{mV}\frac{M_z^V}{J_z}\frac{mV}{Y_0^V}\Delta\delta_\varphi(p)\end{aligned} \tag{8.6-34}$$

令

$$W_1(p)=\frac{1}{p^2-\left(\dfrac{M_z^{\omega_z}}{J_z}+\dfrac{M_z^{\dot\alpha}}{J_z}\right)p-\dfrac{M_z^\alpha}{J_z}+\dfrac{Y_0^\alpha}{mV}\dfrac{M_z^V}{J_z}\dfrac{mV}{Y_0^V}} \tag{8.6-35}$$

$$W_4(p)=-\left[\left(-\frac{M_z^V}{J_z}\frac{mV}{Y_0^V}+\frac{M_z^{\dot\alpha}}{J_z}\right)p+\frac{M_z^\alpha}{J_z}+\frac{g\sin\theta}{V}\frac{M_z^V}{J_z}\frac{mV}{Y_0^V}-\frac{Y_0^\alpha}{mV}\frac{M_z^V}{J_z}\frac{mV}{Y_0^V}\right] \tag{8.6-36}$$

则（8.6-34）可化为

$$\Delta\varphi(p)=W_1(p)\left[W_4(p)\Delta\theta(p)+\frac{M_z^\delta}{J_z}\Delta\delta_\varphi(p)-\frac{R'}{mV}\frac{M_z^V}{J_z}\frac{mV}{Y_0^V}\Delta\delta_\varphi(p)\right] \tag{8.6-37}$$

为了求出 $\Delta\varphi$ 与 ΔV 的关系，将式（8.6-32）代入式（8.6-28），得

$$\begin{aligned}&\left(p+\frac{X_c^v}{m}\right)\Delta V(p)+\left(g\cos\theta-\frac{X_c^\alpha}{m}\right)\left[W_3(p)W_2(p)\Delta\varphi(p)+\frac{R'}{mV}\left(p+\frac{X_0^V}{m}\right)W_2(p)\Delta\delta_\varphi(p)\right]\\&+\frac{X_0^\alpha}{m}\Delta\varphi(p)=0\end{aligned}$$

也就是

$$\begin{aligned}\left(p+\frac{X_0^V}{m}\right)\Delta V(p)&=-\left(g\cos\theta-\frac{X_0^\alpha}{m}\right)\left[W_3(p)W_2(p)\Delta\varphi(p)+\frac{R'}{mV}\left(p+\frac{X_0^V}{m}\right)W_2(p)\Delta\delta_\varphi(p)\right]-\frac{X_c^\alpha}{m}\Delta\varphi(p)\\&=-W_2(p)\left[\left(g\cos\theta-\frac{X_0^\alpha}{m}\right)W_3(p)+\frac{X_0^\alpha}{mW_2(p)}\right]\Delta\varphi(p)-\left(g\cos\theta-\frac{X_0^\alpha}{m}\right)\frac{R'}{mV}\left(p+\frac{X_0^V}{m}\right)W_2(p)\Delta\delta_\varphi(p)\end{aligned}$$

将式（8.6-30）和式（8.6-31）代入上式，有

$$\left(p+\frac{X_0^V}{m}\right)\Delta V(p)=-\left(g\cos\theta-\frac{X_0^\alpha}{m}\right)\left[W_3(p)W_2(p)\Delta\varphi(p)+\frac{R'}{mV}\left(p+\frac{X_0^V}{m}\right)W_2(p)\Delta\delta_\varphi(p)\right]-\frac{X_0^\alpha}{m}\Delta\varphi(p)$$

$$=-W_2(p)\left[\left(g\cos\theta-\frac{X_0^\alpha}{m}\right)W_3(p)+\frac{X_0^\alpha}{m}\frac{1}{W_2(p)}\right]\Delta\varphi(p)-\left(g\cos\theta-\frac{X_0^\alpha}{m}\right)\frac{R'}{mV}\left(p+\frac{X_0^V}{m}\right)W_2(p)\Delta\delta_\varphi(p)$$

$$=-W_2(p)\left\{\left(g\cos\theta-\frac{X_0^\alpha}{m}\right)\left(\frac{Y_0^\alpha}{mV}p+\frac{Y_0^\alpha}{mV}\frac{X_0^V}{m}-\frac{X_0^\alpha}{m}\frac{Y_0^V}{mV}\right)\right.$$

$$\left.+\frac{X_0^\alpha}{m}\left[p^2+\left(\frac{X_0^V}{m}-\frac{g\sin\theta}{V}+\frac{Y_0^\alpha}{mV}\right)p+\frac{X_0^V}{m}\frac{Y_0^\alpha}{mV}-\frac{X_0^\alpha}{m}\frac{Y_0^V}{mV}-\frac{X_0^V}{m}\frac{g\sin\theta}{V}+\frac{g\cos\theta}{V}\frac{Y_0^V}{m}\right]\right\}\Delta\varphi(p)$$

$$-\left(g\cos\theta-\frac{X_0^\alpha}{m}\right)\frac{R'}{mV}\left(p+\frac{X_0^V}{m}\right)W_2(p)\Delta\delta_\varphi(p)$$

$$=-W_2(p)\left[\left(g\cos\theta-\frac{X_0^\alpha}{m}\right)\frac{Y_0^\alpha}{mV}\left(p+\frac{X_0^V}{m}\right)-\left(g\cos\theta-\frac{X_0^\alpha}{m}\right)\frac{X_0^\alpha}{m}\frac{Y_0^V}{mV}+\frac{X_0^\alpha}{m}p\left(p+\frac{X_0^V}{m}\right)+\right.$$

$$\left.\frac{X_0^\alpha}{m}\left(-\frac{g\sin\theta}{V}+\frac{Y_0^\alpha}{mV}\right)p+\frac{X_0^\alpha}{m}\frac{X_0^V}{m}\frac{Y_0^\alpha}{mV}-\frac{X_0^\alpha}{m}\frac{X_0^\alpha}{m}\frac{Y_0^V}{mV}-\frac{X_0^\alpha}{m}\frac{X_0^V}{m}\frac{g\sin\theta}{V}+\frac{X_0^\alpha}{m}\frac{g\cos\theta}{V}\frac{Y_0^V}{m}\right]\Delta\varphi(p)$$

$$-\left(g\cos\theta-\frac{X_0^\alpha}{m}\right)\frac{R'}{mV}\left(p+\frac{X_0^V}{m}\right)W_2(p)\Delta\delta_\varphi(p)$$

$$=-W_2(p)\left[\left(g\cos\theta-\frac{X_0^\alpha}{m}\right)\frac{Y_0^\alpha}{mV}\left(p+\frac{X_0^V}{m}\right)-g\cos\theta\frac{X_0^\alpha}{m}\frac{Y_0^V}{mV}+\frac{X_0^\alpha}{m}\frac{X_0^\alpha}{m}\frac{Y_0^V}{mV}\right.$$

$$\left.+\frac{X_0^\alpha}{m}p\left(p+\frac{X_0^V}{m}\right)-\frac{X_0^\alpha}{m}\frac{g\sin\theta}{V}\left(p+\frac{X_0^V}{m}\right)+\frac{X_0^\alpha}{m}\frac{Y_0^\alpha}{mV}\left(p+\frac{X_0^V}{m}\right)-\frac{X_0^\alpha}{m}\frac{X_0^\alpha}{m}\frac{Y_0^V}{mV}+g\cos\theta\frac{X_0^\alpha}{m}\frac{Y_0^V}{mV}\right]\Delta\varphi(p)$$

$$-\left(g\cos\theta-\frac{X_0^\alpha}{m}\right)\frac{R'}{mV}\left(p+\frac{X_0^V}{m}\right)W_2(p)\Delta\delta_\varphi(p)$$

$$=-W_2(p)\left[\left(g\cos\theta-\frac{X_0^\alpha}{m}\right)\frac{Y_0^\alpha}{mV}\left(p+\frac{X_0^V}{m}\right)+\frac{X_0^\alpha}{m}p\left(p+\frac{X_0^V}{m}\right)-\frac{X_0^\alpha}{m}\frac{g\sin\theta}{V}\left(p+\frac{X_0^V}{m}\right)+\frac{X_0^\alpha}{m}\frac{Y_0^\alpha}{mV}\left(p+\frac{X_0^V}{m}\right)\right]\Delta\varphi(p)$$

$$-\left(g\cos\theta-\frac{X_0^\alpha}{m}\right)\frac{R'}{mV}\left(p+\frac{X_0^V}{m}\right)W_2(p)\Delta\delta_\varphi(p)$$

即

$$\Delta V(p)=-W_2(p)\left[\left(g\cos\theta-\frac{X_0^\alpha}{m}\right)\frac{Y_0^\alpha}{mV}+\frac{X_0^\alpha}{m}p-\frac{X_0^\alpha}{m}\frac{g\sin\theta}{V}+\frac{X_0^\alpha}{m}\frac{Y_0^\alpha}{mV}\right]\Delta\varphi(p)$$

$$-\left(g\cos\theta-\frac{X_0^\alpha}{m}\right)\frac{R'}{mV}W_2(p)\Delta\delta_\varphi(p)$$

进一步简化为

$$\Delta V(p)=-W_2(p)\left[\left(\frac{X_0^\alpha}{m}p+\frac{Y_0^\alpha\cos\theta-X_0^\alpha\sin\theta}{mV}g\right)\Delta\varphi(p)+\left(g\cos\theta-\frac{X_0^\alpha}{m}\right)\frac{R'}{mV}\Delta\delta_\varphi(p)\right]$$

令

$$W_5(p)=-\left(\frac{X_0^\alpha}{m}p+\frac{Y_0^\alpha\cos\theta-X_0^\alpha\sin\theta}{mV}g\right)\tag{8.6-38}$$

则有

$$\Delta V(p)=W_2(p)W_5(p)\Delta\varphi(p)-W_2(p)\left(g\cos\theta-\frac{X_0^{\alpha}}{m}\right)\frac{R'}{mV}\Delta\delta_{\varphi}(p) \tag{8.6-39}$$

为了求出 $\Delta\varphi$ 与 $\Delta\alpha$ 的关系，利用 $\Delta\alpha=\Delta\varphi-\Delta\theta$，有

$$\begin{aligned}\Delta\alpha(p)&=\Delta\varphi(p)-W_3(p)W_2(p)\Delta\varphi(p)-\frac{R'}{mV}\left(p+\frac{X_0^V}{m}\right)W_2(p)\Delta\delta_{\varphi}(p)\\&=W_2(p)\left[\left(\frac{1}{W_2(p)}-W_3(p)\right)\Delta\varphi(p)-\frac{R'}{mV}\left(p+\frac{X_0^V}{m}\right)\Delta\delta_{\varphi}(p)\right]\end{aligned}$$

令

$$W_6(p)=\frac{1}{W_2(p)}-W_3(p)=p^2+\left(\frac{X_0^V}{m}-\frac{g\sin\theta}{V}\right)p-\frac{X_0^V}{m}\frac{g\sin\theta}{V}+\frac{g\cos\theta}{V}\frac{Y_0^V}{m} \tag{8.6-40}$$

则有

$$\Delta\alpha(p)=W_2(p)\left[W_6(p)\Delta\varphi(p)-\frac{R'}{mV}\left(p+\frac{X_0^V}{m}\right)\Delta\delta_{\varphi}(p)\right] \tag{8.6-41}$$

综合一下得到如下关系：

$$\begin{cases}\Delta\theta(p)=W_3(p)W_2(p)\Delta\varphi(p)+\dfrac{R'}{mV}\left(p+\dfrac{X_0^V}{m}\right)W_2(p)\Delta\delta_{\varphi}(p)\\[2mm]\Delta\varphi(p)=W_1(p)\left[W_4(p)\Delta\theta(p)+\dfrac{M_z^{\delta}}{J_z}\Delta\delta_{\varphi}(p)-\dfrac{R'}{mV}\dfrac{M_z^V}{J_z}\dfrac{mV}{Y_0^V}\Delta\delta_{\varphi}(p)\right]\\[2mm]\Delta V(p)=W_2(p)W_5(p)\Delta\varphi(p)-W_2(p)\left(g\cos\theta-\dfrac{X_0^{\alpha}}{m}\right)\dfrac{R'}{mV}\Delta\delta_{\varphi}(p)\\[2mm]\Delta\alpha(p)=W_2(p)\left[W_6(p)\Delta\varphi(p)-\dfrac{R'}{mV}\left(p+\dfrac{X_0^V}{m}\right)\Delta\delta_{\varphi}(p)\right]\end{cases} \tag{8.6-42}$$

其中

$$\begin{cases}W_1(p)=\dfrac{1}{p^2-\left(\dfrac{M_z^{\omega_z}}{J_z}+\dfrac{M_z^{\dot{\alpha}}}{J_z}\right)p-\dfrac{M_z^{\alpha}}{J_z}+\dfrac{Y_0^{\alpha}}{mV}\dfrac{M_z^V}{J_z}\dfrac{mV}{Y_0^V}}\\[2mm]W_2(p)=\dfrac{1}{p^2+\left(\dfrac{X_0^V}{m}-\dfrac{g\sin\theta}{V}+\dfrac{Y_0^{\alpha}}{mV}\right)p+\dfrac{X_0^V}{m}\dfrac{Y_0^{\alpha}}{mV}-\dfrac{X_0^{\alpha}}{m}\dfrac{Y_0^V}{mV}-\dfrac{X_0^V}{m}\dfrac{g\sin\theta}{V}+\dfrac{g\cos\theta}{V}\dfrac{Y_0^V}{m}}\\[2mm]W_3(p)=\dfrac{Y_0^{\alpha}}{mV}p+\dfrac{Y_0^{\alpha}}{mV}\dfrac{X_0^V}{m}-\dfrac{X_0^{\alpha}}{m}\dfrac{Y_0^V}{mV}\\[2mm]W_4(p)=-\left[\left(-\dfrac{M_z^V}{J_z}\dfrac{mV}{Y_0^V}+\dfrac{M_z^{\dot{\alpha}}}{J_z}\right)p+\dfrac{M_z^{\alpha}}{J_z}+\dfrac{g\sin\theta}{V}\dfrac{M_z^V}{J_z}\dfrac{mV}{Y_0^V}-\dfrac{Y_0^{\alpha}}{mV}\dfrac{M_z^V}{J_z}\dfrac{mV}{Y_0^V}\right]\\[2mm]W_5(p)=-\left(\dfrac{X_0^{\alpha}}{m}p+\dfrac{Y_0^{\alpha}\cos\theta-X_0^{\alpha}\sin\theta}{mV}g\right)\\[2mm]W_6(p)=\dfrac{1}{W_2(p)}-W_3(p)=p^2+\left(\dfrac{X_0^V}{m}-\dfrac{g\sin\theta}{V}\right)p-\dfrac{X_0^V}{m}\dfrac{g\sin\theta}{V}+\dfrac{g\cos\theta}{V}\dfrac{Y_0^V}{m}\end{cases} \tag{8.6-43}$$

根据式（8.6-42）可得图 8.6-4 所示结构图。

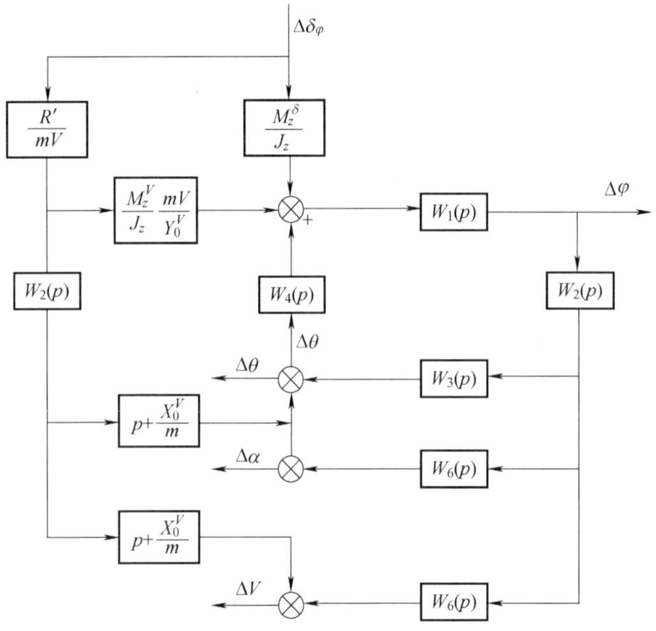

图 8.6-4　以 $\Delta\theta$ 为反馈的结构图

有了结构图，求系统的传递函数就比较方便的。为了简化书写，记 $W_i(p)$ 为 W_i，且提取图中部分框图重制如图 8.6-5 所示。

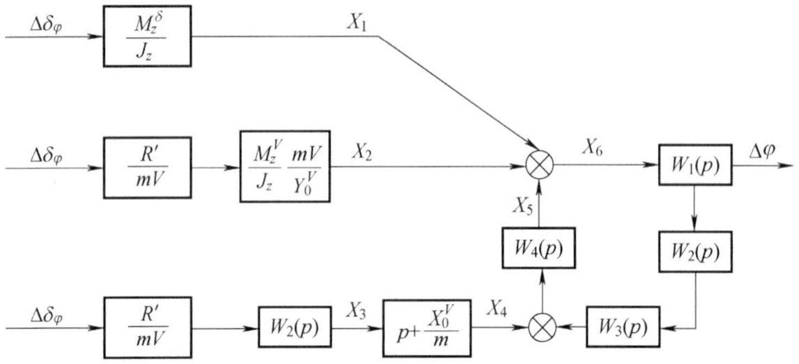

图 8.6-5　以 $\Delta\theta$ 为反馈的结构图（部分）

由上图知

$$X_1 = \frac{M_z^\delta}{J_z}\Delta\delta_\varphi$$

$$X_2 = \frac{M_z^V/J_z}{Y_0^V/mV}\frac{R'}{mV}\Delta\delta_\varphi$$

$$X_3 = W_2(p)\frac{R'}{mV}\Delta\delta_\varphi$$

$$X_4 = \left(p + \frac{X_0^V}{m}\right)X_3$$

$$\Delta\theta = X_4 + W_3(p)W_2(p)\Delta\varphi$$

$$X_5 = W_4(p)\Delta\theta$$
$$X_6 = X_1 + X_2 + X_5$$
$$\Delta\varphi = W_3(p)X_6$$

综合以上各式可得

$$\Delta\varphi = W_1(p)\left\{\frac{M_z^\delta}{J_z}\Delta\delta_\varphi + \frac{M_z^V/J_z}{Y_0^V/mV}\frac{R'}{mV}\Delta\delta_\varphi + W_4(p)\left[\left(p+\frac{X_0^V}{m}\right)W_2(p)\frac{R'}{mV}\Delta\delta_\varphi + W_3(p)W_2(p)\Delta\varphi\right]\right\}$$

即

$$(1 - W_1W_2W_3W_4)\Delta\varphi = W_1\left(\frac{M_z^\delta}{J_z}\Delta\delta_\varphi + \frac{M_z^V/J_z}{Y_c^v/mV}\frac{R'}{mV}\Delta\delta_\varphi\right) + W_1W_2W_4\frac{R'}{mV}\left(p+\frac{X_0^V}{m}\right)\Delta\delta_\varphi$$

即

$$\Delta\varphi = \frac{W_1\left(\frac{M_z^\delta}{J_z}\Delta\delta_\varphi + \frac{M_z^V/J_z}{Y_c^v/mV}\frac{R'}{mV}\Delta\delta_\varphi\right) + W_1W_2W_4\frac{R'}{mV}\left(p+\frac{X_0^V}{m}\right)\Delta\delta_\varphi}{1 - W_1W_2W_3W_4} \tag{8.6-44}$$

故

$$K_{\varphi\delta_\varphi} = -\frac{\Delta\varphi(p)}{\Delta\delta_\varphi(p)} = \frac{W_1\left(\frac{M_z^\delta}{J_z} + \frac{M_z^V/J_z}{Y_c^v/mV}\frac{R'}{mV}\right) + W_1W_2W_4\frac{R'}{mV}\left(p+\frac{X_0^V}{m}\right)}{1 - W_1W_2W_3W_4} \tag{8.6-45}$$

同理，可以根据结构图写出传递函数 $K_{\alpha\delta_\varphi}$、$K_{\theta\delta_\varphi}$和 $K_{V\delta_\varphi}$。但是，用这种方法建立的传递函数，同前面解代数方程传递函数建立的传递函数是一样的，这里就不再推导了。

最后说明一下，结构图的形式可以不同，它可以根据需要建立，但最后求出的传递函数都是一样的。

8.7　箭体纵向传递函数的简化

上一节建立了箭体的纵向传递函数，并画出了反映各个运动参数之间的相互关系的结构图。结构图中每一方框代表一个典型环节，这些环节的传递函数的阶数最高不超过二阶，如式（8.6-39）所示。根据自动控制原理，环节 1、2、3、4 构成闭合回路，称为箭体的稳定回路。根据结构图可以看出，箭体这个环节是一个高阶环节，因而会给控制系统的分析、设计带来不方便，故有必要简化。同时，客观上也存在简化的可能。一方面是舵偏角本身引起的法向力与推力、空气动力的法向分量相比是较小的，可以忽略，即可以设 $R'/mV=0$，这样结构图就简单多了。另一方面是根据前面的讨论，纵向扰动运动是可以分成长、短周期的运动，而描述操纵性的动态过程的齐次微分方程组同稳定性分析中的齐次微分方程组一样，那么在稳定性分析中存在的一些特性，在操纵性分析中也应该存在。即，当舵偏转后，火箭的平衡过程分成力矩和力的平衡过程；或者说一个是角运动的过程，一个是质心运动的过程。由于火箭的性质，决定了速度大小的变化远比角速度的变化小，所以在讨论角运动时可以忽略速度大小的变化，这将给操纵性的分析带来很大的方便。当然进一步的简化——既不考虑舵升力也不考虑速度 V 的大小变化，将根据具体情况来选取。不考虑舵升力和速度大小的变化，的确使箭体传递函数大大地简化。从自控原理上讲，上述简化反映了什么呢？已经知道，由几个环节构成的结构图，其联结频率的大小也是可以进行简化的。虽然环节 1、2

都是二阶环节，但注意环节 1 的各个系数，就可以发现它基本上或者说主要是与角运动的一些参数有关。一般来说，对静稳定的火箭，因 $M_z^\alpha<0$，那么是一个二阶振荡环节；而环节 2 的各个系数却主要与质心运动的一些参数有关，是否稳定与飞行状态有关，也不一定是一个二阶振荡环节。但是，计算结果表明环节 1 的联结频率远比环节 2 的联结频率高，这就给简化传递函数带来方便。例如，研究高频运动（接近环节 1 的联结频率）时，可以把环节 2 看成两个纯积分环节，而且这种联结频率相差很多。虽然随着箭体的结构参数、空气动力系数和飞行状态的变化有所变化，但相差很多的情况总是存在。这是因为，这两个环节联结频率的很大差别正好反映了力矩平衡和力平衡的不同特点，即扰动运动可以区分长短周期运动。因为在稳定性的分析中已分析过，在研究短周期运动时可以令 $\Delta V=0$，而操纵性的研究又主要是研究舵偏转以后，角运动的反应，所以也可以直接令 $\Delta V=0$ 来简化传递函数，而不必再从研究每个环节的特性来简化传递函数。

简化传递函数最重要的一点，就是令 $\Delta V=0$，那么最直接的办法是令传递函数的式（8.6-19）、式（8.6-20）和式（8.6-21）中含有 a_{11}、a_{12}、a_{13}、a_{21}、a_{31} 的项等于零，即可得到简化的传递函数。但应注意，从概念上讲，并不是 a_{11}、a_{12}、a_{13}、a_{21}、a_{31} 等于零，而是因为 $\Delta V=0$，这些项不会出现。

当然，也可以令结构图中各环节的相应的项等于零得到简化的传递函数。为了熟悉根据运动方程来建立结构图，可直接从简化的运动方程来建立简化的结构图，并求出传递函数。

因 $\Delta V=0$，式（8.6-3）中第一个方程可以取消，又对火箭来讲 $M_z^{\dot\alpha}$ 是较小的项，可以略去，将 $\Delta\alpha=\Delta\varphi-\Delta\theta$ 代入式（8.6-3）可得（推导时把经常干扰加上）

$$\left(p-\frac{g\sin\theta}{V}-\frac{Y_0^\alpha}{mV}\right)\Delta\theta(p)=\frac{Y_0^\alpha}{mV}\Delta\varphi(p)+\frac{R'}{mV}\Delta\delta_\varphi(p)+\frac{N_{\mathrm{B}}(p)}{mV}\tag{8.7-1}$$

$$\left(p^2-\frac{M_z^{\omega_z}}{J_z}p-\frac{M_z^\alpha}{J_z}\right)\Delta\varphi(p)=-\frac{M_z^\alpha}{J_z}\Delta\theta(p)+\frac{M_z^\delta}{J_z}\Delta\delta_\varphi(p)+\frac{M_{Z\mathrm{B}}(p)}{J_z}\tag{8.7-2}$$

令

$$\begin{cases}W_1(p)=\dfrac{1}{p^2-\dfrac{M_z^{\omega_z}}{J_z}p-\dfrac{M_z^\alpha}{J_z}}\\[2ex] W_2(p)=\dfrac{1}{p-\dfrac{g\sin\theta}{V}-\dfrac{Y_0^\alpha}{mV}}\\[2ex] W_3(p)=\dfrac{Y_0^\alpha}{mV}\\[2ex] W_4(p)=-\dfrac{M_z^\alpha}{J_z}\end{cases}\tag{8.7-3}$$

则式（8.7-1）和式（8.7-2）改为

$$\begin{cases}\Delta\theta(p)=W_2(p)\left[W_3(p)\Delta\varphi(p)+\dfrac{R'}{mV}\Delta\delta_\varphi(p)+\dfrac{N_{\mathrm{B}}(p)}{mV}\right]\\[2ex] \Delta\varphi(p)=W_1(p)\left[W_4(p)\Delta\theta(p)+\dfrac{M_z^\delta}{J_z}\Delta\delta_\varphi(p)+\dfrac{M_{Z\mathrm{B}}(p)}{J_z}\right]\end{cases}\tag{8.7-4}$$

根据式（8.7-4）可以组成结构图，如图 8.7-1 所示。其输入量是 $\Delta\delta_\varphi$，如果研究速度方向的变化（即法向运动），输出量为 $\Delta\theta$，干扰输入量为$\dfrac{N_B}{mV}$、$\dfrac{M_{ZB}}{J_z}$。为便于写出传递函数，可将$\dfrac{R'}{mV}\Delta\delta_\varphi$ 从点 B 移至点 A，如图 8.7-2 所示。

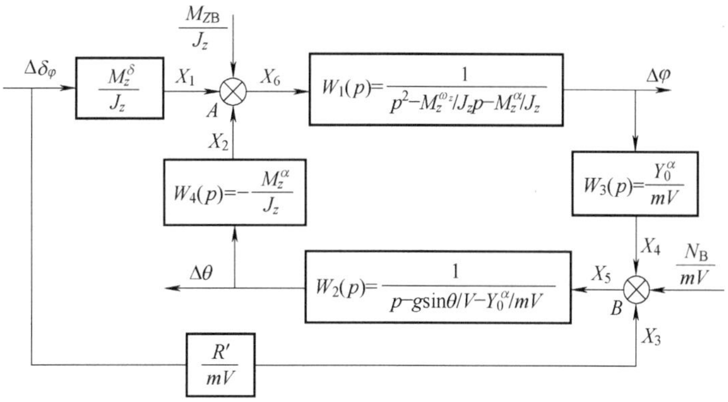

图 8.7-1　$\Delta V=0$ 时结构图

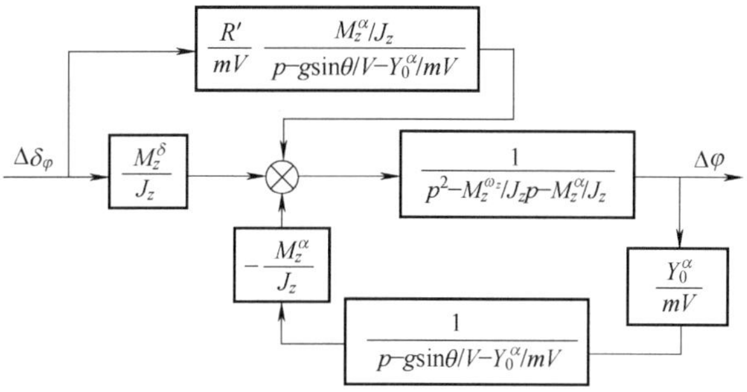

图 8.7-2　$\Delta V=0$ 时结构图

如图 8.7-1 所示，有

$$X_1=\frac{M_z^\delta}{I_z}\Delta\delta_\varphi$$

$$X_3=\frac{R'}{mV}\Delta\delta_\varphi$$

$$X_4=\frac{Y_0^\alpha}{mV}\Delta\varphi=W_3(p)\Delta\varphi$$

$$X_5=X_3+X_4$$

$$\Delta\theta=\frac{1}{p-\dfrac{g\sin\theta}{V}+\dfrac{Y_0^\alpha}{mV}}X_5=W_2(p)X_5$$

$$X_2=\frac{-M_z^\alpha}{J_z}\Delta\theta=W_4(p)\Delta\theta$$

$$X_6=X_1+X_2$$

$$\Delta\varphi = \frac{1}{p^2 - \dfrac{M_z^{\omega_z}}{I_z}p - \dfrac{M_z^{\alpha}}{I_z}} X_6 = W_1(p) X_6$$

综合以上各式可得

$$\Delta\varphi = W_1\left[\frac{M_z^{\delta}}{J_z}\Delta\delta_{\varphi} + W_4 W_2\left(\frac{R'}{mV}\Delta\delta_{\varphi} + W_3\Delta\varphi\right)\right]$$

整理得

$$(1 - W_1 W_2 W_3 W_4)\Delta\varphi = W_1\left(\frac{M_z^{\delta}}{J_z}\Delta\delta_{\varphi} + W_2 W_4 \frac{R'}{mV}\Delta\delta_{\varphi}\right)$$

即

$$\Delta\varphi = \frac{W_1\left(\dfrac{M_z^{\delta}}{I_z}\Delta\delta_{\varphi} + W_2 W_4 \dfrac{R'}{mV}\Delta\delta_{\varphi}\right)}{1 - W_1 W_2 W_3 W_4} = \frac{W_1\left(\dfrac{M_z^{\delta}}{I_z}\Delta\delta_{\varphi} + \dfrac{R'}{mV}\dfrac{-M_z^{\alpha}/J_z}{p - g\sin\theta/V + Y_c^{\alpha}/mV}\Delta\delta_{\varphi}\right)}{1 - W_1 W_2 W_3 W_4} \tag{8.7-5}$$

可得

$$\begin{aligned}
K_{\varphi\delta_{\varphi}}(p) &= -\frac{\Delta\varphi(p)}{\Delta\delta_{\varphi}(p)} = -\frac{W_1\left(\dfrac{M_z^{\delta}}{J_z} + \dfrac{R'}{mV}\dfrac{-M_z^{\alpha}/J_z}{p - g\sin\theta/V + Y_c^{\alpha}/mV}\right)}{1 - W_1 W_2 W_3 W_4} \\
&= -\frac{\dfrac{1}{p^2 - \dfrac{M_z^{\omega_z}}{J_z}p - \dfrac{M_z^{\alpha}}{J_z}}\left(\dfrac{M_z^{\delta}}{J_z} + \dfrac{R'}{mV}\dfrac{-M_z^{\alpha}/I_z}{p - g\sin\theta/V + Y_0^{\alpha}/mV}\right)}{1 - \dfrac{1}{p^2 - \dfrac{M_z^{\omega_z}}{J_z}p - \dfrac{M_z^{\alpha}}{J_z}}\,\dfrac{1}{p - \dfrac{g\sin\theta}{V} + \dfrac{Y_0^{\alpha}}{mV}}\,\dfrac{Y_0^{\alpha}}{mV}\,\dfrac{-M_z^{\alpha}}{J_z}} \\
&= -\frac{\left(\dfrac{M_z^{\delta}}{J_z} + \dfrac{R'}{mV}\dfrac{-M_z^{\alpha}/J_z}{p - g\sin\theta/V + Y_0^{\alpha}/mV}\right)\left(p - \dfrac{g\sin\theta}{V} + \dfrac{Y_0^{\alpha}}{mV}\right)}{\left(p^2 - \dfrac{M_z^{\omega_z}}{J_z}p - \dfrac{M_z^{\alpha}}{J_z}\right)\left(p - \dfrac{g\sin\theta}{V} + \dfrac{Y_0^{\alpha}}{mV}\right) + \dfrac{Y_0^{\alpha}}{mV}\dfrac{M_z^{\alpha}}{J_z}}
\end{aligned}$$

其中,分母部分为

$$\begin{aligned}
&\left(p^2 - \frac{M_z^{\omega_z}}{J_z}p - \frac{M_z^{\alpha}}{J_z}\right)\left(p - \frac{g\sin\theta}{V} + \frac{Y_0^{\alpha}}{mV}\right) + \frac{Y_0^{\alpha}}{mV}\frac{M_z^{\alpha}}{J_z} \\
&= p^3 + \left(-\frac{g\sin\theta}{V} + \frac{Y_0^{\alpha}}{mV} - \frac{M_z^{\omega_z}}{J_z}\right)p^2 + \left[-\frac{M_z^{\omega_z}}{J_z}\left(-\frac{g\sin\theta}{V} + \frac{Y_0^{\alpha}}{mV}\right) - \frac{M_z^{\alpha}}{J_z}\right]p \\
&\quad - \frac{M_z^{\alpha}}{J_z}\left(-\frac{g\sin\theta}{V} + \frac{Y_0^{\alpha}}{mV}\right) + \frac{Y_0^{\alpha}}{mV}\frac{M_z^{\alpha}}{J_z} \\
&= p^3 + \left(\frac{Y_0^{\alpha}}{mV} - \frac{g\sin\theta}{V} - \frac{M_z^{\omega_z}}{J_z}\right)p^2 + \left(\frac{M_z^{\omega_z}}{J_z}\frac{g\sin\theta}{V} - \frac{M_z^{\omega_z}}{J_z}\frac{Y_0^{\alpha}}{mV} - \frac{M_z^{\alpha}}{J_z}\right)p + \frac{M_z^{\alpha}}{J_z}\frac{g\sin\theta}{V} \\
&= p^3 + A_1 p^2 + A_2 p + A_3
\end{aligned} \tag{8.7-6}$$

则有

$$K_{\varphi\delta_{\varphi}}(p)=\frac{-\dfrac{M_z^{\delta}}{J_z}\left(p-\dfrac{g\sin\theta}{V}+\dfrac{Y_0^{\alpha}}{mV}-\dfrac{R'}{mV}\dfrac{M_z^{\alpha}}{M_z^{\delta}}\right)}{p^3+A_1p^2+A_2p+A_3}\tag{8.7-7}$$

由式（8.7-4）知

$$\Delta\theta(p)=W_2(p)\left[W_3(p)\Delta\varphi(p)+\frac{R'}{mV}\Delta\delta_{\varphi}(p)\right]\tag{8.7-8}$$

将式（8.7-5）所示 $\Delta\varphi(p)$ 代入上式（8.7-8），得

$$\Delta\theta=W_2\left[W_3\frac{W_1\left(\dfrac{M_z^{\delta}}{J_z}\Delta\delta_{\varphi}+W_2W_4\dfrac{R'}{mV}\Delta\delta_{\varphi}\right)}{1-W_1W_2W_3W_4}+\frac{R'}{mV}\Delta\delta_{\varphi}\right]$$

$$=W_2\frac{W_1W_3\left(\dfrac{M_z^{\delta}}{J_z}\Delta\delta_{\varphi}+W_2W_4\dfrac{R'}{mV}\Delta\delta_{\varphi}\right)+\dfrac{R'}{mV}\Delta\delta_{\varphi}(1-W_1W_2W_3W_4)}{1-W_1W_2W_3W_4}$$

$$=W_2\frac{W_1W_3\dfrac{M_z^{\delta}}{J_z}\Delta\delta_{\varphi}+\dfrac{R'}{mV}\Delta\delta_{\varphi}}{1-W_1W_2W_3W_4}=\frac{\left(\dfrac{M_z^{\delta}}{J_z}+\dfrac{R'}{mV}\dfrac{1}{W_1W_3}\right)\Delta\delta_{\varphi}W_1W_2W_3}{1-W_1W_2W_3W_4}$$

即

$$K_{\theta\delta_{\varphi}}(p)=-\frac{\Delta\theta(p)}{\Delta\delta_{\varphi}(p)}=-\frac{\left(\dfrac{M_z^{\delta}}{J_z}+\dfrac{R'}{mV}\dfrac{1}{W_1W_3}\right)W_1W_2W_3}{1-W_1W_2W_3W_4}$$

即

$$K_{\theta\delta_{\varphi}}(p)=-\frac{\dfrac{1}{p^2-\dfrac{M_z^{\omega_z}}{J_z}p-\dfrac{M_z^{\alpha}}{J_z}}\dfrac{1}{p-\dfrac{g\sin\theta}{V}+\dfrac{Y_0^{\alpha}}{mV}}\dfrac{Y_c^{\alpha}}{mv}\dfrac{M_z^{\delta}}{J_z}+\dfrac{1}{p-\dfrac{g\sin\theta}{V}+\dfrac{Y_0^{\alpha}}{mV}}\dfrac{R'}{mV}}{1-\dfrac{1}{p^2-\dfrac{M_z^{\omega_z}}{J_z}p-\dfrac{M_z^{\alpha}}{J_z}}\dfrac{1}{p-\dfrac{g\sin\theta}{V}+\dfrac{Y_0^{\alpha}}{mV}}\dfrac{Y_0^{\alpha}}{mV}\dfrac{-M_z^{\alpha}}{J_z}}$$

$$=-\frac{\dfrac{Y_0^{\alpha}}{mV}\dfrac{M_z^{\delta}}{J_z}+\left(p^2-\dfrac{M_z^{\omega_z}}{J_z}p-\dfrac{M_z^{\alpha}}{J_z}\right)\dfrac{R'}{mV}}{\left(p^2-\dfrac{M_z^{\omega_z}}{J_z}p-\dfrac{M_z^{\alpha}}{J_z}\right)\left(p-\dfrac{g\sin\theta}{V}+\dfrac{Y_0^{\alpha}}{mV}\right)+\dfrac{Y_0^{\alpha}}{mV}\dfrac{M_z^{\alpha}}{J_z}}$$

上式分母部分同式（8.7-6）推导，则得

$$K_{\theta\delta_{\varphi}}(p)=-\frac{\dfrac{R'}{mV}p^2-\dfrac{R'}{mV}\dfrac{M_z^{\omega_z}}{J_z}p-\dfrac{R'}{mV}\dfrac{M_z^{\alpha}}{J_z}+\dfrac{Y_0^{\alpha}}{mV}\dfrac{M_z^{\delta}}{J_z}}{p^3+A_1p^2+A_2p+A_3}\tag{8.7-9}$$

易知

$$\Delta\alpha(p) = \Delta\varphi(p) - \Delta\theta(p)$$

则

$$K_{\alpha\delta_\varphi}(p) = -\frac{\Delta\varphi(p) - \Delta\theta(p)}{\Delta\delta_\varphi(p)} = K_{\varphi\delta_\varphi}(p) - K_{\theta\delta_\varphi}(p)$$

根据式（8.7-7）和式（8.7-9），得

$$\begin{aligned} K_{\alpha\delta_\varphi}(p) &= \frac{-\frac{M_z^\delta}{J_z}\left(p - \frac{g\sin\theta}{V} + \frac{Y_0^\alpha}{mV} - \frac{R'}{mV}\frac{M_z^\alpha}{M_z^\delta}\right)}{p^3 + A_1p^2 + A_2p + A_3} + \frac{\frac{R'}{mV}p^2 - \frac{R'}{mV}\frac{M_z^{\omega_z}}{J_z}p - \frac{R'}{mV}\frac{M_z^\alpha}{J_z} + \frac{Y_0^\alpha}{mV}\frac{M_z^\delta}{J_z}}{p^3 + A_1p^2 + A_2p + A_3} \\ &= \frac{\frac{R'}{mV}p^2 + \left(-\frac{R'}{mV}\frac{M_z^{\omega_z}}{J_z} - \frac{M_z^\delta}{J_z}\right)p - \frac{R'}{mV}\frac{M_z^\alpha}{J_z} + \frac{Y_0^\alpha}{mV}\frac{M_z^\delta}{J_z} + \frac{M_z^\delta}{J_z}\frac{g\sin\theta}{V} - \frac{M_z^\delta}{J_z}\frac{Y_0^\alpha}{mV} + \frac{M_z^\delta}{J_z}\frac{R'}{mV}\frac{M_z^\alpha}{M_z^\delta}}{p^3 + A_1p^2 + A_2p + A_3} \\ &= \frac{\frac{R'}{mV}p^2 + \left(-\frac{R'}{mV}\frac{M_z^{\omega_z}}{J_z} - \frac{M_z^\delta}{J_z}\right)p + \frac{M_z^\delta}{J_z}\frac{g\sin\theta}{V}}{p^3 + A_1p^2 + A_2p + A_3} \end{aligned}$$

（8.7-10）

如图 8.7-3 所示，得对干扰输入量的输出 $\Delta\varphi(p)$，过程如下：

$$X_4 = \frac{Y_0^\alpha}{mV}\Delta\varphi = W_3(p)\Delta\varphi$$

$$X_5 = X_4 + \frac{N_B}{mV}$$

$$\Delta\theta = \frac{1}{p - \frac{g\sin\theta}{V} + \frac{Y_0^\alpha}{mV}}X_5 = W_2(p)X_5$$

$$X_2 = \frac{-M_z^\alpha}{J_z}\Delta\theta = W_4(p)\Delta\theta$$

$$X_6 = X_2 + \frac{M_{ZB}}{J_z}$$

$$\Delta\varphi = \frac{1}{p^2 - \frac{M_z^{\omega_z}}{J_z}p - \frac{M_z^\alpha}{J_z}}X_6 = W_1(p)X_6$$

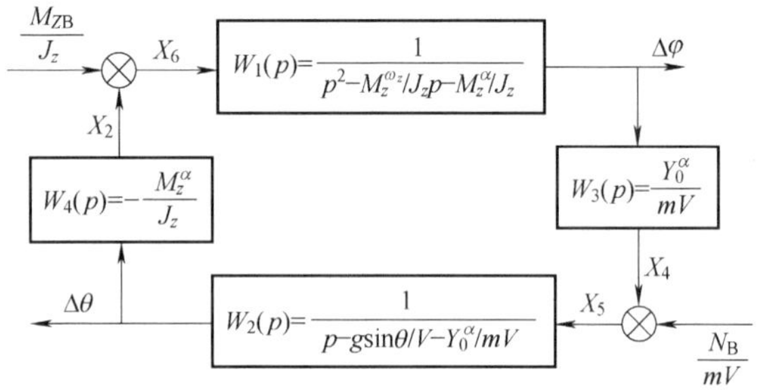

图 8.7-3　$\Delta V=0$ 时结构图（部分）

综合以上各式可得

$$\Delta\varphi = W_1\left[W_4W_2\left(W_3\Delta\varphi + \frac{N_B}{mV}\right) + \frac{M_{ZB}}{J_z}\right]$$

即

$$(1 - W_1W_2W_3W_4)\Delta\varphi = W_1W_2W_4\frac{N_B}{mV} + W_1\frac{M_{ZB}}{J_z}$$

可得

$$\Delta\varphi = \frac{W_1 W_2 W_4 \frac{N_B}{mV} + W_1 \frac{M_{ZB}}{J_z}}{1 - W_1 W_2 W_3 W_4}$$

$$= \frac{\frac{1}{p^2 - \frac{M_z^{\omega_z}}{J_z}p - \frac{M_z^{\alpha}}{J_z}} \frac{1}{p - \frac{g\sin\theta}{V} + \frac{Y_0^{\alpha}}{mV}} \frac{-M_z^{\alpha}}{J_z} \frac{N_B}{mV} + \frac{1}{p^2 - \frac{M_z^{\omega_z}}{J_z}p - \frac{M_z^{\alpha}}{J_z}} \frac{M_{ZB}}{J_z}}{1 - \frac{1}{p^2 - \frac{M_z^{\omega_z}}{J_z}p - \frac{M_z^{\alpha}}{J_z}} \frac{1}{p - \frac{g\sin\theta}{V} + \frac{Y_0^{\alpha}}{mV}} \frac{Y_0^{\alpha}}{mV} \frac{-M_z^{\alpha}}{J_z}}$$

$$= \frac{\frac{-M_z^{\alpha}}{J_z} \frac{N_B}{mV} + \left(p - \frac{g\sin\theta}{V} + \frac{Y_0^{\alpha}}{mV}\right) \frac{M_{ZB}}{J_z}}{\left(p^2 - \frac{M_z^{\omega_z}}{J_z}p - \frac{M_z^{\alpha}}{J_z}\right)\left(p - \frac{g\sin\theta}{V} + \frac{Y_0^{\alpha}}{mV}\right) + \frac{Y_0^{\alpha}}{mV} \frac{M_z^{\alpha}}{J_z}}$$

上式分母部分同式(8.7-6)推导，则得

$$\Delta\varphi = \frac{\left(p - \frac{g\sin\theta}{V} + \frac{Y_0^{\alpha}}{mV}\right)\frac{M_{ZB}}{J_z} - \frac{M_z^{\alpha}}{J_z}\frac{N_B}{mV}}{p^3 + A_1 p^2 + A_2 p + A_3} \tag{8.7-11}$$

上面得到了在忽略速度大小变化的情况下的传递函数。为了便于分析，该传递函数还可以适当简化。

1）略去重力分量引起的速度方向的改变。重力分量引起速度方向的变化是由 $g\sin\theta/V$ 来决定的，如果 θ 较小或 V 较大，则可以略去这一项，此时传递函数如下：

$$K_{\varphi\delta_\varphi}(p) = -\frac{\frac{M_z^{\delta}}{J_z}\left(p + \frac{Y_0^{\alpha}}{mV}\right) - \frac{R'}{mV}\frac{M_z^{\alpha}}{J_z}}{p\left[p^2 + \left(\frac{Y_0^{\alpha}}{mV} - \frac{M_z^{\omega_z}}{J_z}\right)p + \left(-\frac{M_z^{\omega_z}}{J_z}\frac{Y_0^{\alpha}}{mV} - \frac{M_z^{\alpha}}{J_z}\right)\right]} \tag{8.7-12}$$

2）略去由舵升力引起的法向力，即认为$\frac{R'}{mV}=0$，则有

$$K_{\varphi\delta_\varphi}(p) = -\frac{\frac{M_z^{\delta}}{J_z}\left(p + \frac{Y_0^{\alpha}}{mV}\right)}{p\left[p^2 + \left(\frac{Y_0^{\alpha}}{mV} - \frac{M_z^{\omega_z}}{J_z}\right)p + \left(-\frac{M_z^{\omega_z}}{J_z}\frac{Y_0^{\alpha}}{mV} - \frac{M_z^{\alpha}}{J_z}\right)\right]} \tag{8.7-13}$$

因为这种情况是经常采用的一种传递函数，这里详细讨论一下，此时有

$$K_{\alpha\delta_\varphi}(p) = -\frac{\frac{M_z^{\delta}}{J_z}}{p^2 + \left(\frac{Y_0^{\alpha}}{mV} - \frac{M_z^{\omega_z}}{J_z}\right)p + \left(-\frac{M_z^{\omega_z}}{J_z}\frac{Y_0^{\alpha}}{mV} - \frac{M_z^{\alpha}}{J_z}\right)} \tag{8.7-14}$$

$$K_{\theta\delta_\varphi}(p) = -\frac{\frac{Y_0^\alpha}{mV}\frac{M_z^\delta}{J_z}}{p\left[p^2 + \left(\frac{Y_0^\alpha}{mV} - \frac{M_z^{\omega_z}}{J_z}\right)p + \left(-\frac{M_z^{\omega_z}}{J_z}\frac{Y_0^\alpha}{mV} - \frac{M_z^\alpha}{J_z}\right)\right]} \tag{8.7-15}$$

式（8.7-13）、式（8.7-14）和式（8.7-15）是在 $\Delta V=0$ 的条件下，再忽略升力和重力法向分量对速度方向改变的影响，认为法向力的方程为

$$\frac{\mathrm{d}\Delta\theta}{\mathrm{d}t} = \frac{Y_0^\alpha}{mV}\Delta\alpha + \frac{N_{\mathrm{B}}}{mV} \tag{8.7-16}$$

这种情况适用于火箭平飞的情况。因为平飞时，θ 较小，则重力法向分量的改变量 $\frac{g\sin\theta}{V}\Delta\theta$ 是可以略去，舵升力一般也较小，也可以略去。对通常情况下的运载火箭，如果要求不十分准确，传递函数也可取式（8.7-13）、式（8.7-14）和式（8.7-15）的形式。

因为有

$$K_{\alpha\delta_\varphi}(p) = -\frac{\frac{M_z^\delta}{J_z}}{p^2 + \left(\frac{Y_0^\alpha}{mV} - \frac{M_z^{\omega_z}}{J_z}\right)p + \left(-\frac{M_z^{\omega_z}}{J_z}\frac{Y_0^\alpha}{mV} - \frac{M_z^\alpha}{J_z}\right)}$$

这是一个二阶振荡环节，可化成标准形式：

$$K_{\alpha\delta_\varphi}(p) = -\frac{\Delta\alpha(p)}{\Delta\delta_\varphi(p)} = \frac{K_{\alpha\delta}}{T_C^2p^2 + 2\xi_C T_C p + 1} \tag{8.7-17}$$

式中

$$\begin{cases} K_{\alpha\delta} = \dfrac{\frac{M_z^\delta}{J_z}}{\frac{M_z^{\omega_z}}{J_z}\frac{Y_0^\alpha}{mV} + \frac{M_z^\alpha}{J_z}} \\ T_C = \sqrt{\dfrac{J_z}{-M_z^{\omega_z}\frac{Y_0^\alpha}{mV} - M_z^\alpha}} \\ \xi_C = \dfrac{\frac{Y_0^\alpha}{mV} - \frac{M_z^{\omega_z}}{J_z}}{2\sqrt{-\frac{M_z^{\omega_z}}{J_z}\frac{Y_0^\alpha}{mV} - \frac{M_z^\alpha}{J_z}}} \end{cases} \tag{8.7-18}$$

而

$$\begin{aligned} K_{\varphi\delta_\varphi}(p) &= K_{\varphi\alpha}(p)K_{\alpha\delta_\varphi}(p) = -\frac{\Delta\varphi(p)}{\Delta\delta_\varphi(p)} = \frac{K_{\alpha\delta}}{T_C^2p^2 + 2\xi_C T_C p + 1}\frac{\left(p + \frac{Y_0^\alpha}{mV}\right)p}{p^2} \\ &= \frac{K_{\alpha\delta}}{T_C^2p^2 + 2\xi_C T_C p + 1}\frac{T_v p + 1}{T_v p} \end{aligned} \tag{8.7-19}$$

其中

$$T_v = \frac{mV}{Y_0^\alpha} = \frac{1}{Y_0^\alpha / mV} \tag{8.7-20}$$

$$K_{\theta\delta_\varphi}(p) = K_{\theta\alpha}(p) K_{\alpha\delta_\varphi}(p) = -\frac{\Delta\theta(p)}{\Delta\delta_\varphi(p)}$$

$$= \frac{K_{\alpha\delta}}{T_C^2 p^2 + 2\xi_C T_C p + 1} \frac{\frac{Y_0^\alpha}{mV} p}{p^2} \tag{8.7-21}$$

$$= \frac{K_{\alpha\delta}}{T_v p(T_C^2 p^2 + 2\xi_C T_C p + 1)}$$

3）当 V 很大时，在讨论角运动时，可以略去由法向力引起的速度方向的改变。这时 $\Delta\alpha = \Delta\varphi$、$\Delta\theta = 0$，在方程中令 $Y_0^\alpha / mV = 0$，则有

$$K_{\varphi\delta_\varphi}(p) = -\frac{M_z^\delta / J_z}{p^2 - M_z^{\omega_z} / J_z p - M_z^\alpha / J_z} \tag{8.7-22}$$

式（8.7-22）实际上只反映了箭体绕 Z_1 轴的旋转运动。这个运动发散与收敛完全取决于 M_z^α / J_z，如果 $M_z^\alpha < 0$，即火箭是静稳定的，则运动是稳定的；反之 $M_z^\alpha > 0$，即火箭是静不稳定的，则运动是不稳定，存在着正实根，运动是非周期发散运动。

4）略去阻尼力矩 $M_z^{\omega_z} \Delta\omega_z$，由于阻尼力矩很小，而且对角运动起稳定作用，在控制系统设计时略去 $M_z^{\omega_z} / J_z$ 更安全，则有

$$K_{\varphi\delta_\varphi}(p) = -\frac{M_z^\delta / J_z}{p^2 - M_z^\alpha / J_z} \tag{8.7-23}$$

5）略去所有空气动力矩，如当飞行至高空时，$\rho \approx 0$，或者开始飞行时 $V \to 0$，此时空气动力矩也很小，则有

$$K_{\varphi\delta_\varphi}(p) = -\frac{M_z^\delta}{J_z} \frac{1}{p^2} \tag{8.7-24}$$

这是两个积分环节的串联。

下面举例对上述情况加以说明。

设火箭数据如下：

$$\frac{Y_0^\alpha}{mV} = 0.0733, \quad \frac{g\sin\theta}{V} = 0.00518, \quad \frac{R'}{mV} = 0.00473$$

$$\frac{M_z^{\omega_z}}{J_z} = -0.035, \quad \frac{M_z^\alpha}{J_z} = 0.611, \quad -\frac{M_z^\delta}{J_z} = 1.796$$

其结构图如图 8.7-4 所示。

故

$$K_{\varphi\delta_\varphi}(p) = \frac{1.796(p + 0.0698)}{p^3 + 0.103p^2 - 0.608p + 0.00317} = \frac{1.796(p + 0.0698)}{(p - 0.0052)(p - 0.726)(p + 0.836)}$$

从上式看出，箭体这环节的特征方程式有两个正实根，这是因为火箭是静不稳定的和考虑了重力法向分量影响的结果。

由于认为 $g\sin\theta / V \neq 0$，上例中特征方程式出现了一个小的正实根，说明箭体的运动是不

稳定的，角运动有一个缓慢地发散过程，这个现象是因为忽略了 ΔV 的变化，因而长周期运动被简化成一个 $\Delta\theta$ 的变化过程。而单就重力法向分量的影响而言，因为当 $\Delta\theta<0$ 时，$\Delta\dot{\theta}=\dfrac{g\sin\theta}{V}\Delta\theta$ 也是小于零的，因而它促使 $\Delta\dot{\theta}$ 单调减小，所以这个因素使箭体环节出现不稳定。不过这个根很小，即发散过程进行得很慢，所以在有些情况下不详细讨论这个根，而认为 $g\sin\theta/V=0$。另外一个正实根是因为火箭是静不稳定产生的，当火箭的舵偏转后，在空气动力矩的作用下，箭体将继续朝着一个方向旋转，如不控制，火箭就会翻转，所以静不稳定的火箭，必须控制，以制止这种翻转。

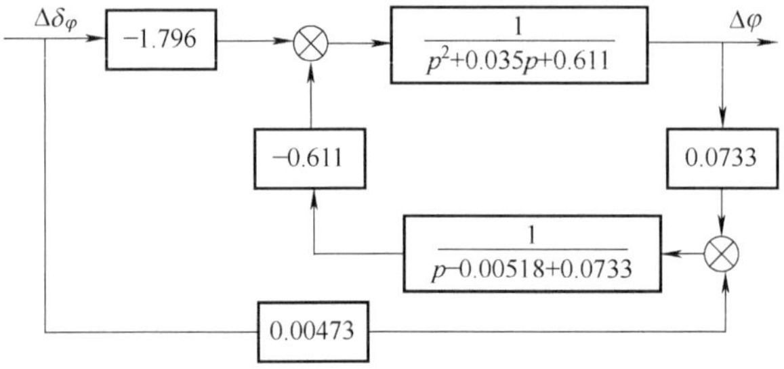

图 8.7-4　$\Delta V=0$ 时结构图

下面分析简化会给传递函数带来什么影响。

1）略去 $g\sin\theta/V$，可以得

$$K_{\varphi\delta_\varphi}(p)=-\frac{\Delta\varphi(p)}{\Delta\delta_\varphi(p)}=\frac{1.796(p+0.0749)}{p(p-0.726)(p+0.834)}$$

可见只影响最小的特征方程式的根。

2）略去 R'/mV，可以得

$$K_{\varphi\delta_\varphi}(p)=-\frac{\Delta\varphi(p)}{\Delta\delta_\varphi(p)}=\frac{1.796(p+0.0733)}{p(p-0.726)(p+0.834)}$$

3）略去 Y_0^α/mV，可以得

$$K_{\varphi\delta_\varphi}(p)=-\frac{\Delta\varphi(p)}{\Delta\delta_\varphi(p)}=\frac{1.796}{(p-0.763)(p+0.798)}$$

这时存在着一些差别，说明力对速度方向的改变，对环节是有影响的。但数量级还不十分大，初步设计可以采用。

4）略去 $M_z^{\omega_z}/J_z$，可以得

$$K_{\varphi\delta_\varphi}(p)=-\frac{\Delta\varphi(p)}{\Delta\delta_\varphi(p)}=\frac{1.796}{p^2-0.611}=\frac{1.796}{(p-0.781)(p+0.781)}$$

因为这种火箭的阻尼力矩小，略去不会带来很大的误差。

综上所述，可以得到如下结论：如果主要是研究角运动，或者说快速运动，即舵偏转后第一阶段的运动，完全可以用短周期的简化方程来建立结构图，而重力法向分量和舵升力在有些情况下应该考虑，但分析传递函数的特性时可以不考虑。这样就得到了如下的传递函数：

$$K_{\alpha\delta_\varphi}(p)=-\frac{\Delta\alpha(p)}{\Delta\delta_\varphi(p)}=\frac{K_{\alpha\delta}}{T_C^2p^2+2\xi_C T_C p+1}\qquad(8.7\text{-}25)$$

$$K_{\varphi\delta_\varphi}(p) = -\frac{\Delta\varphi(p)}{\Delta\delta_\varphi(p)} = \frac{K_{\alpha\delta}}{T_C^2p^2 + 2\xi_C T_C p + 1}\frac{T_v p + 1}{T_v p} \tag{8.7-26}$$

$$K_{\theta\delta_\varphi}(p) = -\frac{\Delta\theta(p)}{\Delta\delta_\varphi(p)} = \frac{K_{\alpha\delta}}{T_C^2p^2 + 2\xi_C T_C p + 1}\frac{1}{T_v p} \tag{8.7-27}$$

下面将以此传递函数为基础讨论过渡过程。

8.8　舵作阶跃偏转时，纵向动态特性讨论

当已知箭体传递函数和输入量 $\Delta\delta_\varphi$ 时，可以求出 ΔV、$\Delta\varphi$、$\Delta\theta$ 和 $\Delta\alpha$ 的变化。本节讨论阶跃输入时，运动参数 $\Delta\theta$、$\Delta\varphi$ 和 $\Delta\alpha$ 的变化，而 ΔV 的变化认为等于零。所谓阶跃输入是指

$$\Delta\delta_\varphi = \delta_0 1(t) \tag{8.8-1}$$

而

$$1(t) = \begin{cases} 0 & t < 0 \\ 1 & t \geqslant 0 \end{cases}$$

火箭由于有舵偏转，会产生外力和外力矩，使火箭由一个飞行状态过渡到另一个飞行状态。如果认为没有惯性，则由这一飞行状态过渡到另一飞行状态是瞬时完成的。但实际上火箭是有惯性的，运动参数的改变需要一定的时间，这一过程就叫做过渡过程。过渡过程结束之后，火箭过渡到新的飞行状态，而运动参数也改变到新的参数值 θ、φ、α。求过渡过程可以有不同的方法，但不管用什么方法都有一个取舍问题。即，是选择用不加简化的方程，还是用短周期运动的简化方程。一般在研究操纵性问题时，都是采用短周期运动的简化方程，而且重力法向分量的影响略去不计。至于舵升力的影响，根据情况可略去，也可以考虑，也可以用平衡升力的方法加以代替。

8.8.1　法向过载的传递函数

火箭的操纵性，就是火箭的运动参数对舵偏角的反应，而改变火箭的弹道是通过作用在箭上的法向力来实现的。所以，从火箭操纵性的观点看，当舵偏转时，它引起的火箭法向过载如何变化是很重要的。而法向过载变化，无论是对火箭的强度，还是对控制系统设计，都很重要。所以，需要建立法向过载的传递函数：

$$K_{n_y\delta_\varphi}(p) = -\frac{\Delta n_y(p)}{\Delta\delta_\varphi(p)} \tag{8.8-2}$$

当俯仰舵偏转 $\Delta\delta_\varphi$ 时，作用在火箭上的力和力矩的平衡遭到破坏，使火箭绕质心旋转，这时产生一个攻角 $\Delta\alpha$，从而产生升力的增量 ΔY，即法向过载 Δn_y。

已经知道，$n_y = \frac{V}{g}\frac{\mathrm{d}\theta}{\mathrm{d}t} + \cos\theta$，因为不考虑重力的法向分量，又令 $\Delta V = 0$，则有

$$\Delta n_y = \frac{V}{g}\frac{\mathrm{d}\Delta\theta}{\mathrm{d}t} \tag{8.8-3}$$

对上式进行拉氏变换，得

$$\Delta n_y(p) = \frac{V}{g}p\Delta\theta(p) \tag{8.8-4}$$

将式（8.8-4）代入到式（8.8-2），则有

$$K_{n_y\delta_\varphi}(p)=-\frac{\Delta n_y(p)}{\Delta\delta_\varphi(p)}=-\frac{V}{g}p\,\frac{\Delta\theta(p)}{\Delta\delta_\varphi(p)}=\frac{V}{g}pK_{\theta\delta_\varphi}(p)$$

将式（8.7-9）代入上式，得

$$K_{n_y\delta_\varphi}(p)=-\frac{V}{g}p\,\frac{\frac{R'}{mV}p^2-\frac{R'}{mV}\frac{M_z^{\omega_z}}{J_z}p-\frac{R'}{mV}\frac{M_z^\alpha}{J_z}+\frac{Y_0^\alpha}{mV}\frac{M_z^\delta}{J_z}}{p^3+A_1p^2+A_2p+A_3}\tag{8.8-5}$$

当略去重力分量时，$A_3=\frac{g\sin\theta}{V}\frac{M_z^\alpha}{J_x}=0$，则上式变为

$$K_{n_y\delta_\varphi}(p)=-\frac{V}{g}\,\frac{\frac{R'}{mV}p^2-\frac{R'}{mV}\frac{M_z^{\omega_z}}{J_z}p-\frac{R'}{mV}\frac{M_z^\alpha}{J_z}+\frac{Y_0^\alpha}{mV}\frac{M_z^\delta}{J_z}}{p^2+A_1p+A_2}\tag{8.8-6}$$

如果再略去舵升力产生的影响，令$\frac{R'}{mV}=0$，则有

$$K_{n_y\delta_\varphi}(p)=-\frac{V}{g}\,\frac{\frac{Y_0^\alpha}{mV}\frac{M_z^\delta}{J_z}}{p^2+A_1p+A_2}=\frac{V}{g}\,\frac{1}{T_v}\,\frac{K_{\alpha\delta}}{T_c^2p^2+2\xi_cT_cp+1}\tag{8.8-7}$$

可见考虑$\frac{R'}{mV}$的影响使传递函数 $K_{n_y\delta_\varphi}(p)$ 变得复杂了，不便于进行分析。因此有必要进行简化。

有以下两种简化方法。

1）认为$\frac{R'}{mV}\Delta\delta_\varphi$ 与$\frac{Y_0^\alpha}{mV}\Delta\delta_\varphi$ 相比较是较小的，可以令$\frac{R'}{mV}=0$。

2）采用平衡升力的办法，认为有舵偏角时，舵偏角产生的力矩 $M_z^\delta\Delta\delta_\varphi$ 和空气动力矩 $M_z^\alpha\Delta\alpha$ 平衡，即

$$M_z^\delta\Delta\delta_\varphi=-M_z^\alpha\Delta\alpha$$

$$\Delta\delta_\varphi=-\frac{M_z^\alpha}{M_z^\delta}\Delta\alpha\tag{8.8-8}$$

在 $\Delta V=0$ 和忽略重力法向分量影响。即，$a_{22}=\frac{g\sin\theta}{V}=0$ 时，式（8.6-3）的第 2 式可写为

$$p\Delta\theta(p)-\frac{Y_0^\alpha}{mV}\Delta\alpha(p)=\frac{R'}{mV}\Delta\delta_\varphi(p)\tag{8.8-9}$$

将式（8.8-8）进行拉氏变换并代入上式，得

$$p\Delta\theta(p)-\frac{Y_0^\alpha}{mV}\Delta\alpha(p)=-\frac{R'}{mV}\frac{M_z^\alpha}{M_z^\delta}\Delta\alpha(p)$$

故

$$p\Delta\theta(p)=\left(\frac{Y_0^\alpha}{mV}-\frac{R'}{mV}\frac{M_z^\alpha}{M_z^\delta}\right)\Delta\alpha(p)\tag{8.8-10}$$

定义 $\widetilde{Y}_0^\alpha=Y_0^\alpha-R'\frac{M_z^\alpha}{M_z^\delta}$，则式（8.8-10）可写为

$$p\Delta\theta(p)=\frac{\widetilde{Y}_0^{\alpha}}{mV}\Delta\alpha(p) \tag{8.8-11}$$

对比式（8.8-11）和式（8.8-9），只要用 $\widetilde{Y}_0^{\alpha}$代替 Y_0^{α} 就等效于不考虑$\frac{R'}{mV}$便可以既简化传递函数，又部分地考虑了舵升力的影响。为了书写方便，$\widetilde{Y}_0^{\alpha}$也可以用 Y_0^{α} 代替，只是计算时用 $\widetilde{Y}_0^{\alpha}=Y_0^{\alpha}-R'\frac{M_z^{\alpha}}{M_z^{\delta}}$代入即可，这样就得到了法向过载的传递函数为

$$K_{n_y\delta_\varphi}(p)=-\frac{\Delta n_y(p)}{\Delta\delta_\varphi(p)}=\frac{V}{g}\frac{1}{T_v}\frac{K_{\alpha\delta}}{T_{CP}^2p^2+2\xi_C T_{CP}+1} \tag{8.8-12}$$

下面举一例说明 $\widetilde{Y}_0^{\alpha}$与 Y_0^{α} 的差别，因为 $\widetilde{Y}_0^{\alpha}=Y_0^{\alpha}-R'\frac{M_z^{\alpha}}{M_z^{\delta}}$，可见 $M_z^{\alpha}<0$ 时 $\widetilde{Y}_0^{\alpha}<Y_0^{\alpha}$，$M_z^{\alpha}>0$ 时 $\widetilde{Y}_0^{\alpha}>Y_0^{\alpha}$。仍用前面的例子：

$$\frac{Y_0^{\alpha}}{mV}=0.0733,\ \frac{R'}{mV}=0.00473,\ \frac{M_z^{\alpha}}{M_z^{\delta}}=\frac{-0.611}{1.796}=-0.340$$

故

$$\widetilde{Y}_0^{\alpha}=Y_0^{\alpha}-R'\frac{M_z^{\alpha}}{M_z^{\delta}}=0.0733-0.00473\times\left(\frac{-0.611}{1.796}\right)=0.0749$$

可见 $\widetilde{Y}_0^{\alpha}$与 Y_0^{α} 有些差别，但差别不大，Y_0^{α} 是 $R'\frac{M_z^{\alpha}}{M_z^{\delta}}$的 46 倍，因此是可以忽略的。显然，用平衡升力的办法来考虑舵升力的影响，对 $K_{\alpha\delta_\varphi}(p)$、$K_{\varphi\delta_\varphi}(p)$ 和 $K_{\theta\delta_\varphi}(p)$ 也是适用的。

8.8.2 过渡过程的性能指标和箭体的传递函数

在箭体的操纵性分析中，一般选用 $\Delta\alpha$、Δn_y、$\Delta\dot{\theta}$ 和 $\Delta\dot{\varphi}$ 为输出量，现把它们简化的传递函数写为

$$\begin{cases}K_{\alpha\delta_\varphi}(p)=-\dfrac{\Delta\alpha(p)}{\Delta\delta_\varphi(p)}=\dfrac{K_{\alpha\delta}}{T_{CP}^2p^2+2\xi_C T_{CP}p+1}\\ K_{\dot{\theta}\delta_\varphi}(p)=-\dfrac{\Delta\dot{\theta}(p)}{\Delta\delta_\varphi(p)}=\dfrac{1}{T_v}\dfrac{K_{\alpha\delta}}{T_{CP}^2p^2+2\xi_C T_{CP}p+1}\\ K_{n_y\delta_\varphi}(p)=-\dfrac{\Delta n_y(p)}{\Delta\delta_\varphi(p)}=\dfrac{V}{g}\dfrac{1}{T_v}\dfrac{K_{\alpha\delta}}{T_{CP}^2p^2+2\xi_C T_{CP}p+1}\\ K_{\dot{\varphi}\delta_\varphi}(p)=-\dfrac{\Delta\dot{\varphi}(p)}{\Delta\delta_\varphi(p)}=\dfrac{K_{\alpha\delta}(T_vp+1)}{(T_{CP}^2p^2+2\xi_C T_{CP}p+1)T_v}\end{cases} \tag{8.8-13}$$

可以看出，$K_{\alpha\delta_\varphi}(p)$、$K_{\dot{\theta}\delta_\varphi}(p)$ 和 $K_{\dot{\varphi}\delta_\varphi}(p)$ 之间仅相差一个常数，有

$$K_{n_y\delta_\varphi}(p)=\frac{V}{g}K_{\dot{\theta}\delta_\varphi}(p)=\frac{V}{g}\frac{1}{T_v}K_{\alpha\delta_\varphi}(p) \tag{8.8-14}$$

所以，Δn_y、$\Delta\dot{\theta}$、$\Delta\alpha$ 的过渡过程除传递系数不同外是一样的，下面就以 $\Delta\alpha$ 为例进行讨论。

1. 过渡过程的性能指标

图 8. 8-1 给出了舵作单位阶跃输出时过渡过程曲线。为了说明过渡过程的品质，有如下几个指标。

（1）传递系数 K

它的物理意义是指，运动参数增量的稳态值 x_s 和相应舵偏角 $\Delta\delta_\varphi$ 的比值，即

$$K=\frac{x_s}{\Delta\delta_\varphi}$$

单位阶跃输入时 $\Delta\delta_\varphi=1$，阶跃输入时 $\Delta\delta_\varphi=\delta_0$。

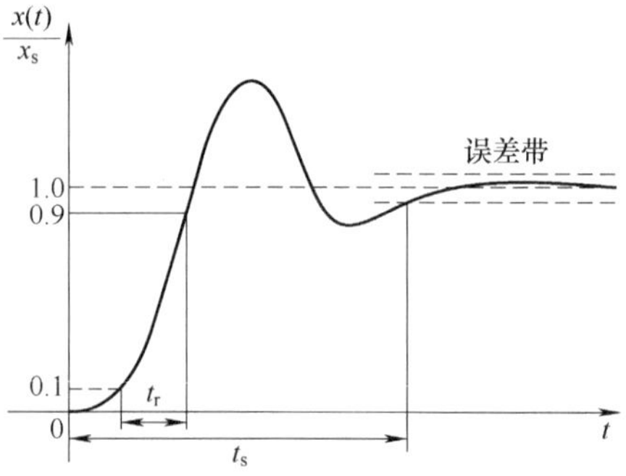

图 8. 8-1　过渡过程曲线

（2）过渡过程的时间 t_s

它的物理意义是指，从过渡过程开始到参数 x 对其稳态值 x_s 的偏差小于某一规定的微量 Δ 所经过的时间。这个微量 Δ 一般规定为新的稳态值 x_s 与原稳态值之差的 2% ~5% 。

（3）上升时间 t_r

它的物理意义是指，过渡过程曲线从稳态值的 10% 上升到 90% 所需的时间。

（4）超调量 σ

它的物理意义是指，参量 x 超过其稳态值 x_s 最大的偏量，用分数或百分数表示，即

$$\sigma=\frac{x_{\max}-x_s}{x_s}\times 100\% \tag{8. 8-15}$$

（5）振动数

它的物理意义是指，在过渡过程时间内，参数 x 所做的振动数。

显然，这些指标与自动控制原理动力学系统过渡过程的指标没有什么区别，而这些指标又以传递函数、过渡过程时间和超调量比较重要。

2. 火箭箭体的传递系数

传递系数的物理意义就是，运动参数的稳态值和舵偏角的比值，或者说是传递函数中令 $p=0$ 时的值，故

$$K_{\alpha\delta_\varphi}=\frac{M_z^\delta}{M_z^{\omega_z}\dfrac{Y_0^\alpha}{mV}+M_z^\alpha} \tag{8. 8-16}$$

$$K_{\dot\theta\delta_\varphi}=K_{\dot\varphi\delta_\varphi}=\frac{M_z^\delta}{M_z^{\omega_z}\dfrac{Y_0^\alpha}{mV}+M_z^\alpha}\frac{Y_0^\alpha}{mV} \tag{8. 8-17}$$

$$K_{n_y\delta_\varphi}=\frac{V}{g}\frac{Y_0^\alpha}{mV}\frac{M_z^\delta}{M_z^{\omega_z}\dfrac{Y_0^\alpha}{mV}+M_z^\alpha} \tag{8. 8-18}$$

当火箭有足够大的静稳定度，而阻尼力矩系数又很小时，可以把传递系数简化为

$$K_{\alpha\delta_\varphi}=\frac{M_z^\delta}{M_z^\alpha} \tag{8. 8-19}$$

$$K_{\dot{\theta}\delta_\varphi} = K_{\dot{\varphi}\delta_\varphi} = \frac{M_z^\delta}{M_z^\alpha}\frac{Y_0^\alpha}{mV} \tag{8.8-20}$$

$$K_{n_y\delta_\varphi} = \frac{V}{g}\frac{Y_0^\alpha}{mV}\frac{M_z^\delta}{M_z^\alpha} \tag{8.8-21}$$

注意，上述关系是在 $\Delta V=0$ 的条件下得到的。而式（8.8-19）的物理意义也是明显的，即静稳定力矩和控制力矩平衡没有考虑阻尼作用。而式（8.8-20）和式（8.8-21）表示，当有舵偏角 $\Delta\delta_\varphi$ 时，有一稳态值 $\Delta\alpha_s$，因而产生一个法向加速度增量，即相应的 $\Delta\dot{\theta}$ 和法向过载 Δn_y；$K_{\dot{\varphi}\delta_\varphi}$表示力矩平衡时，$\Delta\ddot{\varphi}=0$。但 $\Delta\dot{\varphi}$ 并不一定等于零，如现在的情况下：

$$\Delta\dot{\varphi}_s = \Delta\dot{\theta}_s = \frac{Y_0^\alpha}{mV}\Delta\alpha$$

式（8.8-16）是考虑了阻尼力矩的传递系数，因为当稳态时，仅要求力矩平衡 $\Delta\ddot{\varphi}=0$，而 $\Delta\dot{\varphi}$ 为常数。故达到平衡时，力矩的方程是

$$M_z^\alpha\Delta\alpha + M_z^{\omega_z}\Delta\omega_z = -M_z^\delta\Delta\delta_\varphi$$

而 $\Delta\omega_z = \Delta\dot{\varphi} = \Delta\dot{\theta} = \frac{Y_0^\alpha}{mV}\Delta\alpha$，代入上式可以得

$$K_{\alpha\delta_\varphi} = \frac{-M_z^\delta}{M_z^{\omega_z}\frac{Y_0^\alpha}{mV} + M_z^\alpha}$$

当 $\Delta\delta_\varphi = 1(t)$，即舵偏转一个单位时，传递系数就等于相应运动参数的稳态值。

3. 过渡过程的形式

不论那一个参数（$\Delta\dot{\varphi}$、$\Delta\dot{\theta}$、Δn_y、$\Delta\alpha$），它的特征方程式均为

$$T_C^2p^2 + 2\xi_C T_C p + 1 = 0$$

而过渡过程的特征是由如下特征方程式的根来确定：

$$\lambda_{1,2} = \frac{-\xi_C \pm \sqrt{\xi_C^2 - 1}}{T_C} \tag{8.8-22}$$

（1）$\xi_C < 1$ 的情况

当 $\xi_C < 1$ 时，特征方程式有一对共轭复根

$$\lambda_{1,2} = \frac{-\xi_C}{T_C} \pm i\frac{\sqrt{1-\xi_C^2}}{T_C} \tag{8.8-23}$$

在阶跃函数 $\Delta\delta_\varphi = 1(t)$ 作用下，以 $\Delta\alpha$ 为例，其解的形式为

$$\Delta\alpha(t) = -K_{\alpha\delta}\delta_0\left[1 - \frac{1}{\sqrt{1-\xi_C^2}}e^{-\frac{\xi_C}{T_C}t}\cos\left(\frac{\sqrt{1-\xi_C^2}}{T_C}t - \psi\right)\right] \tag{8.8-24}$$

并有 $\tan\psi = \frac{\xi_C}{\sqrt{1-\xi_C^2}}$。

此时的运动为振荡运动，其衰减的快慢取决于 ξ_C/T_C。如果 ξ_C/T_C 值越大，表示衰减得越快，ξ_C/T_C 称为阻尼系数。

（2）$\xi_C \geqslant 1$ 的情况

首先，找 $\xi_C \geqslant 1$ 的条件，由式（8.7-18）知 $\xi_C \geqslant 1$，即

$$\frac{Y_0^\alpha}{mV}-\frac{M_z^{\omega_z}}{J_z} \geqslant 2\sqrt{-\frac{M_z^{\omega_z}}{J_z}\frac{Y_0^\alpha}{mV}-\frac{M_z^\alpha}{J_z}}$$

$$-\frac{M_z^\alpha}{J_z} \leqslant \frac{1}{4}\left(\frac{Y_0^\alpha}{mV}-\frac{M_z^{\omega_z}}{J_z}\right)^2+\frac{M_z^{\omega_z}}{J_z}\frac{Y_0^\alpha}{mV} \tag{8.8-25}$$

也就是说，或者是静稳定度较小，或者是阻尼力矩较大，才会出现 $\xi_C \geqslant 1$ 的情况。当 $\xi_C > 1$ 时，运动不是振荡运动，而是非周期的衰减运动，仍以 $\Delta\alpha$ 为例，此时有

$$\Delta\alpha(t) = -K_{\alpha\delta}\delta_0\left[1-\frac{\lambda_2 \mathrm{e}^{\lambda_1 t}-\lambda_1 \mathrm{e}^{\lambda_2 t}}{\lambda_2-\lambda_1}\right] \tag{8.8-26}$$

这两个非周期衰减运动的情况，不仅与速度和高度有关，而且直接和静稳定度有关。

最后讨论一下动态稳定的条件，如果要求动态稳定，则根据稳定性判据，对如下的传递函数：

$$K_{\alpha\delta}(p) = -\frac{\dfrac{M_z^\delta}{J_z}}{p^2+\left(\dfrac{Y_0^\alpha}{mV}-\dfrac{M_z^{\omega_z}}{J_z}\right)p+\left(-\dfrac{M_z^{\omega_z}}{J_z}\dfrac{Y_0^\alpha}{mV}-\dfrac{M_z^\alpha}{J_z}\right)}$$

要求上式分母的每一项系数大于零，而 p 的系数恒大于零，常数项的值要大于零则有如下要求：

$$-\frac{M_z^{\omega_z}}{J_z}\frac{Y_0^\alpha}{mV}-\frac{M_z^\alpha}{J_z}>0$$

即

$$-\frac{M_z^\alpha}{J_z}>\frac{M_z^{\omega_z}}{J_z}\frac{Y_0^\alpha}{mV} \tag{8.8-27}$$

因 $\dfrac{M_z^{\omega_z}}{J_z}\dfrac{Y_0^\alpha}{mV}<0$，说明只要是静稳定的，则动态一定是稳定的，甚至有不大的静不稳定，动态也是稳定的。但静不稳定度太大，则动态就不稳定了。

4. 过渡过程的时间

由式（8.8-24）知

$$\Delta\alpha(t) = -K_{\alpha\delta}\delta_0\left[1-\frac{1}{\sqrt{1-\xi_C^2}}\mathrm{e}^{-\frac{\xi_C}{T_C}t}\cos\left(\frac{\sqrt{1-\xi_C^2}}{T_C}t-\psi\right)\right] \tag{8.8-28}$$

引入一个无因次时间 $\bar{t}$，有

$$\bar{t}=\frac{t}{T_C}=t\omega_C \tag{8.8-29}$$

式中，T_C 为时间常数；ω_C 为自振频率。

则式（8.8-29）可写为

$$\frac{\Delta\alpha(t)}{-K_{\alpha\delta}\delta_0}=1-\frac{1}{\sqrt{1-\xi_C^2}}\mathrm{e}^{-\xi_C\bar{t}}\cos(\sqrt{1-\xi_C^2}\,\bar{t}-\psi) \tag{8.8-30}$$

从式（8.8-30）看出，过渡过程的性质，仅由相对阻尼系数 ξ_C 来决定，而自振频率 ω_C

仅决定过渡过程在时间轴上的比例。图 8.8-2 给出了过渡过程——过渡函数 $\Delta\alpha/(-K_{\alpha\delta}\delta_0)=f(\bar{t})$ 在不同 ξ_C 的数值下的曲线，其中横轴代表无因次时间 $\bar{t}$。在超调量为 3%、$\xi_C=0.75$ 时的过渡过程时间最短，在这种情况下，过渡过程的持续时间以无因次时间表示为

$$\bar{t}_S=3$$

而真实时间 $t_S=3T_C=3/\omega_C$。

在某一 ξ_C 数值下，过渡过程的真实时间，与火箭箭体的自振频率 ω_C 成反比，与时间常数 T_C 成正比。

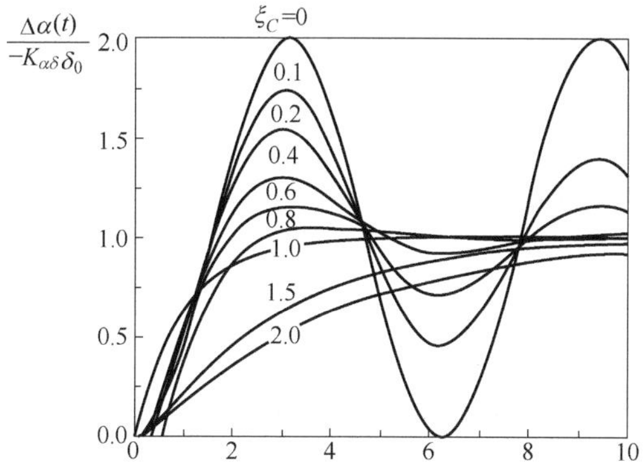

图 8.8-2　不同 ξ_C 时，相对无因次时间的过渡过程

其余参数可以得到类似的结论，因为它们的特征方程式是相同的。

5. 运动参数 $\Delta\alpha$、$\Delta\varphi$、$\Delta\dot{\theta}$、Δn_y、$\Delta\theta$ 的过渡过程

设火箭具有一定的静稳定度，$\xi_C<1$，因为有

$$\Delta\alpha(p)=-\frac{K_{\alpha\delta}}{T_C^2p^2+2\xi_CT_Cp+1}\Delta\delta_\varphi(p) \tag{8.8-31}$$

而 $\Delta\delta_\varphi(p)=\delta_0/p$，则有

$$\frac{\Delta\alpha(t)}{-K_{\alpha\delta}\delta_0}=1-\frac{1}{\sqrt{1-\xi_C^2}}e^{-\frac{\xi_C}{T_C}t}\cos\left(\frac{\sqrt{1-\xi_C^2}}{T_C}t-\psi\right) \tag{8.8-32}$$

并且有

$$\tan\psi=\frac{\xi_C}{\sqrt{1-\xi_C^2}} \tag{8.8-33}$$

因为有

$$\Delta\dot{\theta}(p)=-\frac{1}{T_v}\frac{K_{\alpha\delta}}{T_C^2p^2+2\xi_CT_Cp+1}\Delta\delta_\varphi(p)$$

$$\Delta n_y(p)=-\frac{V}{g}\frac{1}{T_v}\frac{K_{\alpha\delta}}{T_C^2p^2+2\xi_CT_Cp+1}\Delta\delta_\varphi(p)$$

同 $\Delta\alpha(p)$ 的形式完全一样，仅传递系数不同，故解的形式完全一样，即

$$\frac{\Delta\dot{\theta}(t)}{-K_{\alpha\delta}\delta_0/T_v}=1-\frac{1}{\sqrt{1-\xi_C^2}}e^{-\frac{\xi_C}{T_C}t}\cos\left(\frac{\sqrt{1-\xi_C^2}}{T_C}t-\psi\right) \tag{8.8-34}$$

$$\frac{\Delta n_y(t)}{-\frac{K_{\alpha\delta}\delta_0}{T_v}\frac{V}{g}}=1-\frac{1}{\sqrt{1-\xi_C^2}}e^{-\frac{\xi_C}{T_C}t}\cos\left(\frac{\sqrt{1-\xi_C^2}}{T_C}t-\psi\right) \tag{8.8-35}$$

微分式（8.8-32），得

$$\begin{aligned}\frac{\Delta\dot{\alpha}(t)}{-K_{\alpha\delta}\delta_0}&=\frac{1}{\sqrt{1-\xi_C^2}}\frac{\xi_C}{T_C}e^{-\frac{\xi_C}{T_C}t}\cos\left(\frac{\sqrt{1-\xi_C^2}}{T_C}t-\psi\right)+\frac{1}{\sqrt{1-\xi_C^2}}e^{-\frac{\xi_C}{T_C}t}\sin\left(\frac{\sqrt{1-\xi_C^2}}{T_C}t-\psi\right)\frac{\sqrt{1-\xi_C^2}}{T_C}\\&=\frac{1}{\sqrt{1-\xi_C^2}}\frac{\xi_C}{T_C}e^{-\frac{\xi_C}{T_C}t}\cos\left(\frac{\sqrt{1-\xi_C^2}}{T_C}t-\psi\right)+\frac{1}{T_C}e^{-\frac{\xi_C}{T_C}t}\sin\left(\frac{\sqrt{1-\xi_C^2}}{T_C}t-\psi\right)\end{aligned} \tag{8.8-36}$$

注意到 $\Delta\dot{\varphi}(t)=\Delta\dot{\alpha}(t)+\Delta\dot{\theta}(t)$，则式（8.8-36）$\times T_v+$式（8.8-34），有

$$\begin{aligned}\frac{\Delta\dot{\varphi}(t)}{\frac{-K_{\alpha\delta}\delta_0}{T_v}}&=1-\frac{1}{\sqrt{1-\xi_C^2}}e^{-\frac{\xi_C}{T_C}t}\cos\left(\frac{\sqrt{1-\xi_C^2}}{T_C}t-\psi\right)\\&\quad+\frac{T_v}{\sqrt{1-\xi_C^2}}\frac{\xi_C}{T_C}e^{-\frac{\xi_C}{T_C}t}\cos\left(\frac{\sqrt{1-\xi_C^2}}{T_C}t-\psi\right)+\frac{T_v}{T_C}e^{-\frac{\xi_C}{T_C}t}\sin\left(\frac{\sqrt{1-\xi_C^2}}{T_C}t-\psi\right)\\&=1-e^{-\frac{\xi_C}{T_C}t}\left[\frac{1-\frac{T_v}{T_C}\xi_C}{\sqrt{1-\xi_C^2}}\cos\left(\frac{\sqrt{1-\xi_C^2}}{T_C}t-\psi\right)-\frac{T_v}{T_C}e^{-\frac{\xi_C}{T_C}t}\sin\left(\frac{\sqrt{1-\xi_C^2}}{T_C}t-\psi\right)\right]\\&=1-e^{-\frac{\xi_C}{T_C}t}\sqrt{\frac{1-2\xi_C\left(\frac{T_v}{T_C}\right)+\left(\frac{T_v}{T_C}\right)^2}{1-\xi_C^2}}\cos\left(\frac{\sqrt{1-\xi_C^2}}{T_C}t+\psi_0-\psi\right)\end{aligned}$$

即

$$\frac{\Delta\dot{\varphi}(t)}{\frac{-K_{\alpha\delta}\delta_0}{T_v}}=1-e^{-\frac{\xi_C}{T_C}t}\sqrt{\frac{1-2\xi_C\left(\frac{T_v}{T_C}\right)+\left(\frac{T_v}{T_C}\right)^2}{1-\xi_C^2}}\cos\left(\frac{\sqrt{1-\xi_C^2}}{T_C}t+\psi_1\right) \tag{8.8-37}$$

并且有

$$\tan\psi_0=\frac{T_v}{T_C}\frac{\sqrt{1-\xi_C^2}}{1-\frac{T_v}{T_C}\xi_C}=\frac{\sqrt{1-\xi_C^2}}{\frac{T_C}{T_v}-\xi_C} \tag{8.8-38}$$

则注意到

$$\begin{aligned}\tan\psi_1&=\tan(\psi_0-\psi)=\frac{\sin(\psi_0-\psi)}{\cos(\psi_0-\psi)}=\frac{\sin\psi_0\cos\psi-\cos\psi_0\sin\psi}{\cos\psi_0\cos\psi+\sin\psi_0\sin\psi}\\&=\frac{\tan\psi_0-\tan\psi}{1+\tan\psi_0\tan\psi}\end{aligned} \tag{8.8-39}$$

将式（8.8-33）和式（8.8-38）代入式（8.8-39），得

$$\tan\psi_1 = \frac{\dfrac{\sqrt{1-\xi_C^2}}{\dfrac{T_C}{T_v}-\xi_C} - \dfrac{\xi_C}{\sqrt{1-\xi_C^2}}}{1+\dfrac{\sqrt{1-\xi_C^2}}{\dfrac{T_C}{T_v}-\xi_C}\dfrac{\xi_C}{\sqrt{1-\xi_C^2}}} = \frac{(1-\xi_C^2)-\xi_C\left(\dfrac{T_C}{T_v}-\xi_C\right)}{\left(\dfrac{T_C}{T_v}-\xi_C\right)+\xi_C}\frac{1}{\sqrt{1-\xi_C^2}} = \frac{T_v}{T_C}\left(1-\frac{T_C}{T_v}\xi_C\right)\frac{1}{\sqrt{1-\xi_C^2}}$$

即

$$\tan\psi_1 = \frac{\dfrac{T_v}{T_C}-\xi_C}{\sqrt{1-\xi_C^2}} \tag{8.8-40}$$

为求$\dfrac{\Delta\varphi\ (t)}{\dfrac{-K_{\alpha\delta}\delta_0}{T_v}}$，求下式积分：

$$\begin{aligned}\Delta &= \int_0^t e^{a\tau}\cos(b\tau+c)d\tau = \frac{1}{a}\int_0^t\cos(b\tau+c)de^{a\tau}\\ &= \frac{1}{a}\left[\cos(bt+c)e^{at}-\cos c+b\int_0^t\sin(b\tau+c)e^{a\tau}d\tau\right]\\ &= \frac{1}{a}\left[\cos(bt+c)e^{at}-\cos c+\frac{b}{a}\int_0^t\sin(b\tau+c)de^{a\tau}\right]\\ &= \frac{1}{a}\left\{\cos(bt+c)e^{at}-\cos c+\frac{b}{a}\left[\sin(bt+c)e^{at}-\sin c-b\int_0^t e^{a\tau}\cos(b\tau+c)d\tau\right]\right\}\end{aligned}$$

即

$$\begin{aligned}\Delta &= \frac{1}{a}\left[\cos(b\tau+c)e^{a\tau}-\cos c+\frac{b}{a}\sin(bt+c)e^{a\tau}-\frac{b}{a}\sin c\right]-\frac{b^2}{a^2}\int_0^t e^{a\tau}\cos(b\tau+c)d\tau\\ &= \frac{1}{a}\left[\cos(bt+c)e^{at}-\cos c+\frac{b}{a}\sin(bt+c)e^{at}-\frac{b}{a}\sin c\right]-\frac{b^2}{a^2}\Delta\end{aligned}$$

即

$$\Delta = \frac{a}{a^2+b^2}\left[\cos(bt+c)e^{at}-\cos c+\frac{b}{a}\sin(bt+c)e^{at}-\frac{b}{a}\sin c\right] \tag{8.8-41}$$

由式（8.8-40），不妨设

$$\sin\psi_1 = \frac{\dfrac{T_v}{T_C}-\xi_C}{\sqrt{1-2\xi_C\left(\dfrac{T_v}{T_C}\right)+\left(\dfrac{T_v}{T_C}\right)^2}},\ \cos\psi_1 = \frac{\sqrt{1-\xi_C^2}}{\sqrt{1-2\xi_C\left(\dfrac{T_v}{T_C}\right)+\left(\dfrac{T_v}{T_C}\right)^2}} \tag{8.8-42}$$

考虑 $a=-\dfrac{\xi_C}{T_C}$、$b=\dfrac{\sqrt{1-\xi_C^2}}{T_C}$、$c=\psi_1$ 和式（8.8-42），得

$$\Delta_1 = \frac{a}{a^2+b^2}\left(\cos c + \frac{b}{a}\sin c\right)$$

$$= \frac{1}{\left(-\frac{\xi_C}{T_C}\right)^2 + \left(\frac{\sqrt{1-\xi_C^2}}{T_C}\right)^2}\left[-\frac{\xi_C}{T_C}\frac{\sqrt{1-\xi_C^2}}{\sqrt{1-2\xi_C\left(\frac{T_v}{T_C}\right)+\left(\frac{T_v}{T_C}\right)^2}}\right.$$

$$\left. + \frac{\sqrt{1-\xi_C^2}}{T_C}\frac{\frac{T_v}{T_C}-\xi_C}{\sqrt{1-2\xi_C\left(\frac{T_v}{T_C}\right)+\left(\frac{T_v}{T_C}\right)^2}}\right] \tag{8.8-43}$$

$$= \frac{\sqrt{1-\xi_C^2}}{\sqrt{1-2\xi_C\left(\frac{T_v}{T_C}\right)+\left(\frac{T_v}{T_C}\right)^2}}(-2T_C\xi_C + T_v)$$

$$\Delta_2 = \frac{a}{a^2+b^2}\left[\cos(bt+c)\mathrm{e}^{at} + \frac{b}{a}\sin(bt+c)\mathrm{e}^{a\tau}\right]$$

$$= \mathrm{e}^{a\tau}\sin(bt+c+e) = \mathrm{e}^{at}\sin(bt+\psi_2) \tag{8.8-44}$$

$$= \mathrm{e}^{-\frac{\xi_C}{T_C}t}\sin\left(\frac{\sqrt{1-\xi_C^2}}{T_C}t+\psi_2\right)$$

其中

$$\tan e = \frac{a}{b} = -\frac{\xi_C}{T_C}\Big/\frac{\sqrt{1-\xi_C^2}}{T_C} = -\frac{\xi_C}{\sqrt{1-\xi_C^2}}$$

即

$$\tan\psi_2 = \tan(c+e) = \frac{\tan c + \tan e}{1-\tan c\tan e} = \frac{\frac{\frac{T_v}{T_C}-\xi_C}{\sqrt{1-\xi_C^2}} - \frac{\xi_C}{\sqrt{1-\xi_C^2}}}{1+\frac{\frac{T_v}{T_C}-\xi_C}{\sqrt{1-\xi_C^2}}\frac{\xi_C}{\sqrt{1-\xi_C^2}}} \tag{8.8-45}$$

$$= \frac{\left(\frac{T_v}{T_C}-2\xi_C\right)\sqrt{1-\xi_C^2}}{1-2\xi_C^2+\xi_C\frac{T_v}{T_C}}$$

则积分式（8.8-37），得

$$\frac{\Delta\varphi(t)}{\frac{-K_{\alpha\delta}\delta_0}{T_v}} = t - \sqrt{\frac{1-2\xi_C\left(\frac{T_v}{T_C}\right)+\left(\frac{T_v}{T_C}\right)^2}{1-\xi_C^2}}\int_0^t \mathrm{e}^{-\frac{\xi_C}{T_C}\tau}\cos\left(\frac{\sqrt{1-\xi_C^2}}{T_C}\tau+\psi_1\right)\mathrm{d}\tau$$

注意到式（8.8-43）和式（8.8-44），得

$$\frac{\Delta\varphi(t)}{\dfrac{-K_{\alpha\delta}\delta_0}{T_v}}=t-\sqrt{\frac{1-2\xi_C\left(\dfrac{T_v}{T_C}\right)+\left(\dfrac{T_v}{T_C}\right)^2}{1-\xi_C^2}}\ (-\Delta_1+\Delta_2)$$

$$=t-\sqrt{\frac{1-2\xi_C\left(\dfrac{T_v}{T_C}\right)+\left(\dfrac{T_v}{T_C}\right)^2}{1-\xi_C^2}}\left[-\frac{\sqrt{1-\xi_C^2}}{\sqrt{1-2\xi_C\left(\dfrac{T_v}{T_C}\right)+\left(\dfrac{T_v}{T_C}\right)^2}}(-2T_C\xi_C+T_v)\right.$$

$$\left.+\mathrm{e}^{-\frac{\xi_C}{T_C}t}\sin\left(\frac{\sqrt{1-\xi_C^2}}{T_C}t+\psi_2\right)\right]$$

$$=t+2T_C\xi_C-T_v-\sqrt{\frac{1-2\xi_C\left(\dfrac{T_v}{T_C}\right)+\left(\dfrac{T_v}{T_C}\right)^2}{1-\xi_C^2}}\mathrm{e}^{-\frac{\xi_C}{T_C}t}\sin\left(\frac{\sqrt{1-\xi_C^2}}{T_C}t+\psi_2\right)$$

即

$$\frac{\Delta\varphi(t)}{\dfrac{-K_{\alpha\delta}\delta_0}{T_v}T_C}=\frac{t}{T_C}+2\xi_C-\frac{T_v}{T_C}-\frac{1}{T_C}\sqrt{\frac{1-2\xi_C\left(\dfrac{T_v}{T_C}\right)+\left(\dfrac{T_v}{T_C}\right)^2}{1-\xi_C^2}}\mathrm{e}^{-\frac{\xi_C}{T_C}t}\sin\left(\frac{\sqrt{1-\xi_C^2}}{T_C}t+\psi_2\right)\tag{8.8-46}$$

其中

$$\tan\psi_2=\frac{\left(\dfrac{T_v}{T_C}-2\xi_C\right)\sqrt{1-\xi_C^2}}{1-2\xi_C^2+\xi_C\dfrac{T_v}{T_C}}\tag{8.8-47}$$

由式（8.8-33），不妨设

$$\sin\psi=\xi_C,\ \cos\psi=\sqrt{1-\xi_C^2}\tag{8.8-48}$$

考虑 $a=-\dfrac{\xi_C}{T_C}$、$b=\dfrac{\sqrt{1-\xi_C^2}}{T_C}$、$c=-\psi$、式（8.8-41）和式（8.8-48），得

$$\Delta_3=\frac{a}{a^2+b^2}\left(\cos c+\frac{b}{a}\sin c\right)=\frac{1}{\left(-\dfrac{\xi_C}{T_C}\right)^2+\left(\dfrac{\sqrt{1-\xi_C^2}}{T_C}\right)^2}\left[-\frac{\xi_C}{T_C}\sqrt{1-\xi_C^2}-\xi_C\frac{\sqrt{1-\xi_C^2}}{T_C}\right]$$

$$=-2\sqrt{1-\xi_C^2}T_C\xi_C\tag{8.8-49}$$

$$\Delta_4=\frac{a}{a^2+b^2}\left[\cos(bt+c)\mathrm{e}^{at}+\frac{b}{a}\sin(bt+c)\mathrm{e}^{a\tau}\right]=\mathrm{e}^{a\tau}\sin(bt+c+e)$$

$$=\mathrm{e}^{at}\sin(bt-\psi_3)=\mathrm{e}^{-\frac{\xi_C}{T_C}t}\sin\left(\frac{\sqrt{1-\xi_C^2}}{T_C}t-\psi_3\right)\tag{8.8-50}$$

其中

$$\tan e=\frac{a}{b}=-\frac{\xi_C}{T_C}\bigg/\frac{\sqrt{1-\xi_C^2}}{T_C}=-\frac{\xi_C}{\sqrt{1-\xi_C^2}}$$

即

$$\begin{aligned}\tan\psi_3&=\tan(-c-e)=\frac{\tan(-c)-\tan e}{1+\tan(-c)\tan e}\\&=\frac{\dfrac{\xi_C}{\sqrt{1-\xi_C^2}}+\dfrac{\xi_C}{\sqrt{1-\xi_C^2}}}{1-\dfrac{\xi_C}{\sqrt{1-\xi_C^2}}\dfrac{\xi_C}{\sqrt{1-\xi_C^2}}}=\frac{2\xi_C\sqrt{1-\xi_C^2}}{1-2\xi_C^2}\end{aligned}\tag{8.8-51}$$

考虑式（8.8-50）和式（8.8-51），积分式（8.8-34），得

$$\begin{aligned}\frac{\Delta\theta(t)}{-K_{\alpha\delta}\delta_0/T_v}&=t-\frac{1}{\sqrt{1-\xi_C^2}}\int_0^t e^{-\frac{\xi_C}{T_C}\tau}\cos\left(\frac{\sqrt{1-\xi_C^2}}{T_C}\tau-\psi\right)d\tau\\&=t-\frac{1}{\sqrt{1-\xi_C^2}}(-\Delta_3+\Delta_4)\\&=t-\frac{1}{\sqrt{1-\xi_C^2}}\left(2\sqrt{1-\xi_C^2}T_C\xi_C+e^{-\frac{\xi_C}{T_C}t}\sin\left(\frac{\sqrt{1-\xi_C^2}}{T_C}t-\psi_3\right)\right)\\&=t-2T_C\xi_C-\frac{1}{\sqrt{1-\xi_C^2}}e^{-\frac{\xi_C}{T_C}t}\sin\left(\frac{\sqrt{1-\xi_C^2}}{T_C}t-\psi_3\right)\end{aligned}\tag{8.8-52}$$

即可得

$$\frac{\Delta\theta(t)}{\dfrac{-K_{\alpha\delta}\delta_0}{T_v}T_C}=\frac{t}{T_C}-2\xi_C-\frac{1}{T_C}\frac{1}{\sqrt{1-\xi_C^2}}e^{-\frac{\xi_C}{T_C}t}\sin\left(\frac{\sqrt{1-\xi_C^2}}{T_C}t-\psi_3\right)\tag{8.8-53}$$

式中

$$\tan\psi_3=\frac{2\xi_C\sqrt{1-\xi_C^2}}{1-2\xi_C^2}\tag{8.8-54}$$

上述部分结果如图 8.8-3 所示，其余结果与此类似。

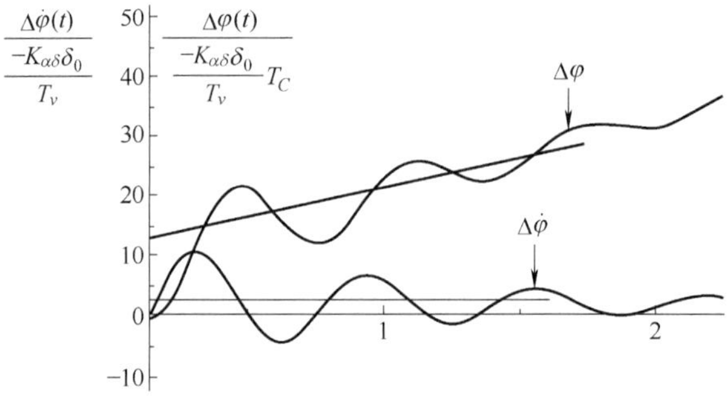

图 8.8-3　在过渡过程中 $\Delta\dot{\varphi}$ 和 $\Delta\varphi$ 的变化

下面对上述参数变化的原因加以说明。当舵作阶跃偏转后，δ_0 为常数，产生控制力矩 $M_z^\delta \Delta\delta_\varphi = M_z^\delta \delta_0$。当过渡过程结束时，由传递系数知

$$K_{\alpha\delta} = K_{\alpha\delta_\varphi}(p=0) = \frac{-\Delta\alpha_s}{\Delta\delta_\varphi} = -\frac{M_z^\delta}{M_z^{\omega_z}\dfrac{Y_0^\alpha}{mV} + M_z^\alpha}$$

即

$$\Delta\alpha_s = -\frac{M_z^\delta \delta_0}{M_z^{\omega_z}\dfrac{Y_0^\alpha}{mV} + M_z^\alpha}$$

这说明在过渡过程结束时，有一个攻角增量 $\Delta\alpha_s$。但由这个攻角增量带来的 $M_z^\alpha \Delta\alpha_s$，并不等于控制力矩 $M_z^\delta \delta_0$。其原因是，按照过渡过程结束的定义是指力矩恢复平衡，$\Delta\ddot{\varphi}=0$，但 $\Delta\dot{\varphi}\neq 0$，所以阻尼力矩不等于零。注意到 $\Delta\dot{\alpha}=0$，则旋转角速度 $\Delta\dot{\varphi}=\Delta\dot{\theta}$，当有一个恒定的 $\Delta\alpha_s$ 时，$\Delta\dot{\theta} = \dfrac{Y_0^\alpha}{mV}\Delta\alpha_s$，故力矩平衡时，应满足如下方程：

$$J_z \Delta\ddot{\varphi} = M_z^\alpha \Delta\alpha_s + M_z^{\omega_z}\frac{Y_0^\alpha}{mV}\Delta\alpha_s + M_z^\delta \delta_0 = 0$$

即

$$\Delta\alpha_s = -\frac{M_z^\delta \delta_0}{M_z^{\omega_z}\dfrac{Y_0^\alpha}{mV} + M_z^\alpha}$$

当有一个 $\Delta\alpha$ 时，会产生一个常值 $\Delta\dot{\theta}$。$\Delta\dot{\theta}$ 为常数时，则 $\Delta\theta$ 随时间线性增加。$\Delta\dot{\varphi}$ 为常数，则 $\Delta\varphi$ 也随时间线性增加。因 $\Delta\dot{\varphi}=\Delta\dot{\theta}$，所以 $\Delta\varphi$ 与 $\Delta\theta$ 增长的速度一样。这表明了，由于惯性，箭轴要等速旋转，而在 $\Delta\alpha$ 的作用下，速度方向也等速旋转，且两者旋转速度相同。

当然上述的解释是在短周期运动简化假设下得到的，即讨论的是舵偏转以后，前几秒运动参数的变化，如果考虑时间很长，短周期简化假设不成立，上述结论也就不正确了。

6. 过渡过程中的最大过载

由式（8.8-35）知，$\xi_C<1$ 时，有

$$\Delta n_y(t) = -\frac{V}{g}\frac{K_{\alpha\delta}}{T_v}\delta_0\left[1-\frac{1}{\sqrt{1-\xi_C^2}}e^{-\frac{\xi_C}{T_C}t}\cos\left(\frac{\sqrt{1-\xi_C^2}}{T_C}t-\psi\right)\right] \tag{8.8-55}$$

$$\tan\psi = \frac{\xi_C}{\sqrt{1-\xi_C^2}}$$

当 $\xi_C>1$ 时，有

$$\Delta n_y(t) = -\frac{V}{g}\frac{K_{\alpha\delta}}{T_v}\delta_0\left[1-\frac{\lambda_2 e^{\lambda_1 t}-\lambda_1 e^{\lambda_2 t}}{\lambda_2-\lambda_1}\right] \tag{8.8-56}$$

当 $\xi_C>1$ 时，其最大值为过载的稳态值 Δn_y，有

$$\Delta n_{y\max} = -\frac{V}{g}\frac{K_{\alpha\delta}}{T_v}\delta_0 = \Delta n_{ys}$$

当 $\xi_C<1$ 时，其最大过载发生处通过求导可以得到。

因

$$\frac{\mathrm{d}\Delta n_y}{\mathrm{d}t} = \Delta n_{ys}\left[\frac{\xi_C}{T_C}\mathrm{e}^{-\frac{\xi_C}{T_C}t}\frac{1}{\sqrt{1-\xi_C^2}}\mathrm{e}^{-\frac{\xi_C}{T_C}t}\cos\left(\frac{\sqrt{1-\xi_C^2}}{T_C}t-\psi\right)+\frac{1}{T_C}\mathrm{e}^{-\frac{\xi_C}{T_C}t}\sin\left(\frac{\sqrt{1-\xi_C^2}}{T_C}t-\psi\right)\right]$$

令 $\frac{\mathrm{d}\Delta n_y}{\mathrm{d}t}=0$ 得

$$-\frac{\xi_C}{\sqrt{1-\xi_C^2}}\cos\left(\frac{\sqrt{1-\xi_C^2}}{T_C}t-\psi\right)=\sin\left(\frac{\sqrt{1-\xi_C^2}}{T_C}t-\psi\right)$$

注意到式（8.8-33），则有

$$-\tan\psi=\tan\left(\frac{\sqrt{1-\xi_C^2}}{T_C}t-\psi\right) \tag{8.8-57}$$

令

$$s=\frac{\sqrt{1-\xi_C^2}}{T_C}t,\quad t=\frac{T_C s}{\sqrt{1-\xi_C^2}}$$

将上式代入式（8.8-35），得

$$\begin{aligned}\Delta n_{y\max} &= \Delta n_{ys}\left[1-\frac{1}{\sqrt{1-\xi_C^2}}\mathrm{e}^{-\frac{\xi_C}{T_C}\frac{T_C s}{\sqrt{1-\xi_C^2}}}\cos(s-\psi)\right]\\ &= \Delta n_{ys}\left(1+\mathrm{e}^{-\frac{\xi_C}{T_C}\frac{T_C s}{\sqrt{1-\xi_C^2}}}\right)\end{aligned} \tag{8.8-58}$$

一般 $\Delta n_{y\max}$ 约等于（1.5～1.8）Δn_{ys}，式（8.8-58）说明 $\Delta n_{y\max}$ 与 ξ_C 关系很大。为了减小 $\Delta n_{y\max}$ 可以不输入阶跃函数。当舵偏转速度不同时，对同一火箭同一飞行状态，可以得到不同过载和时间关系。但过分减小舵偏转速度是不行的，因为这实际上是使过渡过程时间过长，损失控制精度。

7. 稳定性和操纵性之间的关系

前面讨论的箭体稳定性，是指当作用在箭体上的瞬时干扰消失后，由干扰而引起的运动参数的增量是否随飞行时间的增加而逐渐衰减。箭体操纵性，是指火箭的运动参数对舵面的反应。下面分析两者之间的关系。

首先，从描述运动的微分方程式来看，线性化且固化系数以后的扰动运动方程均是线性常系数微分方程，不同的地方是对瞬时干扰作用下的稳定性，其微分方程是齐次方程，而操纵性是非齐次线性微分方程。在令 $\Delta V=0$、$a_{22}=0$ 的情况下，以 $\Delta\alpha$ 为例，在稳定性中应用的微分方程为

$$\Delta\ddot{\alpha}+A_1\Delta\dot{\alpha}+A_2\Delta\alpha=0 \tag{8.8-59}$$

其中

$$A_1 = \frac{P_e\cos\alpha + Y^\alpha}{mV} - \frac{M_z^{\omega_z}}{J_z} = \frac{Y_0^\alpha}{mV} - \frac{M_z^{\omega_z}}{J_z}$$

$$A_2 = -\frac{M_z^\alpha}{J_z} - \frac{P_e\cos\alpha + Y^\alpha}{mV}\frac{M_z^{\omega_z}}{J_z} = -\frac{M_z^\alpha}{J_z} - \frac{Y_0^\alpha}{mV}\frac{M_z^{\omega_z}}{J_z}$$

与式（8.7-18）相比可知

$$\frac{1}{A_2} = T_C^2,\ \frac{A_1}{A_2} = 2\xi_C T_C$$

故式（8.8-59）变为

$$T_C^2\Delta\ddot{\alpha} + 2\xi_C T_C\Delta\dot{\alpha} + \Delta\alpha = 0 \tag{8.8-60}$$

而操纵性应用的微分方程由式（8.7-17）知为

$$T_C^2\Delta\ddot{\alpha} + 2\xi_C T_C\Delta\dot{\alpha} + \Delta\alpha = -K_{\alpha\delta}\delta_0 \tag{8.8-61}$$

可见两者除了平衡状态不一样，其动态过程是一样的。例如，要求过渡过程的时间短，则要求相对衰减系数 $\xi_C = 0.75$，此时两个过渡过程均是较快达到平衡状态。

其次，从箭体作为控制系统的一个环节来看，一个是对输入 $\Delta\delta_\varphi$ 的反应，一个是对初始条件的反应，但线性系统的品质取决于结构本身，与外界输入的形式无关。

所以从动态品质来看，稳定性和操纵性并无矛盾。其主要问题出在有经常干扰作用下的稳定性和箭体传递函数的传递系数之间。

1）箭体环节的传递系数，由式（8.7-18）知

$$K_{\alpha\delta} = \frac{M_z^\delta}{M_z^{\omega_z}\dfrac{Y_0^\alpha}{mV} + M_z^\alpha} \tag{8.8-62}$$

如果静稳定度大，在其他条件都一定时，$K_{\alpha\delta}$小，$|\Delta\alpha| = |-K_{\alpha\delta}\delta_0|$也小，则由 $Y_0^\alpha\Delta\alpha$ 知产生的附加升力也小，故 $\Delta\dot{\theta}$ 及 Δn_y 小。即，从对舵面偏转的稳态反应来看，操纵性不好，但动态过程仍一样。为了保持同样的传递系数 $K_{\alpha\delta}$，则应增加 $|M_z^\delta|$，由 $M_z^\delta = -R'(x_C - x_g)$ 知，要 $|M_z^\delta|$ 增加，或者是 $(x_C - x_g)$ 增加，或者是 R'增加。$(x_C - x_g)$ 的增加受箭体长度的限制；而 R'是由总体设计确定的，不能任意改变。对燃气舵而言，R'的大小还要受铰链力矩大小的限制。所以，从操纵性的要求看，$|M_z^\alpha|$不能过大。

2）从经常干扰作用下的稳态值来看，设经常干扰力矩为 M_{ZB}，则由经常干扰作用下的微分方程

$$\Delta\ddot{\alpha} + A_1\Delta\dot{\alpha} + A_2\Delta\alpha = \frac{M_{ZB}}{J_z} + \frac{M_z^\delta}{J_z}\Delta\delta_\varphi \tag{8.8-63}$$

可以看出其稳态值

$$\Delta\alpha = \frac{M_{ZB}}{-M_z^{\omega_z}\dfrac{Y_0^\alpha}{mV} - M_z^\alpha} + \frac{M_z^\delta\Delta\delta_\varphi}{-M_z^{\omega_z}\dfrac{Y_0^\alpha}{mV} - M_z^\alpha}$$

此时的稳态值要高，就是要求由干扰力矩和舵的漂移引起的附加攻角要小。如果静稳定度要大，则在同样的干扰力矩 M_{ZB}和同样的舵漂移 $\Delta\delta_\varphi$ 下，引起的附加攻角要小。通常说静稳定

度大，则稳定性好，就是指抗干扰能力强，即 $|M_z^\alpha|$ 大，附加攻角小。

总之，稳定性和操纵性的矛盾是对稳态而言的，而且稳定性是指在经常干扰作用下的稳定性，结论是静稳定度大，抗干扰能力强，由干扰引起的附加攻角小。但从操纵性的角度看，静稳定度大，为了达到同样的传递系数，需要摆动发动机的力矩也大，这是不利的，但从动态过程的要求看，这是一致的并无矛盾。当然，以上讨论仅是从动力学的角度来考虑的。

8.9 箭体的对数频率特性

为了研究箭体对舵的反应能力，除研究舵作阶跃偏转时的过渡过程外，还需要研究舵作正弦输入时箭体的反应。这是因为箭体是作为一个控制对象出现在控制系统中，如果用频率法进行控制回路的设计和分析，必须知道箭体的频率特性。

按物理意义来说，箭体的频率特性，就是当舵作正弦规律振动时火箭各运动参数的反应特性，有时也称为箭体对舵的跟随特性。

当舵作正弦输入时，火箭的运动（如 $\Delta\alpha$、Δn_y、$\Delta\dot{\theta}$）通常由两部分组成：自由扰动运动（简称自由运动）和强迫运动。以 $\Delta\alpha$ 为例，当 $\Delta\delta_\varphi=\delta_0\sin\omega t$ 时，有

$$T_C^2\Delta\ddot{\alpha}+2\xi_C T_C\Delta\dot{\alpha}+\Delta\alpha=-K_{\alpha\delta}\delta_0\sin\omega t \tag{8.9-1}$$

则有

$$\Delta\alpha(t)=C_1\mathrm{e}^{\lambda_1 t}+C_2\mathrm{e}^{\lambda_2 t}+D\delta_0\sin(\omega t+\psi) \tag{8.9-2}$$

并且有

$$D(\omega)=\frac{-K_{\alpha\delta}}{\sqrt{(1-\omega^2T_C^2)^2+4\xi_C^2T_C^2\omega^2}},\ \psi(\omega)=-\arctan\frac{2\xi_C T_C\omega}{1-\omega^2T_C^2}$$

前已叙述，通常 λ_1、λ_2 为共轭复根，则有

$$\Delta\alpha(t)=C\frac{\mathrm{e}^{-\frac{\xi_C}{T_C}t}}{\sqrt{1-\xi_C^2}}\cos\left(\frac{\sqrt{1-\xi_C^2}}{T_C}t+\psi_1\right)+D\delta_0\sin(\omega t+\psi) \tag{8.9-3}$$

式中，$C\dfrac{\mathrm{e}^{-\frac{\xi_C}{T_C}t}}{\sqrt{1-\xi_C^2}}\cos\left(\dfrac{\sqrt{1-\xi_C^2}}{T_C}t+\psi_1\right)$ 表示自由扰动运动，是由起始条件决定的动态过程；$D\delta_0\sin(\omega t+\psi)$ 表示强迫运动。在初始条件为零的条件下，强迫振荡开始时，即 $t=0$ 时，有

$$D\delta_0\sin\psi=-C\frac{\cos\psi_1}{\sqrt{1-\xi_C^2}}$$

即自由扰动运动的值和强迫振荡的值是相等的，但符号相反。对于稳定的自由运动，自由扰动运动很快地衰减了，经过一段时间间隔后，火箭的扰动运动只剩下强迫运动。

关于自由扰动运动的一般特性，它的形式同短周期运动的过渡过程差不多，因此在频率分析中就不分析自由扰动运动的特性，和自由控制原理一样仅限于研究火箭的强迫运动。所以，箭体的频率特性可以理解为，舵按不同频率的正弦振动时，箭体所反映的强迫运动的

特性。

在控制系统分析和研究中，广泛采用对数频率特性曲线来分析系统，所以做出箭体的对数频率特性曲线。

8.9.1　$\Delta\alpha$、$\Delta\dot{\theta}$、Δn_y 的对数频率特性曲线

因 $\Delta\alpha$、$\Delta\dot{\theta}$ 和 Δn_y 其传递函数形式一样，下面以 $\Delta\alpha$、$\Delta\dot{\theta}$ 为例做出其对数频率特性曲线。

因为有

$$\frac{\Delta\alpha(p)}{\Delta\delta_\varphi(p)} = -\frac{K_{\alpha\delta}}{T_C^2p^2 + 2\xi_C T_C p + 1} \tag{8.9-4}$$

故有

$$\begin{cases} A\left(-\dfrac{\Delta\alpha(\mathrm{j}\omega)}{\Delta\delta_\varphi(\mathrm{j}\omega)}\right) = 20\lg K_{\alpha\delta} - 20\lg\sqrt{(1-\omega^2T_C^2)^2 + 4\xi_C^2T_C^2\omega^2} \\ \varphi\left(-\dfrac{\Delta\alpha(\mathrm{j}\omega)}{\Delta\delta_\varphi(\mathrm{j}\omega)}\right) = -\arctan\dfrac{2\xi_C T_C\omega}{1-\omega^2T_C^2} \end{cases} \tag{8.9-5}$$

它是典型的二阶振荡环节，如图 8.9-1 所示。

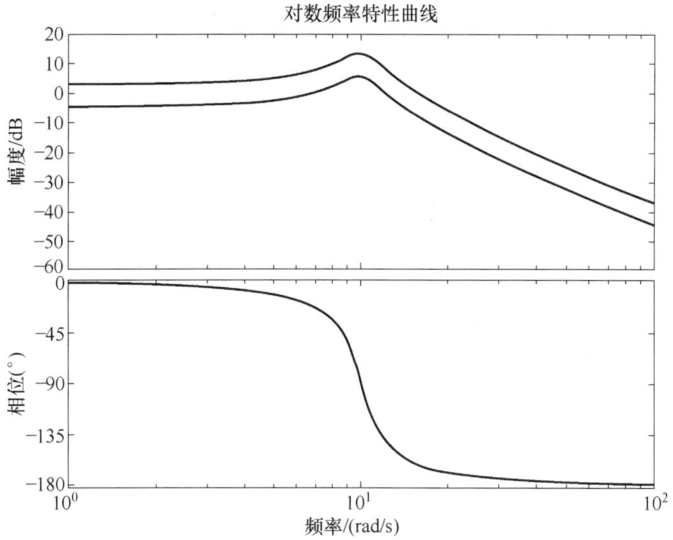

图 8.9-1　$\Delta\alpha(\mathrm{j}\omega)/\Delta\delta_\varphi(\mathrm{j}\omega)$ 的幅相特性曲线

图 8.9-1 所示的例子有如下数据：$K_{\alpha\delta}=0.588$、$T_C=0.1$、$\xi_C=0.15$、$T_v=0.42$。图中还给出了 $A\left(-\dfrac{\Delta\dot{\theta}(\mathrm{j}\omega)}{\Delta\delta_\varphi(\mathrm{j}\omega)}\right)$ 和 $\varphi\left(-\dfrac{\Delta\dot{\theta}(\mathrm{j}\omega)}{\Delta\delta_\varphi(\mathrm{j}\omega)}\right)$。

因为有

$$\frac{\Delta\dot{\theta}(p)}{\Delta\delta_\varphi(p)} = -\frac{1}{T_v}\frac{K_{\alpha\delta}}{T_C^2p^2 + 2\xi_C T_C p + 1}$$

故有

$$A\left(-\frac{\Delta\dot{\theta}(\mathrm{j}\omega)}{\Delta\delta_{\varphi}(\mathrm{j}\omega)}\right)=20\lg\frac{K_{\alpha\delta}}{T_{v}}-20\lg\sqrt{(1-\omega^{2}T_{C}^{2})^{2}+4\xi_{C}^{2}T_{C}^{2}\omega^{2}}$$

$$\varphi\left(-\frac{\Delta\dot{\theta}(\mathrm{j}\omega)}{\Delta\delta_{\varphi}(\mathrm{j}\omega)}\right)=-\arctan\frac{2\xi_{C}T_{C}\omega}{1-\omega^{2}T_{C}^{2}}$$

8.9.2 $\Delta\theta$、$\Delta\varphi$ 的对数频率特性曲线

因为有

$$\frac{\Delta\theta(p)}{\Delta\delta_{\varphi}(p)}=-\frac{K_{\alpha\delta}}{T_{C}^{2}p^{2}+2\xi_{C}T_{C}p+1}\frac{1}{T_{v}p}$$

故有

$$A\left(-\frac{\Delta\theta(\mathrm{j}\omega)}{\Delta\delta_{\varphi}(\mathrm{j}\omega)}\right)=20\lg\frac{K_{\alpha\delta}}{T_{v}\omega}-20\lg\sqrt{(1-\omega^{2}T_{C}^{2})^{2}+4\xi_{C}^{2}T_{C}^{2}\omega^{2}}$$

$$\varphi\left(-\frac{\Delta\dot{\theta}(\mathrm{j}\omega)}{\Delta\delta_{\varphi}(\mathrm{j}\omega)}\right)=-90^{\circ}-\arctan\frac{2\xi_{C}T_{C}\omega}{1-\omega^{2}T_{C}^{2}}$$

它是一个积分环节和一个振荡环节的串联，其对数幅相频率特性曲线如图 8.9-2 所示。

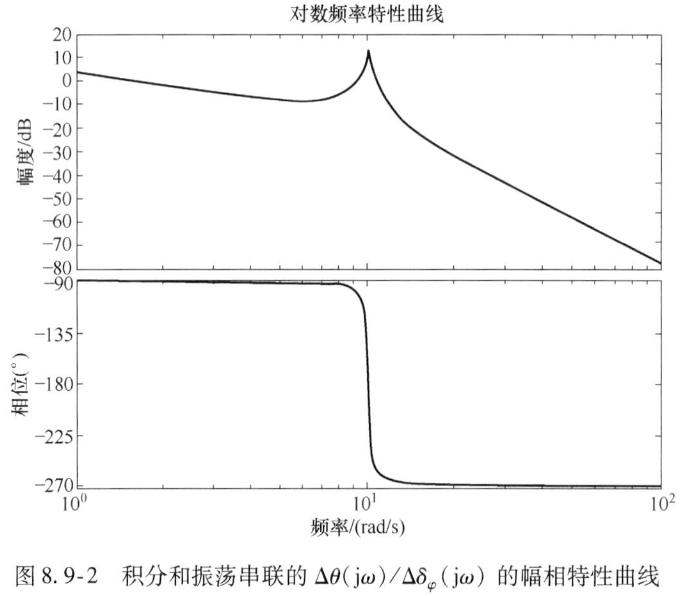

图 8.9-2　积分和振荡串联的 $\Delta\theta(\mathrm{j}\omega)/\Delta\delta_{\varphi}(\mathrm{j}\omega)$ 的幅相特性曲线

因

$$\frac{\Delta\varphi(p)}{\Delta\delta_{\varphi}(p)}=-\frac{K_{\alpha\delta}}{T_{C}^{2}p^{2}+2\xi_{C}T_{C}p+1}\frac{T_{v}p+1}{T_{v}p}$$

故

$$A\left(-\frac{\Delta\theta(\mathrm{j}\omega)}{\Delta\delta_{\varphi}(\mathrm{j}\omega)}\right)=20\lg\frac{K_{\alpha\delta}}{T_{v}\omega}\sqrt{1+T_{v}^{2}\omega^{2}}-20\lg\sqrt{(1-\omega^{2}T_{C}^{2})^{2}+4\xi_{C}^{2}T_{C}^{2}\omega^{2}}$$

$$\varphi\left(-\frac{\Delta\dot{\theta}(\mathrm{j}\omega)}{\Delta\delta_{\varphi}(\mathrm{j}\omega)}\right)=-90^{\circ}+\arctan T_{v}\omega-\arctan\frac{2\xi_{C}T_{C}\omega}{1-\omega^{2}T_{C}^{2}}$$

它是一个微分环节,一个积分环节和一个振荡环节的串联,它的对数幅相特性曲线如图 8.9-3 所示。

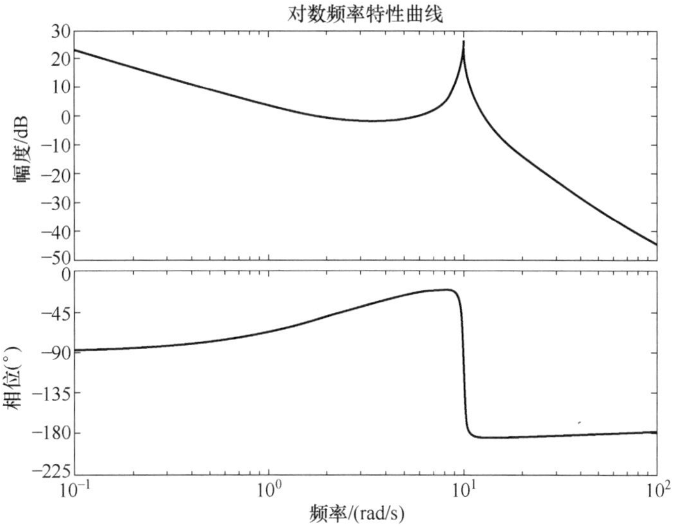

图 8.9-3　微分、积分和振荡串联的 $\Delta\theta(\mathrm{j}\omega)/\Delta\delta_{\varphi}(\mathrm{j}\omega)$ 的幅相特性曲线

第9章 运载火箭箭体侧向动态特性分析

9.1 侧向扰动运动方程及其简化

9.1.1 侧向空气动力导数

为了线性化空间运动方程，本书第1章已经把空气动力展开成运动参数的线性函数，并且得出了当运动参数 v、α、β、Δy、ω_{x_1}、ω_{y_1}、ω_{z_1}、δ_γ、δ_φ、δ_ψ 有变化时，空气动力和空气动力矩与运动参数的关系，见式（9.1-1）和（9.1-2）。为了书写方便将 ω_{x_1}、ω_{y_1}、ω_{z_1}、M_{x_1}、M_{y_1}、M_{z_1} 的下标1去掉写成 ω_x、ω_y、ω_z、M_x、M_y、M_z，相应增量的下标1也去掉。

$$\begin{cases}\Delta X = X^V\Delta V + X^\alpha\Delta\alpha + X^\beta\Delta\beta + X^y\Delta y\\ \Delta Y = Y^V\Delta V + Y^\alpha\Delta\alpha + Y^y\Delta y\\ \Delta Z = Z^V\Delta V + Z^\beta\Delta\beta + Z^y\Delta y\end{cases}\tag{9.1-1}$$

$$\begin{cases}\Delta M_x = M_x^V\Delta V + M_x^\alpha\Delta\alpha + M_x^\beta\Delta\beta + M_x^{\omega_x}\Delta\omega_x\\ \qquad + M_x^{\omega_z}\Delta\omega_z + M_x^{\omega_y}\Delta\omega_y + M_x^y\Delta y + M_x^\delta\Delta\delta_y\\ \Delta M_y = M_y^V\Delta V + M_y^\beta\Delta\beta + M_y^{\omega_x}\Delta\omega_x + M_y^{\omega_z}\Delta\omega_z\\ \qquad + M_y^{\dot\beta}\Delta\dot\beta + M_y^y\Delta y + M_y^\delta\Delta\delta_\psi\\ \Delta M_z = M_z^V\Delta V + M_z^\alpha\Delta\alpha + M_z^{\omega_x}\Delta\omega_x + M_z^{\omega_z}\Delta\omega_z\\ \qquad + M_z^{\dot\alpha}\Delta\dot\alpha + M_z^y\Delta y + M_z^\delta\Delta\delta_\varphi\end{cases}\tag{9.1-2}$$

其中，与纵向扰动运动有关的空气动力导数已经讨论过，而与侧向扰动运动有关的空气动力导数还未讨论。本节对侧向扰动运动的空气动力导数进行讨论。这是因为只要对各项导数的意义清楚，讨论扰动运动就方便了。

在上述导数中，一般来讲，对高度的偏导数的数值较小，可以令 $X^y=Y^y=Z^y=0$ 和 $M_x^y=M_y^y=M_z^y=0$，剩下的空气动力导数 X^v、Y^v、Z^v 及 X^α、Y^α、Z^β、X^β 的意义较清楚，就不介绍了。

1. 空气动力矩对速度的导数 M_x^v、M_y^v、M_z^v

它是较清楚的，反映了由于速度的变化而引起的力矩的变化，它包括了由速度的直接变化和速度对 m_x、m_y、m_z 的影响两部分，如式（7.3-36）所示。

2. 空气动力矩的阻尼导数 $M_x^{\omega_x}$、$M_y^{\omega_y}$、$M_z^{\omega_z}$

这3个导数在弹道学中已讨论过，它表示箭体绕箭体坐标系某一轴旋转时，沿该轴方向产生的力矩，这 3 个力矩导数一般是负的。它总是阻止箭体的旋转，所以称阻尼力矩。关于 $M_y^{\omega_y}$、$M_z^{\omega_z}$ 的产生，本书第 3 章已讨论过，但对于 $M_x^{\omega_x}$，因运载火箭的这项较小，第 3 章讨论的不多，下面以某型火箭为例说明 $M_x^{\omega_x}$ 的意义。

如图 9.1-1 所示，当箭体绕 ox_1 轴有一个正 ω_x 时，右翼向下产生一个速度增量，左翼向上产生一个速度增量，于是右翼攻角增加 $\Delta\alpha$，左翼攻角减小 $\Delta\alpha$，$Y = Y_0 + Y^{\alpha}\Delta\alpha$。而 $Y^{\alpha} > 0$，故右翼有一附加升力，左翼有一负的附加升力，这两个升力沿 ox_1 轴产生一个附加力矩 $M_x^{\omega_x}\omega_x$，很明显这个力矩总是阻止箭体旋转（在临界攻角附近除外），所以称为滚转阻尼力矩。类似地，尾翼也会产生阻尼力矩。但一般来说，尾翼产生的滚转阻尼力矩较小，可以不予考虑。但若飞行器装了很大的垂直尾翼，则总的滚转力矩导数 $M_x^{\omega_x}\omega_x$ 要考虑这一项。

关于阻尼力矩特别要注意一点，就是它的被动性。即，当存在着角速度时，此力矩才会产生，才有阻止旋转的作用，它并不会主动的使箭体产生旋转。这点从阻尼力矩表达式可以明显看出，因阻尼力矩等于 $M_x^{\omega_x}\omega_x$、$M_y^{\omega_y}\omega_y$、$M_z^{\omega_z}\omega_z$，故当 $\omega_x = 0$、$\omega_y = 0$、$\omega_z = 0$ 时，这时力矩也等于零，它并不能主动对箭体的旋转起作用；当 ω_x、ω_y、ω_z 反号时，相应的力矩也反号，仍起阻止旋转的作用。

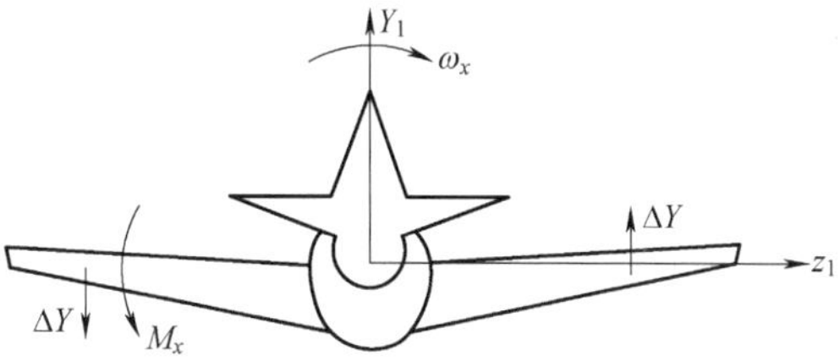

图 9.1-1　由滚动产生的滚转力矩

3. 空气动力矩的洗流延迟导数 $M_x^{\dot{\alpha}}$、$M_y^{\dot{\beta}}$

飞行器一般是作非定常运动，即运动参数 α、V、ω_x 等随时间是变化的，因而空气动力和力矩也是随时间变化的。严格地说，非定常运动情况下沿箭体的流动性质也不同于定常运动的情况，但这样求空气动力将是很困难的，所以引入定常假设。定常假设规定，在非定常飞行中，作用在飞行器的空气动力和力矩完全由给定瞬时的运动参数来决定。也就是说，用当时的运动参数按定常流动来计算，而不考虑运动参数随时间变化给空气动力带来的影响。那么非定常运动中所受的力为如下两部分之和：

1）在给定时刻把非定常运动参数固化，取此时刻的参数为定常直线运动来计算其空气动力。

2）在给定时刻把非定常运动参数 ω_x、ω_y、ω_z 固化，以不变角速度作等角速度旋转来计算其空气动力。

这样计算空气动力就非常简单，前面就是这样的，这点对运载火箭带来的误差不大。但是，对于某些火箭，若在非定常飞行中攻角 α 随时间也是变化的，此时计算水平尾翼产生的纵向俯仰力矩误差较大，需加以修正。

关于这个附加力矩产生的原因及计算，这里不进行详细讨论，有兴趣的读者可参考有关文献。这里只是定性地说明一下 $M_x^{\dot{\alpha}}\dot{\alpha}$ 产生的原因。

一些火箭带有尾翼，由于气流流过翼产生了升力，所以流过尾翼处的气流相对于尾翼的攻角并不等于流过翼的攻角，而是向下有一个转角（因为翼升力向上），称这个攻角的不一致为下洗，其角度差为下洗角。下洗角的大小与翼的升力有关，如果翼处的攻角越大，升力越大，则下洗角也越大。对定常流动来讲，不同时刻这个下洗角是一样的，在计算尾翼的空气动力时，只要把这一因素考虑进去即可。但是，对 α 随时间变化的火箭这会带来问题，因为 α 随时间是变化的，所以尾翼处的下洗角也是变化的。如 $\dot{\alpha}>0$，α 随时间越来越大，则下洗角随时间也应该越来越大。但流过尾翼的气流并不是同一时刻的气流，因为 t 时刻流过翼处的气流要经过一段时间 τ，才流到尾翼处，所以计算尾翼处的洗角应该用 $t-\tau$ 时刻的下洗角。所以，t 时刻水平尾翼处实际的下洗角要比不考虑时差的要小，因此尾翼处的实际攻角就增加了，从而增加了俯仰力矩。这个附加力矩称为洗流时差引起的力矩，用 $M_x^{\dot{\alpha}}\dot{\alpha}$ 来表示。从附加俯仰力矩产生的原因可以看出，$M_x^{\dot{\alpha}}<0$，即此力矩总是阻止攻角的变化。

根据同样理由可以得出由洗流时差引起的附加偏航力矩 $M_x^{\dot{\beta}}\dot{\beta}$。

运载火箭的 $M_x^{\dot{\alpha}}$、$M_y^{\dot{\beta}}$ 均很小，可以不考虑。一些火箭 $M_x^{\dot{\alpha}}$ 的绝对值虽比 $|M_x^{\omega_x}|$ 小，但要考虑。本书在推导总的方程时，考虑了 $M_x^{\dot{\alpha}}$、$M_y^{\dot{\beta}}$，但具体讨论中为了方便，令 $M_x^{\dot{\alpha}}$、$M_y^{\dot{\beta}}$ 等于零。

4. 4 个旋转导数 $M_x^{\overline{\omega}_y}$、$M_y^{\overline{\omega}_x}$、$M_x^{\overline{\omega}_z}$、$M_z^{\overline{\omega}_x}$

这 4 个导数表示，绕纵轴转动 ω_x 时会产生 M_y 和 M_z，以及有 ω_y、ω_z 时会产生滚动力矩 M_x 的情况。这 4 个导数表示了转动之间的交叉影响，所以称为旋转导数。下面对这 4 个导数产生的原因进行定性的说明。

（1）$m_x^{\overline{\omega}_y}$

对于具有尾翼的箭，由偏航角速度 ω_y 引起的滚动力矩主要是由水平翼产生的。当和尾翼绕 y_1 轴旋转时，使翼上各点的速度大小和方向发生改变，如图 9.1-2 所示。

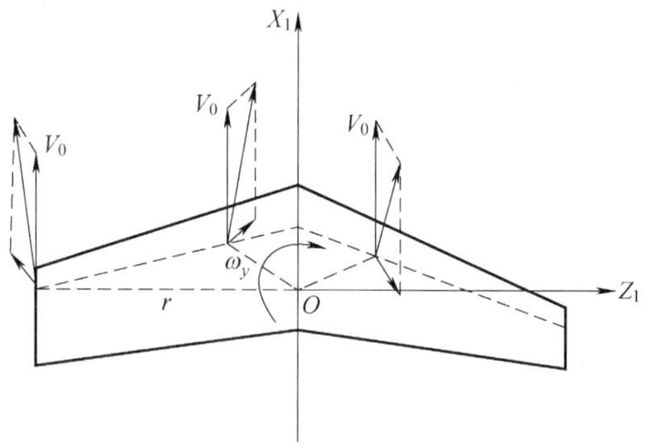

图 9.1-2　偏航时由翼产生的滚动力矩

如图 9.1-2 所示，由角速度 ω_y 在翼处产生的附加速度与和尾翼的飞行速度相加所得的合成速度，在各点的大小和方向均是不相同的。但是，合成速度在右半翼总是降低的，而左半翼总是增加的，从而使左翼的升力和阻力均大于右半翼，这样不仅产生附加的偏航力矩而且产生滚动力矩。如果略去 ω_y 而引起的横向速度 ΔV_y，只考虑其在 X_1 轴的分量 ΔV_x，那在任意一个沿速度矢量 $\boldsymbol{V}$ 所取之剖面上，有

$$\Delta V=\Delta V_x=\omega_y z \tag{9.1-3}$$

可以把翼看成无穷多个弦长为 b、宽为 $\mathrm{d}z$ 的二元翼叠加，则可以求得作用于沿 z_1 轴方向、单位长度上的升力增量为

$$\Delta Y_{\text{sec}}=Y_{1\text{sec}}\Delta v=\frac{Y_{1\text{sec}}}{v}\left(2+\frac{M}{C_{y_1\text{sec}}}\frac{\partial C_{y_1\text{sec}}}{\partial M}\right)\omega_y z=\frac{C_{y_1\text{sec}}\dfrac{\rho v^2}{2}S}{v}\left(2+\frac{M}{C_{y_1\text{sec}}}\frac{\partial C_{y_1\text{sec}}}{\partial M}\right)\omega_y z$$

式中，$C_{y_1\text{sec}}$为，沿 Z_1 轴方向，某一截面处，单位长度上的升力系数。

这升力增量 ΔY_{sec}对纵轴形成一滚动力矩 ΔM_x。当偏航角速度 ω_y 为正时，ΔM_x 为负值。若将沿翼展各个翼剖面上的升力增量对 X_1 轴的力矩 ΔM_x 叠加起来，就能求出绕 X_1 轴之滚动力矩。

$$\begin{aligned} M_x &= -\int_{-\frac{l}{2}}^{\frac{l}{2}} \frac{Y_{1\text{sec}}}{V}\left(2+\frac{M}{C_{y_1\text{sec}}}\frac{\partial C_{y_1\text{sec}}}{\partial M}\right)\omega_y z\text{d}z \cdot z \\ &= -\frac{1}{2}\rho v^2 SL\frac{\omega_y l}{v}\int_{-\frac{l}{2}}^{\frac{l}{2}} C_{y_1\text{sec}}\left(2+\frac{M}{C_{y_1\text{sec}}}\frac{\partial C_{y_1\text{sec}}}{\partial M}\right)\frac{z^2 b}{l^2}\text{d}z \end{aligned} \tag{9.1-4}$$

或记为

$$M_x = m_x^{\overline{\omega}_y}\frac{1}{2}\rho V^2 Sl\overline{\omega}_y = m_x^{\overline{\omega}_y}\frac{1}{2}\rho VSl^2\omega_y$$

式中

$$\overline{\omega}_y = \omega_y l/V$$

$$m_x^{\overline{\omega}_y} = -\int_{-\frac{l}{2}}^{\frac{l}{2}} C_{y_1\text{sec}}\left(2+\frac{M}{C_{y_1\text{sec}}}\frac{\partial C_{y_1\text{sec}}}{\partial M}\right)\frac{bz^2}{Sl^2}\text{d}z \tag{9.1-5}$$

式（9.1-5）表示由偏航角速度引起的滚动力矩系数的导数。类似的形式，可以求出水平尾翼由偏航角速度引起的滚动力矩。

（2）$m_y^{\overline{\omega}_x}$

由滚动而引起的偏航力矩，也主要是由水平翼产生的。当火箭以正 ω_x 旋转时，右翼向下运动，而左翼向上运动，使得右翼攻角增大，而左翼攻角减小，这样不断改变了作用于左右两翼的升力，也改变了它们的阻力。因此，不仅产生沿 X_1 轴的力矩，还产生偏航力矩，如图 9.1-3 所示。

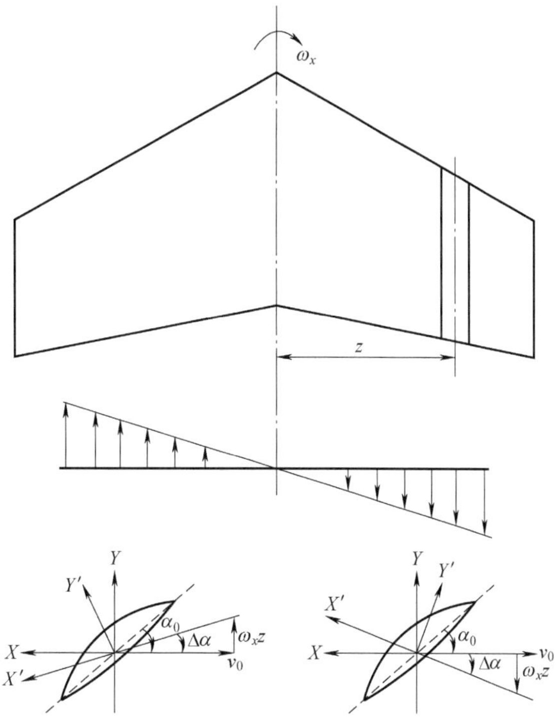

图 9.1-3　滚动时由翼产生的偏航力矩

沿着翼的翼展任取一元素 dz，当火箭以滚动角速度 ω_x 绕 X_1 轴旋转时，在该元素翼上产生如下附加攻角：

$$\Delta\alpha = \frac{\omega_x z}{V} \tag{9.1-6}$$

附加攻角又产生一个附加阻力，该阻力对 Y_1 轴形成一偏航力矩，当 ω_x 为正时，偏航力矩为负，因此有

$$\text{d}M_y = -z(X^\alpha\Delta\alpha - Y\Delta\alpha)\text{d}z$$

将式（9.1-6）代入上式，并对上式沿翼展积分得

$$M_y = -\int_{-\frac{l}{2}}^{+\frac{l}{2}}(X^\alpha - Y)\frac{\omega_x z^2}{V}\text{d}z$$

由此得

$$M_y = -\frac{\omega_x l}{V}\frac{1}{2}\rho V^2 Sl\int_{-\frac{l}{2}}^{+\frac{l}{2}}(C_x^{\alpha} - C_{y_1\sec})\frac{z_1^2}{l^2}\frac{b}{S}\mathrm{d}z$$

或记为

$$M_y = m_y^{\bar{\omega}_x}\frac{1}{2}\rho V^2 Sl\bar{\omega}_x \tag{9.1-7}$$

式中

$$\bar{\omega}_x = \frac{\omega_x l}{V},\ m_y^{\bar{\omega}_x} = \int_{-\frac{l}{2}}^{+\frac{l}{2}}(C_x^{\alpha} - C_{y_1\sec})\frac{z_1^2}{l^2}\frac{b}{S}\mathrm{d}z \tag{9.1-8}$$

式（9.1-8）即由滚动角速度而引起的偏航力矩系数的导数。

（3）$m_x^{\bar{\omega}_z}$、$m_z^{\bar{\omega}_x}$

由俯仰运动而引起的滚动力矩和由滚动运动而引起的俯仰力矩，主要是垂直尾翼产生的。它们的情况与 $m_x^{\bar{\omega}_y}$、$m_y^{\bar{\omega}_x}$ 产生的物理原因相仿，只是以垂直尾翼代替水平翼而已，这里不再重复。

5. 静导数 m_z^{α}、m_y^{β}、m_x^{β} 及 m_x^{α}

阻尼导数 $m_x^{\omega_x}$、$m_x^{\omega_y}$、$m_z^{\omega_z}$ 及旋转导数 $m_x^{\omega_y}$、$m_y^{\omega_x}$、$m_x^{\omega_z}$、$m_z^{\omega_x}$ 均属于动导数，还有 4 个静导数 m_z^{α}、m_y^{β} 及 m_x^{β}、m_x^{α}。下面就讨论这 4 个导数。

（1）m_z^{α}、m_y^{β}

m_z^{α} 在前面已讨论过。它的正负号反映了压心和质心之间的关系，如 $m_z^{\alpha}<0$，则称火箭为纵向静稳定的；反之，$m_z^{\alpha}>0$，则称火箭为静不稳定的。完全类似的有 m_y^{β}：当 $m_y^{\beta}<0$，表示当出现正侧滑角时，会产生负的偏航力矩，使火箭有减少侧滑角的趋势，类似纵向扰动运动称箭体具有航向静稳定性；反之，$m_y^{\beta}>0$，则称箭体具有航向静不稳定性，若 $m_y^{\beta}=0$ 则火箭具有航向中立稳定性。

（2）m_x^{β}、m_x^{α}

由侧滑引起的滚动力矩是由翼的后退角、上反角和垂直尾翼等引起的。在讨论之前，先介绍一下后退角、上反角的含义。

后退角，常用1/4 翼弦的联线（亚音速）或1/2 翼弦的联线（超音速），在经过根弦并垂直于飞行器对称面的平面内的投影与 oz_1 轴间的夹角表示，且分别表示成$\chi_{1/4}$和$\chi_{1/2}$。对超音速的情况，也有用前缘后退角并以χ_0 表示。本书采用$\chi_{1/4}$并简写成χ，后退时χ 为正，如图9.1-4 所示。上反角 ψ 定义为上述联线在包含 oz_1 轴而垂直根弦平面内的投影与 oz_1 轴间的夹角，规定翼上反时为正，如图 9.1-5 所示。下面分别讨论由翼后退角和上反角产生的滚动力矩。

1）由后退角χ 产生的滚动力矩。

后退翼在侧滑飞行时，翼两边的空气流动不一样，从而产生滚动力矩。

由空气动力学知直翼（$\chi=0$）和后退翼的升力，即直翼的升力，有如下关系：

$$Y_m = C_{yn}\frac{1}{2}\rho V^2 S$$

若后退翼与直翼有相同攻角、相同升力系数和相同飞行速度的情况下，由于垂直于翼焦线方向的分量仅为 $v\cos\chi$，所以它们之间的升力并不相等。

后退翼的升力为

$$Y = C_{yn}\frac{\rho}{2}V^2\cos^2\chi S$$

则有

$$Y = Y_m\cos^2\chi \tag{9.1-9}$$

这时后退翼左右两半翼升力各为$\frac{1}{2}Y$，即

$$Y_{左} = Y_{右} = \frac{1}{2}Y = \frac{1}{2}Y_m\cos^2\chi \tag{9.1-10}$$

但后退翼在侧滑飞行时，情况就不同了。设侧滑角为β，则垂直于右半翼焦线方向之速度分量为 $V\cos(\chi-\beta)$，右半翼上升力为

$$Y_{右} = \frac{1}{2}C_{yn}\frac{\rho}{2}V^2S\cos^2(\chi-\beta) = \frac{1}{2}Y_m\cos^2(\chi-\beta) \tag{9.1-11}$$

而垂直于左半冀焦线方向之速度分量为 $v\cos(\chi+\beta)$，故左半翼上的升力为

$$Y_{左} = \frac{1}{2}C_{yn}\frac{\rho}{2}V^2S\cos^2(\chi+\beta) = \frac{1}{2}Y_m\cos^2(\chi+\beta) \tag{9.1-12}$$

由侧滑角引起的滚动力矩如图 9.1-4 所示。

将式（9.1-11）和式（9.1-12）展开，并略去高次项，有

$$Y_{右} = \frac{1}{2}Y_m(\cos^2\chi\cos^2\beta + 2\cos\chi\cos\beta\sin\chi\sin\beta) \tag{9.1-13}$$

$$Y_{左} = \frac{1}{2}Y_m(\cos^2\chi\cos^2\beta - 2\cos\chi\cos\beta\sin\chi\sin\beta) \tag{9.1-14}$$

将上两式相加，得

$$Y = Y_{左} + Y_{右} = Y_m\cos^2\chi\cos^2\beta \tag{9.1-15}$$

可见当有侧滑角时，后退翼的升力与 $\cos^2\beta$ 成比例，从式（9.1-13）和式（9.1-14）看出两个半翼上的升力的增加和减少是相等的，均为

$$\Delta Y = Y_m\cos\chi\cos\beta\sin\chi\sin\beta \tag{9.1-16}$$

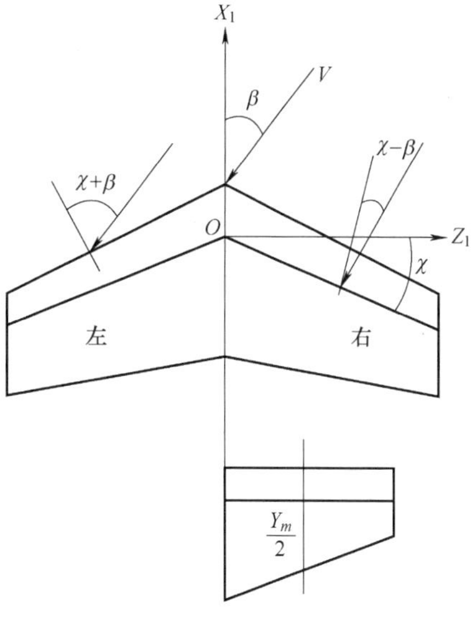

图 9.1-4　由侧滑角引起的滚动力矩

如 ΔY 的作用点距火箭的对称面的距离为 z_{ox}，则由后退角χ产生的滚动力矩为

$$M_x = -2z_{ox}\cdot Y_m\cos\chi\cos\beta\sin\chi\sin\beta \tag{9.1-17}$$

将式（9.1-15）代入上式得

$$M_x = -2z_{ox}\frac{Y\sin\chi\sin\beta}{\cos\chi\cos\beta} \tag{9.1-18}$$

$$= 2z_{ox}\tan\chi\tan\beta \tag{9.1-19}$$

当角β不大时，有

$$M_x = -2z_{ox}Y\tan\chi\cdot\beta \tag{9.1-20}$$

即

$$M_x = m_x^{\beta}\frac{1}{2}\rho v^2 Sl\beta \tag{9.1-21}$$

式中

$$m_x^{\beta} = -2C_y^{\alpha}\tan\chi\frac{z_{ox}}{l}\alpha \tag{9.1-22}$$

由此可见，由后退角而带来的滚动力矩系数的导数与攻角 α 成正比。

2）由火箭翼上反角而来的滚动力矩。

设有一个翼只有上反角，而没有后退角。如图 9.1-5 所示。如果上反角 $\psi=0$，则有侧滑时左右两翼相对于气流的攻角没有变化，绕 x_1 轴的力矩等于零。如上反角 $\psi\neq0$，则当有侧滑时，左右两个半翼相对于气流的攻角不同，因而作用在两边的空气动力也不等，从而产生绕 x_1 轴的力矩。由侧滑角 β 所引起的攻角改变，可用下法求得。

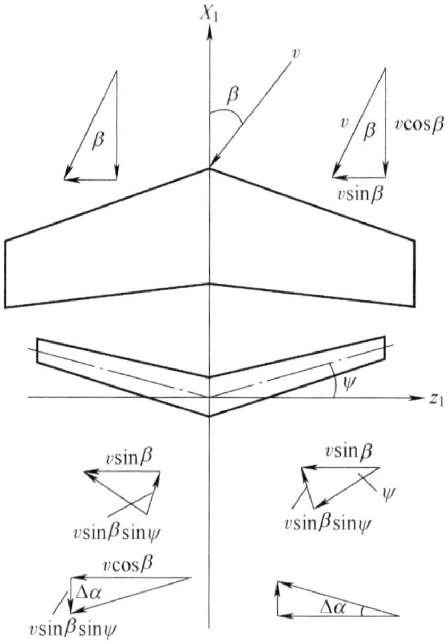

图 9.1-5　由翼上反角产生的滚动力矩

把速度分量 v 分成两个分速：$v\cos\beta$ 和 $v\sin\beta$。而速度 $v\sin\beta$ 又可以分为两个分量：一个沿翼展，其大小为 $v\sin\beta\cos\varphi$，它不影响翼上的升力；另一个分速为 $v\sin\beta\sin\varphi$，垂直于翼平面，在右半翼朝上，在左半翼朝下（上反角为正的情况），因而使右半翼攻角增大 $\Delta\alpha$，而左半翼攻角减小 $\Delta\alpha$，如图 9.1-5 所示。

$$\tan\Delta\alpha = \frac{\sin\beta\sin\psi}{\cos\beta} \tag{9.1-23}$$

对小的角 β，以及小 $\Delta\alpha$ 和 ψ，得

$$\Delta\alpha = \beta\psi \tag{9.1-24}$$

由附加的攻角产生的附加升力当 ψ 为正值，M_x 为负，有

$$M_x = \int_{-\frac{l}{2}}^{\frac{l}{2}}\mathrm{d}M_x = \int_{-\frac{l}{2}}^{\frac{l}{2}} -C_{y_1\mathrm{sec}}^{\alpha}\beta\psi qbz\mathrm{d}z \tag{9.1-25}$$

$$M_x = -\frac{qSl}{l}\beta\psi\int_{-\frac{l}{2}}^{\frac{l}{2}}C_{y_1\mathrm{sec}}\frac{b}{S}z\mathrm{d}z \tag{9.1-26}$$

$$m_x = -\frac{b}{l}\frac{\beta\psi}{S}\int_{-\frac{l}{2}}^{\frac{l}{2}}C_{y_1\mathrm{sec}}z\mathrm{d}z = m_x^{\beta}\beta \tag{9.1-27}$$

$$m_x^{\beta} = -\frac{b}{Sl}\int_{-\frac{l}{2}}^{\frac{l}{2}}C_{y_1\mathrm{sec}}^{\alpha}z\mathrm{d}z\psi \tag{9.1-28}$$

当上反角为正时（翼尖向上），$m_x^{\beta}<0$，箭体横向是静稳定的；反之，当有下反角时，$m_x^{\beta}>0$，箭体是横向静不稳定的。

3）由垂直尾翼产生的滚动力矩。

有大的垂直尾翼时，当 $\beta>0$，在垂直尾翼上产生侧力 z。由于它不通过横轴 OX_1，所以

也会产生负的滚动力矩 M_x，故由垂直尾翼产生的 $M_x^{\beta}<0$。

由于存在着以上 3 个因素产生滚动力矩，后退角主要是从减小波阻的角度来确定的，而垂直尾翼又是根据航向静稳定度 M_y^{β} 的要求来决定，但它们又同时产生 M_x，而且 M_x^{β} 都是负的（指 $\chi>0$，$\psi>0$ 时）。这样，后退角大，对于垂直尾翼大的飞航式飞行器，其 $|m_x^{\beta}|$ 过大。因此，这种飞航式飞行器的翼不能再采用上反角安装，因为那样会使 $|m_x^{\beta}|$ 更大；应采用下反角安装，以取得合适的 $|m_x^{\beta}|$ 值。对 $\chi=0$ 的直翼形飞航式飞行器，为了增加 $|M_x^{\beta}|$，则应采用上反角，以保持合适的 m_x^{β} 值。读者仔细观察一下各种飞机的外形，上述结论是不难证实的。

上面讨论了产生 $M_x^{\beta}\beta$ 的原因，并推出了一些计算公式，但这仅能说明当侧滑出现时，产生滚动力矩的原因。事实上，箭身也会产生滚动力矩，特别是相互之间的干扰均会影响 m_x^{β} 的大小。实际上从亚音速到超音速，这一导数值变化极为复杂，在设计时应由风洞实验确定。至于 m_x^{α}，在了解了 m_x^{β} 产生的原因之后，对运载火箭采用十字翼，把垂直尾翼换成水平翼，α 与 β 交换，则对 m_x^{α} 产生的原因也就清楚了。

对于飞航式飞行器，因为 m_x^{α} 较小，一般忽略它。

9.1.2　侧向扰动运动方程组及其简化

从前面的讨论知道，如果采用小扰动和线性化假设，纵向扰动运动和侧向扰动运动可以分开研究，此时侧向扰动运动方程如下：

$$
\begin{cases}
mV\dfrac{\mathrm{d}\Delta\sigma}{\mathrm{d}t}=(P_{\mathrm{e}}\cos\alpha\cos\beta-Z^{\beta})\Delta\beta+mg\sin\theta\Delta\sigma \\
\qquad\qquad -(P_{\mathrm{e}}\cos\alpha+Y)\Delta v+R'\Delta\delta_{\psi}-F_{\mathrm{B}} \\
J_x\dfrac{\mathrm{d}\Delta\omega_x}{\mathrm{d}t}=M_x^{\beta}\Delta\beta+M_x^{\omega_x}\Delta\omega_x+M_x^{\omega_y}\Delta\omega_y+M_x^{\delta}\Delta\delta_y+M_{x\mathrm{B}} \\
J_y\dfrac{\mathrm{d}\Delta\omega_y}{\mathrm{d}t}=M_y^{\beta}\Delta\beta+M_y^{\omega_y}\Delta\omega_y+M_y^{\omega_x}\Delta\omega_x+M_y^{\delta}\Delta\delta_{\psi}+M_{y\mathrm{B}} \\
\Delta\omega_x=\Delta\gamma-\varphi\Delta\psi \\
\Delta\omega_y=\Delta\psi+\varphi\Delta\gamma \\
\Delta\sigma=\Delta\psi-\Delta\beta \\
\Delta\gamma=\Delta\nu
\end{cases}
\tag{9.1-29}
$$

式（9.1-29）是偏航运动和倾斜（滚动）运动相互交连在一起的完整的侧向扰动运动方程式。但如果火箭有气动对称外形，重力影响可以忽略不计，而且火箭控制系统很快地消除倾斜，则火箭倾斜所产生的侧向力对偏航运动的影响不大，这样就可以把侧向运动分成偏航运动和倾斜运动。即使不能完全做到这一点，在初步控制系统设计时，也是把偏航运动和倾斜运动分开研究。这时偏航扰动运动方程如下：

$$
\begin{cases}
mV\dfrac{\mathrm{d}\Delta\sigma}{\mathrm{d}t}=(P_{\mathrm{e}}\cos\alpha\cos\beta-Z^{\beta})\Delta\beta+R'\Delta\delta_{\psi}-F_{\mathrm{B}} \\
J_y\dfrac{\mathrm{d}\Delta\omega_y}{\mathrm{d}t}=M_y^{\beta}\Delta\beta+M_y^{\omega_y}\Delta\omega_y+M_y^{\delta}\Delta\delta_{\psi}+M_{y\mathrm{B}} \\
\Delta\omega_y=\Delta\psi \\
\Delta\psi=\Delta\sigma+\Delta\beta
\end{cases}
\tag{9.1-30}
$$

如果只考虑短促干扰，只研究箭体的稳定性，可以令 $F_B = M_{yB} = 0$、$\Delta\delta_\psi = 0$，则式（9.1-30）简化成

$$\begin{cases} mV\dfrac{d\Delta\sigma}{dt} = (P_e\cos\alpha\cos\beta - Z^\beta)\Delta\beta \\ I_y\dfrac{d\Delta\omega_y}{dt} = M_y^\beta\Delta\beta + M_y^{\omega_y}\Delta\omega_y \\ \Delta\omega_y = \Delta\dot{\psi} \\ \Delta\psi = \Delta\sigma + \Delta\beta \end{cases} \tag{9.1-31}$$

这方程同忽略重力影响的纵向短周期运动方程完全一样，只要用 $\beta\to\alpha$、$\sigma\to\theta$、$\psi\to\varphi$、$\Delta\omega_y\to\Delta\omega_z$ 就可以了，而这时倾斜运动可以单独出来，则有

$$J_x\frac{d\Delta\omega_x}{dt} - M_x^{\omega_x}\Delta\omega_x = M_x^\beta\Delta\beta + M_x^\delta\Delta\delta_y + M_{xB}$$

如果只考虑短促干扰，只考虑箭体的稳定性，可以令 $M_{xB} = 0$、$\Delta\delta_y = 0$，把 $M_x^\beta\Delta\beta = 0$ 当成干扰力矩，则倾斜稳定性方程为

$$I_x\frac{d\Delta\omega_x}{dt} - M_x^{\omega_x}\Delta\omega_x = 0$$

因为偏航扰动运动同纵向扰动运动类似，而倾斜运动比较简单，所以不专门讨论了。

9.2 侧向稳定性分析

9.2.1 侧向扰动运动方程的解

首先，对式（9.1-29）进行改写和简化。

1）因为飞航式飞行器的 φ 较小，可以近似认为

$$\Delta\omega_x = \Delta\dot{\gamma} - \varphi\Delta\dot{\psi} \approx \Delta\dot{\gamma}$$

$$\Delta\omega_y = \Delta\dot{\psi} + \varphi\Delta\dot{\gamma} \approx \Delta\dot{\psi}$$

2）关于重力的影响，因飞航式飞行器的 θ 较小，式（9.1-29）中的 $mg\sin\theta\Delta\sigma$ 与其他项相比可以略去。

3）对于纵向未扰动运动，因 $\beta_0 = v_0 = \sigma_0 = 0$，则式（9.3-44）可写为

$$mV\frac{d\theta}{dt} = P_e\sin\alpha + Y - mg\cos\theta$$

因飞航式飞行器 $\theta \approx 0$，则 $P_e\sin\alpha + Y \approx mg\cos\theta$，所以式（9.1-29）中的 $P_e\sin\alpha + Y$ 可用 $mg\cos\theta$ 代替。在上述假设下，式（9.1-29）变为

$$\begin{cases} -\dfrac{d\Delta\beta}{dt} + \Delta\omega_y = \dfrac{P_e\cos\alpha\cos\beta - Z^\beta}{mV}\Delta\beta - \dfrac{g\cos\theta}{V}\Delta\gamma \\ \dfrac{d\Delta\gamma}{dt} = \Delta\omega_x \\ \dfrac{d\Delta\omega_x}{dt} = \dfrac{M_x^\beta}{J_x}\Delta\beta + \dfrac{M_x^{\omega_x}}{J_x}\Delta\omega_x + \dfrac{M_x^{\omega_y}}{J_x}\Delta\omega_y \\ \dfrac{d\Delta\omega_y}{dt} = \dfrac{M_y^\beta}{J_y}\Delta\beta + \dfrac{M_y^{\omega_x}}{J_y}\Delta\omega_x + \dfrac{M_y^{\omega_y}}{J_y}\Delta\omega_y \end{cases} \tag{9.2-1}$$

将式（9.2-1）变为标准形式，并用 b_{ij} 表示式（9.2-1）的系数，则式（9.2-1）改写为

$$\begin{cases} -\dfrac{\mathrm{d}\Delta\beta}{\mathrm{d}t}=b_{12}\Delta\beta-b_{13}\Delta\gamma-b_{15}\Delta\omega_y \\ \dfrac{\mathrm{d}\Delta\gamma}{\mathrm{d}t}=b_{34}\Delta\omega_x \\ \dfrac{\mathrm{d}\Delta\omega_x}{\mathrm{d}t}=-b_{42}\Delta\beta-b_{44}\Delta\omega_x-b_{45}\Delta\omega_y \\ \dfrac{\mathrm{d}\Delta\omega_y}{\mathrm{d}t}=-b_{52}\Delta\beta-b_{54}\Delta\omega_x-b_{55}\Delta\omega_y \end{cases} \tag{9.2-2}$$

其中

$$b_{12}=\frac{P_{\mathrm{e}}\cos\alpha\cos\beta-Z^{\beta}}{mV}=\frac{Z_{\mathrm{c}}^{\beta}}{mV}\left(\frac{1}{s}\right)$$

$$b_{13}=\frac{g\cos\theta}{V}\left(\frac{1}{s}\right)\qquad b_{15}=1\left(\frac{1}{s}\right)$$

$$b_{34}=1\qquad b_{42}=-\frac{M_x^{\beta}}{I_x}\left(\frac{1}{s^2}\right)$$

$$b_{44}=-\frac{M_x^{\omega_x}}{I_x}\left(\frac{1}{s}\right)\qquad b_{45}=-\frac{M_x^{\omega_y}}{I_x}\left(\frac{1}{s}\right)$$

$$b_{52}=-\frac{M_y^{\beta}}{I_y}\left(\frac{1}{s^2}\right)\qquad b_{54}=-\frac{M_y^{\omega_x}}{I_y}\left(\frac{1}{s}\right)$$

$$b_{55}=-\frac{M_y^{\omega_y}}{I_y}\left(\frac{1}{s}\right)$$

利用固化系数法，将系数 b_{ij} 在 i_b 瞬间固化，则式（9.2-2）变成常系数线性微分方程组。设其解为

$$\begin{cases} \Delta\beta=C_{\beta}\mathrm{e}^{\lambda t} \\ \Delta\gamma=C_{\gamma}\mathrm{e}^{\lambda t} \\ \Delta\omega_x=C_{\omega_x}\mathrm{e}^{\lambda t} \\ \Delta\omega_y=C_{\omega_y}\mathrm{e}^{\lambda t} \end{cases} \tag{9.2-3}$$

将式（9.2-3）代入式（9.2-2）则得

$$\begin{cases} -(\lambda+b_{12})C_{\beta}+b_{13}C_{\gamma}+C_{\omega_y}=0 \\ \lambda C_{\gamma}-C_{\omega_x}=0 \\ (\lambda+b_{44})C_{\omega_x}+b_{42}C_{\beta}+b_{45}C_{\omega_y=0} \\ (\lambda+b_{55})C_{\omega_y}+b_{52}C_{\beta}+b_{54}C_{\omega_x=0} \end{cases} \tag{9.2-4}$$

故其特征行列式如下：

$$\begin{vmatrix} -\lambda-b_{12} & b_{13} & 0 & 1 \\ 0 & \lambda & -1 & 0 \\ b_{42} & 0 & \lambda+b_{44} & b_{45} \\ b_{52} & 0 & b_{54} & \lambda+b_{55} \end{vmatrix}$$

展开为

$$\Delta=\lambda(-1)^{2+2}\begin{vmatrix}-\lambda-b_{12} & 0 & 1\\ b_{42} & \lambda+b_{44} & b_{45}\\ b_{52} & b_{54} & \lambda+b_{55}\end{vmatrix}-(-1)^{2+3}\begin{vmatrix}-\lambda-b_{12} & b_{13} & 1\\ b_{42} & 0 & b_{45}\\ b_{52} & 0 & \lambda+b_{55}\end{vmatrix}$$

$$=\lambda(-\lambda-b_{12})\begin{vmatrix}\lambda+b_{44} & b_{45}\\ b_{54} & \lambda+b_{55}\end{vmatrix}+\lambda(-1)^{1+3}\begin{vmatrix}b_{42} & \lambda+b_{44}\\ b_{52} & b_{54}\end{vmatrix}+(-1)^{1+2}b_{13}\begin{vmatrix}b_{42} & b_{45}\\ b_{52} & \lambda+b_{55}\end{vmatrix}$$

即

$$\begin{aligned}\Delta&=\lambda(-\lambda-b_{12})\begin{vmatrix}\lambda+b_{44} & b_{45}\\ b_{54} & \lambda+b_{55}\end{vmatrix}+\lambda(-1)^{1+3}\begin{vmatrix}b_{42} & \lambda+b_{44}\\ b_{52} & b_{54}\end{vmatrix}+(-1)^{1+2}b_{13}\begin{vmatrix}b_{42} & b_{45}\\ b_{52} & \lambda+b_{55}\end{vmatrix}\\
&=\lambda(-\lambda-b_{12})[\lambda^2+(b_{44}+b_{55})\lambda+b_{44}b_{55}-b_{45}b_{54}]+\lambda(b_{42}b_{54}-b_{52}\lambda-b_{44}b_{52})\\
&\quad -b_{13}(b_{42}\lambda+b_{42}b_{55}-b_{45}b_{52})\\
&=\lambda\{-\lambda^3+(-b_{12}-b_{44}-b_{55})\lambda^2+[-b_{12}(b_{44}+b_{55})-(b_{44}b_{55}-b_{45}b_{54})]\lambda\\
&\quad -b_{12}(b_{44}b_{55}-b_{45}b_{54})\}+\lambda(b_{42}b_{54}-b_{52}\lambda-b_{44}b_{52})-b_{13}(b_{42}\lambda+b_{42}b_{55}-b_{45}b_{52})\\
&=-\lambda^4-(b_{12}+b_{44}+b_{55})\lambda^3-(b_{44}b_{55}-b_{45}b_{54}+b_{12}b_{44}+b_{12}b_{55}+b_{52})\lambda^2\\
&\quad -(b_{12}b_{44}b_{55}-b_{12}b_{45}b_{54}-b_{42}b_{54}+b_{44}b_{52}+b_{13}b_{42})\lambda-(b_{13}b_{42}b_{55}-b_{13}b_{45}b_{52})\\
&=-(\lambda^4+A_3\lambda^3+A_2\lambda^2+A_1\lambda+A_0)\end{aligned}$$

则可令其等于零，得如下特征方程：

$$\lambda^4+A_1\lambda^3+A_2\lambda^2+A_3\lambda+A_4=0 \tag{9.2-5}$$

其中

$$\begin{cases}A_1=b_{44}+b_{55}+b_{12}\\ A_2=b_{44}b_{55}-b_{45}b_{54}+b_{12}b_{44}+b_{12}b_{55}+b_{52}\\ A_3=b_{12}b_{44}b_{55}-b_{12}b_{45}b_{54}-b_{42}b_{54}-b_{44}b_{52}+b_{13}b_{42}\\ A_4=b_{13}b_{55}b_{42}-b_{13}b_{45}b_{52}=b_{13}(b_{55}b_{42}-b_{45}b_{52})\end{cases} \tag{9.2-6}$$

方程有 4 个根设为 λ_1、λ_2、λ_8、λ_4，则有

$$\begin{cases}\Delta\beta=C_{1\beta}e^{\lambda_1 t}+C_{2\beta}e^{\lambda_2 t}+C_{3\beta}e^{\lambda_3 t}+C_{4\beta}e^{\lambda_4 t}\\ \Delta\gamma=C_{1\gamma}e^{\lambda_1 t}+C_{2\gamma}e^{\lambda_2 t}+C_{3\gamma}e^{\lambda_3 t}+C_{4\gamma}e^{\lambda_4 t}\\ \Delta\omega_x=C_{1\omega_x}e^{\lambda_1 t}+C_{2\omega_x}e^{\lambda_2 t}+C_{3\omega_x}e^{\lambda_3 t}+C_{4\omega_x}e^{\lambda_4 t}\\ \Delta\omega_y=C_{1\omega_y}e^{\lambda_1 t}+C_{2\omega_y}e^{\lambda_2 t}+C_{3\omega_y}e^{\lambda_3 t}+C_{4\omega_y}e^{\lambda_4 t}\end{cases} \tag{9.2-7}$$

9.2.2 侧向扰动运动的三种典型运动

为了了解侧向扰动运动的性质，通过例题说明扰动运动特征方程式根的特点。

【例 9.1】 速度 $V=222\text{m/s}$，系数为

$$b_{12}=0.059\left(\frac{1}{s}\right),\ b_{13}=0.0442\left(\frac{1}{s}\right),\ b_{42}=6.2\left(\frac{1}{s^2}\right),\ b_{44}=1.66\left(\frac{1}{s}\right)$$

$$b_{45}=0.56\left(\frac{1}{s}\right),\ b_{52}=2.28\left(\frac{1}{s^2}\right),\ b_{54}=0.0198\left(\frac{1}{s}\right),\ b_{55}=0.19\left(\frac{1}{s}\right)$$

特征行列式为

$$\begin{vmatrix} -\lambda-0.059 & 0.0422 & 0 & 1 \\ 0 & \lambda & -1 & 0 \\ 6.2 & 0 & \lambda+1.66 & 0.56 \\ 2.28 & 0 & 0.0198 & \lambda+0.19 \end{vmatrix}$$

展开得特征方程式

$$\lambda^4+1.909\lambda^3+2.69\lambda^2+3.95\lambda-0.00437=0$$

解得特征方程式的根为

$$\lambda_1=-1.695,\ \lambda_2=0.001105,\ \lambda_{3,4}=-0.107\pm \mathrm{j}1.525$$

【例 9.2】 已知飞行器作直线爬高，飞行参数如下：

$H=5000\text{m}$，$V=258\text{m/s}$，$G=5000\text{kg}$，$\tan\varphi=0.08$，$\varphi=4.57°$，$C_y=0.2$，$\alpha=0.0525\text{rad}$

特征方程式为

$$\lambda^4+6.7\lambda^3+11.95\lambda^2+57.7\lambda-0.435=0$$

解得特征方程式的根为

$$\lambda_1=-5.93,\ \lambda_2=0.0184,\ \lambda_{3,4}=-0.431\pm \mathrm{j}4.88$$

由计算可知扰动运动是一个周期运动和两个非周期运动的合成。

对于例 9.1 周期运动的周期

$$T=\frac{2\pi}{1.525}\text{s}=4.1201\text{s}$$

振幅衰减 1/2 的时间，或称半衰期，有

$$t_{\frac{1}{2}}=\frac{\ln 1/2}{0.107}\text{s}=\frac{0.693}{0.107}\text{s}=6.48\text{s}$$

一个非周期运动为衰减运动，其运动参数衰减 1/2 的时间为

$$t_{\frac{1}{2}}=\frac{0.693}{1.695}\text{s}=0.409\text{s}$$

另一个非周期运动为扩张运动，其运动参数扩张一倍的时间为

$$t_2=\frac{0.693}{0.001105}\text{s}=627.5\text{s}$$

对于例 9.2，具有同样的性质，周期运动的周期为

$$t=\frac{2\pi}{4.88}\text{s}=1.2875\text{s}$$

周期运动振幅衰减 1/2 的时间为

$$t_{\frac{1}{2}}=\frac{-0.693}{-0.431}\text{s}=1.608\text{s}$$

一个非周期运动，其运动参数衰减 1/2 的时间为

$$t_{\frac{1}{2}}=\frac{-0.693}{-5.93}\text{s}=0.1169\text{s}$$

另一个非周期运动，其运动参数扩张一倍的时间为

$$t_2=\frac{0.693}{0.0184}\text{s}=37.663\text{s}$$

通过上面两个例子可以看出飞行器侧向扰动运动的一般特性。对于飞航式飞行器，其扰

动运动由 3 个运动所组成：很快收敛的非周期运动、缓慢变化（收敛或发散）的非周期运动和收敛的振荡运动。

下面对每个根的性质加以讨论。

（1）大实根 λ_1（绝对值）

对应大实根 λ_1 的运动称为倾斜运动，这个非周期运动延续十分之几秒。它只对 ω_x 有较显著的影响，而对 ω_y、β 没有多大影响。大根基本上是由动力系数 $b_{44} = -M_x^{\omega_x}/J_x$ 的数值决定的。可以看出，该非周期运动是迅速衰减下去的。当 $|M_x^{\omega_x}/J_x|$ 增加时，$|\lambda_1|$ 增加，从而衰减得更快，收效得更快。又由 $M_x^{\omega_x} = m_x^{\omega_x}qSl$，可知当飞行高度增加时，密度减小，$|M_x^{\omega_x}|$ 减小，收敛的程度减慢，当飞行速度增加时，$|M_x^{\omega_x}|$ 增加，收敛程度加快。至于大根 λ_1 基本上由 $b_{44} = -M_x^{\omega_x}/J_x$ 决定，很容易得到证明。

对于大实根下列关系成立：

$$|\lambda_1^4| > |\lambda_1^3| > |\lambda_1^2| > |\lambda_1|$$

则有

$$\lambda_1 + A_1 \approx 0,\ \lambda_1 = -A_1 = -b_{12} - b_{44} - b_{55} = -\frac{P_e\cos\alpha\cos\beta}{mV} + \frac{M_x^{\omega_x}}{J_x} + \frac{M_y^{\omega_y}}{J_y}$$

考虑到 $I_y \gg I_x$，飞行速度很大的特点，可以近似地得到

$$\lambda_1 \approx -A_1 \approx \frac{M_x^{\omega_x}}{J_x}$$

一般来说，用这公式得到的近似解相当满意，如例 9.1，$\lambda_1 = -1.695$，而近似地 $\lambda_1 = \frac{M_x^{\omega_x}}{J_x} = -1.66$，误差只有 2%。

（2）小实根 λ_2

对应小实根 λ_2 的运动称为螺旋运动。这是因为，当 λ_2 为正时，火箭开始按螺旋线运动。这时所有的侧向运动参数 ω_x、ω_y、β、γ 均随时间缓慢地增加。由小实根正值所决定的这种不稳定性，叫作螺旋不稳定。这种运动是由三种飞行状态叠加所形成的。倾斜角 γ 随时间增加而增大，当 $Y\cos\gamma$ 不能和火箭本身的重量 G 平衡时，便开始下坠，同时 ω_y 亦随时间增加而增加。

对于该绝对值很小的根，也可以用近似方法迅速求出。因为 λ_2 通常比 1 小，所以有

$$|\lambda_2^4| < |\lambda_2^3| < |\lambda_2^2| < |\lambda_2|$$

于是有

$$A_3\lambda_2 + A_4 \approx 0,\ \lambda_2 \approx -\frac{A_4}{A_3}$$

通常 $A_3 \gg A_4$，故 λ_2 较小，所以在一般情况下，按上式求得的近似解相当满意，例如例 9.1 中 $\lambda_2 = 0.001105$，而近似计算的 $\lambda_2 \approx -\frac{A_4}{A_3} = \frac{0.00437}{3.95} = 0.0011$，误差是较小的。

（3）一对共轭复根

对应一对共轭复根的运动称为振荡运动。在这种运动中，火箭时而向这一方，时而又向

另一方倾斜和偏航。这种运动状态有时称“荷兰滚”。如果该复根的实数部分为正，则会得出振荡不稳定的扰动运动。

对于复根没有简单的近似公式可以求出，但是由于 λ_1、λ_2 可以近似地求出，原来的四次特征方程式，根据根与系数的关系很容易化为二次方程式，求解就非常简单了。例如例 9.1 中有

$$\lambda^4+1.909\lambda^3+2.69\lambda^2+3.95\lambda-0.00437=(\lambda+1.66)(\lambda-0.0011)(\lambda^2+A\lambda+B)=0$$

对比两端 λ 的同次幂的系数可以得

$$B=2.39,\ A=0.2501$$

故有

$$\lambda^2+0.2501\lambda+2.39=0$$

$$\lambda_{3,4}=-0.125\pm \mathrm{i}1.54$$

与精确的根 $\lambda_{3,4}=-0.107\pm \mathrm{i}1.525$ 相比，结果仍然相当靠近。当然这种近似求法是以 λ_1 绝对值较大为前提的，如果 $M_x^{\omega_x}/J_x$ 不十分大，则上述求法会带来较大的误差。

完全类似纵向扰动运动，侧向运动稳定的充要条件如下：

$$A_1>0,\ A_2>0,\ A_3>0,\ A_4>0$$

$$R=A_1A_2A_3-A_1^2A_4-A_3^2$$

如果 $A_4<0$，相当于实根由负变正，侧向运动为螺旋不稳定。

$R=A_1A_2A_3-A_1^2A_4-A_3^2=0$ 表示出现实部为零的复根的情况，这是因为令 $\lambda=\mathrm{i}b$ 代入式（9.1-36）特征方程得

$$b^4+\mathrm{i}A_1b^3-A_2b^2+\mathrm{i}A_3b+A_4=0$$

故

$$b^2=\frac{A_3}{A_1},\ \frac{A_3^2}{A_1^2}-A_2\frac{A_3}{A_1}+A_4=0$$

即

$$A_3^2-A_1A_2A_3-A_1^2A_4=-R=0$$

但对一般情况，并不能由此得出 $R=0$ 就代表振荡运动的稳定边界，因为并未证明 $R<0$ 就一定是振荡不稳定，而 $R>0$ 就一定是振荡稳定。但是，对侧向扰动运动，前已述及，它的运动由三种运动叠加。其中包括振荡运动，而 $R=0$ 又表示振荡运动为等幅振荡。所以，习惯上在 $R>0$ 时称为振荡稳定，$R<0$ 时称为振荡不稳定，而把 $R=0$ 为振荡稳定的边界。

由于螺旋运动进行得十分缓慢，故侧向扰动运动必须满足 $R>0$，而不一定要满足 $A_4>0$。

综上所述，可以看出飞航式飞行器的侧向扰动运动是由三种运动叠加的：两种非周期运动和一种振荡运动。这三种运动是同时存在并互相叠加的。不过这种扰动运动可按时间分三个阶段。第一阶段主要是（绝对值）大的实根的倾斜运动，该运动很快衰减而消失，延续时间很短，约为 1s。航向静稳定度比较大时，第二阶段出现振荡运动，延续时间约为几秒钟，之后进入第三阶段，剩下的只是螺旋运动。

9.2.3　侧向三种典型运动模态的分析

上面定性地说明了飞航式飞行器侧向扰动运动的特性，下面通过数字例子进一步阐明上

述讨论的正确性，并引进模态比的概念。

【例 9.3】 原始数据同例 9.1，且由例 9.1 求得

$$\lambda_1 = -1.695,\ \lambda_2 = 0.001105,\ \lambda_{3,4} = -0.107 \pm \mathrm{i}1.525$$

由微分方程理论知对每一个根其解为

$$\begin{cases} \Delta\beta = C_\beta \mathrm{e}^{\lambda_i t} \\ \Delta\gamma = C_\gamma \mathrm{e}^{\lambda_i t} \\ \Delta\omega_x = C_{\omega_x} \mathrm{e}^{\lambda_i t} \\ \Delta\omega_y = C_{\omega_y} \mathrm{e}^{\lambda_i t} \end{cases} \quad (i=1,2,3,4)$$

在飞行动力学中，称每一个实根对应的特定扰动运动或每一对共轭复根对应的特定扰动运动，为扰动运动的一个模态。或者说，一种模态就是一个模样的运动，实根代表非周期运动，一对共轭复根代表一个周期运动，而总的扰动运动是各模态的线性叠加。关于模态的特性，如半衰期 $t_{1/2}$，振动周期 T 及振动次数 n 等在纵向扰动运动中已经讨论过，这里不再重复。这里要讨论的主要是模态比。同一个模态，如大实根 λ_1 的各个变量 $\Delta\beta$、$\Delta\gamma$、$\Delta\omega_x$、$\Delta\omega_y$ 之间是存在着差异的，而它们之间的幅值比和相角差（对周期模态而言）就称为它们之间的模态比。不同特征根有不同的模态比，研究每个模态中各变量之间的比例关系，就可以找出在该模态中哪个变量是重要的，哪个变量是次要的，这对方程的简化和对模态的物理景象的了解是有益的。在纵向扰动运动分析 $\Delta\alpha$、Δv、$\Delta\dot\theta$ 及 $\Delta\dot\varphi$ 之间的振幅系数关系时，曾用到此概念，现在只不过更系统一些。

设式（9.2-2）的解为

$$\begin{cases} \Delta\beta = C_\beta \mathrm{e}^{\lambda t} \\ \Delta\gamma = C_\gamma \mathrm{e}^{\lambda t} \\ \Delta\omega_x = C_{\omega_x} \mathrm{e}^{\lambda t} \\ \Delta\omega_y = C_{\omega_y} \mathrm{e}^{\lambda t} \end{cases} \tag{9.2-8}$$

将式（9.2-3）代入式（9.2-2），得

$$\begin{cases} (\lambda + b_{12})C_\beta - b_{13}C_\gamma - C_{\omega_y} = 0 \\ \lambda C_\gamma - C_{\omega_x} = 0 \\ (\lambda + b_{44})C_{\omega_x} + b_{42}C_\beta + b_{45}C_{\omega_y} = 0 \\ (\lambda + b_{55})C_{\omega_y} + b_{52}C_\beta + b_{54}C_{\omega_x} = 0 \end{cases} \tag{9.2-9}$$

式（9.2-4）是关于未知数 C_β、C_{ω_x}、C_{ω_y}、C_γ 的线性齐次方程，这里只能决定这些系数之间的比值，设以 C_{ω_x} 为任意变量，去掉第 3 个方程，且重新排方程的次序，可以得

$$\begin{cases} (\lambda + b_{12})\dfrac{C_\beta}{C_{\omega_x}} - \dfrac{C_{\omega_y}}{C_{\omega_x}} - b_{13}\dfrac{C_\gamma}{C_{\omega_x}} = 0 \\ b_{52}\dfrac{C_\beta}{C_{\omega_x}} + (\lambda + b_{55})\dfrac{C_{\omega_y}}{C_{\omega_x}} - 0\dfrac{C_\gamma}{C_{\omega_x}} = -b_{54} \\ 0\dfrac{C_\beta}{C_{\omega_x}} + 0\dfrac{C_{\omega_y}}{C_{\omega_x}} + \lambda\dfrac{C_\gamma}{C_{\omega_x}} = 1 \end{cases} \tag{9.2-10}$$

令其特征行列式为 Δ，则有

$$\Delta=\begin{vmatrix}\lambda+b_{12} & -1 & -b_{13}\\ b_{52} & \lambda+b_{55} & 0\\ 0 & 0 & \lambda\end{vmatrix}=\lambda[(\lambda+b_{12})(\lambda+b_{55})+b_{52}]$$

$$=\lambda[\lambda^2+(b_{12}+b_{55})\lambda+b_{12}b_{55}+b_{52}]=\lambda^3+(b_{12}+b_{55})\lambda^3+(b_{12}b_{55}+b_{52})\lambda \tag{9.2-11}$$

$$\Delta_\beta=\begin{vmatrix}0 & -1 & -b_{13}\\ -b_{54} & \lambda+b_{55} & 0\\ 1 & 0 & \lambda\end{vmatrix}=(-1)^{3+1}\begin{vmatrix}-1 & -b_{13}\\ \lambda+b_{55} & 0\end{vmatrix}+\lambda\begin{vmatrix}0 & -1\\ -b_{54} & \lambda+b_{55}\end{vmatrix}$$

$$=(\lambda+b_{55})b_{13}-\lambda b_{54}=(b_{13}-b_{54})\lambda+b_{13}b_{55} \tag{9.2-12}$$

$$\Delta_{\omega_y}=\begin{vmatrix}\lambda+b_{12} & 0 & -b_{13}\\ b_{52} & -b_{54} & 0\\ 0 & 1 & \lambda\end{vmatrix}=(-1)^{3+2}\begin{vmatrix}\lambda+b_{12} & -b_{13}\\ b_{52} & 0\end{vmatrix}+\lambda\begin{vmatrix}\lambda+b_{12} & 0\\ b_{52} & -b_{54}\end{vmatrix}$$

$$=-b_{13}b_{52}-\lambda(\lambda+b_{12})b_{54}=-b_{54}\lambda^2-b_{12}b_{54}\lambda-b_{13}b_{52} \tag{9.2-13}$$

$$\Delta=\begin{vmatrix}\lambda+b_{12} & -1 & 0\\ b_{52} & \lambda+b_{55} & -b_{54}\\ 0 & 0 & 1\end{vmatrix}=(\lambda+b_{55})(\lambda+b_{12})+b_{52} \tag{9.2-14}$$

$$=\lambda^2+(b_{12}+b_{55})\lambda+b_{12}b_{55}+b_{52}$$

由 $\Delta\dot{\gamma}=\Delta\omega_x$，则有 $\Delta\gamma(p)p=\Delta\omega_x(p)$，即

$$k_{\gamma\delta_\gamma}=-\frac{\Delta\gamma(p)}{\delta_\gamma(p)}=-\frac{\Delta\gamma(p)}{\Delta\omega_x(p)}\frac{\Delta\omega_x(p)}{\delta_\gamma(p)}=\frac{1}{p}k_{\omega_x\delta_\gamma}$$

故

$$\frac{C_\beta}{C_{\omega_x}}=\begin{vmatrix}0 & -1 & -b_{13}\\ -b_{54} & \lambda+b_{55} & 0\\ 1 & 0 & \lambda\end{vmatrix}\frac{1}{\Delta}=\frac{1}{\Delta}[(b_{13}-b_{54})\lambda+b_{13}b_{55}]=\frac{1}{\Delta}f_1(\lambda) \tag{9.2-15}$$

$$\frac{C_{\omega_y}}{C_{\omega_x}}=\frac{1}{\Delta}\begin{vmatrix}\lambda+b_{12} & 0 & -b_{13}\\ b_{52} & -b_{54} & 0\\ 0 & 1 & \lambda\end{vmatrix}=\frac{1}{\Delta}(-b_{54}\lambda^2-b_{12}b_{54}\lambda-b_{13}b_{52}]=\frac{1}{\Delta}f_3(\lambda) \tag{9.2-16}$$

$$\frac{C_\gamma}{C_{\omega_x}}=\frac{1}{\Delta}\begin{vmatrix}\lambda+b_{12} & -1 & 0\\ b_{52} & \lambda+b_{55} & -b_{54}\\ 0 & 0 & 1\end{vmatrix}=\frac{1}{\Delta}(\lambda^2+(b_{12}+b_{55})\lambda+b_{12}b_{55}+b_{52}]=\frac{1}{\Delta}f_4(\lambda) \tag{9.2-17}$$

故

$$\frac{C_\beta}{C_{\omega_x}}:\frac{C_{\omega_x}}{C_{\omega_x}}:\frac{C_{\omega_y}}{C_{\omega_x}}:\frac{C_\gamma}{C_{\omega_x}}=\frac{f_1(\lambda)}{f_2(\lambda)}:1:\frac{f_3(\lambda)}{f_2(\lambda)}:\frac{f_4(\lambda)}{f_2(\lambda)}$$

即

$$C_\beta:C_{\omega_x}:C_{\omega_y}:C_\gamma=f_1(\lambda):f_2(\lambda):f_3(\lambda):f_4(\lambda)$$

将（b_{ij}）代入$f_i(\lambda)$式，得

$$\begin{cases}f_1(\lambda)=(b_{13}-b_{54})\lambda+b_{13}b_{55}\\f_2(\lambda)=\lambda^3+(b_{12}+b_{55})\lambda^2+(b_{12}b_{55}+b_{52})\lambda\\f_3(\lambda)=-b_{54}\lambda^2-b_{12}b_{54}\lambda-b_{13}b_{52}\\f_4(\lambda)=\lambda^2+(b_{12}+b_{55})\lambda+b_{12}b_{55}+b_{52}\end{cases}\tag{9.2-18}$$

下面分别将求得的根代入$f_i(\lambda)$，就可以得到对应不同根的模态比了。

（1）滚动收效模态

已知大负实根 $\lambda_1=-1.695$，将其代入式（9.2-18），得

$$\begin{aligned}C_\beta:C_{\omega_x}:C_{\omega_y}:C_\gamma&=-0.03296:-8.037951:-0.155862:4.74218\\&=-1:-243.8698:-4.723362:143.8768\end{aligned}$$

由式（9.1-34）知负实根对应于非周期运动，故

$$\Delta\beta:\Delta\omega_x:\Delta\omega_y:\Delta\gamma=C_\beta:C_{\omega_x}:C_{\omega_y}:C_\gamma$$

即振幅系数比代表了运动参数比，它们是以同样的速度伸缩。那么，从模态比可以看出，对应大实根，其半衰期短，而 $\Delta\omega_x\gg\Delta\omega_y$，$\Delta\gamma\gg\Delta\beta$，主要反应绕 ox_1 轴快速转动的一自由度的 $\Delta\omega_x$ 和 $\Delta\gamma$ 的变化。模态的名称——滚转收敛，也由此而来。滚转收敛快的物理原因，是一般飞航式飞行器在正常攻角下，具有较大的滚转阻尼，而飞航式飞行器的转动惯量 I_x，在三个转动惯量中是最小的，所以它是转动快的、衰减也快的滚转收敛运动。

（2）螺旋运动模态

已知小实根 $\lambda_2=0.001105$，将其代入式（9.2-18），得

$$\begin{aligned}C_\beta:C_{\omega_x}:C_{\omega_y}:C_\gamma&=0.008424962:0.00253209:0.100777:2.2914859\\&=3.32727:1:39.8:904.977\end{aligned}$$

因为是一个小正实根，对应于一个扩散很慢的非周期运动。类似地，可以看出它的半扩张期长，约627s，模态是不稳定的，但扩散得非常慢，且 $\Delta\gamma\gg\Delta\beta$，$\Delta\omega_y>\Delta\omega_x$，即模态是一略带滚转接近零侧滑角的倾斜转弯，是一变半径的盘旋运动。又因转动惯量 I_y 是较大的，而空气动力矩又较小，所以这一模态进行得很慢。

（3）荷兰滚模态

一对共轭复根对应的模态称为荷兰滚模态，它是一个周期运动。

当有共轭复根 $\lambda_{3,4}=a\pm ib$ 时，其模态为

$$\begin{cases}\Delta\beta=C_\beta e^{\alpha t}\cos(bt+\psi_\beta)\\\Delta\omega_x=C_{\omega_x}e^{\alpha t}\cos(bt+\psi_{\omega_x})\\\Delta\omega_y=C_{\omega_y}e^{\alpha t}\cos(bt+\psi_{\omega_y})\\\Delta\gamma=C_\gamma e^{\alpha t}\cos(bt+\psi_\gamma)\end{cases}\tag{9.2-19}$$

如果把解 $\Delta\beta$ 画在图9.2-1，$\Delta\beta$ 的大小可看作一个大小按 $C_\beta e^{\alpha t}$变化的旋转矢量在实轴

上的投影，图 9.2-1 给出了 $t=0$ 时旋转矢量的位置。类似地，可以把 $t=0$ 时 $\Delta\beta$，$\Delta\omega_x$，$\Delta\omega_y$，$\Delta\gamma$ 的旋转矢量画在图 9.2-2。虽然不同变量的旋转矢量的初始相角和振幅值各不相同，然而，由于各旋转矢量是以同一角速度旋转，所以它们之间的夹角（即相角差）不随时间变化，同时它们的振幅又都以同样的规律 $e^{\alpha t}$ 变化，所以各旋转矢量的幅值比也不随时间变化。因此，只要做出 $t=0$ 时各变量的幅值和初相角，就能反映出它们之间的关系。

为此把一个共轭复根代入 $f_i(\lambda_3)$，就可以得到一个复数的连比，它既可以表示 $\Delta\beta$，$\Delta\omega_x$，$\Delta\omega_y$，$\Delta\gamma$ 之间的幅值相对关系，又可以表示它们之间相位的先后，这称为模态矢量图。故可以得到

$$\Delta\beta:\Delta\omega_x:\Delta\omega_y:\Delta\gamma=f_1(\lambda_3):f_2(\lambda_3):f_3(\lambda_3):f_4(\lambda_3)=C_1e^{i\psi_1}:C_2e^{i\psi_2}:C_3e^{i\psi_3}:C_4e^{i\psi_4}$$

现已知 $\lambda_3=-0.107+1.525i$，将其代入式（9.2-11），得

$$f_1(\lambda_3)=0.0057872+i0.03721$$

$$f_2(\lambda_3)=-0.076088712-i0.08136449$$

$$f_3(\lambda_3)=-0.054830318+i0.004680227$$

$$f_4(\lambda_3)=-0.049609+i0.053375$$

故

$$\begin{aligned}\Delta\beta:\Delta\omega_x:\Delta\omega_y:\Delta\gamma&=(0.0057872+i0.03721):(-0.076088712-i0.08136449)\\&\quad:(-0.054830318+i0.004680227):(-0.049609+i0.053375)\\&=0.03766e^{i81.0^\circ}:0.111399e^{i226.9^\circ}:0.0550297e^{i175.1^\circ}:0.07287e^{i132.9^\circ}\\&=0.5168e^{i-51.9^\circ}:1.5287e^{i94^\circ}:0.755176e^{i42.2^\circ}:1\end{aligned}$$

其模态的矢量图如图 9.2-3 所示。为了明显地表示各运动参数，各量在图中的比例尺不一样。荷兰滚模态的 $t_{1/2}=6.48s$，$T=4.1201s$。

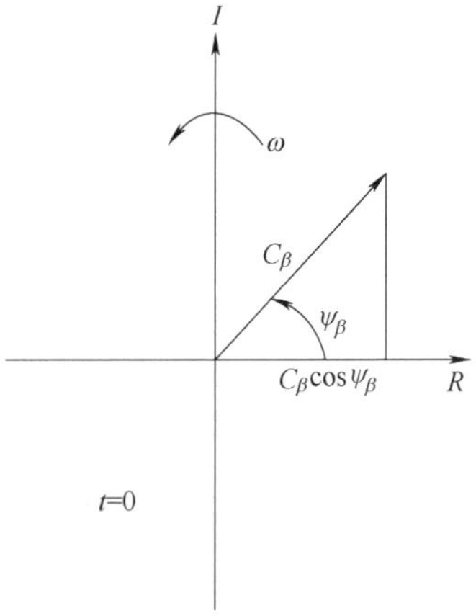

图 9.2-1　旋转矢量图

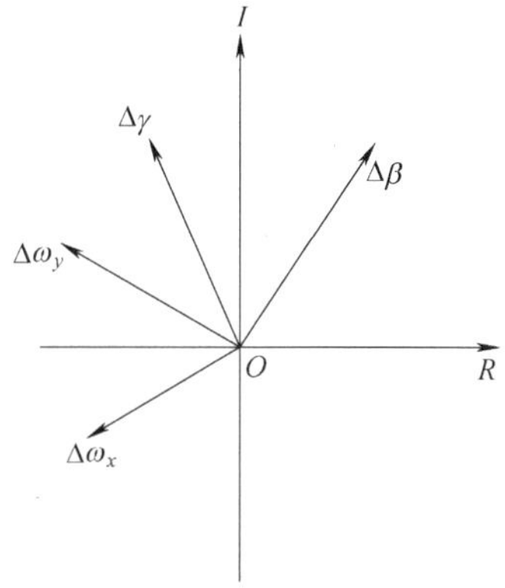

图 9.2-2　模态矢量图

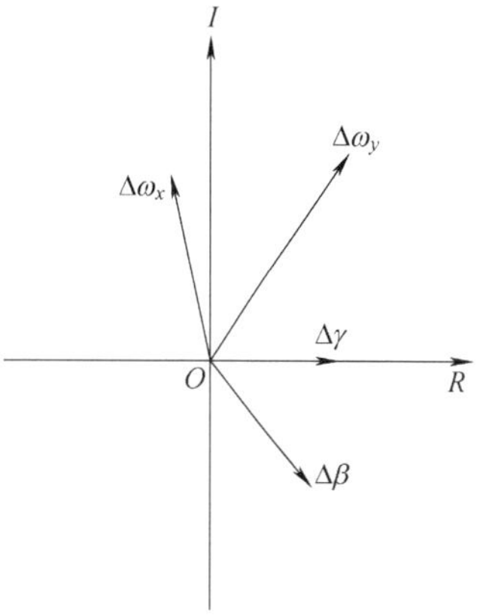

图 9.2-3　荷兰滚模态的矢量图

从以上结果可以看出，该模态是一个中等阻尼而周期较短的周期运动。其中，$\Delta\gamma$ 和 $\Delta\beta$ 的量级相同，$\Delta\gamma$ 稍大，而角速度 $\Delta\omega_x$ 的量级比 $\Delta\omega_y$ 大一些。所以，该运动包含滚转和偏航运动。主要是由于滚转时侧力不平衡引起侧滑，其飞行动作颇似滑冰动作的“荷兰滚”式样，所以得名荷兰滚。

【例 9.4】 其数据同例 9.2，由例 9.2 知其特征方程式的根为

$$\lambda_1 = -5.93,\ \lambda_2 = 0.0181,\ \lambda_{3,4} = -0.431 \pm i4.88。$$

初始条件 $t=0$，$\Delta\omega_{x_0} = \Delta\omega_{y_0} = \Delta\omega_{z_0} = \Delta\beta_0 = 0$，$\Delta\gamma_0 = 5.73°$。

利用纵向扰动运动介绍的求解方法可解出侧向扰动运动方程

$$\Delta\beta° = 0.0013e^{-5.93t} + 0.0105e^{0.0181t} + 0.0915e^{-0.431t}\sin(280t - 7.6°)$$

$$\Delta\omega_x = -0.00361e^{-5.93t} + 0.00108e^{0.0181t} + 0.00516e^{-0.431t}\sin(280t - 31.2°)$$

$$\Delta\omega_y = 0.0000103e^{-5.93t} - 0.00748e^{0.0181t} + 0.00758e^{-0.431t}\sin(280t + 82.7°)$$

$$\Delta\gamma° = 0.036e^{-5.93t} + 5.65e^{0.0181t} + 0.06e^{-0.431t}\sin(280t - 31.2°)$$

图 9.2-4 给出了根据以上公式所得的结果，时为 30s；图 9.2-5 也给出了上述结果，但仅前 3s，图中的 $\Delta\overline{\omega}_x$、$\Delta\overline{\omega}_y$ 是无因次量。

如图 9.2-4 和图 9.2-5 所示，由于飞行器的螺旋不稳定，故 $\Delta\gamma$ 随时间按非周期形式增加。在扰动开始阶段有不大的倾斜角振动，但这种振动很快就衰减掉了。

侧滑角 $\Delta\beta$ 和角速度 $\Delta\omega_x$、$\Delta\omega_y$ 的绝对值随时间缓慢地增长，同时围绕其平衡值振动，振动量以 $\Delta\omega_x$ 比较大，随着时间的推移，振动逐渐减小，实际上经过 5 ~ 10s 后，就只剩下非周期运动了，振动振幅衰减 1/2 的时间为 1.608s。

相当于大实根的非周期运动，衰减非常迅速，有

$$t_{\frac{1}{2}} = 0.1169\text{s}$$

相反相当于根 $\lambda_2 = 0.0181$ 的螺旋运动发展得非常缓慢，在运动中振幅增加一倍的时间为

$$t_2 = 37.663\text{s}$$

所以，螺旋不稳定对侧向扰动运动的稳定性来讲，不是十分重要的，稍有点不稳定是允许的。

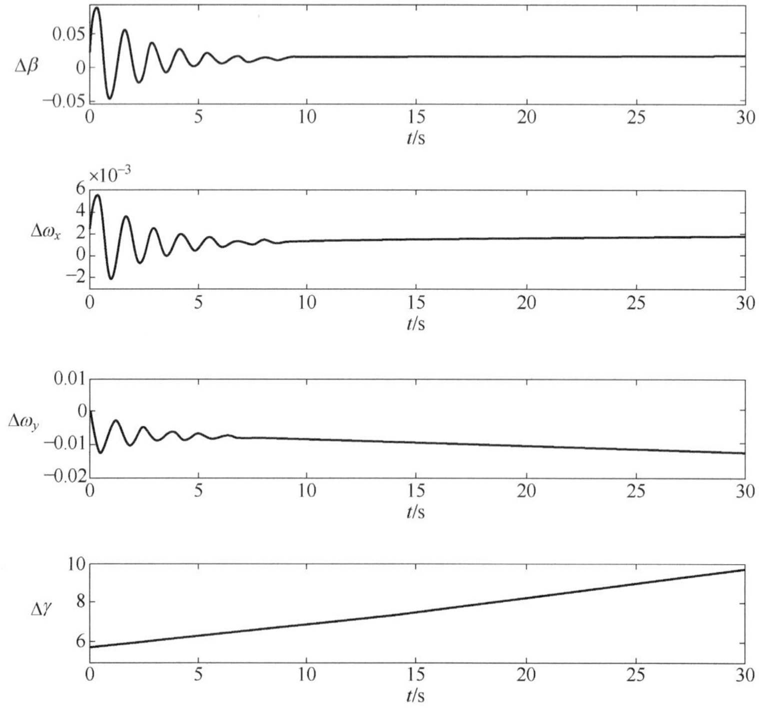

图 9.2-4 扰动作用后，30s 内侧向运动参数的变化

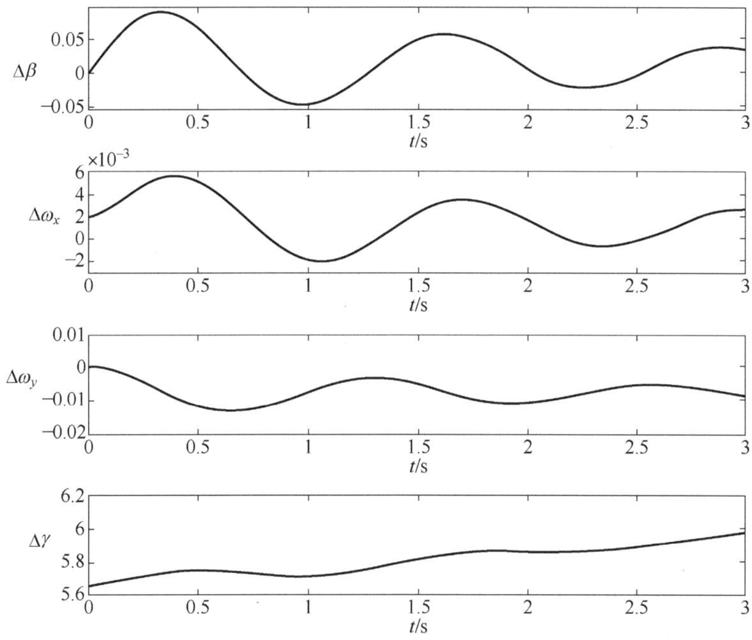

图 9. 2-5 扰动作用后，8s 内侧向运动参数的变化

9.3 侧向稳定性边界的讨论

前面讨论过静稳定性不能代表动稳定性，侧向扰动运动就是一个例子。为了更好地了解侧向扰动运动的性质，下面把侧向扰动运动的物理过程简单叙述一下。如果由于扰使火箭绕纵轴滚动，则重力在下垂翼方向的分量会使火箭产生侧滑。侧滑的结果是，产生横向静安定力矩 $M_x^{\beta}\Delta\beta$ 和航向静安定力矩 $M_y^{\beta}\Delta\beta$。由于力矩 $M_x^{\beta}\Delta\beta$、$M_y^{\beta}\Delta\beta$ 的作用，绕火箭 OX_1 轴和 OY_1 轴产生角速度 $\Delta\omega_x$、$\Delta\omega_y$。又由于 $\Delta\omega_x$、$\Delta\omega_y$ 的产生，会有绕 OX_1 轴和 OY_1 轴的阻尼力矩和交叉力矩。阻尼力矩 $M_x^{\omega_x}\Delta\omega_x$、$M_x^{\omega_y}\Delta\omega_y$ 总是起阻尼作用；而交叉力矩有时起阻尼作用，有时作用相反。经过计算，侧向扰动运动的特性，在很大程度上与静导数 M_x^{β}、M_y^{β} 有关。所以，为了在设计过程中了解改变航向静稳定性和横向静稳定性对侧向稳定性的影响，可以绘侧向稳定边界图。

侧向稳定边界图以$\dfrac{M_x^{\beta}}{J_x}$、$\dfrac{M_y^{\beta}}{J_y}$为坐标，如图 9. 3-1 所示。图 9. 3-1 给出了两条边界线，一条边界线对应 $A_4=0$ 的条件，另一条对应 $R=0$ 的条件。

已知

$$A_4 = -b_{13}b_{55}b_{42} + b_{13}b_{45}b_{52} = 0$$

故

$$\left(-\frac{M_x^{\beta}}{J_x}\right)\left(-\frac{M_y^{\omega_y}}{J_y}\right) = \left(-\frac{M_x^{\omega_y}}{J_x}\right)\left(-\frac{M_y^{\beta}}{J_y}\right)$$

即

$$\frac{M_y^\beta}{J_y}=\frac{M_y^{\omega_y}/J_y}{M_x^{\omega_y}/J_x}\frac{M_x^\beta}{I_x}$$

所以，$A_4=0$ 这条边界，如以$\frac{M_x^\beta}{J_x}$、$\frac{M_y^\beta}{J_y}$为轴，它表示通过原点的一条直线；$R=0$ 的边界和直线相当接近，该曲线不通过原点，而从原点附近通过。因为一般 M_x^β、M_y^β 小于零，所以图中只给出了第三象限的图。

图 9.3-1 所示的两条边界构成了稳定区域和不稳定区域。$A_4=0$ 代表螺旋稳定的边界，$A_4<0$ 则为螺旋不稳定；$R=0$ 代表振荡稳定的边界，$R<0$ 则为振荡不稳定。

图中，Ⅲ区（即 $A_4=0$ 和 $R=0$ 两线之间的区域）就是稳定区域。每一个火箭在飞行弹道上的每一点都有自身一定的$\frac{M_x^\beta}{I_x}$、$\frac{M_y^\beta}{I_y}$值，因而它就对应图上的某一点，根据这个点的位置就可以判断火箭在弹道特征点上是否稳定。在 $A_4=0$ 的上面 $A_4<0$，有正实根，所以属于螺旋不稳定的范围（图 9.3-1 所示的Ⅰ区域）。在 $R=0$ 的下面 $R<0$，有正实部的复根解，所以属于振荡不稳定的范围（图 9.3-1 所示的Ⅱ区域）。

应当指出的是，霍尔维茨准则只能确定动力学系统是否稳定，不能确定稳定程度。同样，在稳定边界图上也不能判别火箭侧向稳定的程度。如果火箭外形略加改变，可以使 M_x^β、M_y^β 有较大的变化，其他侧向动力系数虽然也相应地有了变化，但是实践证明图上两条稳定边界线移动并不显著。因此，在初步设计中，确定飞航式飞行器的外形时，稳定性边界图就相当有用。例如，图 9.3-1 所示虚线 ab 代表，在$\frac{M_x^\beta}{J_x}$不变情况下，可以得出$\frac{M_y^\beta}{J_y}$改变多大能达到稳定的边界；虚线 cd 代表，在$\frac{M_y^\beta}{J_y}$不变的情况下，可以得出当$\frac{M_x^\beta}{J_x}$改变多大能达到稳定的边界。此外，考虑到计算和风洞实验所得到的 M_x^β、M_y^β 总有一定的误差，通过稳定边界图可以估计误差对火箭侧向稳定性的影响。

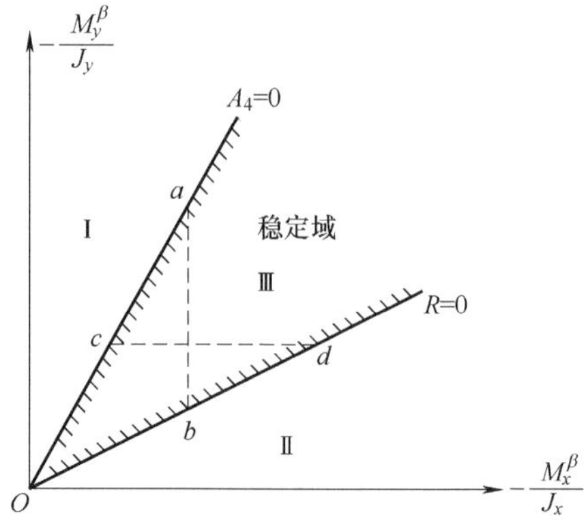

图 9.3-1　侧向稳定边界图

利用稳定边界图可以获得一些重要的结论性的意见：

1）飞航式飞行器具有航向静稳定性（$M_y^\beta<0$）和横向静稳定性（$M_x^\beta<0$），不一定就具有侧向动稳定性。如图 9.3-1 所示，过大的航向静稳定性（相对于横向静稳定性）就可能出现螺旋不稳定现象，反之过大的横向静稳定性（相对于航向静稳定性）可能出现振荡不稳定现象。

2）以上结论可以通过物理现象加以分析说明。在区域Ⅰ，$-\frac{M_y^\beta}{J_y}>-\frac{M_x^\beta}{J_x}$，设火箭得到的起始扰动 $\gamma_0>0$，由于沿 OZ_1 轴的火箭重量的分力的作用，火箭开始侧滑，此时 $\beta>0$。当有了侧滑时，又产生力矩 $M_x^\beta\Delta\beta$（该力矩 M_x^β 一般为负，所以是负力矩）。这力矩力图使倾斜角 γ 减小，同时还产生 $M_y^\beta\Delta\beta<0$，使火箭向右旋转（即 $\Delta\omega_y<0$），故 $M_x^{\omega_y}\Delta\omega_y>0$，它又使倾斜角 γ 增大。综合上述两个因素，又考虑 $M_y^\beta\Delta\beta\gg M_x^\beta\Delta\beta$，使 $\Delta\omega_y$ 较大，综合 $M_x^\beta\Delta\beta$ 与

$M_x^{\omega_y}\Delta\omega_y$ 两个量，起始的倾斜角将越来越大，火箭的重量将大于平衡它的升力在垂直面内的投影，于是火箭开始下降，并向右转，形成螺旋运动。其特点是平缓下降，缓慢增大倾斜角和旋转角速度，如图 9.3-2 所示。

在区域Ⅱ，$-\dfrac{M_x^\beta}{J_x} \gg -\dfrac{M_y^\beta}{J_y}$，如果火箭有数值较小的 $-\dfrac{M_y^\beta}{J_y}$，则在第二阶段上螺旋运动就会衰减，而振荡运动在第三阶段上仍继续进行。在这种场合下，火箭在倾斜后的侧滑会引起很大的力矩 $M_x^\beta\Delta\beta<0$。该力矩迅速地消除了火箭的倾斜，然后使火箭向另一方倾斜，这一倾斜出现了负的侧滑角，火箭又向右倾斜，继而右侧滑，如此往复循环，使火箭一会儿向右，一会儿向左作交替倾斜，即火箭产生不稳定的摆动。火箭的这种扰动运动是迅速发展的周期运动。

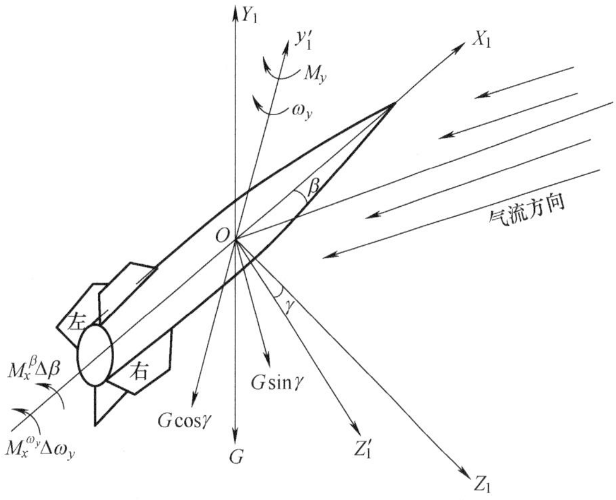

图 9.3-2　螺旋不稳定时，扰动运动示意图

在第Ⅲ区域，这时 $-\dfrac{M_x^\beta}{J_x}$ 和 $-\dfrac{M_y^\beta}{J_y}$ 的数值选择的恰当，使侧向扰动运动是稳定的。运动由稳定的振荡运动和两个非周期的稳定运动所合成。当然由于在Ⅲ区域内位置不同，例如在靠近 $A_4=0$ 附近，且 $\dfrac{M_y^\beta}{J_y}$ 较大，则振荡运动衰减得快，而螺旋运动将衰减的很慢。实践表明，飞航式飞行器为了获得比较良好的侧向动态特性在稳定边界图上的位置往往要靠近 $A_4=0$ 的线，甚至允许 A_4 稍小于零，这是由于即使有一些微小的螺旋不稳定性，因螺旋运动发展得很缓慢，对控制系统的工作并没有什么不利的影响。

9.4　箭体的侧向传递函数

本章 9.1 节曾指出，研究操纵性是把扰动运动分成纵向扰动运动和侧向扰动运动，而且由于过渡过程很短，可以采用固化系数法，这样就得到了侧向扰动运动方程：

$$\begin{cases} mV\dfrac{\mathrm{d}\Delta\sigma}{\mathrm{d}t} = (P_{\mathrm{e}}\cos\alpha\cos\beta - Z^\beta)\Delta\beta + mg\sin\theta\Delta\sigma - mg\cos\theta\Delta\gamma + R'\Delta\delta_\psi - F_{\mathrm{B}} \\ J_x\dfrac{\mathrm{d}\Delta\omega_x}{\mathrm{d}t} = M_x^\beta\Delta\beta + M_x^{\omega_x}\Delta\omega_x + M_x^{\omega_y}\Delta\omega_y + M_x^\delta\Delta\delta_y + M_{x\mathrm{B}} \\ J_y\dfrac{\mathrm{d}\Delta\omega_y}{\mathrm{d}t} = M_y^\beta\Delta\beta + M_y^{\omega_y}\Delta\omega_y + M_y^{\omega_x}\Delta\omega_x + M_y^\delta\Delta\delta_\psi + M_{y\mathrm{B}} \\ \Delta\omega_x = \Delta\gamma - \varphi\Delta\psi \\ \Delta\omega_y = \Delta\psi + \varphi\Delta\gamma \\ \Delta\sigma = \Delta\psi - \Delta\beta \\ \Delta\gamma = \Delta v \end{cases} \tag{9.4-1}$$

式（9.4-1）是把偏航运动和倾斜运动一起考虑时的侧向运动方程。类似求纵向传递函数，将式（9.4-1）进行拉氏变换，可以求出相应的传递函数。对于运载火箭，由于箭体的对称性，如果忽略重力影响，则偏航运动和俯仰运动是完全一样的，此时的运动方程为

$$\begin{cases} mV\dfrac{\mathrm{d}\Delta\sigma}{\mathrm{d}t}=(P_{\mathrm{e}}\cos\alpha\cos\beta-Z^{\beta})\Delta\beta+R'\Delta\delta_{\psi}-F_{\mathrm{B}} \\ J_y\dfrac{\mathrm{d}\Delta\omega_y}{\mathrm{d}t}=M_y^{\beta}\Delta\beta+M_y^{\omega_y}\Delta\omega_y+M_y^{\delta}\Delta\delta_{\psi}+M_{y\mathrm{B}} \\ \Delta\omega_y=\Delta\psi \\ \Delta\psi=\Delta\sigma+\Delta\beta \end{cases} \tag{9.4-2}$$

式（9.4-2）同纵向短周期运动方程完全相似，仅以 $\Delta\alpha\rightarrow\Delta\beta$，$\Delta\theta\rightarrow\Delta\sigma$，$\Delta\varphi\rightarrow\Delta\psi$ 就可以。对偏航的传递函数为

$$K_{\beta\delta_{\psi}}(p)=K_{\alpha\delta_{\psi}}(p)=-\frac{\Delta\beta(p)}{\Delta\delta_{\psi}(p)}=\frac{K_{\beta\delta}}{T_0^2p^2+2\xi_0T_0p+1} \tag{9.4-3}$$

其中

$$K_{\beta\delta}=\frac{M_y^{\delta}}{M_y^{\beta}+M_y^{\omega_y}\dfrac{Z_0^{\beta}}{mV}}$$

$$T_0=\sqrt{\frac{J_y}{-M_y^{\beta}-M_y^{\omega_y}\dfrac{Z_0^{\beta}}{mV}}}$$

$$\xi_0=\frac{\dfrac{Z_0^{\beta}}{mV}-\dfrac{M_y^{\omega_y}}{J_y}}{2\sqrt{-\left(\dfrac{M_y^{\beta}}{J_y}+\dfrac{M_y^{\omega_y}}{J_y}\dfrac{Z_0^{\beta}}{mV}\right)}}$$

对完全对称的火箭，有 $M_y^{\beta}=M_x^{\alpha}$，$M_y^{\omega_y}=M_x^{\omega_x}$，$J_z=J_y$，但 $C_x^{\beta}=-C_y^{\alpha}$，而 $Z_0^{\beta}=P_{\mathrm{e}}\cos\alpha\cos\beta-Z^{\beta}$。所以，对运载火箭来说，总是把滚动与偏航分开，且只讨论滚动运动的传递函数。

9.4.1 滚动运动的传递函数

不考虑偏航运动和滚动运动的交连，滚动运动方程为

$$J_x\frac{\mathrm{d}\Delta\omega_x}{\mathrm{d}t}=M_x^{\omega_x}+M_x^{\delta}\Delta\delta_{\gamma} \tag{9.4-4}$$

故

$$\frac{\Delta\omega_x(p)}{\Delta\delta_{\gamma}(p)}=\frac{M_x^{\delta}/I_x}{p-M_x^{\omega_x}/I_x}$$

$$K_{\omega_x\delta_{\gamma}}(p)=-\frac{\Delta\omega_x(p)}{\Delta\delta_{\gamma}(p)}=-\frac{M_x^{\delta}/J_x}{p-M_x^{\omega_x}/J_x}=\frac{K}{Tp+1} \tag{9.4-5}$$

$$K_{\gamma\delta_{\gamma}}(p)=-\frac{\Delta\gamma(p)}{\Delta\delta_{\gamma}(p)}=\frac{-M_x^{\delta}/J_x}{p(p-M_x^{\omega_x}/J_x)}=\frac{K}{p(Tp+1)} \tag{9.4-6}$$

其中

$$K=\frac{M_x^{\delta}}{M_x^{\omega_x}},\ T=-\frac{J_x}{M_x^{\omega_x}} \tag{9.4-7}$$

下面讨论一下当滚动舵偏角为阶跃函数时，$\Delta\omega_x$ 和 $\Delta\gamma$ 的变化，令

$$\Delta\delta_{\gamma}=\delta_0 1(t)$$

则由式（9.4-5）知

$$\Delta\omega_x(p)=-\frac{K}{Tp+1}\Delta\delta_{\gamma}(p)$$

由拉普拉斯变换知当 $\Delta\delta_{\gamma}$ 为阶跃函数时 $\Delta\delta_{\gamma}(p)=\frac{\delta_0}{p}$，带入上式得

$$\Delta\omega_x(p)=-\frac{K}{Tp+1}\frac{\delta_0}{p}=-K\delta_0\left(\frac{a}{Tp+1}+\frac{b}{p}\right)$$

则易知 $b=1$、$a=-T$，则有

$$\Delta\omega_x(p)=-\frac{K}{Tp+1}\frac{\delta_0}{p}=-K\delta_0\left(\frac{-T}{Tp+1}+\frac{1}{p}\right)$$

由拉普拉斯反变换得

$$\Delta\omega_x=-K\delta_0(-\mathrm{e}^{-\frac{t}{T}}+1) \tag{9.4-8}$$

将式（9.4-7）代入式（9.4-8），得

$$\Delta\omega_x=-\frac{M_x^{\delta}}{M_x^{\omega_x}}(1-\mathrm{e}^{-\frac{M_x^{\omega_x}}{J_x}t})\delta_0 \tag{9.4-9}$$

同理，由式（9.4-6）知

$$\begin{aligned}\Delta\gamma(p)&=-\frac{K}{p(Tp+1)}\Delta\delta_{\gamma}(p)=-\frac{K}{p(Tp+1)}\frac{\delta_0}{p}\\&=-K\delta_0\left(\frac{a}{Tp+1}+\frac{bp+c}{p^2}\right)=-K\delta_0\frac{ap^2+Tbp^2+Tcp+bp+c}{p^2(Tp+1)}\end{aligned} \tag{9.4-10}$$

有

$$c=1,\ b=-T,\ a=T^2 \tag{9.4-11}$$

将式（9.4-11）代入式（9.4-10），得

$$\Delta\gamma(p)=-K\delta_0\left(\frac{T^2}{Tp+1}+\frac{-Tp+1}{p^2}\right)=-K\delta_0\left(\frac{T^2}{Tp+1}-\frac{T}{p}+\frac{1}{p^2}\right)$$

由拉普拉斯反变换，得

$$\begin{aligned}\Delta\gamma&=-K\delta_0(T\mathrm{e}^{-\frac{t}{T}}-T+t)=-KT\delta_0\left[\frac{t}{T}-(1-\mathrm{e}^{-\frac{t}{T}})\right]\\&=-\frac{M_x^{\delta}}{M_x^{\omega_x}}\delta_0\left[t+\frac{J_x}{M_x^{\omega_x}}(1-\mathrm{e}^{-\frac{M_x^{\omega_x}}{J_x}t})\right]\end{aligned} \tag{9.4-12}$$

其过渡过程如图 9.4-1 所示。当滚动舵偏角 $\Delta\delta_{\gamma}=\Delta\delta_0 1$（$t$）时，在过渡过程消失后，滚动控制力矩和阻尼力矩平衡，所以当时间 t 趋于无穷时，$\Delta\omega_x$ 等于常数；而因 $\Delta\omega_x$ 为常数，$\Delta\gamma$ 则是随时间线性增加的。

9.4.2 箭体的侧向传递函数

对于一般飞航式飞行器，当偏航运动和俯仰运动不可分时，就需要求侧向扰动运动的传递函数，但从式（9.4-1）直接求传递函数太复杂，可以根据具体情况进行简化，也可以寻类似纵向扰动运动那样，建立侧向扰动运动的结构图，再进行简化。本节采用直接建立传递函数的方法，关于侧向扰动运动的结构图可参考相关文献。对侧向传递函数，可以选定 $\Delta\gamma$、$\Delta\beta$、$\Delta\omega_x$、$\Delta\omega_y$ 为输出变量。为此，应从式（9.4-1）中消去 $\Delta\sigma$、$\Delta\psi$，只考虑舵偏角的传递函数，令 $M_{XB}=M_{YB}=F_B=0$，并同侧向稳定性分析一样令 $mg\sin\theta\approx0$，则式（9.4-1）变为

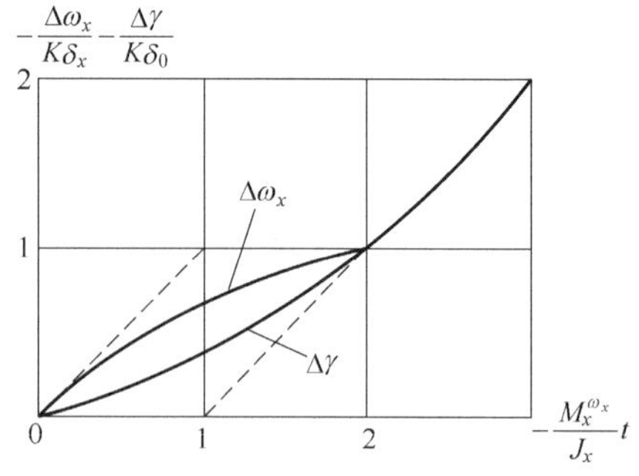

图 9.4-1 $\Delta\omega_x$，$\Delta\gamma$ 的过渡过程曲线

$$\begin{cases}-\dfrac{\mathrm{d}\Delta\beta}{\mathrm{d}t}+\Delta\omega_y-b_{12}\Delta\beta+b_{13}\Delta\gamma=\dfrac{R'}{mV}\Delta\delta_\psi\\ \dfrac{\mathrm{d}\Delta\gamma}{\mathrm{d}t}=\Delta\omega_x\\ \dfrac{\mathrm{d}\Delta\omega_x}{\mathrm{d}t}=-b_{42}\Delta\beta-b_{44}\Delta\omega_x-b_{45}\Delta\omega_y+\dfrac{M_x^\delta}{J_x}\Delta\delta_\gamma\\ \dfrac{\mathrm{d}\Delta\omega_y}{\mathrm{d}t}=-b_{52}\Delta\beta-b_{54}\Delta\omega_x-b_{55}\Delta\omega_y+\dfrac{M_y^\delta}{J_y}\Delta\delta_\psi\end{cases}\tag{9.4-13}$$

式中，各系数的定义同前。

将式（9.4-13）进行拉氏变换，得

$$\begin{cases}(-p-b_{12})\Delta\beta(p)+b_{13}\Delta\gamma(p)+\Delta\omega_y(p)=\dfrac{R'}{mV}\Delta\delta_\psi(p)\\ p\Delta\gamma(p)=\Delta\omega_x(p)\\ b_{42}\Delta\beta(p)+(p+b_{44})\Delta\omega_x(p)+b_{45}\Delta\omega_y(p)=\dfrac{M_x^\delta}{J_x}\Delta\delta_\gamma(p)\\ b_{52}\Delta\beta(p)+b_{54}\Delta\omega_x(p)+(p+b_{55})\Delta\omega_y(p)=\dfrac{M_y^\delta}{J_y}\Delta\delta_\psi(p)\end{cases}\tag{9.4-14}$$

解上述方程可以求得传递函数，但输入量有两个：$\Delta\delta_\psi$、$\Delta\delta_\gamma$。

可以采取以下两个方案：

1）两者不相关。当偏航舵偏转时，滚动舵固定不动；反之滚动舵偏转时，偏航舵固定不动。

2）$\Delta\delta_\psi$ 和 $\Delta\delta_\gamma$ 之间满足一定的条件，即偏航舵和滚动舵要协调地动作。

这里不讨论第二种情况，仅讨论第一种情况，这时可以分别求出对偏航舵和滚动舵的传递函数。

对偏航舵的传递函数为

$$K_{\beta\delta_\psi}(p) = -\frac{\Delta\beta(p)}{\Delta\delta_\psi(p)} = -\frac{D_1p^3 + D_2p^2 + D_3P + D_4}{p^4 + A_1p^3 + A_2p^2 + A_3p + A_4} \tag{9.4-15}$$

$$K_{\omega_x\delta_\psi}(p) = -\frac{\Delta\omega_x(p)}{\Delta\delta_\psi(p)} = -\frac{C_1p^3 + C_2p^2 + C_3P + C_4}{p^4 + A_1p^3 + A_2p^2 + A_3p + A_4} \tag{9.4-16}$$

$$K_{\omega_y\delta_\psi}(p) = -\frac{\Delta\omega_y(p)}{\Delta\delta_\psi(p)} = -\frac{B_1p^3 + B_2p^2 + B_3P + B_4}{p^4 + A_1p^3 + A_2p^2 + A_3p + A_4} \tag{9.4-17}$$

$$K_{\gamma\delta_\psi}(p) = -\frac{\Delta\gamma(p)}{\Delta\delta_\psi(p)} = -\frac{E_2p^2 + E_3P + E_4}{p^4 + A_1p^3 + A_2p^2 + A_3p + A_4} \tag{9.4-18}$$

其中分母为式（9.4-14）的系数行列式，即

$$\Delta = \begin{vmatrix} -p-b_{12} & b_{13} & 0 & 1 \\ 0 & p & -1 & 0 \\ b_{42} & 0 & p+b_{44} & b_{45} \\ b_{52} & 0 & b_{54} & p+b_{55} \end{vmatrix} = -(p^4 + A_1p^3 + A_2p^2 + A_3p + A_4) \tag{9.4-19}$$

式中，A_1、A_2、A_3、A_4 的表达式同前。

其分子为把式（9.4-14）的右端代入行列式相应的列所得的行列式，即

$$\Delta_\beta = \begin{vmatrix} (R'/mV)\Delta\delta_\psi(p) & b_{13} & 0 & 1 \\ 0 & p & -1 & 0 \\ b_{42} & 0 & p+b_{44} & b_{45} \\ (M_y^\delta/J_y)\Delta\delta_\psi(p) & 0 & b_{54} & p+b_{55} \end{vmatrix} = -(D_1p^3 + D_2p^2 + D_3p + D_4)\Delta\delta_\psi$$

$$\Delta_{\omega_x} = \begin{vmatrix} -p-b_{12} & b_{13} & (R'/mV)\Delta\delta_\psi(p) & 1 \\ 0 & p & 0 & 0 \\ b_{42} & 0 & 0 & b_{45} \\ b_{52} & 0 & (M_y^\delta/J_y)\Delta\delta_\psi(p) & p+b_{55} \end{vmatrix} = -(C_1p^3 + C_2p^2 + C_3p + C_4)\Delta\delta_\psi$$

$$\Delta_{\omega_y} = \begin{vmatrix} -p-b_{12} & b_{13} & 0 & (R'/mV)\Delta\delta_\psi(p) \\ 0 & p & -1 & 0 \\ b_{42} & 0 & p+b_{44} & 0 \\ b_{52} & 0 & b_{54} & (M_y^\beta/J_y)\Delta\delta_\psi(p) \end{vmatrix} = -(B_1p^3 + B_2p^2 + B_3p + B_4)\Delta\delta_\psi$$

$$\Delta_\gamma = \begin{vmatrix} -p-b_{12} & (R'/mV)\Delta\delta_\psi(p) & 0 & 1 \\ 0 & 0 & -1 & 0 \\ b_{42} & 0 & p+b_{44} & b_{45} \\ b_{52} & (M_y^\beta/J_y)\Delta\delta_\psi(p) & b_{54} & p+b_{55} \end{vmatrix} = -(E_2p^2 + E_3p + B_4)\Delta\delta_\psi$$

所以各传递函数可以由下式求得：

$$K_{\beta\delta_\psi}(p) = \frac{-\Delta_\beta}{\Delta\delta_\psi(p)\Delta},\ K_{\omega_x\delta_\psi}(p) = \frac{-\Delta_{\omega_x}}{\Delta\delta_\psi(p)\Delta}$$

$$K_{\omega_y\delta_\psi}(p) = \frac{-\Delta_{\omega_y}}{\Delta\delta_\psi(p)\Delta},\ K_{\gamma\delta_\psi}(p) = \frac{-\Delta_\gamma}{\Delta\delta_\psi(p)\Delta}$$

同理，对滚动舵的传递函数为

$$K_{\beta\delta_\gamma}(p) = -\frac{\Delta\beta(p)}{\Delta\delta_\gamma(p)} = -\frac{C_{12}p^2 + C_{11}p + C_{10}}{p^4 + A_1p^3 + A_2p^2 + A_3p + A_4} \tag{9.4-20}$$

$$K_{\omega_x\delta_\gamma}(p) = -\frac{\Delta\omega_x(p)}{\Delta\delta_\gamma(p)} = -\frac{C_{23}p^3 + C_{22}p^2 + C_{21}p + C_{20}}{p^4 + A_1p^3 + A_2p^2 + A_3p + A_4} \tag{9.4-21}$$

$$K_{\omega_y\delta_\gamma}(p) = -\frac{\Delta\omega_y(p)}{\Delta\delta_\gamma(p)} = -\frac{C_{32}p^2 + C_{31}p + C_{30}}{p^4 + A_1p^3 + A_2p^2 + A_3p + A_4} \tag{9.4-22}$$

$$K_{\gamma\delta_\gamma}(p) = -\frac{\Delta\gamma(p)}{\Delta\delta_\gamma(p)} = -\frac{C_{42}p^2 + C_{41}p + C_{40}}{p^4 + A_1p^3 + A_2p^2 + A_3p + A_4} \tag{9.4-23}$$

其中各分子的系数利用式（9.4-14）是不难得到的。下面举一例子说明如何利用拉氏变换来求解单位阶跃输入滚动舵偏角的过渡过程。此时设 $\Delta\delta_\psi = 0$，$\Delta\delta_\gamma$ 为单位阶跃函数。则有

$$\Delta\delta_\gamma(p) = \frac{1}{p}$$

相应的横侧扰动运动参数的拉氏变换为

$$\Delta\beta(p) = -\frac{C_{12}p^2 + C_{11}p + C_{10}}{p(p-\lambda_1)(p-\lambda_2)(p-\lambda_3)(p-\lambda_4)} \tag{9.4-24}$$

$$\Delta\omega_x(p) = -\frac{C_{23}p^3 + C_{22}p^2 + C_{21}p + C_{20}}{p(p-\lambda_1)(p-\lambda_2)(p-\lambda_3)(p-\lambda_4)} \tag{9.4-25}$$

$$\Delta\omega_y(p) = -\frac{C_{32}p^2 + C_{31}p + C_{30}}{p(p-\lambda_1)(p-\lambda_2)(p-\lambda_3)(p-\lambda_4)} \tag{9.4-26}$$

$$\Delta\gamma(p) = -\frac{C_{42}p^2 + C_{41}p + C_{40}}{p(p-\lambda_1)(p-\lambda_2)(p-\lambda_3)(p-\lambda_4)} \tag{9.4-27}$$

式中，λ_1、λ_2、λ_3、λ_4 为特征方程式 $\lambda^4 + A_1\lambda^3 + A_2\lambda^2 + A_3\lambda + A_4 = 0$ 的根。可利用拉氏反变换公式对 $\Delta\beta(p)$、$\Delta\omega_x(p)$、$\Delta\omega_y(p)$、$\Delta\gamma(p)$ 进行反变换，求得 $\beta(t)$、$\Delta\omega_x(t)$、$\Delta\omega_y(t)$、$\Delta\gamma(t)$，这里以 $\Delta\beta(p)$ 为例写一下求 $\beta(t)$ 的过程。

$\Delta\beta(p)$ 为

$$\Delta\beta(p) = -\frac{C_{12}p^2 + C_{11}p + C_{10}}{p(p-\lambda_1)(p-\lambda_2)(p-\lambda_3)(p-\lambda_4)} \triangleq \frac{C_1(p)}{\Delta'(p)} \tag{9.4-28}$$

写成部分分式，即

$$\Delta\beta(p) = \frac{C_1(p)}{\Delta'(p)} = \frac{K_0}{p} + \frac{K_1}{p-\lambda_1} + \frac{K_2}{p-\lambda_2} + \frac{K_3}{p-\lambda_3} + \frac{K_4}{p-\lambda_4} \tag{9.4-29}$$

为了确定常数 K_i，在上式两端各乘因子（$p-\lambda_i$），并令 $p=\lambda_i$，得

$$K_i = -\left.\frac{(p-\lambda_i)C_1(p)}{\Delta'(p)}\right|_{p=\lambda_i} \tag{9.4-30}$$

由上式得

$$K_0 = -\frac{C_{10}}{\lambda_1\lambda_2\lambda_3\lambda_4} \tag{9.4-31}$$

$$K_1 = -\frac{C_{12}\lambda_1^2 + C_{11}\lambda_1 + C_{10}}{\lambda_1(\lambda_1 - \lambda_2)(\lambda_1 - \lambda_3)(\lambda_1 - \lambda_4)} \tag{9.4-32}$$

$$K_2 = -\frac{C_{12}\lambda_2^2 + C_{11}\lambda_2 + C_{10}}{\lambda_2(\lambda_2 - \lambda_1)(\lambda_2 - \lambda_3)(\lambda_2 - \lambda_4)} \tag{9.4-33}$$

$$K_3 = -\frac{C_{12}\lambda_3^2 + C_{11}\lambda_3 + C_{10}}{\lambda_3(\lambda_3 - \lambda_1)(\lambda_3 - \lambda_2)(\lambda_3 - \lambda_4)} \tag{9.4-34}$$

$$K_4 = -\frac{C_{12}\lambda_4^2 + C_{11}\lambda_4 + C_{10}}{\lambda_4(\lambda_4 - \lambda_1)(\lambda_4 - \lambda_2)(\lambda_4 - \lambda_3)} \tag{9.4-35}$$

式（9.4-29）的反变换形式为

$$\Delta\beta(t) = K_0 + K_1 e^{\lambda_1 t} + K_2 e^{\lambda_2 t} + K_3 e^{\lambda_3 t} + K_4 e^{\lambda_4 t} \tag{9.4-36}$$

但 λ_3、λ_4 为共轭复根，代表荷兰滚模态，可以写为

$$\lambda_{3,4} = a \pm \mathrm{i}b$$

则上式中第 4、5 项的系数也应是一对共轭复数，即

$$K_3 = B_1 + \mathrm{i}D_1 \tag{9.4-37}$$

$$K_4 = B_1 - \mathrm{i}D_1 \tag{9.4-38}$$

则式（9.4-36）中第 4、5 项合并为

$$A_1 e^{at}\cos(bt + \psi_1) \tag{9.4-39}$$

其中

$$A_1 = 2\sqrt{B_1^2 + D_1^2},\ \psi_1 = \arctan\frac{D_1}{B_1} \tag{9.4-40}$$

故式（9.4-36）可以写成如下形式：

$$\begin{aligned}\Delta\beta(t) = &-\frac{C_{10}}{\lambda_1\lambda_2\lambda_3\lambda_4} - \frac{C_{12}\lambda_1^2 + C_{11}\lambda_1 + C_{10}}{\lambda_1(\lambda_1 - \lambda_2)(\lambda_1 - \lambda_3)(\lambda_1 - \lambda_4)}e^{\lambda_1 t} \\ &- \frac{C_{12}\lambda_2^2 + C_{11}\lambda_2 + C_{10}}{\lambda_2(\lambda_2 - \lambda_1)(\lambda_2 - \lambda_3)(\lambda_2 - \lambda_4)}e^{\lambda_2 t} + A_1 e^{at}\cos(bt + \psi_1)\end{aligned} \tag{9.4-41}$$

同理有

$$\begin{aligned}\Delta\omega_x(t) = &-\frac{C_{20}}{\lambda_1\lambda_2\lambda_3\lambda_4} - \frac{C_{23}\lambda_1^3 + C_{22}\lambda_1^2 + C_{21}\lambda_1 + C_{20}}{\lambda_1(\lambda_1 - \lambda_2)(\lambda_1 - \lambda_3)(\lambda_1 - \lambda_4)}e^{\lambda_1 t} \\ &- \frac{C_{23}\lambda_2^3 + C_{22}\lambda_2^2 + C_{21}\lambda_2 + C_{20}}{\lambda_2(\lambda_2 - \lambda_1)(\lambda_2 - \lambda_3)(\lambda_2 - \lambda_4)}e^{\lambda_2 t} + A_2 e^{at}\cos(bt + \psi_2)\end{aligned} \tag{9.4-42}$$

$$\begin{aligned}\Delta\omega_y(t) = &-\frac{C_{30}}{\lambda_1\lambda_2\lambda_3\lambda_4} - \frac{C_{32}\lambda_1^2 + C_{31}\lambda_1 + C_{30}}{\lambda_1(\lambda_1 - \lambda_2)(\lambda_1 - \lambda_3)(\lambda_1 - \lambda_4)}e^{\lambda_1 t} \\ &- \frac{C_{32}\lambda_2^2 + C_{31}\lambda_2 + C_{30}}{\lambda_2(\lambda_2 - \lambda_1)(\lambda_2 - \lambda_3)(\lambda_2 - \lambda_4)}e^{\lambda_2 t} + A_3 e^{at}\cos(bt + \psi_3)\end{aligned} \tag{9.4-43}$$

$$\begin{aligned}\Delta\gamma(t) = &-\frac{C_{40}}{\lambda_1\lambda_2\lambda_3\lambda_4} - \frac{C_{42}\lambda_1^2 + C_{41}\lambda_1 + C_{40}}{\lambda_1(\lambda_1 - \lambda_2)(\lambda_1 - \lambda_3)(\lambda_1 - \lambda_4)}e^{\lambda_1 t} \\ &- \frac{C_{42}\lambda_2^2 + C_{41}\lambda_2 + C_{40}}{\lambda_2(\lambda_2 - \lambda_1)(\lambda_2 - \lambda_3)(\lambda_2 - \lambda_4)}e^{\lambda_2 t} + A_4 e^{at}\cos(bt + \psi_4)\end{aligned} \tag{9.4-44}$$

式中，A_2、A_3、A_4 和 ψ_2、ψ_3、ψ_4 可按求 A_1、ψ_1 的同样方法求得。

【例 9.5】已知某飞行器有关参数如下：

$h=15000\text{m}$，$v_0=442.6\text{m/s}$，$M=1.5$，$\theta_0=0°$，$G=6555\text{kg}$，$S=23\text{m}^2$，$C_y^\alpha=0.03751/°$，$\alpha_0=\psi_0=3.931°$，$m_x^\alpha=-0.01051/°$，$m_x^{\omega_x}=-1.85$，$J_x=458.0\text{kg}\cdot\text{m}\cdot\text{s}^2$，$I_{xy}=0$，$J_y=5922\text{kg}\cdot\text{m}\cdot\text{s}^2$，$l=7.150\text{m}$，$\overline{m}_y^\beta=-0.05983\ \ 1/°$，$\overline{m}_x^\beta=-0.02859\ \ 1/°$，$\overline{m}_x^{\overline{\omega}_x}=-4.643$，$\overline{m}_y^{\overline{\omega}_y}=-1.163$，$\overline{m}_x^{\overline{\omega}_y}=-4.096$，$\overline{m}_y^{\overline{\omega}_x}=-0.2476$

其中

$$\overline{m}_y^\beta=\frac{m_y^\beta}{\gamma_y^2},\ \overline{m}_x^\beta=\frac{m_x^\beta}{\gamma_x^2},\ \overline{m}_x^{\overline{\omega}_x}=\frac{m_x^{\overline{\omega}_x}}{\gamma_x^2},\ \overline{m}_x^{\overline{\omega}_y}=\frac{m_x^{\overline{\omega}_y}}{\gamma_x^2},\ \overline{m}_y^{\overline{\omega}_y}=\frac{m_y^{\overline{\omega}_y}}{\gamma_y^2},$$

$$\overline{m}_y^{\overline{\omega}_x}=\frac{m_y^{\overline{\omega}_x}}{\gamma_y^2},\ \gamma_y^2=\frac{I_y}{m(l/2)^2},\ \gamma_x^2=\frac{I_x}{m(l/2)^2},\ \overline{\omega}_x=\frac{\omega_x}{v_0/(l/2)},\ \overline{\omega}_y=\frac{\omega_y}{v_0/(l/2)}$$

将上列数据代入特征方程式，得

$$\lambda^4+6.344\lambda^3+194.8\lambda^2+553.5\lambda+12.72=0$$

解得

$$\lambda_1=-2.971,\ \lambda_2=-0.02317,\ \lambda_{3,4}=-1.675\pm \text{i}13.491$$

设 $m_x^\delta=-0.8039\gamma_x^2$、$\delta_\gamma=0.1\text{rad}$，可以得到运动参数的变化规律如图 9.4-2 所示。

从式（9.4-41）~式（9.4-44）看出，$\Delta\beta$、$\Delta\omega_x$、$\Delta\omega_y$、$\Delta\gamma$ 都由 4 项组成。其中，第 2 ~ 4 项分别代表滚转收敛模态、螺旋模态、荷兰滚模态分量，而第 1 项表示运动参数的稳态值。各运动参数表达式中同一模态项系数的比值就是模态比。从式（9.4-41）~式（9.4-44）可看出飞航式飞行器侧向操纵性和稳定性之间的关系，如果飞行器的横侧稳定性好，即特征根 λ_1、λ_2 及 α 均为负值且大小合适，则滚动舵偏转后，式（9.4-41）~式（9.4-44）中的后三项趋近零，即侧向扰动运动很快达到稳态值。并且，过渡过程中其振动的振幅也合适，若根的绝对值（指 λ_1、λ_2 及 α）过小，则达到稳态值的时间长，若动不稳定，则操纵性也是不稳定的。从这个角度看，稳定性和操纵性的要求是一致的。另一方面，操纵性中的稳态值，也可理解为传递函数中的传递系数与 4 个特征根的乘积成反比。若特征根的绝对值越大（动态特性好），但操纵性的稳态值过小，这一点不合乎对操纵性的要求，所以两者还有矛盾。类似纵向稳定性和操纵件，从经常干扰和舵的漂移来看，两者还是有矛盾的，这里就不讨论了。

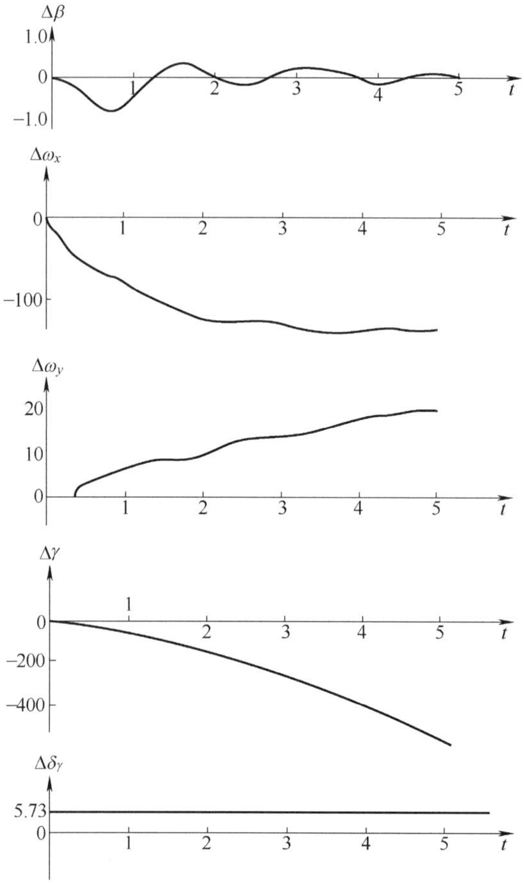

图 9.4-2　$\Delta\delta_\gamma$ 单位阶跃偏转时的过渡过程

关于滚动舵作阶跃偏转的反应就讨论到这里。要注意的是，当 $\Delta\delta_\gamma$ 持续偏转，γ 角会很大，此时小扰动线性化假设已不合适，所以上述分析仅适用于开始几秒钟。或者，可以用输入滚动舵的脉冲偏转来讨论其脉冲过渡函数，有兴趣的读者可参考有关资料。

前面讨论了一般情况下的传递函数，可以看出它是较复杂的，在设计控制系统时，往往要进行简化。侧向操纵性研究中最重要的简化，是把侧向运动分成互不相关的偏航运动和滚动运动。因为有一般情况下求传递函数的公式，如果要进行简化，只要令方程中有交连的系数等于零，为此令

$$b_{13} = b_{42} = b_{45} = b_{54} = 0$$

对于 R'/mv 的影响，类似纵向扰动运动，或者忽略，或者采用平衡侧力的办法加以考虑，可令 R'/mv 等于零。则此时有

$$\Delta = \begin{vmatrix} -p-b_{12} & 0 & 0 & 1 \\ 0 & p & -1 & 0 \\ 0 & 0 & p+b_{44} & 0 \\ b_{52} & 0 & 0 & p+b_{55} \end{vmatrix} = -p(p+b_{44})[(p+b_{12})(p+b_{55})+b_{52}]$$

$$\Delta_\beta = \begin{vmatrix} 0 & 0 & 0 & 1 \\ 0 & p & -1 & 0 \\ 0 & 0 & p+b_{44} & 0 \\ \dfrac{M_y^\delta}{I_y}\Delta\delta_\psi(p) & 0 & 0 & p+b_{55} \end{vmatrix} = -\frac{M_y^\delta}{I_y}\Delta\delta_\psi(p)(p+b_{44})p$$

$$K_{\beta\delta_\psi}(p) = -\frac{\Delta\beta(p)}{\Delta\delta_\psi(p)} = \frac{\Delta\beta}{\Delta\delta_\psi\Delta} = -\frac{-(M_y^\delta/I_y)\Delta\delta_\psi(p)}{\Delta\delta_\psi(p)[p^2+(b_{55}+b_{12})p+b_{12}b_{55}+b_{52}]}$$

$$b_{55}+b_{12} = -\frac{M_y^{\omega_y}}{I_y}+\frac{Z_c^\beta}{mv},\quad b_{11}b_{55}+b_{52} = \frac{Z_c^\beta}{mv}\frac{M_y^{\omega_y}}{I_y}-\frac{M_y^\beta}{I_y}$$

可见完全类似纵向传递函数 $K_{\beta\delta_\psi(p)}$ 可以写为

$$K_{\beta\delta_\psi}(p) = \frac{K_{\beta\delta}}{T_0^2p^2+2\xi_0T_0p+1} \tag{9.4-45}$$

同理可得

$$K_{\omega_y\delta_\psi}(p) = \frac{K_{\beta\delta}}{T_0^2p^2+2\xi_0T_0p+1}\frac{T_0p+1}{T_0} \tag{9.4-46}$$

$$K_{\psi\delta_\psi}(p) = \frac{K_{\beta\delta}}{T_0^2p^2+2\xi_0T_0p+1}\frac{T_0p+1}{T_0p} \tag{9.4-47}$$

式中，$T_0 = \dfrac{mv}{Z_c^\beta}$。这些结果同纵向传递函数类似。

根据简化假设 $K_{\gamma\delta_\psi}(p) = K_{\omega_x\delta_\psi}(p) = 0$，而不发生交连的滚动运动已讨论过，这里不再重叙了。

【例 9.6】 原始数据同例 9.1 的数据，但 $\Delta\delta_\psi = \delta_0 = 0.1\text{rad}$、$\Delta\delta_\gamma = 0$

可解得过渡过程如下：

$$\Delta\omega_x = -0.0085\mathrm{e}^{-1.695t}+0.0881\mathrm{e}^{0.001105t}+0.1026\mathrm{e}^{-0.1075t}\cos(87.5t+140.8°)$$

$$\Delta\omega_y = 3.502-0.00015\mathrm{e}^{-1.695t}-3.51\mathrm{e}^{0.001105t}+0.0364\mathrm{e}^{-0.1075t}\cos(87.5t+92.5°)$$

$$\Delta\beta = -0.3261+0.00145\mathrm{e}^{-1.695t}+0.2923\mathrm{e}^{0.001105t}+0.0353\mathrm{e}^{-0.1075t}\cos(87.5t-3.1°)$$

$$\Delta\gamma = -79.95 + 0.005e^{-1.695t} + 79.85e^{0.001105t} + 0.0668e^{-0.1075t}\cos(87.5t + 47.5°)$$

这个解可以作如下解释。当火箭的偏航偏转 0.1rad 时，应产生 $-\Delta\omega_y$。同时，这个产生 $-\Delta\omega_y$ 的侧向舵升力，因为它不和火箭的重心在同一轴线上，所以使火箭产生 $-\Delta\omega_x$，如图 9.4-3 所示。这时是 $M_x^{\delta}\Delta\delta_\psi$ 起着主要作用，但后来因 $-\Delta\omega_y$ 随时间而逐渐增大，因而 $M_x^{\omega_y}\Delta\omega_y$ 将起主要作用，就产生 $+\Delta\omega_x$，$\Delta\beta$、$\Delta\omega_x$、$\Delta\omega_y$ 和 $\Delta\gamma$ 随时间的变化如图 9.4-3 所示。

$$\frac{\Delta\gamma}{10\Delta\delta_\psi}\ \frac{\Delta\omega_x}{\Delta\delta_\psi}\ \frac{\Delta\omega_y}{\Delta\delta_\psi}\ \frac{\Delta\beta}{\Delta\delta_\psi}$$

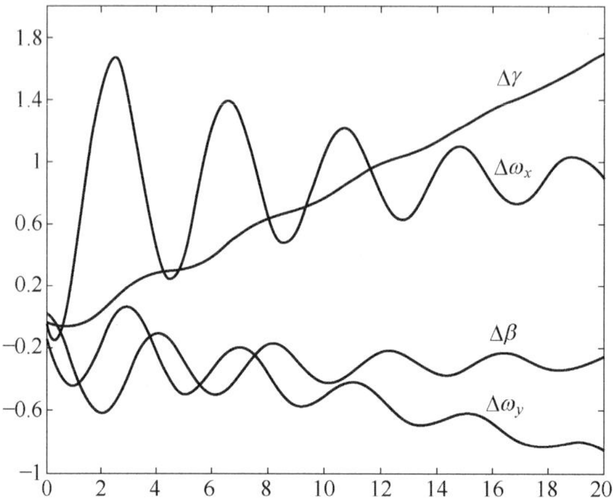

图 9.4-3　偏航舵单位阶跃偏转时的过渡过程

9.4.3　滚动运动的对数频率特性

求运载火箭的对数频率特性一般认为偏航运动和滚动运动互相独立，则偏航运动的对数频率特性同纵向完全一样，不再重复讨论。而滚动运动已知

$$K_{\gamma\delta_\gamma}(p) = \frac{-\Delta\gamma(p)}{\Delta\delta_\gamma(p)} = \frac{K}{p(Tp+1)} \tag{9.4-48}$$

$$K_{\omega_x\delta_\gamma}(p) = \frac{-\Delta\omega_x(p)}{\Delta\delta_\gamma(p)} = \frac{K}{Tp+1} \tag{9.4-49}$$

其中

$$K = \frac{M_x^{\delta}}{M_x^{\omega_x}},\quad T = \frac{-I_x}{M_x^{\omega_x}}$$

故

$$\begin{cases} A\left(\dfrac{-\Delta\gamma(j\omega)}{\Delta\delta_\gamma(j\omega)}\right) = 20\lg\dfrac{K}{\omega} - 20\lg\sqrt{1+T^2\omega^2} \\ \varphi\left(\dfrac{-\Delta\gamma(j\omega)}{\Delta\delta_\gamma(j\omega)}\right) = -\arctan T\omega - 90° \end{cases} \tag{9.4-50}$$

$$\begin{cases} A\left(\dfrac{-\Delta\omega_x(j\omega)}{\Delta\delta_\gamma(j\omega)}\right) = 20\lg K - 20\lg\sqrt{1+T^2\omega^2} \\ \varphi\left(\dfrac{-\Delta\omega_x(j\omega)}{\Delta\delta_\gamma(j\omega)}\right) = -\arctan T\omega \end{cases} \tag{9.4-51}$$

参考文献

[1] 同济大学数学系. 高等数学：上册［M］. 7版. 北京：高等教育出版社，2014.
[2] 同济大学数学系. 高等数学：下册［M］. 7版. 北京：高等教育出版社，2014.
[3] 刘延柱，杨海兴，朱本华. 理论力学［M］. 3版. 北京：高等教育出版社，2010.
[4] 梅凤翔. 分析力学（上、下卷）［M］. 北京：北京理工大学出版社，2013.
[5] 梁昆淼. 数学物理方法［M］. 4版. 北京：高等教育出版社，2010.
[6] 孙培先. 球面图学与空间角度计算［M］. 东营：石油大学出版社，1991.
[7] 徐华舫. 空气动力学基础［M］. 北京：国防工业出版社，1982.
[8] 吴麒，王诗宓，等. 自动控制原理：上册［M］. 2版. 北京：清华大学出版社，2006.
[9] 吴麒，王诗宓，等. 自动控制原理：下册［M］. 2版. 北京：清华大学出版社，2006.
[10] 吕志平，乔书波. 大地测量学基础［M］. 北京：测绘出版社，2010.
[11] 张守信. 外弹道测量与卫星轨道测量基础［M］. 北京：国防工业出版社，1992.
[12] 贾沛然，沈为异. 弹道导弹弹道学［M］. 长沙：国防科技大学出版社，1980.
[13] 贾沛然，陈克俊，何力. 远程火箭弹道学［M］. 长沙：国防科技大学出版社，1993.
[14] 肖亚伦. 飞行器运动方程［M］. 北京：航空工业出版社，1987.
[15] 张毅、肖龙旭，王顺宏. 弹道导弹弹道学［M］. 2版. 长沙：国防科技大学出版社，2005.
[16] 张有济. 战术导弹飞行力学设计（上、下册）［M］. 北京：宇航出版社，1998.
[17] 何麟书. 弹道导弹和运载火箭设计［M］. 北京：北京航空航天大学出版社，2002.
[18] 胡小平，吴美平，王海丽. 导弹飞行力学基础［M］. 长沙：国防科技大学出版社，2006.
[19] 钱杏芳，林瑞雄，赵亚南. 导弹飞行力学［M］. 北京：北京理工大学出版社，2000.
[20] 赵汉元. 大气飞行器姿态动力学［M］. 长沙：国防科技大学出版社，1987.
[21] 赵汉元. 飞行器再入动力学和制导［M］. 长沙：国防科技大学出版社，1997.
[22] 曾颖超，等. 战术导弹弹道与姿态动力学［M］. 西安：西北工业大学出版社，1990.
[23] 程国采. 战术导弹导引方法［M］. 北京：国防工业出版社，1996.
[24] 程国采. 弹道导弹制导方法与最优控制［M］. 长沙：国防科技大学出版社，1987.
[25] 程国采. 航天飞行器最优控制理论与方法［M］. 北京：国防工业出版社，1999.
[26] 李连仲. 远程弹道导弹闭路制导方法研究［J］. 系统工程与电子技术，1980（4）：17-20.
[27] 李连仲. 弹道飞行器自由飞行轨道的解析解法［J］. 宇航学报，1982（1）：1-17.
[28] 王东丽. 远程弹道导弹迭代制导方法研究［D］. 哈尔滨：哈尔滨工业大学，2007.
[29] 陈世年，等. 控制系统设计［M］. 北京：宇航出版社，1996.
[30] TITTERTON D，WESTON J. 捷联惯性导航技术［M］. 2版. 张天光，等译. 北京：国防工业出版社，2007.
[31] 秦永元. 惯性导航［M］. 北京：科学出版社，2006.
[32] 秦永元，张洪钺，汪叔华. 卡尔曼滤波与组合导航原理［M］. 3版. 西安：西北工业大学出版社，2015.
[33] 卢鸿谦. SINS/GPS组合导航性能增强技术研究［D］. 哈尔滨：哈尔滨工业大学，2006.
[34] 龙乐豪. 总体设计（上、中、下册）［M］. 北京：宇航出版社，1993.
[35] 徐延万. 控制系统（上、中、下册）［M］. 北京：宇航出版社，1989.